跨省重点流域生态补偿与经济责任机制示范研究

刘桂环　文一惠　王夏晖　谢　婧　等著

中国环境出版集团·北京

图书在版编目（CIP）数据

跨省重点流域生态补偿与经济责任机制示范研究/刘桂环等著. —北京：中国环境出版集团，2022.11

ISBN 978-7-5111-5328-9

Ⅰ．①跨⋯　Ⅱ．①刘⋯　Ⅲ．①流域—生态环境—补偿机制—研究—中国②流域—生态环境—经济责任制—研究—中国　Ⅳ．①X321.2

中国版本图书馆 CIP 数据核字（2022）第 168147 号

出 版 人　武德凯
责任编辑　史雯雅
封面设计　岳　帅

出版发行　中国环境出版集团
　　　　　（100062　北京市东城区广渠门内大街 16 号）
　　　　　网　　　址：http://www.cesp.com.cn
　　　　　电子邮箱：bjgl@cesp.com.cn
　　　　　联系电话：010-67112765（编辑管理部）
　　　　　发行热线：010-67125803，010-67113405（传真）
印　　刷　北京中科印刷有限公司
经　　销　各地新华书店
版　　次　2022 年 11 月第 1 版
印　　次　2022 年 11 月第 1 次印刷
开　　本　787×1092　1/16
印　　张　33.25
字　　数　700 千字
定　　价　150.00 元

中国环境出版集团郑重承诺：
中国环境出版集团合作的印刷单位、材料单位均具有中国环境标志产品认证。

著作委员会

前　言

进入 21 世纪以来，我国水环境污染严峻形势逐渐凸显，流域生态补偿作为调整流域生态环境保护的环境及经济利益关系的重要政策手段被广泛关注和应用，我国各地区在省内跨界流域生态补偿方面进行了大量探索，积累了丰富的实践经验。面对缺乏理论依据和技术方法支撑的实践需求，"水体污染控制与治理"科技重大专项设立"流域生态补偿与污染赔偿研究与示范"课题，首次提出了我国流域生态补偿与污染赔偿的政策框架与实施机制，重点突破和集成了我国流域生态补偿与污染赔偿定量化技术与方法，为建立国家层面流域生态补偿与污染赔偿政策提供了方法、技术与实践经验的支持。但我国跨行政区域的江河众多，30%的国土面积分布在跨行政区的大江大河流域，随着实践的不断深入，将省内流域生态补偿扩大至跨省层面十分必要。针对跨省流域生态补偿实践中在技术定量、补偿方法等方面仍缺乏科学合理技术支撑的问题，基于"十一五"研究成果，"十二五"期间，"水体污染控制与治理"科技重大专项设立了"跨省重点流域生态补偿与经济责任机制示范研究"课题，聚焦跨省尺度，通过中国流域生态补偿地方实践的政策评估研究，总结提炼跨省重点流域生态补偿与经济责任机制，并开展系统的典型区试点示范研究，旨在突破跨省流域生态补偿制度、体制及机制带来的障碍，厘清跨省界流域生态补偿与经济责任问题，为进一步推动跨省界流域生态补偿实践提供理论与实践支撑。

课题自 2013 年启动以来，在水专项办公室和地方生态环境厅局的大力支持下，课题承担单位生态环境部环境规划院联合中国人民大学、广东省环境科学研究院、福建省环境科学研究院、天津市环境监测中心等单位，从我国水污染特点和水环境管理的实际需求出发，以区域污染物排放达到总量控制目标、实现流域生态保护外部效益与水污染外部成本内部化为具体条件，对重点流域上下游间的水环境经济补偿关系进行描述，对跨省重点流域生态补偿标准计算模式、补偿实现方式、资金来源与管理、水质监测体系等进行分析，对流域生态补偿实施效果进行评估，形成跨省重点流域生态补偿与经济责任机制关键技术体系。课题按照理论研究与试点研究相结合的思路，顶层设计与地方试点协同推进，研究提出跨省东江流域、汀江流域和于桥水库流域生态补偿试点方案，取得了丰富的研究成果，具体包括：①建立了跨省流域生态补偿绩效评价体系，为我国跨省流域生态补偿政策框架设计提供支撑；②构建了质量改善导向的跨省流域双主体生态补偿方案，通过明确共同但有区别的责任推动跨省流域生态补偿破题；③构建了基于协商的跨省水源地经济补偿方案，为国家建立跨省水源地经济补偿机制提供更多政策模式选择；④按照有入有出、有补有罚的思路，搭建了跨省流域水质生态补偿模拟技术平台，为全面建立重点流域生态补偿机制提供技术支撑，实现流域上下游合作共治；⑤选择跨省汀江流域、跨省于桥水库流域和跨省东江流域作为案例区开展研究，有效推动跨省流域生态补偿试点。

课题坚持"边研究、边试点、边结合、边转化"的做法，积极推动成果转化和应用，为落实"水十条"提出"实施跨界水环境补偿"，《中华人民共和国国民经济和社会发展第十三个五年规划纲要》提出"建立健全区域流域横向生态补偿机制"，《关于健全生态保护补偿机制的意见》提出"鼓励受益地区与保护生态地区、流域下游与上游通过资金补偿、对口协作、产业转移、人才培训、共建园区等方式建立横向补偿关系"，《生态文明体制改革总体方案》提出"鼓励各地区开展生态补偿试点""推动在京津冀水源涵养区、广西广东九洲江、福建广东汀江－韩江等开展跨地区生态补偿试点"等要求以及地方开展跨省流域生态补偿等提供了有力的技术支撑。

为广泛共享水专项课题取得的研究成果，现将课题取得的研究成果进行汇编，本书具有较强的学术性和实用性，可为更多的政府机构、环境决策者、环境管理人员、环境科研工作者开展相关工作提供借鉴。

"跨省重点流域生态补偿与经济责任机制示范研究"课题组

2022 年 10 月

目　录

第1章　概　述 1

　　1.1　基本概念和定义 1

　　1.2　跨省流域生态补偿实践解析 5

　　1.3　建立跨省重点流域生态补偿与经济责任机制的必要性 13

　　1.4　跨省重点流域生态补偿与经济责任的关键问题 14

第2章　流域生态补偿地方试点跟踪评价 16

　　2.1　地方流域生态补偿试点进展与效果评估 16

　　2.2　流域生态补偿绩效评价技术体系 53

　　2.3　流域生态补偿政策效果绩效分离 94

第3章　跨省重点流域生态补偿与经济责任机制框架 99

　　3.1　跨省重点流域生态补偿与经济责任机制的目标 99

　　3.2　跨省重点流域生态补偿与经济责任机制任务布局 100

　　3.3　跨省重点流域生态补偿与经济责任机制试点范围识别 100

　　3.4　跨省重点流域生态补偿与经济责任机制关键环节 103

　　3.5　跨省重点流域生态补偿与经济责任标准核算方法 104

第4章　跨省重点流域生态补偿方案 117

　　4.1　跨省重点流域水质生态补偿框架 117

　　4.2　跨省流域上下游责任划分 119

　　4.3　跨省流域生态补偿标准测算 125

　　4.4　跨省流域生态补偿方式选择 131

　　4.5　跨省流域生态补偿配套制度 133

第 5 章　跨省水源地保护经济补偿方案 138

　　5.1　我国跨省水源地保护及其存在的问题 138

　　5.2　跨省水源地保护经济补偿内涵 146

　　5.3　跨省水源地保护经济补偿标准研究 156

　　5.4　跨省水源地保护经济责任机制研究 182

　　5.5　跨省水源地保护生态补偿财政路径与监督考核机制设计 204

　　5.6　跨省水源地保护能力建设 214

第 6 章　跨省东江流域生态补偿与经济责任机制研究 224

　　6.1　东江流域开展跨省流域生态补偿的基础 224

　　6.2　跨省东江流域生态补偿基本思路 252

　　6.3　基于空间统计的跨省东江流域生态补偿范围界定 254

　　6.4　生态保护效益与水质水量耦合的跨省东江流域补偿标准研究 266

　　6.5　跨省东江流域补偿资金管理与实施机制安排 271

　　6.6　跨省东江流域水质水量潜在贡献率预测分析 289

　　6.7　跨省东江流域生态补偿效果评估 305

　　6.8　完善东江流域试点生态补偿的建议 311

第 7 章　跨省汀江流域生态补偿与经济责任机制试点研究 313

　　7.1　汀江流域开展跨省流域生态补偿的基础 313

　　7.2　汀江（韩江）流域生态补偿经验总结及责任主体界定研究 320

　　7.3　汀江（韩江）流域生态补偿标准核算研究 342

　　7.4　汀江跨省流域水质监测能力建设方案 357

　　7.5　汀江（韩江）流域生态补偿资金管理机制研究 359

　　7.6　汀江（韩江）流域生态补偿实施及效果评估研究 359

第 8 章　跨省于桥水库水源地保护经济补偿机制试点研究 378

　　8.1　于桥水库开展跨省水源地经济补偿的基础 378

　　8.2　于桥水库流域水环境状况评估 385

　　8.3　跨省于桥水库水源地保护经济补偿基本思路 418

　　8.4　跨省于桥水库水源地保护经济补偿范围研究 423

　　8.5　基于水质水量与生态保护效益的跨省于桥水库经济补偿标准研究 436

　　8.6　跨省于桥水库流域经济补偿资金管理机制与实施机制安排 459

8.7 跨省于桥水库流域水质改善潜在贡献率预测分析 467

8.8 跨省于桥水库流域经济生态补偿试点效果评估研究 486

第9章 研究结论 505

9.1 构建质量改善导向的跨省流域双主体生态补偿方案 505

9.2 构建基于协商的跨省水源地经济补偿方案 506

9.3 构建跨省流域水质生态补偿模拟技术 506

9.4 建立跨省流域生态补偿绩效评价体系 507

9.5 提出跨省试点流域生态补偿方案 508

第10章 存在的问题及建议 510

10.1 存在的问题 510

10.2 政策建议 511

参考文献 515

第 1 章 概 述[①]

本章主要介绍跨省流域生态补偿与经济责任机制的基本概念与内涵，解析已有实践案例，明确建立跨省重点流域生态补偿与经济责任机制的必要性和意义，识别要重点解决的若干关键问题。

1.1 基本概念和定义

1.1.1 生态补偿

在解析生态补偿时，涉及 3 个关键词，即生态、补偿和政策（机制）。生态学中的"生态"是指生态系统存在的状态（结构和功能）及其规律；而生态补偿中的"生态"则是指生态系统服务功能、环境服务、生态效应和生态效益。在目前的流域生态补偿实践中，"生态"甚至就是一种特定水质的流域水体，或者是包含数量和质量情况的流域水体。

生态系统服务功能是近年来国际上比较通用的说法，Costanza 等和联合国"千年生态系统评估"（MA）研究在这方面起到了划时代的作用。生态系统服务功能是指人类从生态系统获得的效益，生态系统除了为人类提供直接的产品以外，所提供的其他各种效益，包括供给功能、调节功能、文化功能以及支持功能等。因此，人类在进行与生态系统管理有关的决策时，既要考虑人类福祉，也要考虑生态系统的内在价值。生态补偿是促进生态环境保护的一种经济手段，而对于生态环境特征与价值的科学界定，则是实施生态补偿的理论依据。通常可以用市场价值法、机会成本法、人力资本法、生产成本法等来评估给定区域的生态系统服务功能价值。

《汉语大词典》（1995）对"补偿"一词这样解释：通常是指主体在某一方面有所亏失，而在另一方面要有所获得；与此相关的"赔偿"是指因主体的行动使他人或者集体受到损失而给予补偿。所以，从所涉及的利益的本质来看，二者是一致的，都是对损失的一种弥补，最终达到一种平衡。通常，"补偿"往往强调的是受益者的支付行动，而"赔偿"侧重于强调破坏者的支付行动。这就意味着，生态补偿与污染赔偿，是一个问题的

---

① 本章主要执笔人：刘桂环、文一惠、臧宏宽、王夏晖。

两个方面。

从制度学上来看，机制就是为了实现某一目标的一种制度安排。政策，则是为了实现某一目标的一种行动准则。因此，生态补偿机制就可以理解为实现生态补偿这一目标的一种制度安排；而生态补偿政策，则是实现生态补偿这一目标的行动准则。从这个意义上讲，流域生态补偿和污染赔偿制度就是一种制度安排和政策配套已经确定的、形成规范的、法律安排的，在实践中可以实施的机制和政策手段。

生态（环境）服务付费（Payment for Ecological Services 或 Payment for Environmental Services，PES）则是国际上比较通用的一种关于"生态补偿"的提法，是指生态（环境）服务功能受益者对生态（环境）服务功能提供者付费的行为。这种概念在发达国家以及国际组织中已广泛使用。

1.1.2　经济责任

经济责任（economic responsibility）是指责任人在经济方面应尽的职责和应承担的过失。它的实质是经济权利和经济义务的关系，它的形成是基于生产资料所有权和经营权的分离。受托经营管理权的管理者有对生产资料的支配权利，同时也有对生产资料所有者报告企业的财产和经营状况、开拓业务和取得成果的责任。这样，就形成了权利与义务的经济关系，即经济责任。在我国，以生产资料公有制为基础的经济责任，必须接受国家计划和政策的协调，必须遵守和遵循责、权、利相结合，国家、集体、个人利益相统一，职工劳动所得同劳动成果相联系的原则。

经济责任的类型具体包括违约责任和侵权责任。违约责任是指以合同义务为前提，违背双方当事人依照法律规定或自行依法约定的义务而承担的责任，表现为当事人对生效合同的拒绝履行或不适当履行而应承担的责任。例如，银行、信用社不依借款合同如期如数发放贷款而向借款人支付违约金的责任，借款人不依约定偿还贷款本息所承担的罚息责任等。侵权责任是指行为人对经济法律中强制或禁止性规范的直接违反所应承担的法律责任。例如，企业假冒商标，出售伪劣商品，单位或个人强迫银行、信用社签订经济合同和发放贷款等，除应承担行政责任外，还应承担罚款、赔偿损失等经济责任。

流域生态补偿的经济学意义就是要实现流域上下游政府在水质保护中的事权与财权关系的协调，如果事权与财权不对等，则应该通过转移支付的手段予以解决。

流域生态补偿强调行政手段与经济手段的结合，是跨界水质目标考核制度的延伸。在流域中，上下游发生污染时或采取环境保护措施时，均具有明显的外部性效应，其影响经常发生在行政辖区之间，而具体的工程措施往往是发生在某一个确定的行政辖区内，流域上下游地方政府主要负责流域环境的保护与治理，未能履行环境保护与治理的地方政府，应该承担一定的经济责任。如果相应的生态环境经济补偿机制缺乏，就很容易导致流域上下游生态环境的事权与财权的不匹配。在我国逐步推动建立跨省流域生态补偿机制的背景下，基于流域生态补偿经济责任的相关理论，明确流域生态补偿上下游经济责任划分的相关问题与需求，是建立和完善我国跨省流域生态补偿机制的重要前提。

1.1.3 跨省流域生态补偿

水资源是一种自然的环境要素，它的自然动态演变形成了流域。流域内的水资源是一个完整统一的水系，水体之间相互转化形成一定的平衡。《辞海》将流域定义为："地表水及地下水分水线所包围的积水区域的总称。"行政区域由人为划分决定，部分行政区域划分与地形相关，如以河流、山脉等自然分割作为行政边界。流域和行政区域在空间分布上有很大的交错部分，跨区域流域非常多见，因而必须重视流域水资源统一管理和跨区域水资源统筹管理。

我国地域广袤、江河众多，各流域的自然条件、水的问题特点以及经济社会发展水平等差异明显。若以省级行政区为区域单位，我国众多流域有省内流域和跨省流域，跨省流域既有横跨 4 个及以上省级行政区的河流，如长江、黄河等，也有横跨 2～3 个省级行政区的河流。流域本身是一个整体性特别强的生态系统，流域干支流、左右岸、上下游之间互相影响，跨省流域由于范围广阔、跨度大，完整的生态系统被众多行政区域分割，涉及的利益相关者多，而且复杂，导致流域整体生态系统的保护难度比中小流域大得多，仅仅依靠个人、企业或者单个省级行政区政府是无法完成的。而流域上下游省级行政区往往以自身利益最大化为目标，省际利益冲突明显，要实现跨省流域生态补偿，就要在有效的沟通机制下进行，上一级政府及上下游政府分别做好协商、监督、管理和实施。

因此，跨省流域生态补偿是以内化外部成本为原则，以政府为主导，通过各方利益主体平等参与、相互协商和自愿协调，对由于流域区域变化引起的损益变化引发的补偿问题达成一致，调整相关主体的生态利益及其经济利益的分配关系，从而正向激励水生态保护与建设行为。从流域尺度上看，跨省流域生态补偿是跨越两个及以上省级行政区的河流生态补偿，不包括省内中小流域生态补偿以及不同流域的跨流域调水的生态补偿；从流域范围上看，跨省流域生态补偿是不同省级行政区的生态系统服务的提供者和受益者之间的补偿，包括上下游省级行政区之间补偿以及中央政府对重要区域的补偿。

1.1.4 跨省水源地经济补偿

一般而言，水源地的概念涉及水源区、取水点和用水区 3 个重要区域。水源区即水资源储备库，取水点为天然水资源进入人工水循环的界点，用水区为区域水源地所承担的负载。因此，水源地的定义可以有广义和狭义之分：广义上，取水点以上的来水区域均为用水区的水源地；狭义上，从管理目标的可实现性和便捷性来看，在一定程度上直接影响取水点水量、水质的上游水源区域为用水区的水源地。《中华人民共和国水法》第33条规定："国家建立饮用水水源保护区制度。省、自治区、直辖市人民政府应当划定饮用水水源保护区，并采取措施，防止水源枯竭和水体污染，保证城乡居民饮用水安全。"这里的水源保护区即水源地。《饮用水水源保护区划分技术规范》（HJ/T 338—2007）详细明确了集中式饮用水水源保护区的划分标准，将集中式饮用水水源地保护区具体化为一级保护区（不低于Ⅱ类水质）、二级保护区（不低于Ⅲ类水质）和准保护区（缓冲区），并根据河流型、湖库型将水源地保护区划分大小作了相应规定，同时也考虑到部分水源地不能简单按照河流型或湖库型对待，需要根据实际情况，了解影响范围再科学划分。

跨省水源地是跨区域水源地的一种，但是跨省水源地更加特殊，影响范围更广、管理层次更高。《中华人民共和国水污染防治法》第六十三条规定："……跨市、县饮用水水源保护区的划定，由有关市、县人民政府协商提出划定方案，报省、自治区、直辖市人民政府批准；协商不成的，由省、自治区、直辖市人民政府环境保护主管部门会同同级水行政、国土资源、卫生、建设等部门提出划定方案，征求同级有关部门的意见后，报省、自治区、直辖市人民政府批准。"同时规定："跨省、自治区、直辖市的饮用水水源保护区，由有关省、自治区、直辖市人民政府商有关流域管理机构划定；协商不成的，由国务院环境保护主管部门会同同级水行政、国土资源、卫生、建设等部门提出划定方案，征求国务院有关部门的意见后，报国务院批准。"虽然行政审批流程比较类似，但从省级行政区内跨县、市管理提高到跨省水源地管理，需要进行更加广泛和更高层级的管理安排。

广义上，若某一用水省级行政区的取水点以上的来水区域涉及其他省级行政区，则该用水省级行政区以外的来水区域均称为跨省水源地；狭义上，有比较直接的水量和水质影响的跨省区域，就属于跨省水源地，这些影响可以用一些指标表示，如区域产水比例、污染负荷比例及影响等。从管理目标的可实现性来看，在一定程度上直接影响某一用水省级行政区取水点水量、水质的本行政区之外的上游水源区称为该用水省级行政区的跨省水源地。

根据前面对跨省水源地的分析，跨省水源地保护一般涉及产水省级行政区、用水省级行政区及供水工程。因此，结合水源地、跨省水源地及流域生态补偿的相关定义，可以将跨省水源地保护经济补偿定义为：为了改善水源地生态环境、维持水源地生态系统平衡、维护水源地生态系统服务功能、增强水源地供水能力的可持续性，以经济手段为主激励水源地省级行政区开展持续性的水源保护工作，加强水源地的生态保护与建设，遏制生态破坏行为，调整水源地相关利益方生态及其经济利益的分配关系，促进地区间公平和协调发展的一种制度安排。

1.2　跨省流域生态补偿实践解析

1.2.1　国外经济补偿案例分析①

1.2.1.1　欧洲易北河流域

生态系统是一个整体,许多国家的经验已经说明,大范围生态补偿机制不可能由一个地区或一个部门建立起来,只有通过建立部门联系、上下联动的综合机制,生态补偿政策才能奏效。德国易北河生态补偿实践是比较著名的生态补偿案例。易北河是一条国际河流,先后流经捷克和德国,在 20 世纪 80 年代前,捷克和德国没有联合开展整个易北河的生态治理工作,导致了易北河污染严重,水质不断下降。为了打破部门、地区、行业界限,推动大范围的区域性合作,建立有效的协调与合作机制,达到利益共享、成本分担的目的,德国和捷克实施了以下措施:

(1)实行统一规划,签订双边协议

1990 年,德国和捷克之间达成了协议,按照协议规定,双方将共同治理、保护、开发、利用易北河,采取的具体措施是,德国在易北河流域建立 200 个自然保护区及 7 个国家公园,将保护区列为禁止开发区。这样的保护措施使易北河的水质有了较快改善。同时,为了更好地保护易北河,德国和捷克共同成立双边合作组织,该组织的成员由流域治理领域的专家学者组成,其主要职能是开展易北河整体治理,协调两国政府及环保部门的行动,努力改善水质,维持生物多样性,抑制河水污染。该组织包含 8 个专业小组:①行动计划小组:制定管理目标;②监测小组:建立在线监测网络,对水质、水量进行监测;③研究小组:研究保护易北河生态环境的各项环境经济政策及技术手段;④沿海保护小组:及时排除沿岸对河体环境的污染;⑤灾害小组:当发生污染突发事故时,及时处理污染事故;⑥水文小组:对易北河的具体水文、水质情况进行收集;⑦公众小组:向公众宣传生态环境保护的重要性,将政府采取的保护生态环境的措施向公众公开;⑧法律政策小组:制定保护管理的具体政策法律。

(2)实施生态补偿

从 2000 年开始,德国对捷克实行了生态补偿,一期资金约合 900 万马克,总补偿金额高达 2 000 万马克,生态补偿金被用于帮助捷克建设易北河的污水处理厂,经过十几年的基础设施建设和生态保护,易北河的水质已经有了极大改善,生态环境保持良好。这

---

① 案例总结归纳自环境保护部环境规划院流域生态补偿与污染赔偿研究与示范课题组"流域生态补偿与污染赔偿研究与示范"课题研究报告,2012 年 6 月;张明波,《跨省流域生态补偿机制研究》,杨凌:西北农林科技大学,2013 年。

是个跨国生态补偿的典型例子，它说明生态补偿机制的建立不应该受到地区的限制，不仅可以在省内、国内建立，也可以跨国建立。

（3）保证补偿资金到位，核算公平

生态环境保护的关键是有充足的资金作为保障，为了保证易北河保护的资金来源，德国采取的主要措施是建立横向财政转移支付制度。德国的横向财政转移支付基金由两部分构成，一是由州分享部分税项增值税的1/4；二是财政较富裕的州按照统一标准计算结果拨给较贫穷州的补助金。德国通过将资金从富裕的下游地区向贫困的上游地区转移，使上游有更多的资金和意愿保护环境，从而实现区域间发展的平衡。

1.2.1.2　美国科罗拉多河流域

科罗拉多河发源于落基山，流域面积63.7万 km^2，流经7个州，上游水量较丰，支流较多；中游、下游流经干旱、半干旱地区，水量渐少，支流不多。由于下游地区水资源缺乏，美国科罗拉多河水事纠纷不断，为了解决水源地内各州水资源开发利用的纠纷，科罗拉多河流域采取了以下措施：

（1）构建完善的州际协商机制

在科罗拉多河流域，自1922年，流域内7个州的代表通过长久的协商谈判，最终达成了科罗拉多河的第一个水权分配协议——《科罗拉多河契约》，1928年又通过了《博尔德峡谷项目法案》，1948年、1966年流域上下游之间又经过漫长的磋商达成了水权分配协议，逐步形成了一系列各州之间水资源分配的方案。同时，为科罗拉多河上下游政府之间进行沟通协商和谈判设置了不同级别的协商管理机构，通过信息共享，增加相互之间的沟通。具体的协商机构包括1935年成立的"科罗拉多河委员会""格林峡调控管理委员会""科罗拉多河盐量控制论坛"等组织，他们共同的职能就是促进流域内上下游政府之间的协商沟通，通过不断的利益博弈，达成水资源保护协议、水权分配协议、水权交易的方案。同时，有这些机构的长期存在，也能保证上下游之间达成的协议是动态的，各州可以根据需要不断修正完善协议。

（2）开展水权交易

在科罗拉多河流域，水权交易很活跃。水权分配后，帝国灌溉区（Imperial Irrigation District，IID）水资源充足，而圣迭戈和洛杉矶随着人口的不断增长，水资源十分匮乏。为解决城市用水问题，洛杉矶要求灌溉区减少其从科罗拉多河获得的用水量，将由此节约的水权转让给洛杉矶，经过双方反复博弈谈判，最终达成了水权交易的协议。具体措施是洛杉矶为上游水渠加水泥防漏层，投资2.33亿美元，从而使帝国灌溉区每年节约灌溉用水1.357亿 m^3。同样的水权交易也在帝国灌溉区与圣迭戈之间开展。圣迭戈出资对帝国灌溉区从河流引水的渠道用水泥加固并进行防漏处理。同时，科罗拉多河将之后75

年的一定水量供给圣迭戈。虽然协议的达成过程比较曲折，但是通过协议实现了水资源的优化配置及水资源利用的帕累托最优，同时也缓解了下游城市用水的困难。

1.2.1.3 澳大利亚墨累-达令河流域

墨累-达令河位于澳大利亚的东南部，流域面积为 1 061 469 km²，约占澳大利亚国土总面积的 14%，流域南北长 1 365 km、东西宽 1 250 km，河流总长 3 750 km。该流域涉及新南威尔士州、维多利亚州、昆士兰州、南澳大利亚州和首都直辖区。澳大利亚联邦宪法赋予上述各州、直辖区对辖区内的土地、水资源享有自治权。但由于水源地地理和行政区域跨度大，流经地区的环境条件、生态系统和经济社会发展水平有着极大的差异，整体管理面临着诸多问题，造成这些问题的原因各不相同，解决起来需结合当地情况具体分析，因此，为进一步开发流域内水资源和保护流域内的生态系统，墨累-达令河流域水源地州际政府与联邦政府采取了以下措施：

（1）建立整体管理的框架，达成州际管理协议

为有效解决墨累-达令河因地理和行政区域跨度大而使各州水资源利用存在的问题，管理过程中各州管理部门积极加强沟通协调，从整体上对墨累-达令河进行管理。州际的管理协议在整体管理框架下，作为流域尺度水资源管理的重要制度保障和法律依据。①协议制定。协议规定各项政策的制定以保护整个流域的自然资源为中心；设立专门的管理机构，协调各区域管理主体间的合作，避免由于行政区域不同而造成部门分割、职责不清乃至地方保护主义的现象；各级政府都应避免将地方利益摆在首位，防止出现一味追求本地区的发展而造成对水资源的浪费和生态环境的破坏的现象。②协议的执行。关键在于各州间的协调配合，具体表现在：该协议对其所有成员都具有同等约束力，各成员对协议的修改或者撤销不能单方面进行。

（2）开展水权交易

水权交易是澳大利亚进行生态补偿的主要形式。澳大利亚中西部因地处干旱地区，降雨分布不均，使得局部地区水资源短缺，为了解决这一问题，澳大利亚政府通过完善水权交易市场制度来促进水资源的合理分配，这不仅有效地保护了水资源，而且使有限的水资源得到了充分的利用。澳大利亚也因此成为世界上水权交易制度较为成熟的国家之一。在澳大利亚，由于成熟的水权交易制度，水权交易方式出现了多样化，不仅各州间采取的交易方式不同，就是在同一个州内也会采取不同的交易方式。例如，维多利亚州就把水权交易分为临时性转让和永久性转让、部分转让和全部转让、州内转让和跨州转让等方式。但无论是采取哪种转让方式必须遵循两点原则：一是水权转让时价格由市场决定，政府不得干预，但转让人可通过竞标、招标等方式进行；二是水权转让的前提是必须遵守州议会达成的规则。

（3）水分蒸发蒸腾信贷

流域内大范围的土地清理与本地树种和植被的砍伐导致地下水补给不断增加，地下水位上升到表面，引起土壤盐碱化严重、下游水质逐渐恶化等问题。澳大利亚实施水分蒸发蒸腾信贷。下游农场主按每蒸腾 100 万 L 水交纳 17 澳元的价格购买信贷，或按每年每公顷土地支付 85 澳元进行补偿，支付 10 年。拥有上游土地所有权的州林务局，通过种植树木或其他植物来获得蒸腾作用或减少盐分的信贷，以改善土壤质量，保护下游水质。

1.2.2 国内跨省流域生态补偿典型做法

"十二五"以来，我国生态补偿政策框架逐渐清晰。"十二五"规划纲要就建立生态补偿机制问题作了专门阐述，要求研究设立国家生态补偿专项资金，推行资源型企业可持续发展准备金制度，加快制定实施生态补偿条例。党的十八大报告明确要求建立反映市场供求和资源稀缺程度、体现生态价值和代际补偿的资源有偿使用制度和生态补偿制度。《中共中央　国务院关于加快推进生态文明建设的意见》第二十四条提出，"健全生态保护补偿机制""建立地区间横向生态保护补偿机制，引导生态受益地区与保护地区之间、流域上游与下游之间，通过资金补助、产业转移、人才培训、共建园区等方式实施补偿"。

在各项政策的推动下，在流域生态补偿领域，大部分省（区、市）都以水质为抓手建立了跨界上下游的补偿机制，浙江、安徽、陕西、甘肃、广东、广西、北京、天津、河北等省（区、市）已推动开展了跨省流域生态补偿试点。以下是我们开展的一些调研案例。

1.2.2.1 皖浙两省共同治理新安江

2011 年 11 月，财政部、环境保护部等在新安江流域启动全国首个跨省流域生态补偿机制试点，以 2012—2014 年作为三年试点期，在新安江流域上游和下游之间，建立起基于"利益共享、责任共担"的跨流域生态补偿新模式，着重解决流域上下游水质保护与受益分离的问题。

新安江总长 359 km，从安徽黄山休宁山间发源，其干流的 2/3 在安徽境内，下游则是浙江重要的饮用水水源地千岛湖。由于千岛湖入湖水量中有近 70%来自安徽，上游水质对千岛湖水质起着决定性的作用。监测数据显示，新安江皖浙交界断面水体总氮、总磷指标呈明显上升趋势，千岛湖的水质正在由贫营养化进入中营养水平并向富营养化转变，这为千岛湖的生态状况敲响了警钟。

试点方案按照"明确责任、各负其责，地方为主、中央监管，监测为据、以补促治"原则，每年设置补偿基金 5 亿元，专项用于新安江上游产业结构调整、产业布局优化、流域综合治理、水环境保护和水污染治理等方面。其中最别具新意的是，5 亿元补偿基金中，皖浙两省各出资 1 亿元，年度水质达到考核标准，浙江拨付给安徽 1 亿元，否则相反。新安江流域"生态联治"，已经得到国家层面的支持。

2011 年，新安江综合治理共实施项目 145 个、完成投资 88.1 亿元；2012 年，实施新安江综合治理项目 108 个、完成投资 107 亿元。对应的生态补偿机制试点工作，累计实施试点项目 99 个，累计完成投资 20 亿元（其中试点补助资金 6.6 亿元）。由于流域水资源与生态环境保护具有长期性、艰巨性、复杂性等特点，若稍松懈，水质也可能反复。因此，黄山市希望新安江流域生态补偿机制建设延长期限、增加补偿额度等，推进资源保护与生态补偿常态化、长效化。2014 年 4 月 10 日，浙江省人大常委会主要负责人来黄山市考察试点时，表达了继续共同推进试点的意愿。皖浙两省达成共识，继续推进新一轮试点，持续进行新安江和千岛湖的保护。同时，双方就新一轮试点的期限、补偿资金、水质考核、第三方评估和交流合作等问题，展开了研究和讨论。两省商定尽快向国务院请示，争取得到国家对试点的更大支持。

1.2.2.2 百里九洲江，粤桂共治理

九洲江是跨广西、广东两省（区）的独流入海河流，全长 162 km，流域内支流众多，其中下游的鹤地水库地处两广交界处，是广东省湛江市 380 万人口重要的饮用水水源地。近年来，受生猪养殖、生产生活和工业企业排放的污水影响，九洲江水质呈现逐步恶化趋势。文车桥交界断面的氨氮属于 V 类水质、总磷属于 IV 类水质，上游河流中氨氮和总磷甚至属于劣 V 类水质。

粤桂两省（区）党委、政府对此高度重视。2013 年 8 月，两省（区）党委、政府主要领导人在南宁召开座谈会，本着"同饮一江水，两广一家亲"的主题精神，认为九洲江流域污染治理，事关广东省湛江市 380 万名群众饮水安全，事关流域经济社会可持续发展、和谐发展大局，两省（区）决定联手治理九洲江。原环境保护部、财政部也高度重视九洲江污染治理工作，将下游的鹤地水库列入良好湖泊治理项目，并给予广东省治理资金扶持。

2014 年 8 月 6 日，广西壮族自治区政府和广东省政府在广州市共同签署《九洲江流域跨界水环境保护合作协议》（以下简称《协议》），九洲江流域水环境综合治理的合作正式拉开帷幕。《协议》约定，2014—2017 年由两省（区）政府各出资 3 亿元，设立粤桂九洲江流域跨省水环境保护合作资金。合作资金主要用于流域上游环境基础设施建设和污染治理工作；共同优化流域产业结构和布局，加强水质监测监控，联合治理环境污染。九洲江流域污染治理工作的目标是：一年打基础，两年见成效，三年水达标，四年保长效。《协议》还对粤桂两省（区）联合治污提出了切实要求。从 2014 年开始，争取用 3 年的时间，突出抓好畜禽养殖污水、城乡生活污水以及工业企业污水等"三污水"治理，

截至 2017 年，全面完成九洲江流域污染治理任务，实现九洲江粤桂交界断面水质稳定达到Ⅲ类水质。为从源头上减少污染，对污染严重却在九洲江流域继续发展的企业实行关停并转，对流域内现有排放废水企业退出九洲江流域异地搬迁给予资金支持。

据统计，2014 年上半年广西已实际投入 2 亿元，用于九洲江流域畜禽养殖污水、乡镇污水、工业污水治理。经过近 1 年的综合治理，九洲江水质已有所改善，两省（区）交界断面水质基本达到Ⅲ类水质。

1.2.2.3 陕西省渭河流域实施水污染补偿

渭河是黄河第一大支流，是甘陕两省的"母亲河"，治理和保护好渭河水质，事关流域内城市的未来和两岸人民的福祉。近年来，渭河水环境治理取得了一定成效，但渭河依然是黄河流域污染最重的河流，制约了流域经济社会的可持续发展。

为改善渭河流域水环境质量，2010 年 1 月陕西省制定了《陕西省渭河流域水污染补偿实施方案（试行）》。该方案适用于渭河干流流域内的西安市、宝鸡市、咸阳市、渭南市地表水生态环境污染补偿。考核因子暂定为化学需氧量，并根据实际情况适时增加氨氮等因子。方案要求各设区市考核断面出境水体中的化学需氧量月平均浓度低于污染物浓度控制指标时，不缴纳污染补偿资金。当各设区市考核断面出境水体中的化学需氧量月平均浓度高于污染物浓度控制指标时，由省财政厅向各设区市收取污染补偿资金。污染补偿资金的标准暂定为化学需氧量每超标 1 mg/L 缴纳 10 万元，不足 1 mg/L 的按照 1 mg/L 计算。污染补偿资金的 40%用于奖励工作力度大、水质改善明显的设区市。

2011 年年底，陕甘两省沿渭河六市一区在西安签订了《渭河流域环境保护城市联盟框架协议》，提出渭河生态保护的基本原则：设定跨省、市出境水质目标，按水质目标考核并给予补偿；各出境断面的考核因子暂定为化学需氧量和氨氮两项；各考核断面的出境水质以两省环保厅共同认可的监测结果为依据。2012 年 1 月，陕西省财政厅与环保厅给予上游的甘肃省天水、定西两市生态补偿资金 600 万元，专项补偿用于渭河上游的污染治理工程和水源地生态建设工程。陕甘两省迈出了跨省生态补偿的第一步，此举标志着全国省际生态补偿机制在陕西、甘肃两省率先实施。

截至 2012 年年底，陕西沿渭河的 4 个城市因断面污染物超标，共缴纳污水补偿金 13 282 万元，给甘肃定西、天水两市补偿 1 400 万元。通过在渭河流域开展生态补偿的试点，渭河流域生态环境有了一定程度的改善。渭河实行跨省上下游流域生态补偿在我国是首例，其"先粗后细，逐步完善"的思路值得我国其他地区借鉴。

1.2.2.4 京津冀探索跨区域流域生态保护与合作

河北地区是京津的重要水源地，潘家口水库入库水量的 82%、密云水库年径流量的

56%都来自承德。2014年北京市政府原则上通过的《北京市水环境区域补偿办法（试行）》，不仅考虑到了本市各区、县间的区域补偿，对京津冀协同发展也有考虑。按照目前的补偿办法，断面下游属于其他省（市），区县政府缴纳的补偿金由市级统筹安排，待国家出台跨省（市）流域水污染补偿政策后，按照国家规定执行。这一办法是跨 3 省（市）的补偿制度，考虑了京津冀协同发展。

作为滦河流域重要的水源地，潘家口、大黑汀水库（以下简称潘大水库）的水质关系着天津市民的饮用水质量。天津、河北两地拟通过共筹水环境保护资金、编制潘大水库保护规划等办法，实施引滦流域产业结构调整、产业布局优化、流域综合整治、水环境保护和水污染治理、生态保护等举措，共同承担引滦水环境保护责任。

自2014年起，环境保护部把开展滦河流域补偿作为京津冀协同发展重大事项进行推进，但河北和天津在补偿条件和标准上尚未达成一致意见，补偿协议迟迟没有签订，引滦流域补偿协议初步确定由国家以国土江河流域综合整治试点形式给予资金支持，河北、天津再各自支付一部分，以体现谁受益、谁补偿的原则。可见，京津冀地区的跨省（市）生态补偿合作虽然难度较大，但已是大势所趋。

1.2.3 地方实践经验解析

1.2.3.1 实施跨省水质生态补偿明确了各级责任

我国已开展的跨省流域生态补偿实践实现了政府行政管制手段和经济手段相结合，各地的实践均是在政府主导下开展的，推进程度与省、市、县各级政府对该政策的认识程度密切相关。在省内流域补偿中，省政府的统一协调是关键，明确各级政府、相关部门在流域管理中的责任分工是基础，只有政策被各级政府领导认可并重视，相关各级生态环境部门、水利部门、财政部门等积极参与和联动，才会出现良好的政策实施效果。上升到跨省层面，由于省际流域生态补偿刚刚起步，中央政府对协调开展生态补偿的两省（区、市）关系起到了重要作用。另外，跨省流域生态补偿政策明确了流域上下游省（区、市）主体、客体的经济责任，并且同各地财政紧密关联，使得各地提高了改善跨省流域水质的积极性。

1.2.3.2 以水质为目标促进上下游责任经济化

目前的流域管理模式对流域上下游的经济利益关系没有明确厘定，主要是基于对上下游各地区的水质目标考核的行政责任制，没有形成流域上下游地区的水质保护和补偿、污染治理和赔偿的内在激励机制。可以说，目前的流域管理主要是一种行政目标行为，缺乏公平性。这种非公平性流域管理模式，造成了流域上下游各地的河长都普遍缺乏关注辖区内出界水质的动力，上游的水源地区也缺乏保护水质、将优良水体供给下游地区的动力，使得跨界水污染问题一直是流域上下游政府争论的焦点。从各地流域生态补偿的实践来看，通过明确上下游责任分工、补偿和赔偿的标准和方式，可把水质目标责任制予以经济化，在一定程度上能够消除流域上下游利益失衡问题，极大地调动了流域上下游水环境保护的积极性。

1.2.3.3　确定补偿标准推动政策有效执行

从国内实践来看，很大程度上，生态补偿政策是否能够成功，与生态补偿的标准设计有很大关系，无论是基于流域上下游跨省断面水质目标的补偿标准方式，还是基于流域上下游考核断面水污染物通量的补偿标准方式，合理设置不同情形下的补偿和赔偿标准并得到相关部门的一致认可是减少甚至避免政策推行中阻力的关键。总体来看，生态补偿政策促进了行政手段与经济手段的结合使用，发挥了行政与经济两种手段的协同效应。

1.2.3.4　政策实施后需建立后续保障政策体系

跨省流域生态补偿政策长效机制的建立需要后续政策保障，包括监测机制、评估机制、投融资机制等，否则容易使流域生态补偿后续建设和管理工作停滞不前。基于"受益者补偿"的基本原则，通过相应的政策引导与制度设计可以充分调动跨省上下游的积极性，通过加强监测约束上下游生态保护行为，通过考核评估机制实现生态补偿"谁破坏、谁保护，谁受益、谁补偿"的初衷，通过构建多方投融资机制建立综合统一的生态补偿专项资金平台，引入社会化运作管理模式，促使生态补偿项目资金规范管理并有效运作。

1.2.4　地方实践中存在的主要问题

我国跨省层面的流域生态补偿的理论和实践仍处于探索阶段，不可避免地存在一些需要不断改进和完善的方面。

1.2.4.1　缺乏流域生态补偿的法律支撑

目前国家层面生态补偿立法严重缺失，造成我国各地生态补偿实践普遍存在法律依据不充分问题，没有对跨行政辖区的流域生态补偿问题，中央和各级地方政府在流域生态补偿中的责任分工、补偿主体、补偿对象和客体等关键问题做出规范，目前也没有生态补偿的实施办法、技术指南等政策文件出台，地方开展流域生态补偿实践呈现出部门行政色彩浓厚的特征，基本上都是基于一些政府性文件开展的实践活动，并出现了补偿不到位或者补偿受益者与需要补偿者相脱节等问题。

1.2.4.2　理论基础和技术方法研究不足

理论依据不足是各地流域生态补偿实践存在的一个突出问题，特别是补偿标准的合理设置方面，目前各地流域生态补偿标准的设置是政府主导的，补偿标准是通过部门讨论制定甚至领导直接确定的，没有一定的科学方法测算作为依据，也不是流域上下游政府反复"讨价还价"后形成的协议补偿金额，补偿标准令人难以信服。一些地方流域补偿方式也不具合理性，只从流域行政断面水质目标考核出发，且主要是惩罚性的，缺少激励性考虑。从考核指标来看，一些流域主要考虑化学需氧量，对氨氮、总磷以及一些特征性污染物尚未考虑，这与流域污染的实际情况有所不符。从考核范围来看，目前流域断面水质目标考核的范围主要针对干流和一级支流，小支流没有纳入考核范围，这可能造成考核结果存在一定的误差。另外，对流域水源地的补偿尚未引起足够重视，国家、流域水源地及下游的各级地方政府的权责不明，政策尚未到位。

1.2.4.3　与稳定长效的生态补偿机制尚有很大差距

目前，地方实施的流域水质生态补偿仍然是以政府平台为主，即使是受损方和受益方易于明确界定的水源地生态补偿，也基本上没有形成市场机制。流域水质生态补偿形式较单一，主要采用资金形式，而且存在财政支付生态补偿金的合法性问题。对于政策补偿、实物补偿、技术补偿、智力补偿等形式没有足够考虑。利益相关者的责任关系界定不明确，上下游水污染治理和水质保护的责任没有完全厘清，基于上下游"环境责任协议"的流域水质水量协议模式没有形成。因此，这些生态补偿实践与稳定长效、具有生态含义的生态补偿机制尚有很大的差距。

在难度系数较大的跨省水环境生态补偿方面，中央还需做好组织者、协调者、协助者和引导者的角色，使流域沿线各省（区、市）公平享受到良好的生态所带来的收益。

1.3　建立跨省重点流域生态补偿与经济责任机制的必要性

近年来，我国各地经济迅猛发展，以经济发展为导向的发展理念导致部分地区出现各类水污染事件，由此造成的损失因为法律法规不完善和行政区划等多方面原因往往求偿无门，难以从根本上遏制住水污染事件高发的态势。一些主要河流水环境质量较差、水生态受损的问题较突出，上游地区经济发展活动受限，保护生态环境的努力得不到有效补偿；下游地区改善水质愿望强烈，但缺乏有效的工作合作机制，制约了上下游双方共同开展流域综合治理工作。加快建立流域生态补偿机制，是解决流域水资源开发利用的外部性、保护行政区际水资源开发权益、协调流域区际矛盾的重要突破口。

自 2007 年以来，许多省（区、市）都在本辖区内建立了流域生态补偿机制，目前我国已有 20 余个省（区、市）相继出台了流域生态补偿政策，建立了生态补偿实践试点，有效促进了流域治理力度加大和流域水质改善。在地方积极开展流域生态补偿的同时，2010 年 12 月，国家启动了全国首个跨省水环境补偿试点——新安江流域水环境补偿试点，该试点方案以流域跨界断面水质为抓手，可操作性强，机制易于建立，是一种典型的基于跨界断面水质目标的环境补偿模式。由此，流域生态补偿逐步成为国家以及全国许多地方流域水污染防治的重要长效机制。

我国跨行政区域的江河众多，30%的国土面积分布在跨行政区域的大江大河流域，如东江、新安江、淮河、海河、辽河等，将省内跨界断面水质生态补偿扩大至跨省层面十分必要。截至目前，除了国家推动的跨省新安江流域、跨省九洲江、跨省汀江-韩江和跨省东江流域生态补偿试点以及陕西与甘肃自发建立的跨省渭河流域环境保护协议以外，其他实践依然止步于省级行政辖区内。究其原因，主要有：一是实施层面的技术方法研究不足。目前，跨省生态补偿机制的建立在技术定量、补偿方法等方面尚存在一定障碍。在补偿标准的确定这一关键环节，补偿量化技术难度高，亟须拿出一套普适的兼备科学性与可操作性的核算方法体系；在补偿方式选择上，多以上下游政府间的资金补偿为主，而可产生长效惠益的政策补偿、实物补偿、智力补偿等补偿形式没有充分考虑。二是缺乏有效的监督评估机制。目前我国在生态补偿资金的使用方面尚未形成成熟有效的监督评估机制，对补偿方与被补偿方道德和法律约束力都很弱，导致对补偿和被补偿地方政府及有关利益方的约束不够，影响了生态补偿政策在生态保护方面的高效运行。三是缺少跨行政区域的协商平台。目前我国在一些大江大河流域设有专门管理委员会，对水资源实行流域管理和区域管理相结合的管理体制。但是在实践中，流域管理机构往往权责有限，无法承担跨部门、跨省域流域问题的综合协调，未能对流域真正进行统一有效的管理。

因此，加快建立跨省重点流域生态补偿机制，需要对跨省重点流域生态补偿和经济责任的实现机制、跨省流域生态补偿标准与财政政策安排、跨省水源地保护经济补偿的责任机制框架等问题进行深入研究，夯实跨省流域生态补偿与经济责任机制的技术基础。

1.4　跨省重点流域生态补偿与经济责任的关键问题

1.4.1　如何突破跨省流域生态补偿的制度、体制和机制障碍

流域生态服务统一连续的公共物品特性和地方利益行政区划间条块分割的矛盾是导致跨界水源功能区生态环境破坏严重的根本原因。

　　对于保护流域水环境的生态补偿，各地应确保出界水质达到考核目标，根据出入境水质状况确定横向补偿标准，并推动建立促进跨行政区域的流域水环境保护的专项资金。由此可见，建立流域生态补偿机制已得到了从中央到地方、从政府到社会的广泛认同。但是，在实践中要建立生态补偿机制，实现生态补偿，却面临着众多障碍。

　　只有突破跨省流域生态补偿制度、体制及机制的障碍，进一步从法律支持、政策体制、技术定量、补偿方法上进行因地制宜的探索，才能够建立长期有效的跨省流域生态补偿机制。因此，本书内容的实施是突破跨省流域生态补偿制度、体制及机制的障碍，进一步推动跨省流域生态补偿实践探索的必然需求，具有十分重要的理论与实践意义。

1.4.2　如何构建具有可操作性的技术规范与管理技术

　　跨省流域生态补偿的试点实施，主要依靠中央及省级政府来推动。但是，由于全国层面的立法尚未制定，目前主要将各级政府颁布的一些流域生态补偿方面的规范性文件作为实施依据。这些规范性文件均存在稳定性不够、缺乏法律效力等问题，不能对上下游政府的权利、义务做出界定。

　　采用政府主导的模式，以行政手段，实现上下游之间的生态补偿，虽然能够起到积极的作用，但缺乏可靠合理的技术支撑，距离建立可操作性强的技术规范以及合理、长效的跨省流域生态补偿机制存在较大的差距。如何对流域上下游组成主体（即补偿主体、补偿客体以及监督协调者）进行准确的判定及明确；如何建立合理可行的跨省生态补偿约束机制，进而对生态补偿进行准确和严格的过程控制；如何通过非市场化及市场化的手段完善生态补偿资金筹集机制；如何有效计量补偿主体提供环境生态服务所付出的现实代价和潜在发展损失，从而建立切实可行的跨省生态补偿标准核定机制等，仍是摆在眼前亟待解决的技术难题。

　　流域生态补偿的关键技术问题包括补偿标准核定、补偿的财政体制安排、实施机制安排等。流域内各利益相关者从各自利益出发，采取不同的方法和技术，核算结果千差万别，利益各方很难达成一致，有针对性的财政体制很难在短时间内形成并完善，阻碍了流域生态补偿机制的建立与运行。跨省层面的实施机制尚未突破，进而影响了跨省流域生态补偿机制的构建。需要通过课题研究与试点实践，为国家有关部门和流域地方政府建立生态补偿机制提供具有可实施性、可操作性的技术规范与管理技术支撑，进而建立合理、长效的跨省流域生态补偿机制。

第 2 章 流域生态补偿地方试点跟踪评价[①]

本章通过对我国各地流域生态补偿试点进展与效果进行评估，明确我国跨省流域生态补偿制度建设特点以及面临的问题与挑战。以此为基础，构建流域生态补偿绩效评价技术体系并开展实证研究，为进一步考察流域生态补偿政策的效果，开展流域生态补偿政策效果绩效的深入研究。

2.1 地方流域生态补偿试点进展与效果评估

2.1.1 地方流域生态补偿试点进展

为落实党的十八届三中全会提出的"实行生态补偿制度"的决定，推进流域水环境补偿工作，促进流域上下游协同治污，开展流域水环境补偿试点绩效评估，旨在系统、客观、准确地反映补偿机制实施成效，分析存在问题并寻求应对方案，为建立完善我国水环境生态补偿制度提出相关政策建议。

按照探索历程—主要做法—实施效果的框架来分析各地方开展的生态补偿试点进展情况。在实施效果评估中，主要从环境、经济和社会 3 个方面评估建立补偿机制后产生的效益。按照数据可获取性以及评估内容，采用定量与定性相结合的方法开展评估。如对水环境质量变化情况、万元工业增加值污染物排放量、环保投资对区域经济拉动作用等采用定量评价方法，对政府转变发展理念、企业自觉环保履责等方面的内容采用定性评价的方法。

根据数据可得情况，我们重点对新安江流域生态补偿的实施情况进行了评估。其他流域则做了简要评估。

2.1.1.1 辽河流域试点

辽河流域位于我国东北地区西南部，位于东经 116°30′～125°47′，北纬 38°43′～45°。辽河是我国东北地区南部的最大河流，我国七大江河之一。辽河流域地跨内蒙古、吉林、

---

① 本章主要执笔人：董战峰、郝春旭、璩爱玉、李红祥、王慧杰。

辽宁 3 省（区），内辖 15 个省（区）辖市，分别是：内蒙古自治区的赤峰、通辽，吉林省的四平、辽源，辽宁省的沈阳、鞍山、抚顺、本溪、营口、辽阳、盘锦、铁岭、阜新、锦州、朝阳，其中包含 50 个县（旗、县级市）。辽河流域人口 3 350.9 万人，其中非农业人口 1 463.4 万人，工业总产值 3 999.8 亿元，其中辽宁省为 3 837.5 亿元，占全流域工业总产值的 95.9%。辽河流域工业种类齐全，以冶金、石油、煤炭、电力、化工、机械、电子、毛纺、棉纺、印染、造纸、建材、制革、食品、酿造等为主。工业分布不均衡，工业最密集的区域在辽河中下游。辽河流域是我国水资源贫乏地区之一，特别是中下游地区水资源短缺更为严重。

（1）探索历程

2008 年 10 月，辽宁省出台了《辽宁省跨行政区域河流出市断面水质目标考核暂行办法》（辽政办发〔2008〕71 号），开始在辽河流域实施生态补偿。

2010 年，针对辽河治理的实际情况在考核断面中增加鞍山的解放河丁家桥断面，2011 年新增了绥中县的出县考核断面。同时，考虑到"十二五"期间国家主要污染物减排考核指标和辽河流域规划的考核指标，将氨氮纳入辽河流域干流考核指标，并且将原来全年每月一个考核目标，分为枯水期和非枯水期两个考核目标，使考核指标更加科学化、合理化。

2012 年，结合辽河治理攻坚战、大浑太流域治理歼灭战、凌河治理阻击战，又新增昌图县跨界断面、支流河入河口断面以及非跨界干流断面，考核断面达到 99 个，是最初设置断面个数的 3 倍多，同时考核指标方面也调整为 21 项全指标考核。同时针对辽河治理摘帽工作，按照辽河 2012 年干流和主要支流达到Ⅳ类水质的要求，对考核目标进行了逐条河流、分水期的制定。超标一个类别，辽河干流断面扣缴 50 万元，其他河流扣缴 25 万元。递增超标，翻倍扣缴。

（2）主要做法

1）补偿主体与客体

根据《辽宁省跨行政区河流出市断面水质目标考核暂行办法》（以下简称《考核办法》）判定，辽宁生态补偿的主体和客体均为省辖市人民政府。补偿主体为断面水质超标的省辖市人民政府，补偿客体为下游的省辖市人民政府。

2）补偿标准

2008 年，出市断面的监测项目暂定为化学需氧量（感潮断面为高锰酸盐指数）。按照水污染防治的要求和治理成本，扣缴标准暂定为：辽河干流（包括辽河、浑河、太子河、大辽河）超标 0.5 倍及以下，扣缴 50 万元，每递增超标 0.5 倍以内（含 0.5 倍），加罚 50 万元。其他河流超标 0.5 倍及以下，扣缴 25 万元，每递增超标 0.5 倍以内（含 0.5 倍），加罚 25 万元。

2011 年，结合"十二五"期间国家主要污染物减排考核指标和辽河流域规划的考核指标，将氨氮纳入辽河流域干流考核指标。

2013 年，考核断面数增加至 108 个，其中 84 个参与资金扣缴和补偿，其余 24 个只参与省政府绩效考核，考核指标调整为 21 项全指标。补偿标准为，辽河干流断面每超标一个类别，扣缴 100 万元，支流每超标一个类别，扣缴 50 万元，由省财政年终统一扣缴。

2014—2015 年，断面数维持 108 个不变，《考核办法》中增加了资金奖励内容，即对水质持续稳定达标的断面所在地区予以奖励，并对跨省界的图昌县给予适当资金奖励。

3）补偿方式及资金来源

出市断面的具体位置，按照便于分清责任、具有代表性和可操作性的原则，由省环境保护行政主管部门组织上游、下游市环境保护行政主管部门共同设定。根据国家、省水污染防治规划目标和省、市政府环境保护责任书目标要求，由省环境保护行政主管部门确定出市断面水质考核目标值，逐月进行考核。出市断面由省环境监测中心站负责监测。省环境监测中心站在断面处设立统一标识，每月监测数据由省环境监测中心站汇总后，于下月 5 日前上报省环境保护行政主管部门。省环境保护行政主管部门根据监测结果，确定每月应缴纳的补偿资金总额。于每月 15 日前将核定的上月各断面应缴纳补偿资金通报各有关市人民政府，同时抄送省财政厅，由省财政厅在年终结算时一并扣缴。

4）资金使用

参照辽河专项资金及环保专项资金的使用办法，2011 年 8 月，财政厅与环保厅联合下发了《关于印发辽宁省跨行政区域河流出市断面水质超标补偿专项资金管理办法的通知》（辽财经〔2011〕678 号）。专项资金支持范围包括污染减排项目，水污染综合整治项目，水体生态修复项目，水环境监管能力建设项目，省级环境保护行政主管部门推进流域水污染治理方面的规划、管理、科研项目以及省政府确定的其他水污染防治项目。

"十二五"期间，9 750 万元资金补偿给上游地区，专项用于各市（县）在水污染防治方面最突出、最迫切的治污项目的建设和运行（含三大战役项目），4 500 万元用于各地区城镇污水处理厂建设，2 302 万元用于乡镇污水处理厂管网建设，3 536 万元主要用于河流水质自动监测站、实验室监测能力建设及全省重点流域水污染防治规划编制。截至 2015 年 9 月，2014 年扣缴的资金尚未使用，拟将其中的 2 945 万元奖励给水质连续达标地区，7 150 万元补偿给上游地区，均将用于各市（县）治污项目运行。

（3）实施进展

从《考核办法》开始执行以来，2009—2014 年 6 年合计扣缴 37 500 万元补偿资金，其中省统筹 18 825 万元。2011—2014 年，累计扣缴生态补偿资金 34 200 万元，其中跨界河流补偿上游地区资金 16 900 万元，省统筹资金 17 300 万元。2011—2014 年分别扣缴补偿资金 1 450 万元、5 100 万元、13 300 万元和 14 350 万元。生态补偿资金情况见表 2-1。

表 2-1　生态补偿资金情况　　　　　　　　　　　　　　　单位：万元

年度	跨界	省统筹			合计
		支流入干流	入海		
			干流	支流	
2008	0	0	0	0	0
2009	1 250	0	275	125	1 650
2010	1 125	0	0	525	1 650
2011	1 325	0	25	100	1 450
2012	2 025	2 725	225	125	5 100
2013	6 400	6 750	100	50	13 300
2014	6 550	7 600	200	0	14 350
合计	18 675	17 075	825	925	37 500

但是在实施过程中，由于受到客观条件限制，辽宁省单纯考核水质，水量尚未纳入《考核办法》，导致跨界污染只能定性不能定量。同时跨省界、跨市界河流联合治理资金少、难度大、见效微，尤其是跨省界河流，受上游吉林省来水影响严重，昌图地区河流经常性超标且缺少相关仲裁，导致昌图地区河流治理存在不断治理却又不断超标现象。

2.1.1.2　东江源试点

东江是珠江三大水系之一，发源于江西省寻乌县，经过河源、惠州至东莞经虎门出海。东江干流全长 562 km，其中广东境内 435 km，占全长的 77.4%，流域总面积 35 340 km²，其中广东境内 31 840 km²，占 90.1%。东江流域以不足全国 0.4% 的国土，拥有约全国 1.2% 的水量，养育着约全国 4%、近 4 000 万的人口，创造着约全国 15% 的 GDP，承担着深圳、东莞、广州、惠州和香港的供水重任，是名副其实的经济水、政治水和生命水。因此，东江源试点研究区的范围涉及位于源区的江西省和下游广东省。

（1）江西省辖东江流域生态补偿

1）探索历程

2009 年 4 月 9 日，江西省政府办公厅发布《关于设立"五河一湖"及东江源头保护区的通知》（赣府厅字〔2009〕36 号），在赣江、抚河、信江、饶河、修河五大河流和鄱阳湖及东江源头设立保护区。其中，东江源头主要是指东江（定南）水、东江（寻乌）水的源头区域。东江源头保护区面积 592.02 km²，涉及赣州市的寻乌县和安远县的 8 个乡（镇）、5 个林场、49 个行政村。

2009 年 4 月 9 日，江西省人民政府下发的《关于加强"五河一湖"及东江源头环境保护的若干意见》（赣府发〔2009〕11 号），提出建立生态环境保护考核和激励机制。省政府每年安排一定数量的资金，对生态环境保护成效显著的地区进行奖励，同时对做出突出贡献的个人和单位予以表彰。制定自然资源与环境有偿使用政策，对资源受益者征收资源开发利用费和生态环境补偿费。以环境保护部将东江源列为首批生态环境补偿试点地区为契机，开展多种类型的生态补偿试点工作，加快生态补偿机制的研究，尽快制定适合江西省实际的生态补偿政策。

2009 年，江西省财政厅制定的《江西省"五河"和东江源头保护区生态环境保护奖励资金管理办法》规定，省财政每年安排专项资金采取以奖代补方式对"五河"和东江源头保护区给予生态补偿。

2011 年江西省政府发布《关于将定南县部分区域增列为东江源头保护区范围的通知》，明确了东江源头保护区的范围，划定东江源头保护区的面积达 816.07 km²。

2）主要做法

a）补偿范围

东江源头保护区涉及安远、寻乌、定南等 3 个县、10 个乡（镇），面积为 816.07 km²，占江西省境内东江源流域面积的 13.60%。

b）补偿主客体

补偿主体为省政府，补偿客体为生态环境保护成效显著的地区，共包括"五河"和东江源头保护区内的崇义县、大余县、瑞金县、石城县等 13 个县。

c）补偿标准

补偿依据为保护区面积、监测断面水质两项。奖励金额由两部分组成，第一部分奖励金额根据各保护区面积确定，占奖励总金额的 30%［由式（2-1）确定］；第二部分奖励金额根据各保护区出水水质确定，占奖励总金额的 70%［由式（2-2）确定］。

$$奖励金额 = \frac{各保护区面积（km^2）}{"五河"和东江源头保护区总面积（km^2）} \times 奖励总金额 \times 30\% \qquad (2\text{-}1)$$

$$奖励金额 = \frac{各保护区出水水质奖励系数}{"五河"和东江源头保护区出水水质奖励系数之和} \times 奖励总金额 \times 70\% \quad (2\text{-}2)$$

为了提高财政资金的使用效益，从 2013 年起，在保护区内发生环境污染和生态破坏事件，经省环境保护行政主管部门核实后，将扣除相应的奖金。其中，发生特别重大环境污染事件（Ⅰ级），扣除所在县（市）奖励资金的100%；发生重大环境事件（Ⅱ级），扣除所在县（市）奖励资金的70%；发生较大环境事件（Ⅲ级），扣除所在县（市）奖励资金的50%；发生一般环境事件（Ⅳ级），扣除所在县（市）奖励资金的40%。同时，特别规定，在保护区内新建影响和破坏生态环境的项目，扣除所在县（市）奖励资金的100%。

d）资金使用

奖励资金作为财力性转移支付，由县财政统筹安排，合理使用，主要用于污染防治、生态保护有关的支出，不得违规购买、更新小汽车，不得新建办公楼、培训中心，不得搞劳民伤财、不切实际的"政绩工程"等。

3）实施进展

江西省财政于 2008 年安排 5 000 万元，2009 年安排 8 000 万元，2010 年安排 10 400 万元，2011 年安排 13 520 万元，2012 年安排 17 520 万元，2013 年安排 17 520 万元用作江西省"五河"和东江源头保护区生态环境保护奖励。2008—2013 年，江西省财政共投入财政资金约 7.2 亿元用于对"五河"和东江源头保护区生态环境保护工作成绩突出的县（市）进行奖励。2011 年起江西省财政每年出资 1 000 万元设立省级自然保护区专项资金对省级自然保护区环境保护实施奖励，公益林补偿标准也由最初 5 元/亩提高到 15.5 元/亩，2013 年又提高到 17.5 元/亩，省财政年总投入 8.9 亿元。东江源头保护区移民的补偿标准也不断提高，2013 年已提高到 4 000 元/人，寻乌、安远和定南 3 县启动的源头生态移民工程，搬迁居民达 7 000 人。

（2）广东省辖东江生态补偿

1）探索历程

广东省是我国开展生态补偿试点较早的省份，多年来以税收返还、专项补助、转移支付补助、各项预算补助等财政转移支付方式，加大对境内东江源头保护区的生态补偿力度，省内转移支付的金额从 1991 年的 23.88 亿元上升到 2003 年的 443.34 亿元，省对市、县的转移支付补助从 5.8 亿元增加到 67.9 亿元。

1991 年，广东省政府发布的《广东省东江水系水质保护经费使用管理办法》规定，每年从东深供水工程水费利润总额中提取 3%～5%的款项用于东江流域水源涵养林建设；1993 年开始从新丰江和枫树坝两大水库发电电量每千瓦时的收入中提取 5 厘钱用于库区上游水土保持生态建设；1999 年启动实施东江流域水源林建设工程，每年投入专项资金 1 000 万元。

2005 年 6 月，广东省签订了《东江源区生态环境补偿机制实施方案》，根据该方案，中央、省、市、县级政府财政每年提供一定数额的生态环境补偿资金用于实施流域生态补偿机制，并由国家协调建立一种流域上下游区际生态效益补偿机制，2005—2025 年，广东省每年从东深供水工程水费中安排 1.5 亿元资金用于保护江西省东江源头保护区的生态环境。

2012 年 4 月 25 日，广东省人民政府办公厅发布了《广东省生态保护补偿办法》，提出要按照国家实施主体功能区规划的要求并结合广东省实际，在现行激励型财政机制的基础上，积极探索建立生态保护补偿机制，不断加大对生态保护的投入力度，通过转移支付对重点生态功能区的县（市）给予适当补偿，增强其提供基本公共服务的能力，有效调动其保护生态环境的积极性。

2）主要做法

a）指导思想

按照国家实施主体功能区规划的要求并结合广东省实际，在现行激励型财政机制的基础上，积极探索建立生态保护补偿机制，不断加大对生态保护的投入力度，通过转移支付对重点生态功能区的县（市）给予适当补偿，增强其提供基本公共服务的能力，有效调动其保护生态环境的积极性，促进广东省经济发展与生态环境相协调，可持续发展水平不断提高。

b）基本原则

统筹兼顾，逐步推进。做好生态保护补偿机制与激励型财政机制和县以下政权基本财力保障机制的衔接，把生态保护与保障和改善民生、提高基本公共服务水平有机结合，促进生态保护地区经济社会全面、协调、可持续发展。

因地制宜，分类指导。按照国家和省级主体功能区规划要求，根据不同区域生态要素、资源禀赋特征和发展要求，综合各地生态保护成本、发展机会成本以及自身条件因素，采用不同的生态补偿标准。

奖补结合，重在保护。坚持"谁保护，谁得益""谁改善，谁得益"的原则，充分考虑重点生态功能区对广东省经济社会可持续发展的贡献，根据维持当地基本公共服务支出相当水平的需要，对其予以合理补偿，并在此基础上对生态环境保护较好的地区给予一定的激励。

c）补偿范围

省财政从 2012 年起每年安排生态保护补偿转移支付资金，对生态地区给予补偿和激励。补偿资金按县（市）测算，列入补偿范围的县（市）须同时满足以下 3 项条件：①属于广东省主体功能区规划中的生态发展区域；②属于国家级和省级重点生态功能区（以下简称生态区）；③位于广东省经济欠发达地区的建制县（市）。

按照生态保护等级，将列入补偿范围的县（市）分为两类，第一类为国家级生态区，即处于国家级重点生态功能区范围的县（市）；第二类为省级生态区，即处于省级重点生态功能区范围的县（市）。

d）分配办法

生态保护补偿转移支付资金分为基础性补偿和激励性补偿两部分。

基础性补偿办法。基础性补偿部分根据县（市）的基本财力保障需求辅以调整系数按不同类别计算确定［式（2-3）］。

$$某县基础性补偿额 = \frac{某县基本财力保障需求额^① \times 类别系数^② \times 调整系数^③}{\sum(县级基本财力保障需求额 \times 类别系数 \times 调整系数)} \times 省生态保护补偿资金分配总额^④ \times 50\% \quad (2\text{-}3)$$

激励性补偿办法。激励性补偿部分根据基础性补偿额和县（市）的生态指标考核情况计算确定［式（2-4）］。

$$某县激励性补偿额 = \frac{基础性补偿额 \times 某县生态考核指标综合增长率}{\sum(基础性补偿额 \times 县级生态考核指标综合增长率)} \times 省生态保护补偿资金分配总额 \times 50\% \quad (2\text{-}4)$$

选择 15 项客观反映地区生态保护和改善情况的生态保护指标，由省直相关主管部门负责核准并提供当年和上年度有关指标的原始数值，省财政厅按照核算办法及其相应的指标权重计算确定生态考核指标综合增长率。生态考核指标综合增长率大于 0 的，增长率越高，获得的激励性补偿越多；反之，则越少。生态考核指标综合增长率等于或小于 0 的，如不低于 2009 年基期年水平，不享受激励性补偿，但也不扣减基础性补偿；如低于 2009 年基期年水平，每低于 1 个百分点相应扣减当年基础性补偿资金的 1%。

e）资金总额及使用范围

资金总额。由省财政根据财力情况，每年确定分配总额，并按各 50%的比例确定基础性补偿资金与激励性补偿资金的分配额。

使用范围。生态保护补偿资金主要用于生态环境保护和修复、保障和改善民生、维持基层政权运转和社会稳定等方面。省财政厅将定期对生态保护补偿资金的管理和使用情况进行监督、检查。

---

① 基本财力保障需求额作为衡量基础性补偿的基本考核指标，反映县级基本公共支出的客观需求水平，按照"保工资、保运转、保民生"的各项支出人均定额标准乘以相应的保障人口加总计算确定（参照财政部县级基本财力保障机制规定的保障范围和保障标准）。基本公共支出越高，补偿越多。反之，则越少。

② 类别系数。为体现不同类别的县（市）承担生态保护责任的差异，相应给予不同的类别系数，第一类县（市），类别系数为 1.3；第二类系数为 1.0。对承担特殊生态保护责任的县（市），通过提高补偿系数给予更大幅度的倾斜支持：国家级、省级自然保护区面积占本县（市）面积比例 8%以上的县（市）或经省政府批准的水源保护区面积占本县（市）面积比例 5%以上的县（市），类别系数增加 0.2。此两项不能重复叠加。

③ 调整系数按照人均财力因素、基本运转因素两项指标加权汇总得出：一是人均财力因素 A，权重为 50%，对人均财力水平较低的地区适当加大补助力度；二是基本运转因素 B，权重为 50%，适当考虑县级的基本运转支出水平，对作为县级建制公共支出成本较高（即基本运转支出占一般预算支出比重较高）的地区予以适当倾斜。用公式表示：

调整系数=A×50%+B×50%

其中，人均财力因素 A（按财政供养人口计算）的分档情况如下：人均财力水平低于东西两翼和粤北山区县级平均水平30%（含30%）的，A 为 1.3；低于平均水平 15%（含 15%）～30%的，A 为 1.2；低于平均水平 0（含 0）～15%的，A 为 1.1；高于平均水平 0～20%（含 20%）的，A 为 0.9；高于平均水平 20%的，A 为 0.8。基本运转因素 B 按照基本运转支出占一般预算支出的比重与东西两翼和粤北山区县级平均水平的差距核定，其分档情况如下：低于平均水平的，B 为 1；高于平均水平 0～20%（含 20%）的，B 为 1.2；高于平均水平 20%的，B 为 1.4。

④ 省生态保护补偿资金分配总额指省财政每年预算安排的基础性补偿资金与激励性补偿资金的合计。

3）实施进展

2011 年广东省投入 9 885 万元建设东江水资源水量水质监控系统，建设全国首个水量水质双监控系统。建立东江和东深水质保护专项基金，分别为每年 1 849 万元和 2 250 万元，2001—2010 年共筹集资金约 1 亿元，完成东江水源林改造工程面积达 34.72 万亩①。加大流域污水处理设施建设投入，截至 2012 年已投入 50 多亿元，完成了深圳水库截污等三大工程建设。

2.1.1.3　闽江流域试点

闽江是福建省最大的河流，主干流长 559 km，常年径流量 621 亿 m³（居全国第七位），闽江流域面积 60 992 km²，约占福建省陆域面积的一半，主要涉及福州、南平、三明等市的 36 个县（市、区），流域人口约占全省人口的 35%，经济总量约占全省的 38%。闽江流域是福建省工业相对集中的地区，工业废水中 COD 年排放量约占全省的 60%，氨氮年排放量占全省的 40% 以上。近年来，闽江流域上游、中游地区养殖业发展迅猛，造成水体严重污染；环境保护基础设施建设明显滞后，生活污染日益突出。

（1）探索历程

2005 年 6 月 27 日，福建省财政厅、环境保护局联合印发《闽江流域水环境保护专项资金管理办法》，设立闽江流域水环境保护专项资金，福州市政府在保持原来每年安排的辖区内闽江流域综合整治资金的基础上，2005—2010 年每年增加安排 1 000 万元，用于支持三明市、南平市整治闽江流域，两市各 500 万元；三明市、南平市政府在保持原来每年安排的辖区内闽江流域综合整治资金的基础上，2005—2010 年每年各增加安排 500 万元，与福州市政府安排的资金配套使用。省财政厅对专项资金实行专户管理。三市政府应于每年 5 月 31 日前（2005 年于 6 月 30 日前）将上述专项资金汇入省财政厅指定专户，由省财政厅通过专户直接拨付到项目单位。省环境保护局"切块"安排的 1 500 万元资金，参照"专项资金"的拨付办法执行。

2007 年 4 月 29 日，为推进闽江、九龙江流域水环境保护工作，规范专项资金使用和管理，建立健全流域上下游生态补偿机制，促进流域水环境保护治理项目顺利实施，根据省政府关于加强闽江、九龙江流域水环境保护的有关规定，福建省财政厅、环境保护局联合印发了《福建省闽江、九龙江流域水环境保护专项资金管理办法》。扩大闽江专项资金规模，闽江专项资金每年 5 000 万元，资金来源为：福州市政府每年安排 1 000 万元，三明市政府每年安排 500 万元，南平市政府每年安排 500 万元，省环境保护局每年安排 1 500 万元，省发改委每年安排 1 500 万元。福州市、三明市、南平市政府每年共出资安排的 2 000 万元资金，通过上下级财政结算上缴省财政。

---

① 1 亩 ≈ 0.066 7 hm²。

2009 年开始，省委、省政府协调流域下游地区提高补偿资金额度，省级财政也整合部门资金，做大补偿资金盘子。闽江流域资金盘子目前每年达到 1.5 亿元，2009 年，福州市出资额提高到每年 3 000 万元，2011 年再次提高到每年 8 000 万元。省级财政每年出资 6 000 万元。三明市、南平市每年仍为 500 万元。

2012 年 7 月 3 日，福建省财政厅、福建省环境保护厅印发《福建省重点流域水环境综合整治专项资金管理办法》，进一步明确了专项资金的分配方式，闽江、九龙江、敖江流域资金分配实行因素分配和考核奖惩相结合的方式。在按因素分配确定年度分配基数的基础上，分配基数的 60%与上一年度省重点流域水环境综合整治考核结果挂钩实施奖惩。闽江、九龙江、敖江流域因素分配体系由流域面积、重要生态功能区面积、水污染物总量控制目标、人口 4 项指标构成，各项指标权重分别为 30%、20%、30%、20%。为鼓励上游更好地保护生态环境，为下游提供良好的水资源，在因素分配时，对上下游各地区赋予不同的补偿系数，上游的补偿系数适当高于下游。

2015 年 1 月 28 日，福建省人民政府印发《福建省重点流域生态补偿办法》，开始在全省重点流域推行生态补偿机制。

（2）主要做法

1）补偿范围

补偿范围主要为跨设区市的闽江、九龙江、敖江流域，涉及流域范围内的 43 个市（含市辖区，下同）、县及平潭综合实验区。

专栏 2-1 重点流域市、县范围

1. 闽江流域（31 个市、县）

（1）三明市（梅列区、三元区）、永安市、明溪县、清流县、宁化县、建宁县、泰宁县、将乐县、沙县、尤溪县、大田县；

（2）南平市（延平区）、邵武市、武夷山市、建瓯市、建阳市、顺昌县、浦城县、光泽县、松溪县、政和县；

（3）连城县、古田县、德化县；

（4）福州市（鼓楼区、台江区、仓山区、马尾区）、闽侯县、永泰县、闽清县、长乐区、福清市；

（5）平潭综合实验区。

2. 九龙江流域（11 个市、县）

（1）龙岩市（新罗区）、连城县、漳平市；

（2）漳州市（芗城区、龙文区）、龙海市、南靖县、平和县、长泰区、华安县；

（3）安溪县；

（4）厦门市。

3. 敖江流域（4个市、县）

（1）古田县；

（2）福州市（晋安区）、罗源县、连江县。

注：1. 长汀县、屏南县虽有部分区域属于闽江流域，但不在干流或一级支流流域内，且流域面积较小，故不计入。

2. 平潭综合实验区虽不在闽江流域，但需要从闽江流域调水，应承担流域生态补偿责任。

2）资金筹集

重点流域生态补偿金，主要从流域范围内市、县政府及平潭综合实验区管委会筹集，省级政府增加投入，积极争取中央财政转移支付，逐步加大流域生态补偿力度。资金筹集方式如下：

a）从市、县政府筹集部分

按地方财政收入的一定比例筹集。自2015年起，重点流域范围内的市、县政府及平潭综合实验区管委会每年按照上一年度地方公共财政收入一定比例向省财政上解流域生态补偿金，设区市按照市本级与属于重点流域范围的市辖区地方公共财政收入之和计算流域生态补偿金。其中，流域下游的福州市及闽侯县、长乐市、福清市、连江县和厦门市、平潭综合实验区按4‰比例上解，流域范围内的省级扶贫开发工作重点县按2‰比例上解，其他市、县均按3‰比例上解。

按用水量的一定标准筹集。自2015年起，重点流域范围内的市、县政府及平潭综合实验区管委会每年按照上一年度工业用水、居民生活用水、城镇公共用水总量计算和筹集流域生态补偿金，由市、县政府和平潭综合实验区管委会通过年终结算上解省财政。其中，流域下游的福州市及闽侯县、长乐市、福清市、连江县和厦门市、平潭综合实验区按 0.03 元/m³ 计算，其他市、县均按 0.015 元/m³ 计算。同时，对九龙江北溪引水工程向厦门市供水部分，按 0.1 元/m³ 向厦门市征收水资源费，并将其作为流域生态补偿金单列分配给漳州市用于北溪水源地保护。

b）省级支持部分

自2015年起，省财政每年安排重点流域水环境综合整治专项预算 2.2 亿元用作流域生态补偿金。同时，每年整合省级预算内投资 3 000 万元、水口库区可持续发展专项资金 1 000 万元、大中型水库库区基金 3 000 万元、省级新调整征收的水资源费新增部分 2 000 万元用作流域生态补偿金。

省生态保护财力转移支付资金和森林生态效益补偿基金，仍按原有资金管理办法安排，继续加大对重点流域生态保护地区的补偿支持力度。

原来由省发改委承担的支持水口库区可持续发展实验区建设的任务，转由省移民开发局承担。省移民开发局每年从水库移民后期扶持基金中安排 1 000 万元，支持水口水电站库区相关项目建设。

3）资金分配

重点流域生态补偿金，按照水环境综合评分、森林生态和用水总量控制 3 类因素统筹分配至流域范围内的市、县。为鼓励上游地区更好地保护生态和治理环境，为下游地区提供优质的水资源，因素分配时设置的地区补偿系数上游高于下游。

a）资金分配因素指标及权重设置

i. 水环境综合评分因素占 70%的权重，资金按照各市、县水环境综合评分与地区补偿系数的乘积占全流域的比例进行分配。综合评分采用百分制，其中交界断面、流域干支流和饮用水水源水质状况 70 分，水污染物总量减排完成情况 15 分，重点整治任务完成情况 15 分。

ii. 森林生态因素占 20%的权重，资金分配到森林覆盖率高于全省森林覆盖率的市、县，其中，森林覆盖率指标占 10%的权重，按照各市、县森林覆盖率减去全省森林覆盖率之差与区域面积、地区补偿系数三者的乘积占全流域的比例进行分配；森林蓄积量指标占 10%的权重，资金按照各市、县森林蓄积量与地区补偿系数的乘积占全流域的比例进行分配。

iii. 用水总量控制因素占 10%的权重，资金分配到年实际用水总量低于用水总量控制目标的市、县，按照各市、县用水总量控制目标减去该市、县实际用水总量之差与地区补偿系数的乘积占全流域的比例进行分配。

b）地区补偿系数设置

闽江流域上游三明市、南平市及所辖市、县的补偿系数为 1，其他市、县的补偿系数为 0.8；九龙江流域上游龙岩市、漳州市及所辖市、县补偿系数为 1.4，其他市、县补偿系数为 1.1；敖江流域上游市、县补偿系数为 1.4，在此基础上对各流域省级扶贫开发工作重点县予以适当倾斜，补偿系数提高 20%。同时处于两个流域上游的连城县、古田县，补偿系数取两个流域上游相应地区补偿系数的平均数，为 1.32。流域下游的厦门市补偿系数为 0.42，福州市及闽侯县、长乐市、福清市、连江县和平潭综合实验区补偿系数为 0.3。

用数学公式表示为

$$S_i = S \times \left[70\% \times \frac{c_i w_i}{\sum\limits_{i=1}^{n} c_i w_i} + 10\% \times \frac{a_i c_i (f_i - \bar{f})}{\sum\limits_{i=1}^{n} a_i c_i (f_i - \bar{f})} + 10\% \times \frac{c_i l_i}{\sum\limits_{i=1}^{n} c_i l_i} + 10\% \times \frac{c_i (\bar{t}_i - t_i)}{\sum\limits_{i=1}^{n} c_i (\bar{t}_i - t_i)} \right] \quad (2\text{-}5)$$

式中：S_i——i 市、县可获得的年度生态补偿金；

　　　S——重点流域生态补偿金总额；

　　　c_i——i 市、县地区补偿系数；

　　　w_i——i 市、县水环境综合评分；

　　　f_i——i 市、县森林覆盖率；

　　　$\overline{f}$——全省森林覆盖率；

　　　a_i——i 市、县土地面积；

　　　l_i——i 市、县森林蓄积量；

　　　$\overline{t_i}$——i 市、县用水总量控制目标；

　　　t_i——i 市、县实际用水总量；

　　　n——i 重点流域的市、县数量。

整合的大中型水库库区基金按照资金所占比例实行分配单列。

4）资金使用

分配到各市、县的流域生态补偿资金由各市、县政府统筹安排，主要用于饮用水水源地保护、城乡污水垃圾处理设施建设、畜禽养殖业污染整治、企业环保搬迁改造、水生态修复、水土保持、造林防护等流域生态保护和污染治理工作，其中分配到的大中型水库库区基金由各市、县专项用于水库移民安置区环境整治项目。各市、县政府要制定补偿资金使用方案，将资金落实到具体项目，并在每年年底将补偿资金使用情况报送省财政厅、省发改委，同时接受审计监督。

（3）实施进展

福建省已初步形成由省生态保护财力转移支付办法，闽江、九龙江重点流域上下游生态补偿机制，森林生态效益补偿基金制度和矿山生态环境恢复治理补偿机制组成的生态补偿机制，是全国最早实施森林生态效益补偿和江河下游地区对上游地区的森林生态效益补偿的省份。

2.1.1.4　湘江流域试点

湘江流域湖南省境内干流长 670 km，跨永州、郴州、衡阳、娄底、株洲、湘潭、长沙、岳阳等 8 个市，流域人口占全省总人口的 50%以上，工业总产值占全省的 80%，全省冶金、化工、建材、轻工、纺织、食品加工、机械等行业大多分布在该区域。近年来，流域社会经济快速发展、工业结构偏重与布局不合理、城市环保基础设施建设滞后，使污染状况不断加剧，造成湘江流域重金属污染严重，污染治理欠账较多，湘江成为全省污染最严重的河流，湘江流域污染严重制约了流域经济社会可持续发展。

（1）探索历程

2009 年，环境保护部与湖南省人民政府签订《共同推进长株潭城市群"两型社会"建设合作协议》，对湖南省建立生态补偿机制提出了明确要求。

2012 年，湖南省委、省政府发布《绿色湖南建设纲要》，明确提出湖南省要建立多领域生态补偿和共建共享机制，重点推进湘江上下游间实行转移支付等改革试验。

2013 年，湖南省人大审议通过《湘江流域保护条例》，省委、省政府将湘江流域保护工作列为省政府的"1 号重点工程"，明确规定湖南省要建立湘江流域生态补偿机制。

2013 年 11 月，湖南省财政厅、省环境保护厅联合制定《2013 年湖南省湘江流域水质目标考核生态补偿暂行办法》。开展了生态补偿资金模拟测算。

（2）主要做法

1）补偿办法

水质目标考核奖罚。以Ⅲ类水质为基准目标，对出境断面水质达标的不奖不罚，对水质达到更优级别的奖励；水质超标的，按考核因子超标倍数累加翻倍处罚。

水质动态考核奖罚。对出境断面水质较入境断面水质改善的奖励，对恶化的处罚。

2）考核因子及考核目标

主要考核因子为化学需氧量、氨氮、总磷、镉、砷，同时包括 17 个辅助考核因子。考核水质目标为《地表水环境质量标准》（GB 3838—2002）Ⅲ类标准，采用单污染因子评价法。

3）补偿标准

补偿标准总体上体现"保护者受益、污染者赔偿"以及"目标控制、以罚为主、适当奖励"的原则。各市奖罚标准由省财政厅根据当年生态补偿资金规模和相关断面水质监测结果确定；各县奖罚标准由各市确定。

4）资金拨付和使用

以月为单位进行统计，以季度为单位进行通报，以年为单位进行资金结算。省财政将生态补偿资金通过转移支付安排给市、县，或在办理年度结算时予以扣缴。

奖励资金全部用于湘江流域水污染防治、水土保持、生态保护、新能源和清洁能源利用、城镇垃圾污水处理设施建设及运营、安全饮水等方面。扣缴资金全部用于湘江流域重点污染地区的污染治理和环境保护。

2.1.1.5　南水北调中线工程水源区试点

丹江口水库是南水北调中线工程水源地，水库控制流域面积 9.5 万 km^2。根据《丹江口库区及上游水污染防治与水土保持规划》，丹江口库区及上游地区划分为水源地安全保障区、水质影响控制区和水源涵养区，涉及湖北、河南和陕西 3 省。

（1）探索历程

由于中线工程水源区的水环境保护直接关系中线调水工程的水质安全，国家对水源区的生态环境保护和污染治理高度重视，中央财政通过财政转移支付的方式，加大对水源区的补偿力度。2008 年，国家对陕西省支付生态补偿金额 10.96 亿元、对湖北省支付 3.51 亿元、对河南省支付 0.82 亿元，2009 年继续加大对国家重点生态功能区转移支付力度。按照《国家重点生态功能区转移支付（试点）办法》，下达陕西省生态补偿资金 13.4 亿元，湖北省丹江口库区县（市）生态补偿金额 7.83 亿元，河南省 3.38 亿元。其中大部分资金将通过转移支付方法落实到中线工程水源区地方政府。

（2）主要做法

1）补偿范围

范围包括南水北调中线水源地保护区所属县。

2）补偿标准

国家重点生态功能区转移支付资金分配主要参考影响财政收支的客观因素，适当考虑人口规模、可居住面积、海拔、温度等造成的成本差异，按县测算，下达到省（自治区、直辖市、计划单列市）。

$$
\begin{aligned}
\text{某省国家重点生态功能区转移支付应补助额} = &\Sigma \text{该省限制开发区等国家重点生态功能区} \\
&\text{所属县标准财政收支缺口} \times \text{补助系数} + \text{禁止} \\
&\text{开发区域补助} + \text{引导性补助} + \text{生态文明示范} \\
&\text{工程试点工作经费补助} \qquad (2\text{-}6)
\end{aligned}
$$

其中，限制开发区等国家重点生态功能区所属县标准财政收支缺口：参照均衡性转移支付测算办法并考虑中央出台的重大环境保护和生态建设工程规划中地方需配套安排的支出、南水北调中线水源地污水和垃圾处理运行费用等因素测算确定。

补助系数：根据中央财政财力状况、限制开发区等国家重点生态功能区所属县标准财政收支缺口和财政困难程度等因素测算确定。

禁止开发区域补助：根据《全国主体功能区规划》确定的各省（区、市）禁止开发区域的面积和个数等因素测算。

引导性补助：参照原环境保护部制定的《全国生态功能区划》，对生态功能较为重要的县按照其标准收支缺口给予适当补助。

生态文明示范工程试点工作经费补助：按照市级 300 万元/个、县级 200 万元/个的标准计算确定。其中，已享受限制开发区等国家重点生态功能区转移支付的试点县，不再给予此项补助。

财政部会同环境保护部等部门对限制开发区等国家重点生态功能区所属县进行生态环境监测与评估，并根据评估结果采取相应的奖惩措施。对生态环境明显改善的县，适当增加转移支付额。对非因不可控因素而导致生态环境恶化的县，适当扣减转移支付额。其中，生态环境明显恶化的县全额扣减转移支付额，生态环境质量轻微下降的县扣减其当年的转移支付增量。

采取激励约束措施后，各地实际享受的转移支付用公式表示为：

$$某省国家重点生态功能区转移支付实际补助额 = 该省国家重点生态功能区转移支付应补$$
$$助额 \pm 奖惩资金 \qquad (2\text{-}7)$$

3）资金拨付及使用

国家重点生态功能区转移支付资金下达到省（自治区、直辖市、计划单列市）。省级财政部门要根据本地实际情况，制定省对下国家重点生态功能区转移支付办法，规范资金分配，加强资金管理，将禁止开发区、国家重点生态功能区、生态文明示范工程试点补助资金落实到位。补助对象原则上不得超出《国家重点生态功能区转移支付（试点）办法》明确的中央对地方国家重点生态功能区转移支付范围，分配的转移支付资金总额不得低于中央财政下达的国家重点生态功能区转移支付额。

享受转移支付的政府和有关部门要切实增强生态环境保护意识，将国家重点生态功能区转移支付的资金用于保护生态环境和改善民生，不得用于楼堂馆所及形象工程建设，不得用于竞争性领域。

（3）实施进展

丹江口市是南水北调中线大坝加高工程所在地、调水源头和核心水源区，总面积 3 121 km²。在国家实施重点生态功能区转移支付政策以后，丹江口市采取积极措施动员全社会开展植树造林、水土保持综合整治、森林生态系统保护和库周绿化带建设，加快生态修复。截至 2011 年年底，森林面积由 184.6 万亩增加到 235 万亩，活立木蓄积量由 284.7 万 m³ 增加到 355 万 m³，森林覆盖率由 39.3% 上升到 50%。对现有污染源继续实行限期治理及"关、停、并、转、迁"的多种管理方式，先后关停污染企业 47 家，关闭污染源 120 处，治理水土流失面积 593 km²，否决污染项目上百个，用于水污染治理的费用达 3 100 多万元，万元生产总值能耗下降 20%，化学需氧量、二氧化硫排放量目标限值均控制在省定目标之内，生态环境治理取得了显著成效。2012 年，根据《关于 2012 年国家重点生态功能区转移支付奖惩情况的通报》，丹江口市属于生态环境质量明显改善的地区，生态环境指数变化值为 2.35。2013 年，财政部发布的《关于 2013 年国家重点生态功能区生态环境监测考核及奖惩情况的通报》中的综合考核结果显示，国家重点生态功能区生态环境质量总体上呈现出"总体稳定、稳中趋好"的态势。452 个被考核县域中生态环境质量"变好"和"轻微变好"的有 31 个，占 6.9%；生态环境质量"基本稳定"的有 412 个，占 91.2%；生态环境质量"变差"和"轻微变差"的有 9 个，占 2.0%。其中，湖北省丹江口市属于生态环境质量"轻微变好"的县。

2.1.1.6 河南省辖流域试点

（1）探索历程

2008 年、2009 年，河南省先后出台了《河南省人民政府办公厅关于印发河南省沙颍河流域水环境生态补偿暂行办法的通知》（豫政办文〔2008〕36 号）、《河南省财政厅 河南省环境保护厅关于印发河南省沙颍河流域水环境生态补偿奖励资金管理暂行办法的通知》（豫财办建〔2009〕20 号）和《河南省环境保护厅 河南省财政厅关于印发河南省海河流域水环境生态补偿办法（试行）的通知》，开始在沙颍河、海河流域进行水环境生态补偿机制试点。

2010 年，河南省出台《河南省水环境生态补偿暂行办法》（豫政办〔2010〕9 号），开始在全省范围内实施水环境生态补偿机制。该暂行办法适用于河南省行政区域内长江、淮河、黄河和海河四大流域 18 个省辖市的地表水水环境生态补偿（南水北调中线河南段水环境生态补偿办法另行制定）。补偿因子为化学需氧量、氨氮，采取统一的补偿标准。

2012 年，为适应"十二五"期间国家对河南省重点流域水质考核要求，河南环保厅联合省财政厅、水利厅印发了《关于河南省水环境生态补偿暂行办法的补充通知》（豫环文〔2012〕50 号），考核因子从化学需氧量、氨氮两项增加到了 3 项，即化学需氧量、氨氮和总磷；生态补偿计算方法采用阶梯式补偿标准，根据不同的目标浓度分别确定执行标准。

2014 年，为确保完成《河南省人民政府关于实施河南省水环境功能区划的通知》（豫政文〔2006〕233 号）确定的目标和任务，实现全省 2015 年河流按水环境功能达标的目标，省政府印发了《关于进一步完善河南省水环境生态补偿暂行办法的通知》（豫政办〔2014〕3 号），该办法提出：一是调整生态补偿金征缴要素，将省政府与省辖市政府签订的年度环保责任目标和《河南省水环境功能区划》确定的水质目标作为考核标准；二是调整对省辖市的奖励评价标准，把以水环境责任目标完成情况为奖励依据变更为以《河南省水环境功能区划》确定的水质目标完成情况作为奖励依据，扣缴金额的 50% 用作对《河南省水环境功能区划》确定的水质目标完成情况较好的省辖市的奖励。

（2）主要做法

1）补偿流程

省环境保护行政主管部门负责制定水环境生态补偿水质监测方案，确定水环境生态补偿水质监测断面、监测项目、监测频次，并负责水环境生态补偿水质监测数据质量保证及管理工作。省水行政主管部门负责制定水环境生态补偿水量监测方案，并负责水环境生态补偿水量监测数据质量保证及管理工作。省财政部门负责生态补偿金扣缴及资金转移支付工作。各省辖市政府根据省政府下达的污染减排及总量控制计划，采取有效措施削减污染物排放总量, 确保断面水质达到考核目标的要求。

2) 补偿标准

考核因子为化学需氧量、氨氮和总磷。

采用阶梯式补偿标准, 按照水质浓度范围, 制定不同的生态补偿标准。化学需氧量目标值小于等于 30 mg/L 时, 执行标准为 3 500 元/t; 化学需氧量目标值大于 30 mg/L 且小于等于 40 mg/L 时, 执行标准为 4 500 元/t; 化学需氧量目标值大于 40 mg/L 时, 执行标准为 5 500 元/t; 氨氮目标值小于等于 1.5 mg/L 时, 执行标准为 8 000 元/t; 氨氮目标值大于 1.5 mg/L 且小于等于 2 mg/L 时, 执行标准为 10 000 元/t; 氨氮目标值大于 2 mg/L 且小于等于 5 mg/L 时, 执行标准为 14 000 元/t; 氨氮目标值大于 5 mg/L 时, 执行标准为 20 000 元/t。总磷执行标准为 5 万元/t。

2014 年, 为确保完成《河南省人民政府关于实施河南省水环境功能区划的通知》(豫政文〔2006〕233 号) 确定的目标和任务, 实现 2015 年全省河流水环境功能达标, 省政府印发了《关于进一步完善河南省水环境生态补偿暂行办法的通知》(豫政办〔2014〕3 号), 生态补偿金根据各考核断面的超标污染物通量与生态补偿标准确定, 分两步进行核算。第一步, 以年度环境保护责任目标确定超标考核断面超标污染物通量, 依照《河南省水环境生态补偿暂行办法》核算生态补偿金; 第二步, 以《河南省水环境功能区划》确定的水质目标进行评价测算, 确定超标河流污染物通量, 并依照《河南省水环境生态补偿暂行办法》核算生态补偿金。如果考核断面水质超过《河南省水环境功能区划》确定的水质目标, 未超过年度环境保护责任目标, 仅扣缴超过《河南省水环境功能区划》确定的水质目标的生态补偿金, 并不否决当地政府年度环保责任目标完成情况。达到《河南省水环境功能区划》确定的水质目标的, 不缴纳生态补偿金。两者均不达标时, 考核断面生态补偿扣缴额为超过年度环保责任目标的生态补偿金和超过《河南省水环境功能区划》确定的水质目标的生态补偿金之和。

同时为了更好地为水环境生态补偿机制服务, 河南省采取多项措施保障水质监测数据质量: 一是采用下游城市监测上游城市出境水质的方式进行生态补偿监测, 以便能够严格监测、真实反映水质状况; 二是对于上游城市境内的断面, 上游城市环境监测站每年要与下游城市开展不少于 10 次的同步监督监测; 三是对位于出省境或直接进入黄河干流位置的断面, 省监测中心不定期进行监督抽查抽测和同步监测。

3) 生态补偿资金扣缴

省环境保护行政主管部门根据水质监测数据和水行政主管部门核定的水量监测数据, 计算各考核断面超标污染物通量。省财政部门根据生态补偿金计算方法核定各考核断面每周生态补偿金、全年奖励资金和水源地生态补偿金数额。扣缴生态补偿金和水源地生态补偿金采取省财政年终结算时扣收该市财力的办法。

省环境保护行政主管部门和省财政部门每月向各省辖市政府通报生态补偿金扣缴情况。省环境保护行政主管部门每季度召开新闻发布会，通报各省辖市生态补偿金扣缴情况和生态补偿金奖励使用情况。

4）补偿资金使用

生态补偿金全部用于同流域内上下游生态补偿、水污染防治和水环境水质与水量监测监控能力建设以及对水环境责任目标完成情况较好省辖市的奖励等。

省财政部门依据核定的各考核断面生态补偿金，会同省环境保护行政主管部门对有关省辖市进行生态补偿和奖励：①扣缴金额的 50%用于上游省辖市对下游省辖市的生态补偿。②扣缴金额的 50%用于对水环境责任目标完成情况较好省辖市的奖励、水污染防治和水环境水质与水量监测监控能力建设等。③奖励办法为考核断面水质当年每提高一个水质类别，奖励 200 万元。年度内发生重大水污染事故的，取消对该省辖市的奖励。同时，按照有关规定另行处罚。

省财政扣缴的生态补偿金用于对各省辖市的生态补偿和奖励不足时，从省级环保专项资金中弥补。

（3）实施进展

2010 年河南省开始全面实行水环境生态补偿制度，截至 2015 年上半年，全省共扣缴水环境生态补偿金 47 028.23 万元，其中，2010—2014 年分别为 4 638.2 万元、2 804.5 万元、7 614.39 万元、6 492.53 万元、17 764.49 万元，2015 年上半年为 7 714.12 万元。

生态补偿机制不但关乎地方政府的"钱袋子"，更关乎地方政府的"脸面子"。实行生态补偿机制，一是通过经济杠杆调控作用明显倒逼政府采取有效措施，加快改善河流水质。当地政府一方面采用生态补水的办法降低水中污染物浓度，另一方面采取实施污染减排项目、限产限排等措施减少入河污染物的排放量。二是各地加大水污染防控力度，水环境质量逐步改善，水体中主要污染物浓度呈现下降趋势。三是增加省级流域污染调控手段，征缴的生态补偿金由省级部门统筹协调，全部用于流域内上下游补偿，较好地解决地表水环境污染问题。

但是生态补偿政策在实施过程中也存在部分问题：①部分地市为了达到水质目标，采取生态调水的措施稀释水中污染物，造成断面水质达标而总量减排任务不能完成，不能充分发挥生态补偿机制的效能；②随着总磷等生态补偿因子的增加，现有水质自动监测站尚不能做到对全部生态补偿因子的实时监测；③水环境补偿金扣缴与分配和财政资金的相关规定不一致，每年 10 月为一个财政年度的开始，而生态补偿分配包括了上游补偿下游资金、奖励资金等内容，奖励资金的计算以"当年水质类别提升"为依据，造成无法对水质类别提升的给予有效补助；④部分河段出境断面水质受上游来水超标影响，水质达标难度较大；⑤部分断面监测点位设置不够科学，考核点位下移造成有新污染源进入水体，水污染责任难以厘清；⑥北方河流季节性明显，建议建立分区域、分季节的补偿标准。

2.1.1.7　河北省辖流域试点

（1）探索历程

2008 年 3 月，河北省人民政府办公厅正式下发《关于在子牙河水系主要河流实行跨市断面水质目标责任考核并试行扣缴生态补偿金政策的通知》，河北省率先在子牙河水系实施以跨界断面水质考核和财政部门国库结算扣缴为主要内容的生态补偿管理机制。

2009 年 4 月，河北省人民政府办公厅印发《关于实行跨界断面水质目标责任考核的通知》，河北省开始实行全流域生态补偿，涉及七大水系的 56 条主要河流的 201 个断面。

2012 年，河北省人民政府办公厅下发《关于进一步加强跨界断面水质目标责任考核的通知》，对主要河流跨界断面水质目标考核及生态补偿金扣缴政策进行了修订完善。

2014 年，河北省财政厅、环境保护厅修订了《河北省生态补偿金管理办法》。

（2）主要做法

1）考核范围和因子

考核范围。省环境保护厅负责考核全省七大水系主要河流跨设区市界的断面，各设区市环境保护局负责考核本行政区域内跨县（市、区）界的断面。

考核因子：COD 和氨氮。

2）考核监测

省考核断面监测。具备水质自动监测条件的，采用水质自动站在线监测数据，取 COD 和氨氮月均浓度值作为考核数据；不具备水质自动监测条件的，由省环境监测中心站负责每月对全省七大水系主要河流跨设区市界的考核断面 COD 和氨氮指标进行监测。

市考核断面监测。各设区市具体负责市考核断面监测，每月对本行政区域内市考核断面 COD 和氨氮浓度进行监测。鼓励各设区市采用水质自动监测数据。

汇总报送监测数据。各设区市及时将市考核断面数据报送省环境监测中心站，省环境监测中心站负责每月汇总全省七大水系省考核断面和市考核断面的监测结果，并报省环境保护厅。

3）扣缴生态补偿金标准

省考核断面 COD 浓度超过规定标准扣缴生态补偿金标准：①当河流入境水质达到规定标准（或无入境水流）时，以 0.2 倍和 30 万元作为一个扣缴档次进行扣缴，上不封顶。即所考核市跨市出境断面的 COD 浓度监测结果超过规定标准 0.2 倍以下，每次扣缴 30 万元；超过规定标准 0.2～0.4 倍，每次扣缴 60 万元；超过规定标准 0.4～0.6 倍，每次扣缴 90 万元，以此类推进行计算。同一个设区市范围内，对所有超过规定标准的断面累计扣缴。②当河流入境水质超过规定标准，而所考核市跨市出境断面 COD 浓度继续增加时，以 0.2 倍和 60 万元作为一个扣缴档次进行扣缴，上不封顶。即所考核市跨市出境断面的 COD 浓度监测结果超过规定标准 0.2 倍以下，每次扣缴 60 万元；超过规定标准 0.2～0.4 倍，每次扣缴 120 万元；超过规定标准 0.4～0.6 倍，每次扣缴 180 万元，以此类推进行计算。同一个设区市范围内，对所有超过规定标准的断面累计扣缴。③恶意和非法排污行为导致的断面 COD 浓度超标，按上述标准执行，视超标次数累计扣缴，不免除正常考核责任。

省考核断面氨氮超过规定标准扣缴生态补偿金标准：①当河流入境水质达标（或无入境水流）时，以 0.5 倍和 30 万元作为一个扣缴档次进行扣缴，上不封顶。即所考核市跨市出境断面的氨氮浓度监测结果超过规定标准 0.5 倍以下，每次扣缴 30 万元；超过规定标准 0.5～1.0 倍，每次扣缴 60 万元；超过规定标准 1.0～1.5 倍，每次扣缴 90 万元；以此类推进行计算。同一个设区市范围内，对所有超过规定标准的断面累计扣缴。②河流入境水质超过规定标准，而所考核市跨市出境断面氨氮浓度继续增加时，以 0.5 倍和 60 万元作为一个扣缴档次进行扣缴，上不封顶。即所考核市跨市出境断面的氨氮浓度监测结果超过规定标准 0.5 倍以下，每次扣缴 60 万元；超过规定标准 0.5～1.0 倍，每次扣缴 120 万元；超过规定标准 1.0～1.5 倍，每次扣缴 180 万元；以此类推进行计算。同一个设区市范围内，对所有超过规定标准的断面累计扣缴。③恶意和非法排污行为导致的断面氨氮浓度超标，按上述标准执行，视超标次数累计扣缴，不免除正常考核责任。

市考核断面超过规定标准扣缴生态补偿金标准：各设区市按照省考核断面超过规定标准扣缴生态补偿金标准执行。如确有特殊情况，可制定不低于省扣缴标准的本地考核断面超过规定标准扣缴生态补偿金标准。

4）生态补偿金扣缴程序及用途

省环境保护厅负责汇总省考核断面每月的监测结果并计算确定每月和每季度扣款资金总额，并以省环境保护领导小组办公室名义向设区市政府发出扣缴通知，抄送省财政厅。扣缴资金可暂由省本级垫付，待年终结算时一并扣回，作为全省水污染生态补偿资金，由省财政厅会同省环境保护厅统筹使用。具体补偿办法另行制定。

各设区市环境保护局负责汇总本行政区域内跨县（市、区）考核断面季度监测结果并计算确定每月和每季度扣款资金总额，以市环保领导小组办公室名义向有关县（市）政府发出扣缴通知，抄送市财政局，并抄报省环境保护厅、省财政厅。扣缴资金可暂由市本级垫付，待年终结算时一并扣回，作为本市水污染生态补偿资金。其中涉及省财政直管县（市）扣缴的，由设区市环境保护局将有关省财政直管县（市）跨界断面水质监测情况和每季度扣缴金额报省环境保护厅，由省环境保护厅汇总送省财政厅代为扣缴。各设区市生态补偿金使用管理办法由各设区市参照省补偿办法制定，并报省环境保护厅、省财政厅备案。

（3）实施进展

2013 年累计扣缴生态补偿金 1.7 亿元，促进了重点流域水质改善。

2.1.1.8　重点流域生态补偿试点总结

（1）主要特点

1）政府文件是主要补偿依据

就国际上现有的生态补偿活动而言，补偿的实施一般有两种形式：一种是基于市场机制补偿主客体自发达成补偿协议，并根据补偿协议作出补偿，这是国际上比较常见的形式；另一种是由政府主导的补偿，其中以政府财政资金转移支付为主，这种形式一般出现在补偿范围过于广泛、补偿的主客体难以界定以及市场机制相对不完善的区域。我国流域生态补偿政策就是典型的政府主导下的生态补偿实践，与世界其他国家生态补偿政策的一个显著的不同点是政府在生态补偿活动之中占据主导地位。我国现有的流域生态补偿活动中，中央和各级政府是补偿活动的发起者和组织者，补偿政策多通过法律法规以及政府文件作出明确的规定，具体见表 2-2。这些政策文件是补偿得以实施的政策依据。同时，文件对补偿政策作出了详细的规定，是补偿的前提和保障。

表 2-2　流域生态补偿的政策文件

流域	涉及省份	实施年份	政策文件
东江	广东	2005	《广东省跨行政区河流交接断面水质保护管理条例》
闽江、九龙江	福建	2012	《福建省重点流域水环境综合整治专项资金管理办法》
新安江	安徽、浙江	2011	《新安江流域水环境补偿试点实施方案》
辽河	辽宁	2008	《辽宁省跨行政区域河流出市断面水质目标考核暂行办法》《辽宁省财政厅关于印发辽宁省东部重点区域生态补偿政策实施办法的通知》
东江源及省内主要河流	江西	2008	《江西省五河和东江源头保护区生态环境保护奖励资金管理办法》
省辖长江、淮河、黄河、海河四大流域	河南	2010	《河南省水环境生态补偿暂行办法》
沙颍河流域		2008	《河南省沙颍河流域水环境生态补偿暂行办法》
省内七大流域（含子牙河水系）	河北	2009	河北省人民政府办公厅《关于实行跨界断面水质目标责任考核的通知》

2）补偿主体以政府为主

当前，国际上的流域生态补偿大致有 3 种模式，分别是：自发的一对一的市场补偿（如纽约同上游 Catskills 流域的清洁供水交易和法国毕雷矿泉水付费机制）、政府主导的市场补偿和政府公共财政转移支付，其中政府公共财政转移支付是政府直接提供专项资金和投入，通过专项资金转移支付进行生态补偿，这是中国流域生态补偿使用最为广泛的形式。根据"谁开发谁保护、谁受益谁补偿"的原则，环境资源的使用者和受益者理应成为生态补偿的主体。但是由于目前补偿机制的不健全，补偿责任很难清楚地界定，我国流域生态补偿尚未完全体现上述原则，流域生态环境的破坏者和受益者未能承担起相应的保护责任。面临流域生态环境持续恶化的威胁，为了保护和改善流域环境，政府承担了相应的保护责任。这其中既有中央政府，也包括各级地方政府，即各级政府成为我国流域生态补偿的主体，由政府财政出资对流域环境保护者进行补偿或者通过财政转移支付支持生态环境保护。政府财政资金是补偿资金的最主要来源，一般是政府财政专项资金，补偿一般通过纵向财政转移支付实现。以新安江流域生态补偿为例，补偿由中央政府主导、皖浙两省参与实施，中央政府和两省地方政府在补偿标准、补偿量等的确定方面发挥着至关重要的作用。补偿资金主要来自中央和省级政府财政资金，其中中央财政资金在补偿资金中占比最大，是补偿资金的最主要来源。

3）补偿标准以水质为主要依据

补偿标准是补偿政策的重要内容，是确定补偿量的重要依据。到目前为止尚未形成统一、完整的补偿标准核算体系。我国流域生态补偿实践探索中，根据核算方式可以把现有生态补偿活动的补偿标准分为 3 类：一是基于生态环境保护成本核算的补偿标准，二是基于跨界断面水质核算的补偿标准，三是基于跨界断面污染物通量核算的补偿标准。我国的流域生态补偿实践中，3 类补偿标准对应的 3 种核算方式均有使用，其中基于跨界断面水质核算的方式是采用最广泛的核算方式（表 2-3）。

表 2-3 我国主要流域生态补偿实践的标准核算方式

流域	涉及省份	基于生态环境保护成本核算	基于跨界断面水质核算	基于跨界断面污染物通量核算
东江	广东	✓		
闽江、九龙江	福建	✓	✓	
新安江	安徽、浙江		✓	
辽河	辽宁	✓	✓	
东江源及省内主要河流	江西		✓	
省辖长江、淮河、黄河、海河四大流域	河南		✓	✓
沙颍河流域			✓	
省内七大流域（含子牙河水系）	河北		✓	

基于生态环境保护成本的补偿标准的核算主要核算流域内集体和个人为保护生态环境带来的直接或潜在的经济损失，主要涵盖流域生态环境改善状况和生态环境保护成本两个方面。其中流域生态环境改善状况包括水量、流域水土流失状况、水质状况等方面。补偿标准的表达式为

$$M = S - \sum (P_i \times S) + aW + \sum C_j \tag{2-8}$$

式中：M——获得的补偿金总额；

　　　S——财政补偿资金总额；

　　　P_i——第 i 个考核因子不达标扣减比例；

　　　a——水量补偿参数；

　　　W——用水量；

　　　C_j——第 j 种生态环境保护经济损失。

基于跨界断面水质的生态补偿标准的核算是通过流域实际水质与目标值之间的差额确定补偿额度，主要考察污染物超标量、水质状况。同时鉴于环境事件对水质有重大的威胁，环境事件级别也是确定补偿标准的一个重要影响因素。实践表明，主要污染物是影响水质的重要因素，各省（区、市）确定的污染因子差别很大，补偿力度也大不相同。补偿金额计算公式为

$$M = \beta N_i \times C_i - Q \times C + E_j \times C_j \tag{2-9}$$

式中：M——补偿金总额；

　　　N_i——第 i 个考核因子超标量；

　　　C_i——第 i 个超标补偿基数；

　　　β——入境水质影响系数；

　　　Q——水质达标状况；

　　　C——水质扣减基数；

　　　E_j——第 j 级环境事件的发生数量；

　　　C_j——第 j 级环境事件的扣缴基数。

基于跨界污染物通量的补偿标准的核算是在流域内设置断面，采用断面水质和水量相结合的方式确定补偿额度。该方法既考虑到了主要的污染物也考虑到了水体的纳污能力，既考虑了水质因素也把水量因素包含在内。采用这种核算方法的流域的主要污染物的补偿标准和补偿力度也有较大差别，通常超标惩罚力度比达标补偿力度更大。补偿标准核算公式为

$$M = \sum [(N_i \times F_j) \times C] \tag{2-10}$$

式中：M——补偿金总额；

N_i——第 i 个考核因子超标量；

F_j——第 j 个断面流量；

C——补偿标准。

4）补偿方式以资金补偿为主

补偿方式是补偿机制的重要组成部分，对补偿资金的使用和补偿效果有着直接的影响。根据补偿客体所获得的补偿内容，可将补偿方式分为以下几类：资金补偿、实物补偿、政策补偿、智力补偿以及市场补偿等。资金补偿即货币补偿，是对补偿客体直接支付补偿资金以进行补偿，是最常见的补偿方式。实物补偿是给予生态补偿的补偿客体具体的物资，以补偿其损失或者鼓励其进行保护，具体形式有粮食补偿、生产物资补助以及生活资料等方面的补偿。政策补偿主要是指政府的政策倾斜，如税收优惠以及其他的政策扶持，通过政策支持促进补偿和生态环境保护。智力补偿也是生态补偿中比较常见的一种补偿方式，主要是对上游地区进行教育、人员培训、人才输送等方面的支持，通过提高人才素质进行补偿。市场补偿也是一种比较常见的补偿方式，主要是通过市场机制对补偿客体做出补偿，我国流域生态补偿中典型的市场补偿的案例是浙江金华和义乌之间的水权交易，双方通过市场机制对上游地区提供的水资源进行了补偿。

我国流域生态补偿实践中，补偿主体主要是各级政府，政府财政资金是主要的补偿资金来源，补偿通过财政转移支付实现。这就决定了政府直接提供专项资金和投入，通过专项资金转移支付进行补偿，这是我国流域生态补偿使用最为广泛的形式。目前已有的 17 个省（区、市）实行的流域生态补偿实践中，均以资金补偿为主，形式包括财政出资设置专项资金、资金奖励、基于水质考核扣缴生态补偿金等。此外，水权转让也是补偿的一种新的模式，最早在义乌和金华两地间实行。2005 年，《水利部关于水权转让的若干意见》对水权转让进行了明确的定义，为水权交易提供了法律依据，有利于市场化的流域生态补偿机制的建立。我国流域生态补偿实践分析汇总见表 2-4。

表 2-4　我国流域生态补偿实践分析汇总

流域	涉及区域	组织者和主导者	资金来源	补偿标准核算依据	主要补偿方式
东江	广东	省政府	省财政资金	生态环境保护成本	资金补偿
闽江、九龙江	福建	省政府	省和市财政资金	生态环境保护成本	资金补偿
新安江	安徽、浙江	中央政府	中央和两省财政资金	水质	资金补偿
辽河	辽宁	省政府	省和市财政资金	水质、生态环境保护成本	资金补偿

流域	涉及区域	组织者和主导者	资金来源	补偿标准核算依据	主要补偿方式
东江源和省内主要河流	江西	省政府	省财政资金	水质	专项资金补偿
沙颍河	河南	省政府	省和市财政资金	水质	资金补偿
省辖长江、淮河、黄河、海河四大流域	河南	省政府	省和市财政资金	污染物通量，水源地按水质	资金补偿
省内七大流域（含子牙河水系）	河北	省政府	省和市财政资金	水质	资金补偿

（2）问题与挑战

从上面的分析来看，我国流域生态补偿建设取得了很大进展，针对生态补偿的财政机制建设也在稳步推进。但是总体上我国生态补偿还处于试点深化时期，生态补偿制度建设仍面临很多问题与挑战。

1）试点探索还缺少上位法律法规依据，具有一定的盲目性

从对河北省子牙河流域、河南省沙颍河流域、福建省闽江流域、江苏省太湖流域、辽宁省辽河流域、浙江省钱塘江流域、山东省小清河流域、陕西省渭河流域、南水北调中线工程水源区、湖南省湘江流域、广东省东江流域等的调研中，发现上位法依据不足问题是地方自发开展生态补偿探索的主要障碍。2010 年生态补偿立法已经纳入国务院立法计划，我国生态环境补偿立法基础已经基本具备，应抓住有利时机积极推进立法进程，国家发改委以及其他相关部委应尽快出台"生态环境补偿机制重点政策实施的指导意见"，条件成熟，应加快出台"生态环境补偿条例"等综合性立法，长期应考虑出台"生态补偿法"。

2）横向的部门间合作、协调机制建设不足，导致许多地方生态补偿实践难以深入开展

生态补偿工作系统性和综合性很强，单一部门难以完成，需要各部门分工协作、各负其责、共同推进这项工作。在将来的工作中，要高度重视加强部门合作平台和协调机制建设，如流域生态补偿机制可持续的关键就是要形成财政、生态环境、水利等有关部门的协调能力，各有关行政主管部门要在生态补偿试点和制度建设中发挥好统一协调职能。如生态环境部要发挥好在流域生态补偿试点的统一协调职责。

3）生态补偿机制建设的一系列关键性、技术性问题尚需解决

要加强关键技术的研究、设计和试点工作：①流域生态补偿政策调节利益相关方利益的作用还较弱，部分地方在实施过程中发现地方政府不在乎补偿资金的扣缴额，而更在乎与之差不多的地方的扣缴金额，如果两者扣缴差不多就心安理得。②补偿标准普遍过低且多同水质相挂钩，没有对生态环境保护成本和发展机会成本予以充分考虑，更没有体现生态系统的服务价值，从而影响了保护主体的积极性和主动性；同时在实施过程

中部分地市为了达到水质目标，采取生态调水的措施稀释水中污染物，造成断面水质达标而总量减排任务不能完成，不能充分发挥生态补偿机制的效能；另外，北方河流的季节性明显，建议建立分区域、分季节的补偿标准。③过度依赖财政资金，市场化的补偿方式缺乏，多元化的环境保护投融资机制比较滞后。财政资金是最主要的资金来源，在财政预算有限的情况下补偿效果必然受限，而水权交易和发行绿色债券、彩票、基金等的市场化手段运用还很欠缺。同时水环境补偿金扣缴与分配和财政资金的相关规定不一致，每年10月为一个财政年度的开始，而生态补偿分配包括了上游补偿下游资金、奖励资金等内容，奖励资金的计算以当年水质类别提升为依据，造成无法对水质类别提升的地方给予有效补助。④随着总磷等生态补偿因子的增加，现有水质自动监测站尚不能做到对全部生态补偿因子的实时监测；部分断面监测点位设置不够科学，考核点位下移造成有新污染源进入水体，水污染责任难以厘清。

4）具有国家生态安全意义的重要生态功能区的生态补偿机制建设力度还比较小，跨省流域生态补偿还尚未开展起来

如"中华水塔"三江源、东江源、西藏、贵州喀斯特等地区的生态补偿建设需要国家承担主要角色。同时，我国近30%的国土分布在大江大河流域，横贯不同的行政区，跨省的流域水污染防治一直是难点问题。跨省流域生态补偿机制远未建立，仅有新安江流域和渭河流域实行了跨省流域生态补偿。我国实行流域管理与行政区划管理相结合的管理机制，但由于流域的自然界限和行政区划存在差异导致各个地方各自为政，不健全的横向转移支付机制更加剧了跨界合作的困难，导致跨省流域生态补偿呼声很高却迟迟未有进展，以东江流域最为典型。

（3）政策建议

1）积极完善生态保护补偿政策和立法

加快修改完善《关于建立健全生态保护补偿机制的若干意见》，加快研究起草"生态保护补偿条例"，明确生态保护补偿的基本原则、主要领域、补偿范围、补偿对象、资金来源、补偿标准、补偿方式、相关利益主体的权利和义务、考核评估办法、责任追究等。鼓励各地出台规范性文件或地方性法规，不断推进生态保护补偿的制度化和法制化。

2）完善国家重点生态功能区转移支付制度

继续落实国家重点生态功能区转移支付办法，进一步完善国家重点生态功能区转移支付分配办法，加大考核监管力度。研究提出在中央财政均衡性转移支付中，考虑不同区域生态功能因素和支出成本差异，通过提高转移支付系数等方式，加大对重点生态功能区特别是中西部重点生态功能区以及禁止开发区域的转移支付力度。整合归并现有生态环境方面的专项资金，完善资金分配办法，重点支持国家重点生态功能区生态保护和恢复。

3）加快推进跨省流域生态保护补偿

总结新安江跨省流域生态保护补偿试点经验，在东江、九龙江、赤水河、滦河、东江湖等流域开展水环境补偿试点，建立跨省流域生态保护补偿机制，明确流域上下游地区责任、权利、义务和利益。

4）积极开展多元化补偿方式探索

充分应用经济手段和法律手段，探索多元化生态保护补偿方式。搭建协商平台，完善支持政策，引导和鼓励开发地区、受益地区与生态保护地区，流域上游与下游通过自愿协商建立横向补偿关系，采取资金补助、对口协作、产业转移、人才培训、共建园区等方式实施横向生态保护补偿。积极运用碳汇交易、排污权交易、水权交易、生态产品服务标志等补偿方式，探索市场化补偿模式，拓宽资金渠道。

5）完善生态保护补偿配套制度体系

一是针对流域、重要生态功能区等重点领域拟定生态保护补偿技术指南，开展生态系统有偿服务与生物多样性经济价值评估，合理确定补偿标准；二是研究建立流域、重要生态功能区、生物多样性保护优先区域、草原、森林等试点地区生态保护补偿政策效果评估机制，积极培育生态服务评估机构；三是加强监测能力建设，健全重点生态功能区、跨省流域断面水量水质国家重点监控点位和自动监测网络，制定和完善监测评估指标体系，及时提供动态监测评估信息。

2.1.2　地方流域生态补偿试点效果评估

2.1.2.1　评估框架

（1）评估思路

评估主要从环境效益、经济效益和社会效益 3 个维度开展。环境效益主要从流域水环境质量和水生态系统两个角度评估，经济效益主要从产业结构变化角度评估，社会效益主要从居民生活水平角度评估（图 2-1）。

环境效益评估指标主要选用水质指标，社会效益评估选用恩格尔系数指数，经济效益评估选用产业结构综合效益指数系数。

1）恩格尔系数指数

恩格尔系数是食品支出总额占个人消费支出总额的比重，是衡量一个地区富裕程度的主要标准之一。恩格尔系数指数是指实施生态补偿前后该地区恩格尔系数的变化幅度，一定程度上反映了实施生态补偿政策对当地居民福利水平的影响，计算公式为

$$恩格尔系数指数 = \frac{实施生态补偿后恩格尔系数 - 参考时期恩格尔系数}{参考时期恩格尔系数} \tag{2-11}$$

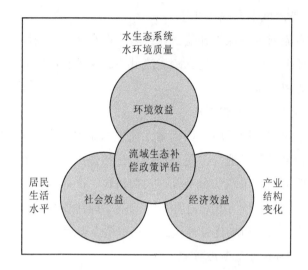

图 2-1　流域生态补偿政策评估框架

2）产业结构综合效益指数系数

产业结构综合效益指数反映了某地区整个经济结构的效益好坏，其计算公式为

$$产业结构综合效益指数 = \frac{地区生产总值^2}{所有部门固定资本投资额 \times 劳动者人数} \qquad (2\text{-}12)$$

产业结构综合效益指数系数是指实施生态补偿前后产业结构综合效益指数变化幅度，一定程度上反映了实施生态补偿政策后提高环境准入门槛对当地经济结构效益的影响，计算公式为

产业结构综合效益指数系数 =
$$\frac{实施生态补偿后产业结构综合效益指数系数 - 参考时期产业结构综合效益指数系数}{参考时期产业结构综合效益指数系数}$$

$$(2\text{-}13)$$

2.1.2.2　辽河流域生态补偿效果评估

（1）环境效益

自实施生态补偿以来，在出市断面水质目标逐年加严，断面个数逐年递增的基础上，超标断面个数呈现减少趋势。尽管 2014 年辽河流域经历了 63 年来最严重的旱情，在严重缺少生态补水的条件下，总体水质平稳达标。2014 年，辽河流域 90 个干流、支流断面中八成断面达到预期目标。以 21 项指标评价的 36 个干流断面中，Ⅰ～Ⅲ类水质断面占19.4%，Ⅳ类占 69.4%，Ⅴ类和劣Ⅴ类各占 5.6%，主要污染指标为氨氮、总磷和五日生化

需氧量。54 个支流入河口断面中，Ⅰ～Ⅲ类水质断面占 14.8%，Ⅳ类占 37.1%，Ⅴ类占 25.9%，劣Ⅴ类占 22.2%，主要污染指标为氨氮和总磷。

2006—2014 年，36 个干流断面化学需氧量（COD）和氨氮质量浓度均值总体呈下降趋势（图 2-2），其中，辽河、大凌河干流化学需氧量质量浓度降幅较大，分别为 73.0%和 84.5%。

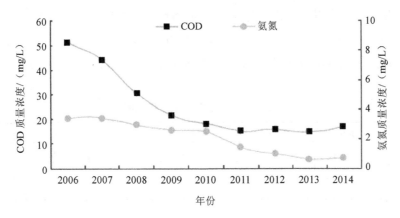

图 2-2　辽河流域干流断面 COD、氨氮质量浓度均值变化趋势

（2）经济效益

实施生态补偿政策以来，辽河流域的产业结构效益不断提高，2008 年，辽宁省的产业结构综合效益为 8.30，2014 年为 12.78，产业结构综合效益指数为 0.54。

（3）社会效益

自 2008 年实施生态补偿政策以来，人民生活水平不断提高，恩格尔系数由 2008 年的 40.6%降低到 2013 年的 32.9%，恩格尔系数指数为–0.19（图 2-3）。

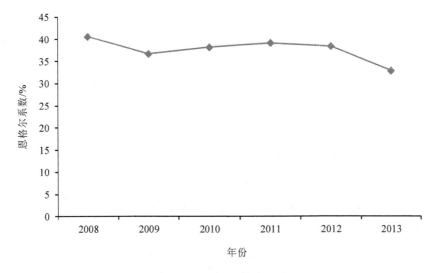

图 2-3　辽宁省恩格尔系数

2.1.2.3　东江流域生态补偿效果评估

（1）江西东江源生态补偿效果评估

1）环境效益

根据各年度"江西省环境状况公报"，江西省境内东江流域共设有 7 个监测站点，监测结果显示，东江江西段水质由生态补偿前 2009 年的"轻度污染"提升为 2014 年的"优"，Ⅰ～Ⅲ类水质断面比例由 2009 年的 40% 提升到 2014 年的 100%（表 2-5）。

表 2-5　东江江西段水质变化情况

年份	2009	2010	2011	2012	2013	2014
水质	轻度污染	优	良	优	优	优
Ⅰ～Ⅲ类水质断面比例/%	40	100	85.7	100	100	100

2）经济效益

东江源头区域涵盖寻乌、安远和定南 3 县，其中安远、寻乌是国家扶贫开发工作重点县，定南是省级贫困县。为保护东江源头区域水环境，江西省严格执行"环保一票否决制"，未经环保审批的项目一律不给予立项，拒绝引进高污染、高能耗的项目，并对源区新建项目采取了上收一级环评审批措施，及时关停了一批对环境有破坏和危害的项目。据统计，截至 2013 年，安远、寻乌、定南 3 县共拒绝 800 多家污染型企业落户，淘汰关闭小造纸厂、松焦油厂、小冶炼厂、活性炭厂、木材加工厂等共 300 多家，关停稀土、钨砂、黄金和萤石等 800 多个矿点。

a）定南县

为保护东江源头保护区生态环境，定南县关闭钨矿坑口 68 个，金矿采矿点 33 个，稀土采矿点 134 个。参考安远县关停矿山造成的财政收入的减少数目，得到定南县因关闭矿山造成的财政收入减少数目为 6 814 万元/a。

b）寻乌县

寻乌县五标乡处于东江源头，拥有稀土储量 2 万多 t，钾长石 50 万 t，铅锌 400 万 t，瓷土 500 万 t，几十年以来，五标乡矿产资源一直未开采。在《矿产资源总体规划（2008—2015）》中，将五标乡和寻乌主要河流、国道可视范围 200 m 范围内列为矿产资源永久禁采区。2010 年，寻乌县共关闭了 7 家黏土砖厂，无限期停止 2 家铅锌矿的开采，放弃 3 家中型钾长石矿山的生产加工，历年来关闭矿山企业 100 多家。

为支持东江源生态环境与稀土资源保护，寻乌县限制了稀土原矿的开采，防止水土流失的同时，还对园区内的稀土原矿分离企业进行了产能限制，园区最大的产业也是寻乌县的支柱产业——稀土产业因此大受影响,该产业税收原来一直占园区税收的 50%以上,受此影响后园区税收从 2011 年的 1.5 亿元到 2012 年的 1.1 亿元,再到 2013 年的 0.6 亿元,逐年锐降,县本级财力严重受损。寻乌县因关闭矿山造成的财政收入减少数目每年为 5 000 万元。

c）安远县

根据安远县东江源头保护区生态环境保护和建设情况的汇报,安远县每年因关停矿山减少的财政收入为 7 240 万元。

3）社会效益

因为定南、寻乌、安远的统计数据不全,暂时以赣州市的恩格尔系数代表东江源头保护区的恩格尔系数。2009—2004 年,赣州市农村居民恩格尔系数由 46.95%逐步下降到 2014 年的 38.6%（图 2-4）,说明农村居民的生活水平逐步提高。恩格尔系数指数为−0.18。

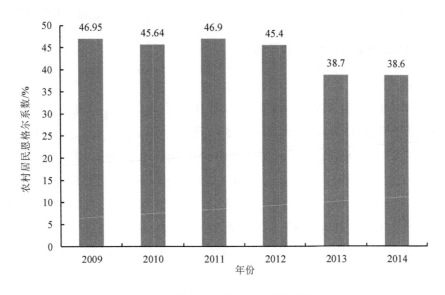

图 2-4　赣州市农村居民恩格尔系数

（2）广东东江源生态补偿效果评估

1）环境效益

河源市是广东省东江流域的源头区。2010—2013 年东江流域河源段水质一直保持在 Ⅱ类标准,水质达标率为 100%（表 2-6）。

表 2-6　东江河源段水质

年份	入境	出境
2010	IV类（龙川新村）	II类（江口断面）
2011	III类（龙川新村）	II类（江口断面）
2012	III类（兴宁电站）	II类（江口断面）
2013	—	II类（江口断面）

2）经济效益

实施生态补偿政策以来，东江流域河源市的产业结构效益不断提高，2010 年，河源市的产业结构综合效益为 6.7，2014 年为 9.3，产业结构综合效益指数为 0.39。

3）社会效益

2010—2004 年，河源市农村居民恩格尔系数呈现先升高后下降的趋势，特别是 2014年下降明显。恩格尔系数首先由 2010 年的 48.1%提高到 2012 年的 49.1%，然后逐步下降到 2014 年的 44%，说明农村居民的生活水平还是在逐步提高的。恩格尔系数指数为−0.09。

2.1.2.4　闽江流域生态补偿效果评估

（1）环境效益

自 2005 年闽江实施生态补偿政策以来，闽江水质持续改善。水域功能达标率由 2005年的 92.9%提高到 2012 年的 98.5%（图 2-5）。闽江各河段水域功能达标率有所提升，干流南平段由 2005 年的 85.7%提高到 2012 年的 97.9%，沙溪由 2005 年的 83.3%提高到 2012年的 96.7%。2013 年，闽江水质为优，水域功能达标率和 I～III类水质比例分别为 99.7%和 98.2%，分别较上年提高了 1.2 个百分点和 0.2 个百分点。2013 年，闽江各河段中，沙溪、建溪、富屯溪、干流南平段的水域功能达标率均为 100%，干流福州段为 98.6%。与上年水域功能达标率相比，干流福州段、建溪、富屯溪持平，沙溪、干流南平段分别提高了 3.3 个百分点、2.1 个百分点。

（2）经济效益

1）三明市

实施生态补偿政策以来，闽江流域的产业结构效益不断提高，2005 年，三明市的产业结构综合效益为 18.11，2014 年为 22.57，产业结构综合效益指数为 0.25。

2）南平市

实施生态补偿政策以来，闽江流域的产业结构效益不断提高，2005 年，南平市的产业结构综合效益为 32.80，2014 年为 50.65，产业结构综合效益指数为 0.54。

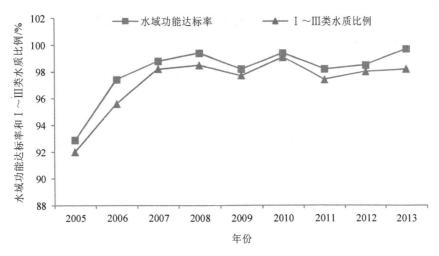

图 2-5　闽江流域水环境质量

（3）社会效益

1）三明市

自 2005 年实施生态补偿政策以来，人民生活水平不断提高，恩格尔系数由 2005 年的 46.3%升高到 2007 年的 46.8%，然后逐步降低到 2014 年的 40%，恩格尔系数指数为−0.14（图 2-6）。

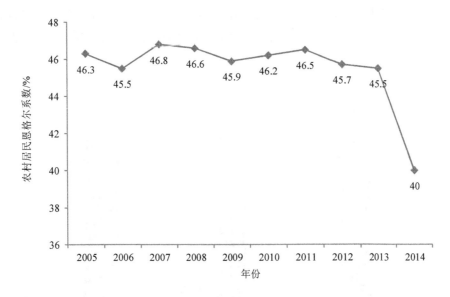

图 2-6　三明市农村居民恩格尔系数

2）南平市

自 2005 年实施生态补偿政策以来，人民生活水平不断提高，恩格尔系数由 2005 年的 47.7% 逐步降低到 2014 年的 42%，恩格尔系数指数为−0.12（图 2-7）。

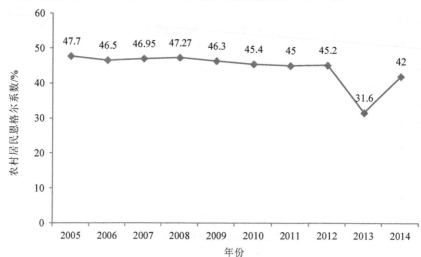

图 2-7　南平市农村居民恩格尔系数

2.1.2.5　河南省生态补偿效果评估

（1）环境效益

污染物排放量大幅降低。化学需氧量由 2011 年的 1 436.68 万 t 降低到 2013 年的 1 354.23 万 t，降低 5.74%。氨氮排放量由 2011 年的 153.8 万 t 降低到 2013 年的 144.23 万 t，降低 6.22%（图 2-8）。

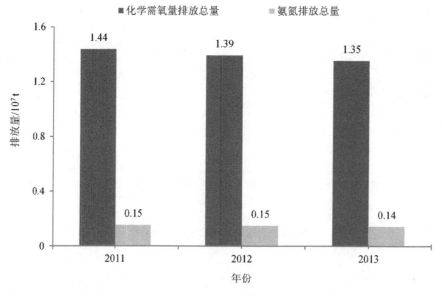

图 2-8　2011—2013 年河南省化学需氧量、氨氮排放量

2008 年沙颖河实施生态补偿政策以来，沙颖河水质有所改善。沙河水质 2008—2013 年持续保持良好，2014 年提高为优。颖河水质由 2008 年的中度污染提升为 2012 年的轻度污染，但 2014 年为中度污染（表 2-7）。贾鲁河 2008—2012 年水质仍为重度污染，但是污染程度明显减轻。

表 2-7　2008—2014 年沙颖河水质变化

河流	2008 年	2009 年	2010 年	2011 年	2012 年	2013 年	2014 年
沙河	良	良	良	良	良	良	优
颖河	中度污染	中度污染	轻度污染	中度污染	轻度污染	轻度污染	中度污染

2010 年全省全面实施生态补偿政策以来，四大流域水质稍有降低。2010—2013 年，淮河流域水质保持轻度污染，海河流域水质由中度污染降为重度污染，黄河流域水质保持轻度污染，长江水质保持良好。具体水质变化情况见表 2-8。

表 2-8　2010—2014 年河南四大流域水质变化（按长度计算）　　　　单位：%

流域	断面比例	2010 年	2011 年	2012 年	2013 年	2014 年
淮河流域	Ⅰ～Ⅲ类断面比例	57.7	37.0	43.5	41.4	41.3
	Ⅳ类断面比例	15.4	19.6	28.3	21.7	28.3
	Ⅴ类断面比例	5.0	13.0	8.7	13.0	4.3
	劣Ⅴ类断面比例	21.9	30.4	19.5	23.9	26.1
海河流域	Ⅰ～Ⅲ类断面比例	26.0	18.2	18.2	27.3	18.2
	Ⅳ类断面比例	0	9.1	18.2	9.1	18.2
	Ⅴ类断面比例	9.3	9.1	0	0	0
	劣Ⅴ类断面比例	64.7	63.6	63.6	63.6	63.6
黄河流域	Ⅰ～Ⅲ类断面比例	70.0	63.2	63.2	52.6	57.9
	Ⅳ类断面比例	5.6	5.2	15.8	21.1	26.3
	Ⅴ类断面比例	11.6	15.8	10.5	15.8	10.5
	劣Ⅴ类断面比例	12.8	15.8	10.5	10.5	5.3
长江流域	Ⅰ～Ⅲ类断面比例	86.8	57.1	71.4	85.7	71.4
	Ⅳ类断面比例	13.2	42.9	14.3	14.3	28.6
	Ⅴ类断面比例	0	0	14.3	0	0
	劣Ⅴ类断面比例	0	0	0	0	0

（2）经济效益

实施生态补偿政策以来，河南省内流域的产业结构效益不断提高，2010 年，河南省的产业结构综合效益为 5.25，2014 年为 6.21，产业结构综合效益指数为 0.18。

（3）社会效益

自实施生态补偿政策以来，河南省人民生活水平不断提高，恩格尔系数由 2010 年的 37.2%降低到 2013 年的 34.4%，恩格尔系数指数为–0.075（图 2-9）。

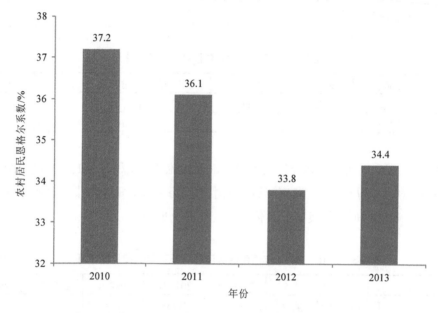

图 2-9　河南省农村居民恩格尔系数

2.1.2.6　河北省生态补偿效果评估

（1）环境效益

2013 年河北省累计扣缴生态补偿金 1.7 亿元，促进了重点流域水质改善。与 2008 年相比，2013 年，河北七大水系Ⅰ～Ⅲ类水质比例提高 12.74 个百分点，劣Ⅴ类断面比例下降 13.53 个百分点。

（2）经济效益

实施生态补偿政策以来，河北省内流域的产业结构效益变化不大，2008 年，河北省的产业结构综合效益为 7.94，2014 年为 7.93，产业结构综合效益指数为 0.00。

（3）社会效益

自 2008 年实施生态补偿政策以来，人民生活水平不断提高，恩格尔系数由 2008 年的 34.72%降低到 2012 年的 33.6%（图 2-10）。

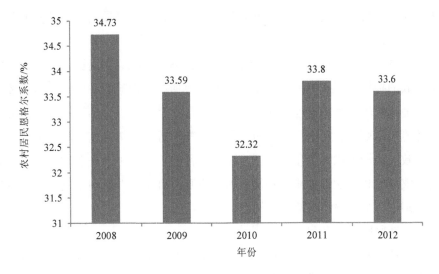

图 2-10　河北省农村居民恩格尔系数

2.2　流域生态补偿绩效评价技术体系

2.2.1　评估指标体系的构建

2.2.1.1　评估指标的选取原则

科学的评估指标体系是进行政策效果评价的前提和基础，是合理确定政策效果的依据。确立流域生态补偿政策评价指标体系的根本目的是通过适当的指标对政策的实施效果进行科学的判断和分析，客观反映政策实施的状况和作用的大小，识别制约补偿效果的关键因素，为政策的进一步完善和补偿效果的改善提供完善方向和建议。但是，流域生态补偿政策是一个复杂的体系，涉及环境、经济、生态、社会、教育等多个方面，对补偿政策进行评价时需要综合考虑这些方面。因此，构建流域生态补偿政策评价指标体系需要涵盖上述因素，构建多层次、多方面的指标体系。在这一过程中，存在大量的可供选择的指标，这就需要从中选取一定数量的关键性指标来构建相应的指标体系。所选取的指标必须能够全面涵盖政策所带来的效果的所有方面，同时必须能够客观反映出政策作用程度的大小，为生态补偿政策的完善和流域生态环境的改善提供科学的政策依据。

就现有研究而言，评价指标体系的表现形式是多样的，这其中最为常见的形式主要包括多指标结构、树形结构、从形结构以及矩阵结构等。由于流域生态补偿政策的作用效果是多方面、多层次的，为了更好地表现出政策效果，本书采用树形结构来表现所构建的评价指标体系。

　　面对数量繁多的可供选择的评价指标，需要根据一定的原则对评价指标进行科学的筛选。所选取的指标必须能够满足一定的目的，包括：所构建的评价指标体系必须能够全面而客观地反映流域生态补偿政策的效果，涵盖社会、经济、环境等方面；指标应该能够反映环境质量变化、经济发展以及社会生活变化等同政策实施之间的关系；评估结果要能够为政府决策提供科学依据。要实现这些目的，流域生态补偿政策评估应按照科学性原则、整体性和层次性原则、精简有效性原则、可操作性原则以及可比性和规范性原则五大原则进行政策评估指标体系构建。

　　（1）科学性原则

　　评估指标体系必须建立在科学的基础上，所选取的指标要能够客观、全面而真实地反映流域生态补偿政策实施带来的效果，要能够反映流域生态系统的健康状况，还要能够反映政策实施与流域环境状况变化、社会经济发展等方面之间的关系。同时，评价指标之间要相互独立，避免指标之间的重叠，并且能够准确地度量政策目标的实现程度。即评估指标体系应具有科学性，能够客观地反映流域生态补偿政策的作用及效益，能够形成内部相互联系的整体，其研究资料和数据的收集都要有一定的科学依据。

　　（2）整体性与层次性原则

　　评价指标体系的构建需要紧紧围绕评价目标，评价指标要能够反映政策实施带来的多方面的效果，包括综合的流域生态补偿政策的作用范围、效果水平，并组成一个有机的整体。同时，流域生态补偿政策涉及环境、经济、社会等多个方面，具有显著的等级层次特征，并且存在动态变化。因此，评估指标体系的构建需要反映出层次性特征，按照等级要求分层次构建指标体系，降低系统的复杂程度。

　　（3）精简有效性原则

　　除了追求指标的完备性之外，所选取的指标应该概念清楚、结构清晰，能够被非专业人员理解；尽可能体现更多的信息，以较少的指标反映政策效果，避免重复评估。所选择的指标还必须是准确有效的，由于各流域环境质量、流域状况、发展程度等方面存在较大差异，所选取的指标应该能够反映多数流域的普遍状况，同时能够反映出时空变化所产生的影响，尽可能准确、全面地反映出补偿实施带来的效果。

　　（4）可操作性原则

　　评估指标体系中的各指标应简单明了，便于获取与计算。统计指标所需数据要能够较为方便地获取，方便进行数据的收集和处理，减少数据收集和处理成本，以较少的投入获得大量的所需数据。

（5）可比性和规范性原则

流域生态补偿政策实施范围广泛，各流域状况存在很大的差异，同时政策效果随时间变化也会发生一定的变化。因此，所选的流域生态补偿政策评价指标需要满足时空上的可比性，能够进行纵向和横向的比较。为此，所选取的指标必须是统一和规范的。同类指标的数据收集方法、处理方法以及指标的计算方法也应该是规范和一致的，以便实现对补偿政策作用程度以及变化规律进行判断和研究。

2.2.1.2 评估指标的选取

实施流域生态补偿除了能改善流域生态环境质量外，还能够促进社会和经济发展、群众生活质量改善，实现环境保护和经济发展相协调。在进行补偿政策效果评价时，只重视生态环境质量改善、忽略政策带来的社会经济影响，或者仅关注经济改善程度而忽视流域生态环境的变化都是片面的，不能完整体现出补偿政策的效果。因此，所选取的评价指标需要涵盖环境、经济、社会等多方面。

在上述分析的基础上，借鉴国内外政策效果评价的相关研究成果及咨询生态、流域管理等领域专家的意见，并结合我国流域生态补偿政策的具体实施状况，采用阶梯层次结构设计政策评价指标体系。具体做法是各评价因素按照层次模型进行分层，一般将评价指标体系分为 3 层，依次是目标层、准则层和指标层（评价对象层）。评价指标体系一般是三级层次结构，但当某个层次包含的内容较多时，需要进一步分层才能便于数据处理，这时该层次就需要进一步划分为若干层次。

（1）目标层（A）

在流域生态补偿政策效果评价，目标层用来反映流域生态补偿政策实施所带来的总体效果水平，是对政策效果的综合的评价，是评估的总目标。

（2）准则层（B）

准则层是针对政策评级总目标设定的，准则层指标要能够从不同的侧面反映流域生态补偿政策实施作用的效果和作用的程度大小。根据指标类型的不同可分为三大类：效果、效应及效率。其中效果指标包括流域水资源状况、流域水质状况、水生态健康状况、流域治理 4 个一级指标；效应指标包括经济效应和社会效应 2 个一级指标；效率指标包括政策设计、政策执行以及政策配套 3 个一级指标。

（3）指标层（C）

指标层是准则层下更进一步细化的基础性指标，指标数目相对于准则层较多，细化到政策评价的最小部门。在查阅相关文献和现有研究报告、咨询相关专家以及实地调研的基础上，在准则层的限制下共选择了 27 个二级指标。具体如下：

对应于效果指标，流域水资源状况指标下有 2 个二级指标，分别为万元 GDP 取水量和生态需水满足程度；流域水质状况用水质污染状况和工业废水达标排放率 2 个二级指标表征；水生态健康状况指标包括底栖动物多样性指数、浮游生物多样性、鱼类完整性指数 3 个生物多样性指标；流域治理指标则包括森林覆盖率、湿地面积占国土面积比例、流域治理面积占流域面积比例和水土流失治理率。

对应于效应指标，经济效应指标对应的二级指标有 3 个，分别是人均 GDP 增长率、三次产业结构比例、流域环保投入资金占 GDP 比重；社会效应指标下的二级指标包括生态补偿是否纳入地方法律法规、公众关于流域保护问题的来访人次、对人体健康的影响效应、流域保护从业人员比重。

对应于效率指标，3 个一级指标下共有 9 个二级指标。政策设计指标对应的有 2 个二级指标：生态补偿标准合理性、生态补偿政策满意度；政策执行指标对应的有 4 个二级指标，分别是资金到位率、资金使用率、生态补偿资金构成合理性、生态补偿资金发放及时性；政策配套指标对应的二级指标包括配套监测能力、生态补偿信息公开率、人员配置合理性。具体指标结构如图 2-11 所示。

2.2.2　综合评价模型

2.2.2.1　模型简介

（1）层次分析法

层次分析法（analytical hierarchy process，AHP）是一种目前采用较为广泛的指标权重确定方法，该方法是美国运筹学家萨蒂（T.L.Saaty）在 20 世纪 70 年代提出来的，能够实现定性和定量分析相结合。该方法主要用于评价多目标、多准则的复杂问题，在有效分析的基础上将各个影响因素划分为多个层次的评价系统，由专家根据经验判断给出各个指标的相对重要程度，并在科学计算的基础上得到每个影响因素的权重。该方法能够将决策的思维过程层次化和数学化，用较少的定量分析解决复杂的决策问题，具有系统、灵活和简便的特点。层次分析法尤其适用于主观判断起决定作用、决策结果很难定量化的问题的判断，是一种较为实用和客观的决策分析工具。运用层次分析法解决实际问题包括将实际问题层次化并构建多层次的分析结构模型，构造判断矩阵，确定低层因素相对于高层因素的相对权重，具体过程将在下文进行详细阐述。

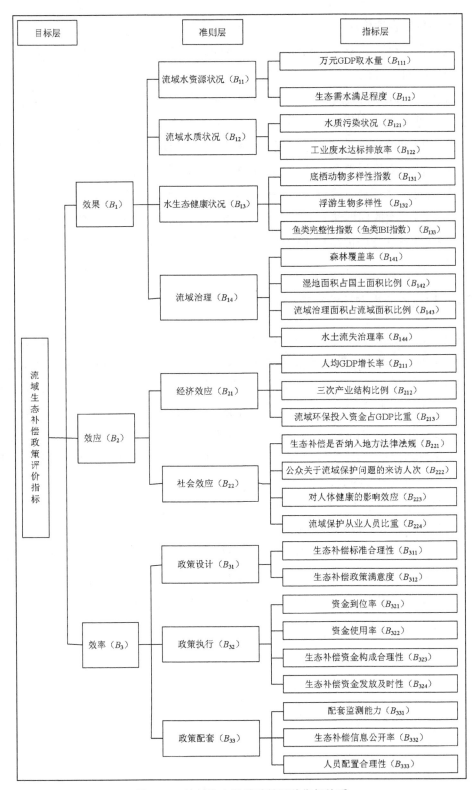

图 2-11　流域生态补偿政策评价指标体系

（2）模糊综合评价法

模糊综合评价法（fuzzy comprehensive evaluation，FCE）是在模糊数学的基础上建立的一种对实际问题进行综合评价的评价方法，其基础是模糊数学。模糊数学是由美国控制论专家 L.A.Zadeh 教授所创立，最早见于 1965 年发表的《模糊集合论》的论文，在这篇论文中他提出建立模糊集合论并引入了隶属函数，模糊数学由此诞生。我国学者汪培庄最早提出模糊综合评价法，所谓模糊综合评价法就是运用模糊数学和模糊统计方法，应用模糊变换原理和最大隶属度原则，考虑与被评价事物相关的各个因素，从而对其所做的综合评价。模糊综合评价法具有显著的优点，如模型相对简单和易于操作、能够对多层次的问题进行较好的判断、能够将定性分析和定量分析相结合、弥补定性分析的缺陷以及评价结果不受评价对象所处集合的影响等，是一种相对科学、合理的评价方法。

2.2.2.2　构建流域生态补偿政策评估模型的路径

流域生态补偿政策评估涉及自然、经济和社会等多个方面，是典型的多因素综合评价问题。本书要做的是对补偿政策的实施效果进行评价，在评估过程中除了基于客观监测数据的定量分析外，还需要评价主体和评价参与者对影响程度做出主观的判断。在实际判断过程中，受能力、知识以及客观因素的影响评价结果不可避免带有一定的模糊性。因此，需要采用一定的科学方法来最大限度地消除这种主观性和模糊性对评估结果的影响，最大限度地保证综合评估结果的可靠性。模糊综合评价法能够实现多因素、多层次的客观评价，通过科学的数学计算消除模糊性对评估结果的影响。

为了最大限度地消除主观因素和模糊性对评估结果带来的不确定性影响，本章将层次分析法和模糊综合评价法结合起来，构建了一个两者有机结合的评估模型——"AHP-模糊综合评价模型"。该模型主要有两个主要部分，首先是运用层析分析法确定补偿政策评价指标层和指标权重，主要方法是 1～9 标度法；其次是在层次分析法确定的指标权重的基础上，采用多层次模糊综合评价法对流域生态补偿政策实施带来的效果进行综合评价。具体过程如图 2-12 所示。

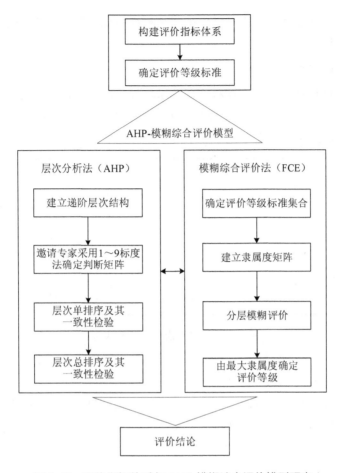

图 2-12　评价指标体系与 AHP-模糊综合评价模型研究

2.2.2.3　层次分析法确定指标权重

效果评价离不开具体的评价指标，政策效果评价尤其如此。同时，政策效果评价涉及方面众多，各个独立的因素对评估结果的影响程度更是千差万别。因此需要构建一个能够最大限度反映政策效果的评价指标体系，并对各指标的重要程度进行识别，确定不同指标对效果综合评价的影响作用的大小。其中，指标的重要程度可以进行定量的描述，即指标的权重。流域政策评价指标权重是各个评价指标相对于补偿政策评价目标的重要程度，不同的权重对评价结果有着直接的影响。通常，赋权是一种主观判断的结果，不同的价值判断和心理活动、对指标理解的差异等会造成指标权重判断的差异。因此，需要科学的方法来尽可能消除主观判断的影响，本节采用的是层次分析法。

层次分析法求解问题的整个过程体现了人的大脑思维的基本特征：分解—判断—综

合，首先将复杂问题层次化，进而进行主观判断和客观计算，使决策的过程系统化、数量化。具体步骤如下：

（1）建立阶梯层次结构模型

首先构建评价指标体系，通过对评判对象进行层次分析，确立清晰的阶梯形指标体系。一般包括目标层 A、准则层 B、指标层 C，给出评判对象的因素集和子因素集，按照评价指标体系的层次隶属关系构建一个递阶层次结构模型，如图 2-13 所示。

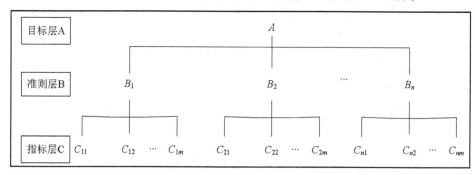

图 2-13　阶梯层次指标体系结构图

（2）根据标度理论构造判断矩阵

对评价因素进行两两比较，一般由专家做出判读，具体方法多采用 1～9 标度法。根据专家的判断对指标的重要程度进行定量的标度，进而确定每一个指标的重要性。方法如表 2-9 所示。

表 2-9　指标重要程度 1-9 标度

标度 b_{ij}	含义	说明
$b_{ij} = B_i / B_j = 1$	同等重要	表示因素 B_i 与 B_j 比较，具有同等重要性
$b_{ij} = B_i / B_j = 3$	稍微重要	B_i 与 B_j 比较，B_i 比 B_j 稍微重要
$b_{ij} = B_i / B_j = 5$	明显重要	B_i 与 B_j 比较，B_i 比 B_j 明显重要
$b_{ij} = B_i / B_j = 7$	非常重要	B_i 与 B_j 比较，B_i 比 B_j 非常重要
$b_{ij} = B_i / B_j = 9$	绝对重要	B_i 与 B_j 比较，B_i 比 B_j 绝对重要
$b_{ij} = B_i / B_j = 2, 4, 6, 8$	中值	上述两相邻判断的中值
倒数	反比较	表示因素 B_i 与 B_j 比较得到判断 b_{ij}，则 $b_{ji} = 1 / b_{ij}$

专家对各个元素进行两两比较并给出评分结果，可得到两两比较的判断矩阵。判断矩阵表示的是某层的各个因素相对于上一层中某个因素的影响程度，如第 i 层的因素 B_1，B_2，$\cdots B_n$，以及相邻上一层次中的一个因素 A，两两比较第 i 层的所有因素对 A 因素的影

响程度可用 $b_{ij}=B_i/B_j$ 表示，其含义是对 A 这一评价目标而言因素 B_i 对因素 B_j 相对重要性，如表 2-10 所示。

表 2-10　A-B 判断矩阵

A	B_1	B_2	……	B_i	……	B_n
B_1	1	b_{12}	……	b_{1i}	……	b_{1n}
B_2	b_{21}	1	……	B_{2i}	……	B_{2n}
……	……	……	1		……	……
B_i	b_{i1}	B_{i2}	……	1		B_{in}
……	……	……	……	……	1	……
B_n	b_{n1}	B_{n2}	……	B_{ni}	……	1

判断矩阵的元素 b_{ij}，显然有性质：$b_{ij}>0$；$b_{ii}=1$；$b_{ji}=1/b_{ij}$（特点是对角线上的元素为 1，即每个元素相对于自身的重要性相同）。

（3）求解判断矩阵以确定相对权重系数

根据判断矩阵进行层次排序，进而确定评价因素和评价因子权重。层次单排序的目的在于确定本层因素相对权重，层次单排序的权重值可通过解特征值问题，即 $AW=\lambda_{max}W$，求出特征向量得到。式中 A 为判断矩阵，λ_{max} 为矩阵 A 的最大特征向量，W 为 A 对应于 λ_{max} 的特征向量，W_i 为相应元素层次单排序的权重值。求特征向量常用的方法有和积法和方根法，本节采用和积法求判断矩阵的最大特征根和对应的特征向量。具体做法如下：

①对 C 的元素按列进行归一化处理，$\overline{C_{ij}}=\dfrac{C_{ij}}{\sum\limits_{i=1}^{n}C_{ij}}$　$i,j=1，2，3\cdots n$；$\overline{C}=(\overline{C_{ij}})$；

②对 $\overline{C}$ 进行行和计算，得到：$\overline{W}=\left[\overline{W_1},\overline{W_2},\cdots,\overline{W_n}\right]^{\mathrm{T}}$，$\overline{W_i}=\sum\limits_{j=1}^{n}\overline{C_{ij}}$；

③对 $\overline{W}$ 进行归一化处理，得到：$W=[W_1,W_2,\cdots,W_n]^{\mathrm{T}}$，$W_i=\dfrac{\overline{W_i}}{\sum\limits_{i=1}^{n}\overline{W_i}}$；

④最大特征根求解：$\lambda_{max}=\dfrac{1}{n}\sum\limits_{i=1}^{n}\left[\dfrac{\sum\limits_{j=1}^{n}a_{ij}w_j}{W_j}\right]$。

（4）层次排序和一致性检验

在解决实际问题的过程中，需要对判断矩阵进行一致性检验，以使其满足总体一致性。只有通过检验，才能继续分析结果，因此这时的判断矩阵才是可取的。

一致性检验的步骤如下：

第一步，计算一致性指标 CI：

$$CI=（\lambda_{max}-n）/（n-1）\qquad\qquad(2-14)$$

第二步，查找平均随机一致性指标 RI。表 2-11 对（n=1, 2, …, 12）给出了 RI 的值。

表 2-11　平均随机一致性指标 RI 的取值

阶数	1	2	3	4	5	6	7	8	9	10	11	12
RI	0.00	0.00	0.58	0.90	1.12	1.24	1.32	1.41	1.45	1.49	1.51	1.48

当 CR＜0.1 时，判断矩阵总体上的一致性是可接受的。

当 n≥3 时，把 CI 与 RI 之比定义为一致性比率 CR，其中 CR＝CI/RI。

通常情况下，当 CR＜0.10 时，判断矩阵具有满意的一致性，否则应对判断矩阵做一定程度的修正。

2.2.2.4　模糊综合评价法进行综合评估

（1）建立评价子集

评价子集 U 是影响评价对象的各个因素所组成的集合，可表示为 $U=\{u_1, u_2, …, u_n\}$，其中 u_i（i=1, 2, …, n）是评价因素，n 是同一层次上单个因素的个数。

（2）确定评价集合

评价集合 $V=\{v_1, v_2, …, v_n\}$，其中 v_j（j=1, 2, …, n）是评价等级标准。这一集合为评价的所有可能结果，即对各项指标满意度设定的几种不同的评语等级，通过模糊综合评价，从评语集中选取一个最大结果，这也是模糊综合评价方法的目的所在。

（3）确定目标分配权重集

运用 AHP 法确定指标体系中各类指标和各级指标的权重。

（4）构建隶属度矩阵

构造了评价因素子集后，要一一对被评对象从每个因素上进行量化，即确定单因素来对被评对象等级模糊子集的隶属度，得到模糊关系矩阵。这首先需要建立单因素评价结果统计表，本节采用和积法对评估结果进行归一化处理，得到各个因素的判断矩阵。进行一级模糊综合，确定模糊关系矩阵 R。具体步骤如下：

首先，构建隶属度子集 R_i，$R_i=（r_{i1}, r_{i2}, …r_{in}）$（其中 R_i 是评价因素中第 i 个指标对

应于评价集合中每个评价标准 v_1，v_2，$\cdots$，v_n 的隶属度），具体计算方法为

$$r_{ij} = \frac{\text{第 } i \text{ 个指标中选择 } V_i \text{ 等级的人数}}{\text{参与评价的总人数}} \quad (j=1, 2, \cdots, n) \quad (2\text{-}15)$$

根据隶属度子集构建相应指标的模糊评价矩阵，并对模糊评价矩阵进行复核运算并进行归一化处理，得到上一级指标的隶属度判断值。按照同样的方法对其他指标进行同样的运算，得到最终模糊关系矩阵 R：

$$R = \begin{pmatrix} r_{11} & \cdots & r_{1n} \\ \vdots & \ddots & \vdots \\ r_{n1} & \cdots & r_{nn} \end{pmatrix} \quad (2\text{-}16)$$

（5）确定权向量

在模糊综合评价中，如前述方法使用层次分析法确定评价因素的权向量：$W=(w_1, w_2, \cdots, w_n)$。同样运用层次分析法确定因素的相对重要性，进而确定各指标的定权系数。

（6）确定综合评价的模糊算子

在确定了模糊关系矩阵 R 和权向量 W 后，需要进行模糊综合评价，这就要确定综合评价的模糊算子。常见的模糊算子类型有 4 种，具体内容如表 2-12 所示。其中第 4 种模糊算子即加权平均型模糊算子最为常用，因为其兼顾了各评价指标的权重，能够完整体现被评价对象的整体特征。通过比较分析，本章将采用这种模糊算子进行模糊综合评价，确定被评价对象的最终评价等级。

表 2-12　模糊综合评价的模糊算子

	模型	算子	计算公式	模糊矩阵利用程度	类型
1	$M(\wedge, \vee)$	$\wedge \vee$	$b_j = \overset{n}{\underset{i=1}{V}}(a_i \wedge r_{ij})$	不充分	主要因素决定
2	$M(\bullet, \vee)$	$\bullet \vee$	$b_j = \overset{n}{\underset{i=1}{V}}(a_i r_{ij})$	不充分	主要因素突出
3	$M(\vee, \oplus)$	$\vee \oplus$	$b_j = \sum_{j=1}^{n}(a_i \wedge r_{ij})$	比较充分	不均衡平均
4	$M(\bullet, \oplus)$	$\bullet \oplus$	$b_j = \sum_{i=1}^{n}(a_i r_{ij})$	充分	加权平均

（7）合成总目标评价向量

在以上分析的基础上，将权向量 W 和模糊关系矩阵 R 进行复合运算，得到模糊综合评价结果：

$$B = W \times R = [W_1, W_2, \cdots, W_n] \times \begin{pmatrix} r_{11} & \cdots & r_{1m} \\ \vdots & \ddots & \vdots \\ r_{n1} & \cdots & r_{nm} \end{pmatrix} \qquad （2\text{-}17）$$

2.2.3 新安江流域实证研究结果

为了进一步验证前文所构建的流域生态补偿政策评价体系和评价方法的适用性，本节选取了新安江流域进行流域生态补偿政策评价实证研究。选择新安江流域为研究对象主要是因为新安江流域是我国第一个跨省流域生态补偿试点流域，中央和皖浙两省都有参与；补偿政策体系较为完善，已经实施了 3 年且颇有成效；补偿涉及的主客体比较明确，补偿机制相对完善，易于进行比较分析；更为重要的是，通过实地调研发现，新安江流域生态补偿政策实施结果评估所需数据较为完善，利于进行定量化的分析和研究。鉴于以上原因，本节选择新安江流域的黄山市作为实证研究的对象，通过评估识别补偿政策的效果、影响政策效果的因素以及该因素作用的程度，进而提出完善建议。

2.2.3.1 流域概况

"源头活水出新安，百转千回下钱塘。"新安江发源于黄山市休宁县六股尖，地跨皖浙两省，为钱塘江正源，是安徽省内仅次于长江、淮河的第三大水系，也是浙江省千岛湖最大的入湖河流（图 2-14）。新安江干流长度约 359 km，其中安徽省境内 242.3 km，大小支流 600 多条。流域总面积约 11 452.5 km²，其中安徽省境内面积 6 736.8 km²，占流域总面积的 58.8%；黄山市境内面积 5 856.07 km²，占流域总面积的 51.1%。新安江经千岛湖、富春江、钱塘江在杭州湾流入东海。省界断面多年平均出境水量占千岛湖年均入湖总水量的 60% 以上。而下游的千岛湖集水面积 10 442 km²，正常水位 108 m 时，库容 178.4 亿 m³，水域面积 580 km²，其中 98% 在浙江省淳安县境内，是浙江省重要的饮用水水源地，也是整个长三角地区的战略备用水源，承担着大型湿地所特有的调节小气候、降解污染物、维护生物多样性等生态功能。因此新安江流域不仅是浙皖两省的重要生态屏障，也事关整个长三角地区的生态安全，战略地位举足轻重。

黄山市位于安徽省最南端，位于东经 117°02′～118°55′，北纬 29°24′～30°24′。南北跨度 1°，东西跨度 1°53′。根据黄山市 2014 年国民经济和社会发展统计公报，全市年生产总值 20 848.8 亿元，比上年增长 9.2%。第一、第二、第三产业增加值分别为 2 392.4 亿元、11 204

亿元、7 252.4 亿元，三次产业结构为 11.5∶53.7∶34.8，其中工业增加值占 GDP 比重为
46%。全年财政收入 3 663 亿元，比上年增长 8.9%，其中地方财政收入 2 218.4 亿元。全
年人口出生率 12.86‰，比上年下降 0.02 个千分点；死亡率 5.89‰，下降 0.17 个千分点；
自然增长率 6.97‰，上升 0.15 个千分点。

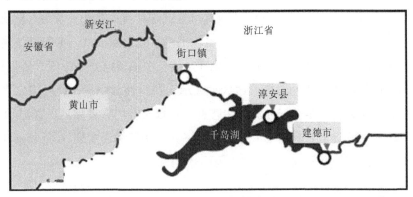

图 2-14　新安江流域范围

2.2.3.2　新安江流域生态补偿政策的实施情况

（1）流域补偿政策的制定

党中央、国务院高度重视千岛湖及新安江水环境保护工作，习近平、李克强、回良
玉等同志就千岛湖及新安江水环境保护分别做出重要批示。习近平指出，"千岛湖是我国
极为难得的优质水资源，加强千岛湖水资源保护意义重大，在这个问题上要避免重蹈先
污染后治理的覆辙。由环境保护部牵头对新安江上下游污染防治的协调管理进行研究并
提出意见。浙江、安徽两省要着眼大局，从源头控制污染，走互利共赢之路"。

皖浙两省在补偿方面的分歧主要集中在水质标准和水质监测方面，安徽省主张以河
流水质作为评判基准，浙江省则认为河流最终流入千岛湖，应该以湖泊水质为基准；另
一个问题就是以安徽监测数据还是浙江监测数据来评判交界水质。在中央部委的协调下
两省最终达成一致。2010 年年底，财政部、环境保护部联合启动了新安江水环境补偿试
点工作，新安江成为全国首个跨省界流域水环境补偿试点。2011 年环境保护部公布《新
安江流域水环境补偿试点实施方案》，正式启动新安江流域跨省生态补偿。双方协定把新
安江 2008—2010 年高锰酸盐指数、氨氮、总氮、总磷 4 项指标常年年平均浓度值作为考
核的目标值，实行年度考核。同时，在交界断面设立一个水质自动监测测站，以中国环
境监测总站自动监测站的数据为主要依据并参考两省的常规监测数据确定水质状况。根
据协定，中央财政每年拨付 3 亿元给安徽省，用于新安江流域水环境治理。水质是补偿
的重要依据，以一年为期，若跨界断面监测水质达标，浙江要补偿安徽 1 亿元，水质不

达标安徽则要补偿浙江 1 亿元，补偿资金专项用于流域污染防治。水质监测以自动监测为主，同时安徽、浙江两省监测人员定期联合到断面进行采样，对样品进行分析并将结果报送中国环境监测总站，如有分歧则由中国环境监测总站启动仲裁监测。

新安江生态补偿的顺利实施得益于特殊的地理环境、补偿的内在动力和中央政府的支持 3 个因素。河流仅流经安徽和浙江两省，上下游利益关系和补偿主客体比较明确；作为浙江省重要的饮用水水源，千岛湖 68% 以上的水来自新安江，并且浙江省经济较为发达，有实行横向转移支付的财政能力和内在动力；中央政府充当中间人协调地方利益，多次召集两省进行协商，在补偿协议达成后又承担纠纷仲裁职责，通过国家力量对补偿施加了外在的强制力，这是新安江流域生态补偿得以实行的重要保证。2013 年国务院正式批复《千岛湖及新安江上游流域水资源与生态环境保护综合规划》，将新安江流域生态环境保护上升到国家战略层面，进一步增强了外在强制力。

专栏 2-2　新安江流域生态补偿政策文件汇总

◆财政部　环境保护部关于印发《新安江流域水环境补偿试点实施方案》的函（财建函〔2011〕123 号）；

◆中国环境监测总站《关于开展新安江流域水环境补偿试点工作联合检测的通知》（总站水字〔2011〕266 号）；

◆财政部办公厅　环境保护部办公厅《关于签署安徽省人民政府　浙江省人民政府关于新安江流域水环境补偿协议的通知》（财办建〔2012〕46 号）；

◆环境保护部　财政部《关于公布 2011 年新安江流域接口国控断面水质监测数据的函》（环函〔2012〕106 号）；

◆环境保护部　财政部《关于公布 2012 年新安江流域接口国控断面水质监测数据的函》（环函〔2013〕43 号）；

◆国务院《关于千岛湖及新安江上游流域水资源与生态环境保护综合规划的批复》（国函〔2013〕135 号）；

◆安徽省财政厅　安徽省环境保护厅关于印发《安徽省新安江流域生态环境补偿试点资金管理暂行办法》的通知（财建〔2012〕969 号）；

◆安徽省财政厅关于印发《新安江流域水环境补偿资金绩效评价管理（暂行）办法》的通知（财建〔2012〕674 号）。

（2）补偿政策的实施状况

1）整体状况

财政部、原环境保护部等部委高度重视新安江流域水环境生态保护工作，加强对流域生态补偿机制顶层设计和宏观指导。经过反复调研和酝酿，创新试点体制，制定并出台了科学合理的水环境补偿方案等政策文件，为试点的高效实施和快速推进提供了政策保障。安徽、浙江两省顾全大局，在财政部和原环境保护部的协调下，共同签订了水环境补偿协议，明确了中央和地方的职责，确定了试点工作的方向、原则和目标，启动实施全国首个跨省流域生态补偿机制试点。试点中，建立了两省两市互访协商机制，统筹推进全流域联防联控，合力治污。这些都是流域生态补偿得以顺利实施的重要政策保障。

新安江流域生态补偿政策实施效果显著，2011—2013 年，新安江街口断面水质均符合 $P \leqslant 1$（说明水质改善）的要求。中央财政、浙江和安徽两省的补偿资金均已全部到位，2010—2013 年，中央财政共下达补偿资金 8.5 亿元，浙江、安徽两省拨付补偿资金共 4.2 亿元，合计 12.7 亿元。黄山市共安排农村面源污染、城镇污水和垃圾处理、工业点源污染整治、生态修复工程、能力建设等 5 大类 156 个项目，补偿资金使用范围符合《新安江流域水环境补偿试点实施方案》要求。

2）试点资金状况

试点资金拨付情况。2010—2013 年，中央财政共下达补偿资金 8.5 亿元，浙江、安徽两省拨付补偿资金共 4.2 亿元，合计 12.7 亿元（表 2-13）。

表 2-13　2010—2013 年新安江流域生态补偿资金拨付情况　　　单位：亿元

资金来源	2010 年	2011 年	2012 年	2013 年	合计
国家	0.5	2	3	3	8.5
安徽	—	—	1	1.2	2.2
浙江	—	—	1	1	2
总计	0.5	2	5	5.2	12.7

黄山市资金投入情况。2010—2013 年，为保障试点项目顺利实施，黄山市在中央及省级财政拨付试点资金的基础上，多渠道筹措资金，以项目为单位累计投入资金 493 922 万元（表 2-14）。

表 2-14　黄山市历年地方资金投入情况　　　单位：万元

市县	2010—2011 年	2012 年	2013 年	合计
黄山市	15 322	158 000	320 600	493 922

补偿资金的管理。中央财政资金下达到安徽省后，安徽省财政厅、环保厅依据黄山市和绩溪县上报且通过省里审核的项目，及时下达项目补偿资金。补偿资金下达至流域所在市（绩溪县单独下达），由流域所在市财政部门按审定的项目，下达至县（区）财政部门。县（区）财政部门对补偿资金实行分账核算，专款专用。安徽省财政厅、环保厅还发布专门的文件对补偿资金使用范围、项目申报和资金下达以及监督管理等具体内容作出明确的规定。

3）项目实施情况

试点启动以来，黄山市共安排农村面源污染防治、城镇污水和垃圾处理、工业点源污染整治、生态修复工程、能力建设等 5 大类 156 个项目，主要涉及农业农村面源污染防治，城乡污水设施及截污管网建设，工业园区基础设施建设，河道清淤疏浚、排水、生态护岸，以及规划编制、科普宣传、监测能力提升等内容（表 2-15）。截至 2013 年 12 月底，已完成 96 个项目，占 61.5%；在建 60 个项目，占 36.5%。

表 2-15 黄山市试点资金安排情况

类别	项目数/个	项目投资/万元	完成投资/万元	安排试点资金/万元
农村面源污染防治	83	39 812.6	34 418.5	17 636.2
城镇污水和垃圾处理	27	44 510.12	41 237.19	7 999
工业点源污染整治	11	26 850	26 112	10 517
生态修复工程	28	713 560.52	501 073.92	72 325.8
能力建设	7	7 756	4 545	4 600
合计	156	832 489.2	607 386.6	113 078

2.2.3.3 补偿政策评估的时空范围

（1）评估范围

本节以新安江流域为流域生态补偿政策评估的实证研究对象，由于新安江流域跨省生态补偿的补偿对象是安徽省，以安徽省黄山市为主，因此本节主要评估范围是新安江上游的黄山市。评估主要是针对实行流域生态补偿试点政策以来，黄山市在流域生态环境质量、社会和经济等方面所发生的变化。

（2）评估时段

鉴于新安江流域生态补偿试点政策的实施时间范围是 2012—2014 年，本节的研究时间范围确定为试点政策实施期间。

（3）评估数据来源

本节进行生态补偿政策评估所需的数据主要来自实地调研，为了获取相关数据多次赴黄山市进行了调研，采用访谈、问卷、实地考察等形式收集所需数据。主要数据来自黄山市各级政府职能部门，包括财政、环保、水利、卫生等，也有部分数据来自黄山市国民经济和社会发展统计公报与政府工作报告等。

2.2.3.4　补偿政策单因子评估

为了对新安江流域生态补偿政策实施效果有一个整体的认识和判断，本节首先选取了一些考察因子对补偿政策效果进行了单因子分析，具体内容如下：

（1）环境质量状况

1）水环境质量状况变化趋势

2012—2013 年，皖浙两省对跨省界街口断面每年分别开展了 12 次联合监测，两年 P 值均满足《新安江流域水环境补偿试点实施方案》要求，省界断面水质总体保持稳定。水质监测数据具体见表 2-16。

表 2-16　2011—2013 年新安江流域水环境质量

年份	高锰酸盐/（mg/L）	氨氮/（mg/L）	总磷/（mg/L）	总氮/（mg/L）	P 值
2008—2010 年三年均值	1.990	0.085	0.029	1.260	0.85
2011	2.093	0.080	0.016	1.122	0.727
2012	1.805	0.097	0.029	1.086	0.833
2013	1.967	0.092	0.027	1.118	0.828

注：2011 年水质数据采用鸠坑口国控断面值，2012 年、2013 年水质数据采用皖浙联合监测数据值，数据来自黄山市跨省断面水质监测站。

整体而言，流域生态补偿政策实施以来，新安江流域水质恶化的趋势得到有效的控制，2011—2013 年新安江流域总体水质为优，9 个断面水质均达到地表水环境质量标准Ⅱ类。为了更清楚地看到流域水质变化趋势，本节对 2004—2013 年共 10 年监测数据进行了分析，结果如下：

高锰酸盐指数、氨氮指标变化趋势相似，2004—2010 年，总体呈上升趋势；2010—2013 年，总体呈下降趋势。总磷浓度在 2009 年出现拐点，2004—2009 年总体呈现上升趋势；2009—2013 年，总体呈下降趋势（图 2-15～图 2-18）。

分析结果表明：试点实施以来，高锰酸盐指数、氨氮、总磷等 3 项指标浓度均发生明显变化，2010 年前后开始出现拐点，水质恶化趋势得到有效控制，试点环境效益开始显现。

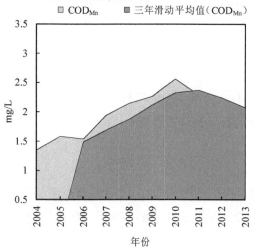

图 2-15　新安江流域高锰酸盐指数浓度变化趋势

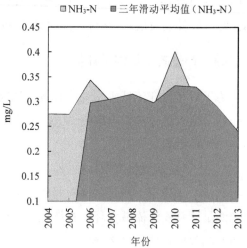

图 2-16　新安江流域氨氮浓度变化趋势

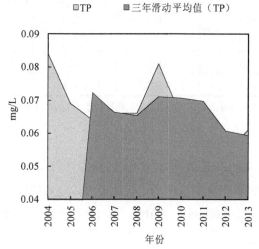

图 2-17　新安江流域总磷浓度变化趋势

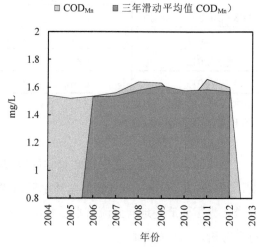

图 2-18　千岛湖湖体高锰酸盐指数浓度变化趋势

2）主要污染物排放变化

2010—2012 年，通过试点资金的投入、项目的建设以及其他减排措施的落实，黄山市主要污染物 COD、NH_3-N 分别削减了 1 799 t、132 t（表 2-17）。

表 2-17　2011—2013 年黄山市主要污染物排放情况　　　　　　　　　单位：t

总量减排情况	COD					氨氮				
	排放量（包括农业源）				削减量	排放量（包括农业源）				削减量
	工业	生活	农业	合计		工业	生活	农业	合计	
2010 年	1 904	10 569	5 673	18 146	—	330	1 300	830	2 461	—
2011 年	1 865	10 434	4 615	16 914	615	370	1 287	716	2 373	70
2012 年	1 048	10 268	4 214	15 530	1 184	100	1 313	672	2 095	62

注：数据来自实际调研中黄山市环保局提供的相关材料。

3）环保基础设施建设状况

截至 2013 年年底，黄山市在中心城区、徽州区、歙县、休宁县、黟县分别建成污水处理厂。总体设计处理能力 13 万 t/d，相比 2011 年，新增处理能力 3 万 t/d，生活污水处理率为 90.4%（表 2-18）。

表 2-18　黄山市城镇污水处理处置情况

年份	区县	设计处理规模/（万 t/d）	实际处理量/（万 t/d）	管网长度/km	污水收集率/%	运行负荷率/%	城镇生活污水处理率/%
2011	中心城区	5	3.32	10.82	75	66.43	89
	徽州区	2	1.7	14	90	72.3	90
	歙县	3	2.1	5	81	73	79
	休宁县	2	1.3	10	80	73	76
	黟县	0.5	0.3	6.45	70	60	75.8
2012	中心城区	5	3.90	5.28	80	77.97	90
	徽州区	2	1.8	6.5	90	89.2	92
	歙县	3	2.2	46	86	78	84
	休宁县	2	1.58	11	90	80	82
	黟县	0.5	0.35	5.6	75	70	76.2
2013	中心城区	5	4.02	9.07	85	80.46	91
	徽州区	2	1.81	2.15	90	90.39	94
	歙县	3	2.45	30	90	81.6	92
	休宁县	2	1.6	9.5	95	85	88
	黟县	0.5	0.43	5.37	80.5	85.53	78.1

a）城市垃圾处理处置

黄山市城市生活垃圾处理场承担了新安江流域 85% 区域（休宁县、屯溪区、徽州区和歙县）城镇垃圾的无害化处理，处理能力为 320 t/d；黟县垃圾处理场处理能力为 80 t/d。

b）乡村垃圾处理处置

农村垃圾处置体系实现流域全覆盖。流域内 67 个乡镇全面建立了组收集、村集中、镇处理的农村垃圾处理体系。2011—2013 年，43 个乡镇采用焚烧炉处置方式，24 个乡镇采用压缩中转。为了保证农村环境治理效果目标的实现，黄山市按 300 人核定一名保洁员配置，新安江流域配置农村保洁员 2 791 名，既保证了环境智力的效果也实现了部分农村人口的脱贫。

c）河道垃圾打捞清理

生态补偿试点以来，实施了河面保洁打捞清理项目，2011—2013 年，每年流域内清捞江面各类垃圾 2 600 t 左右，有效地改善了水体景观。

d）生态林业建设情况

黄山市目前已完成建设绿色质量提升点 1 177 个，完成投资 18.4 亿元，新建、改造苗木基地 5.91 万亩，山场造林 30.24 万亩，新发展以油茶、毛竹为主的特色经济林基地 17.07 万亩，已建生态公益林 531.2 万亩，退耕还林 82.31 万亩。

e）流域综合治理情况

黄山市在新安江、率水、横江、丰乐、练江等 15 条主要干支流，围绕新安江源头村、渔亭、齐云山、横江、万安、三江口、老街、江心洲、佩琅河、新安江上下游延伸段、篁墩、花山谜窟、丰乐河、浦口湾片、渔梁、雄村、深渡、街口 18 个节点，大力推进环境整治、防洪保安、截污工程、湿地等项目建设，建立生态护岸 65 km，疏浚河道 51.3 km，建设湿地 413 万 m^2，铺设截污管网 68 km，改善了重要节点区域环境。

f）工业污染防治情况

2010—2012 年，主要污染物排放强度呈现下降趋势。从工业废水排放量、COD、氨氮等指标来看，下降幅度分别为 55.6%、57.8%、76.3%（表 2-19）。

表 2-19　主要污染物排放强度变化趋势

年份	废水排放强度/（t/万元）	COD 排放强度/（kg/万元）	氨氮排放强度/（kg/万元）
2010	12.6	1.99	0.38
2011	10.5	1.72	0.32
2012	5.6	0.84	0.09

注：数据来自实际调研中黄山市环保局提供的相关材料。

g）环境监管能力建设情况

为提高新安江流域水环境监测能力，黄山市建设了新安江水质监测中心，2014 年投入使用。新建了新安江街口省界断面和扬之河新管市界断面 2 个水质自动监测站，2012 年年底投入运行，监测项目达到了 10 项，实现了上游地区水质连续实时在线监测、数据传输和数据分析。建设完善了新安江流域（黄山片）水环境管理平台项目，初步实现了流域基础地理信息、环境管理信息以及水文水质动态变化分析相结合，提高流域水环境预测能力。新增 10 个环境监察人员编制，流域内各区县环境监管能力得到一定提升，环境执法能力逐步得到加强。

（2）经济变化状况

经济保持高速发展。2010—2012 年，黄山市地区生产总值逐年递增，由 309.3 亿元上升到 424.9 亿元，平均增速为 12.4%。其中，第一产业增加值 48.5 亿元，增长 5.2%；第二产业增加值 196.6 亿元，增长 13.9%；第三产业增加值 179.7 亿元，增长 10.8%。三次产业结构由上年的 11.9：46.1：42.0 调整为 11.4：46.3：42.3。三次产业对经济增长的贡献率分别为 5.3%、55.1% 和 39.6%。黄山市主要经济指标见表 2-20。

表 2-20　2010—2012 年黄山市主要经济指标

年份	地区生产总值/亿元	人均 GDP/元	全市财政收入（不含基金收入）/亿元	城镇居民人均可支配收入/元	农村居民人均纯收入/元
2010	309.3	20 846	44.3	15 834	6 716
2011	378.8	27 966	64.0	18 669	7 952
2012	424.9	31 452	76.9	21 208	9 161

注：表中数据主要来自黄山市历年国民经济和社会发展统计公报和政府工作报告。

上下游经济发展水平存在差异。2010—2012 年，黄山市与杭州市相比经济总量发展水平差距较大。流域上下游三市县在人均 GDP、城镇居民人均可支配收入、农村居民人均纯收入 3 项指标中，黄山市排在杭州市的后面，并且与杭州市保持着较大的差距。具体情况见表 2-21。

表 2-21　2010—2012 年黄山市和杭州市经济指标变化趋势

经济指标	黄山市			杭州市		
	2010 年	2011 年	2012 年	2010 年	2011 年	2012 年
GDP 总量/（亿元）	309.3	378.8	424.9	5 949.17	7 019.06	7 802.01
人均 GDP/（元/人）	20 846	27 966	31 452	69 828	80 478	88 962
城镇居民可支配收入/（元/人）	15 834	18 669	21 208	30 035	34 065	37 511
农村居民人均纯收入/（元/人）	6 717	7 952	9 161	13 186	15 245	17 017

注：表中数据主要来自黄山市和杭州市历年国民经济和社会发展统计公报。

产业结构变化。2010—2012 年，新安江上游黄山市和绩溪县（环统口径）COD 排放量呈现下降趋势，由 2 540.0 t 下降到 1 572.6 t，下降幅度为 31.8%。排放量居前十位的行业 COD 排放量也呈逐年下降趋势，由 2 494.1 t 下降到 1 448.3 t，下降幅度为 41.9%。在前十位行业排名中，造纸和纸制品业、纺织业等重点排污行业 2012 年排名比 2010 年有所下降；通用设备制造业等 COD 排放较低的行业排名有所上升。

氨氮排放量呈明显下降趋势，由 347.55 t 下降到 43.79 t，下降幅度为 87.4%。氨氮排放量居前十位的行业排放量也呈逐年下降趋势，由 347.54 t 下降到 43.03 t，下降幅度为 87.6%。在前十位行业排名中，纺织业、酒、饮料和精制茶制造业等排放量较大的行业 2012 年排名比 2010 年有所下降；金属制品业等排放量相对较小的行业排名有所上升（表 2-22）。

表 2-22　2010—2012 年 COD 和氨氮主要排放行业变化情况

序号	COD 排放量居前十的行业			氨氮排放量居前十的行业		
	2010 年	2011 年	2012 年	2010 年	2011 年	2012 年
1	化学原料和化学制品制造业	化学原料和化学制品制造业	化学原料和化学制品制造业	化学原料和化学制品制造业	化学原料和化学制品制造业	化学原料和化学制品制造业
2	造纸和纸制品业	酒、饮料和精制茶制造业	酒、饮料和精制茶制造业	纺织业	纺织业	造纸和纸制品业
3	酒、饮料和精制茶制造业	造纸和纸制品业	造纸和纸制品业	造纸和纸制品业	造纸和纸制品业	纺织业
4	纺织业	农副食品加工业	农副食品加工业	非金属矿采选业	非金属矿采选业	非金属矿采选业
5	食品制造业	纺织业	食品制造业	酒、饮料和精制茶制造业	食品制造业	食品制造业
6	农副食品加工业	食品制造业	医药制造业	食品制造业	酒、饮料和精制茶制造业	酒、饮料和精制茶制造业
7	医药制造业	医药制造业	纺织业	农副食品加工业	农副食品加工业	农副食品加工业
8	非金属矿采选业	通用设备制造业	通用设备制造业	印刷和记录媒介复制业	印刷和记录媒介复制业	有色金属矿采选业
9	印刷和记录媒介复制业	非金属矿采选业	有色金属矿采选业	皮革、毛皮、羽毛及其制品和制鞋业	金属制品业	金属制品业
10	专用设备制造业	有色金属矿采选业	其他制造业	医药制造业	皮革、毛皮、羽毛及其制品和制鞋业	纺织服装、服饰业

（3）社会影响状况

1）发展理念的转变

从 2011 年起，安徽省委、省政府在制定市、县政府分类考核办法时，调整了考核指标体系，把黄山单独作为四类地区，加大生态环保、现代服务业等考核权重，引导支持黄山市进一步加强生态环境保护，努力促进新安江流域经济社会科学发展。

黄山市牢固树立"生态立市"的理念，积极优化产业结构，走低碳、绿色、高新的科学发展之路。全市共否定外来投资项目 180 个，投资总规模达 160 亿元；整体搬迁工业企业 70 多家，总投资 40.8 亿元；优化升级工业项目 290 多个，总投资 95.5 亿元。2010—2013 年，黄山市新、扩、改建项目和企业 2 088 家，环评执行率达 100%。

信息沟通平台建设受到重视，充分发挥政府门户网站的新安江保护专栏信息平台作用，及时公布试点工作动态，及时解决市民反映强烈的热点和焦点问题。中国黄山、黄山新闻网等多个相关网站开展新安江流域生态保护征求意见活动，并且开通微信公众平台，进一步提高公众参与新安江保护的积极性。

2）社会各界环保意识的变化

企业清洁生产水平得到进一步提高，2010—2013 年，共有 33 家企业实施了清洁生产审核，45 家企业通过了 ISO 14001 环境标志管理认证，企业自觉履责的积极性提高。

公众环保意识逐步提升，黄山市政府、原环保局、新保局通过媒体等渠道广泛宣传教育，让群众认识环保、了解环保、参与环保、监督环保工作。在黄山市的各个乡镇中，各村把与水环境生态补偿试点相关内容结合本村实际和存在的问题，制定出本村的村规民约。

3）流域生态补偿的社会认识变化

新安江流域生态补偿受到全国社会各界和新闻媒体的广泛关注，成为黄山市对外宣传的窗口，黄山市的知名度得到进一步的提升。2011—2013 年，据不完全统计结果，包括中央电视台和《人民日报》等权威媒体在内，约有 12 家省级以上新闻媒体就黄山市生态补偿工作进展情况进行过 35 篇相关报道。各级媒体的关注，也是推动黄山市积极开展生态环境保护和新安江流域保护的助推力。

黄山市采用了多种形式开展宣传教育活动。结合全国"保护山川河流志愿服务系列活动"，以新安江流域综合治理和生态补偿机制试点宣传月为载体，启动了"同饮一江水·共护母亲河"志愿者服务活动，同时还组织开展了万人河道清理大会战、科普知识竞赛、生态保护知识培训、新安江环境保护标识和楹联征集等宣传活动，进一步树立了全社会保护新安江的自觉性和主动性。

（4）单因子评价结论

通过上述分析大致可以看出，新安江流域生态补偿政策实施对黄山市生态环境、经济和社会均有积极的影响。试点工作促进了黄山市产业结构调整，流域水环境质量得到了改善，实现了环境保护与经济发展双赢。经济总体保持较快发展，财政收入和人民生活水平稳步提高，产业结构不断优化，主要污染物排放强度逐年呈现下降趋势。156 个试点项目进展顺利，资金管理规范，流域生态环境保护水平不断提高，水质恶化趋势得到有效控制。补偿试点将新安江生态建设与民生工程有机结合在一起，在流域治理中优先聘请贫困户和困难户，解决了近 3 000 农村人口就业问题。通过新安江流域综合治理，公众对新安江流域生态环境保护工作满意度不断提升。政府门户网站信息平台及时公布试点工作动态，同时通过相关网站开展的新安江流域生态保护征求意见活动，社会各界积极建言献策，进一步提高公众参与新安江保护的积极性。

2.2.3.5　补偿政策综合评估

指标体系。对新安江流域生态补偿政策进行评价所采用的指标体系即前文所确定的指标体系，具体如表 2-23 所示。各级指标所表征的内容和计算方法均在前文进行了详细的说明。

表 2-23　新安江流域生态补偿政策效果评估指标体系框架

指标类型	一级指标	二级指标
效果（B_1）	流域水资源状况（B_{11}）	万元 GDP 取水量（B_{111}）
		生态需水满足程度（B_{112}）
	流域水质状况（B_{12}）	水质污染状况（B_{121}）
		工业废水达标排放率（B_{122}）
	水生态健康状况（B_{13}）	底栖动物多样性指数（B_{131}）
		浮游生物多样性（B_{132}）
		鱼类完整性指数（鱼类 IBI 指数）（B_{133}）
	流域治理（B_{14}）	森林覆盖率（B_{141}）
		湿地面积占国土面积比例（B_{142}）
		流域治理面积占流域面积比例（B_{143}）
		水土流失治理率（B_{144}）
效应（B_2）	经济效应（B_{21}）	人均 GDP 增长率（B_{211}）
		三次产业结构比例（B_{212}）
		流域环保投入资金占 GDP 比重（B_{213}）
	社会效应（B_{22}）	生态补偿是否纳入地方法律法规（B_{221}）
		公众关于流域保护问题的来访人次（B_{222}）
		对人体健康的影响效应（B_{223}）
		流域保护从业人员比重（B_{224}）
效率（B_3）	政策设计（B_{31}）	生态补偿标准合理性（B_{311}）
		生态补偿政策满意度（B_{312}）
	政策执行（B_{32}）	资金到位率（B_{321}）
		资金使用率（B_{322}）
		生态补偿资金构成合理性（B_{323}）
		生态补偿资金发放及时性（B_{324}）
	政策配套（B_{33}）	配套监测能力（B_{331}）
		生态补偿信息公开率（B_{332}）
		人员配置合理性（B_{333}）

指标权重。为了确定新安江流域生态补偿政策评价指标体系中各级指标的权重，本

节采用了层次分析法计算得到各个指标的权重系数，构建了一个完整的流域生态补偿政策评价指标体系。具体做法是将指标体系中同层指标相对于上一层指标进行两两比较，得出指标的相对重要性，这一判断工作主要由该领域的研究专家开展。标度方法一般采用重要程度 1～9 标度表进行表示，通过指标的两两比较确定权重。调查问卷是重要程度的判断，通过专家打分进行两两比较构造判断矩阵，通过矩阵运算得出每个指标的权重，一定程度上避免了主观赋权带来的不客观性。实际发放问卷 15 份，收回问卷 12 份，由于涉及指标数量较多，对问卷的范围进行了相对的缩小，筛选了 8 份比较具有代表性的问卷进行分析。参与问卷调查的人员主要是从事学术研究的学者，因为其能够清楚了解每个指标在评价中的重要程度并进行尽可能客观的评价，包括从事水资源管理的相关研究人员、高校教师、学生等。具体计算见表 2-24。

表 2-24　A-B 判断矩阵及权重

A	效果（B_1）	效应（B_2）	效率（B_3）	归一化权重
效果（B_1）	1	7	7	0.778
效应（B_2）	1/7	1	1	0.111
效率（B_3）	1/7	1	1	0.111
$\lambda_{max}=3$	CI=0			$\sum=1$
CR=0	满足一致性检验			

计算过程如下：

①对于 A-B 有判断矩阵 $B = \begin{pmatrix} 1 & 7 & 7 \\ 1/7 & 1 & 1 \\ 1/7 & 1 & 1 \end{pmatrix}$；

运用和积法对矩阵 B 进行归一化处理得到：$\overline{B} = \begin{pmatrix} \dfrac{7}{9} & \dfrac{7}{9} & \dfrac{7}{9} \\ \dfrac{1}{9} & \dfrac{1}{9} & \dfrac{1}{9} \\ \dfrac{1}{9} & \dfrac{1}{9} & \dfrac{1}{9} \end{pmatrix}$；

②对 $\overline{B}$ 进行行和运算，得到：$\overline{W} = \begin{bmatrix} \dfrac{7}{3} \\ \dfrac{1}{3} \\ \dfrac{1}{3} \end{bmatrix}$；

③对 $\overline{W}$ 进行归一化处理，得到：$W = \begin{bmatrix} 7/9 \\ 1/9 \\ 1/9 \end{bmatrix}$，即权向量集为：$W = \begin{bmatrix} 0.778 & 0.111 & 0.111 \end{bmatrix}$；

④求判断矩阵的 $\lambda_{\max}$，得到：

$$\lambda_{\max} = \frac{1}{3}\left(\frac{1\times\frac{7}{9}+7\times\frac{1}{9}+7\times\frac{1}{9}}{\frac{7}{9}} + \frac{\frac{1}{7}\times\frac{7}{9}+1\times\frac{1}{9}+1\times\frac{1}{9}}{\frac{1}{9}} + \frac{\frac{1}{7}\times\frac{7}{9}+1\times\frac{1}{9}+1\times\frac{1}{9}}{\frac{1}{9}} \right) = 3$$

⑤进行一致性检验：

$$CI = \frac{\lambda_{\max}-n}{n-1} = \frac{3-3}{2} = 0$$

根据表 2-25 可知，$n=3$ 时，修正系数 RI=0.58，计算得：$CR = \dfrac{CI}{RI} = \dfrac{0}{0.58} = 0 < 0.1$，进而可知矩阵具有一致性，各指标权重分配合理。

表 2-25　平均随机一致性指标 RI 的取值

阶数	1	2	3	4	5	6	7	8	9	10	11	12
RI 值	0.00	0.00	0.58	0.90	1.12	1.24	1.32	1.41	1.45	1.49	1.51	1.48

（1）效果指标权重

效果指标中一级指标权重的确定见表 2-26。

表 2-26　效果指标中一级指标权重

B_1	流域水资源状况（B_{11}）	流域水质状况（B_{12}）	水生态健康状况（B_{13}）	流域治理（B_{14}）	归一化权重
流域水资源状况（B_{11}）	1	1	1	7	0.336
流域水质状况（B_{12}）	1	1	1	5	0.451
水生态健康状况（B_{13}）	1	1	1	3	0.138
流域治理（B_{14}）	1/7	1/5	1/3	1	0.076
$\lambda_{\max}$=0.321 4	CI= −1.226	RI=0.9			$\sum$ =1
CR = −1.362	满足一致性检验				

按照上述方法，可计算效果指标 B_1 的判断矩阵为

$$B_1 = \begin{pmatrix} 1 & 1 & 1 & 7 \\ 1 & 1 & 7 & 5 \\ 1 & 1/7 & 1 & 1 \\ 1/7 & 1/5 & 1 & 1 \end{pmatrix},$$

归一化处理，得到：$\overline{B_1} = \begin{pmatrix} 7/22 & 35/82 & 1/10 & 1/2 \\ 7/22 & 35/82 & 7/10 & 5/14 \\ 7/22 & 5/82 & 1/10 & 1/14 \\ 1/22 & 7/82 & 1/10 & 1/14 \end{pmatrix},$

进行行和计算，得到：$\overline{W_1} = \begin{bmatrix} 1.345\,0 \\ 1.802\,1 \\ 0.550\,6 \\ 0.302\,3 \end{bmatrix},$

进行归一化处理，得到：权向量 $W_1 = \begin{bmatrix} 0.336 & 0.451 & 0.138 & 0.076 \end{bmatrix}$。

效果指标中二级指标的权重计算过程如下：

效果指标中流域水资源状况 B_{11} 的判断矩阵为 $B_{11} = \begin{pmatrix} 1 & 5 \\ 1/5 & 1 \end{pmatrix}$，权向量 $W_{11} = \begin{bmatrix} 0.833 & 0.167 \end{bmatrix}$。

流域水质状况 B_{12} 的判断矩阵为 $B_{12} = \begin{pmatrix} 1 & 1 \\ 1 & 1 \end{pmatrix}$，权向量 $W_{12} = \begin{bmatrix} 0.5 & 0.5 \end{bmatrix}$。

水生态健康状况（B_{13}）的判断矩阵为 $B_{13} = \begin{pmatrix} 1 & 1/5 & 1/5 \\ 5 & 1 & 1/5 \\ 5 & 5 & 1 \end{pmatrix}$，权向量 $W_{13} = \begin{bmatrix} 0.089 & 0.253 & 0.658 \end{bmatrix}$。

流域治理（B_{14}）的判断矩阵为

$$B_{14} = \begin{pmatrix} 1 & 1 & 1 & 3 \\ 1 & 1 & 1 & 5 \\ 1 & 1 & 1 & 1 \\ 1/3 & 1/5 & 1 & 1 \end{pmatrix},$$ 权向量 $W_{14} = \begin{bmatrix} 0.314\,2 & 0.287\,2 & 0.260\,1 & 0.138\,5 \end{bmatrix}$，

即 $W_{11} = \begin{bmatrix} 0.833 & 0.167 \end{bmatrix}$，$W_{12} = \begin{bmatrix} 0.5 & 0.5 \end{bmatrix}$，$W_{13} = \begin{bmatrix} 0.089 & 0.253 & 0.658 \end{bmatrix}$，$W_{14} = \begin{bmatrix} 0.314 & 0.287 & 0.260 & 0.139 \end{bmatrix}$。

效果指标中二级指标的权重见表 2-27。

表2-27 效果指标（B_1）中二级指标的权重

指标类型	一级指标	二级指标	二级指标权重系数
效果（B_1）	流域水资源状况（B_{11}）	万元GDP取水量（B_{111}）	0.833
		生态需水满足程度（B_{112}）	0.167
	流域水质状况（B_{12}）	水质污染状况（B_{121}）	0.500
		工业废水排放达标率（B_{122}）	0.500
	水生态健康状况（B_{13}）	底栖动物多样性指数（B_{131}）	0.089
		浮游生物多样性（B_{132}）	0.253
		鱼类完整性指数（鱼类IBI指数）（B_{133}）	0.658
	流域治理（B_{14}）	森林覆盖率（B_{141}）	0.314
		湿地面积占国土面积比例（B_{142}）	0.287
		流域治理面积占流域面积比例（B_{143}）	0.260
		水土流失治理率（B_{144}）	0.139

（2）效应指标权重

同理，效应指标中一级指标权重的确定结果见表2-28。

表2-28 效应指标中一级指标的权重

B_2	经济效应（B_{21}）	社会效应（B_{22}）	归一化权重
经济效应（B_{21}）	1	7	0.875
社会效应（B_{22}）	1/7	1	0.125
$\lambda_{max}=2$	CI=0		$\sum=1$
CR=0	满足一致性检验		

效应指标 B_2 的一级指标的权重计算的判断矩阵为

$$B_2 = \begin{pmatrix} 1 & 7 \\ 1/7 & 1 \end{pmatrix}，权向量 W_2 = \begin{bmatrix} 0.875 & 0.125 \end{bmatrix}。$$

同理，计算效应指标 B_2 的二级指标的权重（表2-19），得到经济效应（B_{21}）的判断

矩阵是 $B_{21} = \begin{pmatrix} 1 & 5 & 1 \\ 1/5 & 1 & 1/5 \\ 1 & 5 & 1 \end{pmatrix}$，权向量 $W_{21} = \begin{bmatrix} 0.455 & 0.091 & 0.455 \end{bmatrix}$。

社会效应（B_{22}）的判断矩阵是 $B_{22} = \begin{pmatrix} 1 & 5 & 1/9 & 1 \\ 1/5 & 1 & 1/9 & 1 \\ 9 & 9 & 1 & 1/9 \\ 1 & 1 & 9 & 1 \end{pmatrix}$，权向量 $W_{22} = [0.184 \quad 0.103$

$0.375 \quad 0.339]$。

表 2-29　效应指标（B_2）中二级级指标的权重

	一级指标	二级指标	二级指标权重
效应（B_2）	经济效应（B_{21}）	人均 GDP 增长率（B_{211}）	0.455
		三次产业结构比例（B_{212}）	0.091
		流域环保投入资金占 GDP 比重（B_{213}）	0.455
	社会效应（B_{22}）	生态补偿是否纳入地方法律法规（B_{221}）	0.184
		公众关于流域保护问题的来访人次（B_{222}）	0.103
		对人体健康的影响效应（B_{223}）	0.375
		流域保护从业人员比重（B_{224}）	0.339

（3）效率指标权重

同理，效率指标 B_3 的一级指标的权重计算的判断矩阵为 $B_3 = \begin{pmatrix} 1 & 1 & 1 \\ 1 & 1 & 1 \\ 1 & 1 & 1 \end{pmatrix}$，权向量

$W_3 = [0.333 \quad 0.333 \quad 0.333]$。

效率指标中一级指标的权重见表 2-30。

表 2-30　效率指标中一级指标的权重

B_3	政策设计（B_{31}）	政策执行（B_{32}）	政策配套（B_{33}）	归一化权重
政策设计（B_{31}）	1	1	1	0.333
政策执行（B_{32}）	1	1	1	0.333
政策配套（B_{33}）	1	1	1	0.333
$\lambda_{max}=3$	CI=0			$\sum=1$
CR=0	满足一致性检验			

计算效率指标 B_3 的二级指标权重，得到：

政策设计（B_{31}）的判断矩阵是 $B_{31} = \begin{pmatrix} 1 & 1/5 \\ 5 & 1 \end{pmatrix}$，权向量 $W_{31} = [0.167 \quad 0.833]$。

政策执行（B_{32}）的判断矩阵是 $B_{32} = \begin{pmatrix} 1 & 1 & 3 & 1 \\ 1 & 1 & 3 & 1 \\ 1/3 & 1/3 & 1 & 3 \\ 1 & 1 & 1/3 & 1 \end{pmatrix}$，权向量 $W_{32} = [0.294 \quad 0.294$

$0.209 \quad 0.203]$。

政策配套（B_{33}）的判断矩阵是 $B_{33} = \begin{pmatrix} 1 & 7 & 7 \\ 1/7 & 1 & 1/7 \\ 1/7 & 7 & 1 \end{pmatrix}$，权向量 $W_{33} = [0.701 \quad 0.065 \quad 0.234]$。

效率指标中二级指标的权重见表 2-31。

表 2-31　效率指标（B_3）中二级指标的权重

指标类型	一级指标	二级指标	二级指标权重
效率（B_3）	政策设计（B_{31}）	生态补偿标准合理性（B_{311}）	0.167
		生态补偿政策满意度（B_{312}）	0.833
	政策执行（B_{32}）	资金到位率（B_{321}）	0.294
		资金使用率（B_{322}）	0.294
		生态补偿资金构成合理性（B_{323}）	0.209
		生态补偿资金发放及时性（B_{324}）	0.203
	政策配套（B_{33}）	配套监测能力（B_{331}）	0.701
		生态补偿信息公开率（B_{332}）	0.065
		人员配置合理性（B_{333}）	0.234

通过对所收到的数份问卷进行上述处理，将各位专家的评分结果进行平均，最终得到各级指标的权重，具体见表 2-32。

表 2-32　新安江流域生态补偿评价指标体系及指标权重

指标类型	权重	评价指标	权重	指标层	权重
效果（B_1）	0.618	流域水资源状况（B_{11}）	0.234	万元 GDP 取水量（B_{111}）	0.648
				生态需水满足程度（B_{112}）	0.352
		流域水质状况（B_{12}）	0.362	水质污染状况（B_{121}）	0.732
				工业废水达标排放率（B_{122}）	0.269
		水生态健康状况（B_{13}）	0.209	底栖动物多样性指数（B_{131}）	0.224
				浮游生物多样性（B_{132}）	0.301
				鱼类完整性指数（鱼类 IBI 指数）（B_{133}）	0.475
		流域治理（B_{14}）	0.195	森林覆盖率（B_{141}）	0.255
				湿地面积占国土面积比例（B_{142}）	0.214
				流域治理面积占流域面积比例（B_{143}）	0.292
				水土流失治理率（B_{144}）	0.238

指标类型	权重	评价指标	权重	指标层	权重
效应（B_2）	0.159	经济效应（B_{21}）	0.615	人均 GDP 增长率（B_{211}）	0.410
				三次产业结构比例（B_{212}）	0.182
				流域环保投入资金占 GDP 比重（B_{213}）	0.409
		社会效应（B_{22}）	0.385	生态补偿是否纳入地方法律法规（B_{221}）	0.309
				公众关于流域保护问题的来访人次（B_{222}）	0.099
				对人体健康的影响效应（B_{223}）	0.400
				流域保护从业人员比重（B_{224}）	0.192
效率（B_3）	0.224	政策设计（B_{31}）	0.251	生态补偿标准合理性（B_{311}）	0.479
				生态补偿政策满意度（B_{312}）	0.521
		政策执行（B_{32}）	0.359	资金到位率（B_{321}）	0.205
				资金使用率（B_{322}）	0.328
				生态补偿资金构成合理性（B_{323}）	0.280
				生态补偿资金发放及时性（B_{324}）	0.188
		政策配套（B_{33}）	0.390	配套监测能力（B_{331}）	0.601
				生态补偿信息公开率（B_{332}）	0.202
				人员配置合理性（B_{333}）	0.197

2.2.3.6　补偿政策评价的模糊综合评价

本书第 3 章建立了流域生态补偿政策的评级指标体系，并在前一小节运用 AHP 计算得到了各个指标的权重系数，构建了可操作性的评估指标体系。本节我们将在已构建的指标体系的基础上，运用模糊综合评价模型对新安江流域的生态补偿政策进行评估，对补偿政策的效果形成客观的认识。

根据所表示的流域生态补偿政策评估指标体系，政策评价指标体系共有两级指标构成，三大类评价指标的一级指标都对应有二级指标。这就需要首先对每个一级指标所对应的二级指标进行模糊综合评价，然后与对应的一级指标的权重系数进行相应的模糊综合，得到该类指标的二级模糊综合评价结果。

将新安江流域生态补偿政策评价结果分为 5 个等级，并对每个等级设定了不同的分值。评价集合 $V=\{v_1, v_2, v_3, v_4, v_5\}=\{$很好，较好，一般，较差，很差$\}$；评价集合对应的评价分值集合为 $U=\{u_1, u_2, u_3, u_4, u_5\}=\{90, 80, 60, 50, 40\}$。

（1）效果指标的二级模糊综合评价

根据流域生态补偿政策评级指标体系，效果指标体系共有两级指标，这就需要首先对二级指标进行模糊综合评价，同一级指标权重相结合来确定该类指标的综合评价结果。具体步骤如下：

1）构建评价子集，如下：

$$B_{11} = \{B_{111}, B_{112}\}$$
$$B_{12} = \{B_{121}, B_{122}\}$$
$$B_{13} = \{B_{131}, B_{132}, B_{133}\}$$
$$B_{14} = \{B_{141}, B_{142}, B_{143}, B_{144}\}$$

即对应于效果指标共有 4 个一级指标，每个一级指标下都有对应的二级指标。

2）确定评价集合

本节在查阅大量参考文献的基础上，结合本领域研究专家的意见，将评价结果分为 5 个等级。

评价集合 $V=\{v_1, v_2, v_3, v_4, v_5\}$={很好，较好，一般，较差，很差}

3）确定评价目标的分配权重

效果指标中各一级指标的相对权重为 $W_{11} = [0.648\ \ 0.352]$，$W_{12} = [0.732\ \ 0.269]$，$W_{13} = [0.224\ \ 0.301\ \ 0.475]$，$W_{14} = [0.255\ \ 0.214\ \ 0.292\ \ 0.238]$。

4）构建隶属度矩阵

在大量调研的基础上我们掌握了评价指标体系所需的数据，在此基础上根据相关数据对效果指标下的各个二级指标进行了评价，评价结果如表 2-33 所示，表中数值代表选择该评价等级的人数。

表 2-33 效果指标的评价结果

指标类型	一级指标	二级指标	很好	较好	一般	较差	很差
效果（B_1）	流域水资源状况（B_{11}）	万元 GDP 取水量（B_{111}）	2	3	3	0	0
		生态需水满足程度（B_{112}）	0	4	4	0	0
	流域水质状况（B_{12}）	水质污染状况（B_{121}）	1	5	2	0	0
		工业废水达标排放率（B_{122}）	0	4	4	0	0
	水生态健康状况（B_{13}）	底栖动物多样性指数（B_{131}）	0	3	5	0	0
		浮游生物多样性（B_{132}）	0	3	5	0	0
		鱼类完整性指数（鱼类 IBI 指数）（B_{133}）	4	4	0	0	0
	流域治理（B_{14}）	森林覆盖率（B_{141}）	6	2	0	0	0
		湿地面积占国土面积比例（B_{142}）	2	4	2	0	0
		流域治理面积占流域面积比例（B_{143}）	3	2	3	0	0
		水土流失治理率（B_{144}）	1	3	3	1	0

根据表 2-33 可构建出对应于一级指标的判断矩阵，运用和积法求得一级评价指标对应的隶属度子集：

$R_{111} = \{0.25, 0.375, 0.375, 0, 0\}$，进而构建"流域水资源状况"的模糊评价矩阵 R_{11}，
$R_{112} = \{0, 0.5, 0.5, 0, 0\}$

$$R_{11} = \begin{bmatrix} 0.25 & 0.375 & 0.375 & 0 & 0 \\ 0 & 0.5 & 0.5 & 0 & 0 \end{bmatrix}。$$

对矩阵 R_{11} 进行复合运算，得到：

$$U'_{11} = W_{11} \times R_{11} = [0.648 \quad 0.352] \begin{bmatrix} 0.25 & 0.375 & 0.375 & 0 & 0 \\ 0 & 0.5 & 0.5 & 0 & 0 \end{bmatrix} = [0.162 \quad 0.419 \quad 0.419 \quad 0 \quad 0]。$$

利用计算公式 $U_{11i} = \dfrac{U'_{11i}}{\sum\limits_{j=1}^{5} U'_{11j}}$ 求得流域水资源状况指标的隶属度值 $U_{11} = [0.162 \quad 0.419$

$0.419 \quad 0 \quad 0]$。

采用同样的计算方法和计算过程可求得

流域水质状况指标的隶属度值 $U_{12} = [0.091 \quad 0.591 \quad 0.317 \quad 0 \quad 0]$。

水生态健康状况指标的隶属度值 $U_{13} = [0.238 \quad 0.434 \quad 0.328 \quad 0 \quad 0]$。

流域治理指标的隶属度值 $U_{14} = [0.384 \quad 0.333 \quad 0.253 \quad 0.030 \quad 0]$。

构建效果指标的一级模糊判断矩阵：

$$U_1 = \begin{bmatrix} U_{11} \\ U_{12} \\ U_{13} \\ U_{14} \end{bmatrix} = \begin{bmatrix} 0.162 & 0.419 & 0.419 & 0 & 0 \\ 0.091 & 0.591 & 0.317 & 0 & 0 \\ 0.238 & 0.434 & 0.328 & 0 & 0 \\ 0.384 & 0.333 & 0.253 & 0.030 & 0 \end{bmatrix}$$

对该矩阵进行复合运算 $Z'_1 = W_1 \times U_1$，得

$$Z'_1 = W_1 \times U_1 = [0.234 \quad 0.362 \quad 0.209 \quad 0.195] \begin{bmatrix} 0.162 & 0.419 & 0.419 & 0 & 0 \\ 0.091 & 0.591 & 0.317 & 0 & 0 \\ 0.238 & 0.434 & 0.328 & 0 & 0 \\ 0.384 & 0.333 & 0.253 & 0.030 & 0 \end{bmatrix}$$

$$= [0.195 \quad 0.468 \quad 0.331 \quad 0.006 \quad 0]。$$

根据公式 $z_{1i} = \dfrac{z_{1i}}{\sum\limits_{j=1}^{4} z'_{1j}}$ 对 Z'_1 进行归一化处理，可得二级模糊综合评价向量 Z_1：

$$Z_1 = [0.195 \quad 0.468 \quad 0.331 \quad 0.006 \quad 0]$$

（2）效应指标的二级模糊综合评价

效应指标体系共有两级指标，这就需要首先对二级指标进行模糊综合评价，同一级指标权重相结合来确定该类指标的综合评价结果。具体步骤如下：

1）构建评价子集，如下：

$$B_{21} = \{B_{211}, B_{212}, B_{213}\}$$
$$B_{22} = \{B_{221}, B_{222}, B_{223}\}$$

即对应于效应指标共有 2 个一级指标，每个一级指标下都有对应的二级指标。

确定评价集合：在查阅大量参考文献的基础上，结合本领域研究专家的意见，将评价结果分为 5 个等级。

评价集合 $V=\{v_1, v_2, v_3, v_3, v_5\}=\{$很好，较好，一般，较差，很差$\}$

2）确定评价目标的分配权重

效果指标中各一级指标的相对权重为

$$W_{21} = [0.401 \quad 0.182 \quad 0.409], \quad W_{22} = [0.309 \quad 0.099 \quad 0.400 \quad 0.192]$$

3）构建隶属度矩阵

在大量调研的基础上我们掌握了评价指标体系所需的数据，在此基础上根据相关数据对效果指标下的各个二级指标进行了评价，评价结果如表 2-34 所示，表中数值代表选择该评价等级的人数。

表 2-34 效果指标的评价结果

指标类型	一级指标	二级指标	很好	较好	一般	较差	很差
效应（B_2）	经济效应（B_{21}）	人均 GDP 增长率（B_{211}）	2	4	2	0	0
		三次产业结构比例（B_{212}）	0	5	3	0	0
		流域环保投入资金占 GDP 比重（B_{213}）	0	4	4	0	0
	社会效应（B_{22}）	生态补偿是否纳入地方法律法规（B_{221}）	5	2	1	0	0
		公众关于流域保护问题的来访人次（B_{222}）	0	5	3	0	0
		对人体健康的影响效应（B_{223}）	0	0	6	2	0
		流域保护从业人员比重（B_{224}）	0	3	2	3	0

根据表 2-34 可构建出对应于一级指标的判断矩阵，运用和积法求得一级评价指标对应的隶属度子集：

$$R_{211} = (0.25 \quad 0.5 \quad 0.25 \quad 0 \quad 0)$$

$R_{212} = (0 \quad 0.625 \quad 0.375 \quad 0 \quad 0)$，进而构建"经济效应"的模糊评价矩阵 R_{21}，

$$R_{213} = (0 \quad 0.5 \quad 0.5 \quad 0 \quad 0)$$

$$R_{21} = \begin{bmatrix} 0.25 & 0.5 & 0.25 & 0 & 0 \\ 0 & 0.625 & 0.375 & 0 & 0 \\ 0 & 0.5 & 0.5 & 0 & 0 \end{bmatrix}。$$

对矩阵 R_{21} 进行复合运算，得到：

$$U'_{21} = w_{21} \times R_{21} = \begin{bmatrix} 0.401 & 0.182 & 0.409 \end{bmatrix} \begin{bmatrix} 0.25 & 0.5 & 0.25 & 0 & 0 \\ 0 & 0.625 & 0.375 & 0 & 0 \\ 0 & 0.5 & 0.5 & 0 & 0 \end{bmatrix}$$

$$= \begin{bmatrix} 0.100 & 0.519 & 0.373 & 0 & 0 \end{bmatrix}$$

利用计算公式 $U_{21i} = \dfrac{U'_{21i}}{\sum\limits_{j=1}^{5} U'_{21j}}$ 求得流域水资源状况指标的隶属度值

$$U_{21} = \begin{bmatrix} 0.101 & 0.523 & 0.376 & 0 & 0 \end{bmatrix}$$

采用同样的计算方法和计算过程可求得

社会效应指标的隶属度值 $U_{22} = \begin{bmatrix} 0.193 & 0.211 & 0.424 & 0.172 & 0 \end{bmatrix}$。

构建效应指标的一级模糊判断矩阵：$U_2 = \begin{bmatrix} U_{21} \\ U_{22} \end{bmatrix} = \begin{bmatrix} 0.101 & 0.523 & 0.376 & 0 & 0 \\ 0.193 & 0.211 & 0.424 & 0.172 & 0 \end{bmatrix}$。

对该矩阵进行复合运算 $Z'_1 = W_1 \times U_1$，得到：

$$Z'_2 = W_2 \times U_2 = \begin{bmatrix} 0.615 & 0.385 \end{bmatrix} \begin{bmatrix} 0.101 & 0.523 & 0.376 & 0 & 0 \\ 0.193 & 0.211 & 0.424 & 0.172 & 0 \end{bmatrix}$$

$$= \begin{bmatrix} 0.136 & 0.403 & 0.394 & 0.066 & 0 \end{bmatrix}$$

根据公式 $z_{2i} = \dfrac{z_{2i}}{\sum\limits_{j=1}^{5} z'_{2j}}$ 对 Z'_1 进行归一化处理，可得二级模糊综合评价向量 Z_2：

$$Z_2 = \begin{bmatrix} 0.136 & 0.403 & 0.394 & 0.066 & 0 \end{bmatrix}$$

（3）效率指标的二级模糊综合评价

效率指标体系共有两级指标，这就需要首先对二级指标进行模糊综合评价，同一级指标权重相结合来确定该类指标的综合评价结果。具体步骤如下：

1）构建评价子集，如下：

$$B_{31} = \{B_{311}, B_{312}, B_{313}\}$$
$$B_{32} = \{B_{321}, B_{322}, B_{323}\}$$
$$B_{33} = \{B_{331}, B_{332}, B_{333}\}$$

即对应于效应指标共有 3 个一级指标，每个一级指标下都有对应的二级指标。

确定评价集合：在查阅大量参考文献的基础上，结合本领域研究专家的意见，将评价结果分为 5 个等级。

评价集合 $V = \{v_1, v_2, v_3, v_4, v_5\} = \{$很好，较好，一般，较差，很差$\}$

2）确定评价目标的分配权重

效果指标中各一级指标的相对权重为

$W_{31} = \begin{bmatrix} 0.479 & 0.521 \end{bmatrix}$，$W_{32} = \begin{bmatrix} 0.205 & 0.328 & 0.280 & 0.188 \end{bmatrix}$，

$W_{33} = \begin{bmatrix} 0.601 & 0.202 & 0.197 \end{bmatrix}$

3）构建隶属度矩阵

在大量调研的基础上我们掌握了评价指标体系所需的数据，在此基础上根据相关数据对效果指标下的各个二级指标进行了评价，评价结果如表 2-35 所示，表中数值代表选择该评价等级的人数。

表 2-35　效果指标的评价结果

指标类型	一级指标	二级指标	很好	较好	一般	较差	很差
效率（B_3）	政策设计（B_{31}）	生态补偿标准合理性（B_{311}）	1	7	0	0	0
		生态补偿政策满意度（B_{312}）	0	4	4	0	0
	政策执行（B_{32}）	资金到位率（B_{321}）	4	2	2	0	0
		资金使用率（B_{322}）	5	3	0	0	0
		生态补偿资金构成合理性（B_{323}）	6	2	0	0	0
		生态补偿资金发放及时性（B_{324}）	1	4	1	1	1
	政策配套（B_{33}）	配套监测能力（B_{331}）	1	5	2	0	0
		生态补偿信息公开率（B_{332}）	1	6	1	0	0
		人员配置合理性（B_{333}）	0	5	2	1	0

由表 2-35 可构建出对应于一级指标的判断矩阵，运用和积法求得一级评价指标对应的隶属度子集：

$R_{311} = \begin{bmatrix} 0.125 & 0.875 & 0 & 0 & 0 \end{bmatrix}$，进而构建"政策设计"的模糊评价矩阵 R_{21}

$R_{312} = \begin{bmatrix} 0 & 0.5 & 0.5 & 0 & 0 \end{bmatrix}$

$$R_{31} = \begin{bmatrix} 0.125 & 0.875 & 0 & 0 & 0 \\ 0 & 0.5 & 0.5 & 0 & 0 \end{bmatrix}$$

对矩阵 R_{21} 进行复合运算，得到：

$$U'_{31} = W_{31} \times R_{31} = \begin{bmatrix} 0.479 & 0.521 \end{bmatrix} \begin{bmatrix} 0.125 & 0.875 & 0 & 0 & 0 \\ 0 & 0.5 & 0.5 & 0 & 0 \end{bmatrix}$$

$$= \begin{bmatrix} 0.060 & 0.680 & 0.261 & 0 & 0 \end{bmatrix}$$

利用计算公式 $U_{31i} = \dfrac{U'_{31i}}{\sum\limits_{j=1}^{5} U'_{31j}}$ 求得政策设计指标的隶属度值

$$U_{31} = \begin{bmatrix} 0.060 & 0.680 & 0.261 & 0 & 0 \end{bmatrix}$$

采用同样的计算方法和计算过程可求得

政策执行的隶属度值 $U_{32} = [0.553 \quad 0.346 \quad 0.076 \quad 0.024 \quad 0.024]$，

政策配套的隶属度值 $U_{33} = [0.100 \quad 0.650 \quad 0.225 \quad 0.025 \quad 0]$。

构建效应指标的一级模糊判断矩阵：

$$U_3 = \begin{bmatrix} U_{31} \\ U_{32} \\ U_{33} \end{bmatrix} = \begin{bmatrix} 0.060 & 0.680 & 0.261 & 0 & 0 \\ 0.553 & 0.346 & 0.076 & 0.024 & 0.024 \\ 0.100 & 0.650 & 0.225 & 0.025 & 0 \end{bmatrix}$$

对该矩阵进行复合运算 $Z'_3 = W_3 \times U_3$，得到：

$$Z'_3 = W_3 \times U_3 = W_3 = [0.251 \quad 0.359 \quad 0.390] \begin{bmatrix} 0.060 & 0.680 & 0.261 & 0 & 0 \\ 0.553 & 0.346 & 0.076 & 0.024 & 0.024 \\ 0.100 & 0.650 & 0.225 & 0.025 & 0 \end{bmatrix}$$

$$= [0.253 \quad 0.548 \quad 0.181 \quad 0.018 \quad 0.009]$$

根据公式 $z_3 = \dfrac{z_{3i}}{\sum\limits_{j=1}^{5} z'_{3j}}$ 对 Z'_1 进行归一化处理，可得二级模糊综合评价向量 Z_3：

$$Z_3 = [0.250 \quad 0.544 \quad 0.179 \quad 0.018 \quad 0.009]$$

整理上述分析结果可得各级指标的隶属度，具体见表 2-36～表 2-38。

表 2-36　新安江流域生态补偿政策评价指标体系隶属度汇总

评价指标	指标层	权重	隶属度				
			很好	较好	一般	较差	很差
流域水资源状况（B_{11}）	万元 GDP 取水量（B_{111}）	0.648	0.25	0.375	0.375	0	0
	生态需水满足程度（B_{112}）	0.352	0	0.5	0.5	0	0
流域水质状况（B_{12}）	水质污染状况（B_{121}）	0.732	0.125	0.625	0.25	0	0
	工业废水达标排放率（B_{122}）	0.269	0	0.5	0.5	0	0
水生态健康状况（B_{13}）	底栖动物多样性指数（B_{131}）	0.224	0	0.375	0.625	0	0
	浮游生物多样性（B_{132}）	0.301	0	0.375	0.625	0	0
	鱼类完整性指数（鱼类 IBI 指数）（B_{133}）	0.475	0.5	0.5	0	0	0
流域治理（B_{14}）	森林覆盖率（B_{141}）	0.255	0.75	0.25	0	0	0
	湿地面积占国土面积比例（B_{142}）	0.214	0.25	0.5	0.25	0	0
	流域治理面积占流域面积比例（B_{143}）	0.292	0.375	0.25	0.375	0	0
	水土流失治理率（B_{144}）	0.238	0.125	0.375	0.375	0.125	0
经济效应（B_{21}）	人均 GDP 增长率（B_{211}）	0.410	0.25	0.5	0.25	0	0
	三次产业结构比例（B_{212}）	0.182	0	0.625	0.375	0	0
	流域环保投入资金占 GDP 比重（B_{213}）	0.409	0	0.5	0.5	0	0

评价指标	指标层	权重	隶属度				
			很好	较好	一般	较差	很差
社会效应（B_{22}）	生态补偿是否纳入地方法律法规（B_{221}）	0.309	0.625	0.25	0.125	0	0
	公众关于流域保护问题的来访人次（B_{222}）	0.099	0	0.625	0.375	0	0
	对人体健康的影响效应（B_{223}）	0.400	0	0	0.625	0.25	0
	流域保护从业人员比重（B_{224}）	0.192	0	0.375	0.25	0.375	
政策设计（B_{31}）	生态补偿标准合理性（B_{311}）	0.479	0.125	0.875	0	0	0
	生态补偿政策满意度（B_{312}）	0.521	0	0.5	0.5	0	0
政策执行（B_{32}）	资金到位率（B_{321}）	0.205	0.5	0.25	0.25	0	0
	资金使用率（B_{322}）	0.328	0.375	0.375	0	0	0
	生态补偿资金构成合理性（B_{323}）	0.280	0.75	0.25	0	0	0
	生态补偿资金发放及时性（B_{324}）	0.188	0.125	0.5	0.125	0.125	0.125
	配套监测能力（B_{331}）	0.601	0.125	0.375	0.25	0	0
	生态补偿信息公开率（B_{332}）	0.202	0.125	6	0.125	0	0
	人员配置合理性（B_{333}）	0.197	0	0.375	0.25	0.125	0

表 2-37　准则层隶属度汇总

评价指标	权重	隶属度				
		很好	较好	一般	较差	很差
流域水资源状况（B_{11}）	0.234	0.162	0.419	0.419	0	0
流域水质状况（B_{12}）	0.362	0.091	0.591	0.317	0	0
水生态健康状况（B_{13}）	0.209	0.238	0.434	0.328	0	0
流域治理（B_{14}）	0.195	0.384	0.333	0.253	0.030	0
经济效应（B_{21}）	0.615	0.101	0.523	0.376	0	0
社会效应（B_{22}）	0.385	0.193	0.211	0.424	0.173	0
政策设计（B_{31}）	0.251	0.060	0.680	0.261	0	0
政策执行（B_{32}）	0.359	0.553	0.346	0.076	0.024	0.024
政策配套（B_{33}）	0.390	0.010	0.650	0.225	0.025	0

表 2-38　各类型指标隶属度汇总

评价类型	权重	隶属度				
		很好	较好	一般	较差	很差
效果指标	0.618	0.195	0.468	0.331	0.006	0
效应指标	0.159	0.136	0.403	0.394	0.066	0
效率指标	0.224	0.250	0.544	0.179	0.018	0.009

（4）三级模糊综合评价

由前文计算可知，效果、效应和效率三类指标的权重为 $W = \begin{bmatrix} 0.618 & 0.159 & 0.224 \end{bmatrix}$，

$$
综合评价矩阵\ Z' = \begin{bmatrix} Z_1 \\ Z_2 \\ Z_3 \end{bmatrix} = \begin{bmatrix} 0.195 & 0.468 & 0.331 & 0.006 & 0 \\ 0.136 & 0.403 & 0.394 & 0.066 & 0 \\ 0.250 & 0.544 & 0.179 & 0.018 & 0.009 \end{bmatrix}
$$

最终的综合评估结果为

$$
Z = W \times R = \begin{bmatrix} 0.618 & 0.159 & 0.224 \end{bmatrix} \begin{bmatrix} 0.195 & 0.468 & 0.331 & 0.006 & 0 \\ 0.136 & 0.403 & 0.394 & 0.066 & 0 \\ 0.250 & 0.544 & 0.179 & 0.018 & 0.009 \end{bmatrix}
$$

$$
= \begin{bmatrix} 0.198 & 0.475 & 0.307 & 0.018 & 0.002 \end{bmatrix}
$$

（5）评估最终得分与分析

1）评估结果

根据前文所设定的评价值进行计算，得到新安江流域生态补偿政策评估的最终得分为

$$
F = Z \times U = \begin{bmatrix} 0.198 & 0.475 & 0.307 & 0.018 & 0.002 \end{bmatrix} \begin{bmatrix} 90 \\ 80 \\ 60 \\ 50 \\ 40 \end{bmatrix} = 75.22
$$

即基于 AHP-模糊综合评价得出的新安江流域生态补偿政策评估的最终得分为 75.22,属于中上水平，流域生态补偿政策实施结果的评价整体较好。

2）评估结果分析

对评价结果的具体分析可知，在指标权重确定方面效果指标相对于其他两个指标更为重要，这与实际情况较为一致。实施流域生态补偿政策最直接的目标是改善流域生态环境质量，因此效果指标应占较大权重。政策效率会直接影响政策的作用程度，但相对于效果指标重要性较弱，因此指标的权重较小。流域生态补偿政策的设计目标包括改善流域社会、经济状况，但从实际来看，这种改善作用相对较弱，因此经济效应指标和社会效应指标所构成的效应指标的权重相对较小，这也同实际情况较为吻合。在准则层，各个指标的权重也存在较大差异，其中效果指标中的水质状况、效应指标中的经济效应以及效率指标中的政策执行 3 个指标的权重相对较大，这与补偿政策的设计目标存在较大程度的一致性，比较符合实际情况，补偿政策的实施很大程度上是为改善流域水质状况、经济发展状况，补偿政策的执行程度对政策目标的实现有直接的影响。在指标层，各个二级指标权重也存在较大差异，这与指标的重要程度有着直接关系，整体而言是比较符合实际情况的，权重相对较大的评价指标在实际评价中的确能够对上一级指标造成重大的影响。因此，可以说运用层次分析法所确定的指标权重是比较合理的。

对模糊综合评价的最终评价结果的分析可知，新安江流域生态补偿实施结果的评价

整体上处于较好水平。具体而言，效果指标、效应指标和效率指标的表现都较好，很大程度上隶属于较好和很好水平，即补偿政策实施的结果很大程度上处于较好水平。其中，效率指标的表现较好，处于较好偏上水平；效果指标和效应指标的表现基本相同，对较好和一般水平的隶属度较高，需要进一步改善。

一级指标中，表现较好的指标包括流域水质状况、经济效应、政策设计、政策执行和政策配套，其余指标的隶属度大致相同，但水生态健康状况、社会效应、流域治理等指标的表现较差，是需要改善的重要方面。

进一步对二级指标的评价结果进行分析可知，各个二级指标的的表现存在较大差异。具体而言，流域水资源状况指标的两个二级指标的表现基本相同，隶属于较好和一般水平的程度相同，其中万元 GDP 取水量指标的表现相对较好；水质状况指标中的水质污染状况指标较好，工业废水达标率指标表现一般。水生态健康指标中的各个二级指标表现均处于一般偏上水平，表现一般，以底栖生物多样性指标和浮游生物多样性指标最为显著。流域治理指标中 4 个二级指标表现较好，多数隶属于很好和较好水平；但流域治理面积比例指标偏差较大，水土流失治理率指标表现相对较差，这两个指标的权重决定了其对流域治理指标的评价结果会有不小的影响。经济效应指标的评价结果不太理想，这主要受人均 GDP 增长率和环保投入资金占 GDP 比重这两个指标的影响，这两个指标的隶属度水平均一般。社会指标的表现相对较好，这主要是因为生态补偿法律法规相对完善、群众来访较少以及流域保护从业人员数量比相对合理，但是对人体健康的影响效应指标的隶属度较为分散，即评价结果存在较大分歧。在政策设计方面，评价结果显示出整体水平较高，补偿标准较为合理，政策满意度也相对较高，这就使得政策设计指标的表现较好。政策执行指标方面，4 个二级指标均处在很好或较好水平，表示政策的执行效果较好，这同实际情况基本一致。政策配套指标方面监测能力和信息公开两个二级指标隶属度较高，指标表现较好，人员配置状况有待进一步改善。

总之，对二级指标的分析结果显示，多数指标表现较好，普遍处于较好或者很好水平；部分指标如水土流失治理、生态补偿资金的及时发放等指标表现略差，需要进一步加强。一级指标水平大致相同，普遍处于中上级别，部分指标如流域治理、政策执行以及配套措施等需要进一步完善。三大类指标中，效果指标最为重要，这与补偿政策的设计目的基本一致。而各指标的表现也大致相同，政策效果指标表现相对较好，这与流域生态环境的改善基本一致。效应指标表现略差，生态补偿对经济的拉动作用不是很显著。同时，补偿政策的设计、执行以及相关的配套政策措施对补偿政策的结果实现程度也有一定的影响。

2.2.3.7　新安江流域生态补偿制约因素

（1）对补偿政策的效应和效率重视不够

结合单因子评价和模糊综合评价的最终评价结果来看，新安江流域生态补偿实施带来的最大结果是流域水环境质量状况的改变，以水质的改善最为显著，这同补偿政策设计的最初目标存在较大程度的一致性。而三大类指标的权重确定及结果也表明补偿政策实施的效果指标最为重要，效果指标是补偿政策最为关注的方向。但是，这就造成对补偿政策结果的其他方面的重视不够，特别是补偿政策带来的效应。这其中包括经济和社会方面的影响。最显著的就是实行流域生态补偿政策对缩小流域内经济发展差距、促进区域协调发展以及改善上游地区经济发展状况的作用相对较弱，这同补偿政策的最初设计目标存在一定的偏差。对政策效率的重视程度也不够，这对政策实施结果也会造成一定的影响。就所设计的评价指标体系而言，政策的效率受政策设计、政策执行以及政策配套 3 个方面指标影响。新安江流域生态补偿政策中，从实际情况来看，政策设计相对合理、政策执行情况也较好，但同科学和完备仍存在一定的差距，这主要是因为补偿标准未能完全反映生态服务价值、补偿资金以财政资金为主、补偿资金主要用于污染治理等。政策配套相对于其他指标表现较差，主要是因为监测能力不足，人员配置有待进一步完善。

（2）流域治理关注面较窄

新安江流域生态补偿政策重要的关注点是流域治理和流域生态环境改善，这一点在单因子评价中可以显著看出。流域治理主要集中在流域污染治理，采用的是项目的形式。目前流域治理最突出的问题是现有治理项目主要集中于污染治理，特别是水污染治理方面，对水体生物多样性、水土流失、森林覆盖等方面的重视不够，投入相对较少。在实证研究中发现，上述方面的不完善对政策实施结果造成一定程度的影响。从长期来看，这将会影响流域治理和流域生态政策目标的实现。

（3）政策的经济和社会效应有待改善

流域生态补偿政策设计的目标之一是改善区域经济发展状况、缩小上下游经济发展差距，实现流域共建共享。但从对新安江流域生态补偿政策实施结果的实证研究来看，补偿政策与这一政策目标的实现还有一定的差距。从单因子评价结果来看，尽管补偿政策实施后黄山市的经济发展状况有了一定程度的改善，但是同下游地区发展水平仍有一定的差距；产业结构方面也存在一定的不合理性。环境保护所带来的发展机会成本没有得到足够的补偿，经济发展受限的同时环保投入在 GDP 中占比较大，发展经济和保护环境的双重压力下势必会影响补偿政策的效果和流域保护的持续性。社会效应方面，目前生态补偿对人体健康的影响作用不显著，需要在一个较长的时期内才能看出。

（4）政策效率需要进一步提高

目前实行的新安江流域生态补偿政策是中央和皖浙两省博弈的结果，补偿标准、补偿资金来源、补偿资金分配以及补偿方式等方面科学性不够。政策设计方面的问题集中在补偿标准的确定上，现有补偿以水质为唯一的考核依据，没有体现流域生态服务价值。政策执行方面，突出的问题是补偿资金以财政资金为主，特别是过度依赖中央资金，市场化融资手段缺乏，难以保证补偿资金的持续性；已建成的环保项目的日常运行维护需要持续投入，否则难以保证项目生态效益有效发挥；补偿资金基本能够到位，但是资金的使用过于集中在污染治理方面而很少用于对保护的直接补偿和发展机会成本的补偿，补偿政策在改善上游社会经济发展程度方面的作用有限，补偿实施后经济发展的后续动力不足。配套政策不完善也是补偿政策目标实现的一大障碍，这其中包括监测能力建设、信息公开程度以及人员配置的合理性等。监测数据是进行补偿的直接依据，监测能力会直接影响补偿结果，但是新安江流域目前监测仍以水质监测为主，监测能力建设也有待提高。人员配置的合理性还不足，从实地调研情况来看，从业人员专业技术水平以及人才结构有待完善，急需专业型的人才。

2.3　流域生态补偿政策效果绩效分离

为进一步考察流域生态补偿政策的效果，本节引入计量经济学中的双倍差分法（difference-in-difference，简称倍差法、DID），旨在剥离其他因素对政策实施流域的影响，得出流域生态补偿政策对新安江水体主要污染物的净影响效应。

2.3.1　实证模型建立

倍差法是一种政策分析工具，可用于定量评估某项政策实施产生的净影响。其基本理念是一项干预政策实施后其效果可能不完全归因于该项干预政策，还有可能受到其他非干预政策因素的影响，或者仅仅是因为时间趋势而引起变化。因此，倍差法模拟了自然科学中常见的自然实验（natural experiment）或准实验（quasi-experiment），这类实验的实施包括设定对照组进行相关变量的控制，同时用实验组来分析解释变量的具体影响。具体而言，倍差法将政策的实施看作一个"准自然"实验，通过比较实施政策的地区和未实施政策的地区在实施前后的差异，得出政策的净效应。与直接比较政策实施前后相关指标的变化相比，是一种更为科学的准实验方法，也是常用的政策评估方法。

倍差法通过比较实验组（本节指实施政策的地区）政策实施前后的差异和对照组（本节指未实施政策的地区）前后的差异来衡量政策的实施效果。其原理如图 2-19 所示。

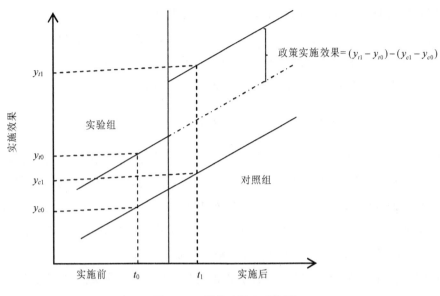

图 2-19　倍差法原理示意图

其中，y_{c0}：对照组（未实施政策的地区）在 t_0 时表征实施效果的 y 值；

y_{c1}：对照组（未实施政策的地区）在 t_1 时表征实施效果的 y 值；

y_{t0}：实验组（实施政策的地区）在 t_0 实施政策前表征实施效果的 y 值；

y_{t1}：实验组（实施政策的地区）在 t_1 实施政策前表征实施效果的 y 值；

则政策实施效果=（$y_{t1}-y_{t0}$）-（$y_{c1}-y_{c0}$）。

倍差法主要考虑两个虚拟变量：时间变量 time 和政策变量 policy。其中，政策实施前时间 time=0，政策实施后时间为 time=1；未实施政策的地区 policy=0，实施政策的试点地区 policy=1。时间变量与政策变量对解释变量的影响，可通过式（2-18）表示：

$$y = \beta_0 + \beta_1 \text{time} + \beta_2 \text{policy} + \beta_3 \text{time} \times \text{policy} + \varepsilon \qquad (2\text{-}18)$$

将未实施政策的地区、实施政策的地区的实施前、实施后的政策变量、时间变量分别代入上述方程，则 $\beta_3 =$（$y_{t1}-y_{t0}$）-（$y_{c1}-y_{c0}$），是政策的实施效果，原理如表 2-39 所示。

表 2-39　倍差法估计政策实施效果原理

	未实施政策的地区	实施政策的地区	差异
实施前	β_0	$\beta_0 + \beta_2$	β_2
实施后	$\beta_0 + \beta_1$	$\beta_0 + \beta_1 + \beta_2 + \beta_3$	$\beta_2 + \beta_3$
差异	β_1	$\beta_1 + \beta_3$	β_3

为估计政策的实施效果，我们需要关注的是 β_3 的估计值。

根据倍差法的"准自然实验"原理，在评估不同政策绩效时，有必要加入控制变量，以避免时间变量、政策变量之外其他相关变量的影响。在具体案例的评估中，应选择合适的控制变量正确反映案例特点，将式（2-18）进一步拓展为：

$$y = \beta_0 + \beta_1 time + \beta_2 policy + \beta_3 time \times policy + X + \varepsilon \qquad (2\text{-}19)$$

其中，X 指对解释变量 y 会产生影响的控制变量，根据被评估政策的不同，识别其他可能随着时间发生变化进而影响 y 的因素，应选取不同的控制变量。通过将实验组和控制组的 time、policy、time×policy、X、y 代入式（2-19），利用最小二乘法可以估计出式（2-19）中的回归系数 β_1、β_2、β_3 的估计值，β_3 即该政策的净实施效果。在实际应用中，该回归过程可通过 StataMP14、Eviews 等计量分析软件实现。

利用倍差法评估新安江流域生态补偿政策的基本思想是，流域生态补偿政策一方面造成了实施该政策的流域在政策实施前后的差异，另一方面又造成了同一时间点上实施该政策流域与没有实施该政策的流域之间的差异，基于这双重差异形成的估计有效控制了其他共时性政策及其他诸多因素的影响，进而识别出流域生态补偿政策实施带来的净效应。

2.3.2　实证数据分析

在本案例中，实验组为新安江，选取同属于安徽省境内但未实施流域生态补偿政策的巢湖作为对照组；实施流域生态补偿政策这一"准自然"实验于 2010 年开始，故选取政策实施前后各 4 年作为观察期，即政策未实施时间为 2006—2009 年，政策实施后时间为 2010—2013 年；为排除其他可能影响判断结论的相关因素，特针对本案例特点，选取人均 GDP、农药使用强度、化肥施用强度、废水排放量等因素作为控制变量，以剥离出政策实施的净效益；针对流域生态补偿政策选取几个相关控制变量，也就是在进行流域生态补偿政策有效性这一实验中，设置实验组新安江、控制组巢湖，并选取几个实验的控制变量，只有选取了合适的变量，才能得到可信（p 值小）的回归结果，即得到可信的 β_3 结果。选取的主要变量包括：

①主要污染物浓度（y、y_1 表示 COD 浓度，y_2 表示 $NH_3\text{-}N$ 浓度，单位：mg/L），为被解释变量；

②时间虚拟变量（time=0，1），政策实施前（2006—2009 年）时间虚拟变量值为 0，政策实施后（2010—2013 年）时间虚拟变量值为 1；

③政策虚拟变量（policy=0，1），未实施政策地区政策虚拟变量值为 0，实施政策地区的政策虚拟变量值为 1；

④人均 GDP（economy，单位：元），控制变量，以 2006 年为基期；

⑤农药使用强度（pesint，单位：t/万元），控制变量，农业总产值以 2006 年为基期；

⑥化肥施用强度（ferint，单位：t/万元），控制变量，农业总产值以 2006 年为基期；

⑦废水排放量（effluent，单位：万 t），控制变量。

其中，人均 GDP、农药使用强度、化肥使用强度、废水排放量 4 个控制变量所用数据分别为新安江、巢湖主要水体所在地黄山市、合肥市的数据，数据来源为《中国城市统计年鉴》《中国区域经济统计年鉴》《中国统计年鉴》《安徽统计年鉴》。该分析通过软件 StataMP14 实现。

各变量描述性统计结果如表 2-40 所示。

表 2-40　变量描述性统计量

变量名称	平均值	标准差	最小值	最大值
y_1	0.339	0.073	0.172	0.456
y_2	3.093	1.102	1.538	4.573
economy	29 088.84	12 821.61	12 733	55 480.84
effluent	3 010.046	1 996.112	625.83	6 038.898
pesint	0.010	0.002	0.007	0.014
ferint	0.252	0.122	0.126	0.463

2.3.3　实证分析结果

用 Stata 软件对模型中估计参数进行计算，结果如表 2-41 和表 2-42 所示。我们关注的是最后一列的差异，代表实施流域生态补偿政策对水体污染物 COD 和 NH_3-N 排放浓度的净效应。该值为负，且在 10%的置信水平上显著，说明实施流域生态补偿政策使试点地区水体污染物排放排放强度下降了，即该政策对水体污染物 COD 和 NH_3-N 排放强度的下降有积极作用。差异值分别为–0.077 和–0.028，代表由于实施流域生态补偿制度，试点地区的水体污染物 COD 和 NH_3-N 浓度平均下降了 0.077 mg/L 和 0.028 mg/L。

表 2-41　倍差法分析流域生态补偿政策对新安江 COD 浓度的影响

结果变量	实施政策前 试点地区与非试点地区差异	实施政策后 试点地区与非试点地区差异	净效应
y_1	0.157	0.080	−0.077
标准误差	0.133	0.072	0.106
t 统计量	−0.84	−1.98	−0.67
$P>\mid t\mid$	0.691	0.026	0.056

表 2-42　倍差法分析流域生态补偿政策对新安江 NH₃-N 浓度的影响

结果变量	实施政策前 试点地区与非试点地区差异	实施政策后 试点地区与非试点地区差异	净效应
y_2	−0.221	−0.249	−0.028
标准误	0.121	0.145	0.065
t 统计量	−1.82	−1.71	−0.44
$P>\lvert t \rvert$	0.053	0.125	0.074

此外，该模型同时得出了人均 GDP、农药使用强度、农用化肥施用强度、污水排放总量等控制变量对新安江 COD、NH₃-N 浓度的影响，结果表明，农药使用强度与农用化肥施用强度对水体中 COD、NH₃-N 浓度均产生正的影响，故降低农药使用强度与农用化肥施用强度将有助于水体主要污染物浓度降低；而人均 GDP、污水排放总量对水体主要污染物浓度的影响十分有限。通过使用双倍差法实证检验了我国实施流域生态补偿政策的实践效果，发现流域生态补偿确实有助于降低水体主要污染物的浓度，只是目前这种作用还是比较微弱，这与目前我国流域生态补偿政策的设计以及全国大的背景有关。

第 3 章　跨省重点流域生态补偿与经济责任机制框架[①]

本章搭建了跨省重点流域生态补偿与经济责任机制框架，将目标、任务布局、试点范围识别、关键环节等内容进行明确，为开展跨省重点流域生态补偿与经济责任机制研究做好顶层设计。

3.1　跨省重点流域生态补偿与经济责任机制的目标

在"十一五"研究成果的基础上，进一步完善流域生态补偿政策框架和技术方法，扩大试点研究范围，并跟踪评价目前我国流域生态补偿的地方实践，从水源地和跨界流域两个模块重点突破跨省流域双主体下的流域生态补偿机制，总结提炼跨省重点流域生态补偿与经济责任机制，为国家重点流域生态补偿提供政策参考方案，围绕流域跨省界重点流域生态补偿经济责任机制，继续突破相关关键技术，深化关键领域的研究，开展典型流域试点示范，探讨重点流域跨省界断面生态补偿和经济责任机制，取得试点经验，形成示范效应，为形成国家层面跨省重点流域生态补偿与经济责任机制提供技术和实践经验的支持。

本书注重生态补偿作为环境经济手段在流域环境保护与管理中的应用，可以有效提高水环境管理的"生产力"。按照"谁污染，谁治理"的原则研究跨界断面生态补偿，一定程度上解决流域跨界断面的水环境质量问题，按照"谁保护，谁受益"的原则研究水源地经济补偿，使水生态系统服务达到公平共享，有效激励流域上下游保护水质的积极性。针对这两方面内容，一方面是通过系统研究，在对"十一五"流域生态补偿与污染赔偿政策评估的基础上，提出跨省重点流域生态补偿与经济责任机制的政策框架、标准核算技术、财政政策体系等；另一方面通过典型区试点研究，检验总体政策方案和思路，取得实践经验。通过"自上而下"和"自下而上"的相互衔接，研究成果具有较高的可行性和指导意义，以便达到目标要求。

[①] 本章主要执笔人：文一惠、刘桂环、谢婧、田仁生。

3.2   跨省重点流域生态补偿与经济责任机制任务布局

本研究总体设计思路是：以"十一五"研究成果为基础，进一步跟踪国家试点，开展跨省重点流域生态补偿的监测支撑能力建设研究和标准核算技术体系研究，明确跨省重点流域生态补偿与经济责任的实施机制和财政机制安排，突破实践过程中的技术难点并选择典型案例开展试点示范，提炼出跨省重点流域生态补偿与经济责任机制政策建议（图 3-1）。

3.3   跨省重点流域生态补偿与经济责任机制试点范围识别

试点示范是本研究的核心内容。本研究根据流域生态补偿地方实践基础和专项的总体要求，选择"两江一库"作为示范区，即分别在东江流域、汀江流域和于桥水库流域开展试点研究。

3.3.1   东江流域试点研究区

东江是珠江三角洲经济圈和香港特别行政区的重要饮用水水源，东江水质的好坏不仅事关广州、深圳、东莞 3 个特大城市的人民生活和经济发展，而且事关香港特别行政区的繁荣和稳定，东江流域是香港地区和珠江三角洲地区的"生命之水""经济之水""政治之水"，其特殊的位置决定了保证东江流域水质、水量的重要性，东江流域生态补偿也因此备受瞩目。在这种背景下，江西省和广东省在省内东江流域生态补偿方面开展了大量的工作，主要有设立专项资金、项目建设、政策保障、财政转移支付等，这对改善东江流域的水环境起到了较好的作用。如果经过协商，东江流域省内生态补偿能够向前推进做到跨省层面，将对流域水环境保护起到更好的作用，并能够推动建立流域生态保护责任分担机制，为建立我国重点流域跨省生态补偿机制起到有益的探索作用。

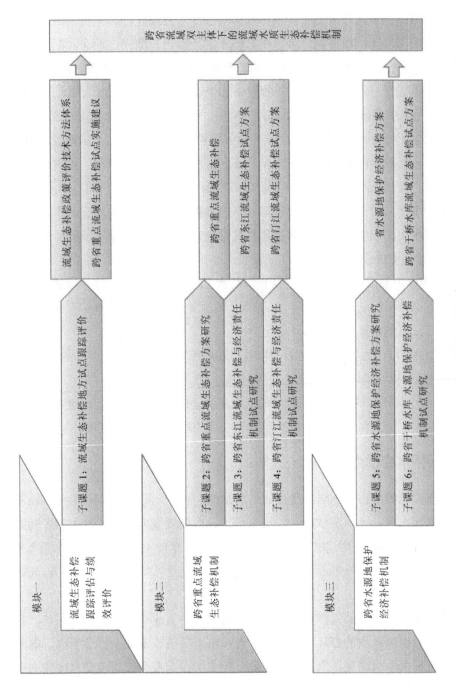

图 3-1　整体设计思路

3.3.2 汀江流域试点研究区

汀江流域源起长汀县庵杰乡涵前村龙门的汀江，流经长汀、上杭、武平、永定，在大埔县三河坝与梅江、梅潭河汇合，更名韩江，经梅州、潮州、汕头，汇入南海，是福建省第三大江。中央及各部委，省委、省政府高度重视汀江跨省界流域的生态补偿工作，2009 年 5 月出台的《国务院关于支持福建省加快建设海峡西岸经济区的若干意见》（国发〔2009〕24 号）中明确要求，"推动龙岩、汕头、潮州建立汀江（韩江）流域治理补偿机制，推进生态环境跨流域、跨行政区域的协同保护"。2011 年 4 月，国家发改委会同有关部门和地方政府联合编制的《海峡西岸经济区发展规划》正式颁布，其中也要求"推动龙岩、汕头、梅州、潮州建立汀江（韩江）流域治理补偿机制"。2011 年年底至 2012 年年初，时任中华人民共和国副主席的习近平同志对长汀水土流失治理工作作出两次重要批示，肯定水土流失治理和生态保护建设取得成效，要求总结长汀经验，推动全国水土流失治理工作。中央多部委相继对汀江流域长汀县进行了调研并提出各项支持措施。2012年 4 月环境保护部提出六大措施支持长汀县水土流失治理工作，第一项就是建立汀江上下游流域生态补偿机制。2012 年，财政部、环境保护部下达了 5 000 万元资金给予长汀县，作为汀江流域水环境补偿启动资金。

如果能够将汀江流域省内生态补偿向前推进做到跨省层面，是贯彻落实时任国家副主席习近平同志重要批示精神"进则全胜，不进则退，应进一步加大支持力度"的实际举措，有利于推进下游广东省作为上游生态保护的受益者参与补偿工作，有利于促进流域生态保护和水环境质量进一步改善，有利于加快海西生态文明先行示范区和福建省生态省建设。

3.3.3 于桥水库试点研究区

于桥水库地处燕山山脉边缘地带的州河盆地，位于天津北部蓟县城东 4 km 处，是一座山谷形盆地水库，是一座以防洪、城市供水、农业灌溉为主兼顾发电的多功能水库，流域面积中有 424 km^2 的区域位于天津境内。于桥水库自 1983 年引滦通水至今作为天津市的饮用水水源地已经服务了数十年。2010 年于桥水库实际供水量为 5.5 亿 m^3，服务总人口达 624.71 万人。

作为引滦入津工程的大型调蓄水库，于桥水库是天津市唯一的供水系统，其水质状况直接影响着引滦水质的好坏，并关系到天津市人民的饮水安全。近年来，国家和天津市政府都高度关注引滦流域水源水质问题，并多次在重要会议提及要尽快建立引滦流域跨省生态补偿机制。时任国务院总理温家宝同志于 2007 年、2009 年先后两次作出重要批示，要求环保部、水利部、天津市和河北省协同解决引滦水水质恶化问题（其中 2009 年12 月，时任国务院总理温家宝同志在《潘大水库水源地水质量恶化趋势》（每日汇报 9 944

期）上批示，"请环保、水利部门会同地方提出整治措施"）。为落实这两次重要批示，2009年 12 月 22—23 日，环境保护部协同水利部组织河北省环保厅、天津市环保局等有关人员共同对引滦输水沿线潘家口水库、大黑汀水库和于桥水库进行了实地调研。调研后，环保部与水利部提出 4 点建议，其中确定由天津市牵头研究建立对于桥水库上游潘家口、大黑汀水源保护的生态补偿机制。应当说，在于桥水库开展水源地保护经济补偿的试点研究，其政策基础比较好，天津市作为下游受水区对于上游开展经济补偿的意愿也比较强烈，这些都为顺利开展试点研究奠定了较好的基础。

3.4　跨省重点流域生态补偿与经济责任机制关键环节

3.4.1　流域生态补偿地方试点政策评估方法

分析对比分析法、成本效益法、社会调查法、预测分析法等政策评估方法，结合流域生态补偿地方试点政策特征，建立一个流域生态补偿地方试点政策评估指标体系，提出流域生态补偿地方试点政策评估方法。

3.4.2　流域跨界监测支撑能力建设方案

研究建立跨省界流域监测网络，完善监测人员管理机制，分析各级监测站的职责与合作机制。研究建立上下游省份政府认可的监测机构，设计透明的水质监测数据公开程序，保证流域生态补偿公平公正的实施基础。

3.4.3　跨省重点流域生态补偿标准计算模式

从我国水污染特点和水环境管理的实际需求出发，以水污染的有效控制为总体目标，以区域污染物排放达到总量控制目标、功能区水质达到规划目标为具体条件，对重点流域上下游间的水环境经济补偿关系进行描述，对水质生态补偿标准计算模式、补偿实现方式、资金来源与管理、水质监测体系等进行分析，为提高流域水资源保护的效率提供有效的技术支撑体系。

3.4.4　跨省重点流域生态补偿与经济责任实施机制

研究跨省界流域生态补偿存在的"瓶颈"及其利益相关方经济责任，以国家和地方对流域生态补偿的政策要求和需求为依据，基于跨省重点流域生态补偿标准，结合试点经验，确定公平公正的生态补偿与经济责任实施机制，为我国跨界流域生态补偿试点研究的开展提供全面的技术指南。

3.5 跨省重点流域生态补偿与经济责任标准核算方法

在跨省流域生态补偿机制构建过程中，补偿标准的确定应从流域生态系统服务功能出发，重点考虑跨界断面流域水质、水量，结合上下游地区的经济发展水平，并分别从生态保护方和受益方的角度进行意愿调查，使双方达成一致，形成具有可操作性又体现公平公正原则的生态补偿标准。我们从生态服务效益、水质和水量、水资源价值、水生态环境与社会经济的响应、支付意愿 5 个方面初步构建了跨省流域生态补偿标准核算方法。试点流域根据其所采用的生态补偿类型以及流域实际情况，选择合适的计算方法。根据试点研究，我们将不断修正完善已有方法体系。

3.5.1 基于生态服务效益的补偿标准核算方法

生态系统服务是指生态系统与生态过程所形成的、维持人类生存的自然环境条件及其效用。为保证流域生态系统能够可持续地提供各种产品和服务，要对生态保护者进行补偿。基于生态服务效益的补偿标准核算方法是从生态系统的价值和保护成本两方面切入，核算生态保护者应得到的补偿额度。主要适用于水源地保护经济补偿。

3.5.1.1 生态服务价值法

生态系统服务具有普遍性，当地区生态系统服务得到改善，受益者不仅局限于当地，还往往包括下游地区。为保障流域上下游生态系统服务的可持续性，需要对生态服务提供者进行直接的经济补偿。因此，可通对生态系统提供的服务进行换算处理，得到生态系统服务价值，以此核定补偿标准。

在流域间，上游为下游提供水土保持、水源涵养、气候调节等生态服务，可对这些生态服务的价值进行评估，来确定下游对上游的补偿标准。生态系统服务的供给不好监测，通常以土地利用为替代指标进行分析。根据中国质量监督检验检疫总局和中国国家标准化管理委员会联合颁布的《土地利用现状分类》（GB/T 21010—2007），按照林地、草地、耕地、湿地、水域、未利用地 6 种土地利用类型确定其单项服务功能价值系数，以此作为计算的依据，计算公式为

$$\text{ESV} = \sum (A_k \times \text{VC}_k) \tag{3-1}$$

$$\text{ESV}_f = \sum (A_k \times \text{VC}_{fk}) \tag{3-2}$$

式中：ESV——研究区生态系统服务总价值；

A_k——研究区 k 种土地利用类型的面积；

VC_k——生态价值系数；

ESV_f——单项服务功能价值系数。

VC_k 和 ESV_f 通过谢高地等的中国不同生态系统单位面积生态服务价值表确定（表3-1）。

表 3-1　中国不同陆地生态系统单位面积生态服务价值　　　　　单位：元/hm²

	林地	草地	耕地	湿地	水域	未利用土地
气体调节	3 097	707.9	442.4	1 592.7	0	0
气候调节	2 389.1	796.4	787.5	15 130.9	407	0
水源涵养	2 831.5	707.9	530.9	13 715.2	18 033.2	26.5
土壤形成与保护	3 450.9	1 725.5	1 291.9	1 513.1	8.8	17.7
废物处理	1 159.2	1 159.2	1 451.2	16 086.6	16 086.6	8.8
生物多样性保护	2 884.6	964.5	628.2	2 212.2	2 203.3	300.8
食物生产	88.5	265.5	884.9	265.5	88.5	8.8
原材料	2 300.6	44.2	88.5	61.9	8.8	0
娱乐文化	1 132.6	35.4	8.8	4 910.9	3 840.2	8.8
总计	19 334	6 406.5	6 114.3	55 489	40 676.4	371.4

也可将生态系统服务价值划分为自然价值、社会价值和经济价值 3 个部分，每种服务价值采用不同的方法计算。自然价值包括该地生态系统提供的气候调节价值、水分调节价值、环境净化价值、土壤保护价值和生物多样性价值等，可以通过影子价格法、费用分析法、机会成本法、旅行费用法来确定；经济价值包括该地区农、林、牧、渔等物质产品的价值，这些产品可进行市场交换，故可通过市场价值法确定；社会价值包括该地区生态系统提供的休闲、文化价值，可通过调查估值法确定。

在实际应用中，生态系统服务价值法评估出的生态系统服务价值与现实的补偿能力差距往往较大，在现实需求中的作用有限。该方法还难以直接在实际补偿中具体应用，但可以作为生态补偿标准的参考以及理论上限值。

3.5.1.2　生态系统保护投入成本法

从整个流域来看，上游地区处于特殊的地理位置，为保护流域生态环境投入了大量的人力、物力和财力，具体包括直接成本和间接成本两部分，直接成本是流域生态系统保护的资金投入，间接成本是流域上游地区为保护流域生态系统所放弃的经济收入和发展机会。中下游等生态受益区应根据上游付出的成本给予上游地区相应的生态补偿。

（1）一般性计算公式

第一步：计算流域上游生态保护总成本。

上游因保护生态环境付出了直接成本（C_{Dt}）和因发展局限损失的间接成本（C_{It}）。因此，流域上游生态保护总成本计算公式如下：

$$C_{St} = C_{Dt} + C_{It} \qquad (3-3)$$

式中：C_{St}——生态保护总成本；

C_{Dt}——直接成本；

C_{It}——间接成本。

直接成本包括在涵养水源、水土流失治理、农业非点源污染治理、城镇污水处理等环保基础设施建设方面的投资。可以通过调查市场定价直接确定，核算方法比较明确。

间接成本是流域上游为了整个流域的生态环境建设而放弃部分产业发展，所失去获得相应效益的机会成本。因此采用居民收入或地区生产总值来计算成本。

$$C_{It} = N_e (T_o - T) + N_f (S_o - S) \qquad (3-4)$$

或者

$$C_{It} = (G_0 - G) \times N_e \qquad (3-5)$$

式中：N_e——上游地区城镇居民人口；

T_o——参照区城镇居民人均可支配收入；

T——上游地区城镇居民人均可支配收入；

N_f——上游地区农业人口；

S_o——参照区农民人均纯收入；

S——上游地区农民人均纯收入；

G_0——参照地区的人均 GDP；

G——保护区人均 GDP。

第二步：计算下游对上游的补偿金额。

上游地区为生态保护投入了大量的成本，该成本产生的价值服务于整个流域，因此，生态保护成本应该由上游地区和下游地区合理分配。

在实际操作中，上游为下游提供的水量、水质等会影响下游生态系统，因此引入了水量分摊系数（K_{Vt}）和水质分摊系数（K_{Qt}）来核算补偿额度（C_{Ct2}），公式为

$$C_{Ct2} = C_{St} \times K_{Qt} \times K_{Vt} = (C_{Dt} + C_{It}) \times K_{Qt} \times K_{Vt} \qquad (3-6)$$

水量分摊系数 K_{Vt} 为下游地区利用上游地区的水量（W_D）与上游总水量（W_U）之比，

计算公式为

$$K_{Vt} = W_D/W_U （0 < K_{Vt} < 1）$$

当断面水质等于水质标准时，下游地区只需补偿使用上游水而分担的成本 $C_{St} \times K_{Vt}$；当断面水质优于水质标准时，下游地区除承担 $C_{St} \times K_{Vt}$，还需为享用优于水质标准的水而对上游补贴；当断面水质劣于水质标准时，上游应对下游进行赔偿。其中补贴或赔偿的数额为某污染物高于或低于标准的排放量（P_t）与削减单位该污染物排放量所需的投资（M_t）之积。

水质修正系数公式为

$$K_{Qt} = 1 + P_t \times M_t / C_{St} \times K_{Vt} \tag{3-7}$$

式中：P_t——某污染物高于或低于标准的排放量；

　　　M_t——削减单位该污染物排放量所需的投资。

（2）梯度累进式计算公式

对于生态服务价值较大、生态地位突出的流域，可以通过梯度累进的方法增加对这些地区的补偿力度，激励上游地区更好地开展生态建设与保护。因此，对试点流域生态系统进行评价，根据评价结果形成具有区域差异的补偿标准核算方法。

首先，选取可反映试点流域生态系统质量的指标，可供选择的评价指标见表 3-2，形成流域环境质量评价指标体系。

表 3-2　流域生态系统质量评价参考指标

指标分类	评价指标
水资源潜力指标	水资源总量、地下水补给量、年径流变差系数、年径流量、年径流深、年降水量
水环境功能指标	地表水水质、地下水水质矿化度、水体生化需氧量、水体化学需氧量、河水含水量、水域湿地覆盖率、水源涵养指数
人类活动影响指标	水资源开发利用率、流域治理程度、耕地面积比例、城市化面积、人口增长率、废水处理达标率、化肥农药使用量、人均 GDP
生态系统指标	林草覆盖度、生物多样性指数、生态系统稳定性、生态系统敏感性、生态系统重要性、生物第一性生产力

然后，确定各评价指标所承担的权重，得出梯度补偿系数 Φ。

$$\Phi = \sum_{i=1}^{n} \frac{P_i}{P_{i\max}} \times K_i, \quad （0 < \Phi < 1, \ i=1, \ 2, \ \cdots, \ n） \tag{3-8}$$

式中：Φ——梯度补偿系数；

　　　P_i——指标值；

$P_{i\max}$ ——该项指标最大值，可取我国县级行政区域的该项指标最大值，部分指标为成本型指标，应做适当转换；

K_i ——该项指标的权重，可用专家打分法或层次分析法获得。

那么，在考虑了梯度补偿的基础上，基于生态保护投入成本的补偿标准核算方法可进一步写为

$$C_{Ct}^{'}=C_{St}\times K_{Qt}\times K_{Vt}\times（1+\varPhi）=（C_{Dt}+C_{It}）\times K_{Qt}\times K_{Vt}\times（1+\sum_{i=1}^{n}\frac{P_i}{P_{i\max}}\times K_i） \tag{3-9}$$

基于上游生态保护者的直接投入和机会成本确定补偿标准的方法过程简洁、容易理解、便于操作，目前已被逐渐认可。值得注意的是，在利用评价指标体系计算梯度补偿系数时，评价指标的选择会影响最终补偿金额，因此建议试点流域切合试点实际，选择适用于本地区的评价指标。例如，位于水源涵养重点生态功能区的试点流域要重点选择水资源潜力、水环境功能指标，位于生物多样性重点生态功能区的试点流域要重点选择生物因子评价指标，再结合其他指标进行评价，得出兼顾科学性与客观性的梯度补偿系数。最后，应明确根据本方法核算的补偿标准应该为生态补偿的最低标准，是对生态环境保护者的最低保障。

3.5.2　基于水质、水量的补偿标准核算方法

水资源的水质和水量双重属性，决定着水的功能和价值大小。在竞争用水状态下，上游地区有必要为下游提供足量达标的水源。但不同地区、不同时期的水资源价值大小有较大的区别。结合水环境监控的总体水平，选择水质、水量作为跨区域河流生态补偿的判定标准，可实现经济补偿与被污染河流的水质、水量相关联。对维护上下游权益、提高流域水环境总体水平也意义重大。

3.5.2.1　恢复成本法

所谓恢复成本法，就是将受到损害的流域生态环境质量恢复到受损以前的环境质量所需要的成本，是基于流域跨界监测断面超标污染物通量核算生态补偿标准的模式，适用于上游对下游地区的补偿。

根据污染者付费原则，计算将Ⅴ类水恢复到Ⅲ类水的成本即补偿标准。参考目前我国污水处理行业采取的工艺，通常以化学需氧量（COD）为代表性指标检测水质变化。再结合《地表水环境质量标准》（GB 3838—2002），流域中 COD 从 40 mg/L 下降到 20 mg/L 的治理成本，可以代表流域水生态从Ⅴ类到Ⅲ类的恢复成本。运用计量经济学原理，建立以进水 COD 含量为解释变量、治理总成本为被解释变量的指数性模型，其形式如下：

$$R = a\mathrm{e}^{-bx} \tag{3-10}$$

式中：R——治理 10 mg COD 的总成本，

　　　x——进水 COD 含量；

　　　a、b——待定参数，$\mathrm{e} \approx 2.718$。

那么，某地区将水质提高到Ⅲ类的补偿额度应该为

$$P = \frac{T}{10} R Q_{\text{入}} \tag{3-11}$$

式中：T——下游水质由监测值提高到Ⅲ类减少的 COD 质量浓度；

　　　R——治理总成本的估计值；

　　　$Q_{\text{入}}$——下游入境总水量。

恢复成本法考虑的影响因子单一，运算简单。主要用于上游地区对下游地区的生态补偿，较适合水体污染严重的地区。需要注意的是，在使用恢复成本法核算补偿标准时，由于流域上下游地区经济发展水平因地而异、水污染因子治理需求不同等原因，对单位污染物通量补偿金扣缴的标准也不同。最终补偿金额应结合当地实际而定。

3.5.2.2　断面水质目标考核法

为促进流域上下游地区共同承担流域水环境保护的责任和义务，在跨界断面设置水质自动监测站，为生态补偿提供科学依据。补偿方式分两种，当断面水质指标优于断面水质控制目标的，下游城市必须给予上游城市达标补偿；当断面水质指标值超过水质控制目标的，上游城市必须给予下游城市超标赔偿。

（1）一般性计算公式

基于流域上下游断面水质目标的计算方法一般以《地表环境质量标准》的Ⅲ类标准为依据，根据水质指标提高的程度确定补偿额度，一般选取的污染物指标有 pH、化学需氧量、五日生化需氧量、氨氮、总氮、高锰酸盐指数、溶解氧以及毒性物质等。其计算公式为

$$P = V_{\text{取}} \sum (L_i C_i N_i), \quad (i = 1, 2, \cdots, n) \tag{3-12}$$

式中：$V_{\text{取}}$——下游取水量；

　　　L_i——第 i 种污染物水质指标提高的级别；

　　　C_i——第 i 种污染物水质指标提高一级所需的成本；

　　　N_i——第 i 种污染物水质指标超标的倍数。

具体处理成本计算方法可参考第 2.1 节。

（2）梯度累进式计算公式

分析我国水环境质量现状和现有生态补偿机制发现，随着水环境质量的改善，目前

"一刀切"式的生态补偿标准不能完全满足水质窄幅动态变化下的生态补偿。因此，提出梯度累进式计算方法，为进一步细化基于水质的流域生态补偿政策提供参考。

这里的梯度累进式生态补偿，就是把水质按优劣程度对每个梯级设置不同的生态补偿标准，即上游水质浓度越高，对下游补偿的标准越高，反之越低。据此，可引入阶梯式生态补偿标准梯级系数 K_i，公式如下：

$$K_i = \frac{Q_{\text{Ⅲ}}}{Q_0} \tag{3-13}$$

式中：$Q_{\text{Ⅲ}}$——水质实际恢复成本，当水质优于Ⅲ类水时代表第 i 种水质由Ⅲ类提高到实测级别所需要的成本，当水质劣于Ⅲ类水时代表第 i 种水质恢复到Ⅲ类水时所需要的成本；

Q_0——基准成本，是由劣Ⅴ级水质提高到Ⅲ类所需的成本。

考虑了梯度补偿的断面水质考核补偿公式可进一步写成：

$$P' = V_{\text{取}} \sum (L_i C_i N_i) K_i, \quad (i = 1, 2, \cdots, n) \tag{3-14}$$

式中：P'——考虑了梯级补偿的补偿额度；

$V_{\text{取}}$——下游取水量；

L_i——第 i 种污染物水质指标提高的级别；

C_i——第 i 种污染物水质指标提高一级所需的成本；

N_i——第 i 种污染物水质指标超标的倍数；

K_i——梯级补偿系数。

目前，我国已有不少省（区、市）采用了断面水质目标考核法来核算补偿标准，如河北省、辽宁省等，河北省已开始尝试使用简单的梯度补偿方式核算补偿标准。建议在选择污染物考核指标时，要结合流域污染的实际情况确定选择哪几个考核指标。

3.5.2.3　水质超标通量法

按照"谁污染、谁补偿"的原则，当上游水质不达标时，上游地区应对下游地区支付超标污染补偿金。为使得生态补偿金得以科学计算，在跨界断面设置水质监测站，由相关部门负责考核断面水质、水量，提供基础数据。超过水质考核断面监测标准的生态补偿金按照超标污染物的通量及生态补偿标准来计算，并参考梯度累进方法，对水质超标严重的断面进行梯度累进补偿。具体核算方法如下：

$$P = \sum_1^n P_i = \sum_1^n (C_i - C_{i0}) \times q_i \times P_{i0} \times t \times \phi \tag{3-15}$$

式中：n ——监测因子的个数；

P_i ——第 i 种污染物的生态补偿金；

C_i ——考核断面第 i 种污染物水质浓度监测值；

C_{i0} ——考核断面第 i 种污染物水质责任目标值；

q_i ——考核断面周平均监测流量；

P_{i0} ——污染物生态补偿标准；

t ——生态补偿金计算周期；

ϕ ——修正系数。

修正系数 ϕ 的含义为 C_i/C_{i0}，是考核断面污染物浓度监测值与目标责任值的比值，当断面水质超标时，$\phi > 1$，且 ϕ 越大，说明超标越严重，补偿额度越大。这样就增加了补偿标准的科学合理性，也可以结合水生态等因素，再将修正系数 ϕ 细化，得出更符合当地实际的核算方法。

本方法是目前比较常用的生态补偿金核算方法，具有较好的科学性，在已有的通用水质超标生态补偿标准核算方法基础上，通过引入修正系数 ϕ，对水质超标通量进行了修正和完善，较好地解决了不同水质水体之间采用同一补偿标准的问题。

3.5.3　基于水资源利用的补偿标准核算方法

生态补偿机制不仅是一项环境保护政策，也是解决社会公平、协调区域发展的一个重要手段。根据水资源的紧缺程度调节水价，从水价中征取部分水资源价格以及整个水生态的价值，是实现水资源可持续利用的必要经济手段。当流域洁净水资源价值可直接货币化时，可基于水价格法实施流域补偿。

水资源市场价格法的思路为：根据水质的好坏，来判定是受水区向上游补偿，还是上游向受水区补偿，然后结合水量和单位水资源价格进行核算。计算公式为

$$P = Q \times C_c \times \delta \tag{3-16}$$

式中：P ——补偿额；

Q ——调配水量；

C_c ——水资源价格；

δ ——判定系数。

其中，C_c 可取污水处理成本或水资源市场价格；δ 的取值：当上游供水水质好于Ⅲ类时，$\delta = 1$，当水质劣于Ⅴ类时，$\delta = -1$；否则，$\delta = 0$。

这种方法简单易行，但 C_c 还可以进行改进，如可以采用水资源价值来替换；判定系数 δ 还可以细化，可以根据优质优价的原则来合理确定。计算中参数的取值对结果影响

较大，因此要结合流域实际状况慎重选取。随着流域水资源交易市场的逐步形成和完善，基于水资源价值的补偿是最易行和可操作的。

3.5.4　基于社会经济响应的补偿标准核算方法

水资源的合理利用程度在某种程度上决定着社会经济水平。利用生态经济学理论，核算水质污染、水量变化对一个地区经济发展的影响，利用社会经济水平的变化程度得出对该地区的补偿标准。从最广泛的角度将生态补偿和社会经济相关联，实现水资源合理利用与经济社会效益的统一和协调。

3.5.4.1　水质-社会经济响应法

当水环境质量下降时，会造成水服务功能的破坏，进而导致经济损失，包括两个方面：①因为水质不合格，或虽暂时合格但存在恶化趋势，为避免由此产生的污染危害，水管理者与水使用者所支付的抵御性费用（defensive expenditure）；②水使用者因水污染而直接遭受的经济损失。根据已有研究，水质对社会经济活动的影响过程大体呈图 3-2 所示的 S 形曲线形态，图中横坐标 Q 代表水污染状况，纵坐标 γ_i 表示水污染经济损失或危害。K_i 为水质恶化到一定程度后，造成的经济损失最大值，通常情况下，$K_i < 1$。

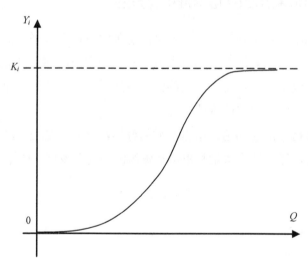

图 3-2　水污染经济损失函数示意图

可以采用双曲型函数表示这种水质-经济影响的关系：

$$\gamma_i = K_i \left(\frac{e^{0.54(Q-4)} - 1}{e^{0.54(Q-4)} + 1} + 0.5 \right) \tag{3-17}$$

$$\gamma_i = \frac{\Delta F_i}{F_i} \qquad\qquad (3\text{-}18)$$

式中：γ_i——分项水污染经济损失，即水污染对分项造成的经济损失量（ΔF_i）占整个
分项总量值 F_i 的比例；

　　　F_i——补偿总量；

　　　Q——水污染经济损失计算区域综合水质状况，可以通过对研究区域不同类别水质
评价结果加权平均求解得到；

　　　K_i——分项最大经济损失率。

本方法从水污染损失对社会经济影响的角度核算补偿标准，需要大量的基础资料积
累，尤其需要地方提供翔实的年鉴资料。模型参数也需要根据不同地区水体状况在应用
中加以调整。

3.5.4.2　生态足迹-社会经济响应法

生态足迹（ecological footprint，EF）是指现有生活水平下人类占用的能够持续提供
资源或消纳废物的、具有生物生产力（biologically productivity）的地域空间，它可以清
晰分析不同国家或区域之间消费的生态赤字/盈余。不同地区的自然条件和社会经济水平
不一致，致使生态服务消费程度也有差异。对一个地区的水生态足迹进行分析，如果该
地区是生态盈余，说明该地区各类生态系统供给本区有富余，其剩余的部分提供给了其
他地区，所以该地区应该获得生态补偿；如果该地区是生态赤字，说明该区各类生态系
统不足以支撑该区的生产和消费，需要消费其他地区的生态足迹，所以该地区应该支付
生态补偿。

第一步，判定一个地区是否可获得生态补偿，判定公式为

$$I = (\text{EF}_i - A_i) \qquad\qquad (3\text{-}19)$$

式中：I——i 地区支付/获得生态补偿的标准；

　　　EF_i——i 地区的总生态足迹；

　　　A_i——i 地区经产量均衡因子调整后的各类生态系统的总面积，产量均衡因子的确
定可参考张帅等（2000）的研究。

若 $I>0$，则该地区该支付生态补偿；$I<0$，则该地区该获得生态补偿；$I=0$，则该地
区不支付也不获得生态补偿。

第二步，确定支付或获得生态补偿的额度，具体的补偿量可以通过式（3-20）计算：

$$\text{EC}_i = |I| \times \frac{\text{ES}_i}{A_i} \times R_i = |\text{EF}_i - A_i| \times \frac{\text{ES}_i}{A_i} \times R_i \qquad\qquad (3\text{-}20)$$

式中：EC_i ——i 地区的支付/获得的生态补偿量；

$\quad\quad$ EF_i ——i 地区的总生态足迹；

$\quad\quad$ A_i ——i 地区经产量均衡因子调整后的各类生态系统的总面积；

$\quad\quad$ ES_i ——i 地区的总生态系统服务价值；

$\quad\quad$ R_i ——生态补偿系数，可由式（3-21）获得

$$R_i = \frac{e^{\varepsilon} \times GDP_i}{(e^{\varepsilon}+1)GDP} \tag{3-21}$$

式中：ε ——该地区恩格尔系数，$e \approx 2.718$；

$\quad\quad$ GDP_i ——i 地区的国内生产总值；

$\quad\quad$ GDP ——i 所在国家总的国内生产总值。

生态足迹这一新的理论和方法将人类占用的水资源纳入生态补偿范围内，将生态服务功能与人类对资源的占用密切结合，为生态补偿标准的计算提供了一种客观的思路。但鉴于本方法的一些模型参数目前还难以界定，因此，只作为一种新思路的引入，在实际应用中仅供参考。

3.5.5　基于上下游居民支付意愿的核算方法

支付意愿法（willingness to pay，WTP），又称条件价值法（contingent valuation method，CVM），是对消费者进行直接调查，了解消费者的支付意愿，或者他们对产品或服务的数量选择愿望来评价生态系统服务功能的价值。消费者的支付意愿往往会低于生态系统服务的价值。最大支付意愿的补偿标准是利用实地调查获得的各类受水区最大支付意愿与该区人口的乘积得到，估算公式为

$$P = WTP_u \times POP_u \tag{3-22}$$

式中：P ——补偿的数值；

$\quad\quad$ WTP ——最大支付意愿；

$\quad\quad$ POP ——各类人口；

$\quad\quad$ u ——各类受水区。

支付意愿法直接评价调查对象的支付意愿或受偿意愿，理论上应该最接近边际外部成本的数值，但结果存在产生各种偏倚的可能性，因此在实地调研时要进行详细的问卷设计、抽样调查，同时记录样本特征、样本对生态环境的认知程度以及支付意愿。建议在实际应用中，将意愿调查法与生态系统服务价值法、生态保护投入法等相结合，得出既具科学性又人性化的补偿标准。

3.5.6　评价与建议

对上述补偿标准核算方法进行比较后发现，不同方法均有其优缺点和实用性差异，在运算中需要的资料数据也不同（表 3-3）。目前，我国流域生态补偿标准设计中对水质、水量因素给予了较多的关注，基于水质、水量的核算方法主要着眼于污染治理及污染损害成本的补偿，如恢复成本法、水质超标通量法，而断面水质目标考核法不仅包含跨省界上游对下游的污染赔偿，还有下游对上游的保护补偿，是双向补偿，这几种方法适用于上下游经济水平差距不大的地区。基于上下游居民支付意愿的补偿算法也适用于跨省界的补偿，在应用过程中要配合其他算法实施。国外已有不少基于支付意愿法进行补偿的成功案例，我们在实践中也要强化对支付意愿法的应用，以提高补偿标准制定的市场化程度。基于生态环境服务效益的核算方法主要适用于水源地保护的经济补偿，或下游对上游地区保护的补偿，其中，生态保护投入成本法实用性强，应用较广，计算结果可作为补偿额度的下限，适用于上下游经济水平差距较大的地区。而基于水资源利用的水资源市场价格法是跨省界下游对上游的入水量补偿，在应用时考虑了水质因素，是目前最具可操作性的方法。基于社会-社会经济响应的补偿标准是对整个行政区域补偿标准的估算，可结合地方政策的调控来实施，随着生态足迹理论、环境容量理论、水质-社会经济等理论的成熟，可考虑采用这些方法对补偿标准进行完善。

表 3-3　不同标准核算方法的特点、实用性及资料需求

方法名称	优点	缺点	实用性及建议	资料需求
生态服务价值法	能够体现出人类从生态获得各种服务，并对服务赋予经济价值	不同方法结果差距较大，计算出的服务价值量大，往往超出补偿者承受能力，政策认同度低	实用性低，可作为补偿标准的上限，适用于上下游经济水平差距较大的地区，可用于水源地保护经济补偿类型	某一土地利用类型面积数据、某项生态系统服务的价值等
生态保护投入成本法	充分考虑了上游地区用于生态保护所支付的费用及因生态保护而承担的发展机会成本，计算简单	缺乏跨省流域补偿理论与实证研究	实用性高，应用较广，可作为补偿额度的下限，适用于上下游经济水平差距较大的地区，可用于水源地保护经济补偿类型	直接成本数据：提高森林覆盖率的投入、水土流失治理投入、污染防治投入等；间接成本数据：居民人口数、居民人均可支配收入、农业人口数、地区人均纯收入等；断面水通量监测数据、水质监测数据等
恢复成本法	依据国家相关标准制定，实行超标罚款，已被多省采用	考虑因素较少，核算方法存在争议	实用性中等，适用于水质较差、上下游经济水平差距不大的流域，可用于上游对下游的水质污染补偿	断面水通量监测数据、COD_{Cr} 含量监测数据、某地治理 COD_{Cr} 成本

方法名称	优点	缺点	实用性及建议	资料需求
断面水质目标考核法	依据国家相关标准制定，并有利于提高流域总体水质	需要加强日常监测	实用性高，适用于上下游经济水平相差不大的地区，可用于上下游的双向补偿	断面水通量监测数据、污染物含量监测数据、某地治理污染物的成本
水质超标通量法	切合"谁污染、谁补偿"的原则，有利于提高流域总体水质	需要加强日常监测	实用性高，适用于水质较差、上下游经济水平差距不大的流域，可用于上游对下游的水质污染补偿	断面水通量监测数据、污染物含量监测数据、某地治理污染物的成本数据
水资源市场价格法	直接将水资源货币化，只需考虑水资源质量和数量，计算方法简单易行	缺乏综合系统研究，理论有待完善	实用性高，可在我国大部分地区推广使用，适用于上下游的双向补偿	断面水通量、水质监测数据、水价、某地污水处理成本
水质-社会经济响应法	将水质-经济相结合，适用于对整个行政区域补偿标准的估算	运算中易受基础资料限制	实用性中等，可用于经济发达但水质较差的地区，可用于上下游地区的双向补偿	断面水质监测数据、某地某产业占该地 GDP 比重、污染前后某产业产值
生态足迹法	从全流域水资源总量出发，有利于发挥上下游保护的合力	模型中不确定因素太多，最终值确定较困难	实用性低，可用于人口密集但水资源有限的地区，可用于上下游地区的双向补偿	某地环保投入实际值及理论值；某地水资源可供给量及消耗总量等
支付意愿法	充分考虑了水资源支付双方的支付意愿和支付能力，避免了大量的数据计算	缺乏客观性，可能会出现与实际支付需求不符的情况	实用性高，可在我国大部分地区推广，适用于上下游地区的双向补偿，建议结合其他方法使用	某地支付意愿调查资料、人口数

第 4 章　跨省重点流域生态补偿方案[①]

本章根据国家和地方对跨省流域生态补偿的政策需求和要求，提出了适合全国重点流域自然、社会、经济等特点的跨省重点流域生态补偿方案，从跨省流域上下游责任划分、标准测算、方式选择、配套制度安排等方面为开展试点研究提供全面技术支撑。

4.1　跨省重点流域水质生态补偿框架

4.1.1　总体思路

结合原环境保护部会同国家发展改革委、监察部、财政部、住房和城乡建设部、水利部等部门制订的《重点流域水污染防治规划（2011—2015 年）》，全面推进构建重点流域水污染防治专项规划中规定的跨省界断面水质目标生态补偿机制。首先确立跨界断面水质目标，强化流域水质目标考核行政和经济约束机制。分清流域上下游的责任，促进上下游省份落实辖区水污染防治责任制。根据上下游出境断面的水质达标状况、水污染治理成本和发展机会收益等因素，建立跨省流域生态补偿标准核算模型，明确补偿资金规模。制定跨省重点流域生态补偿相关法规与管理办法，建立与断面考核相配套的监测机制、资金管理机制、考核评估机制，形成与跨界水质目标考核相一致的流域生态补偿技术支持体系，切实改善跨省断面水环境质量。引导上下游省份共同保护流域水生态环境质量，实现流域健康和谐发展和可持续发展。

4.1.2　基本原则

经济与行政手段相结合。流域水质生态补偿本质上是流域跨界断面水质目标考核制度的延伸。目前，流域上下游的跨界断面水质确定、污染物排放总量指标分配、流域取水量分配等都是借助于行政管理手段。因此，流域水质生态补偿必须与现行的流域水环境行政管理制度相结合。这种结合将会对政府官员的"官帽子""脸面子"和政府的"钱袋子"产生叠加影响。

---

① 本章主要执笔人：谢婧、文一惠、管鹤卿、刘桂环。

"谁保护、谁受益，谁受益、谁补偿"。实施跨省流域水质生态补偿首先要明确各利益相关者的责任，根据流域水污染防治规划制定的保护目标和双方达成的跨省流域生态补偿水质协议，上游对下游造成环境污染和生态破坏时，上游省份对下游省份进行补偿，上游向下游输送合格水质甚至优于协议水质时，作为受益者下游省份，对上游省份给予经济或发展补偿。

从点到面、先易后难、逐步推进。目前，国家层面还没有建立生态补偿的政策法规体系。流域水质生态补偿目前上升到了跨省层面，大部分地方的实践与严格意义上的流域生态补偿还有很大的差距。因此，在推进跨省流域生态补偿过程中，应该坚持从点到面、先易后难、逐步推进的原则，选择责权利比较明确、相关责任主体意愿强烈、技术基础比较好的流域先开展试点。通过试点实践的总结，提炼跨省流域生态补偿法规和技术支撑体系，逐步推行全面的跨省流域生态补偿机制。

注重实际、易于操作。跨省流域水质生态补偿需要结合流域的污染控制和生态保护实际情况，从流域内基本公共产品均等化、生态环境效益共享、保护责任分担和水资源合理分配利用等方面，建立流域生态补偿机制。补偿标准的确定要科学合理，更重要的是要便于操作，要与各级政府跨界断面水质考核目标实现自上而下的结合。

4.1.3 目标要求

明确跨省流域断面水质目标是实施跨省重点流域水质生态补偿的基本依据，流域水质目标的确定通常以流域水环境功能区划为基础。"十二五"期间，跨省重点流域水质目标遵循《重点流域水污染防治规划（2011—2015年）》的相关要求，该规划中涉及的10个流域，涉及23个省。根据流域特征与行政管理的需求，重点流域共划分为315个控制单元，共398个河流国控断面。其中跨省断面108个，57个断面执行Ⅲ类水质以上要求。总体控制目标为"到2015年，跨省界断面、污染严重的城市水体和支流水环境质量明显改善，重点湖泊富营养化程度有所减轻，水功能区达标率进一步提高"。对水质目标也提出了具体要求，明确到2015年，重点流域总体水质由中度污染改善到轻度污染，Ⅰ～Ⅲ类水质断面比例提高5个百分点，劣Ⅴ类水质断面比例降低8个百分点。对总量控制目标，该规划明确到2015年，重点流域主要污染物排放总量和入河总量持续削减，化学需氧量排放总量较2010年削减9.7%；氨氮排放总量削减11.3%。

当然，如果上下游政府之间已经有跨界水质协议安排，那么达成协议的水质要求就应该成为流域水质生态补偿的基本依据。

4.1.4　技术框架

跨省重点流域水质生态补偿方案框架见图 4-1。

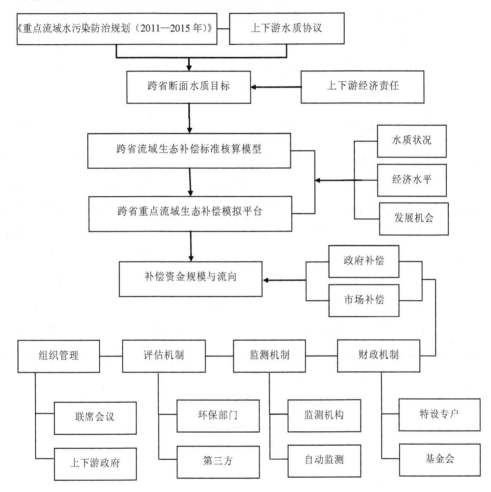

图 4-1　跨省重点流域水质生态补偿方案框架

4.2　跨省流域上下游责任划分

按照"受益者补偿"的原则,跨省流域生态补偿的责任主体应该是所有流域生态服务功能受益地区,包括受益地的政府、受益企业(如自来水公司、水电行业)、个人(如用水农户、居民)等。在我国,水资源属于国家所有,因此,政府应该在生态补偿中承担主要责任,是流域生态补偿的决策者、执行者和协调者,上下游政府之间的经济责任关系,由于地方性法规、行政性规章、制度效率的地域性,需要在中央政府引导或两省协商的基础上确定。

4.2.1 理论依据

流域生态补偿的责任划定需要依托一些理论，在经济学中，外部性理论、帕累托最优理论、科斯定理以及博弈论是流域上下游经济责任划分的理论基础，通过这些理论对上下游之间的经济责任划分进行具体分析，使跨省流域生态补偿的经济学理论基础更形象，以应用于解决现实问题。

4.2.1.1 正外部性与帕累托最优理论

帕累托最优状态指的是在不使情况变坏的情况下，不可能有办法使情况再变好的状态。在没有外部性的前提下，一个完全竞争的市场是能够实现帕累托最优的。发生在流域上游地区的环境保护活动对下游是有外部性的，从而会影响全流域实现帕累托最优状态。为维持生态平衡，应积极实施生态补偿，生态补偿是实现流域资源可持续利用帕累托最优的根本途径。

如果上游的环境保护对下游产生了一个正外部性，那么对上游补贴可以使系统达到一种帕累托最优状态。如图 4-2 所示，为了消除外部性的影响，达到整个社会的帕累托最优状态，可以对上游地区的生态环保活动进行补贴，边际补贴率等于 B 的边际价值。补贴以后，A 的新 MV 曲线将成为 MV′$_A$。如果不考虑收入效应，则 A 将被诱导到将其活动水平提高到符合社会最优的 S 点。如果存在收入效应，B 的边际价值曲线会因补贴而有轻微移动，社会最优点 S 也会因此发生轻微的移动。不过，该方案仍然是帕累托最优。

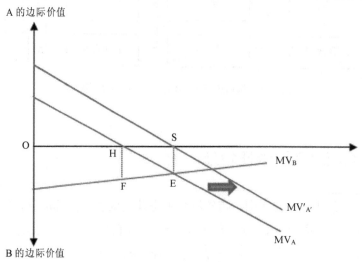

图 4-2 对上游进行补贴

4.2.1.2　负外部性与科斯定理

　　科斯定理是解决负外部性的一种有效的理论框架。首先我们假设负外部性只涉及两方，分别是行动方 A 和受害方 B，同时不考虑它们之间发生交易的任何费用。图 4-3 是一个市场均衡图。我们用该图说明"消除污染"这种物品的供给和需求所代表的含义。我们之所以把"消除污染"定义为一种有用物品进入市场，是因为污染本身就是一种有害物品。

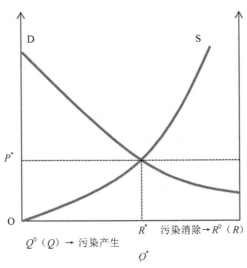

图 4-3　"污染消除"的市场均衡概念

　　很显然，如果 A 方产生的污染水平最大值为 Q^0，那么其消除数量 R^0 的最大值不会超过 Q^0，这意味着消除污染的市场均衡图的右方会受到 $R=R^0$ 垂直线的限制。横坐标代表着两种含义：从左到右代表消除污染的增加，从右到左表示污染水平的增加。纵坐标表示的是减少单位污染水平愿意支付的价格。

　　负外部性的消除需求来自受害方 B。如果受害方是生产者，那么需求曲线（D）反映的是生产者由于行动方消除负外部性，使自己的生产得以避免边际损失的价值；如果受害方是消费者，那么需求曲线表示的就是消费者从负外部性消除中获得的边际效用的货币价值。显然，可以推定需求曲线无论是对消费者还是对生产者来说，都是一条向右下方倾斜的曲线。同样，负外部性的消除供给，来自行动方 A。如果 A 方是生产者，那么供给曲线（S）表示的就是它为提供越来越多的消除水平时所增加的边际生产费用；如果 A 方是消费者，那么供给曲线反映了消费者由于消费外部不经济性而减少消费水平产生的负效益。因此，我们可以推定消除负外部性的供给曲线是一条经过原点并向上倾斜的曲线，而且在消除水平接近（R^0）时边际费用很高。市场均衡状态就是需求的边际效益曲线等于供给的边际费用的状态。如图 4-3 所示，污染消除市场的"均衡"价格为 P^* 和 Q^*（R^*）。

为了消除河流污染带来的负外部性，重新确立河流水体的使用权是必要的，同时对当事人双方也是有利可图的。只要适当地规定河流的财产权和使用权，就会消除帕累托相关的外部不经济。

因此，只要按照科斯定理适当地规定河流的财产权和使用权，明确行动方和受害方的经济责任，就可以自发地消除流域所造成的负外部性，从而达到帕累托最优状态。

4.2.2　法律依据

我国法律规定，政府、单位及个人负有保护水资源的环境责任。在我国流域生态环境保护的相关法律中，《中华人民共和国民法通则》第83条规定："不动产相邻各方，应当按照有利生产、方便生活、团结互助、公平合理的精神，正确处理截水、排水、通行、通风、采光等方面的相邻关系。给相邻方造成妨碍或者损失的，应当停止侵害，排除妨碍，赔偿损失。"《中华人民共和国民法通则》关于相邻关系的处理精神对跨省流域生态补偿机制的构建具有重要的指导意义，流域上下游省份按照公平互助的精神就流域水资源保护与开发中遇到的问题进行协商处理。《中华人民共和国环境保护法》《中华人民共和国水法》《中华人民共和国水污染防治法》等流域保护相关的法律中强调政府负有保护环境的责任和义务，政府在流域生态环境保护中处于主导地位，同时，跨省流域生态补偿是一个复杂的综合运行机制，涉及的行业广、影响的范围大、参与的主体多，跨省流域生态补偿应该在政府主导下推动利益相关者履行应承担的责任。我国跨省流域上下游经济责任的法律规定见表4-1。

表 4-1　我国跨省流域上下游经济责任的法律规定

有关法律法规	与流域上下游经济责任相关的规定
《中华人民共和国民法通则》	第83条　不动产相邻各方，应当按照有利生产、方便生活、团结互助、公平合理的精神，正确处理截水、排水、通行、通风、采光等方面的相邻关系。给相邻方造成妨碍或者损失的，应当停止侵害，排除妨碍，赔偿损失
《中华人民共和国宪法》	第9条　国家保障自然资源的合理利用。禁止任何组织或者个人用任何手段侵占或者破坏自然资源
《中华人民共和国环境保护法》	第16条　地方各级政府应当对本辖区的环境质量负责，采取措施改善环境质量
《中华人民共和国水法》	第3条　水资源属于国家所有。农业集体经济组织所有的鱼塘、水库中的水属于集体所有。 第20条　开发、利用水资源，应当坚持兴利与除害相结合，兼顾上下游、左右岸和有关地区之间的利益，充分发挥水资源的综合效益，并服从防洪的总安排。 第45条　跨省、自治区、直辖市的水量分配方案和旱情紧急情况下的水量调度预案，由流域管理机构商有关省、自治区、直辖市人民政府制订，报国务院或者其授权的部门批准后执行。

有关法律法规	与流域上下游经济责任相关的规定
《中华人民共和国水法》	第 48 条　直接从江河、湖泊或者地下取用水资源的单位和个人，应当按照国家取水许可制度和水资源有偿使用制度的规定，向水行政主管部门或者流域管理机构申请领取取水许可证，并缴纳水资源费，取得取水权。但是，家庭生活和零星散养、圈养畜禽饮用等少量取水的除外。实施取水许可制度和征收管理水资源费的具体办法，由国务院规定
《中华人民共和国水污染防治法》	第 7 条　国家通过财政转移支付等方式，建立健全对位于饮用水水源保护区区域和江河、湖泊、水库上游地区的水环境生态保护补偿机制。 第 24 条　直接向水体排放污染物的企业事业单位和个体工商户，应当按照排放水污染物的种类、数量和排污费征收标准缴纳排污费

4.2.3　跨省流域经济责任划分

在上述法律框架下，我们需要界定中央政府和地方政府各自的责任范围，明确各级政府的事权和财权，以避免各级政府在支出责任上互相推诿和扯皮。

4.2.3.1　上下游地方政府应该履行的责任

在中小型跨省流域生态补偿中，一般生态关系相对明确和简单，补偿和被补偿关系易于确定，由上下游地方政府自主协商，主要依据补偿协议中的规定承担补偿责任。上下游政府应该通过明确各自的责任划分、补偿或者赔偿的方式和标准，把水质目标的责任经济化，当上游由于污染水环境和破坏生态平衡对下游造成利益的损失时，上游政府应该承担对下游环境污染的经济责任；当上游由于生态保护使得流入下游的水质优于协议时，下游政府作为受益者，应该给予上游政府一定的经济发展补偿金。这样可以缓解流域上下游经济利益失衡的问题，对流域上游和下游保护生态环境也有很好的激励作用。这种情况属于同级政府间的资金平行转移，通常情况下是资金由生态功能相对贫乏但经济相对富裕的地方向生态资源相对丰富但是经济相对贫穷的地方转移。

在以中央政府为主导的全国重要河流生态补偿中，地方政府也要履行其环境管理责任。一是具体落实补偿工作，包括做好信息收集，通过调研确定省内各地生态贡献度和收益度，界定各地补偿与被补偿的关系；二是扮演中央政府与利益相关者之间的"中间人"，做好民意沟通；三是与本省（区、市）辖区内的生态补偿做好衔接，通过调整与协调，保证各补偿之间相互补充又避免重复。

4.2.3.2　中央政府应该履行的责任

在流域生态补偿中，虽然流域生态效益的外部性使上下游生态补偿成为必然，但中央政府的责任不可忽略，中央政府负有实现地区间经济发展及财政状况均衡的责任。

依据国家主体功能区划及国务院批准的相关区划与规划，对国家确定的重要江河湖泊、生态功能重要区域，由中央政府主要承担补偿责任。因为国家确定的重要大江大河，往往覆盖的省份较多，流域系统影响分析复杂，各省之间利益冲突、文化和心理上的差异、区域经济差异等问题导致多省之间难以达成协议，以中央政府为补偿主体，可以通过制定相应的规划和实施细则确保补偿的进行，避免出现"多龙治水，越治越乱"的局面，减少不必要的纠纷和矛盾。当地方政府在流域水质治理、水资源管理的过程中出现自身不能解决的问题时，如污染程度比较大的跨省流域污染事件、严重的水质污染事件等，按照现行的分税制财政体制，在地方政府财政收入不足以履行生态补偿，出现事权与财权不匹配时，中央政府应该通过中央的专项资金、相关的生态治理项目和财政转移支付来解决，从而弥补地方财政的不足，达到各地方均衡发展生态保护的目的，新安江跨省流域生态补偿就是运用了这种方法达到了保护流域生态的目的。

在以地方政府为主导的中小型跨省流域生态补偿中，中央政府要发挥好沟通和指导作用。一是搭好上下游省级政府之间的桥梁，做好引导和协调，帮助上下游政府做好流域生态功能定位，引导相邻省份之间优势互补；二是做好地方政府工作的监督人，可以通过建立生态补偿政策绩效评估机制等形式对跨省流域生态补偿效果进行监督考核；三是做好跨省流域生态补偿政策的审核人，中央政府一般注重长期的环境质量，地方政府往往注重短期政绩，中央政府应对跨省流域生态补偿给予一定的指导意见。

4.2.3.3　企业应该履行的责任

企业在流域生态环境中占有很重要的位置。一般流域的污染都是由于企业的违规排污所造成的。并且很多企业并不具有处理污水或者治理污水的能力，所以必须通过对其应该履行的经济责任进行划分，对其给流域尤其是下游造成的损失进行赔偿。上游企业如果因为污染河流而导致下游企业不能正常运营，上游企业就应该给予下游企业一定的补偿资金，这种补偿政策对于资金不足的地方政府来说具有很大的作用。这种情况属于资金在企业间的平行转移。

4.2.3.4　个人应该履行的责任

每个人在流域中的影响程度虽然不是很大，但是如果污染的人多的话则会对流域造成很大的影响。个人的生活污水或者垃圾的排放是河流污染的重要原因。要想使流域维持良好的生态环境，必须对个人的经济责任进行明确。对污染流域生态环境的个人或者集体予以一定的经济处罚，制定一系列的污染赔偿政策，约束他们的行为。这种情况一般属于污染流域环境的个人对污染所造成不利影响区域的一种资金转移。

4.3　跨省流域生态补偿标准测算

跨省流域水质生态补偿标准确定涉及跨省水质达标情况、污染物排放通量、环境监管技术水平、流域社会经济发展水平等因素。目前，我国实施跨界流域生态补偿的地区，一般有基于污染物超标排放通量和基于跨界水质超标程度两种标准测算方法确定。

4.3.1　基于超标污染物通量的补偿

建立基于跨界断面水质目标的基本要求是，出境河流水质满足跨界断面水质控制目标的要求。基于跨界超标污染物通量的补偿是指，超过水质控制目标的断面按照超标的污染物项目、河流水量（河长）以及商定的补偿标准，也就是跨界的超标污染物排放通量确定超标补偿金额。根据我国河流污染的一般特征，可以把 COD、氨氮、总磷和镉等重金属纳入补偿的范围。补偿金的扣缴分为单污染物因子和多污染物因子两种类型，具体为

$$单因子补偿资金 = (断面水质浓度监测值 - 断面水质浓度目标值) \times \\ 月断面水量 \times 水质补偿标准 \tag{4-1}$$

$$多因子补偿资金 = \sum (断面水质浓度监测值 - 断面水质目标浓度值) \times \\ 月断面水量 \times 水质补偿标准 \tag{4-2}$$

根据上述补偿金核算公式，流域水质补偿标准实际上就是单位超标污染物排放通量的补偿金额。该补偿标准可以在考虑流域的污染水平、经济发展水平以及财政支付能力等因素的情况下，根据现行的污染物排放标准、污染物平均处理成本、污染物排放造成的平均损失成本等因素确定。当然，最直接的方法就是上一级政府根据上下游政府具有一定的支付能力、确保具有一定刺激力度等原则直接确定该补偿标准。此外，还要考虑不同污染物指标对水质的影响程度以及水环境质量标准的科学合理性。例如，目前许多流域的氨氮指标超标比较严重，但这与氨氮指标标准值的不合理性也密切相关。这种情况下，不宜把氨氮的补偿标准定得太高。为了更好地弥补上游地区损失的发展机会成本，在计算生态补偿时，还应适当考虑上下游地区的经济发展水平差异。

4.3.2　基于水质超标的补偿

一般来讲，依据《地表水环境质量标准》（GB 3838—2002）确定上游地区供给下游地区的水环境质量为Ⅲ类或Ⅳ类标准，如果流域上游地区供给下游地区的水质达到《地

表水环境质量标准》的Ⅲ类或Ⅳ类，上游政府不对下游政府给予污染赔偿，下游政府也不对上游政府给予补偿；如果上游供给下游的水质优于Ⅲ类或Ⅳ类标准，下游地区需要对上游地区进行补偿；如果上游供给下游的水质劣于Ⅲ类或Ⅳ类标准，则上游地区要对下游地区给予赔偿。流域生态补偿的估算公式为

$$P = Q \times \sum (L_i \times C_i \times N_i) \quad (i=1，2，\cdots，n) \quad\quad (4\text{-}3)$$

式中：P——补偿额度；

　　　Q——下游取水量；

　　　L_i——第 i 种污染物水质提高的级别；

　　　C_i——第 i 种污染物提高一个级别所需的成本；

　　　N_i——超标的倍数。

其中下游取水量的估算公式为

$$Q = \frac{S_1 \times T_1}{S_2 \times T_2} \times V_1 \quad\quad (4\text{-}4)$$

式中：S_1、T_1——上游支流流域面积和降水量；

　　　S_2、T_2——下游流域面积和降水量；

　　　V_1——断面多年流量平均值。

4.3.3　跨省流域生态补偿标准核算模型

结合上述两种核算方法，设计跨省流域生态补偿标准测算模型，模型算法只针对河流断面来运行，逐个断面计算具体的补偿、赔偿情况；具体包括污染物（氨氮、COD）超标情况、水量，分别对应不同算法。

4.3.3.1　污染物超标情况算法

污染物超标情况一般以省为单位核算，但是，我们计算时一般都是通过断面来计算的。一个断面可能有多种污染物，每种污染物都要计算出具体的情况；另外，还要计算出断面流量对应费用。

$$W = (M_{jk} - M_{ko}) \times Q_j \times C_k \times \Phi_2 \times \Phi_3 \quad\quad (4\text{-}5)$$

式中：W——补偿额度；

　　　M_{jk}——出境断面 j 的第 k 种污染物断面水质浓度监测平均值，mg/L；

　　　$M_{jk} = \sum_n$[对出境断面 j 的第 n 次监测时第 k 种污染物的浓度×出境断面 j 的第 N 次监测时的水量]/n 次监测水量总和；

M_{ko}——出境断面第 k 种污染物断面水质浓度目标值，以流域水污染控制单元水质
目标为参考标准确定；

Q_j——2013 年出境断面 j 的平均流量，L/a；

C_k——第 k 种污染物单位超标处理成本，元/t（COD 为 4 936 元/t，氨氮为 17 755
元/t）[①]。

补偿系数：

Φ_2 为支付能力修正系数

$$\Phi_2 = \begin{cases} \varepsilon_1, & \text{当} E_k>0\text{，即上游地区需赔偿下游地区时} \\ \varepsilon_2, & \text{当} E_k<0\text{，即下游地区需补偿上游地区时} \end{cases} \tag{4-6}$$

$$\varepsilon_1 = \text{PGDP}_1/\text{PGDP} \tag{4-7}$$

$$\varepsilon_2 = \text{PGDP}_2/\text{PGDP} \tag{4-8}$$

式中：PGDP$_1$ 为上游地区人均 GDP，PGDP$_2$ 为下游地区人均 GDP，PGDP 为全国人
均 GDP；当 ε_1、ε_2 大于或等于 1 时，ε_1、ε_2 取值为 1；

Φ_3 为效益修正系数，保证投资收益大于成本，促进投资积极性，一般取 $\Phi_3 = 1.2$。

4.3.3.2　水量算法

水量算法公式如下：

$$W = (V_{下} - \text{PV}_{下}) \times P_{下} \times \Phi_2 \times \Phi_4 \tag{4-9}$$

式中：W——补偿额度；

$V_{下}$——断面年径流量：当前年份该断面的总流量，可以从水质、水量表中求和得到；

$\text{PV}_{下}$——断面历年平均流量：计算出该断面历年年径流量的平均值，从水质、水
量表中求和，再求平均；

$P_{下}$——0.06 元/m³ [②]（默认值）。

4.3.4　跨省重点流域生态补偿模拟平台设计

加快流域环境信息系统建设，提高实时决策水平成为流域管理中迫切需要解决的难
题。因此，构建可在全国范围内推广使用的流域生态补偿模拟平台并分析不同地区在流
域生态补偿中的利益关系十分必要。运用地理信息系统（GIS）技术，将流域跨界生态补
偿信息转换为可视化图形，用不用颜色与色度直观表征水体实施生态补偿的资金流向、
规模与分布，构建一个广泛适用又因地制宜、原理科学又操作方便的跨省重点流域生态
补偿模拟技术平台。

---

① 数据来源：《排污权交易定价下的 COD 和氨氮削减成本分析研究》（《环境科学与管理》2014 年第 3 期）。

② 以《河南省水环境生态补偿暂行办法》（2010）为依据。

4.3.4.1　设计目标

拟通过建立我国跨省重点流域生态补偿模拟技术平台，厘清流域上下游生态保护责任与经济利益关系，运用 GIS 技术，定量展示全国范围内流域生态补偿的资金流向、规模与分布，直观地比较各地区在流域生态补偿中的角色，为全国范围实施跨省流域生态补偿提供有利的决策工具。

4.3.4.2　数据来源

历年断面数据整理。目前水平台中的断面数据是按版本进行存放的，每 5 年一个版本，分为国控、省控、入海口、入河口、入湖口等类型，而生态补偿只用到了国控断面和省控断面；断面数据相对比较完整，但是有些数据的记录是空的，有些记录河流流向不明确，需要统一进行整理。

历年水质数据整理。水质数据跟断面之间存在对应关系，虽然只有几年的数据，但是基本上可以直接拿来使用；只是水质数据中统计的指标太多，而生态补偿中只用到氨氮和 COD 两个指标。

断面水质污染物浓度目标值数据整理。在算法中用到了污染物浓度目标值，而不同断面的目标值还不一定相同，每年的目标值也不一定相同，所以需要整理历年的断面水质污染物浓度目标数据，并通过系统维护这部分数据。

各省人均 GDP 及全国人均 GDP 数据整理。在算法中用到了各省人均 GDP 及全国人均 GDP 数据，而每年的 GDP 是不同的，所以需要整理历年的 GDP 数据，并通过平台维护这部分数据。

出境断面流量数据整理。算法中用到了出境断面年平均流量，这些流量记录数据都来自水文数据；但是水文数据中是通过监测站、河流名称来记录流量数据的，需要依靠监测站名和断面关联起来，但是目前还没有这个对应关系表；需要找到它们之间的关系，然后从中抽取出断面的流量数据。

其他数据整理。主要包括：省份代码表、地市代码表、区县代码表，这些都与业务关联紧密，必须统一规范；另外，还有一些数据字典的数据，例如，流域代码、状态代码、指标代码等。

4.3.4.3　主要功能

跨省重点流域水质生态补偿模拟技术平台框架见图 4-4。

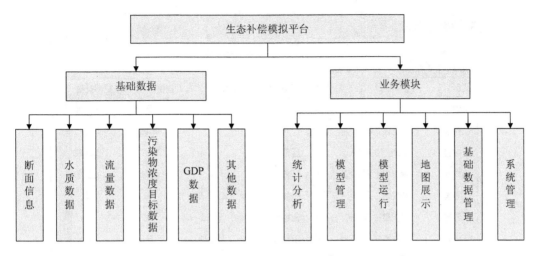

图 4-4   跨省重点流域水质生态补偿模拟技术平台框架

权限管理：主要管理登陆平台的用户账号、密码等信息，主要包括添加用户、修改用户信息、密码重置、权限分配等。

算法管理：提供算法组装、算法修改、算法删除等功能。

算法运行：算法公式需要将很多小步骤组装起来，并且这些步骤之间有严格的先后顺序；运行时需要按步骤进行，最终可以得到计算结果并保存。

地图展示：计算结果最终要通过地图展示出来，根据用户要求，在地图上展示所有相关的省（区、市）、断面、流域等信息。

统计分析：对所有断面的生态补偿信息进行统计分析，可以获得全国的补偿情况、某个省（区、市）的补偿情况、某个流域的补偿情况。

4.3.4.4   成果展示与应用

1）选中某个流域可以获取该流域的详细信息；

2）点击查询功能，弹出查询条件窗口，条件包括省（区、市）、流域、断面、年份、污染物；其中省（区、市）、流域、断面、污染物都支持多选；用户选择条件后，点击查询，会在地图上显示出符合条件的断面信息；

3）展示全国的生态补偿整体结果；列表展示每个省（区、市）的具体情况，这些省（区、市）的补偿数据相加结果与全国整体数据相等。

全国生态补偿整体结果如图 4-5 所示。

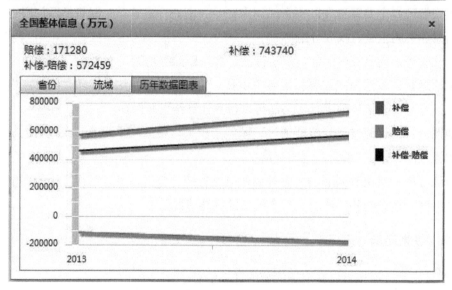

图 4-5　全国生态补偿整体结果展示图

4）选择某个省（区、市），可以查看该省（区、市）的出省断面分布情况；查看该省（区、市）的补偿、赔偿情况，与周边各省（区、市）的关联情况；查看该省（区、市）生态补偿的最终结果；查看该省（区、市）历年的补偿、赔偿情况；可以通过报表展示历年变化情况；

5）选择某个断面，可以查看该断面的历年水质数据；查看该断面生态补偿的最终结果；查看该断面历年的补偿、赔偿情况；可以通过报表展示历年变化情况。该断面生态补偿情况如图 4-6 所示。

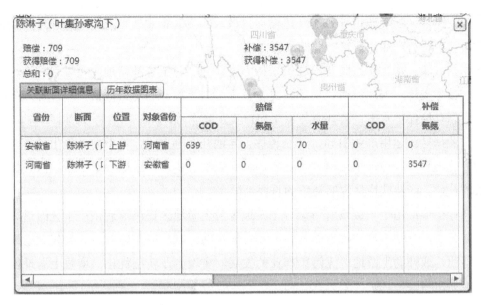

图 4-6　某断面生态补偿情况展示图

4.4　跨省流域生态补偿方式选择

根据实施主体和运作机制的差异，流域生态补偿的方式分为以政府为主体的补偿方式和以市场为主体的补偿方式两种。

4.4.1　政府补偿机制

4.4.1.1　资金补偿

纵向转移支付：包括一般性转移支付和专项转移支付。一般性转移支付是中央财政对财力有缺口的地方政府安排的补助支出，由地方政府统筹安排。专项转移支付由中央或地方政府通过国家财政补助、预算安排、转移支付等方式筹集。

横向转移支付：即省际横向转移支付，按照上下游共建共享的原则，在江河源头区、水源涵养区、集中式饮用水水源地、重要河流敏感地段、水生态修复治理区等，由流域上下游省（区、市）政府共同确定补偿标准，协商建立横向生态补偿资金转移支付机制。

4.4.1.2　政策补偿

投资和项目倾斜：加大对受补偿省（区、市）的农业发展、扶贫开发、民生工程、基础设施和生态环境保护等专项建设项目的投入；加大对受偿省（区、市）农村饮水安全、大中型灌区配套改造等公益性建设项目投入；帮助企业技术改造和产业结构调整，加大对特色优势产业、新兴产业的支持力度。

帮扶政策：加大生态脱贫的政策扶持力度，开展对生态补偿地区在项目投资、产业发展、技术支持、人才派遣、市场共建、就业培训等方面的对口帮扶，稳步提高生态补偿区生态环境保护水平、公共服务水平和自我发展能力。

产业扶持：运用产业引导、产业转移、异地开发等方式，将下游补偿上游落实到具体的产业项目上，通过统筹流域产业布局与资源配置实现下游地区对上游地区发展机会损失的补偿。产业扶持是政府补偿的重要手段。

产业引导：由上一级政府协调，下游地区为上游地区提供落后生产工艺改进、可持续农业开发、劳动力培训等方面的技术和发展援助，以环境友好型产业替代上游地区高污染行业，或补助上游地区无污染产业的发展，实现产业转型优化，增强上游地区自我发展能力。

产业转移：当上下游地理空间接近、存在产业梯度时，由上下游经过协商签订产业转移协议，在上游地区建立劳动密集型、高技术低污染型等生态产业转移工业园，以补偿上游地区长期经济发展的不足。

异地开发：在下游设立异地开发试验区，将上游因生态保护而不能布置的污染项目安排到试验区中，下游政府对试验区给予土地使用、招商引资、企业搬迁等方面的政策优惠。

4.4.2　市场补偿机制

生态补偿基金制度。政府、非政府组织、企业或个人向流域生态保护项目投资。资金来源主要包括：政府财政投入，在财政预算安排、国家相关补助、流域内违法行为罚没收入等方面安排补偿资金；社会公众参与，从资源开发企业或个人的收入中提取部分资金用于生态补偿；社会捐赠，采取发行生态彩票等手段鼓励和吸引社会和公众捐赠。

生态（环境）标志。对生态环境友好型的产品进行标记，将该产品减少污染、保护生态环境的行为以及所产生的生态服务价值以产品附加值的形式体现在产品价格上，通过社会公众购买该类产品实现消费者对生产者的补偿。常见的有生态食品、有机食品、绿色食品的认证与销售，广义的生态（环境）标志还包括生态旅游、文化景区或生物遗产地标志等。生态（环境）标志是市场补偿的途径之一。中国绿色产品的环境标志认证从 1994 年发展至今已经得到企业和公众的认可，消费者愿意以高价购买经过认证的生态环境友好型产品，实现对产品生产者的补偿。生态（环境）标志的关键是独立、可信的认证体系的形成以及生态环境友好型产品的市场推广。

4.5　跨省流域生态补偿配套制度

流域生态补偿方案确定后仍存在许多阻力和困难，其根源在于缺乏明确的制度支撑。在财政机制、监测机制、评估机制上进行制度创新，有助于突破行政区划的限制，推进跨省流域生态补偿机制的建立，为实施流域生态补偿带来新的活力。

4.5.1　财政机制安排

从财政意义上讲，建立流域跨界水质目标生态补偿机制，就是要明确各级政府在流域水质治理上的事权与财权关系，对事权、财权不对称的，通过转移支付形式予以解决。按照现行的分税制财政体制，环境治理的责任主要体现在地方政府。地方政府的财力不足以解决其环境治理责任的，由中央政府通过转移支付解决。根据这一制度设计的基本原理，可以明确各级政府应承担的责任以及流域水质保护目标，形成相应的财政制度安排。

4.5.1.1　增加一般性转移支付

遵循经济社会发展的现实需求以及《国务院关于深化预算管理制度改革的决定》（国发〔2014〕45 号）等文件的要求，我国几乎每年都对一般性转移支付制度进行微调，努力使一般性转移支付制度能更多地考虑地方履行各项事权的需要。地方政府承担的环境管理责任，是需要通过地方政府组织的各项财政收入作为其财力保障的。在地方政府自身筹措的资金不足以满足其履行事权所需资金，出现事权与财权不匹配时，中央政府需要通过增加一般性转移支付的办法，来弥补其财力的不足。按照这样的制度安排，地方政府首先应确保各流域省际跨境断面的水质达到国家的基本标准。如果出现履行这部分跨省水质改善事权资金不足的情况，通过中央对地方的一般性转移支付解决。地方政府在履行水资源管理（包括流域水质治理）的事权所需要的相关支出，都纳入了一般性转移支付的范围。

因此，地方政府治理流域水污染和改善水质，使之达到国家标准的相关资金需求，可以通过本级政府自身筹集的财政资金，以及中央对地方的一般性转移支付资金来予以保证。通过这种转移支付形式，已经体现了生态补偿的基本含义，但这部分资金也仅仅是用于最基本的生态补偿。

4.5.1.2　提供专项资金

地方政府在履行水资源管理、流域水质治理的过程中，会出现一些地方政府自身不能解决的问题。典型的如跨省际流域水污染问题、影响水质的重大污染事件、影响流域水质的历史性污染问题等。对这类影响流域水质的重大问题，需要中央通过专项资金安排相关的生态治理项目进行治理。通常，中央通过流域环境治理工程来治理这类地方政府不能解决的流域污染问题。在中央政府没有安排这些重大治理项目时，上述问题仍需要地方政府通过其自身组织财政收入，以及中央对地方的一般性转移支付资金予以解决。

4.5.1.3 建立横向转移支付制度

在实际工作中，鼓励地方政府之间建立横向转移支付制度，既可以减轻中央财政的压力，还可以满足上游/下游省（区、市）对水质的要求。这时，中央政府起到的是一种仲裁和协调的作用。中央政府指导下以横向转移支付为主要手段的省际流域生态补偿机制，主要包括以下 2 项工作：

（1）补偿依据确定

建立跨省流域生态补偿机制的核心依据是跨界断面水质要求。主要有两种情况：一是当跨省流域水质的监测指标达不到国家确定的水质目标时，需要通过横向转移支付制度，由上游政府按照规定的计算方式，通过中央财政划拨账户，支付一定的生态赔偿金给下游政府；二是跨省界流域断面水质优于国家要求，或者当下游政府提出高于国家限定的水质目标，下游政府需要按照协议或规定的补偿标准。

（2）补偿资金拨付办法

按照目前的财政管理体制，省际政府之间的资金往来一般可以选择以下 2 种方法：

一是通过项目直接拨付，即针对流域水资源和污染防治安排一个由上下游政府共同参与的生态治理项目，上下游政府根据项目设计中商定的资金额，分别给予一定比例的资金支持。

二是设立基金会，由上下游政府共同建设一个生态补偿基金会，并成立管委会，由双方政府共同管理。生态补偿或污染赔偿资金，均直接划拨至该基金。生态补偿资金的使用，也通过管委会由双方政府共同协商，每年制定详细预算。这一办法在只跨两个省（区、市）的流域，而且两省（区、市）已经形成了较好的合作协调机制前提下，比较适用。

4.5.2 监测机制

构建跨界水质监测制度是跨界水质目标生态补偿机制的基础。监测断面的合理布局、监测机构的选取是生态补偿机制公正公平实施的关键。

4.5.2.1 监测断面布局方式

流域水质生态补偿对跨省监测断面提出了新的要求。根据重点流域水污染防治规划和上下游跨界水质协议的要求，对现有国家、省监测断面进行优化筛选，在充分考虑流域水质监测成本的前提下，根据支流汇入情况、取水口分布情况、入河排污口分布情况以及河流自然特征，合理确定跨省水质监测断面位置，确保水质监测结果对上游来水的水环境质量准确反映。监测断面原则上应设在两个行政区交界处，且必须得到上下游和上级省（区、市）的政府部门，特别是相邻两个同级行政区政府及生态环境部的认可。

4.5.2.2　设立监测机构

一般来说，跨省断面水质的监测机构由上下游生态环境厅共同商定的环境监测机构监测。若对监测结果有异议，可由生态环境部指定的环境监测机构（如中国环境监测总站）进行仲裁型监测。如采取市场化手段引进第三方的公司作为监测机构，该环境监测机构必须有相应的国家环境监测资质和认定的实验室。根据环保机构"垂改"最新精神，尝试探索建立基于区域、流域自然生态系统完整性、自然环境特征的环保及监测机构，承担跨区域、跨流域生态环境质量监测职能。

4.5.2.3　逐步设立自动监测系统

水质和水量两个指标是确定流域补偿标准的重要前提，科学的跨省流水水质生态补偿应该基于跨省断面污染物超标排放通量确定。因此，为了确保采集数据的精准和补偿的公平合理，在跨省断面，尽可能做到水质和水量同步监测，建立可连续采集数据的自动监测系统。

中国环境监测总站已经向社会公开重点流域国控自动监测断面的监测数据。为保证流域跨界水质生态补偿的公正公平和透明度，跨行政区河流断面水质监测状况建议由相关部门定期向社会公布，引导社会公众参与，接受公众和媒体监督。

4.5.3　考核评估机制

对流域生态补偿效果的评估重点从生态和经济两方面进行，通过定性和定量评估相结合，全面分析试点方案的可行性，并进一步修正完善试点方案。

4.5.3.1　生态环境质量评估

采用污染指数法计算近年来流域各断面水质污染现状，采用灰色预测法预测未来流域水质变化规律，结合试点流域采用的生态补偿措施对水质的影响，预测流域实施生态补偿后水质改善程度。

（1）流域水质现状分析

根据流域水环境现状，选择浓度较高的污染物，计算流域跨界断面水质综合污染指数，得出流域整体污染程度。

$$P_{ij} = M_{ij} / M_{io} \tag{4-10}$$

$$P_j = \sum_{i=1}^{n} P_{ij} \quad (n = 1, 2, \cdots) \tag{4-11}$$

式中：P_{ij}——j 断面 i 污染物污染指数；

P_j——j 断面水污染综合指数；

M_{ij}——j 断面 i 污染物的监测值；

M_{io}——i 污染物的目标值。

（2）正常情况下流域水质预测

以近 10 年流域综合污染指数构成原始序列建模，通过灰色预测法建立 GM（1，1）模型，并通过后验差检验法对 GM（1，1）模型进行检验，预测未来流域水质变化趋势。此处对灰色预测法不予详细介绍。

（3）实施生态补偿后流域水质预测

根据试点方案中采取的具体措施，例如，企业关停并转、污水处理厂技术升级改进、农业面源污染整治、减少农药化肥使用量等手段，计算不同措施对水质浓度的影响，对流域水质预测值进行核减调整，得到实施生态补偿后流域水质趋势。

4.5.3.2　经济发展质量评估

流域经济发展受到生态环境容量的约束，超越环境容量，区域经济发展是不可持续的。所谓环境容量，从生态系统角度来看是区域生态系统所提供生物资源与生态服务功能的客观量度，从水环境质量来看是人类生存和自然生态系统不致受害的前提下，某一环境所能容纳的污染物的最大负荷量。我们以环境容量为基点，预测生态补偿对经济发展的贡献与影响。

根据前面对跨界水质生态补偿实施后水质改善情况的预测结果，选择水质质量改善的污染物指标，预测水质改善对区域经济的影响。计算公式为

$$M = \sum_{i=1}^{n} \frac{Q_i \times 10^8}{a\,C_i} \tag{4-12}$$

式中：M——经济发展预测规模，万元/a；

Q_i——i 污染物环境容量，取平水年容量值，t/a；

a——万元 GDP 排放系数，L/万元；

C_i——i 种污染物预排放浓度预测值，mg/L。

4.5.4　组织管理机制

　　跨省流域生态补偿组织与管理机制中，省际联席会议和跨省流域生态补偿管理体系是不可或缺的两部分。省际联席会议的目的是促进各部门相互沟通和联动。跨省流域生态补偿管理体系以组织、实施跨省流域生态补偿的发展规划，编制相关法律与政策，解决生态补偿相关环节中出现的重大问题和纠纷等为主要职责。试点方案需要明确对各试点流域省际联席会议制度及其运行，建立涵盖管理机构、管理原则、管理的具体制度和方法、管理的权限和范围等内容的跨省流域生态补偿管理机制。机构设置框架见图 4-7。

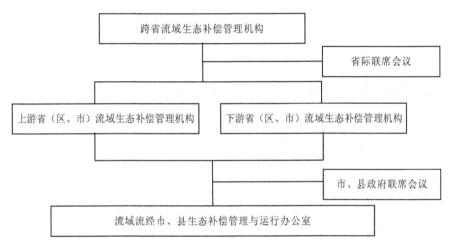

图 4-7　跨省流域生态补偿组织管理框架

　　跨省流域生态补偿工作系统性和综合性很强，单一部门难以完成，需要各部门分工协作、各负其责，共同推进这项工作。各部门要根据流域生态补偿试点方案，落实生态补偿各项任务，要将生态补偿政策制定、措施落实、补偿资金的扣缴使用等纳入各级部门的日常管理工作。生态环境部全面负责流域水质生态补偿机制建立，承担流域跨界水质断面监测、生态补偿金确定等工作。财政部负责补偿金征缴和使用管理等。水利部负责提供流域水量数据等。

　　同时，在建立跨省流域水质生态补偿机制时，应建立流域生态补偿的协商和仲裁机制，为上下游省（区、市）的利益相关方提供磋商和对话的平台。对于一些无法达成一致的问题，由上级相关部门进行协调与仲裁，确保跨省流域水质生态补偿顺利开展。对有关部门不按期报告、通报，或者拒报、谎报水质、水量监测结果的，按照规定追究有关人员的行政责任。

第5章　跨省水源地保护经济补偿方案①

本章针对跨省水源地保护的特点，找出我国现有跨省水源地保护经济补偿中存在的问题，明确界定跨省水源地保护的经济责任主体，研究基于博弈论的水源地保护经济补偿标准，提出跨省水源地保护经济补偿财政路径、监督考核、能力建设等内容，为全国跨省水源地保护经济补偿提供技术参考。

5.1　我国跨省水源地保护及其存在的问题

5.1.1　跨省水源地特点及管理要求

一般来讲，水源地指的是为满足人们生产和生活等需求而供水的水源点及其水源产生区域与流域。按照常规水资源的范畴，水源地可以分为地表水源地和地下水源地。鉴于地下水补给来源和水源之间的复杂性和不确定性，本章的研究对象为地表水源地。

（1）水源特点

跨省水源地水源具备水资源的自然、社会和经济属性，但作为水源地其保护要求更高、更严，需要执行严格的水质标准，同时需要保证水量尽可能稳定可靠，水源安全方面也需要全面考虑。

1）严格的水质要求

随着人民生活水平日益提高，人们对供水的质量要求越来越高。作为饮用和生活水源，相对于其他功能的用水，水源地有更严格的水质标准。根据《饮用水水源保护区划分技术规范》（HJ/T 338—2007），地表水饮用水水源一级保护区的水质基本项目限制不得低于《地表水环境质量标准》（GB 3838—2002）中的Ⅱ类标准，且补充项目和特定项目应满足该标准规定的限值要求；水源二级保护区的水质基本项目限值不得低于Ⅲ类水标准，且保证流入一级保护区的水质满足一级保护区水质标准；水源准保护区的水质标准应保证流入二级保护区的水质满足二级保护区水质标准。因此，在水源保护区内，有非常严格的限制政策，禁止一切破坏水环境生态平衡的活动以及破坏与水源保护相关植被的活动。如禁止倾倒工

---

① 本章主要执笔人：沈大军、葛晓琳、王新年。

业废渣、城市垃圾及其他废弃物；运输有毒有害物质、油类、粪便的船舶和车辆一般不准进入保护区，必须进入者应事先申请并经有关部门批准、登记并设置防渗、防溢、防漏设施；禁止使用剧毒和高残留农药，不得滥用化肥，不得使用炸药、毒品捕杀鱼类。点源污染和面源污染同步控制，保证水资源水质是水源地保护的首要任务。

2）高保证率要求

保障用水安全不仅体现在水质上，还体现在水量属性所体现的供水量以及相应的供水保证率上。为了保证供水安全，水源地的水量必须具有满足用水对象所要求水量的保证率，如对于工业和城市供水来讲，保证率必须在 95% 以上，甚至 99%。

3）高安全要求

"水是生命之源、生产之要、生态之基。"水资源直接关乎经济社会的可持续发展。但随着经济和社会的发展，人口增加、城市化加快、水污染、水资源短缺等影响供水安全和水资源安全的风险日益增大，饮用水水源地水安全状况日益严重。城镇和工业发展的集中供水水源地应具备更高的安全要求和抗风险能力，保证水源不被污染、不被破坏、不被滥用，而且能够具备应对一定的突发灾害的能力。

（2）自然特点

河流多发源于高山和高原地区，水源地多处于河流源头等中上游地区，一般地势或海拔较高、多山或高原、动植物资源丰富、生物多样性突出。同时，地形和气候变化多样，地形破碎，气候多样。海拔较高，降水较大，水资源量较丰富。另外，由于山区地形，一般水系比较发达，河流特别是中小河流众多。

（3）区位特点

由于多位于河流的中上游地区，水源地一般交通不便、远离经济和社会发展中心，大多位于各级行政区的边缘和交会地带，人口较少，人类活动相对较少。

（4）经济特点

我国大多数水源地所在区域经济相对贫困，经济总量低、经济结构简单、发展速度慢。一方面，由于多数地区处于边缘地带，没有相对成熟的产业和企业，经济发展水平落后于城市和中心乡镇。而且边缘地区多数劳动力选择外出务工，本地建设相对缓慢。另一方面，为了保证流域的水生态安全、流域水资源的可持续利用，水源地一般采取了一些限制工业等有潜在污染风险的产业发展和项目建设的政策，一定程度上影响了当地的经济和社会发展。而且，水源地区域经济结构中一般第一产业的比重较大，靠山吃山、农业种植成为很多当地常住居民的主要经济来源。

（5）社会特点

多数水源地区域位于边缘地区，交通和通信相对落后，限制了信息流和物流的传播和传输。部分水源地区域定居的是少数民族，也有部分水源地区域是多民族聚集区，风俗文化差异较大。如在滦河流域，承德市丰宁满族自治县、宽城满族自治县、围场满族蒙古族自治县等民族地区是滦河和潮河的发源地，两条河流为京津冀地区城市提供用水保障：其中滦河发源于丰宁满族自治县大滩镇，流入潘家口水库，占该库水量的93.4%；潮河发源于丰宁县黄旗镇，流入密云水库，占该库水量的56.7%[①]。承德市这一民族区担负着为京津地区提供绿色屏障和水源涵养的重任，同时也肩负着地区生态环境的修复重担。民族文化通常具有宗族传统性和地域性，面对这类复杂区域的水源地保护问题，必须充分考虑不同民族风俗文化，统筹规划。

（6）管理特点

流域水资源具有公共物品属性，水源地保护存在显著的外部性。外部性是一个经济活动的主体对它所处的经济环境的影响，这种影响将给其利益相关者增加成本或收益。水源地可为水源地区和下游用水区带来水质恶化、水量锐减、水土流失等较大的负外部性，但良好的水源地保护工作则有防洪调控、维护生态景观、化解矛盾等较强的正外部性。有些水源地为多个地区共享，存在公共物品的特性，部分水源保护可能面临"公地"的问题。外部性会造成私人成本-社会成本之间或私人收益-社会收益之间的不一致，没有得到相应的补偿，容易造成市场失灵。在水源地管理中出现管理低效、责任不明、利益纠葛等影响，需要政府采取生态补偿等科学的调控方式进行外部性的内部化改进。

水源地保护的管理遵循水资源统一管理，符合流域与区域管理相统一、水量和水质管理相统一、上下游水资源管理相统一、发展与保护相统一等管理原则。从水资源的整体性、水生态环境的整体性和水资源供需的整体性来看，水源地区域管理离不开大流域整体的综合管理，必须在流域管理的框架下进行。城市水源地的保护对水源地区城镇的限制制约了水源地经济社会发展。水源地的保护不仅要保障下游"喝水"，而且要解决保护区"吃饭"问题。根据"谁受益、谁补偿"和"谁保护、谁受益"的原则，受益者依其消费的生态资源价值进行付费，保护者根据在水源地生态保护中贡献的大小获得有一定积极性的补偿。

5.1.2 跨省水源地分类

水源地水域类型可以简单分为河流式水源地和湖库式水源地；根据水源地是否经过人为改造可以分为自然水源地和人工水源地。鉴于以上两种分类方式没有明显的跨区域概念，本节根据水源地流域与用水区域的关系，将水源地划分为跨省同流域水源地和跨省跨流域水源地。前者的水源地和用水区在同一流域范围内，后者的水源地和用水区有较大部分分属不同的流域。

---

① 资料来源：河北省民族宗教事务厅，承德民族地方生态经济建设与京津水源地环境保护问题，http://www.hebmzt. gov.cn/tabid/73/InfoID/1064/frtid/38/Default.aspx，2015-03-27.

5.1.2.1　跨省同流域水源地

跨省同流域水源地是指水源地和用水区位于同一个流域范围内，由此形成的供水即是跨省同流域供水。跨省同流域供水在自然地理上不存在对水流的上下游关系的改变，但是在行政管理上根据区域界线分别进行属地管理、协商联合管理或委托管理。

按照水源地和用水区的数量关系，跨省同流域水源地又可分为以下几种具体形式（表 5-1）。

表 5-1　跨省同流域水源地类型

类型	特点	案例
一对一	一省水源地对一省用水区	安徽—浙江：新安江水源地 河北—北京：密云水库水源地 江西—广东：新丰江水库水源地
一对多	一省水源地对多省用水区	河北—河南和河北：岳城水库水源地
多对一	多省（区）水源地对一省用水区	陕西和四川—重庆：嘉陵江水源地 内蒙古和黑龙江—黑龙江：尼尔基水库水源地
多对多	多省（区）水源地对多省用水区	长江流域、黄河流域的河段水源地

（1）"一对一"式跨省水源地

即点对点的供水模式，一省水源地对一省用水区。我国众多的跨省水源地都是这种情况，某些情况下，上下游某一省在区域中占主导作用，也被当作一省水源地对应一省用水区对待。如安徽—浙江两省的新安江水源地、河北—北京两省（市）的密云水库水源地、江西—广东的新丰江水库等。新安江是浙江省千岛湖最大的入库河流，主要流域范围只涉及黄山、杭州两个地级市，关系相对简单。为加强新安江和千岛湖流域水资源保护，促进两省加快转变经济发展方式、统筹发展，中央和安徽、浙江两省反复磋商形成一套共同认可的流域补偿制度：财政部每年直接划拨给安徽省 3 亿元专项资金，用于新安江流域上游水环境治理；年末考核时，若两省交界断面处的水质达到一定标准，由浙江省补偿给安徽省 1 亿元；若水质达不到标准，则安徽省补偿给浙江省 1 亿元。这给全国其他跨省水源地保护工作提供了很好的借鉴。

（2）"一对多"式跨省水源地

即一省水源地对多省用水区，这一类型在我国比较少，以岳城水库水源地为典型。岳城水库位于河北省磁县和河南省安阳市交界处，是海河流域漳卫河系漳河流域上的一个控制性工程和大型水库，承担着向河北省邯郸市、河南省安阳市提供城市生活饮用水的任务。

（3）"多对一"式跨省水源地

即多省水源地对一省用水区，分为河道和湖库两种。河道型"多对一"模式指的是河道上游两相近省对下游用水省份的取水河段能够产生一定影响的水源地，如嘉陵江水源地供水城市为重庆，其上游陕西和四川的嘉陵江河道对重庆段河道水质和水量有着一定的影响。湖库式"多对一"指的是较大型湖库水源地，位于多省行政交界处，但分属不同省份管辖，例如，内蒙古和黑龙江交界处的尼尔基水库水源地，为黑龙江省齐齐哈尔、大庆、哈尔滨等重要城市供水。

（4）"多对多"式跨省水源地

即多省水源地对多省用水区，一般为我国的大江大河，如长江流域和黄河流域。宏观上流域上游影响水源区下游，但中间的省份既是用水区又是水源区，以序列串联的形式共同利用流域中的水资源。由于涉及范围广、省（区、市）多，水源地和用水区情况复杂，此类水源地补偿标准和补偿范围比较难以确定，需要在国家层面做出安排。

5.1.2.2　跨省跨流域水源地

跨流域调水是通过大规模的工程措施打破自然流域分水岭对地表水资源的分割，将水资源从水量丰富的流域大量调入缺水流域，缓解缺水流域水资源短缺和用水问题，促进经济和社会发展。我国著名的跨流域调水工程，古老的有京杭大运河、灵渠工程，现代有南水北调中线、引滦入津等。南水北调这样的大范围调水工程，其跨省跨流域水源地和跨省同流域中的"多对多"式水源地比较类似，以宏观的调水区和用水区为上下游，在调水工程中相邻省（区、市）用水相互有影响，也需要在国家层面做出安排。跨省的调水工程，如潘家口—大黑汀水库水源地以及于桥水库水源地，都是引滦入津工程中的重要水利枢纽，类似于跨省同流域的"一对多"形式，将滦河水资源供应给天津市和河北省唐山市。

5.1.3　我国水源地保护存在的问题

早在 1989 年，国家环境保护局联合卫生部等颁布《饮用水水源保护区污染防治管理规定》，部分省（区、市）按照要求划定了相应的饮用水水源保护区。目前，我国已经划定各类饮用水水源保护区上百个。保护水源地过程中投入了大量的人力和物力，取得非常有成效的保护效果。但是，由于划分标准比较粗糙且未完备考虑各地的水资源差异，水源地保护区划分工作随意性较大，制约了水源地保护区作用的实际发挥。水源地保护区在自然生态营造、经济社会发展以及具体管理保护工作中存在不少问题。

5.1.3.1　生态环境问题

（1）水质不达标或存在恶化趋势

一是面源污染日趋严重，水质风险增加。水源保护区上游农业种植化肥、农药大量使用，养殖业废弃有机污染物和生活污水未做深处理就无序排放，这些污染源直接随着地表径流进入水体，造成地表水污染、湖泊池塘河流和浅海水域生态系统富营养化，造成水源地水质的严重破坏，极大地损害水源保护区内水源涵养能力。网箱养殖等过量投喂产生的残余饵料以及鱼类粪便沉在水底，会导致氮磷升高，加剧水库富营养化。有些水库依托水源地养鱼而形成各种大大小小饭馆、旅馆等，成为商业旅游区域，建设中破坏了水源涵养林地，而这些商业活动的废水和废弃物直接排放到水源地，形成污染。

二是点源污染监管不到位引起的局部水质超标。工农业微小企业或者作坊式的工厂生产和排污很难达到应有的标准，生产中产生的有害物质随污水及雨水渗入土壤和河道中，对局部水环境造成了严重的污染。未受严格管理的水源地周边村屯、乡镇机关、医院、工矿企业的生活污水、垃圾等直接或间接进入河道中，加重了水质污染。

（2）用水激增，水量短缺

随着人口的增加和城镇化的不断扩张，城镇生活用水量和工农业生产用水量急剧上升，相对应的供水能力却没有增加，反而因为水质的逐年恶化而产生用水短缺。在水源供水端，水源地涵养区被城镇化逐渐蚕食，产水能力和净水能力弱化；水土流失导致河道和湖库淤积，存有水量减少；面源污染等使水环境容量达到限值而引起水质恶化，可供水量减少，水处理成本增加。在用水端：工业企业依旧普遍存在水资源耗用高、用水粗放的问题；农业灌溉效率低，种植结构有待调整；城市供水管网"跑、冒、漏、滴"现象非常严重，民众节水观念不强。

（3）生态破坏，水土流失严重

人类活动对水源区进行了大范围的改造，有利有害。大型工程如南水北调工程大坝扩建，大范围地改造地表生态，将导致低区位的肥沃农田大量淹没，同时也将增加水体中的营养物质以及原本残留在陆地的污染物。河岸植被带的生态过程能固定泥沙、吸收氮、磷等营养物质、消解或转化随流水到来的污染物。河岸带开垦程度日渐提高，削弱了缓冲功能，易引起河水颗粒物、营养以及有害物质浓度的升高。无序开垦扩大农业种植面积，使得灌溉水量增大，流入河内的水量被层层拦截，减少了对河道中径流的补给。固土植被破坏，表层优质土壤流失，大量的化肥、农药随表层土进入江河湖库，加剧了水源地的面源污染。流失的土壤通过沟道下泄淤积河床，侵占了河道空间，降低了河流的自净功能。

（4）水资源承载能力下降

基于水生态破坏、水质恶化和水量锐减的综合效应，水体自净能力退化，涵养作用降低，水源地的生态环境承载能力减小，严重影响着河流的生态性，水源安全受到严重威胁。水体承载力下降，但用水需求不断攀升，废污水排放量也将相应增加，将导致水资源人为的大量使用，留给生态环境的水量锐减，进一步恶化水源地的整体功能。

5.1.3.2　经济和社会问题

（1）经济发展和水源地保护的矛盾日益突出

一是保护区民众提高经济收入和生活水平的意愿与限制产业和项目建设的矛盾。如前所述，为了保护水源地，宏观政策上制约水源地发展。水源保护区既不能引进一些产业和项目来发展地方经济，还需要投入大量的人力、物力和财力进行生态环境的保护。保护行为未得到合理的补偿，保护行动的积极性消失殆尽。

二是当地城镇扩大发展与水源保护区的政策冲突。随着我国城市化进程加快，城市和城镇发展迅速，许多城市饮用水水源地逐渐由原先的比较偏僻地带演变成人群较集中、商业较发展的都市区，城市化进程对水源地的胁迫日益突出。城镇发展大规模建设需要广阔的土地支持，而水源地保护界限限制了城镇扩大，而且在保护区内限制一定的土地整改工程。此外，扩大的城镇和增加的人口以及工业企业带来的水资源消耗和排污增加都给水源地保护带来非常大的压力。

（2）水源地保护问题地区差异显著

在温州等经济比较发达地区，经济结构转变较快，依旧有严重的水源地保护问题：城区环保要求高，淘汰下来的落后产业转移到偏远地区，而偏远地区正是水源地保护区；城镇畜禽养殖业规模化越来越高，生活废水和废弃物产量巨大且成分复杂，缺少跟得上产业和生活发展的污染治理设施，污染治理率低；民营经济发达，产业层次和集中度普遍不高，个别企业不达标排放的情况时有发生，乡镇企业生产废弃物排放量巨大。而在丹江口水库水源地，除十堰市外，其余均是国家级或省级的重点扶贫县，经济落后，治污能力差。产业粗放，以小农经济为主，工业均是能耗高、污染重的小型采矿、采煤、化肥、造纸等行业。水污染问题严重，污水治理资金不足，治理率和达标排放率均低。

（3）水源地保护观念薄弱

偏远地区的水源地保护区内，还存在很多文化程度较低、信息接收落后的群体。在贫困和落后的条件下，经济发展是首要任务。地区管理部门同样面对着发展经济的巨大压力，整体水资源保护的观念薄弱，围护造田、毁林开荒、随意排放等现象存在。水源地保护的受益者之一是当地群众，而水源地存在的一些安全隐患也正是当地群众造成的。

（4）引起次生纠葛等社会问题

水源地保护区不但是经济欠发达地区，同时也是各种社会问题集中区域。因水源地保护而限制生产经营、征收拆迁等工程涉及补偿和安置等各种问题。大型调水工程会涉及广大的移民工程，有些迁移安排就业，有些被迫后靠安置，为求生存一些后靠安置的移民只得靠毁林开荒度日，导致大面积植被毁损。天津于桥水库周围曾有着繁荣的水产饮食产业，为保护水库水质，天津市提供了巨额的搬迁补助和一定程度的安置措施，但依旧有些不愿搬离和故土重迁的居民。

5.1.3.3　保护工作问题

（1）管理分割，权责不明

水源地管理往往涉及多个部门，如水利、生态环境、卫生等，各机构管理的侧重点不同。生态环境部门监管水源污染，水利部门负责管理水库和处理日常供水，卫生部门负责饮用水水质的监督。部门之间又缺乏必要的横向联系与沟通，一方面造成重复浪费监管资源，另一方面对出现的问题不能及时与相关部门交流和协商解决。在某些涉及多个职能部门的水源地，存在"谁都管又谁都不管"的状态，出了问题互相推诿，效率低下。由于水库范围的管理权属及利益未明晰，一些水库在保护区范围内未按照规定的保护要求进行治理和整治。

（2）相关政策法规不健全

目前，关于水源地保护的基本法规有 3 部，《饮用水水源保护区污染防治管理规定》（1989）、《中华人民共和国水法》（2002）和《中华人民共和国水污染防治法》（2008），对饮用水水源的保护都作了相关规定，没有专门的水源地保护法，且依旧缺少可操作性强的制度规范，水源地管理工作缺乏系统性和整体性，削弱了对水源地保护的力度和法律支持。另外，大部分法规是从传统的计划管理或加强政府行政管理的角度出发，缺少市场化管理的理念，不适应新形势的要求。随着认识的加深和新技术机制的建立，需要加快填补各项应用制度中的法规依据空白。

（3）水源地保护能力建设不足

尽管各地正在逐步加强水源地监管保护能力，但受经济、技术、制度的制约，仍然不能适应环境管理全面现代化的需要，监管能力和执法能力不足。

第一，水源地环境监测能力不足。大部分县级市尚不具备饮用水水源水质监测能力，即使开展也仅限于常规监测项目。监测工作的深度和广度仍然不能满足及时、全面、客观地反映饮用水水源地水质变化趋势的需要。有毒有机污染物监测尚未列入必测项目，饮用水水源水质状况难以得到全面、科学、客观的评价。

第二，水环境保护执法能力不足。执法不严、地方保护等现象时有发生，仍存在向水源地保护区随意倾倒垃圾、排放污水不受处罚等现象。新《中华人民共和国环境保护法》已经发布，但一些地方的执行能力落后，尚未完善新的执法制度，违法成本远低于处理成本的侥幸心理依旧，缺乏严格管理制度、保护措施和责任追究制度。

（4）倚重命令控制，缺少经济激励

长期以来，我国一直依靠行政命令式的管理手段，强制以水源地地区经济发展为代价来保护水源地。一方面，水源地保护外部效应显著，政府强力推导；另一方面，保护者必须损失发展权，牺牲个体和地方的利益。当生态保护与经济发展发生冲突时，高层政府往往偏向于前者，而基层政府以及地方居民则倾向于后者。这种水源地生态保护不同利益主体的错位，造成地方政府及居民对生态保护政策的"阳奉阴违"。

生态补偿是能够适应新形势下市场化激励的制度，能够在保证水质、水量的前提下弥补水源地的经济损失，提高保护区群体的经济收入，提高生活水平，这样才能促进其保护水源的积极性，进而变被动保护为主动的、积极的保护。国家正在积极试点推广这一制度，然而部分地区管理群体缺少学习新制度的意识，观望不前。

（5）缺少信息公开和公众参与

我国政府几乎是一个"全能"的政府，同时是监督者、生产者和控制者，弱化了社会大众和社会组织（NGO）的活动能力。政府掌握大量信息，民众知情很少，信息不对称。一是政府在后台做了大量辛苦工作，也有很多难处未被民众所知所理解，造成政府公信力低下；二是缺少信息公开，社会资本不敢与公共部门合作，目前国家层面积极推进的 PPP 制度难以进入水源地保护框架下；三是即使公众和 NGO 有参与监督的意愿和能力，却缺少与管理部门合理对接的途径。

5.2　跨省水源地保护经济补偿内涵

5.2.1　跨省水源地保护经济补偿概念

（1）水源地是一种稀缺资源，具有重要价值

生态资本理论体现了跨省水源地环境和水资源的稀缺性和价值，是跨省水源地保护经济补偿的重要依据和基础。生态资本理论认为，生态系统提供的生态服务应被视为一种资源、一种基本的生产要素，它离不开有效的管理，这种生态服务或者价值的载体就是"生态资本"。从功效论看，必须承认生态环境对我们是不可或缺的，是有用的；从财富论看，生态环境是创造财富的要素之一。生态资本包括 3 个方面的内容：①能直接进入当前社会生产与再生产过程的自然资源，即自然资源总量和环境接纳并转化废物的自净能力；②自然资源及环境的质量变化和再生量变化，即生态潜力；③生态系统的水环

境质量和大气等各种生态因子为人类生命和社会生产消费所必需的环境资源，即生态环境质量。整个生态系统通过各环境要素对人类生存及发展的效用综合体现其整体价值，随着社会的进步，人类对环境质量的要求越来越高，生态资本存量的增加在经济发展过程中的作用也日益显著。

我国是一个水资源短缺、水旱灾害频繁的国家，如果按水资源总量考虑，水资源总量居世界第 6 位，但由于我国人口众多，若按人均水资源量计算，人均占有量只有 2 200 m³，约为世界人均水量的 1/4，在世界上排第 110 位，已经被联合国列为 13 个贫水国家之一。

水资源是一种具有经济价值和社会价值的极为宝贵的自然资源，对人类生存和发展具有基础性的不可替代的地位和作用。水资源的可持续有效与安全环保供给，是人口生存与社会经济发展的生命线。由此可知，水源地水资源保护是决定我国未来发展的关键。跨省水源地保护是一项涉及方方面面的系统工程，经济补偿机制的建立与完善，是跨省水源地水资源保护的决定性因素之一。

（2）水源地是一种公共物品，必须通过一定的制度安排，消除"公地悲剧"和"搭便车"问题

公共物品是与私人物品相对应的一个概念，是指消费具有非竞争性与非排他性特征的物品。所谓非竞争性，是指某人对公共物品的消费并不会影响别人同时消费该产品及其从中获得效用，即在给定的生产水平下，为另一个消费者提供这一物品所带来的边际成本为零。所谓非排他性，是指某人在消费一种公共物品时，不能排除其他人消费这一物品（不论他们是否付费），或者排除的成本很高。这两个特征使得它在使用过程中容易产生两个问题："公地悲剧"和"搭便车"。由于消费中的非竞争性往往导致"公地悲剧"——过度使用。由于消费中的非排他性往往导致"搭便车"心理——供给不足。公共物品可以分为以下两类：纯公共物品，具有完全的非竞争性和非排他性，在现实生活中并不多见；准公共物品，具有有限的非竞争性和局部的排他性，超过一定的临界点，非竞争性和非排他性就会消失，拥挤就会出现。

事实上，水资源就是一种公共物品。若中上游区域水源地过度用水或不能有效保护水源，将会导致下游用水区水资源供给不足或水质得不到保障，生态资源环境急剧恶化，最终导致出现生态问题。因此，必须通过制度创新，采取一定的手段让生态保护成果的受益者支付相应的费用，生态保护的投资者获得合理的回报，激励从事生态保护投资行为并使生态资本增值。跨省水源地和经济补偿则是通过明确相关利益主体、制定相关补偿制度、建立有关机制、确定补偿标准、搭建监督考核体系等，实现受益者付费、保护者补偿。

（3）水源地保护具有外部性，必须通过一定的制度安排，使外部性内部化

外部性理论可提供解决生态补偿问题的一种思路。外部性的概念源于马歇尔提出的

"外部经济"概念。后来庇古在"外部经济"概念基础上扩充了"外部不经济"的概念和内容，首次用现代经济学的方法从福利经济学角度系统地研究了外部性问题。很长一段时间，关于外部效应的内部化问题被庇古理论所支配，并在经济活动中广泛应用。世界各国环境保护的重要经济手段之一——排污收费制度便以庇古税为理论基础。新制度经济学的奠基人科斯在批判庇古理论的过程中形成了科斯定理：如果交易费用为零，无论权利如何界定，都可以通过市场交易和自愿协商达到资源的最优配置；如果交易费用不为零，制度安排与选择是重要的。随着环境问题的日益加剧，市场经济国家开始积极探索实现外部性内部化的具体途径，科斯理论也随之被投入实际应用之中，其中环境保护领域排污权交易制度就是科斯理论的一个具体应用。

水源地作为一个生态系统，上游对水源地的保护或破坏都会影响下游的福利和生产成本，具有明显的外部性特征，其外部成本和外部效益的协调问题，需要经过生态补偿机制实现。在跨省水源地保护经济补偿中，以补偿的主客体明确为前提，利用相应的补偿机制来消除在水源地保护过程中的不公平现象，引导行为主体采取成本较低的行为方式，依靠外部力量（如政府干预）或市场交易与资源协商等方式将外部性内部化，使得水资源环境被持续地开发与利用。

（4）跨省水源地保护经济补偿具有复杂性和综合性

水源地环境是一个复杂的自然生态系统。生态系统是生物群落与其所处自然环境相互作用而构成的统一整体。一般生态系统是由生产者、消费者、分解者和无机环境 4 个基本单元组成，它们共同形成了生物链并通过生物链进行物质循环和能量传递，从而使大自然的生态得到稳定与平衡。目前生态系统的整体理论越来越被运用到环境管理的理论与实践中，从而促使环境管理的方向和目标朝着生态平衡不断完善。

流域是一个具有因果联系的复合生态系统，流域跨省污染冲突解决的最大难题在于上下游之间、两岸之间的利益协调问题，其涉及政治、经济、社会、生态、环境等多方面的利益，是一个包括法律、经济、管理、地理、生态和系统理论的多学科方法的综合集成。水源地同时具有生态系统的所有特征，只有分析研究水源地的生态系统的机理与组成，运用生态学的理论与方法，才能更好地保持水源地生态系统持续健康的运行。

5.2.2 跨省水源地利益相关方权责利分析

科斯定理认为，在交易费用为零的情况下，不管权利初始配置如何，当事人都可以通过谈判达到资源配置的帕累托最优；在交易费用不为零的情况下，不同的权利配置界定会带来不同的资源配置，因而产权制度的设置是优化资源配置的基础。在现实世界中，科斯定理所要求的交易费用为零的前期往往是不存在的，交易成本不但不为零，有时甚至很大，因而无法通过当事人之间的谈判实现资源的有效配置，因此需要明晰产权，对利益相关方进行权责利分析。

流域生态补偿补偿主体和客体及各自权责利的清晰界定是流域生态补偿得以开展的前提。在生态补偿关系中，涉及两个方面，一个是补偿主体，即生态环境的受益者；另一个是补偿客体，即生态环境的保护者、贡献者。

具体到跨省流域生态补偿，宏观层面上，最直接的补偿主体应该是国家，但是由于国家财力和精力的限制，国家可以将其权利和义务分配给跨省流域内的省级政府，仅仅对重要水源地、重要生态功能区进行直接补偿。在省际间协商补偿中，相邻省政府通过协商、沟通，签订流域生态补偿协议，是目前省际间进行流域生态补偿的主要方式，该方式经过流域上下游政府间相互博弈，使上下游区域的生态利益分配更加合理。以此来确定跨省流域补偿主体，宏观层面上生态环境的受益者和保护者是上下游省级政府，当然省级政府也可将权利和义务分配给省内的各个市政府，对此，宏观层面上的补偿主体和接受补偿的主体也可以是省内市级政府。

从微观层面看，流域上游地区保护流域生态环境的企业、组织、居民应该是补偿的客体，流域下游地区由于上游地区保护流域生态环境而受益的企业、组织、居民应该是补偿的主体。因此，微观的补偿主体应该是跨省流域生态补偿的直接受益者，补偿客体应该是跨省流域生态补偿的直接保护者。

具体而言，各利益相关方的权责利如下：

（1）国家和地方政府的权责利

作为补偿主体的国家，从法律关系理论分析具有双重角色：一是作为资源经济价值的所有人主体；二是作为资源生态服务功能的行政管理主体。在实践中，国家作为资源经济价值的所有人主体，往往通过有偿出让或转让自然资源使用权而被特定资源使用人替代。

国家有调整环境保护过程中的保护者的生存发展权和受益者的经济发展的权利，也是跨省水源地保护所带来利益的最高代表者，在跨省水源地生态补偿中占有绝对主导地位。国家通过各级政府将相应的制度和政策贯彻执行。在无法明确界定水生态效益的受益主体或损害主体以及历史原因导致的水源地生态系统功能下降的情况下，由各级政府按照管理权限，通过公共财政体系对水源地生态系统进行治理和修复，或者对水源地生态系统保护和建设主体的公益性给予相应的补偿。

对于遭受破坏的水源地生态环境系统，是以国家授权的水资源与水环境保护机构为代表的，所以这部分补偿通常是给国家，然后分派给水源区所涉省、市、县级政府发展经济和进行生态建设，也可以分派到相应的主管部门，如分给林业部门进行植树造林，分给生态环境部门进行水污染治理，分给农业农村部门进行生态种植等。

（2）微观主体的权责利

跨省水源地保护的微观主体包括水源地生态改善的受益群体和生态环境的保护群体。具体来说，对于可以明确界定直接或间接从水源地保护中获益的下游及周边地区，这种利益包括经济利益、环境利益和社会利益等方面，应按一定比例向对水源地实施保护的上游及周边地区进行补偿。

水源地保护所提供的生态服务功能主要是由水源地供水范围内的地区所享受，但是生态建设的受益者最终都是单个的经济主体、部门和个人，所以作为一定区域公众利益代表并对辖区内生态环境建设和经济发展负有不可推卸责任的地方政府肩负组织和监督的责任。水源地生态效益的获益者可以向政府缴纳补偿费用，共同委托所在地区政府购买生态效益，即向上游及周边地区付费以使其继续进行水源地保护；接受补偿地区的政府负责将补偿金分配给实际为水源地生态保护作出贡献的单位和个人。

5.2.3 我国跨省水源地保护经济补偿基本框架

2007 年，国家环境保护总局《关于开展生态补偿试点工作的指导意见》（环发〔2007〕130 号）明确构建了现阶段我国跨省水源地保护经济补偿基本框架。

5.2.3.1 原则

跨省水源地保护经济补偿的核心是厘清相关各方利益关系并落实生态环境保护责任。因此，跨省水源地保护经济补偿应该体现如下原则：

（1）坚持谁受益、谁补偿

明确跨省水源地保护经济补偿责任主体，确定经济补偿的对象、范围。水源地环境和自然资源的开发利用者要承担环境保护外部成本，补偿相关损失；水源地生态保护的受益者有责任向水源地生态保护者支付补偿费用。

（2）权责利相统一

跨省水源地保护经济补偿涉及多方利益调整，需要广泛调查各利益相关者情况，合理分析生态保护的纵向、横向权利和义务关系，科学评估维护水源地生态系统功能的直接和间接成本，研究制定合理的流域生态补偿标准，建立相关程序和监督机制，确保利益相关者权责利相统一，做到应补则补，奖惩分明。

（3）共建共享，共同发展

跨省水源地生态环境保护的各利益相关者应在履行环保职责的基础上，加强流域生态保护和环境治理方面的相互配合，并积极加强经济活动领域的分工协作，共同致力于改善流域生态环境质量，拓宽发展空间，推动流域上下游可持续发展。

（4）市场主导和政府引导相结合

要积极探索市场主导的、可持续的跨省水源地生态补偿长效机制，促进利益主体积极开展流域生态保护和环境治理，引导建立多元化的筹资渠道和市场化的运作方式。同时，要充分发挥政府在跨省水源地保护经济补偿机制建立过程中的引导作用，结合国家相关政策和当地实际情况研究改进公共财政对流域生态保护的投入机制。

（5）因地制宜，积极创新

结合水源地的特点，积极总结借鉴国内外经验，探索建立多样化的跨省水源地经济补偿方式。

5.2.3.2　保护目标

开展跨省水源地保护经济补偿首先要明确跨省水源地保护的目标。跨省水源地保护有两个基本的目标，一是水质目标；二是水量目标。除此之外，还有水源地生态环境保护的目标。水质目标是指跨省水源地保护要达到某个水质要求，要求达标后才能给予相应的补偿，否则就得不到补偿甚至会受到相应的惩罚。水量目标是指跨省水源地保护要满足下游地区对水量的要求，保障下游用水安全。然而，跨省水源地保护往往并不只具有单一目标，很多情况下，它是多重目标的组合，这就需要对各目标进行识别，为下一步工作奠定基础。

5.2.3.3　补偿对象

跨省水源地保护经济补偿对象说明了补偿资金由谁出并补偿给谁的问题。它既包括经济补偿主体，又包括经济补偿客体。

跨省水源地保护经济补偿主体包括两个方面的内容：一是一切从流域水资源水环境保护工作中获益的群体。这些用水活动包括工业生产用水、农牧业生产用水、城镇居民生活用水、水力发电用水、利用水资源开发的旅游项目、水产养殖等。二是一切生活或生产过程中向外界排放污染物，影响水源地水量和水质的个人、企业或单位。主要是具有污染物排放的工业企业用水、商业家庭市政用水、水上娱乐及旅游用水等。

跨省水源地保护经济补偿客体是执行水环境保护工作等为保障水资源可持续利用做出贡献的地区和个人，一般包括上游及周边地区实施各项水源保护措施，为保障向下游提供持续利用的水资源，他们往往投入了大量的人力、物力、财力，甚至以牺牲当地的经济发展为代价。对这些为保护水源地生态安全做出贡献的上游地区，流域下游地区乃至国家作为受益地区理应担负起补偿的责任。

5.2.3.4 补偿标准

补偿标准是跨省水源地保护利益相关者，根据一定的原则和方法测算出的补偿主体应向补偿客体进行经济补偿的标准。目前，我国跨省水源地生态补偿一般以以下几个方面的内容作为依据：一是以上游地区为水质、水量达标所付出的努力，即以直接投入为依据，主要包括上游地区涵养水源、环境污染综合整治、农业非点源污染治理、城镇污水处理设施建设、修建水利设施等项目的投资；二是以上游地区为水质、水量达标所丧失的发展机会的损失，即以间接投入为依据，主要包括节水的投入、移民安置的投入以及限制产业发展的损失等；三是以今后上游及周边地区为进一步改善流域水质和水量而新建流域水环境保护设施、水利设施、新上环境污染综合整治项目等方面的延伸投入作为依据。

5.2.3.5 补偿方式

补偿方式是指理应得到补偿的组织和个人（主要是上游及周边地区）以何种方式获得补偿。跨省水源地保护经济补偿方式主要有资金补偿、政策补偿、产业补偿、市场补偿。当然，不同的补偿方式对应着不同的资金来源。

（1）资金补偿

上游对水源地保护所做出的努力，最大的受益者是流域下游，因此，资金补偿的主体一般是流域下游政府。

对于下游而言，水价一般由工程成本、管理成本和资源成本构成。一般而言，工程成本、管理成本相对稳定，而资源成本的上涨空间比较大。因此，下游地区可以适当提高水资源费征收标准，按比例把部分资金划归水源地保护经济补偿基金。上游也可参照下游提高部分水价，按比例把提高水资源费中的部分资金划归水源地保护经济补偿基金。

北京的密云、官厅两大水库均发源于河北省，因此河北省是北京市重要的水源地，为了在不影响河北省经济发展前提下确保首都用水安全，北京市实施了大量的生态补偿工程，其中主要是资金补偿。1995—2004 年，北京市每年向承德市的丰宁县和滦平县提供资金 208 万元以上，累积达 1 800 万元以上，用于水源地保护。

（2）政策补偿

政策补偿是上级对下级政府的权力和机会补偿。受补偿者在授权的权限内，利用制定政策的优先权和优惠待遇，制定一系列创新性的政策，在投资项目、产业发展和财政税收等方面加大了对跨省水源地上游的支持和优惠，促进流域上游经济发展并筹集资金。利用制度资源和政策资源进行补偿，对于资金缺乏、经济薄弱的流域上游地区十分重要。具体而言，可以有以下几种方式：

①针对流域上游生态建设与环境保护特点制定有针对性的财政政策。这种政策适用于大江大河尺度流域经济补偿机制。

②制定市场补偿政策，逐步培育流域上下游之间水权转让市场，下游按照市场价格定期支付区域水资源费用。

③制定技术项目补偿政策，流域下游各级政府每年要在区域内安排一定数量的技术项目，帮助上游地区发展替代产业，或者补助无污染产业的上马，以帮助上游发展生态产业。

④制定鼓励异地开发政策，允许并支持上游在下游适宜地区设异地开发试验区，当地政府要在土地使用、招商引资、企业搬迁等方面给予开发试验区以政策优惠，引导其在开发试验区内安排一些流域上游因生态保护而不能布置的污染项目。

（3）产业补偿

产业补偿是指通过借鉴由经济发展梯度差异而引发的产业转移机制来解决流域的经济补偿问题，把下游补偿上游的发展落实到具体的产业项目上。可通过下面的方式实现：

发展与壮大上游产业，增强其自身的造血功能是缩小上下游发展差距、提高当地人民生活水平的最好方法。上游在产业发展中树立"服务下游，就是发展自己"的观念，搭建好产业转移承接平台，接纳和汇聚上下游劳动密集型、资源型、高技术低污染型产业，形成产业集群和工业加工区。产业补偿需要把流域作为一个系统来考虑，在一个流域框架内考虑产业的布局和资源的配置。

（4）市场补偿

水源地保护经济补偿市场机制的形成需要一系列条件：①流域上下游生态服务供需矛盾尖锐。下游地区对水质或水量等要求较高，他们为了获得优质水源或合适的水量而考虑向上游支付一定的经济补偿费用，对上游生态保护形成激励机制，同时也可以通过协议形式对上游付费，要求上游按生态保护的要求进行生产。②公众对流域生态服务功能与价值的认可。流域生态服务功能具有外部性，上游为服务的提供方，下游为服务受益方，生态补偿市场机制的形成需要公众尤其是生态服务受益方形成对流域生态服务功能与价值的认识。③产权清晰，公众或政府具有制度创新的意识。产权是流域生态服务功能形成的基本保证，流域土地和生态服务产权清晰，可以为买卖双方确定一个可以交易的平台。④成本效益分析结果较好。由于市场的形成是在经济利益驱使下的一种经济行为，如果这种贸易的结果成本效率优于其他方式，这种方式就更容易接受。

随着我国市场化进程的逐步推进，市场补偿机制应该是我国跨省水源地保护经济补偿机制的发展趋势。目前，可以借鉴国外流域生态补偿形式，逐步探索一对一的贸易补偿方式和基于市场的生态标记方式。

（5）综合补偿

综合补偿方式是指以上 4 种补偿方式的任意组合。尽管我们可以将跨省水源地保护经济补偿方式划分为以上几种形式，但是在跨省水源地保护经济补偿实践中，往往是采用多种补偿方式的组合。单一的补偿方式有其自身的缺陷，例如，资金补偿方式的缺陷一方面在于资金的有限性，另一方面，它不像市场补偿方式那样会保证补偿到应受偿者手上，往往也没有市场补偿效率高。而市场补偿机制的形成需要一系列较为苛刻的条件，一些水源地上下游地区并不能满足。为了弥补单一补偿方式的不足，可以综合采用各种补偿方式，以提高补偿效率。

5.2.3.6　补偿模式

（1）国家强制补偿模式

国家强制补偿模式，是指中央政府通过命令等形式要求地方政府执行跨省水源地保护经济补偿的任务。这种模式在处理不同地区所代表的不同利益诉求时，具有一定的优势，因为它能以强有力的权利为保障去化解、整合地方的利益分歧。在跨省流域生态补偿的具体实践中，由中央政府强制性地要求地方政府补偿的模式是一种比较容易操作的方式。这种国家强制补偿的模式，一般是由中央政府主导，通过对流域内的省（区、市）进行协调，强制确定补偿的主体、方式、标准，然后通过横向财政转移的方式将补偿资金转移到受补偿的政府，以此来推动流域生态补偿制度的建立。

北京的主要生产、生活用水主要来源于海河流域——京冀段，为了向北京提供良好的水质，保证北京所需的供水量，位于官厅和密云水库的河北省承德市和张家口市，牺牲了自身发展的机会，投入了大量的人力、物力、财力保护水源。国务院主管部门为了保障北京水质、水量，协调京冀之间水资源供给的矛盾，改善上游地区生活贫困的现状，采取了一系列措施。2001 年，国务院批复实施了《21 世纪初期（2001—2005 年）首都水资源可持续利用规划》，该规划明确了海河上游水资源保护的具体措施，采取关闭污染企业、节水灌溉、生态林建设等方式，保证海河流域水资源的可持续利用，总计投资 244亿元，由于考虑到河北地区为了保护水源造成的经济损失以及失去的发展机会，国务院决定河北省地区水资源保护所需要的资金由中央财政支持。

（2）省际合作补偿模式

合作补偿模式是基于地方政府自愿、互利、共赢的原则，通过协商等方式主动对上游地区进行补偿的方式。合作补偿模式的开展，一方面需要地方政府对水资源价值有充分的认识，即政府官员具有理性自觉以及尊重和认可上游保护水资源所做的贡献；另一方面需要上下游省（区、市）间有良好的信任关系，信任可以降低相互合作的交易成本，提升合作的效率，能为加强省际的合作，共同治理、保护河流提供坚实的基础。

渭河流域是西北地区重要的流域之一，它是黄河的最大支流，渭河流域生态环境的质量直接关系着中东部地区的生态安全。为了解决渭河流域污染问题，恢复其生态功能，渭河流域内的陕西省政府和甘肃省政府在渭河生态补偿机制上进行了积极有益的探索。2012 年陕西、甘肃两省"六市一区"共同签署了《渭河流域环境保护城市联盟框架协议》，为进一步落实协议内容，针对甘肃省提供的水质状况，陕西省与天水市及定西市政府签订了生态补偿协议，陕西省向渭河上游甘肃省天水市、定西市提供 600 万元渭河上游水质保护生态补偿资金，这标志着跨省流域生态补偿机制在陕甘两省率先得到实施。

（3）强制和自愿相结合的补偿模式

强制和自愿相结合补偿模式，在于其不同于中央强制补偿的模式以及省际间自愿协商补偿的模式，它是两者的结合，一方面由中央的强制权力作为保障，另一方面是建立在省际间政府协商博弈的基础之上，同时引用了第三方的评估和监督，使补偿更具有公平性；其优点在于能够加强省际间合作协商，发挥各省（区、市）的自愿性因素，共同治理保护流域，同时由于监督机制的引入，也能避免补偿仅仅停留在协议上，保证补偿协议得到执行。

新安江作为浙江省母亲河钱塘江的正源，上游地区包括黄山市和绩溪县，其干流的大部分在安徽省境内，下游连接浙江省的饮用水水源地——千岛湖。由于黄山地区的大部分水流要流入千岛湖，所以黄山地区等上游的水质就显得比较重要。2010 年年底，财政部、环境保护部下拨 5 000 万元启动资金，将新安江作为全国首个跨省流域水环境补偿试点。2012 年，经过 4 年磋商、磨合，一套中央及两省共同认可的跨省流域生态补偿方案终于成型，具体操作规则是：中央财政拿出 3 亿元，这 3 亿元无条件划拨给安徽省，用于新安江治理。3 年后，若两省交界处的新安江水质变好了，浙江省地方财政再划拨给安徽省 1 亿元，若水质变差，安徽省划拨给浙江省 1 亿元，若水质没有变化，则双方互不补偿。

（4）民间自发补偿模式

民间自发的补偿模式是下游的一些企业基于对水质、水量的需求，自愿向上游政府补偿；或者民间环境保护组织通过公益性的项目，向社会筹集资金、招募自愿者等方式向上游地区开展对口帮扶、建设生态示范村等，改善上游地区经济产业结构，提高上游地区的经济发展水平和增加当地居民的收入，使上游地区自愿保护生态环境的一种模式。民间补偿模式相对于其他模式来讲，能够调动更多的企业和环保组织参与到流域生态补偿中，有更多元化的补偿主体、更广泛的资金筹集方式，将更直接地给受偿主体提供补偿。

东江是珠江水系三大水系之一，是香港及珠三角地区 5 000 万人的主要饮用水水源。数十年来，源区各级政府和人民为了保护生态环境牺牲了发展的机遇，被人们称为"守着源头、守着生态、守着贫穷"。2005 年出台的《东江源生态环境补偿机制实施方案》明确，从 2006 年开始，广东粤海集团每年从东深供水工程水费中拿出 1.5 亿元资金，交付上游的江西省寻乌、安远和定南三县，用于东江源区生态环境保护。这是通过企业的名义对跨省流域的上游进行补贴。2013 年，广东省环保基金会举行"感恩东江"募集活动。首期活动将募集 3 000 万元，用于东江上游生态林建设、涵养，组织下游地区企业与上游地区结对，帮助上游地区建设，以补偿上游江西的寻乌、安远等县为保护广东的饮用水水源做出的巨大牺牲。

5.2.3.7   补偿长效机制建设

建立跨省水源地保护经济补偿长效机制，是为了使上下游地区建立一种长期的相对公平的利益关系，建立长期有效的公平合理的激励机制，使整个流域能够发挥出整体的最佳效益。

经济补偿机制的关键是长期、稳定、有效运行，需要对流域上游和下游的利益分配关系进行调整，使经济补偿机制在适当框架内有序运行。为了使跨省水源地保护经济补偿机制具有长久性，应该通过制度法律法规将跨省水源地保护经济补偿的具体权利、义务以法律的形式固定下来，保证跨省水源地保护经济补偿机制的公平性、长久性、稳定性。

我国现行跨省水源地保护经济补偿框架见图 5-1。

5.3   跨省水源地保护经济补偿标准研究

目前，研究流域生态补偿标准的理论与方法有很多种，不同理论与方法各具特点与适用性。水源地保护更多体现为正外部性，因此，本节通过文献梳理，重点介绍侧重流域正外部性补偿的理论方法。这些方法分别从价值和成本损失两个角度研究流域生态补偿标准：从价值角度研究得出的流域生态补偿标准往往数值较大，可在社会经济发展水平较高时实施，作为补偿上限；而从成本损失角度得出的流域生态补偿标准对及时促成上下游共享、共建流域资源、环境具有积极的促进作用。但需要明确的是，在计算发展机会成本的过程中，将发展损失全部归结于水资源要素有失偏颇。

因此，本节希望在介绍通用跨省水源地保护经济补偿标准核算方法的基础上，研究和构建基于博弈分析的流域生态补偿标准计算方法。

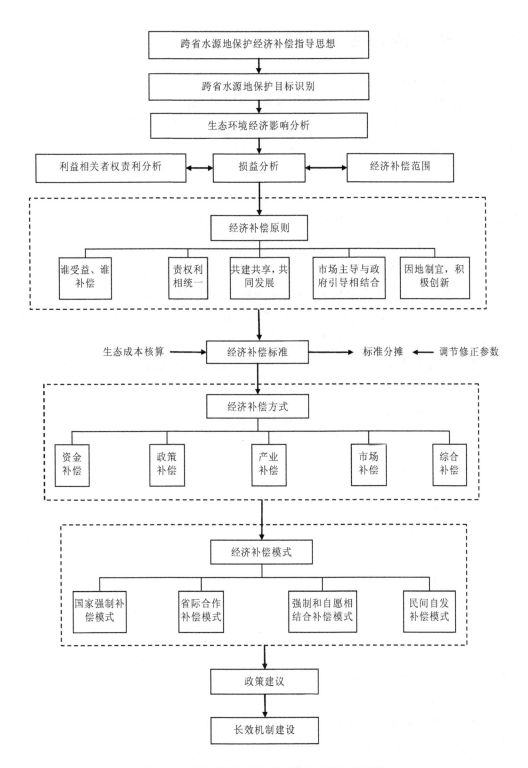

图 5-1　我国现行跨省水源地保护经济补偿框架

5.3.1　跨省水源地保护生态补偿核算依据

（1）生态系统服务价值

生态系统服务价值，是指生态系统及其过程所形成的、能为维持人类生存及其发展所提供的自然环境条件及其效用，主要包括向经济社会系统输入有用物质和能量、接受和转化来自经济社会系统的废弃物，以及直接向人类社会成员提供服务（如人们普遍享用洁净空气、水等舒适性资源）。

生态系统服务价值具有外部经济性、公共性等特点。生态系统在许多方面为公众提供了至关重要的生命支持系统服务，如涵养水源、保护土壤、提供游憩地、防风固沙、净化大气和保护野生生物等。因此，生态系统系统服务是一种重要的公共商品，其价值主要表现在其作为生命支持系统的外部价值上，而不是表现在作为生产的内部经济价值上。

在跨省水源地保护生态补偿中，为保证流域生态系统能够持续提供各种产品和服务，包括清洁的饮用水水源，需要对生态保护者进行补偿。生态系统服务具有普遍性，当地区生态系统服务得到改善，受益者不仅局限于当地，往往还包括下游地区。为保障流域上下游生态系统服务的可持续性，需要对生态服务提供者进行直接的经济补偿。因此，可通对生态系统提供的服务进行评估，得到生态系统服务价值，以此核定补偿标准。

（2）生态保护投入

从整个流域来看，上游地区处于特殊的地理位置，为保护流域生态环境和水源地，放弃了一些发展机遇，并投入了大量的人力、物力和财力，因此，下游理应对上游地区付出的保护成本进行适当补偿。

（3）流域水质、水量

结合水环境监控的总体水平，选择水质、水量作为跨区域河流生态补偿的判定标准，实现经济补偿与被污染河流的水质、水量相关联，对维护上下游权益、提高流域水环境总体水平意义重大。

（4）水资源价值

不同地区、不同时期的水资源价值大小有较大的区别。根据水资源的紧缺程度调节水价，从水价中征取部分水资源费以及整个水生态的价值转化为补偿资金，是实现跨省水源地保护和的有效手段和途径。

（5）社会经济效益

水资源的合理利用程度在某种程度上决定着社会经济水平。从最广泛的角度将生态补偿和社会经济相关联，利用生态经济学理论，核算水质污染、水量变化对一个地区经济发展的影响，根据社会经济水平的变化程度得出对该地区的补偿标准。

（6）支付意愿

支付意愿反映了某地居民对流域环境的认知程度、对流域治理的信息和需求等重要信息，对确定生态补偿标准具有重要意义。同时，了解居民支付意愿也是带动上下游公众参与流域管理和决策中的重要途径，是确定流域生态补偿标准核算依据不可或缺的过程。

5.3.2　基于博弈论的跨省水源地保护生态补偿标准确定方法

基于博弈论的跨省水源地保护生态补偿标准确定方法是指运用博弈论的基本理论和方法，模拟流域生态补偿各利益相关方以追求自身利益最大化为目的的策略选择过程，实现各方利益均衡的一种核算方法。将博弈论引入流域生态补偿政策研究起步较晚，目前还处于探索阶段，主要关注的是流域内政府及上级政府之间的博弈机制。近年来应用博弈论研究设计流域生态补偿标准逐渐成为该领域的研究热点，随着研究的深入，这种补偿核算方法的认可度将大幅提高。基于博弈论的生态补偿核算方法从流域生态补偿参与者的角度出发探索补偿标准问题，因此十分切合实际，将是未来流域生态补偿标准制定发展的方向，并将在随后的章节中进行具体的介绍。

"博弈论"译自英文 Game Theory。博弈是指参与人在一定的规则下，同时或先后，一次或多次，从各自所允许选择的行动或战略中进行选择并进行实施，而取得相应结果（支付函数）的过程。而博弈论就是系统研究具有以上特征的博弈问题，并对各博弈方合理选择战略情况下的博弈进行求解，以及对所得的解进行讨论与分析的理论。

5.3.2.1　博弈论基础

（1）博弈论的构成要素

博弈论主要由参与人、行动、信息、战略、得益及均衡构成。

1）参与人

参与人是指在博弈中独立决策、独自承担博弈结果且各自的决策会影响其他参与人的决策者，也称博弈方或局中人。参与人可以是个人，也可以是团体。此外，在特定博弈中人们将"自然"作为虚拟参与人，并假定其在博弈的特定时点上可以特定的概率随机选择行动。一般而言，参与人的多少与博弈问题的难易程度呈反相关关系。

2）行动

行动是博弈参与人在特定时点上的决策变量。行动的次序决定了该博弈是静态博弈还是动态博弈。

3）信息

信息是参与人有关博弈的知识，如博弈的规则、参与人的行动与决策能力等，其中值得一提的是有关博弈得益方面的知识，它是区别完全信息与不完全信息的关键所在。

信息集是描述博弈参与人信息特征的概念，表示每次行动时参与人进行选择时所知道的信息。在动态博弈中，与信息相关的还有完美信息与不完美信息这样一对特殊概念：如果参与人完全知晓自己行动之前的全部博弈过程，称此博弈参与人具有完美信息；而参与人不完全了解的话，则称该博弈参与人具有不完美信息。

4）战略

战略（也称策略或计谋）是参与人在既定的信息集情况下的行动规则，它规定参与人在特定时点上应选择怎样的行动。一般用 s_i 表示第 i 个博弈参与人的一个特定的战略。用 $S_i=\{s_i\}$ 代表第 i 个参与人所有可选择的战略集合。在 n 人博弈中，n 维向量 $s=(s_1, s_2, \cdots, s_n)$ 称为一个战略组合。

5）得益

得益（或支付）是指在某一既定战略组合下博弈参与人所能得到的利益。它是博弈中参与人追求的主要目标，并决定着行动和战略的选择，其既可以用确定的收益来表示，也可以通过效用水平或期望效用水平等来体现。

6）均衡

均衡是指所有博弈参与人的最优战略组合。通俗地讲，均衡即博弈的解。均衡具有不唯一性，同一博弈有可能出现多种均衡的情况，也难以预测这种情况下实际出现的是哪一种均衡。在非合作博弈理论中，最重要的一个概念就是纳什均衡。在某一战略组合里，每个参与人的战略选择，对于对手而言，都是对手（或其他博弈参与人）的战略选择的最佳战略选择。具有这种性质的战略组合称为博弈的纳什均衡。而在动态博弈中，泽尔腾（Selten）引入了子博弈精炼纳什均衡，它既是原博弈的纳什均衡，也是每一个子博弈的纳什均衡。

（2）博弈的基本类型

1）静态博弈与动态博弈

依据参与人采取行动的次序，博弈可分为静态博弈和动态博弈。静态博弈是指所有参与人同时选择行动的博弈，或虽非同时但后行动者并不了解先行动者采取了怎样的行动的博弈。动态博弈是指参与人的行动存在先后次序，且参与人可以获得有关博弈历史的部分或全部信息的博弈。

2）完全信息博弈和不完全信息博弈

依据博弈中参与人的信息结构，可将博弈区分为完全信息博弈和不完全信息博弈。完全信息博弈是指所有参与人对博弈问题的信息结构有完全的了解，在博弈开始之前所有参与人对博弈问题本身没有任何不确定性，即没有事前的不确定性；而不完全信息博弈则意味着在博弈开始之前，至少有一个参与人对博弈问题信息结构的某一方面没有完全了解，存在事前的不确定性。

3）合作博弈和非合作博弈

依据参与人是否可以达成约束性协议，可将博弈划分为合作博弈和非合作博弈。合作博弈是指参与人从自身利益出发与其他参与人通过谈判达成协议或组成联盟，并使博弈结果对所有参与人都有利的博弈；非合作博弈是指参与人在行动选择时无法达成约束性协议的博弈。由此可以看出，前者追求的是集体理性、公正、公平；而后者侧重于个人理性、个人最优决策。由于合作博弈的复杂性，现代博弈论侧重研究非合作博弈。

结合上述两种划分博弈的方法，我们习惯上把非合作博弈分为完全信息静态博弈、完全信息动态博弈、不完全信息静态博弈和不完全信息动态博弈。

（3）议价行为的博弈理论

经济学意义上，所谓"议价"（通常称为"讨价还价"）是指双方（有时是多方）关于可能达成合作或一致的条件协商与谈判，或者通过商谈方式解决利益在不同主体间的分配与协调问题。讨价还价使各主体在利益上既相互冲突又相互合作，而这一既冲突又合作的行为主体在决策上又是相互影响的。

从议价理论的发展来看，首先是由埃奇沃思于 1881 年提出了双边垄断情况下解的决定问题。后来 1932 年希克斯以工资谈判为例研究了议价解的决定问题。这些研究都是比较薄弱的，不足以成为建立议价理论的基础。在建立强议价理论的历史中，1930 年丹麦经济学家泽森做出了开创性的工作。而 20 世纪 50 年代以来，随着现代博弈理论的建立和发展，大大推进了议价理论的研究，并且逐渐形成了合作博弈的议价理论和非合作博弈的议价理论两个分支，这两个理论分支分别使用了公理性的（axiomatic）和战略性的（strategic）两种方法。本节所采用的鲁宾斯坦恩-斯塔尔议价模型是非合作博弈议价理论的基础模型，其用动态的模型对议价的过程进行了模拟，弥补了以纳什（Nash）和夏洛普（Shapley）为代表运用公理化模拟议价情境的不足。

5.3.2.2　博弈论在生态补偿中的应用

在我国，博弈论在生态补偿中的应用还处于起步和探索阶段。钟瑜以鄱阳湖湿地自然保护为案例对生态补偿政策进行了经济博弈分析；韩凌芬等以闽江流域生态补偿为例，分析了闽江流域上下游地方政府之间的横向博弈关系和下游政府与上级政府纵向间的博弈关系；常亮等从博弈论的角度探讨了流域生态补偿中流域上下游地方政府与上级政府间的行为和利益问题，建立了跨区域流域生态补偿府际间的三方博弈模型。以上研究主要从上游是否保护、下游是否补偿、同一上级政府等第三方是否监督等方面制定出生态保护实施者和受益者的策略组合，通过博弈建模试图从补偿机制层面研究博弈各方的行为，并寻求各方帕累托最优或帕累托改进。

在流域生态补偿标准研究方面，既有从合作博弈角度，把流域上下游区域作为合作联盟追求集体协作的帕累托最优；也有基于非合作博弈，从流域上下游区域各自利益最大化出发，实现流域各方及全流域帕累托最优。方茜等把流域内区域间的水源保护效益转移看作上下游之间的合作，根据上游地区在水源建设中的贡献，运用 Shapley 值法确定上游地区水源建设补偿额，进而以合作收益的方式提出了跨区域水源保护补偿额定量测算方法；并对新安江流域进行了实例分析，结果表明补偿额大于上游地区水源保护投入成本，可调动上游地区保护建设水源地的积极性，是一种较合理的补偿标准。而李维乾等在假设流域各地区有合作博弈的基础上，基于数据包络分析方法（DEA）对传统合作博弈 Shapley 值解模型进行了改进，并将改进后的 Shapley 值解模型应用于分摊流域上游地区生态建设与保护成本。这一核算方法考虑了受益方为多地区的情况，突破了传统合作博弈模型按照"上游保护，下游均分"的思想分摊补偿额的做法，并将水质、水量作为输入参数，国民经济效益、生态环境用水效益作为输出参数，考虑地区之间差异及对水质、水量重视程度的不同，对经典 Shapley 值赋予一定的权重，使之更加贴近流域各地区实际水资源供需情况。不足之处是当应用到地区数据较多的流域时，其所采用的线性规划方法时间复杂度会急剧增加，从而很大程度上限制求解程序运行速度。解建仓等假设流域内上游地区供水户和下游地区用水户都是理性个体的前提下分别构建了上游地区供水户收益函数、下游地区用水户收益函数及全流域总收益函数，从非合作博弈角度研究了流域水资源保护补偿中上下游间的行为和收益问题，构建出行政调节的流域水资源保护补偿的博弈模型，然后通过蚁群算法实现模型最优求解，并将该模型应用于晋江流域，结果表明上游地区合理供水可大幅提升全流域的收益，下游给上游合理补偿能够协调上下游关系，促进上下游的和谐发展。

总体来看，博弈论在流域生态补偿中的应用还处在发展阶段，但由于其实用性强，更加符合实际情况，发展还比较迅速。

5.3.2.3 跨省水源地保护博弈利益相关方分析

由于跨省水源地保护涉及不同主体的利益，因此在进行博弈分析之前有必要明确界定各利益相关方的内涵与外延，进而理顺他们之间的利益关系。本节重点就补偿主体、补偿客体及第三方三大利益主体及其利益关系做出分析。

（1）补偿主体

一般而言，流域生态补偿主体包括两个方面：一是一切从利用流域水资源中受益的群体；二是一切生活或生产过程中向外界排放污染物，影响流域水量和流域水质的个人、企业或单位。就跨省水源地保护而言，补偿主体主要是指下游用水区省（区、市）从利用水源地水资源中受益的个人、企业和单位。因为水源地产生的生态效益绝大部分以正外部性的形式输入用水区。此外，水源地周边地区及主要产水区的各种污染（主要是面源污染）对水源地水质带来了一定的破坏与威胁，因而也应被视为补偿主体。只不过在博弈分析中往往是以降低一定补偿量的形式来体现这一次要补偿主体的责任。

（2）补偿客体

流域生态补偿客体是执行水环境保护工作等为保障水资源可持续利用做出贡献的地区。一般包括流域上游区域及上游周边地区，他们开展各项水资源保护措施，为保障向下游提供持续利用的水资源投入了大量的人力、物力、财力，甚至牺牲了当地部分产业发展机会。具体到跨省水源地保护层面上，水源地保护补偿客体主要是上游主要产水省份及水源地周边地区为保护水资源做出贡献和牺牲的个人、企业和单位。

（3）第三方

水源地保护生态补偿中的第三方，即监督协调主体，是指协调水源地跨区域各方利益，促成补偿机制建立并监督补偿政策执行的主体。具体到跨省水源地保护层面，第三方可以是中央人民政府，或具有行政管理职能的相关政府部门（如生态环境部、水利部等）及具有流域管理职能的相关直属机构，或跨地区的组织协调机构，或非政府机构组织、协会、团体等。

（4）利益相关方博弈关系分析

在跨省水源地保护中，用水省（区、市）、产水省（区、市）与第三方（以中央政府为例）3 个主体之间的关系既复杂又微妙，任一主体的行动都会影响其他两个主体的行为选择。作为补偿主体的用水省（区、市），其是否补偿、补偿多少及如何补偿直接影响上游产水省（区、市）是否保护水源地以及保护的积极性大小，也会影响中央政府监督、协调的参与程度。作为补偿客体的产水省（区、市），其保护的水资源生态环境直接影响下游用水省（区、市）的用水安全以及中央政府的监督协调强度。中央政府的监督协调行为不仅受用水省（区、市）和产水省（区、市）行为策略的共同影响，反过来其监督协调行为的调整也会影响用水省（区、市）和产水省（区、市）的行为选择。在这里，下游用水省（区、市）与上游产水省（区、市）之间就形成了委托—代理关系，而中央政府与二者之间为监督协调与被监督协调的关系。三者之间的关系可简化为图 5-2。

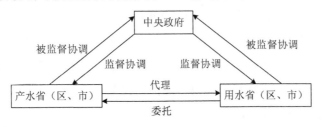

图 5-2　跨省水源地保护三方主体关系

5.3.2.4 跨省水源地保护生态补偿博弈模型

基于前文对跨省水源地保护利益相关方博弈关系的分析,结合当前以水源地上游生态保护建设成本与发展机会损失作为补偿内容较为合适的判断,以下部分将利用鲁宾斯坦恩-斯塔尔讨价还价模型重点研究用水省(区、市)与产水省(区、市)两大利益主体之间就补偿标准进行讨价还价的过程。而鉴于模型自身局限性,暂不将第三方纳入补偿标准确定过程中,而在最终补偿机制制定层面上加以反映,从而促成三方利益主体的共赢。

(1)模型假设

根据鲁宾斯坦恩-斯塔尔讨价还价模型性质与跨省水源地保护生态补偿标准确定的实际需要,本节做出以下假设。

1)理性人假设

假定本节所研究的跨省水源地仅涉及两个省(区、市),分别为用水省(区、市)A和产水省(区、市)B,且两大利益主体均为"理性人",在给定的约束条件下均追求自身利益最大化。

2)参与人具有完全且完美信息

用水省(区、市)A 与产水省(区、市)B 之间讨价还价博弈被视为完全且完美信息动态博弈。两大利益主体完全了解对方各种情况下的得益,且每个主体轮到它行动时其都能看到之前所有已做出的行动,每个时刻只有一个人行动,没有外生的随机性。

3)讨价还价是有成本的

在讨价还价模型中,将上游生态保护建设成本与发展机会损失对应的货币化价值作为讨价还价的内容,随着讨价还价时间的推移,讨价还价双方均要为此付出时间成本。对于用水省(区、市)A 而言,其每延迟一期达成协议,就需多使用一期的水质没有改善的水资源,这必将对其社会经济发展产生负面影响;而产水省(区、市)B 每延迟一期达成协议,其将少获得一期的补偿款,意味着其生产的生态产品未能顺利实现其应有的市场价值。在讨价还价模型中常用贴现因子 δ 来体现讨价还价的成本。

4)协议总是即时达成,且结果是有效率的

鲁宾斯坦恩-斯塔尔讨价还价模型存在子博弈精炼纳什均衡,该均衡具有无延迟性,即给定在任何时刻出发的子博弈,协议总会立即达成。由于协议总是即时达成的,因而结果是有效率的。换言之,协议是在讨价还价过程中一开始就达成的,随后所谓动态讨价还价过程实际上是不发生的。

5)模型参数假定

假定本节讨价还价基数上游生态保护建设成本与发展机会损失货币化价值为 C,用水省(区、市)A 分得的份额为 x,则产水省(区、市)B 分得的份额为 $C-x$,其中 $C \geqslant 0$,

$x \in [0, C]$。产水省（区、市）A 与用水省（区、市）B 的贴现因子分别为 δ_1，δ_2，其中 δ_1，$\delta_2 \in [0, 1]$。将轮流出价中某一出价及对应的回应称为一个时期，这里时间被假定为离散的，并且时期被标为 $t \in \{1, 2, \cdots, T\}$。

（2）模型构建与求解

在鲁宾斯坦恩-斯塔尔讨价还价模型中，两个参与人——用水省（区、市）A 与产水省（区、市）B 轮流出价，假设用水省（区、市）A 先出价，产水省（区、市）B 可以接受或拒绝。如果产水省（区、市）B 接受该出价，则该博弈结束，上游生态保护建设成本与发展机会损失 C 按用水省（区、市）A 提出的方案来分担。如果产水省（区、市）B 拒绝该出价，则由其出价（还价），用水省（区、市）A 可以接受或拒绝。如果用水省（区、市）A 接受，则该博弈结束，C 按产水省（区、市）B 提出的方案分担。而如果用水省（区、市）A 拒绝该出价，则由 A 再出价，如此循环，直至其中一个参与人的出价被另一个参与人接受为止。由此看出，该博弈是一个完全且完美信息博弈。本节将分别讨论有限期和无限期讨价还价博弈的情况。

1）有限期的讨价还价博弈

在有限期讨价还价博弈时，可采用逆推归纳法求解。

①当 $T = 2$ 时

i. 情形一：用水省（区、市）A 先出价

第一轮由用水省（区、市）A 先出价，而产水省（区、市）B 拒绝该出价，此时则由 B 在第二轮出价，A 接受该出价（因为 A 不再有出价机会），博弈结束。博弈过程见图 5-3。其中，Y 表示该轮出价被对方接受，N 表示该轮出价被对方拒绝（下同）。

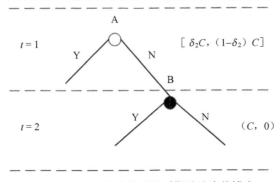

图 5-3　由 A 先出价的两时期轮流出价博弈

在这种情形下，从自身利益最大化出发，在第二轮中产水省（区、市）B 将会选择让用水省（区、市）A 承担所有的保护成本 C，自己承担 0，即出价为 C，此时 B 的收益为 C。因此，将这个可能性所必然伴随的时间贴现 δ_2 考虑在内，显然 B 将仅仅接受 A 在第一轮提出的收益不低于 $\delta_2 \times C$ 的出价。作为理性人的 A 为了不至于在第二轮被动接受

全部成本，其在第一轮出价为（$1-\delta_2$）$\times C$。因而由 A 先出价的两时期讨价还价博弈的子博弈精炼纳什均衡结果为：用水省（区、市）A 承担数额为 $\delta_2 \times C$ 的保护成本，而 B 承担（$1-\delta_2$）$\times C$。这里，用水省（区、市）A 所需承担的成本 $\delta_2 \times C$ 即为 A 对 B 的生态补偿额度。

ii. 情形二：产水省（区、市）B 先出价

第一轮由产水省（区、市）B 出价，而用水省（区、市）A 拒绝了该出价。这样一来第二轮出价的主动权将由 A 掌握，A 出价，B 接受该出价（因为 B 不再有出价机会），博弈结束，见图 5-4。

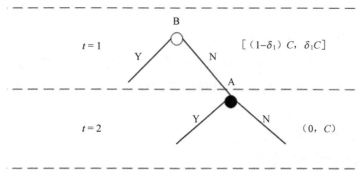

图 5-4　由 B 先出价的两时期轮流出价博弈

在这种情形下，根据利益最大化原则，在第二轮中掌握出价主动权的用水省（区、市）A 将会认为上游产水省（区、市）B 有义务为自己提供良好的水资源环境，从而选择逃避承担一切保护成本，因而此时的出价为 C，即此时 A 的收益为 C，通过贴现，等价于第一轮的 $\delta_1 \times C$。显然 A 将仅接受 B 在第一轮中保证其收益不低于 $\delta_1 \times C$ 的出价。作为理性人的产水省（区、市）B 为了不至于得不到补偿，将会在第一轮选择出价为（$1-\delta_1$）$\times C$。因而由 B 先出价的两时期讨价还价博弈的子博弈精炼纳什均衡结果为：用水省（区、市）A 承担数额为（$1-\delta_1$）$\times C$ 的保护成本，而 B 承担 $\delta_1 \times C$。这里用水省（区、市）A 对产水省区 B 的补偿额度则为（$1-\delta_1$）$\times C$。

②当 $T=3$ 时

i. 情形一：用水省（区、市）A 先出价

第一轮由用水省（区、市）A 出价，而产水省（区、市）B 拒绝了该出价；第二轮转而由 B 出价，A 也拒绝了其出价；第三轮再次由 A 出价，B 接受该出价（因为 B 不再有出价机会），博弈结束，见图 5-5。

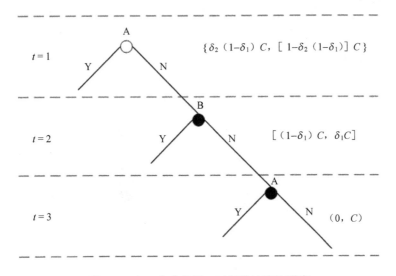

图 5-5 由 A 先出价的三时期轮流出价博弈

在这种情形下，用水省（区、市）A 为逃避承担所有保护成本，因而出价为 C，即此时 A 的收益为 C，通过贴现，等价于第二轮的 $\delta_1 \times C$。如果产水省（区、市）B 在第二轮出价为（$1-\delta_1$）$\times C$，则用水省（区、市）A 将会接受，此时 B 的收益为（$1-\delta_1$）$\times C$，通过贴现，等价于第一轮的 δ_2（$1-\delta_1$）$\times C$，即 B 在第一轮中将只会接受保证其收益不低于 δ_2（$1-\delta_1$）$\times C$ 的出价。在第一轮中，用水省（区、市）A 为了能获得最大收益且保证产水省（区、市）B 顺利接受其出价，其出价应为[$1-\delta_2$（$1-\delta_1$）]$\times C$。因而，由 A 先出价的三时期讨价还价博弈的子博弈精炼纳什均衡结果为：用水省（区、市）A 承担数额为 δ_2（$1-\delta_1$）$\times C$ 的保护成本，而 B 承担的成本为[$1-\delta_2$（$1-\delta_1$）]$\times C$。这里用水省（区、市）A 需支付给产生省（区、市）B 的补偿额度为 δ_2（$1-\delta_1$）$\times C$。

ii. 情形二：产水省（区、市）B 先出价

第一轮由产水省（区、市）B 出价，而用水省（区、市）A 拒绝了该出价；第二轮转而由 A 出价，B 也拒绝了其出价；第三轮再次由 B 出价，A 接受该出价（因为 A 不再有出价机会），博弈结束，见图 5-6。

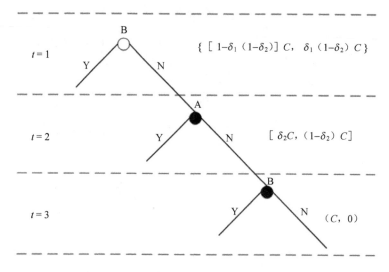

$$\{ [1-\delta_1 (1-\delta_2)] C, \ \delta_1 (1-\delta_2) C \}$$

$$[\delta_2 C, (1-\delta_2) C]$$

$$(C, 0)$$

图 5-6　由 B 先出价的三时期轮流出价博弈

在这种情形下，根据利益最大化原则，在第三轮中掌握出价主动权的产水省（区、市）B 将会选择让用水省（区、市）A 承担水源地保护成本，从而出价为 C，此时其对应的收益为 C，通过贴现，等价于第二轮的 $\delta_2 \times C$。在第二轮中，产水省（区、市）B 仅会接受保证其收益不低于 $\delta_2 \times C$ 的出价，因而在第二轮出价中用水省（区、市）A 将出价为 $(1-\delta_2) \times C$，产水省（区、市）B 将会接受，此时 A 的收益为 $(1-\delta_2) \times C$，通过贴现，其等价于第一轮的 $\delta_1 (1-\delta_2) \times C$。因而 A 在第一轮中仅会接受满足其收益不低于 $\delta_1 (1-\delta_2) \times C$ 条件下的出价。在第一轮中，产水省（区、市）B 为了能获得最大收益且保证用水省（区、市）A 顺利接受其出价，其出价必为 $[1-\delta_1 (1-\delta_2)] \times C$。因而，由 B 先出价的三时期讨价还价博弈的子博弈精炼纳什均衡结果为：用水省（区、市）A 承担 $[1-\delta_1 (1-\delta_2)] \times C$ 的水源地保护成本，而产水省（区、市）B 自身承担 $\delta_1 (1-\delta_2) \times C$。这里用水省（区、市）A 需向产水省（区、市）B 支付的补偿额度为 $[1-\delta_1 (1-\delta_2)] \times C$。

运用上述方法可以推导出任何给定的 $T < \infty$ 的有限期讨价还价博弈的子博弈精炼纳什均衡。

由上述分析可以看出，一般情况下，有限期讨价还价博弈中，子博弈精炼纳什均衡结果与贴现因子 δ 的大小、博弈时期 T 的长短及谁在最后出价有关。

在讨价还价过程中，只要博弈双方不接受对方的出价方案，谈判就会持续下去，也没有结束期限的限制，这就是无限期的讨价还价博弈。

2）无限期的讨价还价博弈

由于无限期的讨价还价博弈没有最后时期，所以无法直接运用逆推归纳法进行求解。但是 1984 年萨克德和萨顿提出了一种解决无限期的讨价还价博弈的思路：从参与人 1 出价的任何一个时期开始的子博弈等价于从 $t=1$ 时开始的整个博弈，因此，这里可借助有限时期逆向归纳法的解析逻辑求解子博弈精炼均衡。而鲁宾斯坦恩又证明了在无限期轮流出价博弈中，子博弈精炼纳什均衡具有唯一性。本节将从以下两种情形构建并求解跨省水源地保护无限期讨价还价博弈模型。

①情形一：用水省（区、市）A 先出价

假定在时期 $t \geq 3$ 时由用水省（区、市）A 出价，产水省（区、市）B 所需承担的最大成本数额为 L（$L \in [0, C]$），因而自己所需承担的最小成本为 $C-L$，即此时 A 的最大收益为 L，通过贴现，等价于 $t-1$ 期的 $\delta_1 \times L$。在 $t-1$ 期用水省（区、市）A 仅接受保证其收益不低于 $\delta_1 \times L$ 的出价，因而根据利益最大化原则，该轮的出价人产水省（区、市）B 将出价为用水省（区、市）A 承担数额为（$C-\delta_1 \times L$）的成本，自己承担 $\delta_1 \times L$ 的成本，此时产水省（区、市）B 对应的收益为 $C-\delta_1 \times L$，等价于 $t-2$ 期的 $\delta_2 \times (C-\delta_1 \times L)$。在 $t-2$ 期掌握出价主动权的用水省（区、市）A 知道该轮产水省（区、市）B 将会接受任何保证其收益不低于 $\delta_2 \times (C-\delta_1 \times L)$ 的出价，因而该轮用水省（区、市）A 的出价方案为产水省（区、市）B 承担数额为 $C-\delta_2 \times (C-\delta_1 \times L)$ 的成本，自己承担 $\delta_2 \times (C-\delta_1 \times L)$ 的成本。因为从 $t-2$ 时开始的博弈与从 t 时开始的博弈完全相同，用水省（区、市）A 在 $t-2$ 期所需承担的最小成本一定与其在 t 期所需承担的最小成本相同，因此我们有：

$$C-L = \delta_2 \times (C-\delta_1 \times L) \tag{5-1}$$

求解该等式，可得

$$L = \frac{1-\delta_2}{1-\delta_1\delta_2} \times C \tag{5-2}$$

即用水省（区、市）A 所需承担的最小成本为

$$C - L = \frac{\delta_2(1-\delta_1)}{1-\delta_1\delta_2} \times C \tag{5-3}$$

现假定时期 $t \geq 3$ 由用水省（区、市）A 出价，产水省（区、市）B 所需承担的最小成本数额为 l（$l \in [0, C]$），因而自己所需承担的最大成本为 $C-l$，同理可得

$$C-l = \delta_2 \times (C-\delta_1 \times l) \tag{5-4}$$

解得

$$l = \frac{1-\delta_2}{1-\delta_1\delta_2} \times C \tag{5-5}$$

即用水省（区、市）A 所需承担的最大成本为：

$$C - l = \frac{\delta_2(1-\delta_1)}{1-\delta_1\delta_2} \times C \tag{5-6}$$

所以，用水省（区、市）A 所承担的最小保护成本数额与最大保护成本数额相同，且均衡结果是唯一的。由用水省（区、市）A 先出价的无限期讨价还价博弈的子博弈精炼纳什均衡结果为：用水省（区、市）A 承担的成本为 $\dfrac{\delta_2(1-\delta_1)}{1-\delta_1\delta_2}\times C$，产水省（区、市）B 承担的成本为 $\dfrac{1-\delta_2}{1-\delta_1\delta_2}\times C$。

②情形二：产水省（区、市）B 先出价

假定在时期 $t\geqslant3$ 时由产水省（区、市）B 出价，此时用水省（区、市）A 所需承担的最大成本数额为 M（$M\in[0, C]$），因而自己所需承担的最小成本为 $C-M$，即此时 B 的最大收益为 M，通过贴现，等价于 $t-1$ 期的 $\delta_2\times M$。在 $t-1$ 期，具有出价权的用水省（区、市）A 将会提出既满足产水省（区、市）B 的最低收益又保证自身利益最大化的出价方案，A 承担 $\delta_2\times M$ 的成本，B 承担 $C-\delta_2\times M$ 的成本，此时 A 的收益为 $C-\delta_2\times M$，通过贴现等价于 $t-2$ 期的 $\delta_1\times(C-\delta_2\times M)$。同理，在 $t-2$ 期，掌握出价主动权的产水省（区、市）B 提出的成本分担方案为：A 承担数额为 $C-\delta_1\times(C-\delta_2\times M)$ 的成本，B 承担的数额为 $\delta_1\times(C-\delta_2\times M)$。因为从 $t-2$ 时开始的博弈与从 t 时开始的博弈完全相同，产水省（区、市）B 在 $t-2$ 期所需承担的最小成本一定与其在 t 期所需承担的最小成本相同，因此我们有：

$$C-M=\delta_1\times(C-\delta_2\times M) \tag{5-7}$$

解得

$$M=\frac{1-\delta_1}{1-\delta_1\delta_2}\times C \tag{5-8}$$

即产水省（区、市）B 所需承担的最小成本为

$$C-M=\frac{\delta_1(1-\delta_2)}{1-\delta_1\delta_2}\times C \tag{5-9}$$

现假定时期 $t\geqslant3$ 由产水省（区、市）B 出价，用水省（区、市）A 所需承担的最小成本数额为 m（$m\in[0, C]$），因而自己所需承担的最大成本为 $C-m$，同理可得

$$m=\frac{1-\delta_1}{1-\delta_1\delta_2}\times C \tag{5-10}$$

即产水省（区、市）B 所需承担的最大成本为

$$C-m=\frac{\delta_1(1-\delta_2)}{1-\delta_1\delta_2}\times C \tag{5-11}$$

因此，产水省（区、市）B 所承担的最小保护成本数额与最大保护成本数额相同，且均衡结果是唯一的。由产水省（区、市）B 先出价的无限期讨价还价博弈的子博弈精炼纳什均衡结果为

用水省（区、市）A 承担的成本为 $\dfrac{1-\delta_1}{1-\delta_1\delta_2}\times C$；

产水省（区、市）B 承担的成本为 $\dfrac{\delta_1(1-\delta_2)}{1-\delta_1\delta_2}\times C$。

由上述分析可以看出，一般情况下，无限期讨价还价博弈中，子博弈精炼纳什均衡结果与贴现因子 δ 的大小以及谁最先出价有关。

（3）模型讨论

在前文跨省水源地保护生态补偿讨价还价博弈模型的构建与求解过程中，我们可以看出模型结果与博弈双方用水省（区、市）A 和产水省（区、市）B 各自的贴现因子密切相关。下面就将这一重要参数以及模型结果做出进一步的讨论与分析。

1）贴现因子

在本节构建的博弈模型中，贴现因子 δ 被用来表示讨价还价的时间成本，也是对博弈参与人耐心程度的反映。仅就时间成本而言，其与贴现率 r 的关系为 $\delta=1/(1+r)$。贴现率是经济领域中较为重要的概念，最初是指持票人以没到期的票据向银行要求兑现，银行将利息现行扣除所使用的利率，后来发展为金融机构向本国央行做短期融资时，该国央行向金融机构收取的利率。现在贴现率引申为将未来资产折算成现值的利率。在环境与自然资源价值核算方面，联合国的环境经济综合核算（SEEA）和世界银行的全球各国国民财富核算中均对环境与自然资源价值未来收益进行了贴现。

影响贴现因子大小的主要因素有：一是时间的相对重要性。时间对某一参与人越重要，那么其贴现因子就越小，在讨价还价中就越是处于不利的位置。二是机会成本的大小。在跨省水源地保护中，机会成本是指参与人能找到相似或相同成交条件的可能性，如水源地的可替代性、产业发展对水源的依赖度等。其与贴现因子呈反向变动关系。三是参与人的风险厌恶度大小。风险厌恶度小的参与人，其贴现因子较大，在讨价还价中处于较有利的地位，同时引发谈判破裂的可能性也较大；风险厌恶度大的参与人，其贴现因子较小，在讨价还价中处于较被动不利的地位，但引发谈判破裂的可能性也较小。因而，贴现因子可以看作是以上这些因素的综合体现。

在跨省水源地保护讨价还价博弈中，一般而言，讨价还价成本高可表现为贴现因子较小，也意味着参与人所需承担的保护成本也较高；成本低可表现为贴现因子较大，也意味着参与人所需承担的保护成本较低。

2）后动优势

在动态博弈中，所谓后动优势是指博弈参与人后行动的得益比先行动的得益大的情况。在有限期的讨价还价博弈中，当博弈双方均具有足够的耐心时，即当 $\delta_1=\delta_2=1$ 时，最后出价的博弈参与人将处于优势地位。因为掌握最后一轮出价权的参与人将给出可以使其自身逃避一切水源地保护成本的出价方案，一直等到博弈的最后阶段逃避一切水源地保护成本为止。以用水省（区、市）A 先出价为例，若 $T=1，3，5，\cdots$，那么子博弈精炼纳什均衡结果为：用水省（区、市）A 将承担数额为 0 的保护成本，而产水省（区、市）B 将独自承担全部水源地保护成本 C；若 $T=2，4，6，\cdots$，那么子博弈精炼纳什均衡结果为：用水省（区、市）A 承担所有的水源地保护成本 C，而产水省（区、市）B 所需承担的保护成本为 0。然而，这一"后动优势"仅在理论上存在，而在水源地保护实践中用水省（区、市）和产水省（区、市）均不可能有无限的耐心。

3）先动优势

在动态博弈中，所谓先动优势是指博弈参与人先行得益大于后行得益的情况。在无限期讨价还价博弈中，以用水省（区、市）A 先出价为例，如果假定 $\delta_2=0$，即产水省（区、市）B 完全无耐心，无论 δ_1 取值是多少，那么此时的子博弈精炼纳什均衡结果为：用水省（区、市）A 承担的成本为 $\dfrac{\delta_2(1-\delta_1)}{1-\delta_1\delta_2}\times C=0$，产水省（区、市）B 承担的成本为 $\dfrac{1-\delta_2}{1-\delta_1\delta_2}\times C=C$，此时产水省（区、市）B 承担所有保护成本，而用水省（区、市）A 承担的数额为 0；但如果假定 $\delta_1=0$，即用水省（区、市）A 完全无耐心，只要 δ_2 不取值为 1，那么此时的子博弈精炼纳什均衡结果为：用水省（区、市）A 承担的成本为 $\dfrac{\delta_2(1-\delta_1)}{1-\delta_1\delta_2}\times C=\delta_2\times C$，产水省

（区、市）B 承担的成本为 $\dfrac{1-\delta_2}{1-\delta_1\delta_2}\times C=（1-\delta_2）\times C\neq0$。由上述结果可知，完全没耐心的产水省（区、市）B 承担了所有成本，而先出价的完全没耐心的用水省（区、市）A 并未承担所有成本。其原因在于，在无限期的讨价还价博弈中，除了"耐心优势"外，还有"先动优势"，即使用水省（区、市）A 与产水省（区、市）B 的贴现因子相等时，即 $\delta_1=\delta_2=\delta$，先出价的用水省（区、市）A 所承担的成本为 $\dfrac{\delta_2(1-\delta_1)}{1-\delta_1\delta_2}\times C=\left(1-\dfrac{1}{1+\delta}\right)\times C<\dfrac{1}{2}C$。

当我们假定每时期的时间变得任意短时，先动优势就会消失。

5.3.2.5 方法述评

跨省水源地作为流域的重要组成部分，运用博弈协商的方法研究其生态补偿标准有助于跳出"背靠背"单一量化模式来构建多方参与博弈协商的"面对面"补偿机制，对于探索市场化的横向生态补偿机制具有重要指导意义。此外，对于补偿内容的选择，可以遵循"先易后难，循序渐进"原则，综合考虑社会经济发展水平以及用水地区支付能力与支付意愿等因素。为了加快推动跨省水源地横向生态补偿机制的建立，本研究认为当前以水源地上游生态保护建设成本与发展机会损失作为补偿内容较为合适。而随着社

会经济发展水平的提高，基于生态系统服务功能价值的补偿可逐步纳入补偿内容中来。

5.3.3　跨省水源地保护生态补偿标准博弈分析的应用

本节将应用跨省水源地保护生态补偿博弈模型模拟分析不同情景下于桥水库跨省水源地保护生态补偿标准。讨价还价博弈中，作为博弈参与人的用水省市天津市与产水省份河北省均为理性人。

5.3.3.1　贴现因子的选择

在跨省水源地保护生态补偿讨价还价博弈中，博弈双方之间的讨价还价是有成本的，在模型中常用贴现因子 δ 来表示。其与贴现率 r 的关系为 $\delta=1/（1+r）$。

（1）天津市的贴现因子

在于桥水库跨省水源地保护生态补偿讨价还价过程中，作为用水省市的天津市，其贴现因子主要受跨省水源地保护所带来的预期收益、机会成本大小及所持的风险态度等因素影响。天津市将会考虑其从跨省水源地保护中所能够获得的预期收益，充分的水资源保障显然将对当地社会经济的发展以及生态环境的改善产生积极影响。从机会成本来看，天津市水源的多元化、自来水厂处理费用、供水工程建设成本等也会影响贴现因子的大小。

此外，在讨价还价过程中，其他影响因素不变的情况下，天津市贴现因子与其在跨省水源地保护上的风险厌恶度呈反向变动的关系。理论上，天津市的贴现因子应是以上影响因素的综合体现。为提高实践中的可操作性，可以考虑其中最为关键的因素来确定。若仅考虑贴现因子与预期收益的关系，此时贴现率的本质即为投资回报率。因此，可以用水资源对 GDP 的贡献率作为贴现率，进而得出贴现因子的取值。

（2）河北省的贴现因子

在于桥水库跨省水源地保护生态补偿讨价还价过程中，作为主要产水省份的河北省，其贴现因子主要受跨省水源地生态环境保护投入成本、中央政府对该地区生态环境保护扶持力度及所持的风险态度等因素影响。河北省为保证向下游天津市提供满足一定水质的水资源，需要投入大量人力、物力及财力进行水源区生态保护与建设，同时因保护水资源导致产业门槛的提高也牺牲了部分经济发展机会。在讨价还价过程中，河北省作为这一生态产品的供应方，需要得到一定的补偿，乃至促进后续保护的收益。一般而言，其投入的成本越高，贴现因子也会越大，争取获得更高补偿的耐心越足。中央政府对于桥水库水源区生态环境保护扶持力度也会影响河北省贴现因子大小。中央政府从国家层面上对水源区的补偿及补助将会减轻本地区生态保护投入压力，从而影响贴现因子的确定。此外，其他影响因素不变的情况下，天津市贴现因子与其在跨省水源地保护上的风险厌恶度呈反向变动的关系。理论上，河北省的贴现因子应是以上因素的综合体现。在实践中，为提高可操作性，可选取较为关键的影响因素进行确定，或者通过专家打分法为各影响因素赋权并综合确定。

5.3.3.2 博弈模拟情景设置

根据第 3 章建立的跨省水源地保护生态补偿标准博弈模型的设计，博弈对象、贴现因子的大小、博弈时期的长短以及博弈参与人的出价次序等因素都会影响跨省水源地保护生态补偿标准的确定。为了充分研究这些因素对天津市于桥水库跨省水源地保护生态补偿标准确定的影响，本研究设置 3 个大情景进行博弈模拟，而在各大情景中还将分别设置不同子情景。具体而言，本研究的模拟情景设置如下：

情景Ⅰ将分 3 个子情景模拟于桥水库跨省水源地保护中区域的选择对其跨省生态补偿标准的影响：①模拟以主要水源区为博弈对象的于桥水库跨省生态补偿标准；②模拟以潘家口—大黑汀水库及引滦入津沿线区域为博弈对象的于桥水库跨省生态补偿标准；③模拟以于桥水库流域为博弈对象的于桥水库跨省生态补偿标准。

情景Ⅱ将分两个子情景模拟博弈参与人出价次序变动对于桥水库跨省水源地保护跨省生态补偿标准的影响：①模拟出价次序变动对基于有限期讨价还价博弈的跨省生态补偿标准的影响，②模拟出价次序变动对基于无限期讨价还价博弈的跨省生态补偿标准的影响。

情景Ⅲ将分两个子情景模拟贴现因子变动对于桥水库跨省水源地保护跨省生态补偿标准的影响：①河北省贴现因子 δ_2 一定时，模拟天津市贴现因子 δ_1 变动对于桥水库跨省水源地保护跨省生态补偿标准的影响；②天津市贴现因子 δ_1 一定时，模拟河北省贴现因子 δ_2 变动对于桥水库跨省水源地保护跨省生态补偿标准的影响。

概况来说，本研究分 3 个大情景、7 个子情景，对于桥水库跨省水源地保护跨省生态补偿标准进行模拟和测算，如表 5-2 所示。

表 5-2 博弈模拟情景设置

模拟情景	模拟对象	
情景Ⅰ：区域选择	基于有限期博弈的于桥水库跨省水源地保护生态补偿标准	基于无限期博弈的于桥水库跨省水源地保护生态补偿标准
情景Ⅱ：出价次序变动		
情景Ⅲ：贴现因子变动		

5.3.3.3 博弈模拟与分析

在于桥水库跨省水源地保护补偿标准讨价还价过程中，博弈对象、贴现因子的大小、博弈时期的长短以及博弈参与人的出价次序等因素都会影响标准的确定。本小节将利用第 3 章所构建的跨省水源地保护生态补偿标准讨价还价博弈模型，根据本章设置的不同情景进行模拟，并分析各因素对补偿标准确定的影响。

（1）情景Ⅰ：博弈区域选择对于桥水库跨省水源地保护跨省生态补偿标准的影响

于桥水库跨省保护涉及主要水源区河北省承德市、潘家口—大黑汀水库及引滦入津沿线及于桥水库流域等不同的区域。于桥水库跨省水源地保护现实需求的变动将会影响补偿区域和补偿内容的选择。为了更好地满足不同时期保护政策的调整需要，并体现所构建模型的灵活性与适应性，依据以上不同的保护区域，本模拟情景将进一步细分为 3 个子情景，在既定的贴现因子和出价次序下：一是模拟以主要水源区为博弈对象的于桥水库跨省生态补偿标准；二是模拟以潘家口—大黑汀水库及引滦入津沿线区域为博弈对象的于桥水库跨省生态补偿标准；三是模拟以于桥水库流域为博弈对象的于桥水库跨省生态补偿标准。考虑到于桥水库是南水北调中线工程通水以前天津市唯一地表水饮用水水源地，并在通水以后仍然承担较大比重的供水量，且绝大部分水资源来自上游河北省，本情景假定天津市讨价还价的成本高于河北省，耐心度低于河北省，即天津市贴现因子 δ_1 比河北省贴现因子 δ_2 小，并设天津市的贴现因子 $\delta_1=0.9$，河北省的贴现因子 $\delta_2=0.95$。

1）子情景1：以主要水源区为博弈对象的于桥水库跨省生态补偿标准

作为引滦入津最重要水源区的所在地承德市，为保证潘家口水库的水量和水质，投入了大量的人力、物力和财力进行流域生态保护和建设。截至 2011 年，该地区已有 2 000 个项目因环境保护问题被否决，1 400 余家污染企业被关停，致使每年利税损失达 60 余亿元，工作岗位减少了 30 万个；区域内实施了"退耕还林""退耕还草""舍饲禁牧""库区移民"等政策，并严格限制化肥、农药的使用。当前，水源保护与经济发展已经成为引滦入津工程上游地区的主要矛盾。

刘红艳从 4 个层面分析了承德市保护水源对本地区经济发展的影响并根据可操作性强的原则进行了经济核算：一是因保护水资源，实施了"退耕还林""退牧还草""禁牧舍饲"政策，致使遭受的经济损失；二是为保护水资源，本地区进行生态建设和环境保护的直接成本，如水源涵养林的建设、流域水土流失防治等；三是因保护水资源，本地区提高了部分产业准入门槛进而限制了工业企业发展，所丧失的经济发展机会成本；四是为保障水资源保护的可持续性，后续生态环境的养护、污染治理设施的维护运行及扩大生态建设和环境保护所投入的成本。本研究依据生态保护与建设总成本核算理论得出承德市为保护水源所投入的生态建设成本及所遭受的工农业发展机会损失年均值 C 为 89.39 亿元，其中生态保护与建设年均直接成本为 6.225 亿元，年均间接成本为 83.165 亿元（取 2008—2012 年平均值）。核算结果如表 5-3、表 5-4 所示。

表 5-3　承德市生态保护与建设直接成本

项目	总投入/亿元	国家投入/亿元	本地区投入/亿元	投入年限	本地区年均投入/亿元
京津风沙源治理	26.56	23.62	2.94	2000—2012 年	0.245
退耕还林	3.83	3.03	0.80	2000—2012 年	0.067
污染源治理	81.78	10.83	70.95	2000—2012 年	5.913
合计	112.17	37.48	74.69	—	6.225

表 5-4　承德市生态保护与建设间接成本

年份	河北省人均GDP/元	承德市 GDP/万元	承德市总人口数/万人	承德市人均GDP/元	承德市发展机会损失/万元
2008	22 986	7 436 757	340.67	21 829.797 16	393 883.62
2009	24 581	7 601 136	344.2	22 083.486 35	859 644.2
2010	28 668	8 889 619	347.63	25 572.070 88	1 076 237.84
2011	33 969	11 042 013	348.91	31 647.166 89	810 110.79
2012	36 584	11 809 000	350.63	33 679.377 12	1 018 447.92

注：表中人口数据为年末常住人口数，承德市发展机会损失=（河北省人均 GDP–承德市人均 GDP）×承德市总人口。

根据本研究所构建的跨省水源地保护生态补偿标准博弈模型，测得以主要水源区为博弈对象的于桥水库跨省生态补偿标准（表 5-5）。

表 5-5　以主要水源区为博弈对象的于桥水库跨省生态补偿标准　　　单位：亿元

出价次序	有限期讨价还价博弈		无限期讨价还价博弈
	T=2	T=3	
天津市先出价	84.92	8.49	58.57
河北省先出价	8.94	85.37	61.65

2）子情景 2：以潘家口—大黑汀水库及引滦入津沿线区域为博弈对象的于桥水库跨省生态补偿标准

在本子情景下，以天津市环境监测中心基于 4 种不同核算方法得出的补偿标准作为博弈基数，模拟以潘家口—大黑汀水库及引滦入津沿线区域为博弈对象的于桥水库跨省生态补偿标准。

天津市环境监测中心通过对潘家口—大黑汀水库网箱养殖规模和产值的统计数据分析，测得该区域基于发展机会成本的年均补偿标准为 3 亿元；运用公式 $P=Q×V_a×C$，其中 P 为补偿标准，Q 为调水量，V_a 为水资源价值，C 为水质调整系数，测得该区域基于水资源价值的补偿标准为 12.03 亿元（取 2010—2012 年平均值）；运用公式 $P=D×M$，其中 P 为补偿标准，D 为调水量，M 为水环境容量，测得该区域基于水环境容量的补偿标准为 4.15 亿元（取 2010—2012 年平均值）；运用公式 $P=r\times\alpha\times PG$，其中 P 为补偿标准，r 为生态补偿系数，α 为补偿能力因子，PG 为调水量 Q 的潜在 GDP 值，测得该区域基于补偿主体支付能力的补偿标准为 10.95 亿元（取 2010—2012 年平均值）。各核算结果如表 5-6 所示。

表 5-6　基于不同核算方法测得的博弈基数　　　　　　　　　　单位：亿元

核算方法	核算结果
基于发展机会成本	3
基于水资源价值	12.03
基于水环境容量	4.15
基于补偿主体支付能力	10.95

根据本研究所构建的跨省水源地保护生态补偿标准博弈模型，测得以潘家口—大黑汀水库及引滦入津沿线区域为博弈对象的于桥水库跨省生态补偿标准（表 5-7）。

表 5-7　以潘家口—大黑汀水库及引滦入津沿线区域为博弈对象的于桥水库跨省生态补偿标准

单位：亿元

博弈对象	出价次序	有限期讨价还价博弈		无限期讨价还价博弈
		$T=2$	$T=3$	
基于发展机会成本测算结果	天津市先出价	2.85	0.29	1.97
	河北省先出价	0.3	2.87	2.07
基于水资源价值测算结果	天津市先出价	11.43	1.14	7.88
	河北省先出价	1.2	11.49	8.30
基于水环境容量测算结果	天津市先出价	3.94	0.39	2.72
	河北省先出价	0.42	3.96	2.86
基于补偿主体支付能力测算结果	天津市先出价	10.4	1.04	7.17
	河北省先出价	1.1	10.46	7.55

3）子情景 3：以于桥水库流域为博弈对象的于桥水库跨省生态补偿标准

天津市环境监测中心运用公式 $ESV=\sum(A_i\times VC_i)$，其中 ESV 为生态系统服务总价值，A_i 为土地利用类型的面积，VC_i 为生态价值系数，分别测算了于桥水库流域 2005 年和 2010 年的生态系统服务功能价值（表 5-8）。

表 5-8　于桥水库流域生态系统服务价值核算

一级类型	二级类型	2005 年/亿元	2010 年/亿元	变化情况
供给服务	食物生产	0.539	0.536	−0.002 2
	原材料生产	1.342	1.342	0.000 3
调节服务	气体调节	2.051	2.054	0.002 4
	气候调节	2.141	2.158	0.016 5
	水文调节	2.899	2.875	−0.023 8
	废物处理	1.995	1.981	−0.014 6
支持服务	保持土壤	2.235	2.235	0.000 1
	维持生物多样性	2.398	2.395	−0.003 2
文化服务	提供美学景观	1.143	1.140	−0.003 2
合计		16.744	16.716	−0.027 7

根据本研究所构建的跨省水源地保护生态补偿标准博弈模型，以于桥水库流域 2010 年生态系统服务价值核算结果作为博弈基数测得以于桥水库流域为博弈对象的于桥水库跨省生态补偿标准（表 5-9）。

表 5-9　以于桥水库流域为博弈对象的于桥水库跨省生态补偿标准　　　　单位：亿元

情形	有限期讨价还价博弈		无限期讨价还价博弈
	T=2	T=3	
天津市先出价	15.88	1.59	10.95
河北省先出价	1.67	15.96	11.53

综合来看，选定于桥水库跨省保护中所涉及的不同区域作为博弈对象，综合考虑了产水区河北省和用水区天津市在跨省水源地保护层面上的利益诉求矛盾。从讨价还价博弈基数来看，河北省关注的侧重点是水源保护投入成本，通过博弈，争取最大限度收回保护成本，使自己生产的生态产品保值、增值，因而对水源区考察更多；而天津市关注的侧重点则为于桥水库流域产生的生态系统服务功能价值以及入库水量、水质，通过博弈，争取以最小的支付额满足自己对水资源的需求，因而，对较为直接影响以上因素的潘家口—大黑汀水库及引滦入津沿线区域考察更多。综上可知，在跨省水源地保护讨价还价博弈模型中，不同区域的选择直接决定了于桥水库跨省水源地保护生态补偿标准的确定。

（2）情景Ⅱ：出价次序变动对于桥水库跨省水源地保护跨省生态补偿标准的影响

本情景将分析出价次序变动对于桥水库跨省水源地保护跨省生态补偿标准的影响。为了更准确地反映这一影响，本研究假定天津市贴现因子与河北省贴现因子相同，且 $\delta_1=\delta_2=0.9$。以于桥水库主要水源区为例，设置两个子情景，分别模拟在二者贴现因子相同的条件下出价次序变动对跨省生态补偿标准的影响：一是模拟出价次序变动对基于有限期讨价还价博弈的跨省生态补偿标准的影响；二是模拟出价次序变动对基于无限期讨价还价博弈的跨省生态补偿标准的影响。

1）子情景 1：出价次序变动对基于有限期讨价还价博弈的于桥水库跨省水源地保护跨省生态补偿标准的影响

根据本研究所构建的跨省水源地保护生态补偿标准博弈模型，分别核算了天津市先出价和河北省先出价两种出价次序下的基于有限期讨价还价博弈的于桥水库跨省水源地保护跨省生态补偿标准（表 5-10）。

表 5-10　出价次序对基于有限期讨价还价博弈的于桥水库跨省水源地保护跨省生态补偿标准的影响

单位：亿元

出价次序	$T=2$	$T=3$	$T=4$	$T=5$
天津市先出价	80.45	8.05	73.21	14.56
河北省先出价	8.94	81.34	16.18	74.83

表 5-10 的结果表明，首先，从横向上来看，相同的出价次序对基于偶数期讨价还价博弈的于桥水库跨省水源地保护跨省生态补偿标准和基于奇数期讨价还价博弈的于桥水库跨省水源地保护跨省生态补偿标准具有相反方向的影响：在天津市先出价的情形下，当 T 为偶数时，跨省生态补偿标准呈现递减趋势，而当 T 为奇数时，跨省生态补偿呈递增趋势；在河北省先出价的情形下，当 T 为偶数时，跨省生态补偿标准呈现递增趋势，而当 T 为奇数时，跨省生态补偿呈递减趋势。例如，在天津市先出价的情形下，$T=4$ 时的生态补偿标准 73.21 亿元小于 $T=2$ 时的补偿标准 80.45 亿元，而 $T=5$ 时的补偿标准 14.56 亿元大于 $T=3$ 时的补偿标准 8.05 亿元。

其次，从纵向上来看，在既定时期下，不同的出价次序对该时期讨价还价博弈的于桥水库跨省水源地保护跨省生态补偿标准也具有相反方向的影响：当 T 为偶数时，天津市先出价下的跨省生态补偿标准高于河北省先出价下的补偿标准；当 T 为奇数时，天津市先出价下的跨省生态补偿标准低于河北省先出价下的补偿标准。例如，当 $T=2$ 时，天津市先出价下的跨省生态补偿标准 80.45 亿元远远高于河北省先出价下的补偿数额 8.94 亿元；$T=3$ 时，天津市先出价下的跨省生态补偿标准 8.05 亿元却远远低于河北省先出价下的补偿标准 81.34 亿元。

总体来讲，在有限期讨价还价博弈中，不论 T 为奇数还是偶数，参与人均具有明显的"后动优势"。当天津市掌握最后一轮出价权时，于桥水库跨省水源地保护跨省生态补偿标准往往较低；而当河北省掌握最后一轮出价权时，于桥水库跨省水源地保护跨省生态补偿标准往往较高。

2）子情景 2：出价次序变动对基于无限期讨价还价博弈的于桥水库跨省水源地保护跨省生态补偿标准的影响

根据本研究所构建的跨省水源地保护生态补偿标准博弈模型，分别核算了天津市先出价和河北省先出价两种出价次序下的基于无限期讨价还价博弈的于桥水库跨省水源地保护跨省生态补偿标准（表 5-11）。

表 5-11　出价次序变动对基于无限期讨价还价博弈的于桥水库跨省水源地保护跨省生态补偿标准的影响

单位：亿元

出价次序	$T=\infty$
天津市先出价	42.34
河北省先出价	47.05

表 5-11 的结果表明，在贴现因子相等的前提下，河北省先出价下的基于无限期讨价还价博弈的于桥水库跨省水源地保护跨省生态补偿标准 47.05 亿元大于天津市先出价下的基于无限期讨价还价博弈的于桥水库跨省水源地保护跨省生态补偿标准 42.34 亿元。在无限期讨价还价博弈中，参与人具有"先动优势"：当天津市先出价时，跨省生态补偿标准较低；而当河北省先出价时，跨省生态补偿标准较高。

（3）情景Ⅲ：贴现因子变动对于桥水库跨省水源地保护跨省生态补偿标准的影响

本情景将分析贴现因子变动对于桥水库跨省水源地保护跨省生态补偿标准的影响。为了更全面地考察贴现因子变动对补偿标准确定的影响，本部分以于桥水库主要水源区作为补偿客体，将设置两个子情景：一是河北省贴现因子 δ_2 一定时，模拟天津市贴现因子 δ_1 变动对于桥水库跨省水源地保护跨省生态补偿标准的影响；二是天津市贴现因子 δ_1 一定时，模拟河北省贴现因子 δ_2 变动对于桥水库跨省水源地保护跨省生态补偿标准的影响。两个子情景均在 $\delta_1=\delta_2=0.8$ 时以主要水源区为博弈对象的于桥水库跨省生态补偿标准作为变动基准值。值得一提的是，由于 δ_1、$\delta_2\in[0，1]$，因而在设置贴现因子变动范围时，应保持在其取值范围内，以保证取值的有效性。

1）子情景 1：δ_2 一定时，δ_1 变动对于桥水库跨省水源地保护跨省生态补偿标准的影响

在本子情景下，假定河北省贴现因子 δ_2 保持不变，分析天津市贴现因子 δ_1 变动对于桥水库跨省水源地保护跨省生态补偿标准的影响。为了更充分地考察各出价次序及时期下于桥水库跨省水源地保护跨省生态补偿标准的变化趋势，本子情景将设置 6 种情形分别模拟在其他条件不变的情况下 δ_1 对生态补偿标准的影响，分别是 δ_1 变动：①5%；②10%；③15%；④-5%；⑤-10%；⑥-15%。模拟结果如表 5-12 所示。

表 5-12　δ_2 一定时，δ_1 变动对于桥水库跨省水源地保护跨省生态补偿标准的影响　　单位：%

$\Delta \delta_1$	Δ 天津市先出价的有限期博弈的生态补偿标准		Δ 河北省先出价的有限期博弈的生态补偿标准		Δ 天津市先出价的无限期博弈的生态补偿标准	Δ 河北省先出价的无限期博弈的生态补偿
	$T=2$	$T=3$	$T=2$	$T=3$		
5	0.00	−20.00	−20.00	−0.95	−12.20	−12.20
10	0.00	−40.00	−40.00	−1.90	−27.03	−27.03
15	0.00	−60.00	−60.00	−2.86	−45.45	−45.45
−5	0.00	20.00	20.00	0.95	10.20	10.20
−10	0.00	40.00	40.00	1.90	18.87	18.87
−15	0.00	60.00	60.00	2.86	26.32	26.32

由表 5-12 可以得出以下结论：首先，除两时期天津市先出价的情形以外，其他各时期及出价次序下，δ_1 变动对于桥水库跨省水源地保护跨省生态补偿标准的影响与 δ_1 的变动方向是相反的。这一结果表明，在 δ_2 一定时，随着 δ_1 的增大，于桥水库跨省水源地保护跨省生态补偿标准将逐渐降低；随着 δ_1 的减小，于桥水库跨省水源地保护跨省生态补偿标准将逐渐提高。此外，本模拟中出现了两时期天津市先出价时生态补偿标准不受 δ_1 变动影响这一特殊情况，这是因为该情形下的生态补偿标准仅由 δ_2 决定，而 δ_2 保持不变。因此，这一情形下，δ_1 变动对于桥水库跨省水源地保护跨省生态补偿标准未产生影响。

其次，从影响程度来看，δ_1 相同的变动幅度对各时期及出价次序下的于桥水库跨省水源地保护跨省生态补偿标准的影响程度从大到小依次为：天津市先出价的三时期博弈下的跨省生态补偿标准与河北省先出价的两时期博弈下的跨省生态补偿标准、天津市先出价的无限期博弈下的跨省生态补偿标准与河北省先出价的无限期博弈下的跨省生态补偿标准、河北省先出价的三时期博弈下的跨省生态补偿标准、天津市先出价的两时期博弈下的跨省生态补偿标准。此外，δ_1 正负两个方向的变动对有限期博弈下的跨省生态保护补偿标准的影响具有对称性，影响的绝对值相等。而对不同出价次序下的无限期博弈跨省生态补偿标准的影响是相同的，且 δ_1 正方向的变动对无限期博弈下的跨省生态保护补偿标准的影响高于相同幅度的负方向变动对限期博弈下的跨省生态保护补偿标准的影响。

2）子情景 2：δ_1 一定时，δ_2 变动对于桥水库跨省水源地保护跨省生态补偿标准的影响

在本子情景下，假定天津市贴现因子 δ_1 保持不变，分析河北省贴现因子 δ_2 变动对于桥水库跨省水源地保护跨省生态补偿标准的影响。为了更充分地考察各出价次序及时期下于桥水库跨省水源地保护跨省生态补偿标准的变化趋势，本子情景将设置 6 种情形分别模拟在其他条件不变的情况下 δ_2 对生态补偿标准的影响，分别是 δ_2 变动：①5%；②10%；③15%；④−5%；⑤−10%；⑥−15%。模拟结果如表 5-13 所示。

表5-13 δ_1 一定时，δ_2 变动对于桥水库跨省水源地保护跨省生态补偿标准的影响　　　单位：%

$\Delta\,\delta_2$	△天津市先出价的有限期博弈的生态补偿标准		△河北省先出价的有限期博弈的生态补偿标准		△天津市先出价的无限期博弈的生态补偿标准	△河北省先出价的无限期博弈的生态补偿
	$T=2$	$T=3$	$T=2$	$T=3$		
5	5.00	5.00	0	3.81	15.24	9.76
10	10.00	10.00	0	7.62	33.78	21.62
15	15.00	15.00	0	11.43	56.82	36.36
−5	−5.00	−5.00	0	−3.81	−12.76	−8.16
−10	−10.00	−10.00	0	−7.62	−23.58	−15.09
−15	−15.00	−15.00	0	−11.43	−32.89	−21.05

由表5-13可以得出以下结论：首先，除两时期河北省先出价的情形以外，其他各时期及出价次序下，δ_2 变动对于桥水库跨省水源地保护跨省生态补偿标准的影响与 δ_2 的变动方向是相同的。这一结果表明，在 δ_1 一定时，随着 δ_2 的增大，于桥水库跨省水源地保护跨省生态补偿标准将逐渐提高；随着 δ_2 的减小，于桥水库跨省水源地保护跨省生态补偿标准将逐渐降低。此外，本模拟中出现了两时期河北省先出价时生态补偿标准不受 δ_2 变动影响这一特殊情况，这是因为该情形下的生态补偿标准仅由 δ_1 决定，而 δ_1 保持不变。因此，这一情形下，δ_2 变动对于桥水库跨省水源地保护跨省生态补偿标准未产生影响。

其次，从影响程度来看，δ_2 相同的变动幅度对各时期及出价次序下的于桥水库跨省水源地保护跨省生态补偿标准的影响程度从大到小依次为：天津市先出价的无限期博弈下的跨省生态补偿标准、河北省先出价的无限期博弈下的跨省生态补偿标准、天津市先出价的两时期博弈下的跨省生态补偿标准与天津市先出价的三时期博弈下的跨省生态补偿标准、河北省先出价的三时期博弈下的跨省生态补偿标准、河北省先出价的两时期博弈下的跨省生态补偿标准。此外，δ_2 正负两个方向的变动对有限期博弈下的跨省生态保护补偿标准的影响具有对称性，影响的绝对值相等。而对不同出价次序下的无限期博弈跨省生态补偿标准的影响不具备类似的对称性特征，δ_2 正方向的变动对无限期博弈下的跨省生态保护补偿标准的影响高于相同幅度的负方向变动对限期博弈下的跨省生态保护补偿标准的影响。

5.4 跨省水源地保护经济责任机制研究

5.4.1 跨省水源地保护生态补偿利益相关者界定

跨省水源地保护生态补偿利益相关者的确定主要通过判断水源地是否为公共物品以及影响范围划定。利益相关者的利益既包括经济上的利益，也包括政治、社会、文化等多方面的利益。本研究将利益相关者分为两大类：宏观利益相关者和微观利益相关者。

5.4.1.1　宏观利益相关者

水资源是具有公共利益的财产，我国的《水法》规定，"水资源属于国家所有"。因此，政府必然作为跨省水源地保护生态补偿的宏观利益相关者参与其中。加之研究主要针对跨两省的中小型水源地，外部作用的空间尺度较小，宏观上的利益主体比较明确。

在跨省水源地保护生态补偿中，宏观补偿主体为水源地生态保护建设的受益政府，即利用水源的下游用水省（区、市）政府；宏观补偿客体为水源地生态保护建设而付出成本的承担政府，以及提供达标水源的上游水源省（区、市）政府。对于引入"第三方"参与管理的补偿形式，其宏观利益相关者还包括作为公正方参与监督协调水源地生态补偿的"第三方"。这里的"第三方"可以是上级政府和管理部门，还可以是水源地所在流域的流域管理委员会，甚至可以是独立存在的相关协会等社会组织和团体。

5.4.1.2　微观利益相关者

微观利益相关者是指在政府的指导下，具体参与到水源地生态补偿实施中的个体，包括微观补偿主体和微观补偿客体。

微观补偿主体主要指水源的直接使用者，即宏观补偿主体领导下的水源地下游地区，一切从水源地中取水，并取得经济效益、生态效益和社会效益的组织和个人。由于本研究中的跨省水源地主要指城镇饮用水水源地，因此，微观补偿主体主要指为维持生活、生产、工作而取得日常用水的城镇居民、企业、政府等，以及将饮用水作为生产资料用于盈利的相关企业。

微观补偿客体主要指为保护水源生态环境而做出贡献者，即宏观补偿客体领导下的水源地上游及周边地区，参与水源地生态环境建设和保护的组织和个人。微观补偿客体一方面是积极投入建设来保护水源地生态环境的行为主体，另一方面是为保护水源地生态环境而做出让步和牺牲的行为主体。他们实施各项水源保护措施，为保障向下游提供持续利用的水资源投入了大量的人力、物力、财力，甚至以牺牲当地的经济发展为代价。具体包括水源地上游及其周边地区退耕还林、降低面源污染并减少甚至放弃水产养殖的农村居民，被迫关闭或改建的工业企业，以及积极从事植树造林的组织等。

5.4.2　跨省水源地保护生态补偿财政补偿机制与路径

5.4.2.1　生态补偿财政来源

跨省水源地保护生态补偿的财政来源根据其补偿主体分为微观和宏观两个层面。微观层面的财政来源指微观补偿主体的财政补偿。由于微观补偿主体主要指为维持生活、生产、工作而取得日常用水的城镇居民、企业、政府等，以及将饮用水作为生产资料用于盈利的相关企业，因此微观财政来源可以通过用水居民以及有关单位和个人缴纳水资源费、水价或与水相关的服务等来获取，在此对微观层面的生态补偿财政来源不做过多讨论。因此，本节所研究的生态补偿财政来源主要集中在宏观层面，即上下游政府间的财政补偿。

（1）财政来源途径

参考现有跨行政区流域生态补偿的财政来源途径，可根据水源地生态补偿的出资方，将财政来源途径分为财政多来源补偿、财政单来源补偿和财政无来源补偿 3 种。

1）财政多来源补偿，指水源地生态补偿资金主要由水源地上游和下游省（区、市）政府按照一定的比例共同出资，进行跨省水源地保护生态补偿建设。对于部分国家重点扶持水源地，则由中央政府连同水源地上、下游省（区、市）政府，三方政府出资共同构成生态补偿财政来源。目前，福建省闽江、九龙江的流域生态补偿财政来源即采取类似途径。福建省闽江和九龙江为跨区、市的河流，福建省设立闽江专项资金和九龙江专项资金用于两江的流域生态补偿建设。其中，闽江专项资金（2011 年）每年 15 000 万元，其来源包括下游福州市每年出资 8 000 万元，上游三明、南平两市每年各出资 500 万元，福建省财政每年出资 6 000 万元；九龙江专项资金（2011 年）每年 14 000 万元，其来源包括下游厦门市每年出资 8 000 万元，中游、上游龙岩、漳州两市每年各出资 500 万元，福建省财政每年出资 5 000 万元。

2）财政单来源补偿，指水源地生态补偿资金主要由水源地下游用水省（区、市）政府提供。对于部分国家重点扶持的水源地，在此基础上辅之以一定数量的中央财政。我国现有跨行政区流域生态补偿资金来源以此种途径为主，较为典型的是北京市每年支持上游河北省张家口、承德地区开展水源环境治理的合作资金 2 000 万元（2005—2009 年）。

3）财政无来源补偿，指水源地上、下游省（区、市）政府均不提供固定的生态补偿资金，用于生态建设的专项资金主要来源于考核所扣缴的补偿资金。国内比较典型的是辽宁省跨行政区域出市断面水质目标考核，其考核指标为化学需氧量（COD）。具体补偿标准为，辽河干流断面每超标 0.5 倍，扣缴 50 万元，其他断面每超标 0.5 倍，扣缴 25 万元。目前，河南省、山西省的省内跨行政区流域生态补偿的资金均来源于此种途径。

（2）财政来源途径的优缺点比较与适用性分析

跨省水源地保护生态补偿财政来源的 3 种途径各有特点，且在实践中均有不同程度的应用。根据财政多来源补偿、财政单来源补偿和财政无来源补偿 3 种补偿财政来源途径本身特点，并结合具体应用，对比总结各途径的优缺点及适用情况，见表 5-14。

表 5-14 财政来源优缺点及使用情况比较

财政来源	优点	缺点	适用情况
财政多来源补偿	共同补偿,增加上游参与感;减轻下游财政压力	责任主体不明确,财政渠道不畅通	上游有较强的参与积极性;财政路径明确
财政单来源补偿	责任主体明确;补偿方式灵活	难以确保上游资金落实的积极性;下游财政压力较大	下游对补偿需求更为迫切,且愿意支付成本
财政无来源补偿	结果导向,执行力强	过分强势;易造成恶性循环	有具有威慑力的第三方保证实施

财政多来源补偿的特点是水源地上、下游省(区、市)政府同为补偿主体,共同出资进行跨省水源地保护生态补偿。一方面,水源地上游供水省(区、市)政府作为生态补偿的宏观利益主体,既是补偿主体又是补偿客体,有利于增加上游省(区、市)政府生态补偿的参与感,在一定程度上有利于最终补偿效果;另一方面,多方财政来源有助于减轻下游省(区、市)政府补偿的财政压力。此种财政来源途径的缺点在于,当补偿效果未达到预期,即生态补偿未通过考核时,责任主体难以明确,身兼补偿主体和补偿客体两个身份的水源地上游省(区、市)政府该如何对补偿主体做出赔偿,此时难以确保整条财政渠道的畅通。因此,此种财政来源途径适用于整条财政路径明确的情况,且只有在水源地上省(区、市)政府有较强的参与积极性,并愿意提供一定资金,与下游省(区、市)政府共同保护水源地生态环境时才适用。

财政单来源补偿的特点是补偿主体仅为水源地下游省(区、市),因此适用于下游用水省(区、市)政府对水源地生态环境保护的需求更为迫切,且愿意为此支付一定成本的情况。此种途径的财政来源特点明确了责任主体即为水源供水省(区、市)政府,并且补偿方式多采用基础性补偿和激励性补偿相结合的方式,更为机动灵活。但此时水源地上游及其周边地区的省(区、市)政府作为生态补偿的补偿客体,难以确保其参与补偿的积极性,容易出现宁愿不接受补偿也不对水源地进行保护的情况,甚至出现收了钱却不保护的现象。而此时,作为财政主要来源的下游用水省(区、市)政府却有着较大的财政压力。

财政无来源补偿的特点是无固定补偿资金,补偿资金来源于未达到考核标准的惩罚资金。此种财政来源为结果导向,易于考核和执行,但只适用于有具有威慑力的第三方能够保证强制实施的情况。在一定程度上缺乏民主性,且容易造成水源不达标便罚款,越罚款越缺少能够用于生态建设的资金,便越是难以达标的恶性循环。

5.4.2.2 生态补偿资金落实

跨省水源地保护生态补偿的资金落实与跨省水源地保护生态补偿财政来源相对应，同样分为宏观和微观两个层面。资金落实的宏观层面是指财政的横向转移，即财政由水源地生态补偿的宏观补偿主体转移到宏观补偿客体的过程。在本研究所涉及的跨省水源地生态保护范围中，宏观层面的资金落实可以通过水源地上游、下游双方政府搭建的交易平台实现。有关双方政府交易平台的搭建，将在下一节做详细阐述。这一部分重点研究微观层面的资金落实，即作为宏观补偿客体的水源地上游或周边地区省（区、市）政府将财政补偿通过纵向支付的方式落实到具体的微观补偿客体。

（1）资金落实途径

作为宏观补偿客体的水源地上游及周边省（区、市）政府主要从两方面将财政纵向支付落实到微观补偿客体：一方面是通过对具体项目的支付使得补偿财政得以落实，另一方面是直接补偿给涉及的当地居民，实现共赢。

通过生态补偿项目落实资金是指客体政府将生态补偿资金用于水源地生态环境保护项目的建设，以及对项目的具体实施和维护。在现阶段，我国与水源地生态补偿相关的项目主要涉及污染减排项目、水污染综合治理项目、水体生态修复项目、水环境监管能力建设项目等方面，具体包括新农村建设、河道环境政治、污水处理厂建设、节水灌溉、河道衬砌工程和坡面治理工程等。水源地上游及周边省（区、市）的客体政府根据预算及实际需求，将资金落实到通过审批的水源地生态保护项目中。

直接对当地居民的补偿落实资金是指客体政府将一定金额的生态补偿资金直接补偿给水源地生态补偿所涉及的当地居民，用以弥补其因对生活或生产方式的改变或改良而产生的成本，进而取得当地居民的信任，并使其得以配合。对当地居民的补偿主要针对非点源污染所产生的对水源地生态环境的影响，尤其是农药、化肥所产生的农业面源污染和水产养殖业所带来的水体富营养化。通过对现有补偿实践的研究来看，目前比较常见的对当地居民的补偿主要有两种，一种是以购买使用权的方式实现补偿，另一种是通过鼓励改良生产方式实现补偿。

1）购买使用权方式的资金落实

此种方式的资金落实是指通过与所涉及的当地居民达成协议，以购买土地或湖泊使用权的方式，实现水源敏感区的休耕或休渔，进而达到水源地生态环境改善的目的。在国际上，比较有名的成功案例就是纽约市的 Catskills 的流域管理，即纽约市通过投资购买上游 Catskills 流域的生态环境服务。为改善联邦保护区农业面源污染，美国在 1994 年启动了流域农业项目，通过采取购买土地使用权方式，农户可以与美国农业部签订 10～15 年的合同，实现环境敏感区土地的休耕。在我国也有类似的实践。如山东省人民政府发布的《关于在南水北调黄河以南段及省辖淮河流域和小清河流域开展生态补偿试点工作的意见》中提出，对退耕（渔）还湿的农（渔）民，在湿地发挥经济效益前，按农（渔）民的实际损失给予补偿。实施退耕（渔）还湿第一年度，原则上按上年度同等地块纯收入的 100% 予以补偿；第二年度按纯收入的 60% 进行补偿；第三年后不再补偿。

　　2）鼓励改良生产方式的资金落实

　　此种方式的资金落实是指为实现水源地生态环境的改善，需要当地居民以新技术、新方法取代其现有的给水源带来巨大污染的生产方式，政府为可能带来的风险和收益损失而给予一定的资金补偿。法国毕雷矿泉水公司为保护水质的付费机制即为此种方式。毕雷维泰尔矿泉水公司与农民达成协议，农民降低奶牛的养殖规模，并改进牲畜粪便的处理技术，在农业种植方面，不使用农药、化肥，并种植对水源无影响的作物，为此，矿泉水公司向农民支付一定的补偿费用。在我国的新安江流域生态补偿实践中，上游的淳安县为了维护水生生态平衡，开展"保水生态渔业"，在千岛湖主要水域实行封库禁渔，并放弃放养高经济产量但与水体保护相矛盾的名贵鱼种银鱼，而改养以藻类为主要饵料的植食性鱼种鲢鳙鱼，并严格控制网箱养殖面积。对于渔民所造成的经济损失，政府提供一定的财政补偿。

　　（2）资金落实途径的比较与适用性分析

　　水源地政府作为跨省水源地保护生态补偿的宏观客体政府，需要通过生态补偿项目落实与直接对当地居民的补偿落实两种途径将补偿资金落实到生态补偿的微观补偿客体中。两种途径的比较见表 5-15。

表 5-15　资金落实途径比较

落实途径	落实对象	准备工作	补偿效果
生态项目落实	通过项目间接落实到微观补偿客体	项目成本效益分析	短期见效；治标不治本
直接对当地居民补偿落实	微观补偿客体	补偿成本效益分析；与当地居民达成合作意向	见效慢；易于形成长效机制

　　针对生态补偿项目的补偿直接将资金落实到项目中，是通过项目将补偿资金落实到微观补偿客体。项目建设之前，需要对项目成本效益等方面进行分析，审核通过后，便可提供资金落实到项目建设中。多数情况下，对项目的补偿效果较为明显，但大部分项目属于对污染的末端处理，往往治标不治本。针对当地居民的补偿是将补偿资金通过县政府、乡政府层层下发到农村居民手中，是直接将补偿资金落实到微观补偿客体。因其是针对居民生产和生活方式改变成本的补偿，在补偿之前，不仅需要对成本效益等方面进行分析，更需要与当地居民做好沟通，做好信息公开与公共参与工作，充分尊重当地

居民的想法与意愿，确保与当地居民达成合作意向，以减免在日后工作中可能出现部分居民不配合，甚至群体性反抗等阻碍。与对生态项目补偿相比，直接对居民的补偿可能不会出现立竿见影的效果，但其是在新形势下从根本上对居民生产和生活方式的改良，从长远看是大势所趋，有助于形成长效机制，能够取得一劳永逸的效果。在实际的补偿实践中，很多时候需要两种资金落实途径双管齐下，方能相得益彰。

在直接对当地居民的补偿落实途径下，以购买使用权的方式实现补偿与通过鼓励改良生产方式实现补偿亦各有特点。其比较见表 5-16。

表 5-16　对当地居民补偿落实途径比较

比较项目	落实途径	比较	落实途径
补偿效果	购买使用权	>	鼓励改良生产方式
补偿成本	购买使用权	>	鼓励改良生产方式
监督困难度	购买使用权	<	鼓励改良生产方式
考核困难度	购买使用权	<	鼓励改良生产方式

从补偿效果角度，购买使用权方式对应的是休渔或休耕式补偿，因此补偿效果要优于鼓励改良生产方式的补偿，同时，与之对应的成本，也必然高于鼓励改良生产方式的补偿。在监督与考核困难度方面，购买使用权方式将土地或湖泊的使用权转为政府所有，便于统一管理、监督和考核，因此，购买使用权的补偿落实途径的监督和考核困难度明显小于鼓励改良生产方式的补偿落实途径。

5.4.2.3　双方政府生态补偿交易平台搭建

双方政府生态补偿交易平台是指在跨省水源地保护生态补偿中，作为宏观利益相关者的水源地上游及周边地区省（区、市）政府与水源地下游省（区、市）政府之间的交易媒介。交易包括补偿资金从补偿主体流向补偿客体的时间、方式，以及在生态环境建设未达到考核标准时，补偿资金从补偿客体到补偿主体的回流与扣缴。

双方政府所搭建的生态补偿交易平台有两种类型。一种为交易双方政府共同搭建的平台，即水源地政府与用水区政府直接面对面沟通交易；另一种为引入"第三方"参与管理的交易平台，即用水区政府将补偿资金交与"第三方"代为保管，再由"第三方"根据整体财政设计支付给水源地政府。

（1）双方政府直接对话的交易模式

双方政府直接对话的交易模式是作为补偿客体的水源地政府与作为补偿主体的用水区政府直接面对面的沟通交易。双方政府就补偿的时间、方式以及未达标的惩罚措施经过协商达成一致。资金的正向流动（即从宏观补偿主体用水区政府流向宏观补偿客体水源地政府）与资金的反向流动（即未达标时从宏观补偿客体水源地政府回流到宏观补偿主体用水区政府）共同组成一条"能进能退"的通路。交易平台的形式多种多样，可由双方政府根据具体情况协商制度。总体而言，一般意义上的形式有一次性支付和奖励性支付。

一次性支付是在补偿开始时或者补偿结束后，作为补偿主体的用水区政府一次性将规定阶段的补偿资金全额支付给作为补偿客体的水源地政府。发生在开始阶段的补偿是用水区政府根据协议规定，在补偿伊始即将补偿资金全部划拨给水源地政府。若水源地政府的生态环境建设达到所规定的考核标准，则资金为补偿客体的水源地政府所有，并且交易随之完成。若水源地政府未能通过考核，则资金按照规定的百分比退还给补偿主体。财政路径见图 5-7。此种形式类似于常见的服务买卖。服务接受方的用水区政府按期提供全额补偿资金，作为服务提供方的水源地政府有责任和义务按照协议对水源地生态环境进行建设和保护。若出现服务未达标，则以罚款的方式责令退款。目前，新安江流域的生态补偿即采用此种方式，将生态补偿基金挂靠在流域上游的黄山市财政，水质通过考核后，资金便划归黄山市政府所有。结束阶段的补偿是上游水源地政府先进行水源生态环境建设，用水区政府根据协议规定，在上游水源达到标准后，再一次性支付给水源地政府。此种情况需得在上游水源地政府对水源地生态补偿十分积极的情况下才可适用。

全额资金

未达标退还资金

水源地政府　　　　　　　　　　　　　用水区政府

图 5-7　双方政府直接对话的一次性交易模式

奖励性支付是作为补偿主体的用水区政府先拨付一定百分比的补偿资金给水源地政府，以之为基础资金用于水源地生态补偿基础建设。若水源通过考核，则将剩余补偿金以奖励的方式补偿给水源地政府。反之，若未能通过考核，那么水源地政府将不能得到这笔奖励补偿金。财政路径见图 5-8。

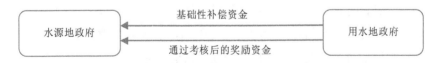

基础性补偿资金

通过考核后的奖励资金

水源地政府　　　　　　　　　　　　　用水地政府

图 5-8　双方政府直接对话的奖励性交易模式

（2）引入"第三方"的交易平台模式

引入"第三方"交易平台模式是指双方政府并不直接面对面进行交易，而是将水源地保护生态补偿资金委托给相对公正的"第三方"代为管理。需要说明的是，"第三方"是指除双方政府以外的任何一方，可以是一个机构，也可以是多个机构共同开展。此种模式类似于广泛应用于电子商务中的支付宝模式。"第三方"的交易平台模式根据"第三方"是否提供资金担保又分为两种，即普通的"第三方"交易平台模式与"第三方"提供担保的交易平台模式。

普通的"第三方"交易平台模式是作为补偿主体的用水区政府将补偿资金交付给"第三方"代为保管，当作为补偿客体的水源地政府完成生态环境建设并通过考核时，用水区政府进行确认后将存在"第三方"的补偿资金支付给水源地政府，至此，一次补偿完成。如果出现水源地政府的生态环境建设未达到考核标准的情况，则"第三方"根据双方政府事先达成的协议，将补偿资金按照一定百分比退还给用水区政府。具体财政路径见图5-9。目前，在同一省级行政区内的跨市流域生态补偿中，多采用此种普通的"第三方"交易平台模式，且多以所在省（区）的财政厅作为"第三方"。如江西省关于加强"五河一湖"和东江源头环境保护的专项资金由江西省财政厅统一拨付，以及上文提到的福建省闽江、九龙江专项资金，均是挂靠在福建省财政厅。

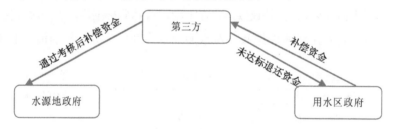

图 5-9　普通的"第三方"交易平台模式

"第三方"提供担保的交易模式类似于银行的信用证结算方式，指"第三方"与双方政府建立信任关系后，水源地生态环境建设通过考核之后，先由"第三方"将补偿资金支付给水源地政府，用水区政府再将补偿资金支付给"第三方"。具体财政路径见图5-10。在"第三方"提供担保的交易模式下，"第三方"可以与水源地政府建立信贷关系，即水源地政府在补偿建设结束之前，可以向"第三方"贷款，此时可以避免水源地政府在建设之初缺乏建设资金的窘境。"第三方"提供担保的交易模式的特点为"第三方"承担第一性付款责任，变双方政府信用为"第三方"信用，减少双方政府的支付风险。目前此种交易平台模式只是初步的设计，在现实中还未得到具体的应用。

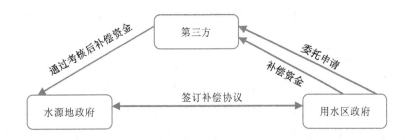

图 5-10　"第三方"提供担保的交易平台模式

在跨省水源地保护生态补偿财政路径中，"第三方"应为能够公正公平且双方政府均较为信服的宏观利益相关者，可以是上级政府和管理部门，也可以是水源地所在流域的流域管理委员会，甚至可以是独立存在的相关协会或者银行等社会组织和团体。事实上，在同一省级行政区内的跨行政区域的流域生态补偿实践中，多采用"第三方"交易平台模式。在辽宁、广东、福建、江西等省份，无论是何种来源的流域生态补偿资金，均由省财政厅根据考核结果统一拨付。

（3）两种交易模式的比较与适用性分析

无论是双方政府直接对话的交易模式，还是引入"第三方"的交易平台模式，均不是万能的，都有其各自的特点与适用情况。现将二者做对比分析，对比情况见表 5-17。

表 5-17　交易模式对照比较

交易模式	双方政府信用度	交易风险	路径畅通度	成本
双方政府直接对话	要求十分高	较高	一般	较低
引入"第三方"交易平台	要求较高	较低	通畅	较高

在对双方政府信用度要求方面，双方政府直接对话的交易模式极容易出现用水区政府提供补偿、水源地政府却不能按要求完成的情况。在这种情况下，用水区政府很难将已经付出的补偿资金索要回来。同时，也存在水源地政府按要求完成生态环境建设、用水区政府却拖延支付的情况，因此，双方政府直接对话的交易模式对双方政府的信用要求十分高，只有在双方政府切实建立信任关系的条件下才可适用。对于引入"第三方"交易的平台模式，由于双方政府与"第三方"进行对接，有"第三方"做保，只要双方政府选择有实力且信用度较高的"第三方"，对双方政府的信用度要求可以相对弱化。

在交易风险方面，双方政府直接对话的交易模式因为无法确保交易双方政府的信用度，因此对于补偿的发起方来说交易风险相对较高。引入"第三方"交易的平台模式则不然，当一方政府拖延支付甚至拒绝支付时，由于有"第三方"做担保，可以在一定程度上降低交易风险。尤其是在"第三方"提供担保的交易模式下，资金的交易风险几乎可以转嫁给"第三方"。

在交易路径畅通度方面，双方政府直接对话的交易模式要明显低于引入"第三方"交易的平台模式。后者的优势在于补偿资金存放于"第三方"，或由"第三方"垫付，无论何种情况，当生态环境建设未达到考核标准时，补偿资金可以很容易地从作为公正方的"第三方"流回到补偿主体。而双方政府直接对话的交易模式则很难将已经支付出去的补偿资金再要求补偿客体"吐出来"。

在交易成本方面，双方政府直接对话的交易模式相对较低，只要双方政府达成共识即可。而引入"第三方"的交易平台模式则由于有"第三方"的参与而提高了交易成本。尤其是在水源地政府与"第三方"构成信贷关系的情况下，"第三方"在一定程度上起到了融资的作用，交易成本将会更高。

通过对比可以看出，总体而言，引入"第三方"的交易平台模式无论是在对政府信用度要求、交易风险，还是在交易路径畅通度方面，均在一定程度上优于双方政府直接对话的交易模式，但是交易成本也必将随之提高。因此，当双方政府确信建立较强的信用关系，或者在其他方面已经存在类似交易的情况下，可以选择直接交易的模式以降低交易成本，否则，选择引入"第三方"的交易平台模式将有效地降低交易风险，建立有效畅通的交易路径。

5.4.3 跨省水源地保护生态补偿监督考核机制

5.4.3.1 监督考核机制

监督考核机制是跨省水源地保护生态补偿落实的基础，更是跨省水源地保护生态补偿成功实施的基础保障。补偿主体投入的资金成本是否能取得预期的补偿效果，不仅需要监督考核机制作为评价标准，更需要其发挥管理的作用，确保补偿的公平性。

跨省水源地保护生态补偿监督考核机制分为两个层面，第一层为两个政府间的横向监督考核，第二层为水源地政府对其微观补偿客体的纵向监督考核。两个层面需从补偿费使用和补偿效益两个方面进行监督考核。补偿费使用方面的监督考核目的在于保证补偿费及时落实到补偿对象，并用于保护工作，保障流域水源涵养与生态保护行动稳定开展；补偿效益方面的监督考核目的在于，建立科学的监测评估体系，加强保护效益与损失变化和评估监测，为生态补偿的开展提供科学依据。

5.4.3.2 第一层横向监督考核机制

在第一层横向监督考核层面，考核主体明确，即作为宏观补偿主体的用水区政府对作为宏观补偿客体的水源地政府所实施的水源生态补偿效果的考核，对于引入"第三方"参与的补偿，"第三方"可以协助用水区政府共同对水源地政府进行监督考核。

本研究引入管理学中"目标管理"机制，将企业管理中的经典理论在一定程度上运用于生态补偿的管理中。将补偿的重点置于生态效益的提高、问题的解决、目标的达成等上。为此，将监督考核分为前期、中期、后期 3 个时期，贯穿到整个生态补偿过程中。在补偿前期，双方政府就补偿目标达成一致，制定考核指标与考核标准，且协商好未达到考核标准时的惩罚措施；在补偿过程中定期检查、互相协调，双方就面临的困难共同协商解决，当出现意外、不可测事件而严重影响组织目标实现时，也可以通过一定的手续，修改原定的目标；达到预定期限后，双方政府共同考核目标完成情况，同时讨论下一阶段目标，以期实现长期有效的合作。

（1）前期：考核目标的确定

监督考核前期，主要是双方政府就考核目标进行协商确定，具体包括考核的指标与相应的标准。考核目标可以从两个方面进行考虑：一是依托水质、水量进行的结果性考核；二是依托生态建设项目进行的过程性监督。

1）依托水质、水量进行的结果性考核

对水质、水量的考核是以结果为导向的考核，主要侧重对补偿效益的考核，以考核为主，监督为辅。目前广泛使用的考核办法是跨界断面考核。跨界断面考核是对跨省水源地河流出省界水质、水量断面的考核。在考核前期，双方主体需主要就以下 4 个方面进行协商，确定监督考核目标。

①明确断面的具体位置。在遵循水源地自然状况的前提下，按照便于分清责任、具有代表性和可操作性的原则，由双方政府共同设定，如有必要，可使"第三方"共同参与。

②确定考核指标与对应标准以及考核频率。双方政府根据水源地实际状况以及国家饮用水质量标准等确定考核目标内容与频率。通常情况下，应对水质和水量两方面进行考核，但在我国的南方以及部分北方地区，由于水量较为充足，所以主要为对水质的考核。在现有实践中，水质考核多以III类水质为基准目标，考核因子多以化学需氧量（COD）、氨氮、总磷为主，个别省（区、市）根据具体状况增加或减少考核因子，如辽宁省的感潮断面和江苏省增加高锰酸盐指数考核，湖南省增加对砷、镉的考核等。考核频率多为每月一次。

③明确奖惩标准。通常情况下，奖惩标准为达标奖励、未达标惩罚。具体奖励与惩罚的资金数额需双方政府共同协商。

④明确水质、水量检测单位。由于考核主体为用水区政府对水源地政府的考核，因此检测单位多为用水区政府提供检测数据。在有"第三方"为流域管理机构或者其他能够提供水质、水量检测数据的组织时，也可由"第三方"作为公证方提供具体检测数据，

并对奖惩进行评判。

2）依托生态建设项目进行的过程性监督

对生态建设项目进行的监督是以过程为导向的考核，主要侧重对补偿费使用的监督，以监督为主，考核为辅。在整个跨省水源地保护生态补偿监督考核的前期，需对生态建设项目的可行性等方面进行评估，对于确认建设的项目重点确认项目的工期、效果以及资金预算，为中期、后期的监督考核提供标准。

比较两个方面的监督考核，依托水质、水量进行的结果性考核注重最终补偿效果，有助于水质、水量结果的改善，但补偿资金落实路径不够明确，难以对资金的具体应用进行监督考核。相比之下，依托生态建设项目进行的过程性监督容易对资金落实情况进行监督考核，但难以保证最终的补偿效果。因此，在较为理想的状况下，应从水质、水量和生态建设项目两方面进行监督考核，使得补偿费使用和补偿效益两个方面均得到兼顾。但现实情况下，对两方面的考核需要较大的人力、物力，成本较高。补偿省（区、市）可根据两省（区、市）关注的具体情况进行有倾向性的选择。根据"目标管理"强调"自我控制"以及目标导向，在多数情况下，第一层横向监督考核由于是在两省（区、市）之间的考核，关注重点是饮用水是否达到标准，因此可侧重于对水质、水量进行的结果性考核；对于生态建设项目的监督重点关注几个大型的建设项目即可，而对一般的生态建设项目的监督则可放到第二层水源地政府对其微观补偿客体进行的纵向监督考核中。

（2）中期：目标实施情况的沟通与目标调整

跨省水源地保护生态补偿的监督考核机制并非是一次性的，应该是一个闭合的循环，如 PDCA 循环［又叫质量环，PDCA 是英语单词 plan（计划）、do（执行）、check（检查）和 act（修正）的第一个字母，PDCA 循环就是按照这样的顺序进行质量管理，并且循环不止地进行下去的科学程序］。整个监督考核不是运行一次就结束，而是周而复始，一个循环结束后解决一些问题，未解决的问题进入下一个循环，如此阶梯式上升。事实上，只有封闭的循环才是可靠和可控的，也只有封闭的循环才具备不断提升的功能。因此，生态补偿中期监督考核是十分必要且有意义的。

1）持续监督考核沟通的目的与意义

有效的监督考核需要考核中期持续地沟通、分享有关信息。前期的考核目标是前提，但并不意味着后面的补偿执行就完全顺利，不再需要沟通。持续的沟通有助于保证补偿工作的动态性、柔性和敏感性。下游政府难以仅靠最终对水质的测量收集到所有信息。整个补偿工作进展如何，环境建设项目处于何种状态、有哪些潜在问题，上游政府的积极性如何等，需要通过沟通全面、准确地掌握。上游政府也需要通过沟通了解补偿关注的重点内容是否有变动、进度是否需要调整、目前的现有资源能否得以满足、出现特殊状况该如何解决等，这些都需要及时反馈给下游政府。没有中期的沟通与反馈，上游政府的补偿将处于一种封闭的状态，久而久之容易失去热情。同时，中期的监督考核有利于双方政府相互间的支持和协调，适时交换意见，有利于重视长期效果，减少短视行为。可有效地激励上游政府将跨省水源地保护生态补偿当作长效机制执行，减少为了应付监督考核而做的类似于在考核前期开闸放水以稀释污染物降低浓度来达到考核标准等短期行为。

2）持续监督考核沟通的内容

双方政府可在计划的实施过程中进行中期的监督考核，试图就以下问题进行持续而有效的沟通：

①目前补偿工作进展的情况怎样？

②哪些地方做得好？

③哪些地方需要纠正或改善？

④补偿客体政府和居民在努力实现补偿目标吗？

⑤如果偏离目标的话，双方政府需要采取什么措施？

⑥补偿主体政府需要做怎样的配合？

⑦是否有外界变化影响补偿目标？

⑧如果前期制度的目标需要改变，需要进行怎样的调整？

3）持续监督考核沟通的方式

采用合理的沟通方式在一定程度上是有效沟通的保障。沟通方式分为正式沟通和非正式沟通两种。其中，正式沟通包括书面报告、小组会议和实地调查。

书面报告是监督考核中比较常用的正式沟通方式，指上游补偿客体政府通过文字或图表的形式向下游补偿主体政府报告补偿工作进展情况。下游政府可以通过这种形式及时跟踪了解补偿的开展情况，并可在短时间内搜集到大量信息。但也可能使监督考核工作流于形式，起不到实质性作用。

小组会议可以弥补书面报告不能提供讨论和解决问题的平台的缺点，双方政府各派出代表参加小组会议，不仅可以更加深层次地了解存在的问题，同时可以共同商讨双方均可以接受的问题解决办法。同时，除了沟通外，下游政府可以借此向上游政府传递对跨省水源地保护生态补偿的重视程度，统一目标，消除误解，形成长效机制。

双方政府在小组会议之前先进行实地调查是最能反映实际状况并有助于问题解决的中期监督考核方式。实地调查可以有效避免仅由上游政府陈述问题的片面性，下游政府可以实地调查所关心的问题，并能清楚了解最为真实的情况。同时，也可以起到督促上游客体政府的作用。但是实地调查需要花费较大的人力、物力，并且在一定程度上会浪费时间。同时也要注意尽量避免上游政府为迎合监督考核而进行的面子工程。

在监督考核的过程中，在通过正式渠道沟通的同时，也需要辅之以非正式沟通。无论是书面报告还是小组会议，都需要双方政府约定好时间、地点。实地调查更是如此，还会涉及随行人员和调查具体地点的有效配合。实际上，在双方政府的日常工作中，随时随地都可能发生沟通。双方政府参与人员在参加其他政府工作时的会面、日常电话交流等时均可以达到有效沟通的目的。

（3）后期：成果评价与下一阶段意向达成

在后期进行目标成果评价，主要是检查补偿目标实现情况，根据不同情况对上游政府给予相应的奖励与惩罚，达到激励的目的。同时，通过成果评价，为下一阶段的目标制定做好相应准备。

目标管理以目标实现程度为指标进行成果的评价，注重管理的实际成效，具有极强的现实性，是一种面向成果的管理。这种管理最终是以补偿目标的实现作为奖惩的唯一标准，将上游政府的补偿效果与利益密切结合起来，强调成果的取得，注重结果。

整个第一层横向监督考核机制主张在整个管理过程中实现上游政府的自我控制和自我调整，下游政府尽量避免过多的干扰，始终以目标的达成来激励上游政府。以上游政府自觉地完成补偿目标来取代被动应付下游政府的检查。这也是在监督考核机制中引入"目标管理"管理的重要特征。目标管理的思想是一个反复循环、螺旋上升的思维，在整个监督考核过程中，中期的持续沟通和后期的反馈保证了补偿效果的不断提高。

5.4.3.3 第二层纵向监督考核机制

第二层纵向监督考核机制层面，考核主体为水源地政府，考核对象为其对应的微观补偿客体。具体考核对象分为两大类，一类为第一层横向监督考核中提及的对一般的生态建设项目的监督考核；另一类为水源地政府对生态补偿所涉及的当地居民践行生态补偿行动的监督考核。对于生态建设项目的监督考核与上一节研究的方式和途径相类似，只是考核主体和客体做相应改变，在此不做过多讨论。本节重点研究水源地政府对生态补偿所涉及的当地居民践行生态补偿行动的监督考核机制。

（1）传统的监督考核机制

在现有的涉及政府对居民的生态补偿实践中，监督考核机制侧重对资源消耗型企业以及污染型企业的考核，而农民因退耕还林、土地休耕以及控制化肥施用量而产生的补偿中则少有考核。

按照监督考核的具体情况，可将传统的政府对当地居民的生态补偿大致分为两类：一类为因退耕、休耕以及休渔、禁渔，甚至生态移民所产生的补偿；另一类为因实施环境保护措施，如控制化肥施用量以及渔业控制网箱大小与饵料投放等，而产生的补偿。这两类补偿与前文提到的通过购买使用权方式产生的补偿与通过改良生产方式实现的补偿相对应。从现有研究与实践来看，第一类购买使用权方式实现补偿的监督考核机制相对容易，也易于执行，只需监督是否有违规耕田、养鱼的现象即可实现。对于违规现象的处理办法也相对简单，多为通过强制手段禁止违规现象的继续。而对于第二类改良生产方式实现补偿的监督考核机制困难较大，现有研究也少有涉及，在具体实践中，因补偿客体多而散，难以实现对每个个体的监督，严重存在"重补偿、轻考核"的现象。大多数情况下，政府将补贴发给农民，再进行一定的宣传动员，就算实现了补偿，但对具体的实施效果并不重点关注。

因此，本节的监督考核机制研究重点针对通过改良生产方式实现的补偿，通过两种不同的人性假设以及对应的理论基础提出两种不同的监督考核路径。

（2）基于不同假设的监督考核路径

有学者指出，由民选的、法定的或者约定的公共机构行使公共权力来管理社会共同体、维护公共秩序、提供公共物品以实现公域之治，这是社会得以存续的一个基本前提。据此，选择与基于不同假设的水源地保护生态环境补偿模式相对应的监督考核机制至关重要。现阶段，补偿模式分为基于"理性人"假设的补偿模式和与之相对的基于公民道德的补偿模式。基于此两种补偿模式的监督考核路径见图 5-11。

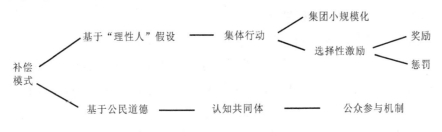

图 5-11　两种补偿模式的监督考核路径

理性人指一个以自利为动机，以追求自身利益最大化为目标，同时又可以增进社会利益的人。亚里士多德指出，凡是属于最多数人的公共事物常常是最少受人照顾的事物，人们怀着自己的所有，而忽视公共事物，对于公共的一切，他至多只留心到其中对他个人多少有些相关的事物。以"理性人"为起点，衍生出集体行动逻辑。鉴于个体理性与集体利益的公共性，"搭便车"成为集体行动不可避免的困境，而集团规模则是影响集体行动的关键因素。奥尔森在《集体行动的逻辑》一书中指出，"第一，集团越大，增进集团利益的人获得的集团总收益的份额就越小，有利于集团的行动得到的报酬就越少……第二，由于集团越大，任意个体，或集团中成员的任何（绝对）小子集能获得的总收益的份额就越小，他们从集体物品获得的收益就越不足以抵消他们提供哪怕是很小数量的集体物品所支出的成本……第三，集团成员的数量越大，组织成本就越高，这样在获得任何集体物品前需要跨越的障碍就越大。"因此，集团的规模会对生态补偿的成本、效果以及最终的监督考核造成较大影响。同时，为了边缘化"搭便车者"，走出集体行动的困境，奥尔森提出建立选择性激励机制，"他们既可以通过惩罚那些没有承担集体行动成本的人来进行强制，也可以通过奖励那些为集体利益而出力的人来进行诱导"。由此，与基于"理性人"假设的补偿模式相对应的监督考核机制需要着重考虑两点：集团小规模化与选择性激励机制。

与集体行动理论不同，基于公民道德的补偿模式是指具有自由意志和公共理性的公民可以自由进入公共事务和政治治理结构之中，可以平等地参与公共决策，并在公共事务中表达对自身利益的期待和对公共权力功能不足的不满。此种模式侧重强调生态补偿中当地居民与水源地政府之间民主、平等的合作关系，政府与居民有着共同的利益和认知。事实上，此种模式下，水源地政府与当地居民已不再是管制与被管制的关系，而是全球环境治理专家彼得汉森所提出的"认知共同体"的关系。在补偿过程中，首先是重视专业知识在公众中的认同和普及，同时以环境公共利益为基础来保证补偿策略的方向和良善，充分意识到公众具有很强的参与意识和参与能力，强调居民与政府的沟通协商。由此，与基于公民道德的补偿模式相对应的监督考核机制需要重点强调当地居民与水源地政府的互动机制，即实际意义上的公众参与机制。

（3）集体行动下的监督考核机制

集体行动下的监督考核机制重点关注集团小规模化和选择性激励两方面。

集团小规模化使得动员集团的阻力明显减小，因为小集团中的每个成员，或至少其中的一个成员会发现他从集体物品获得的个人收益超过了提供一定量集体物品的总成本；有些成员即使必须承担提供集体物品的所有成本，他们得到的好处也要比不提供集体物品时来得多。因此，集团小规模化是选择性激励得到充分发挥的前提和保障。

在跨省水源地保护生态补偿的第二层水源地政府对当地居民的补偿中，集团小规模化需要通过逐级委托、层层代理来实现。由于对当地居民的补偿多涉及对县级以下层面的农村居民的补偿，因此省政府可以委托县（市）政府进行补偿，亦可跨过县（市）级层面直接由省政府牵头领导，实现"省—乡"的领导，以减少管理层级，使组织层级趋于扁平化。集团小规模化在县级层面进行展开，按行政区和水源所在河流的流经地区分片管理，县级政府委托乡级政府对居民的生态补偿进行落实。无论是补偿资金的落实还是对补偿效果的监督考核，均以乡为单位展开。乡政府可以继续委托至行政村，最终将整个补偿规模小规模化至行政村，将每个行政村作为一个整体单位进行生态补偿的具体实践。

以居民个体或者户为单位进行监督考核将耗费巨大的人力、物力，也是极其不现实的。考虑我国农村的实际情况，同一行政村的居民往来密切、走动频繁，且在物理上居住位置临近，便于沟通，因此以行政村为单位进行实践是可行的。

具体的集团小规模化过程与委托代理关系见图 5-12。

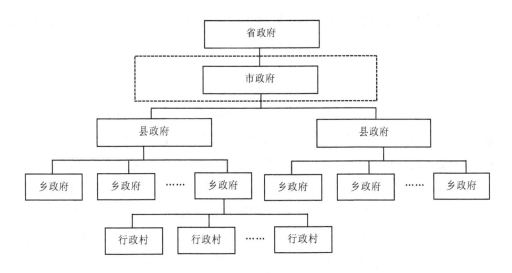

图 5-12　集团小规模化与委托代理关系

在集团小规模化的前提下，奥尔森为克服集体行动中"搭便车"行为倾向提出了选择性激励的动力机制。这种激励之所以是有选择性的，是因为它要求对集团的每个成员区别对待、赏罚分明。在跨省水源地保护生态补偿的监督考核中，具体表现为对以行政村为单位的奖惩。

一方面，围绕水源地生态环境保护的集体行动需要制定明确的奖惩制度，并与当地居民签订责任状。Zimbauer 指出，通常的集体行动都主要依赖于管制型制度规则的存在，以限制战略机会的无限滥用，确立稳定的相互承诺和长期的契约关系。因此，需要政府与居民双方认可的奖惩制度清楚地说明在补偿过程中的投入与产出分享规则，使得个体行为和预期稳定，实现和维持集体行动。当奖惩单位为行政村时，可表现为"连坐制"，一经发现某个行政村中存在违规情况，则对整个行政村进行惩罚，即惩罚涉及该村的每户村民。具体表现可能为每户居民均要为对村的惩罚缴纳一定罚金，或者每户村民都要因为某一户村民的违规而不能得到预期的补偿资金。除了惩罚之外，选择性激励还可表现为集体奖励，即只要行政村没有出现违反制度的情况，则该村的每户居民均会得到预期的资金补偿。

另一方面，围绕水源地生态环境保护的集体行动同样需要非正式制度的群体性规范作用。同一行政村的居民互为邻里、相互熟识，彼此间沟通频繁而密切。当大部分村民认同集体行动下的奖惩制度时，可以为了共同的目标而努力。一方面，村级领导会为了自己的政治业绩而做好对村民生态补偿行为的监督工作；另一方面，村民之间便于互相监督，共同谴责甚至孤立个别违反制度的村民，从而发挥集体行动的效力。

因此，以行政村为单位的集体行动是一个动态组织与管理的过程，需要水源地生态补偿的投入与产出分享方面的明确的奖惩制度，以及以互惠为核心的群体性规范的作用。明确的奖惩制度实现集体行动下的选择性激励的具体实施条件，而群体性规范则实现居民参与的约束机制。

（4）认知共同体下的监督考核机制

"认知共同体"这一概念是由国际关系中的弱建构主义学者发展出来的，它从施动者的角度理解与观念形成相关的行为者以及新的观念或者政策原则的形成及进入政治进程的背景、资源以及机理。约翰·G. 最早把认知共同体概念引入国际关系研究。环境治理专家彼得·汉森对这一概念进行更为深入的研究，并将其引入国际环境政治之外的其他领域。他提出，共同体的成员"对于在他们所专长的领域中的社会或自然现象之因果关系有共同的认知和理解，并且对于一些规范性理念，如在这一领域中采取何种行动能够为人类谋福利等都持有相同的看法"。认知共同体的概念可能重点倾向于专业人士，但其基本理念强调构成认知共同体的成员对问题因果关系的认同。事实上，在水源地生态补偿的现实操作中，公众对水源地生态环境的实际情况可能有更为直接和深刻的了解，在一定程度上可以充当"专家"角色。基于共同的环境认知，在政府、专家以及公众之间形成的认知共同体有助于建立长期有效的水源地生态补偿监督考核机制，厘清利益关系，确立共同守护的前提。此种前提下，认知共同体的背后是"我们将热切希望栖息、希望重新拥有世界"，其在跨省水源地保护生态补偿监督考核机制中的具体体现为公众参与机制。

新形势下，水环境问题已受到整个世界的关注，不仅是各个国家政府，更具体到每一个个人。在我国，随着教育的普及和全民素质的提高，公众对水环境相关事务有了一定的意识，更有了参与和表达的欲望。在这样的情形下，公众参与水源地生态补偿建设在我国人民民主专政的国体性质下有着极其重要的意义。在监督考核机制中引入公众参与机制，可以将公众的生态补偿建设变被动为主动，变"我不得不这样做"为"我要这样做"，进而在很大程度上降低监督考核的成本。此时的监督考核机制与传统意义上的监督考核不同，其更关注政府与当地居民的合作和政府对当地居民的指导。

认知共同体下的监督考核机制基于公民道德的假设。假设作为微观补偿客体的水源地当地居民能够意识到补偿的意义，并愿意配合政府践行具体的补偿行动。在补偿前期，当地居民参与到补偿策划中，并提出可以接受的补偿资金额度、所付出的补偿成本以及监督考核办法。政府与居民达成一致意向后，当地居民便可自觉践行之前认同的补偿模式。此时，政府与当地居民有着共同利益和共同认知，第二层政府对居民的监督考核机制与第一层政府间的监督考核机制也趋于一致。第二层的监督考核机制的重点已不再是考核居民行为是否达到要求而进行奖惩，而是政府与居民共同探讨如何完成第一层的监督考核的要求。政府将每一阶段第一层监督考核完成情况反馈给当地居民，再与居民确定现阶段的补偿行动，争取更好地完成下一阶段的补偿。

（5）基于不同假设的监督考核机制的比较分析

通过对基于"理性人"假设的集体行动下的监督考核机制以及对基于公民道德的认知共同体下的监督考核机制的研究，可以对两种监督考核机制做如下比较，见表 5-18。

表 5-18　基于不同假设的监督考核机制比较

项目	集体行动下的监督考核机制	认知共同体下的监督考核机制
基于的假设理论	"理性人"假设	公民道德
政府与居民关系	"自上而下"的"统治-服从"关系	"民主-平等"的伙伴关系
执行成本	集中在过程成本	集中在前期成本
具体推行	易于现阶段推行	未来推行的必然趋势

在政府与居民关系方面，集体行动下的监督考核机制中，政府通过命令的方式对水源地居民的生态补偿实践进行事务性监管，是"自上而下"的"统治-服从"的关系。政府制定补偿方式与补偿政策，居民根据规章制度在接受补偿资金的同时履行义务，政府根据居民对规章制度的执行情况进行相应奖惩。而认知共同体下的监督考核机制中，政府则通过合作与协商与水源地居民确立共同的目标，是"民主-平等"的伙伴关系。政府与居民就一致的目标商讨具体实践，居民将补偿行为视为天经地义的约定而自觉实践，政府只需及时反馈补偿效果与政策变动即可。

在执行成本方面，集体行动下的监督考核机制的成本主要涉及对居民的结果性考核以及奖惩的实施。政府需要委托具体单位或个人来对居民的补偿行为进行监督，并对各村的补偿结果进行考核。之后，还需依据有关规章制度，根据监督考核的结果对居民进行相应的奖惩。如果出现个别居民拒不执行的情况，还要有相应的应对措施。这一系列的监督考核过程均需要花费一定的人力、物力，政府需要为此而付出相应成本。对于认知共同体下的监督考核机制，其成本主要集中在前期政府与居民共同设立目标与商讨双方认可的具体补偿办法上。这一过程持续的时间可能较长，也会在政府与居民之间产生一定的博弈，但是一旦达成共识，居民便能自觉遵守承诺，政府也不必再为后期的具体考核措施与奖惩办法而付出更多的成本。

在具体推行层面，集体行动下的监督考核机制在现阶段相对更易于推行。在我国，很多方面依然是政府占据主体地位，公众参与的各项机制仍不完善，尤其是信息不对称现象依然存在于各个领域。且在现有条件下，农村居民的文化水平仍然有限，因此，我国现有的生态补偿大多为政府主导。这样一来，推行集体行动下的监督考核机制看起来似乎阻力更小，也更加理所当然。然而随着公众参与的呼声越来越高，越来越多的公众渴望参与到社会公共事务中，进而发挥自身作用，维护自己的权益。近年来，无论是有关环境的听证会还是因为污染事件而产生的群体性对抗，都说明公众对生态环境的意识正在逐步提高，且为此而发表言论的欲望也日渐加强。在跨省水源地保护生态补偿监督考核机制中，公众参与机制也将是未来发展的趋势。水源地居民参与机制不仅可以在一定程度上实现群众的政治表达诉求，还可以提高当地居民对水源生态环境的意识，提升居民参与到生态补偿中的积极性。同时，当地居民的意见可提供更全方位的信息及不同于政府的全新的观念及思维方式，是来自多方面情况的真实反映，可以避免决策的盲目性或由于情况不明造成的决策偏差。更重要的是，随着补偿决策的公开性、透明度的提高，监督考核机制将更符合民意，更符合实际情况，有助于减少民众与政府之间的摩擦，加强政府与公众之间的联系与合作，进而实现整个跨省水源地保护生态补偿的顺利开展。

5.4.4　监督考核机制与财政路径的并行

5.4.4.1　并行的必要性

跨省水源地保护生态补偿的财政路径与监督考核机制在各自独立发挥作用的同时，更需要将两者有效结合，交叉并行。财政路径与监督考核机制如同水渠与闸门的关系，财政路径是渠，监督考核机制是闸。只有渠没有闸的渠道无法对水量、水位等进行调节控制，只能任由渠中水流淌，风调雨顺尚且无碍，一旦出现水量过剩或者干涸，则必然发生危机。反之，只有闸而没有渠的闸门要么因最终挡不住水势而崩溃，要么沦为摆设。同时，一条畅通的渠道可以在多个部位安置闸门，只有闸与渠交替发挥作用，才能有效地为整个输水工程服务。同样，在跨省水源地保护生态补偿中，财政路径与监督考核机制也是如此。

（1）约束与激励补偿客体，一定程度上保护补偿主体利益

跨省水源地的财政经济补偿在宏观方面属于省际间的资金流动，在微观方面属于政府与大众之间的资金流动，两种流动几乎均可以视为是单向的。无论是省（区、市）对省（区、市），还是政府对居民，资金一旦拨付出去，很难再回流。因此，补偿资金是否要顺着财政路径往下走，需要监督考核机制在其中发挥控制作用。

在宏观的省际层面之间，监督考核机制是资金是否拨付的标尺。一旦上游补偿客体政府未达到考核标准，监督考核机制将发挥约束作用，立即挡住资金的流动，以减少下游补偿主体政府的损失。其中，财政路径中若有"第三方"参与，甚至可以实现资金倒流回补偿主体，用水区政府几乎零损失。同样，若客体政府按预定的标准实现水源地的生态环境建设，监督考核机制将发挥激励作用，使补偿资金沿着财政路径畅通下行，此时将会实现双方政府的"双赢"。

在微观的政府对居民层面之间，集体行动下的监督考核机制所发挥的作用与宏观层

面的监督考核机制作用相类似，通过控制资金是否沿财政路径的流动来实现政府对水源地居民的奖惩。而认知共同体下的监督考核机制则是类似"风调雨顺"等无害的承诺。此时的财政路径如同位于雨水稳定气候下的渠道，大部分情况下难以发生灾害。同时，政府对居民的补偿更是干渠下面小的分支沟渠，资金会沿财政路径顺利下行，几乎不会出现与预期相左的情况。即便个别分支出现问题，也不会对整体产生影响。

（2）约束补偿主体，同时保护补偿客体利益

在大部分情况下，两省（区、市）间的跨省水源地保护生态补偿多为下游的用水区政府发起。下游用水区政府经济相对发达，为了喝到达标或更优质、更多的饮用水愿意付出一定的资金，补偿给上游水源地政府。但仍需要为补偿客体政府提供一定的保障，以避免其出现付出成本达到水质标准，下游政府却拒绝支付补偿金的情况。财政路径的设计，尤其是有"第三方"参与的财政路径，在一定程度上也起到了约束补偿主体的作用。一旦上游客体政府达到监督考核标准，无论下游补偿主体愿意与否，补偿资金都将沿着财政路径流向客体政府。

事实上，监督考核机制与财政路径的并行是维护整个跨省水源地保生态补偿公平进行的必要保障。只有两者交叉并行，才能确保任何一方的利益都不受侵害。当补偿顺利进行时，上下游双方政府将实现双赢局面。一旦有一方出现违规现象，则整个补偿将以失败告终，或者补偿主体与客体都付出程度相当的代价，或者回到补偿的原始局面，要么双方重新进行协商调整，要么补偿中止。因此，监督考核机制与财政路径的并行可以有效降低信息不对称带来的风险，确保整个补偿在公平、透明的环境下进行。

5.4.4.2　并行的原则

（1）二者程度相当原则

财政路径的畅通程度与监督考核机制的严格程度需一致，否则会有损二者并行的公平意义。在合理的财政路径下，若监督考核机制过分严格苛刻，则一方面会降低补偿客体的积极性，另一方面对补偿客体有失公正。此种情况下，补偿客体极可能会消极补偿甚至拒绝补偿实践，无论何种情况，均会阻碍整个补偿的顺利进行。反之，若监督考核机制过于松散，一方面会失去补偿的意义，另一方面也失去了对补偿主体的公正性。同样，财政路径的畅通程度过高或过低，会出现要么通过考核而补偿资金却未到位，要么补偿资金先到位而考核滞后的现象。财政路径的畅通程度与监督考核机制的严格程度只有在两相一致的情况下才能有效发挥维护公平的作用，并起到约束与激励的效用。

（2）二者节奏一致原则

财政路径与监督考核机制需要相辅相成，节奏一致。监督考核机制需要在财政资金流到一定位置时即时发挥作用，当一个考核完成时，无论是向下流动还是回流，财政资

金都需要立即做出反应。监督考核机制与财政路径的并行发挥具有较强的时效性。无论哪一方出现迟滞，均会影响双方政府参与补偿的积极性，难以实现其激励效果；若有一方提前，则将有碍公平，并难以实现其二者并行的约束作用。

（3）制定政策制度确保原则

在跨省水源地保护生态补偿中，财政路径与监督考核机制的并行需要双方政府共同制定并认可的政策制度作为运行保障。合理合法的政策制度为财政路径与监督考核机制运行提供方向和指导。同时，政策制度可以在二者运行的过程中，有效发挥调控作用，平衡并控制双方政府以及所涉及的居民大众的行为。尤其是当财政路径与监督考核机制并行出现问题与摩擦时，政策制度可以协调并化解矛盾，并维护公平正义。

5.5 跨省水源地保护生态补偿财政路径与监督考核机制设计

本节以于桥水库流域为例，应用前文所述方法，设计跨省水源地保护生态补偿财政路径与监督考核机制。

5.5.1 跨省水源地保护生态补偿宏观和微观利益相关者

根据跨省水源地保护生态补偿对利益相关者的分类，将于桥水库跨省水源地保护生态补偿的利益相关者分为两大类：宏观利益相关者和微观利益相关者。具体分类和细化见表 5-19。

表 5-19 于桥水库跨省水源地保护生态补偿利益相关者

	宏观利益相关者	微观利益相关者
补偿主体	天津市	取得日常用水的天津市居民、企业、政府等；以饮用水为生产资料用于盈利的企业
补偿客体	河北省 -唐山市 -遵化市 -迁西县 -承德市 -丰宁满族自治县 -承德县 -宽城满族自治县	宏观补偿客体下涉及退耕还林、降低面源污染、放弃水产养殖的农村居民；水环境生态工程建设的组织
第三方	水利部海河水利委员会	—

5.5.1.1　宏观利益相关者

于桥水库跨省水源地保护生态补偿的宏观补偿主体为天津市政府，即于桥水库所在地以及于桥水库的全部供水对象所在政府；宏观补偿客体为河北省，即于桥水库的主要水源所在省份。其中，河北省的唐山市和承德市为参与补偿的省辖市。唐山市下设的县级市遵化市以及迁西县为宏观补偿客体的县级市与县级行政单位。在于桥水库跨省水源地保护生态补偿财政路径与监督考核机制设计中，采取引入"第三方"参与管理的补偿形式。本设计中的"第三方"为水利部海河水利委员会。

5.5.1.2　微观利益相关者

于桥水库跨省水源地保护生态补偿中，微观补偿主体是为维持生活、生产、工作需要以于桥水库为取水点取得日常用水的天津市居民、企业、政府等，以及将饮用水作为生产资料用于盈利的相关企业。微观补偿客体包括两方面：一是宏观补偿客体下为水生态环境做出贡献的居民，包括涉及退耕还林、降低面源污染、放弃水产养殖的农村居民；二是为水环境生态工程建设而做出贡献的地区和单位，如参与生态林工程建设的承德市林业局等。

5.5.2　跨省水源地保护生态补偿财政路径与监督考核设计方案一

于桥水库跨省水源地保护生态补偿财政路径与监督考核机制设计方案一立足于易于在现有条件下快速推行。因此，无论是在财政路径还是在监督考核机制中各项途径的选择上均相对趋于传统，以提高整个设计方案的见效速度。

方案一的财政路径设计方面，由于现阶段作为用水方的天津市对于桥水库跨省水源地保护生态补偿的需求十分迫切，且愿意为此而向河北省支付一定的补偿资金，因此，财政来源途径为单来源。资金落实途径包括通过建设项目落实与直接补偿给涉及的当地居民两种。

在对当地居民的补偿中，由于以购买使用权的方式进行补偿，无论是在补偿效果还是在监督考核方面，均优于通过鼓励改良生产方式实现补偿的方式，因此优先选择购买使用权方式进行补偿。考虑到潘家口—大黑汀水库范围确定，且拥有养殖权的渔民数量有限，因此采用购买潘家口—大黑汀水库使用权的方式对当地渔民进行补偿。

由于涉及的农村耕地范围广、居民数量大，且农作物生产是当地居民主要生产方式，难以在短时间内实现对耕地使用权的购买，所以对当地农民的补偿采取鼓励改良生产方式的途径进行补偿。

在双方政府生态补偿交易平台的搭建中，于桥水库作为国家重要水源地，位于海河流域，使得采取引入水利部海河水利委员会作为"第三方"的交易平台模式成为可能。同时，考虑到现阶段河北省政府对补偿的积极性不高，为确保财政路径的畅通，引入"第三方"的交易平台模式成为必要。

方案一的监督考核机制设计方面，第一层横向监督考核机制引入"目标管理"机制，将监督考核分为前期、中期、后期 3 个时期，贯穿到整个生态补偿过程中。第二层纵向监督考核机制的设计采取基于"理性人"假设的集体行动理论下的监督考核机制。运用委托—代理关系实现集团的小规模化，并通过将补偿资金拆分成 3 次补给来实现选择性激励。

整个于桥水库跨省水源地保护生态补偿财政路径与监督考核机制设计方案一需要通过财政路径与监督考核机制的交叉并行来实现，因此本节的介绍将两条路径融为一体，按照方案实现的时间先后顺序来进行。方案一的整体设计框架见图 5-13。

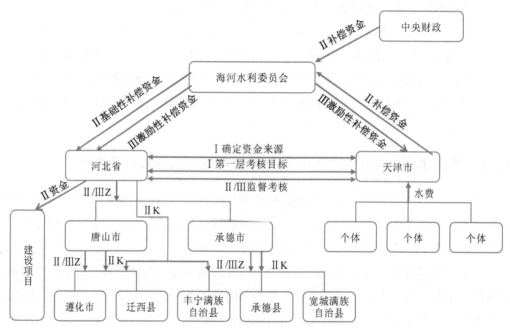

II/III：第 II 阶段与第 III 阶段；Z：资金；K：考核

图 5-13　于桥水库跨省水源地保护生态补偿财政路径与监督考核机制设计方案一

5.5.2.1　第 I 阶段：确定财政来源与第一层监督考核目标

于桥水库为天津市至关重要的水源地，因此，相对来讲天津市对补偿的要求更为迫切，在整个补偿中处于积极的主导地位，并愿意为补偿承担更多的成本。方案一中设计的财政来源为财政单来源补偿，即于桥水库跨省水源地保护生态补偿资金主要由天津市提供。天津市对城市水环境提出了更高要求，于桥水库被列为海河流域水污染防治"十二五"规划优先控制单元。因此，中央财政预算安排一定数量的补偿资金。天津市与河北省就补偿资金额达成一致意见后，天津市将其提供的所有补偿资金，连同中央财政拨付的补偿资金全部交给"第三方"海河水利委员会代为保管。

在确定监督考核目标方面，一方面，天津市与河北省共同商议，确定省（市）对省（市）的第一层宏观层面的考核指标与对应的具体考核标准，以及相应的奖惩措施。方案一中监督考核机制的考核目标为依托水质、水量进行的跨省界断面结果性考核。结合天津市环保局拟定的《引滦流域跨省水环境生态补偿实施方案》，具体的考核指标与对应目标做如下设计。

（1）考核监测断面

水量监测：使用现有前毛庄水文站、水平口水文站和龙门口水文站。

水质监测：3 条入境河流黎河、沙河、淋河上各设置一个断面。

（2）考核指标、考核频次以及考核标准

水量监测：按照《河流流量测验规范》（GB 50179—93）以及《河流流量测验规范条文说明》等相关国家标准执行。前毛庄水文站开展日监测，水平口和龙门口水文站开展月监测。

考核标准为：①水质监测：监测《地表水环境质量标准》（GB 3838—2002）表 1、表 2 中的共计 29 项指标。黎河入境断面采用自动监测与手工监测相结合的方法，高锰酸盐指数、氨氮、总氮、总磷 4 项主要指标开展自动站日监测，其余 25 项指标采用手工监测，每月一次；沙河桥和淋河桥断面所有监测指标均采用手工监测，每月一次；若发生污染事故，进行补充监测，人工监测中水质超标较多的水样，按照水质监测相关技术规范对超标水样予以保留，以备仲裁监测时使用。②考核标准按照《地表水环境质量标准》（GB 3838—2002），其表 1 中除总氮执行地表水Ⅲ类标准外，其余指标执行地表水Ⅱ类标准；其表 2 中指标以标准给出的限值为基准。

（3）奖惩标准

方案设计的补偿资金分为两部分，一部分为基础性补偿，另一部分为激励性补偿。基础性补偿部分的支付先于补偿支付，即无论是否达到考核标准，均予以补偿。而激励性补偿则是在全部考核指标均达到考核标准并经过天津市政府确认之后，方可拨付激励性补偿资金。若有 60%的考核指标达到考核标准，则按照完成指标的比例支付激励性补偿资金。若达到考核标准的指标数量低于 60%，则激励性补偿资金不予支付，同时将其退还给天津市政府。具体的基础性补偿和激励性补偿资金的比例，可以由双方或三方协商确定。

（4）监测实施单位

水量检查：水量监测工作由水利部委托天津市水文水资源勘测管理中心和河北省水

文水资源勘测局完成；若存在监测数据争议，由水利部进行仲裁监测。

水质监测：水质监测工作由天津市、河北省环境监测部门完成，若数据差异小于 10%时，监测数据取两部门的平均值；若数据差异大于 10%时，由中国环境监测总站进行仲裁监测。

5.5.2.2　第Ⅱ阶段：落实第一笔财政资金并进行中期监督考核沟通

首先，在财政资金的横向落实上，作为宏观补偿主体的天津市政府将全部财政补偿资金交给"第三方"海河水利委员会代为保管。同时，海河水利委员会依据标准，将第一笔基础性补偿资金划拨给河北省政府。

其次，河北省政府将此笔资金分为 3 个部分，从两个方面开展财政资金的纵向落实工作。一方面，通过生态补偿建设项目落实第一笔补偿资金，项目包括沿岸周边的农村生活垃圾无公害化处理、节水灌溉工程、河道坡面工程、生态公益林建设等，以及针对引滦入津输水渠沿岸排放废水以及堆放尾矿的水污染治理工程。另一方面，将第一笔补偿资金直接支付给当地居民。河北省政府将资金落实到唐山市与承德市，再由唐山、承德两市将资金落实到所涉县政府，最后由县政府委托行政村支付给当地居民。纵向财政补偿资金包括 3 个部分，第一部分为基础性补偿资金，第二部分为阶段抽查考核激励资金，第三部分为综合考核激励资金。落实基础性补偿资金后，在整个跨省水源地生态补偿的中期阶段，河北省政府将中期阶段划分为 4 个小阶段，每个小阶段根据抽查监督考核的结果决定是否对阶段抽查考核激励资金进行落实。具体资金支付包括以下两个方面。

1）购买潘家口水库与大黑汀水库的水域使用权。河北省以省政府名义与当地的渔民签订 3 年的使用权购买合同，分 3 年进行补偿。第一年应按上年纯收入的 100%予以补偿；第二年可按上年纯收入的 60%进行补偿，第三年可按上年纯收入的 30%进行补偿。唐山市政府将补偿资金落实到迁西县，委托迁西县政府与当地渔民签订合同并进行补偿交接。购买使用权的河北省政府可以通过对于桥水库水源地实现休渔来实现水生态环境的恢复，也可在严格控制养殖数量的前提下，委托唐山市渔业部门养殖以藻类为主要饵料的植食性鱼种，以弥补补偿资金的不足。

2）直接支付给当地居民，以补偿其因为农业生产方式的改变而产生的成本。唐山市政府将补偿资金落实到下设的遵化市（省直辖县级市，由唐山市代管）、迁西县，承德市政府将补偿资金落实到下设的丰宁满族自治县、承德县与宽城满族自治县。此 5 个县（市）通过乡镇委托涉及具体生产方式改良的行政村，一方面将补偿资金支付给村民，另一方面与村民签订责任状，严禁其使用高毒、高残留农药，大力推行测土培肥。为了达到河北省阶段抽查考核标准，每个县（市）同样需要进一步缩短阶段抽查考核周期，行政村更需要时常进行监督，以确保在省抽查考核时达到考核标准。

最后，在第一笔补偿资金落实后，积极进行中期监督考核沟通。一方面，河北省政府在将第一笔基础补偿金进行纵向落实后，需要按时监督检查项目建设工程的进展情况，做好记录与督促工作。同时，需要对潘家口—大黑汀水库周边是否还存在私自养鱼的情况进行监督，对 5 个县（市）补偿区的土壤污染物含量进行抽查。一旦发现违规现象，及时与委托市沟通，并按照程度做出相应惩罚。另一方面，河北省政府与天津市政府需要分别以书面沟通和小组会议的形式进行中期监督考核沟通。双方政府需要就补偿状况与阶段成效进行交流，以便及时发现问题并解决问题。

5.5.2.3 第Ⅲ阶段：监督考核成果评价并落实第二笔财政资金

监督考核成果评价与落实第二笔财政资金均包括横向和纵向两个层面。

横向层面，两个政府依据第一阶段制定的考核目标进行考核成果的评价，若断面监测达到支付 100%激励性补偿资金的标准，则"第三方"海河水利委员会支付第二笔财政资金给河北省政府；若断面监测达到支付 60%激励性补偿资金的标准，则"第三方"海河水利委员会支付第二笔财政资金的 60%给河北省政府，同时将剩余 40%退还给天津市政府；若断面监测未达到支付激励性补偿资金的标准，则"第三方"海河水利委员会将第二笔财政资金全部退还给天津市政府。

纵向层面，河北省政府结合激励性补偿资金的获得情况与潘家口—大黑汀水库禁渔情况以及 5 个县（市）土壤污染物抽查达标情况，决定是否支付当地居民第三部分综合考核激励资金。

事实上，纵向层面的财政资金的落实与监督考核机制采取的是委托—代理关系，在监督考核机制方面应用的是集体行动理论。此时，若将县（市）、行政村的政绩与考核结果相挂钩，将更有助于整个跨省水源地保护生态补偿监督考核机制的顺利进行。

5.5.3 跨省水源地保护生态补偿财政路径与监督考核设计方案二

事实上，跨省水源地保护生态补偿是社会经济各方面发展的必然产物，同时，合理的财政路径与监督考核机制应立足长远，形成长效机制长期存在。于桥水库跨省水源地保护生态补偿财政路径与监督考核机制设计方案二立足长远，使天津市与河北省为了达到"提高于桥水库水源质量"这一共同目标，互惠互利，形成双赢。为此，天津市政府应与河北省政府积极沟通，使河北省充分认识到，对于桥水库水源地生态补偿不应只是天津市单方面"剃头挑子一头热"。一方面，大黑汀水闸以上部分在作为于桥水库水源的同时，也是"引滦入唐"的水源；另一方面，作为水源所在地的河北省，有义务与天津市形成合作伙伴关系，共同努力推进于桥水库水源地生态补偿。

方案二的财政路径设计方面，财政来源途径与方案一相同，依然为单来源，资金落实途径也同样包括通过建设项目落实与直接补偿给涉及的当地居民两种。与方案一不同的是，在对当地居民的补偿中，虽然是鼓励居民改良生产方式，但鼓励途径并非为直接基于资金补贴。与通过资金补贴相比，通过采取"生态产品标记"的方式给予补偿更能体现方案二设计理念中的长效机制。在双方政府生态补偿交易平台的搭建中，由于海河水利委员会具有较高的信用度，且此时河北省也有较高的水源地生态建设热情，愿意在没有基础性补偿资金的情况下积极开展补偿工作，因此采取"第三方"提供担保的交易平台模式，使得整个补偿更趋于市场化，财政路径也更为畅通。

方案二的监督考核机制设计方面，第一层横向监督考核机制与方案一相类似，引入"目标管理"机制。第二层纵向监督考核机制的设计采取基于公民道德的"认知共同体"下的监督考核机制。注重调动公众参与的积极性，并充分发挥公众参与的作用与优势，使得当地居民能够自我监督与管理，进而提高整体考核效果。

本节对方案二的介绍重点突出与方案一的不同之处，与方案一相类似之处就不再赘述。由于方案二依然强调财政路径与监督考核机制的交叉并行，故仍然按照方案实现的时间先后顺序来进行。考虑到通过生态建设项目落实财政资金与直接面向当地居民落实财政资金两条财政路径差别较大，因此依据资金落实途径不同，将方案二分成两部分分别做介绍。

5.5.3.1 通过生态建设项目落实补偿财政

通过生态建设项目落实补偿财政的整体财政路径与监督考核机制框架见图5-14。

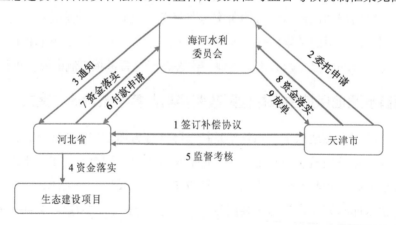

图5-14 通过生态建设项目落实补偿财政的整体财政路径与监督考核机制框架

在方案二设计中，作为"第三方"的海河水利委员会为生态补偿财政资金提供担保。由于海河水利委员会是作为"公证方"的存在，同时作为水利部的派驻机构，具有较强的可靠性，也有一定的财政资金基础。当海河水利委员会作为"第三方"提供财政资金担保时，海河水利委员会开出类似银行"信用证"的书面承诺，此种书面承诺属于付款承诺，是海河水利委员会根据天津市政府的要求和期限，向河北省政府开立的，在一定期限内，凭规定的单据支付一定补偿财政资金的书面承诺。

具体财政路径与监督考核机制表现如下：

①在补偿的初始阶段，天津市与河北省政府就补偿整体方案进行协商，并签订补偿协议。补偿协议包括补偿项目、补偿金额以及方案一中设计的监督考核目标等方面。

②天津市政府根据协议内容向水利部海河水利委员会提出申请请其为于桥水库水源地保护生态补偿的财政资金提供担保。

③水利部海河水利委员会通过审核后，向河北省政府发出通知，表示一旦河北省政府通过天津市政府的监督考核，水利部海河水利委员会将会无条件支付补偿财政资金。

④河北省政府依据协议的标准，利用河北省财政资金进行生态项目建设。

⑤在考核的各个阶段进行第一层横向监督考核。

⑥当第一层横向监督考核通过后，河北省政府即可向水利部海河水利委员会提出补偿资金的付款申请。

⑦水利部海河水利委员会向天津市政府证实之后，即可将全部补偿资金落实到河北省政府。

⑧此时，天津市政府需将补偿财政资金支付给水利部海河水利委员会。

⑨水利部海河水利委员会为天津市政府提供支付证明。

至此，一个阶段的生态建设项目资金落实的整条财政路径结束。

5.5.3.2　通过面向当地居民落实补偿财政

通过面向当地居民落实补偿财政的整体财政路径与监督考核机制框架见图 5-15。

河北省鼓励渔民严格控制水箱养殖的规模和数量，并严令禁止投放饵料，只允许养殖食草性鱼种。在农产品种植方面，与方案一中设计相同，采取测土培肥的方式进行种植。与方案一不同的是，天津市政府并非直接对当地居民的损失进行财政补偿，而是采取支付较高的价格收购生态产品的方式进行。之后，天津市将通过检验的生态产品进行"生态产品标记"，销售到天津市场。

具体财政路径与监督考核机制表现如下：

①河北省政府与天津市政府签订补偿协议。

②水利部海河水利委员会通过天津市委托资金担保的申请。

③通知河北省政府。

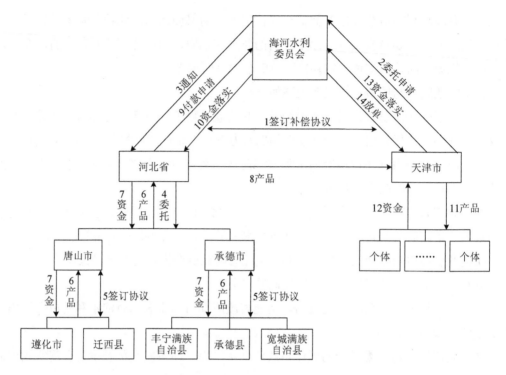

图 5-15 通过面向当地居民落实补偿财政的整体财政路径与监督考核机制框架

④河北省政府委托唐山市与承德市，唐山市与承德市又分别逐级委托遵化市、迁西县与丰宁满族自治县、承德县、宽城满族自治县积极与当地居民沟通，鼓励居民进行公众参与，并与当地居民达成生态产品养殖与种植的一致意向。

⑤5 个县（市）通过行政村与当地居民签订协议，协议中规定生态产品的生产标准与检测标准，以及政府集体收购的协议价格等方面。

⑥由方案二中第二层纵向监督考核机制为基于公众道德的"认知共同体"下的监督考核机制，因此在补偿过程中政府无须过多地监督考核，仅需对最终收购的产品按生态标准进行验收。因此，当地居民将最终产出的农产品逐级上交至河北省，由河北省对农产品是否符合生态产品标准进行验收与鉴定。

⑦若生态产品通过验收，则通过层层代理、逐级委托，将生态产品的收购资金支付给当地居民。

⑧河北省政府将收购的生态产品交给天津市政府，天津市政府同样需要对产品的生态性进行检验。

⑨产品通过天津市政府检验后，河北省政府即可向水利部海河水利委员会申请取得生态产品部分的补偿财政资金。

⑩水利部海河水利委员会进行确认后，向河北省政府支付生态产品部分的补偿财政

资金。

⑪天津市政府将收购的生态产品进行"生态产品标记"后，投入天津市农产品市场。

⑫天津市政府取得农产品交易资金。

⑬天津市政府将取得的产品销售资金支付给海河水利委员会。

⑭水利部海河水利委员会为天津市政府提供支付证明。

至此，一个阶段的面向当地居民落实财政补偿资金的整条财政路径与监督考核机制结束。

5.5.4　方案一与方案二的比较分析

5.5.4.1　方案一与方案二财政路径与监督考核机制的途径比较

方案一与方案二的财政路径与监督考核机制的途径方面的比较见表 5-20。

表 5-20　方案一与方案二的财政路径与监督考核机制的途径比较

		方案一	方案二
	财政来源	单来源（天津+中央）	单来源（天津+中央）
财政路径	资金落实	生态建设项目+当地居民 收购潘家口—大黑汀水库养殖权，支付资金鼓励改良	生态建设项目+当地居民 收购生态产品，进行"生态产品标记"鼓励改良
	交易平台	海河水利委员会做普通"第三方"	海河水利委员会"第三方"提供担保
监督考核	"第一层"横向监督考核	"目标管理"机制整体考核	"目标管理"机制整体考核；"生态产品"单独考核
	"第二层"纵向监督考核	基于"理性人"假设的集体行动下的监督考核	基于公民道德的"认知共同体"下的监督考核

在财政路径方面，两个方案的财政来源均为单来源补偿，即天津市政府加中央财政补贴构成所有补偿资金来源。两个方案的资金落实均为落实到生态建设项目与当地居民两方面。方案一中，通过采取收购潘家口—大黑汀水库的养殖权以及直接支付补偿资金来鼓励农业种植方式的改革；而方案二中，采取收购生态产品，并对生态产品进行标记的方式鼓励对水源地养殖业与农业生产方式的改良。两个方案的交易平台的搭建引入海河水利委员会作为"第三方"，区别之处为，方案一中的水利部海河水利委员会为普通的"第三方"，仅起到财政资金的保管作用；方案二中的海河水利委员会为提供资金担保的"第三方"，此时的水利部海河水利委员会为补偿资金的第一支付方。

在监督考核机制方面，两个方案的第一层横向监督考核机制均引入"目标管理"机制,只是方案二中将"生态产品"的考核从整体考核中区分出来,进行单独考核。在第二层纵向监督考核层面,方案一采取的是基于"理性人"假设的集体行动下的监督考核机制,通过集团小规模化实现奖惩机制;方案二则采取基于公民道德的"认知共同体"下的监督考核机制,重点通过公众参与实现。

5.5.4.2　方案一与方案二的整体比较分析

就整体而言,方案一立足于现有条件,可以在较短的时间内取得较为显著的效果,为侧重短期效果的补偿。与方案一相比,方案二立足长远,无论是"生态产品标记",还是公众参与机制的引入,均体现了其追求生态补偿财政路径与监督考核机制的长效性。

就河北省政府与天津市政府的参与角色而言,方案一为天津市政府主导,天津市政府积极牵头,提供补偿资金,而河北省政府则被动响应。河北省政府在天津市政府首先提供基础性补偿资金的基础上,为争取激励性补偿资金而进行于桥水库水源地生态环境建设。而方案二中,河北省政府与天津市政府双方积极参与,河北省政府自行出资提供生态服务在前,天津市政府在河北省政府的生态环境建设通过考核之后,给予补偿资金落实在后。方案二中双方政府与现实市场中的买卖双方更为类似。

就政府与群众关系而言,方案一为政府主导型,将居民视为只追求利益的"理性人",政府制定可以在一定程度上满足群众利益的规章制度,强制施行;方案二为群众参与型,将居民视为愿意积极参与生态环境建设的政策制定者与参与者,居民自愿参与到水源生态建设中,并能在补偿过程中进行自我约束。

就财政路径的通畅度而言,方案一中可以自由流动的补偿资金仅为激励性补偿资金,基础性补偿资金一旦支付出去则难以回流。而方案二中,海河水利委员会作为"第三方"提供担保,一方面,使得河北省对补偿无后顾之忧,因为海河水利委员会为第一债务承担人,所以不用担心补偿建设之后天津市政府出现"赖皮"现象;另一方面,天津市政府也不用担心会产生支付了补偿资金却达不到预期效果的情况。

事实上,方案二的设计更贴近跨省水源地保护生态补偿财政路径与监督考核机制设计的宗旨,但是考虑到现阶段双方政府的态度与河北省政府的经济情况,可以率先推行方案一,在方案一取得一定成效,同时河北省政府经济状况有所改善及其居民意识有所提高之后,进一步推进方案二,将取得理想效果。

5.6　跨省水源地保护能力建设

能力建设是实现和落实跨省水源地保护经济补偿的基础,也是经济补偿监督的基本要求。本方案从监测网络建设、监测站标准化建设等方面就如何执行和落实跨省水源地保护经济补偿方案提供能力建设方案。跨省水源地保护经济补偿能力建设应尽量依托现有的国家和省级水文、水资源和水环境监测网络和体系，共享其数据。只有在现行监测网络和体系不能满足跨省水源地保护经济补偿要求的情况下，进行必要的改进和补充。同时，跨省水源地保护经济补偿能力建设也应该兼顾其他水资源管理、水资源保护和水环境治理的能力建设要求，尽量纳入国家和省级水资源、水环境监测体系，并与其共享监测数据。

5.6.1 制定依据

国家环境保护总局《国家环境质量监测网地表水监测断面》（环发〔2003〕3 号）、《全国环境监测站建设标准》及其补充标准、《地表水水质自动监测技术规范》（征求意见稿）、《地表水和污水监测技术规范》（HJ/T 91—2002）、《河流流量测验规范》（GB 50179—1993）、《水文自动测报系统技术规范》（SL 61—2003）、《水位观测平台技术标准》（SL 384—2007）、《水位观测标准》（GB/T 50183—2010）、《水环境监测规范》（SL 219—2013）等。

5.6.2 系统要求

跨省水源地保护经济补偿能力建设是一个涵盖两省（区、市）以上大中型流域的水资源水环境综合系统，应具有大型信息化系统的常规性能要求，包括：

①稳定性。要求系统监测计量设备、软硬件整体及其功能模块具有稳定性，在各种情况下不会出现死机现象，更不能出现系统崩溃现象。

②可靠性。要求系统数据监测、分析、传输和计算的正确性和准确性。

③容错和自适应性能。对使用人员操作过程中出现的局部错序或可能导致信息丢失的操作能推理纠正或给予正确的操作提示。

④易于维护性。要求系统的设备、数据、业务维护方便、快捷。

⑤安全性。要求保障系统数据安全、不易被侵入、被干扰、被窃取或破坏。

⑥可扩展性。要求系统从规模上、功能上易于扩展和升级，应制定可行的解决方案，预留相应的接口。

⑦数据精确度。跨省水源地保护经济补偿涉及不同类型的数据，数据从采集、检验、录入、上报到入库，经过多种工序，要保证数据精度需要。

⑧适应性。系统在操作方式、运行环境、与其他软件的接口以及开发计划等方面发生变化时，应具有一定的适应能力。

同时，系统还需要满足安全需求。保证系统运行的安全，并在系统遇到故障时（包括硬件损坏和软件系统崩溃等），能够有效地避免数据和信息丢失和破坏，并尽快恢复系统的正常运行。系统安全体现在以下几个方面：

①系统的物理安全防护：包括电源供给、传输介质、物理路由、通信手段、电磁干扰屏蔽、避雷方式等方面的安全保护措施。

②网络设施的安全防护：体现在数据传输的安全、网络设备的安全、网络业务的安全、用户网络的安全、网络管理系统的安全和病毒防护等方面。

③数据安全的防护：包括数据传输、存储、访问、处理的安全，数据的灾难备份。

④系统与资源的访问控制与认证：包括公网与专网之间的隔离与交换、资源的访问控制等防护措施。

⑤安全管理制度：包括关键设备的管理、人员管理、机房管理等安全管理制度。

5.6.3　系统建设

系统建设包括监测网络建设和传输体系建设两个部分。系统建设应充分利用现代科技成果，以数据自动分析和采集传输为基础，通过对数据采集传输基础设施设备的改造和建设，通过配置先进的新仪器、新设备，提高水资源和水环境数据采集、传输、处理的自动化水平，提高数据采集的精度和传输的时效性，形成较为完善的监测体系，为流域跨省水源地保护经济补偿提供更好、更准确的支撑和服务。

5.6.3.1　监测网络建设

完善水源地所在流域水资源和水环境监测网布局。在分析现有流域水资源和水环境监测站点、网络以及监测项目的基础上，在重点区域和关键断面新建和改建国家或省级资源环境监测站点，提升流域环境监测网自动监测能力，重点加强环境背景、跨界水体、重要和敏感地区等的自动监测能力建设。强化流域内重要和敏感地区的监测能力。需要明确的是，跨省水源地补偿经济补偿能力建设应充分考虑流域的水系特点、省界以及断面情况以及跨省水源地经济补偿方案的要求，在水量情况和水系比较复杂的流域应设置多个监测站点，为经济补偿方案的落实提供扎实的支撑。

构建完善的水源地流域监测网络。完整的流域跨省水源地保护经济补偿监测网络一般由一个远程监控中心和若干个监测子站组成，每个子站是一个独立的子系统，它以在线自动分析仪器为核心，以传感器、自动控制、信息传输等技术为载体，综合化学分析、数据计算技术而组成的一个连续自动监测系统。系统主要包含采水单元、配水/清洗单元、自动监测仪器单元、数据采集和控制单元、数据处理和传输单元、辅助单元等。

科学设计站点，加强站点管理。根据《环境质量监测点位管理办法》（环办〔2011〕107 号）的要求，跨省水源地保护经济补偿监测点位应为国家或省级环境质量评价监测点位或专项工作监测点位，由国家环境保护主管部门或流域所在区域相应省级环境保护部门负责管理。根据水源地保护工作的需要，点位应具有代表性、科学性和可行性，以及采样的便利性和交通的可达性。

合理选择监测项目。自动监测站的项目设置时应考虑断面监控目的、断面性质、经费预算等。根据国家《环境监测技术路线》的要求，通常设置常规五参数（水温、pH、溶解氧、电导率、浊度）、高锰酸盐指数和氨氮等必测项目，为了加强对富营养化的控制和生态补偿的需要，也可以加入总磷和总氮指标；同时，为了核算污染物总量，需要设置流量计。

合理选择站址。站房选址与基建通常选择在下游区域的交界断面附近，点位应综合考虑水量和水质代表性、建站条件、采水条件，并考虑不同水期对取水系统的影响，避开死水区和闸坝控制区，保证取水系统全年正常运行。站房采用永久性建筑，建筑面积一般不少于 150 m^2，站房建设要做好接地、防雷和消防工作，统一标示标牌，做好"三通一平"工程。

5.6.3.2　传输体系建设

传输体系建设是流域跨省水源地保护经济补偿能力建设的重要内容。信息采集与传输的基本单位是测站，传输的信息一般为水量和水质监测的数据。

数据采集与传输系统一般由监测站点通过有线网络或移动网络将数据传输到流域监控中心。采集站点负责信息的实时采集，并经监控网络的接入路由器传输到流域监控中心。在监控中心，应配置 2 台数据采集交换服务器，负责实时信息的接受与处理。

传输体系通信信道可以选择 3G 或 4G 移动网络，可以同时提供数据和图像传输服务。3G 服务能够同时传送声音（通话）及数据信息，可以提供高速数据业务，目前国内支持国际电联确定 3 个无线接口标准，分别是中国电信的 CDMA2000、中国联通的 WCDMA 和中国移动的 TD-SCDMA。4G 集 3G 与 WLAN 于一体，能够快速传输高质量数据、音频、视频和图像等，以 100Mbps 以上的速度下载，能够满足几乎所有用户对于无线服务的要求，具有通信速度快、网络频谱宽、通信灵活、智能性能高、兼容性好和通信质量高等优点。另外，为了提供传输系统的可靠性和安全性，还可以选择卫星信道作为应急状态下的通信信道，当前可供报信通信网选用的卫星信道有 4 种：亚洲 2 号通信卫星信道、Omni TARCS 全线通卫星信道、国际海事卫星（Inmarsat）信道和北斗卫星信道。当前，从国家安全和技术发展角度考虑，建议选择 4G 和北斗卫星信道。

测站接收各个信息监测点采集的信息，并向流域监控中心上传数据。测站与流域监控中心的连接方式有 3G、4G、卫星。测站与监测点连接方式：当在监测设备允许的距离范围内，测站与监测设备之间通过设备与 RTU（测站终端机）之间的专线方式连接；当在监测设备允许的距离范围之外时，测站与信息监测设备之间通过无线方式连接。测站设备包括通信模块、具备人工置数功能的终端单元（RTU）和具体监测设备等。测站的通信功能一般包括在 RTU 的控制下，按规定段次，自动完成定时拍报和在相关信息达到加报标准时随时拍报；接受监控中心的查询、召测；辅助信息能通过人工置数方式拍报；远程工作设定和工作参数修改；良好的电源管理和通信管理功能。

另外，需要注意传输系统的可靠性，需要从防雷、接地、电源、通信信道可靠性等方面考虑，同时在设计时应注意各类传感器的接口保护、抗电磁干扰和抗雷击保护，并注意电源电压的适应性以及传感器内部软件的可靠性。

5.6.4　监测站标准化建设

5.6.4.1　选址

（1）条件

跨省水源地保护经济补偿监测站位置的选择须满足以下条件：

①站址的代表性：应能代表和满足跨省水源地保护经济补偿标准及其实施的要求，站址应位于省界附近；

②站址的便利性：具备土地、交通、通信、电力、自来水及良好的地质等基础条件；

③水质和水量的代表性：根据监测的目的和断面的功能，具有较好的水质和水量代表性；

④监测的长期性：不受城市、农村、水利等建设的影响，具有比较稳定的水深和河流宽度，保证系统长期运行；

⑤系统的安全性：站址周围环境条件安全、可靠；

⑥运行的经济性：便于承担管理任务的监测站日常运行和管理；

⑦管理的规范性：承担运行管理的站或托管站应具有较强的监测技术与管理水平，有一定的经济能力，有专人负责监测站的运行、维护和管理。

（2）基本要求

选址须满足以下基本要求：

①自动站离托管站的交通距离不超过 100 km，交通方便，对于较偏远的站点，与托管站交通距离超过 100 km 的，应保障有专门的交通工具；

②有可靠的电力保证且电压稳定；

③具有自来水或可建自备井水源，水质符合生活用水要求；

④有直通（不通过分机）电话，且通信线路质量符合数据传输要求；

⑤取水点距站房不超过 100 m，枯水期亦不超过 150 m，便于铺设管线及其保温设施；

⑥枯水期水面与站房的高差不超过采水泵的最大扬程；

⑦断面常年有水，丰水、枯水季节河道摆幅应小于 30 m。

（3）水质代表性

根据断面的功能确定其水质代表性，监测的结果能代表监测水体的水质状况和变化趋势。监测断面一般选择在水质分布均匀、流速稳定的平直河段，距上游入河口或排污口的距离不少于 1 km，尽可能选择在原有的常规监测断面上，以保证监测数据的连续性。

根据管理需要，水质监测点按其功能不同应设置在交界断面、出入河（湖）口和控制断面等。各功能断面设置时应遵循不同的要求，以保证监测断面的水质具有代表性。

为了尽可能减少采水点位局限性对水质监测结果的影响，保证采水设施的安全和维护的方便，采水口位置应满足以下条件：①采水点水质与该断面平均水质的误差不得大于 10%，在不影响航道运行的前提下采水点尽量靠近主航道；②取水口位置一般应设在河流凸岸（冲刷岸），不能设在河流（湖库）的漫滩处，避开湍流和容易造成淤积的部位，丰水期、枯水期离河岸的距离不得小于 10 m；③河流取水口不能设在死水区、缓流区、回流区，该处水力交换良好；④取水点与站房的距离一般不应超出 100 m；⑤取水点设在水下 0.5～1 m 范围内，但应防止地质淤泥对采水水质的影响；⑥枯水季节采水点水深不小于 1 m；采水点最大流速应低于 3 m/s，有利于采水设施的建设和运行维护与安全。

（4）水量代表性

根据断面的功能确定其水量代表性，监测的结果能代表监测断面以上的水量状况和变化趋势。监测断面尽可能选择在原有的常规监测断面上，以保证监测数据的连续性。

根据管理需要，水量监测点应设置在交界断面和控制断面等处，以保证监测断面的水量具有代表性。

监测河段应满足设站目的，保证监测资料的精度，符合观测方便和监测资料计算整理简便的要求；并应符合下列规定：①监测河段应选在石梁、急滩、弯道、卡口和人工堰坝等易形成断面控制的上游河段。其中石梁、急滩和卡口的上游河段应离开断面控制的距离为河宽度的 5 倍；或选在河槽的底坡、断面形状和糙率等因素比较稳定和易受河槽沿程阻力作用形成河槽控制的河段。河段内无巨大块石阻水，无巨大旋涡、乱流等现象。②当断面控制和河槽控制发生在某河段的不同地址时，应选择断面控制的河段作为监测河段；在几处具有相同控制特性的河段上，应选择水深较大的窄深河段作为监测河段。

监测河段宜顺直、稳定、水流集中，无分流、岔流、斜流、回流和死水等现象。顺直河段长度应大于发生洪水时主河槽宽度的 3 倍。宜避开有较大支流汇入或湖泊、水库等大水体产生变动回水的影响。并应符合下列规定：①在平原区河流上，要求河段顺直匀整，全河段应有大体一致的河宽、水深和比降，单式河槽河床上宜无水草丛生。当必须在游荡性河段设站时宜避免选在河岸易崩坍和变动的沙洲附近等处。②水库、湖泊出口站或堰闸站的监测河段应选在建筑物的下游，避开水流大的波动和异常紊动影响。当在下游监测有困难，而建筑物上游又有较长的顺直河段时，可将监测河段选在建筑物上游。③结冰河流的监测河段不宜选择在有冰凌堆积、冰塞、冰坝的地点。

5.6.4.2 自动监测系统

自动站包括采水单元、配水单元、预处理单元、检测单元、数据采集与传输单元、系统控制单元和站房等。水质自动站自动监测系统包括采水单元、配水单元、预处理单元、检测单元、数据采集与传输单元、系统控制单元。

（1）采水单元

采水单元包括采水构筑物、采水泵、采水管道、清洗配套装置、防堵塞装置和保温配套装置、航道安全设施、采水管道反冲洗装置等。采水一般采用潜水泵和自吸泵。

（2）配水单元

将采集的水样根据各种分析仪器的所需压力和流量合理分配给各种仪器。如五参数（pH、水温、电导率、浊度、溶解氧）需原水测量，不需预处理，而高锰酸盐指数等需静止或过滤除去部分悬浮物。

（3）预处理单元

对水样进行除沙、除藻的设施。各系统集成商多采用水样过滤装置，因无实验数据，过滤网目数无法统一规定。国家水站预处理单元增加了 30 min 的沉淀装置，提高了与国家标准方法的可比性。

（4）检测单元

自动监测分析仪器是自动监测系统的核心。在选择监测仪器时首先应考虑监测的目的，从环境管理的角度出发，确定监测项目。一般来说，应选择五参数（pH、水温、浊度、电导率、溶解氧）分析仪、高锰酸盐指数分析仪、总有机碳分析仪、氨氮分析仪以及根据需要选择如总磷和总氮等其他监测项目的分析仪。

5.6.4.3 监测项目

根据跨省水源地保护经济补偿的需要、仪器设备适用性、当地特征污染因子和监测结果可比性选择水质自动监测项目。

根据监测目的、水量和水质特点确定监测项目，一般以常规水量和水质监测项目为主，实时监测的主要污染物为重点监测项目。地表水质监测通常选择水质常规参数（水温、pH、溶解氧、电导率及浊度）、有机物综合指标（高锰酸盐指数、总有机碳等）及氨氮，入海、入湖库河流及湖水质监测增加总氮、总磷和叶绿素 a 等指标。根据当地的污染特征还可选择硝酸盐氮、亚硝酸盐氮、挥发酚、氟化物、生物毒性、挥发性有机污染物以及重金属等项目。水量监测项目一般为河道水位和水量。

也可以根据仪器的适用性能确定监测项目。成熟可靠的监测仪器是选择监测项目的基本条件，仪器不成熟或其性能指标不能满足当地水质条件的项目不应作为自动监测项目。

根据监测目的和水质评价的需要选择辅助项目，如水位、流量和流向等。

有机物综合指标的选择可根据水质情况决定，水质较好的可选用高锰酸盐指数，当水体中高锰酸盐指数大于 50 mg/L 时，可选用有机物综合指标；根据仪器的适用情况，也可以选择总有机碳、紫外吸收法等仪器，采用比对换算方法计算成高锰酸盐指数或化学需氧量。由于采用仪器原理和条件的不同，其监测的高锰酸盐指数的结果有一定的差异，各种仪器必须根据对比实验来校准。

5.6.4.4　仪器配备

水质自动站仪器设备配置见表 5-21。

表 5-21　水质自动站仪器设备配置

序号	项目名称		数量
1	采配水系统	采水系统	1
2		配水系统及辅助设备	1
3		水质自动采样器	1
4	在线监测仪	五参数	1
5		高锰酸盐指数	1
6		总有机碳	1
7		氨氮	1
8		总氮总磷（湖库）	1
9		生物毒性	1
10		挥发性有机物	1
11	系统控制及数据采集系统	仪器控制系统	1
12		通信系统	1
13		中心计算机、传真机、打印机	1
14	系统控制及数据采集系统	笔记本电脑	1
15	质量控制监测仪器	便携式 pH 计	1
16		便携式溶解氧测定仪	1
17		便携式 COD 测定仪	1
18		便携式电导率测定仪	1
19	车　辆	监测车	1

水位监测使用包括雷达式、声波式、压力式和浮子式等各类常用的水位计，可以根据监测环境选用适当类型和量程的水位计。河道一般使用压力式或浮子式水位计。水位计的精确度一般在 1～3 cm 以内，我国制造的水位计的记录周期有 1 d、30 d 和 90 d 等。走时误差，机械钟为 2 min/d，石英晶体钟小于 5 min/月。声波式（超声波）水位计分为气介式和水介式两类：气介式以空气为声波的传播介质，换能器置于水面上方，由水面反射声波，根据回波时间可计算并显示出水位；仪器不接触水体，完全摆脱水中泥沙和流速冲击和水草等不利因素的影响；水介式是将换能器安装在河底，向水面发射声波；声波在水介质中传播速度高、距离大，也不需要建测井。两种水位计均可用电缆将数据传输至室内显示或储存。

5.6.4.5　监测频次

监测频次可根据监测仪器对每个样品的分析周期来确定，最低监测频次须满足管理和水质分析的需要。在污染事故阶段或水质有明显变化期间可设置较高的监测频率；在以上条件允许时，还需充分考虑水质自动站运行的经济性，尽量减低运行费用。

根据水质自动监测系统实际运行情况，监测频次通常设置为 4 h 一次（即每天 6 组数据），在发现水质状况明显变化或发生污染事故期间，应将监测频率调整为每小时一次。能连续监测的项目（如水位、水温、pH、电导率、浊度、溶解氧等）可实时采集数据，也可以定时采集数据。

5.6.4.6　运行管理

（1）运行操作规程

正确、规范的操作是确保仪器正常运行的基础，在监测站建设过程中必须制定仪器的操作规程，在日常的运行管理中除必须严格执行所制定的仪器操作规程，还要有一个对仪器性能考核的操作规程，并应建立日常运行管理的记录制度。仪器的运行操作规程中除应包括仪器说明书中严格要求的操作外，还应根据当地水文、水质以及环境条件等因素，进行补充和完善。

（2）质量保证和质量控制

质量保证是确保环境监测结果正确、可靠的必要措施。性能、质量再好的仪器，如没有严格的质量管理措施也不会产生可靠、准确的数据。对于监测站内的仪器必须严格按照仪器要求和国家《环境水质监测质量保证手册》中的规定，定期进行校准。对于 COD_{Mn} 分析仪器必须按照仪器要求，在每次更换试剂时进行一次校准，并用质控标样进行检定。

对于监测站所使用的实验用水、试剂、校准溶液，严格执行《国家环境监测技术规范》中的质量保证要求，并认真做好质控实验情况的记录。并对自动监测结果进行对比实验及标准溶液核查。

托管站应成立职责明确的技术负责小组对自动站的质量控制负责并由总工办对质量控制工作进行具体指导。为确保自动站的正常运行，应当制定如管理人员岗位职责要求、质量保证管理规定、报告制度、自动站仪器设备及消耗材料管理办法等一系列的管理制度。省级环境监测部门要对辖区内的自动站数据质量起到监督考核作用。中国环境监测总站也应每年对国家水站进行质控考核，对相关人员进行定期技术培训。

第6章　跨省东江流域生态补偿与经济责任机制研究[①]

本章从跨省东江流域实际出发，以东江流域水源涵养与水文调蓄功能为依据，界定了东江流域生态补偿主体与客体范围，以生态系统服务功能为基准，构建了东江流域基于生态保护效益与水质水量耦合的生态补偿标准测算模型。在此基础上，提出了"纵向补偿与横向补偿相结合"的生态补偿实施路径、水质水量监测能力建设方案和资金管理实施机制。通过水质预测模型对实施生态补偿后源区内经济社会环境效益定性评估和水质改善潜在贡献率定量评估。

6.1　东江流域开展跨省流域生态补偿的基础

东江发源于江西省寻乌县桠髻钵，上游称寻乌水，向南流入广东境内，至龙川合河坝汇安远水（又名定南水）后称东江。东江流域位于珠江三角洲的东北端，南临南海并毗邻香港，西南部紧靠华南最大的经济中心广州市，西北部与粤北山区韶关和清远两市相接，东部与粤东梅汕地区为邻，北部与赣南地区的赣州市相接，地理坐标为东经 113°52′～115°52′，北纬 22°38′～25°14′，东江流域在广东省境内涉及河源市、惠州市、东莞市、深圳市、韶关市、梅州市和广州市的增城区。

东江流域是珠江三大水系之一，以不足 0.4% 的国土，拥有约全国 1.2% 的水量，养育着约 4%、近 4 000 万人口，在国家经济社会发展中的地位和作用举足轻重；东江也是我国最重要的饮用水水源之一，东江水质的好坏事关香港的繁荣稳定以及珠江三角洲经济圈东部城市群的供水安全。东江流域是典型的高速发展区，其经济发展的梯度性又十分明显，在区域中既有我国最富裕的香港、深圳地区，又有河源市、江西省等欠发达的山区，经济落差大。长期以来，东江流域上游区域在流域生态环境保护方面做出了贡献，牺牲了一定的发展机会和经济利益。但是随着这种经济落差的日益扩大，流域的每一个角落都潜伏着巨大的发展冲动与压力。为摆脱贫困，水质良好的中游、上游地区正在迅速步入下游曾经历过的超常规发展历程，当前区域经济正以更迅猛的速度向中游、上游地区梯度推进，水质保护的任务变得异常艰巨。

---

① 本章主要执笔人：刘乙敏、向男、赵卉卉。

随着流域水环境保护与经济发展矛盾的日益凸显，建立流域生态补偿机制，协调流域上游与下游地区之间的经济利益关系，提高流域生态环境质量以实现流域的可持续发展已成当务之急。在《国务院关于落实科学发展观　加强环境保护的决定》、《关于开展生态补偿试点工作的指导意见》以及国家《节能减排综合性工作方案》等文件中都明确要推动建立流域水环境保护的生态补偿机制。"十一五"以来，江西省和广东省围绕东江流域生态补偿开展了大量研究和准备工作，2009 年启动了《东江流域生态补偿与污染赔偿试点研究》，但是由于上下游之间补偿思路分歧较大，只是在省内形成了流域生态补偿的方案，尚未真正在东江流域建立跨省生态补偿机制。

跨省流域生态补偿是"十二五"期间重点突破的内容。无论是国家还是地方，对建立健全跨省流域生态补偿机制的需求都十分强烈。本研究以东江流域为对象，重点建立跨省流域生态补偿机制，研究跨省东江流域生态补偿资金管理与实施机制，为协调东江流域上下游发展与保护之间的矛盾提出补偿思路及解决办法，对促进整个流域经济社会环境全面协调、可持续发展具有重要意义，也将对整个珠江流域乃至全国其他以饮用水为主导功能的跨省流域产生积极的示范效应和典范作用。

东江干流横跨江西、广东两省，全长 562 km，广东省境内 435 km，平均坡降为 0.35‰。石龙以上干流长 520 km，广东省境内 393 km，石龙以上流域总面积 27 024 km^2，广东省境内 23 540 km^2。其中东江源区包括江西省赣州市的寻乌、安远和定南三县，流域面积 3 500 km^2，约占东江全流域面积的 1/10。广东省境内流域面积 31 840 km^2，占流域总面积的 90%。

东江流域区位图及水系分布图见图 6-1 及图 6-2。

广东省通过财政转移支付、设立环保专项基金、探索流域协调机制、实行纵向补助的生态补偿、建立水环境综合整治绩效评价和奖惩机制等方式积极开展生态补偿实践探索，早先大部分生态补偿探索工作主要在东江流域进行，近期也有在粤桂交界河流九洲江开展新一轮实践。

6.1.1　流域生态补偿概念界定

6.1.1.1　生态补偿的概念

在环境研究和管理领域，生态补偿具有多重含义，总体上可以分为 3 种：①自然生态补偿，指生物有机体、种群、群落或生态系统受到干扰时，所表现出来的适应能力或者恢复能力；②对生态系统的补偿，指人们采取措施弥补生态占用的行为，特别是对生态用地的占用补偿；③促进生态保护的经济手段和制度安排，目前正受到公众、政府和社会各界的重点关注，也是环境管理与公共政策领域内的含义。

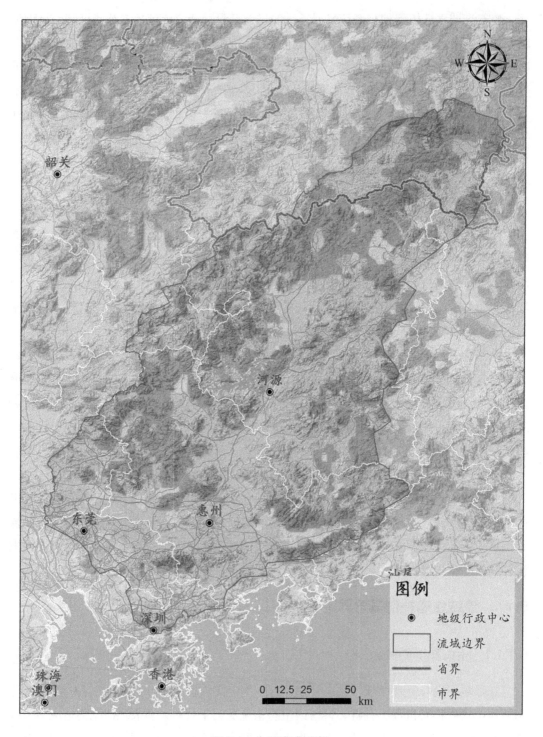

图6-1 东江流域区位

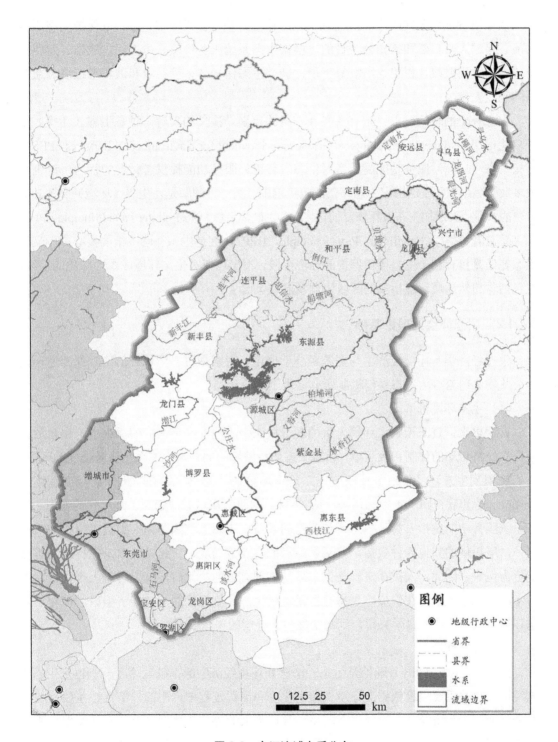

图 6-2 东江流域水系分布

从环境管理和公共政策的角度看，生态补偿的基本含义应该是一种以保护生态服务功能、促进人与自然和谐相处为目的，根据生态系统服务价值、生态保护成本、发展机会成本，运用财政、税费、市场等手段，调节生态保护者、受益者和破坏者经济利益关系的制度安排。

生态补偿的政策范围界定有狭义和广义的差别。狭义的理解一种是生态（环境）服务功能付费（Payment for Ecological Services or Payment for Environmental Services，PES），即指生态（环境）服务功能受益者对生态（环境）服务功能提供者付费的行为，这也是大多数国际组织和发达国家生态补偿的政策范围；另一种理解是在生态（环境）服务功能付费的基础上，增加生态破坏恢复的内容，即"破坏者恢复"（Polluter Pays Principle，PPP）和"受益者补偿"（Beneficiary Pays Principle，BPP），这是生态补偿政策的核心。广义的生态补偿是指有利于生态环境保护的经济手段，不仅包括对生态环境成本内部化的手段，也包括与自然地域环境相关的区域协调发展政策[①]。

6.1.1.2　生态补偿的理论基础

生态经济学、环境经济学与资源经济学理论，特别是生态环境价值论、外部性理论和公共物品理论等为生态补偿机制研究提供了理论基础。

（1）生态环境价值论

长期以来，资源无限、环境无价的观念根深蒂固地存在于人们的思维中，也渗透在社会和经济活动的体制和政策中。随着生态环境破坏的加剧和生态系统服务功能的研究，人们认识到生态环境价值是反映生态系统市场价值、建立生态补偿机制的重要基础。Costanza 等和联合国千年生态系统评估（MA）的研究在这方面起到了划时代的作用。生态系统服务功能是指人类从生态系统获得的效益，生态系统除了为人类提供直接的产品以外，所提供的其他各种效益，包括供给功能、调节功能、文化功能以及支持功能等可能更为巨大。因此，人类在进行与生态系统管理有关的决策时，既要考虑人类福祉，也要考虑生态系统的内在价值。生态补偿是促进生态环境保护的一种经济手段，而对于生态环境特征与价值的科学界定，则是实施生态补偿的理论依据。

（2）外部性理论

外部性（externality）理论是生态经济学和环境经济学的基础理论之一，也是生态环境经济政策的重要理论依据。环境资源的生产和消费过程中产生的外部性，主要反映在两个方面，一是资源开发造成生态环境破坏所形成的外部成本，二是生态环境保护所产生的外部效益。由于这些成本或效益没有在生产或经营活动中得到很好的体现，从而导致了破坏生态环境没有得到应有的惩罚，保护生态环境产生的生态效益被他人无偿享用，

---

① 王金南，万军，张惠远：《关于我国生态补偿机制与政策的几点认识》，载于 2006 年第 19 期《环境保护》。

使得生态环境保护领域难以达到帕累托最优。

庇古认为，当社会边际成本收益与私人边际成本收益相背离时，不能靠在合约中规定补偿的办法予以解决。这时市场机制无法发挥作用，即出现市场失灵，而必须依靠外部力量，即政府干预加以解决。当它们不相等时，政府可以通过税收与补贴等经济干预手段使边际税率（边际补贴）等于外部边际成本（边际外部收益），使外部性"内部化"。构建这种外部性内部化的制度，就是生态补偿政策制定的核心目标。

（3）公共物品理论

人们普遍认为，自然生态系统及其所提供的生态服务具有公共物品属性。纯粹的公共物品具有非排他性（non-excludability）和消费上的非竞争性（non-rivalrousness）两个本质特征。这两个特性意味着公共物品如果由市场提供，每个消费者都不会自愿掏钱去购买，而是等着他人去购买而自己顺便享用它所带来的利益，这就是"搭便车"问题。如果所有社会成员都意图免费"搭车"，那么最终结果是没人能够享受到公共物品，因为"搭便车"问题会导致公共物品的供给不足。

但是，公共物品并不等同于所有的公共资源。公共资源（common resources）是有竞争性但无排他性的物品。在消费上具有竞争性，但是却无法有效地排他，如公共渔场、牧场等，则容易产生"公地悲剧"（tragedy of the commons）问题。即如果一种资源无法有效地排他，那么就会导致这种资源的过度使用，最终导致全体成员的利益受损。

生态环境由于其整体性、区域性和外部性等特征，很难改变公共物品的基本属性，需要从公共服务的角度，进行有效的管理，重要的是强调主体责任、公平的管理原则和公共支出的支持。从生态环境保护方面，基于公平性的原则，区域之间、人与人之间应该享有平等的公共服务，享有平等的生态环境福利，这是制定区域生态补偿政策必须考虑的问题。

6.1.1.3　生态补偿的研究进展

国外学者对生态补偿的认识在 20 世纪 90 年代才逐渐清晰，Cuperas J.B. 提出生态补偿是对遭到人为破坏的生态系统进行修复或者是从事异地重建，用以弥补生态损失的尝试与做法。Lofo Resources Focus 认为生态补偿应是为维护生态系统的长期安全，由生态服务功能的受益者向生态保护者提供的补偿行为，他明确指出了生态补偿的主体与客体。国内学者在生态补偿方面的研究起步较晚，毛显强等深入探讨了生态补偿的概念和内涵，认为生态补偿是一种使外部成本内部化的环境经济手段，其核心问题包括：谁补偿谁，即补偿支付者和接受者的问题；补偿多少，即补偿强度的问题；如何补偿，即补偿渠道的问题。毛显强认为，生态补偿的实施应以产权的明晰为基础，补偿额度须以资源产权让渡的机会成本为标准。在机制设计中，提出要将自然资源、环境、成本、公平性等因素纳入考虑范围；从利益相关方的层次分析补偿的实现；指出生态补偿机制可通过生态补偿费或生态补偿税、生态补偿保证金制度、财政补贴制度、优惠信贷、交易体系和国内外基金等途径实现。毛占锋、王亚平强调如今生态补偿在生态环境保护和管理中的作用已得到了广泛的认可。由于生态补偿机制的相关主体利益十分复杂，因此补偿标准的确定便成为生态补偿研究的核心。以南水北调中线工程水源地安康为例，定量评估了跨流域调水水源地生态补偿的标准。才惠莲认为我国跨流域调水的生态补偿，应将水权补偿作为其重要的组成部分，积极通过市场手段完善生态补偿机制。水权生态补偿的核心是水价构成，水权转让费中应该包括生态补偿的费用。围绕我国传统跨流域调水生态补偿机制的变革，法律法规以及相关配套措施的完善被提上了议事日程。才惠莲分析了水权生态补偿的法律地位、水权生态补偿的原则、水权生态补偿的主体 3 个方面，提出了我国跨流域调水水权生态补偿的立法设想。史淑娟等认为，在受水区和水源区之间如何分担水源区所需生态补偿量是决定跨流域调水生态补偿机制能否良性和持久运作的重要因素。通过借鉴水利工程费用分摊和环境容量分配的思路，构建了单指标法、综合指标法和离差平方法的生态补偿量分担模型，对南水北调中线陕西水源区生态补偿量进行计算，并对计算结果进行分析。史淑娟等指出，离差平方法比较客观、全面、合理。按该法计算，水源区和受水区的分担比例应为 20%和 80%。曹明德、王凤远认为，生态补偿是一种使外部成本内部化的环境经济手段，生态补偿机制是自然资源有偿使用原则的具体体现。同时，分析了生态补偿的内涵及其理论基础，以南水北调中线库区水源区河南部分为例，论述补偿的原因、受偿区提供的生态服务的价值、补偿主体、受偿主体、补偿标准、生态补偿资金的筹集与使用等问题，并讨论对跨流域调水生态补偿的手段及实施保障等问题。伊媛媛从利益平衡的角度出发，认为跨流域调水生态补偿的利益关系包括以下几种关系：生态公益与经济公益、经济个益的关系；水源区生态公益与受水区生态公益的关系；生态公益与生态个益的关系。在跨流域调水活动中，要协调和平衡各方利益关系，平衡生态公益与经济公益、经济个益、生态公益、生态个益的关系，促进社会共同体的共存与发展。在利益平衡机制构建中，建立国家权力、环保组织多元参与的跨流域调水生态补偿机制，完善跨流域调水生态补偿法律体系，发展跨流域调水生态补偿制度。

6.1.1.4　流域生态补偿的概念

　　生态补偿问题涉及多个部门、地区，具有不同的补偿类型、补偿主体、补偿内容和补偿方式。从宏观尺度来看，生态补偿问题可分为国际范围的生态补偿问题和国内生态补偿问题。国际生态补偿问题包括诸如全球森林和生物多样性保护、污染转移（产业、产品和污染物）和跨国界水资源等引发的生态补偿问题；国内补偿则包括流域补偿、生态系统服务功能的补偿、资源开发补偿和重要生态功能区补偿等几个方面。[①]

作为生态补偿的一个重要组成部分的流域生态补偿，是指按照"破坏者恢复，受益者补偿"的原则，由造成水生态破坏或由此对其他利益主体造成损害的责任主体承担恢复责任或补偿责任；由水生态效益的受益主体，对水生态保护主体所投入的成本按受益比例进行分担；对难以明确界定受益主体的公益性生态保护成本，则由政府通过公共财政予以补偿。[②]

6.1.1.5　建立流域生态补偿机制的重要性和必要性

随着我国经济的迅速发展，生态和环境问题已成为经济社会发展的"瓶颈"。近年来党和政府提出了科学发展观，强调以人为本，全面、协调、可持续发展，对生态建设给予高度重视，并采取了一系列加强生态保护和建设的政策措施，有力地推进了我国生态状况的改善。然而，在实践过程中，执行者也深刻地认识到我国在生态保护方面还存在结构性的政策缺位，特别是有关生态建设的经济政策严重短缺。这种状况导致生态效益及相关的经济效益在保护者与受益者、破坏者与受害者之间分配的不公平；导致受益者无偿享受生态效益，保护者得不到应有的经济激励，破坏者无须承担破坏生态的责任和成本，受害者得不到应有的经济赔偿。这种生态保护与经济利益关系的扭曲，不仅使我国的生态保护面临很大困难，而且影响了地区之间以及利益相关者之间的和谐。要解决上述问题，必须建立生态补偿机制，以便调整各利益相关者生态及其经济利益的分配关系，促进生态环境保护，促进城乡间、地区间和群体间的公平性和社会的协调发展。

当前，尽快建立生态补偿机制的要求已成为全社会的共同呼声。全国人大代表和政协委员多次提出议案，呼吁尽快建立相关机制和政策体系。与此同时，学术界也开展了相关的研究工作，特别是关于生态系统服务功能的价值评估和生态系统综合评估等的研究，为生态补偿机制的建立和政策设计提供了一定的理论依据。此外，中央政府和许多地方积极试验示范，探索开展生态补偿的途径和措施。《中华人民共和国国民经济和社会发展第十一个五年规划纲要》、《国务院关于落实科学发展观　加强环境保护的决定》、《国务院 2007 年工作要点》（国发〔2007〕8 号）、《节能减排综合性工作方案》（国发〔2007〕15 号）等关系到中国未来环境与发展方向的纲领性文件中都明确提出，要尽快建立生态补偿机制。为了建立促进生态保护和建设的长效机制，党中央、国务院又提出："按照谁开发谁保护、谁破坏谁治理、谁受益谁补偿的原则，加快建立生态补偿机制。"这些举措充分表明，我国目前已经具备了建立生态补偿机制的科学研究基础、实践基础和政治意愿。党中央、国务院对建立生态补偿机制提出明确要求，并将其作为加强环境保护的重

---

① 中国环境与发展国际合作委员会，生态补偿机制课题组报告。
② 朱桂香. 国外流域生态补偿的实践模式及对我国的启示[J]. 中州学刊，2008（5）：3.

要内容。

随着水质污染和水资源短缺问题的加剧以及上游地区水环境保护与经济发展间矛盾的凸显，建立流域生态补偿机制，协调流域上游与下游地区之间的经济利益关系，提高流域生态环境质量以实现流域的可持续发展已成当务之急。在国家环保总局发布的《关于开展生态补偿试点工作的指导意见》以及《节能减排综合性工作方案》（国发〔2007〕15 号）中都明确要推动建立流域水环境保护的生态补偿机制。

6.1.2　国外流域生态补偿实施情况及经验启示

6.1.2.1　国外流域生态补偿实施情况

（1）德国流域生态补偿的实践和主要模式

德国是欧洲开展生态补偿比较早的国家之一，其补偿机制最大的特点是资金到位、核算公平，资金支出主要是横向转移支付。所谓"横向转移"，就是通过一整套复杂的计算及转移支付的数额标准的确定，由富裕地区直接向贫困地区转移支付。换句话说，就是通过横向转移改变地区间既得利益格局，实现地区间公共服务水平的均衡。横向转移支付的基金主要由两种资金组成：一是扣除了划归各州的销售税的 25%后，余下的 75%按各州居民人数直接分配给各州；二是财政较富裕的州按照统一标准计算拨给较贫穷的州的补助金。在德国的流域生态补偿实践中，比较成功的例子就是易北河的生态补偿政策。易北河贯穿两个国家，上游在捷克，中下游在德国。1980 年前从未开展流域整治，水质日益下降。1990 年以后，德国和捷克达成共同整治易北河的协议，成立双边合作组织。整治的目的是长期改良农用水灌溉质量，保持两河流域生物多样性，减少流域两岸污染物排放量。双方设置了 8 个专业小组：行动计划组负责确定、落实目标计划；监测小组确定监测参数目录、监测频率，建立数据网络；研究小组研究采用何种经济、技术等手段保护环境；沿海保护小组则主要解决物理方面对环境的影响；灾害小组的作用是解决化学污染事故，预警污染事故，使危害减少到最低限度；水文小组负责收集水文资料数据；还有从事宣传工作，每年出一期公告，报告双边工作组织情况和研究成果的公众小组以及法律政策小组。根据双方协议，德国在易北河流域建立了 7 个国家公园，占地 1 500 m²；两岸流域有 200 个自然保护区，禁止在保护区内建房、办厂或从事集约农业等影响生态保护的活动。经过一系列的整治，目前易北河上游的水质已基本达到饮用水标准，收到了明显的经济效益和社会效益。

在易北河流域整治的过程中，德国多方筹集资金和经费，目前的来源主要有以下几个部分：财政贷款；研究津贴；排污费（居民和企业的排污费统一交给污水处理厂，污水处理厂按一定的比例保留一部分资金后上交国家环保部门）；下游对上游经济补偿。在

2000 年，德国环保部就拿出了 900 万马克给捷克，用于建设捷克与德国交界的城市污水处理厂，在满足各自发展要求的同时，实现了互惠互赢。

（2）美国流域生态补偿的实践和主要模式

美国作为当今世界上的经济大国强国，在经历了传统的工业发展道路之后，也面临着生态环境建设与保护的许多问题，因此要寻求环境保护和生态建设的发展之路，生态补偿便作为一种选择越来越引起人们的重视。

在流域生态补偿上，政府承担了大部分的资金投入。为加大流域上游地区对生态保护工作的积极性，采取了一些补偿机制，即由流域下游受益区的政府和居民向上游地区做出环境贡献的居民进行货币补偿。

在补偿标准的确定上，美国政府借助竞标机制和遵循责任主体自愿的原则来确定与各地自然和经济条件相适应的租金率，这种方式确定的补偿标准实际上是不同责任主体与政府博弈后的结果，化解了许多潜在的矛盾。

在美国，生态补偿实践的典型代表是纽约市与上游 Catskills（卡茨基尔）流域（位于特拉华州）之间的清洁供水交易。纽约市约 90% 的用水来自上游卡茨基尔河和特拉华河。1989 年美国国家环保局要求，所有来自地表水的城市供水，都要建立水的过滤净化设施，除非水质能达到相应要求。在这种背景下，纽约市经过估算，如果要建立新的过滤净化设施，需要投资 60 亿～80 亿美元，加上每年 3 亿～5 亿美元的运行费用，则总费用至少要 63 亿美元。而如果对上游卡茨基尔流域在 10 年内投入 10 亿～15 亿美元以改善流域内的土地利用和生产方式，水质就可以达到要求。因此，纽约市经过比较权衡之后，最后决定通过投资购买上游卡茨基尔流域的生态环境服务。

在政府决策得以确定后，水务局通过协商确定流域上下游水资源与水环境保护的责任与补偿标准，通过对水用户征收附加税、发行纽约市公债及信托基金等方式筹集补偿资金，以补贴上游地区的环境保护主体，激励他们采取有利于环境保护的友好型生产方式，从而改善卡茨基尔流域的水质。

（3）日本水资源补偿实践及主要模式

日本很早就已经认识到建立水源区利益补偿制度的必要性。20 世纪 60 年代日本经济步入高速增长时期以后，当时工业和城市用水急剧增加，需要大量修建水库以开发新的水源。但水库的建设主体与库区居民之间往往就补偿问题旷日持久地争执不下。人们开始认识到，仅仅靠水库建设主体能够承担的经济补偿是不够的，需要采取更为综合的对策。在这种背景下，1972 年，日本制定了《琵琶湖综合开发特别措施法》，这在建立对水源区的综合利益补偿机制方面开了先河。在 1973 年制定的《水源地区对策特别措施法》中，则把这种做法变为普遍制度而固定下来。目前，日本的水源区所享有的利益补偿共由 3 个部分组成：水库建设主体以支付搬迁费等形式对居民的直接经济补偿；依据《水源地区对策特别措施法》采取的补偿措施；通过"水源地区对策基金"采取的补偿措施。根据《水源地区对策特别措施法》的规定，当建设水库或湖泊水位调节设施时，均需由所在地的都道府县政府制订综合的水源区综合发展规划，对于根据规划实施的项目（包括土地改良、治山治水、上下水道、道路、义务教育设施等公共工程），国家依法提高经费负担的比重，各级政府和水库建设主体对因水库工程而失去原有生活基础的居民负有妥善安置的义务。从截至 1999 年年底的水源区综合发展规划的实施情况来看，道路建设占项目经费支出的比例较大，仅此一项就占了总支出的近 50%；其次是土地改良，占11.3%。从经费的负担主体来看，中央政府占 47%，都道府县政府占 24%，市町村政府占27%，其他主体占 2%。[①]

对水源区的利益补偿是区域利益补偿的一个比较典型的情形。水源区要承担库区淹没损失、因保护库区生态环境和水质的需要而使生产和生活活动受到限制等影响，而因此受益的却是下游地区，所以通过恰当的利益补偿机制对水源区进行补偿是必不可少的。

"水源地区对策基金"是与《水源地区对策特别措施法》基本上同时形成的另一种利益补偿机制，其基本定位是作为《水源地区对策特别措施法》的补充。基金的构成主体是流域上下游各有关地方政府，以财团法人的形式进行管理。如果河流是《水资源开发促进法》所指定的"水资源开发水系"，则中央政府对基金的原始资金给予一定的资助。"水源地区对策基金"的用途主要包括库区移民的安置对策（对购买替代房地产提供贷款贴息、设置生活咨询员等）、地区振兴对策（建设道路和生产性基础设施等）、开展上下游交流（举办各种活动）等。也有一些流域的基金对在水源区营造水源涵养林予以资金援助。

除此之外，还有一些地方开展了具有独创性的探索。如丰田市于 1994 年在全国率先建立了"丰田市水道水源保全基金"，用于上游水源涵养林的维护和管理。该基金从丰田市民交纳的水费中按每立方米 1 日元提取，每年年度积累额的一半用于对上游 5 个町、村发包的人工林间伐工程支付工程款。

（4）哥斯达黎加流域生态补偿的现状和主要模式

在流域生态补偿方面，比较成功的例子还包括哥斯达黎加的生态补偿实践。Energia Global（EG）是一家位于 Sarapiqui 流域、为 4 万多人提供电力服务的私营水电公司，其水源区是面积为 5 800 hm² 的两个支流域。由于水源不足使公司无法正常生产，为使河流年径流量均匀增加，保证水量供应，同时减少水库的泥沙沉积，Energia Global 按照每公顷土地 18 美元的标准向国家林业基金提交资金，国家政府基金则在此基础上按每公顷土地另外添加 30 美元，以现金的形式支付给上游的私有土地主，同时要求这些私有土地主必须同意将他们的土地用于造林、从事可持续林业生产或保护有林地，而对于那些刚刚

---

①黄德林，秦静：《日本水资源补偿机制对我国的启示》，载于"中国环境法网"。

采伐过林木的林地或计划用人工林来取代天然林的土地主将没有资格获取补助。另外两家哥斯达黎加公共水电公司和一家私营公司也都通过国家林业基金向保护流域水体的个人进行补偿。[①]

（5）厄瓜多尔流域生态补偿的实践及模式

1998 年,基多的水资源保护基金在大自然保护协会(TNC)、美国国际开发署(USAID)和安蒂萨纳灿基金会的支持下开始启动,它是厄瓜多尔通过建立信用基金补偿制度促进流域保护的第一次尝试。基金是在日益激烈的水资源竞争,农业、牲畜、水电以及旅游等对水资源日益加大的压力下成立的。

基金最初的经费主要来源于向生活用水以及工业和农业用水户征收的费用,用水户也可以成立协会向基金捐款。用水户主要是指以下几部分: MBS-Cangahua 灌溉工程($2.3\ m^3$/周)、私营农场主($2.1\ m^3$/周)、水电公司 HCJB($4.8\ m^3$/周)、Papallacta 温泉($0.008\ m^3$/周),以及其他电力工程,如 Electro Quito-Quijos Project、INECEL-Coca CodoSinclair Project(分别是 $6.5\ m^3$/周和 $4.3\ m^3$/周)。其中非取水用户(如水电、休闲)和取水用户(如灌溉、饮用)支付的水费有所不同。基多的城市供排水系统企业每周使用 $1.5\ m^3$ 的饮用水,它将支付其销售收入的 1%,约 12 000 美元/月。除受益者直接支付的费用外,基金也可能通过国家、国际渠道得以补充。

基金于 2000 年开始运作,运作模式是由一个私营资产管理者以及董事会管理,董事会由来自地方社区、水电企业、国家区域保护专家、地方 NGOs 和政府的代表所组成。基金独立于政府,但可以通过与环境专家的协作确保与政府规划的一致。该项目由专业团体执行,并吸纳地方参与。根据基金的要求,管理费用控制在总费用的 10%～20%。

6.1.2.2　国外流域生态补偿实践的经验启示

（1）国外流域生态补偿的经验

除上述几个国家的典型实践外,法国、巴西、澳大利亚、南非等都开展了相关的实践探索,这些实践都为流域生态补偿理论和实践的发展起了重要的推动作用。国际上按照环境服务付费或生态服务付费的理念,采取政府、市场、法律等手段,促进区域合作和公众参与,对水源涵养、水土调节等服务功能的付费进行了探索。

1）政府与市场

政府的主导作用主要体现在制定法律规范和制度、宏观调控、政策和资金支持上,解决市场难以自发解决的资源环境问题。例如,法国、马来西亚的林业基金中,国家财政拨付占有很大比重。德国政府也是生态效益的最大"购买者",其资金来源主要是横向转移支付。美国政府一直采取保护性退耕政策加强生态环境保护建设,由政府购买生态

---

① 赵玉山, 朱桂香. 国外流域生态补偿的实践模式及对中国的借鉴意义[J]. 世界农业, 2008（4）: 14-17.

效益，为农民退耕还林提供补偿资金。世界银行在哥斯达黎加、墨西哥、厄瓜多尔等拉丁美洲国家开展了环境服务付费（PES）项目，主要通过增加森林覆盖率以改善流域水环境服务功能。

市场是生态补偿机制有效运转的关键，可以调动普遍的社会力量。市场手段和经济激励政策可以用来促进生态保护。美国退耕项目在政府主导的同时，借助竞标机制和农户自愿的原则来确定与各地相适应的补偿标准。美国纽约市在 1990 年投资购买上游卡茨基尔河和特拉华河流域的生态服务，为该流域内采取最好管理措施的奶牛场和林场经营者提供了 4 000 万美元，让他们采用环境友好的生产方式来改善水质。日本建立了水源林基金，由河川下游的受益部门采取联合集资方式补贴上游的水源涵养林建设。还有一些国家通过对污染者和受益者收费来积累资金用于生态环境建设和流域管理。

2）区域合作

实施流域生态补偿需要打破地区和行业的界限，建立有效的协调与合作机制。例如，欧洲的易北河上游在捷克，中下游在德国。由于缺乏流域整治，水质日益下降。1990 年后德国和捷克达成共同整治易北河的双边协议，成立由行动计划、监测、研究、沿海保护、灾害、水文、公众和法律政策 8 个专业小组组成的双边组织，目的是长期改良灌溉水质量，保持生物多样性，减少污染物排放。经费主要来源于排污费、财政贷款、研究津贴和下游对上游经济补偿等，经整治使易北河上游水质基本达到了饮用水标准。全流域建了 7 个国家公园和 200 个自然保护区。又如，贯穿欧洲多国的莱茵河也经历了"先污染后治理""先开发后保护"的曲折历程。由于过度开发，莱茵河一度成为欧洲的"下水道"，通过成立保护莱茵河国际委员会、莱茵河水文委员会、莱茵河流域水处理厂国际协会等国际组织，建立有效的合作机制，实施流域综合管理，注重生态修复，从而维持了河流生态系统健康。

3）法律法规

生态补偿在许多国家的农业、林业等专门的政策法规中得到了体现，如美国的生态补偿机制渗透在相关各行业的法规里。日本较早意识到建立水源区利益补偿制度的需要。1973 年制定的《水源地区对策特别措施法》规定了实行对水源区的综合利益补偿机制。

4）公众参与

由于流域生态补偿涉及的利益主体众多，在实施过程中墨西哥、巴西、美国、德国等国家比较注重公众参与，促进形成有效的问题协商机制。

（2）对中国流域生态补偿的启示

目前，中国在建立流域水环境保护的生态补偿机制中，存在政府主导的交易和市场主导的交易两类流域生态环境服务的方式。多年来，大部分河流的上游地区都开展了积极的生态建设和环境保护工作，但中国大多数河流的上游地区又是经济相对贫困、生态相对脆弱的区域，难以独自承担建设和保护流域生态环境的重任，加之这些地区对于摆脱贫困的需求又十分强烈，导致流域上游区发展经济与保护流域生态环境的矛盾十分突出，如何协调好这种关系，就需要下游受益区和中央政府来帮助流域上游区分担生态建设的重任。从国外的流域生态补偿实践来看，对中国开展流域生态补偿启示如下：

1) 进行流域生态补偿的总体思路

一是确定流域的尺度；二是要确定流域生态补偿的各利益相关方即责任主体，在上一级生态环境部门的协调下，按照各流域水环境功能区划的要求，形成流域环境协议，明确流域在各行政交界断面的水质要求，按水质情况确定补偿或赔偿的额度；三是按照上游生态保护投入和发展机制损失来测算流域生态补偿标准；四是选择适宜的生态补偿方式；五是制定不同流域生态补偿的政策。

2) 流域生态补偿的标准

科学计算和确定补偿的标准和价格，是进行流域生态补偿的重点和难点。要建立对生态投资所导致的生态资本的增值具有权威的并且一致公认的评估方法。生态投资导致生态资本增值的难以计量，是建立生态补偿机制的主要障碍，且目前尚缺乏具有公认度和可操作性的标准。因此，通过机会成本法粗略计算水生态保护的补偿价格，可以作为一种参考的方法。

在确定补偿标准的时候，应充分考虑流域保护地区的政府、企业和个人为保护流域生态环境而付出的经济成本，即实际的经济投入；又要考虑区域发展的机会成本的损失，即无形的经济投入。

此外，确定的标准还要综合考虑各方面的因素，如相应的物价波动、水价，以及下游支付主体的支付能力和支付意愿等。不难看出，补偿标准是整个补偿过程中最难确定和实施的，只有考虑全面、公正，制定的补偿标准才能更科学合理，才能够更好地促进公平，保护流域生态环境。要始终以实现上下游地区平等的生存权、发展权为目标，并且建立可操作性的生态补偿法规体系，科学公正的补偿标准才能确定和执行。

3) 生态环境服务支付方式的选择

当补偿区域为小尺度流域，生态环境服务的受益者较少并且比较明确，生态环境服务的提供者在可控制的数量之内时，宜采取一对一的交易方式。

当补偿区域为大尺度流域，生态环境服务的受益者众多，生态环境服务的提供者众多时，建议采取公共支付的方式。

当生态环境服务可被标准化为可分割、可交易的商品形式，建立起市场交易体系和规则时，可以采取市场交易的方式；而当能为以生态环境友好的方式生产出来的产品提供可信的认证服务时，生态标记的方法相对来说较适宜。

4）补偿基金的筹措

①征收水资源开发使用费。对直接开发、占用、利用和使用水资源的单位和个人收缴一定标准的费用，并在其中拿出一定比例的资金作为生态补偿的资金。该部分费用直接来源于水资源的使用价值，而不以是否有人类劳动的凝结或管理投入为转移。其费用的多少，通常根据开发使用的水量、水质以及紧缺程度、所获利益的大小来确定。征收的水资源开发使用费主要用于水源区的生态服务功能的保护和管理，以更好地促进中国生态补偿工作的开展。

②完善排污收费制度。在今后的一段时间里，应逐步扩大排污收费的范围，严格执行新的排污收费制度，将各种污染源纳入收费范围内。进一步提高排污收费的标准，以激励企业加大对污染控制方面的投资，降低污染物的排放量。同时，各级财政应加强对排污收费制度的管理，将排污收费金额纳入各级财政预算综合管理，重点用于流域水环境的污染防治、生态补偿，坚持专款专用的原则，提高征收资金的使用效率。

此外，在征收排污费的同时，应当积极探索征收水资源生态税，从征收的生态税来获取流域生态补偿的基金，以满足国家提供公共物品和服务的能力需要，保证政府履行环保职能的财力需要。

③国家财政投入和地方政府财政配套。政府对于生态补偿主要采用财政转移支付，在政府进行财政补贴、资金投入的过程中，要特别注重补偿的"输血"和"造血"功能的不同，在补偿的实施过程中按照"把握域情，因地制宜"的原则，合理有序地开展一系列的补偿工作。

建立促进跨行政区的流域水环境保护的专项资金，通过这些资金，应该重点支持流域上游地区的环境污染治理与生态保护恢复，并考虑流域内可能出现的突发性污染事件的赔偿。建立中央和地方相统一、相协调的基金，是建立流域生态补偿体系的有力保证。

④积极争取国际社会的补偿资金。生态问题已是全球性的问题，整个人类社会是一个统一的整体，因此开展生态补偿工作也应当加强生态建设领域的国际合作，这也必将成为中国生态建设新的发展动力。但是我们也看到世界上生物多样性最丰富、生态分工中占据较高位势的国家大部分是发展中国家，而全球发达国家经济实力较强，却承担了较少的生态分工。

目前，发达国家应该通过经济账来还生态账，为他们的生产生活方式和生态分工的优势埋单，这已被人们所认同。中国积极争取国际社会的补偿资金便会有很大的发展空间，而现在比较紧迫的问题是在争取国际资金中如何与国际惯例接轨，按照国际惯例办事，这就要求我们必须加强人才培养和制度体系建设，为争取国际支持创造条件。

⑤加快流域生态补偿试点工作的开展

中国不仅河流众多，而且流域面积广，很难在全国范围内同时开展生态补偿工作，而且由于各流域涉及的社会、经济、环保等方面的情况复杂，因此要选择具有一定条件和基础的地区开展生态补偿试点工作，做到先试点后推广，通过已获得的成功实践经验和模式来指导全国的流域生态补偿工作，从而促进补偿工作健康有序的发展。

要建立补偿试点，就要充分认识到试点的意义，按照科学发展观的要求，遵循"谁开发、谁保护，谁破坏、谁恢复，谁受益、谁补偿，谁污染、谁付费"的原则，因地制宜、积极创新地加快重点流域的生态补偿工作。

总体来说，要建立流域生态补偿机制，实施中央及下游受益区对流域上游地区的补偿机制，应该积极推进流域地区协作，采取资金、技术援助和经贸合作等一系列措施，加大流域生态保护的力度，理顺流域上下游间的生态关系和利益关系，加快上游地区经济社会发展并有效保护流域上游的生态环境，从而使整个流域的社会经济实现可持续发展。

6.1.3　国内流域生态补偿探索实践及经验总结

6.1.3.1　中国生态补偿实践的发展历程

根据环境保护部规划院（现生态环境部环境规划院）王金南等的总结分析，可将我国生态补偿的实践按时间划分为 4 个阶段：

第一，萌芽阶段（20 世纪 50 年代至 80 年代初）。我国最早从 20 世纪 50 年代便开始关注对生态环境的保护，由于我国当时正处于中华人民共和国成立初期，各方面政策还不完善，所以并未采取具体措施。到 20 世纪 80 年代，国家提出建立国家林业基金制度，此时生态环境问题开始受到较为普遍的关注，森林资源、矿产资源开发中的生态保护问题特别突出，促使我国开始了对生态保护的初步探索，但这只是简略的生态补偿意识，还不是当今所说的生态补偿。

第二，初步发展阶段（20 世纪 80 年代中期至 90 年代中后期）。到了 1985 年前后，国家对生态补偿的重视进一步加强，这一阶段我国颁布了多部资源环境方面的法律法规，为进行生态补偿活动提供了法律基础。1990 年国务院发布了《关于进一步加强环境保护工作的规定》，提出了"谁开发谁保护，谁破坏谁恢复，谁利用谁补偿""开发利用与保护增殖并重"的环境保护方针，第一次确立了生态补偿的政策。

第三，快速发展阶段（20 世纪 90 年代末至"十五"末）。中国政府于 20 世纪 90 年代末开始实施天然林保护、退耕还林、自然保护区生态环境建设与保护等一系列工程，出台和实施了有关生态环境的保护与补偿的政策措施，推动我国生态补偿进入了快速发展的阶段。

第四，全面发展阶段（2005 年以后）。进入 21 世纪，生态补偿得到高度重视，2006 年国家"十一五"规划提出"按照谁开发谁保护、谁受益谁补偿的原则，建立生态补偿机制"。2007 年国家环境保护总局发布的《关于开展生态补偿试点工作的指导意见》(环发〔2007〕130 号)提出我国将在自然保护区、重要生态功能区、矿产资源开发、流域水环境保护等 4 个领域开展生态补偿试点，从而推动了生态补偿实践发展。

6.1.3.2 各省省内跨行政区域流域生态补偿实践模式及存在的问题

目前，我国各省(区、市)在各自辖区内部的流域生态补偿工作开展得如火如荼，取得了一系列显著的成绩。在实践中形成了 3 种主要模式：一是基于河流源头保护的政府项目补偿模式；二是基于水污染控制的奖罚责任制；三是基于水资源短缺的水权交易模式。其中，以政府项目补偿模式为主，以水污染控制为目标的奖罚责任制的实践范围呈明显扩大趋势，水权交易模式还只是在较小区域内存在。3 种实践模式各有优势，对于调节上下游区域间的利益矛盾、促进流域生态环境资源的可持续利用起到了较好的作用。

(1) 基于河流源头保护的政府项目补偿模式及存在的问题

长期以来，由于对环境问题的重要性缺乏足够的认识，导致的流域生态环境恶化已成为影响我国人民生活、经济可持续发展的重要因素。由于源头对于整个流域的生态安全至关重要，从中央到地方都非常重视对河流源头地区的保护，政府主导通过财政资金推动生态环境建设项目，进而实现对流域源头的保护，是我国目前最为典型、最具代表性并占绝对主导地位的流域生态补偿实践模式。20 世纪末期以来，我国启动实施了一系列大型生态环境建设项目，如退耕还林、天然林保护、"平垸行洪、退田还湖、移民建镇"、森林生态效益补偿基金制度、青海三江源自然保护区生态保护和建设总体规划等，对生态环境建设的重视程度及建设规模前所未有。国家主导的这些重大生态建设项目尽管其本身并不是生态补偿，但在实施过程中包含有对因流域源头生态保护而利益受损主体的补偿内容，缓解了流域源区生态保护与生存发展的矛盾，实际可纳入生态补偿范畴。除了上述中央政府主导的重大生态环境项目外，地方政府也以特定项目开展了更具生态补偿性质的流域环境保护实践，具有代表性的有北京对密云、官厅水库上游河北、山西的补偿，江西省对东江源头及五河源头区域的保护性投入，湖北对丹江口水库上游的补偿，浙江省在金华江流域、新安江流域、钱塘江流域以及全流域开展的对源头的生态补偿实践，福建省在闽江流域、九龙江流域、晋江流域开展的下游对上游的补偿，广东对东江源头河源市的补偿，辽宁省对其东部生态重点区域的补偿等。

从公平角度讲，江河源区人民有权利用当地资源尤其是矿产、森林和水(包括排污)资源以获得财富，但由于源头往往被政府划为保护区而实行严格的产业准入制度，有矿不能采、有林不能伐、污水不能排，严重影响了源区经济发展与人民收入及生活水平的提高，对源头区域进行生态补偿理所当然。简单地以资源国有为由采取行政禁止性规定及措施而不对源头地区进行合理补偿有悖于社会公正。同时，相比以"先破坏、后治理"

为特征的传统发展模式，对流域源头的保护更具可持续发展内涵。

从基于河流源头生态保护的政府项目补偿模式实践来看，它对保护河流源头生态环境所起的重要作用毋庸置疑，但诸多不足也显而易见：第一，补偿范围狭小。河流源头在水利部门有着严格的界定，其地理范围相对狭小，而流域是一个从源头到河口较为完整的、开放的生态系统，如果只对河流源头区域进行生态补偿则远远不够，而且目前的源头保护并没有覆盖流域所有干支流的源头，生态补偿范围明显狭窄，不利于流域生态保护的整体性、系统性，应将生态补偿扩展到全流域，以实现水资源环境与社会经济发展相契合。第二，以项目为依托的流域生态补偿由于规划期限的制约而缺乏长效机制。源头生态建设工程规划期结束后的政策是否持续并不确定；一旦补偿政策退出，老百姓将面临生存问题，最后可能仍然回到原来的生产、生活方式，在原有土地上寻找经济来源，使生态功能再度回归到经济功能，生态补偿的成果难以维持。为此，亟须建立常规的而不是体现为特殊项目的生态补偿制度并通过法律、法规形式予以确立，充分保障流域生态补偿政策的稳定性、持续性。第三，没有准确体现生态补偿的本质。由上级政府支付补偿，"搭便车"及区域外部性问题仍未能得到有效解决，受益者支付补偿、保护者受益、受害者获补偿的生态补偿本质没有体现。第四，没有体现对水资源产权的补偿。虽然对流域源头的保护性财政投入在客观上承认了源头区域是水资源的贡献者，但还没有明确源头地区对水资源的实际所有权，没有从水资源的角度设计补偿机制。这就意味着流域生态补偿依据、补偿主客体确定、补偿标准制定、生态补偿机制运行等诸多方面还没有形成科学的依据，易导致补偿金额偏低、激励不足、效果不佳等问题。

（2）基于水污染控制的流域跨区补偿模式及存在的问题

水质恶化是我国流域生态环境的主要问题，其根源在于环境权益界定不清。向河流排放污水对各地区政府来说是一种公共产权，更是一种开放产权，很难排他性占有；而水的流动性会造成污染的转移，实际上造成了对下游地区排污权的侵占，上下游污染争端不断。建立破解跨界水污染难题的激励约束机制已迫在眉睫。到目前为止，江苏省在省内太湖流域和通榆河沿线，河北省在子牙河（先在子牙河试行并已推广至全省），山东省在南水北调沿线和小清河流域，辽宁省在主要河流，河南省在沙颍河和海河流域，山西省在省内主要的交界断面，陕西省在渭河流域，福建省在九龙江、闽江、晋江等流域，广东省在省内东江流域等分别实施了省域内基于断面水质的水污染跨区补偿模式实践，以期解决流域跨界水污染问题。该模式对明晰污染责任、遏制水质恶化起到了较为显著的作用，特色鲜明。该模式基本思路是：通过确定地市或县市跨界河流考核断面，根据主要污染物减排任务、总量控制目标及污染治理的成本，确定断面水质指标及奖惩标准；根据断面水质的监测数据，对水质超标的惩罚，对水质改善的奖励。根据现行财政体制，该补偿采取上级财政按月先行垫付补偿金，并在年终予以扣缴结算的补偿方式；明确扣缴的补偿金的使用方向，规定专项用于流域水污染综合整治、生态修复和污染减排工程，而不是直接支付给下游区域。

在政府主导下的地方经济发展背景下，水环境恶化的根本责任应在地方政府，实施跨界污染补偿就是地方政府环境责任的强制回归。在经济发展为核心利益的驱动下，具有经济人角色、机会主义倾向的地方政府往往把包括排污费在内的税收纳入囊中，却不承担对流域水污染的责任，任由污染物转移到下游行政区域；地方保护主义导致了跨行政区水资源管理和水污染防治中的低效甚至无效，从而引发水环境日趋恶化、上下游地方政府间及政府与人民之间矛盾重重、社会稳定存在巨大隐患等诸多问题。实施流域水污染跨区补偿机制，可以通过跨行政区断面水质监测明确河流污染责任，并强制地方政府承担过去一直逃避的责任，使水污染区域外部性内部化，以强制地方政府做好本辖区的水污染防治。跨界水污染补偿实践中除规定对水质超标或水质优于标准的资金惩罚与奖励等经济激励手段外，许多地方还采取行政手段，实行河长负责制或行政首长"一票否决制"，将水质达标情况与政绩评价及任职升迁制度挂钩。

基于水污染控制的流域跨区补偿模式，在很大程度上是水环境问题倒逼机制作用的结果。它的鲜明特色在于，通过断面水质、水量优劣明确流域水污染责任，再依靠上级政府进行强制经济处罚。它在各地的实践中均取得了一定效果；但不足之处也非常明显：第一，惩罚的依据不够充分。片面强调上游政府的环境责任，而下游政府无须为上游贡献水资源补偿，对上游极不公平。应在下游对上游贡献水资源补偿的基础上，再明确未达到或优于水质目标的奖惩规则。第二，惩罚大于激励，激励约束不对等。该模式侧重于对水质超标区域政府的处罚，而对水质优于规定标准的奖励明显不足，约束大于激励。激励不足使地方政府只有水质达标压力，缺乏使水质变得更好的动力，甚至会出现反向激励，尽量达到排污极限，使原本优良的水质变差。第三，实践范围尚小。该模式的基本运行规则及思路适用于所有流域，大到跨国流域，小到跨村河流，但目前的补偿实践还只是在水质恶化的流域且在单一省域内地级行政区之间得以实施，范围狭小，亟待在更广泛的层次上加以推行和在跨省（区、市）的中型流域内实行，尤其是在水质尚好流域更应防患于未然，尽早建立跨行政区基于水质指标的补偿机制。避免重复发达国家和地区"先污染后治理"的传统发展模式。

（3）基于水资源短缺的水权交易补偿模式及存在的问题

除以政府项目对流域源头保护和依据跨区断面水质建立奖惩机制的流域生态补偿模式外，部分地区还在水资源短缺成为时代难题的背景下，探索出由政府协调、水资源供需双方地位平等、以市场为基础、通过协商与谈判而形成的水权交易补偿模式。这一基于市场博弈的水权交易模式，在我国还仅仅处于起步状态，目前主要有3种类型：

一是浙江省的探索实践。它是以浙江东阳—义乌为代表的跨区域水权交易。2001 年 11 月 24 日，浙江省的东阳和义乌两市经过 5 轮磋商，签订了城市间水权转让协议；水资源较为丰富的东阳市将境内横锦水库 4 999.9 万 m^3 水的永久使用权以 2 亿元的价格转让给水资源短缺的义乌市，义乌市按年实际供水量以 0.1 元/m^3 的价格支付综合管理费。

二是甘肃黑河流域张掖地区的农户水票交易制度。2000 年，为解决黑河流域水资源短缺引起的利益冲突及生态危机，国务院提出黑河中下游地区水资源分配方案，明确规定张掖保证黑河在正常年向下游输水 9.5 亿 m^3 以改善生态环境，其余水量为张掖市的水权总量；在此基础上，张掖对农户用水实行总量控制，并将水权分至各农户，农民以持有的水权证上核定的水量作为依据购买水票，用水时先交水票后放水，并形成了超额用水者与水票节余者的交易市场。

三是黄河流域工农产业间水权转换交易制度。国务院 1987 年将 370 亿 m^3 可供水量分配给了黄河流域各省（区、市），根据国务院《取水许可制度实施办法》以及流域管理部门黄河水利委员会 2002 年印发的《黄河取水许可总量控制管理办法（试行）》规定，在无多余水量指标或超指标用水的地区不得再审批新增取水项目；为破解由水资源匮乏导致的发展"瓶颈"，宁夏、内蒙古等地探索出了水权转换模式，由工业企业出资修砌农业灌溉渠道，而将输水过程中节约下来的水用于工业项目，水资源得到更为有效的配置。

水权交易实践的 3 种类型不是依靠传统行政命令强制调配水资源，而是在政府的支持和协调下，相关利益主体对解决水资源短缺问题的各种方案进行成本效益分析后，通过平等协商，依据水资源的供求及市场价值进行水资源使用权交易，从而提高水资源的利用效率，实现水资源配置的帕累托改进。但是，由于水资源具有多种物品属性，既可能是公共物品，也可能成为准公共物品或私人物品，其交换受到时空等条件限制，水资源开发利用和生态、经济、社会紧密相连，水权交易也不可能完全由市场规律来决定，离不开政府的干预。可以说，由政府协调基于平等协商的准市场交易方式，将成为我国水资源制度创新的重要方向。

从上述水权交易实践来看，市场化的流域生态补偿模式使日益稀缺的水资源配置更加优化，利用效率更高。目前存在的缺陷有：首先，水资源产权制度是最大阻碍。在单一国有制下各地区只拥有水资源的使用权而非所有权，这使水权交易存在很大的不确定性，甚至其合法性也受到质疑。正如盛洪在答记者问时指出："像东阳—义乌水权转让，严格来讲并不是水权交易。卖水权的一方是否有这样的权利都要打个问号，其实是他自己给自己一个水权的授权。"如果下游地区认为水资源为公共所有而不承认上游拥有水权，则交易无法进行。需要在法律制度上进一步确认水资源的区域实际所有权，使水资源有偿使用制度变得更为现实。其次，交易的公平性有所欠缺，没有完全体现出对生态保护者利益损失的补偿。东阳—义乌的水权交易补偿主体是下游的义乌市，补偿客体是东阳市，而处于东阳市横锦水库集水区域的磐安县却没有得到任何补偿；甘肃省的水票交易制度只是体现用水户节水的补偿，却没有体现黑河流域下游对张掖地区节水的补偿；黄河水权转换实践中，工业企业只是支付修建节水设施的成本，而没有对因渠道水量减少引起的生态问题及农户减产给予补偿。显然，社会经济的发展要求在水权制度变革的基础上，建立流域水资源保护与利用各利益相关方充分协商与博弈的平台，使水权交易更能体现社会公正和对弱势群体的关怀。

6.1.3.3 跨省流域生态补偿实践

由于地方行政区域的分割，我国流域生态补偿的范围仅局限于省级行政区内，局部的流域生态补偿从根本上割裂了流域的整体性，使我国流域生态补偿长期陷入了"跨不出省界"的困境。要突破我国流域生态补偿的制度困境，就必须超越现行地方政府行政分割流域的管理方式，跨省流域生态补偿是加强流域上下游之间协商与合作的创新体制，有利于实现全流域"利益共享，责任共担"。事实上，中央政府和一些省（区、市）已经意识到建立跨省流域生态补偿机制的必要性，目前，我国有两个正在实施的跨省流域生态补偿，它们各自孕育着我国流域生态补偿变革和制度创新的因素。

渭河流域是西北地区重要的流域之一，承担着西北重要生态区功能，渭河流域生态环境的质量直接关系着中东部地区的生态安全。为了解决渭河流域污染问题，恢复其生态功能，陕西、甘肃两省"六市一区"共同签署了《渭河流域环境保护城市联盟框架协议》。为进一步落实协议内容，针对甘肃省提供的水质状况，陕西省与天水市及定西市政府签订了生态补偿协议。陕西省向渭河上游甘肃省天水市、定西市提供 600 万元渭河上游水质保护生态补偿资金，2011 年、2012 年已给予两市补偿款共 1 400 万元，开创了省际之间主动提出流域生态补偿的先河。

2010 年年底，财政部、环境保护部下拨 5 000 万元启动资金，将新安江作为全国首个跨省流域水环境补偿试点。根据奖优罚劣的渐进式补偿机制，由环境保护部每年负责组织皖浙两省对跨界水质开展监测，明确以两省省界断面全年稳定达到考核的标准水质为基本标准。2012 年，经过 4 年磋商、磨合，一套中央及两省共同认可的跨省流域生态补偿模式终于成型，具体操作规则是：中央财政拿出 3 亿元，这 3 亿元无条件划拨给安徽省，用于新安江治理。3 年后，若两省交界处的新安江水质变好了，浙江省地方财政再划拨给安徽省 1 亿元，若水质变差，安徽省划拨给浙江省 1 亿元，若水质没有变化，则双方互不补偿。根据 2011 年和 2012 年水质监测结果，测算补偿指数 P 均小于 1，浙江省各拨付了 1 亿元补偿资金给安徽省。

新安江和渭河跨省流域生态补偿实践，是我国流域生态补偿机制的一个有益的探索和创举，显示了我国流域生态补偿制度创新带来的活力，是一种上下游相互协商合作、参与共治的补偿机制，为全国同类地区跨省联合保护及生态补偿的实施提供了借鉴思路和宝贵的经验。一是建立了全流域生态补偿机制，克服了地方政府的自利性。跨省流域生态补偿的建立使补偿不再局限在某个区域，在全流域实现生态补偿机制，强调流域上下游省（区、市）通过协商谈判，达成互惠互利的共赢、共生机制，实现流域经济发展和生态环境的良性互动。二是跨省流域生态补偿一般是建立在上下游省（区、市）共同协商的基础上的，达成的流域生态补偿具有激励作用，能够有效激发人们保护环境的积极性，能够促进流域水环境问题从根本上得以解决。三是跨省流域生态补偿的机制的形成需要顶层设计，跨省流域涉及利益主体较多，利益关系复杂，由于地方性法规、行政性规章、制度效率的地域性，仅仅依靠地方政府难以达成共识，反而会陷入"集体行动的困境"。所以，需要中央政府引导带动上下游省（区、市）形成补偿机制，通过构建协商平台，推动省际间进一步加强水环境保护的协调与合作。四是提供了跨省流域生态补偿建立的可操作路径：跨省流域提供了全国性的生态服务功能，国家为履行其提供环境公共产品的职责，基于自身财政的优势，应该对保护流域生态环境的省（区、市）给予适当补偿，同时，中央政府应该引导促进相邻省级行政区域之间达成补偿。省际间的补偿是基于流域行政区域之间的相邻关系，相邻省（区、市）为了实现全流域"利益共享，责任共担"的目的，通过签订补偿协议的方式，以跨省界断面的水质和水量为标准达成协议，并依据该协议的规定而在省际之间进行的补偿。

6.1.4　东江流域生态补偿实施现状及存在的问题

6.1.4.1　广东省东江流域生态补偿实施现状

目前，广东省通过财政转移支付、设立环保专项基金、探索流域协调机制、实行纵向补助的生态补偿、建立水环境综合整治绩效评价和奖惩机制等方式积极开展生态补偿实践探索。在流域生态补偿方面，目前主要在东江流域进行了积极探索实践，主要表现为以下特点：

（1）广东省成立了流域管理专职机构，理顺了省内水权管理体制

2006 年 8 月成立了广东省东江流域管理局（省水利厅下属的正处级单位），其职责是在省水利厅负责省内东江流域水资源统一管理与调度的宏观指导和协调基础上，负责组织实施省内东江流域水资源分水方案；负责编制流域综合规划和流域水资源保护、治涝、供水等与水利有关的专业规划并实施监督；负责协调东江流域区域和行业之间的水事关系等。为了进一步加强广东省水资源的统一管理，更好地协调流域管理与区域管理的关系，2008 年 3 月成立了由副省长担任主要领导的广东省流域管理委员

会。在省级层面上界定了东江流域（广东省内）水权管理的权限，理顺了水资源管理与行政区管理的关系。

（2）颁布了多项专项法规，为生态补偿制度建设奠定了法制基础

近10余年来，广东省先后颁布了有关东江流域水质保护、生态建设、水资源利用管理等的多项法规。如2010年新颁布的《广东省东江水系水质保护条例》（最早于1991年颁布，1992年第一次修正，1997年为第二次修正，2010年第三次修正）明确了流域内市、县相关部门对水的保护与污染防治的管理分工及职责；1998年颁布的《广东省生态公益林建设管理和效益补偿办法》是广东省在全国率先开始实行的生态公益林效益补偿制度，明示了广东省通过财政转移支付来弥补林农的经济损失；2000年颁布的《广东省东江水系水质保护经费使用管理细则》规定了东江水质保护经费来源、使用范围与用途等；2006年颁布的《广东省跨行政区域河流交接断面水质保护管理条例》，建立了流域跨行政区河流交接断面水质监测控制机制，为防止和解决河流水质污染和水质污染纠纷提供了依据；2008年颁布的《广东省东江西江北江韩江流域水资源管理条例》明确了水行政主管部门权限与责任、开展水资源规划与水功能区划等内容。2012年广东省政府办公厅印发了《广东省生态保护补偿办法》，提出自2012年起省财政将每年安排生态保护补偿转移支付资金，对生态功能区给予补偿和激励，以帮助生态功能区缓解生态保护与发展经济之间的矛盾。根据该补偿办法，广东省乐昌市、乳源瑶族自治县等11个纳入国家级重点生态功能区的县（市）2012年均将获得约4 000万元的财政补偿资金。根据该补偿办法，广东省将符合条件的县（市）分为国家级生态区和省级生态区两个类别，实行差异化的补偿政策。同时结合生态保护区域点状分布的特点，对承担生态保护责任更重的县（市）给予提高补偿的倾斜支持。自2012年起，每年确定转移支付总额，并按各50%的比例确定基础性补偿资金与激励性补偿资金的分配额。基础性补偿将保证其基本公共服务支出需要，激励性补偿则与重点生态功能区保护和改善生态环境的成效挂钩，生态保护越好，获得奖励越多。据测算，2012年平均每个生态功能区市县可获得约4 000万元的一般转移支付，比非生态功能区平均多获得2 000万元。

（3）树立了生态付费意识，并建立了多样的补偿方式

从20世纪90年代开始，广东省初步建立了对东江中上游地区财政转移支付的生态补偿办法，这一办法成为东江水资源生态环境保护相关工程所需资金筹措的快捷稳定财政资源。各种补偿项目虽未明确以生态补偿的名义进行，但实际产生的是生态补偿的效用。如从1995年起每年财政安排河源市经济建设专项资金2 000万元，2002年起提高到每年3 000万元，作为省对河源市保护东江水源水质所做贡献的适当补助。自1999年起每年从东深供水工程税费收入中安排1 000万元，用于东江流域水源涵养林建设，同时省财政对生态公益林林农每年每亩补偿2.5元，到2008年提高至每年每亩8元。2005年曾

草拟《东江源生态环境补偿机制实施方案》，按照该方案广东粤海集团每年从东深供水工程水费中拿出 1.5 亿元资金用于东江源区生态环境保护，补偿范围包括省内补偿与跨省补偿的总和。

除了财政转移支付外，近年来，广东省又通过产业转移、结"对子"帮扶等方式推动河源在保护东江水资源环境的同时发展经济。如中山、河源两市 2005 年开始联建的中山（河源）产业转移工业园，2008 年已实现工业总产值 100 亿余元，所得税收两市五五分成。深圳六区还分别与河源各市县建立结对帮扶关系，提供扶持基金、开展劳务技工培训，以及投资兴业等帮扶项目。通过产业转移园的建设，发展低污染、环保型、高效益的项目，变"输血"为"造血"，从根本上解决流域中上游的区域经济发展问题，形成较为长效稳定的机制。

2007 年开始，香港非政府组织"地球之友"通过募集资金及智力支持，与中国环境文化促进会合办"饮水思源"东江源项目，计划在 10 年内通过栽种"香港林"、引进国外生态农业技术、开展"学习旅游"等方式来对东江源区进行生态补偿。[①]

（4）尝试市场化的水资源管理方式

2008 年 8 月出台的《广东省东江流域水资源分配方案》，首次将东江流域广东段纳入统一管理和科学调度。通过水权与供水水量分配改革，限制了各市从东江中的取水总量、规范取用水行为、建立了用水秩序；同时实施水总量配给制，流域内各市可在所配得总量不变的条件下，根据自身的发展需要来灵活调配水功能，通过水市场来进行供水水权交易。如河源市通过推动"新丰江水库至珠三角地区城市管道直饮水工程"计划，先后与东莞、深圳、广州签订了"供水协议"，将向三市分别提供直饮水 2 亿 m^3、2.5 亿 m^3、1 亿 m^3。此工程实施后，据估算每年可带给河源至少数十亿元的收益。

（5）与相邻四省（区）签署跨界河流水污染联防联控协作框架协议

2013 年 4—11 月，广东省陆续与广西、湖南、江西及福建 4 省（区）签署跨界河流水污染联防联治协作框架协议，通过建立密切协调、运行有效的联动工作机制，共同应对和处理跨界突发环境事件及污染纠纷，协调解决跨省流域重大环境问题，保障环境安全，维护两省（区）交界地区人民群众的环境权益和社会和谐稳定。

协议主要包括 5 个方面的内容，一是加大跨界流域污染防控力度，双方将两省（区）跨界河流水污染防控作为环境保护工作重点，对各自辖区内影响跨界流域水环境的工业、生活、农业污染源加强排查和监控，共同推进跨界流域内如国家重点流域水污染防治等相关规划；二是完善联合监测和预警机制，主要包括建立两省（区）联合监测和预警机制，双方进一步优化省界监测断面设置，加强日常联合监测，同时在特殊敏感时段，双方加强辖区内重点污染源、水环境质量监控，及时做出预警；三是建立跨界突发环境事

---

① 资源来源于中国赣州网，http://www.gndaily.com/NEWS/2009-4/200941372741.htm.

件应急联动机制,在省级环保部门、相邻市县环保部门建立应急联动机制,强化应急预案,两省(区)间及时通报信息,在发生跨界突发环境事件时协调开展应急监测,共享应急资源,同时,定期开展跨界应急演练,提高应急协调和处置能力;四是建立跨界环境污染纠纷协调处理机制,加强两省(区)环保部门对跨界环境污染纠纷处理的沟通和协调,当发生跨界环境信访、污染纠纷或因环境问题引发群体性事件时,双方及时组织开展调查处理工作,加强相邻地区涉及跨界环境风险隐患排查整治、重点污染及其污染防治信息的互通,对跨界地区出现的违法行为,双方协调行动、共同打击;五是建立工作会商和交流机制,包括建立省级环境保护联席会商制度,双方定期开展联席会议,并加强污染防控、环境执法、应急处置等工作上的交流。

协议签署后,2014年8月15日赣粤跨省交界断面自动监测站龙川寻乌子站氨氮浓度出现异常和高值,广东省环保厅按照框架协议启动应急联动响应机制,组织应急办、环监局及广东省环境监测中心人员当晚赶赴现场,会同广东省梅州、河源及江西省环保部门和地方政府就该问题开展水质分析及上游稀土盗采情况排查,随后广东省环保厅组织召开赣州、梅州和河源三市协调会,就三市交界处稀土盗采点土地权属问题进行协调,强化属地监管,确保跨界河流水环境质量稳定达标。

(6)积极探索跨界污染河流联合治理模式

为解决桂粤交界水源地上游发展与下游地区保护之间的矛盾,2013年广东省与广西壮族自治区开始进行相关协商,拟在鹤地水库尝试进行跨界水环境保护合作。湛江市鹤地水库目前受工业及养殖废水污染严重,而该水库又是湛江地区重要饮用水水源,上游地区广西陆川为贫困县,迫切需要经济发展,两者矛盾一直存在。两省(区)计划以陆川为试验地,进行小范围探索,上游陆川的企业可以搬到湛江去办,税收和GDP归陆川,同时上游若能提供优质水源,广东省也可通过对口支援的方式给予一定补偿。

两省(区)签订了《粤桂九洲江流域跨界水环境保护合作协议》,协议确定到2017年九洲江桂粤跨省界断面水质稳定达到Ⅲ类目标,主要包括6个方面内容:一是联合制定整治规划,两省(区)分别排查本省(区)流域内污染源,分别制订本省(区)的九洲江流域水污染防治规划,整合形成《粤桂两省区九洲江流域水污染防治规划》,报两省(区)政府批准、环境保护部备案后实施。二是共同设立合作资金。2014—2017年由两省(区)政府各出资3亿元,设立粤桂九洲江流域跨省水环境保护合作资金,并争取环境保护部的资金支持,余下不足部分由玉林市自筹解决。合作资金用于玉林九洲江流域上游环境基础设施和能力建设、异地发展园区建设、畜禽养殖污染治理和清拆补偿等工作。粤方按照整治年度计划和水质改善情况划拨合作资金,具体办法由两省(区)环境保护厅共同协商制定。三是优化产业结构和布局。九洲江流域内不再建设新的工业园区,原则上不再审批、核准、备案排放废水的工业项目。对污染严重、不适宜在九洲江流域继续发展的企业实行关停并转，对流域内现有排放废水企业退出九洲江流域异地搬迁给予资金支持；对排放废水企业实施减少废水排放的技术改造或转产改造，对其他工业企业开展污染治理确保达标排放。广西在九洲江流域外选址建设九洲江生态发展园区，接纳搬迁的流域内的工业企业，为流域经济持续健康发展提供出路。粤方支持桂方开展招商引资等工作，由湛江市和玉林市具体协商对接。四是联合治理环境污染。两省（区）共同组织实施九洲江流域水污染防治规划，搬迁流域内重污染企业，加快环境基础设施建设，加强工业污染源监管，强化畜禽养殖和农业面源污染整治。湛江市和玉林市每年分别制定并组织实施本年度整治目标和重点任务。建立健全跨界水污染联防联治、信息定期通报、环境应急联动和联合执法机制等。五是加强水质监测监控。由两省（区）环境监测单位选择九洲江跨省界水质监控断面，并提请中国环境监测总站认定。两省（区）共同完善覆盖九洲江流域的水质监测网络，加强水质监测自动站建设，提升水质监测水平。开展跨省（区）水域同步监测，建立信息共享、水质通报机制。

6.1.4.2　江西省东江流域生态补偿实施现状

（1）申请建立国家级生态功能保护区

2002 年江西省人民政府向国家环保总局报告，建议建立江西省东江源国家级生态功能保护区，国家环保总局派专家到东江源头进行考察，对东江源生态功能保护区规划提出修改意见，完成了《东江源国家级生态功能保护区建设规划》。2002 年 11 月，《东江源国家级生态功能保护区建设规划》通过国家环保总局组织的专家论证。2002 年 11 月 20 日，江西省东江源国家级生态功能保护区建设试点领导小组成立，江西省人民政府向国务院请示要求批准建立江西省东江源国家级生态功能保护区。

2008 年 5 月 7 日，环境保护部印发《关于确定首批开展生态环境补偿试点地区的通知》（环办函〔2008〕168 号），东江源地区被环境保护部批准为东江源水源涵养重要生态功能区生态环境补偿试点。

（2）设立"五河一湖"及东江源头保护区，并拨付专项补助资金

2008 年 3—6 月，江西省政协就"五河一湖"源头污染防治问题组织进行了专题调研，并制定出台《江西省人民政府关于加强"五河一湖"及东江源头环境保护的若干意见》（赣府发〔2009〕11 号）。同时制定了本省区域内的生态补偿机制实施方案，补偿范围包括省内五条大河流域源头和东江源地区，并制定了《江西省"五河"和东江源头保护区生态环境保护奖励资金管理办法》，该管理办法对奖励金额的计算、扣除，奖励资金的使用和监督管理都作了明确规定。

奖励金额由两部分组成，第一部分奖励金额根据各保护区面积确定，占奖励总金额

的 30%，第二部分奖励金额根据各保护区出水水质确定，占奖励总金额的 70%。同时资金管理办法规定，对在保护区发生环境污染和生态破坏事件的所在县、市扣除相应奖金并用于奖励未发生环境污染和生态破坏事件的保护区的所在县、市。资金核算方案建立在循序渐进地实施保护源头措施的基础上，考虑到东江源区经济欠发达现状及历史遗留下来的污染问题，补偿资金以保护区面积为核算依据，确保源头区有资金用于生态环境保护与建设，同时以水质和保护区污染控制状况为核算依据调动源头区的保护积极性，限制当地的污染企业的发展，提高水环境质量，改善源头区生态环境。

（3）建立全流域生态补偿机制

2015 年江西省印发了《江西省流域生态补偿办法（试行）》，在全国率先建立全流域生态补偿机制，涉及流域主要包括鄱阳湖和赣江、抚河、信江、饶河、修河五大河流，以及长江九江段和东江流域等。

按照该办法，江西省采取整合国家重点生态功能区转移支付资金和省级专项资金，省级财政新设全省流域生态补偿专项预算资金，地方政府共同出资，社会、市场上筹集资金等方式，筹集流域生态补偿资金，2016 年，首期筹集全省流域生态补偿资金 20.91 亿元。

该办法建立了新的资金分配机制，在保持国家重点生态功能区 2014 年各县转移支付资金分配基数不变的前提下，采用因素法结合补偿系数对流域生态补偿资金进行两次分配，选取水环境质量、森林生态质量、水资源管理因素，并引入"五河一湖"及东江源头保护区补偿系数、主体功能补偿系数，通过对比国家重点生态功能区转移支付结果，采取"就高不就低，模型统一，两次分配"的方式，计算各县（市、区）生态补偿资金。分配到各县（市、区）的流域生态补偿资金由各县（市、区）政府统筹安排，主要用于生态保护、水环境治理、森林质量提升、水资源节约保护和与生态文明建设相关的民生工程等。

6.1.4.3 东江流域生态补偿存在的问题

尽管两省均在东江流域较早地开展了有关生态补偿的试点，但现有的补偿还不足以弥补为保护东江流域生态所付出的成本，东江流域生态补偿机制仍面临着较多的困难和制约，目前主要存在以下一些方面的问题：

（1）相关制度和法规的研究处于探索完善阶段

按照生态补偿的原则，受益方应该补偿受损方，但目前在补偿实施过程中主要的方式却是由政府财政转移支付。究其原因，一是在落实此原则时主体各方责任—权力—义务不明确，通常认定下游为受益方，下游需要补偿上游，但具体操作上尚存不少问题，例如，上下游范围如何确定？流域各主体方界定到哪个行政级别？各行政主体的责任有哪些？各行政区受益方（如用水大户、排污大户）的界定等都没有明确的规定。而且从流域整体来看，上、中、下游即整体流域都是生态受益方，只是付出与受益的数量比例不同而已。二是补偿依据、补偿标准尚难以做到合理定量化，已有的实证如东江、东江源、闽江等流域的研究，都是针对个案来进行研究，在 2008 年颁布的《广东省东江西江北江韩江流域水资源管理条例》中也没有明确涉及流域生态补偿的相关内容，可见生态补偿制度还不具备全面推广的成熟性。

同时生态补偿制度的建立需要通过国家或地方立法等约束来实现。尽管近年来在我国有关水资源、流域管理、环境保护的法律法规和政策文件中也涉及对生态保护和建设的扶持和补偿，政府工作报告不断强调"完善资源有偿使用制度，完善生态补偿政策，尽快建立生态补偿机制"，2009 年 1 月广东省环境保护局也以公开招标的形式着手广东省生态补偿政策研究，还没有针对流域生态补偿的专项法，导致生态补偿的长效性难以得到保障。

（2）补偿主要集中于单个行政区，缺少流域统筹，尤其是跨行政区的协调机制

流域作为一个自然整体，却被不同的行政区域所分割。各地方政府，由于自身的自利性，经济活动一般以本区域利益为导向。上游地区在外部环境的约束下，往往在选择保护生态、损失发展的同时还得投入大量成本进行生态建设，下游地区却能在享受上游生态服务的同时，大力发展自身经济，出现取水时把河流作为"自来水道"，排水时却把河流作为"下水道"等不负责任的自利行为。在流域生态补偿问题上常出现上游积极、下游回避的现象。

东江流域广东段在省级层面上界定了水权管理的主体、水资源管理与行政区管理的关系，却没有统筹到流域在江西境内的区域，缺乏跨省的流域协调管理机制。由于缺乏跨省协调机制，更未形成持续性的生态补偿机制，无疑大大降低了江西省东江源区生态建设与保护的积极性，有可能加剧流域水环境的恶化，带来全流域生态环境问题。

（3）补偿主要以政府的财政转移支付方式操作，缺少市场化运作

在流域生态补偿类别中，由于受损者与受益者主体判别存在难度，无论是大江大河源区生态建设工程生态补偿，还是省域、流域上下游生态补偿实践，基本上都是由中央和各级地方政府财政纵向或横向转移支付来实现。从世界范围来看，财政支付由于资金来源稳定、保障性强等好处而广为运用，但由于其补偿方式单一，补偿标准、补偿持续性等受到政府财政支付能力的限制，且补偿后续监督、补偿力度是否能调动源区保护的积极性等问题也没有得到很好解决。

流域生态补偿的市场化是重要发展方向，它基于明确的权属关系，利用市场调节机制配置流域水资源，通过使用权交易形式来实现，有利于生态补偿问题上的公正，实现流域资源合理配置和社会经济可持续发展。但该机制探索目前尚限于一些局部小流域，如 2000 年浙江义乌—东阳水权交易、2003 年绍兴汤浦水库与慈溪自来水公司水权交易、

2003 年甘肃张掖地区同一灌区不同用水者之间的水权交易等，且只存在于政府主导下的两个交易主体之间，尚没有形成真正的市场。

（4）补偿标准难以确立

生态补偿以协商补偿为主虽有共识，但有关补偿标准、补偿与地区经济发展的关系等却难以确定。一般来说，对生态建设和保护的直接投入成本进行计算相对比较容易，可等同于为将生态环境恢复到正常或建设到预期的状况所需支付的费用；但对其丧失发展机会的损失即间接成本或者对受益多少很难做到真正客观公正的量化评价；并且在不同地区及社会发展的不同阶段，人们对生态环境的评价值和需求是不同的，计算间接成本或收益也无法统一标准。在我国已有的流域水生态补偿实践中，因缺少对流域生态服务成本投入与发展损失或成效的评估体系，具体的补偿标准、程序等事项，主要做法是由双方协商解决，这使得流域生态补偿停留在一种自觉行为而非长期行为，若一方不愿承担补偿责任时或协商未果时，生态补偿就难以达成或继续。如东江流域由于在广东省政府层面上进行协调，保证财政资金到位和专款专用，但由于目前生态补偿标准普遍偏低，省内财政支付金额和东深供水工程费中的补偿资金往往不能真正调动上游生态保护的积极性，生态补偿机制难以发挥其应有的效应。

6.2　跨省东江流域生态补偿基本思路

6.2.1　基本思路

开展东江流域生态补偿基础研究，了解赣粤两省生态补偿现状，厘清跨省生态补偿存在的问题。基于流域生态功能区划，明确界定东江流域生态补偿责任主体之间的关系，划定重点水源涵养区域边界，确定流域补偿客体范围。研究提出基于生态保护效益与水质水量耦合的补偿标准，确定中央纵向补偿与地方双向补偿相结合的补偿模式，实现保护者受益、污染者赔偿的基本原则，配套公平公正的资金管理机制、监测能力建设方案，完成跨省东江流域生态补偿方案。对生态补偿方案实施后效果进行预评估，预测生态补偿对源区水质改善的效果。在实施、总结和评估的基础上，初步形成一套可推广使用的流域生态补偿方案，为我国其他重点流域生态补偿机制的推进与实施，促进环境与经济持续健康发展提供技术支持。

6.2.2 技术路线

跨省东江流域生态补偿与经济责任机制试点研究技术路线如图 6-3 所示。

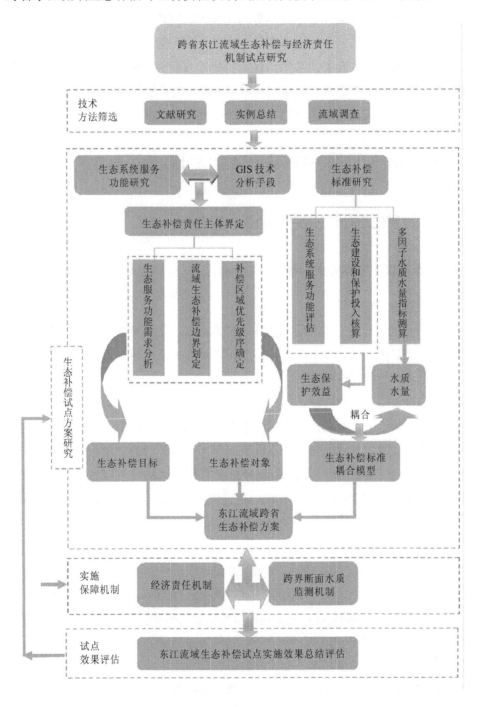

图 6-3 研究技术路线

6.2.3 技术难点与创新点

本研究的技术难点，同时也是研究的创新点，主要表现在以下几个方面：

①采用空间信息技术及生态系统服务功能相关研究理论与方法，在跨省级行政区的层面对东江流域生态补偿的责任主体进行合理界定，并确定补偿目标。

②从生态保护效益、跨界水质水量保护目标等方面建立东江流域生态补偿金额计算方法及模型，提出基于生态保护效益与水质水量耦合的补偿标准。

③提出跨省东江流域的生态补偿与经济责任机制试点方案（讨论稿）。

6.3 基于空间统计的跨省东江流域生态补偿范围界定

6.3.1 东江跨省生态补偿主客体界定

6.3.1.1 生态补偿主客体界定标准

（1）生态补偿主客体原则

主客体的界定是开展生态补偿实质性研究的重点，是实施生态补偿的关键。我国相关法律也确立了"谁开发，谁保护；谁污染，谁治理；谁破坏，谁恢复"的原则，生态补偿主客体的确立应依据这些原则。

（2）生态补偿中主客体内涵

一般认为，生态效益补偿的主体就是生态服务的受益者，而生态效益补偿的客体就是生态服务的提供者。具体而言，在不同情况下，生态补偿的主体可能是受益的个人、企业或者特定区域受益的全体公民以及区域公民利益的代表——各级政府（包括中央政府和各级地方政府）；而生态补偿的客体应该是提供生态服务功能的生态系统，以及保护生态系统的个人或者在特定区域由于保护生态系统而利益受损的群众。

1）生态补偿的客体

第一类，为生态保护做出贡献者。如地处水源地或重要生态保护区的居民或政府，为了保护生态系统，会进行生态投资，如植树造林，或停止一些污染企业的招商引资等。由于生态保护是一种公共性很强的物品，完全按照市场机制是不可能满足需求的。既然是公共物品，就存在生产不足甚至产出为零的可能性，这就需要利用生态补偿机制来解决这一问题。

第二类，生态破坏的受损者。如矿产资源开发过程中，对矿产资源所在地造成的生态破坏，只有对受损者进行生态补偿，才能激发受损者生态恢复的主动性。由于这类客体是生态破坏中的受害者，给受害者以适当的补偿符合一般的经济原则和伦理原则。

第三类，生态治理过程中的受害者。如在流域治理或生态系统恢复过程中，为保护与恢复生态停产或搬迁的企业，或搬迁的居民。这些企业或居民只有通过生态补偿机制，才有可能继续生存。

第四类，对减少生态破坏者给予补偿。有些生态破坏确实是人们迫于生计而为之，是"贫穷污染"所致。在这种情况下，如果不能从外部注入资金和机制就不可能改善生态环境。因此，对生态环境的破坏者也不得不给予补贴。

2）生态补偿主体

对于生态补偿的主体，由于所涉及范围较广，各类生态建设受益者的补偿额度难以量化，所以现阶段的补偿主体主要为公民利益的代表——各级政府。

6.3.1.2　东江生态补偿客体界定

（1）生态补偿客体主体功能

生态补偿的客体是提供生态服务功能的生态系统，以及保护生态系统的个人或者在特定区域由于保护生态系统而利益受损的群众。一定的国土空间具有多种功能，但必有一种主体功能，或以提供工业品和服务产品为主体功能，或以提供农产品、生态产品（生态产品指维系生态安全、保障生态调节功能、提供良好人居环境的自然要素，包括清新的空气、清洁的环境和宜人的气候等）为主要功能。对于东江流域，其主体功能主要体现在水源涵养与水文调蓄。因此东江流域的生态补偿客体应与东江流域水源涵养功能的提供者，即水源涵养重点功能区保持一致。

（2）生态补偿客体范围

在《全国生态功能区划》中，东江流域主要涉及南岭山地水源涵养与生物多样性保护重要区，被列为《国家重点生态功能保护区纲要》中的 63 个重点生态功能区之一，该区细分 2 个子功能区，东江流域位于九连山水源涵养功能区。因此，东江流域的主导生态系统功能为水源涵养功能。

对于东江流域而言，新丰江水库和枫树坝水库既是城市水源地，又发挥重要的洪水调蓄作用，也是农灌取水区。从对流域水资源的贡献程度来看，东江流域多年平均径流量为 326.6 亿 m^3，其中江西省东江源区多年平均径流量为 29.21 亿 m^3，占 8.94%，枫树坝水库多年平均径流量为 44.5 亿 m^3，占 13.63%，新丰江水库多年平均径流量为 65.6 亿 m^3，占 20.09%，龙川水文站多年平均径流量为 63.74 亿 m^3，河源水文站多年平均径流量为 146.42 亿 m^3（表 6-1）。由此来看，两大水库所在地上游源区（东江干流龙川站以上以及新丰江大坝以上的汇水区域）对于东江上游（东江干流河源站以上）的水资源的贡献程度为 88.33%，对东深工程的水资源的贡献程度亦有 55.27%（东深引水工程东江干流博罗水文站多年平均径流量为 234 亿 m^3）。

表6-1   东江部分水文站水文特征

水文站	集水面积/km²	多年平均径流量/亿 m³	水资源贡献率/%
东江源区（江西）	3 502	29.21	8.94
枫树坝水库	5 151	44.5	13.63
龙川水文站	7 699	63.74	19.52
新丰江水库	5 740	65.6	20.09
河源水文站	15 170	146.42	44.83
博罗水文站	25 325	234	71.65

根据以上对流域水源涵养重要性的评价结果（图6-4），两大水库所在地上游源区，即东江流域生态补偿客体范围包括江西省赣州市安远县、定南县和寻乌县，广东省河源市和平县、龙川县、连平县和东源县，韶关市新丰县的部分地区，总面积约 13 337 km²（表6-2）。

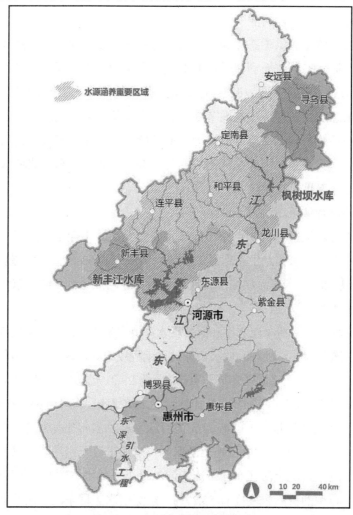

图6-4   水源涵养重要性评价结果

表 6-2　东江流域生态补偿客体范围

省	市	县	具体范围	面积/km²	占县总面积的比例/%
江西省	赣州市	安远县	欣山镇、孔田镇、鹤子镇、三百山镇、镇岗乡、凤山乡	752	31.64
		寻乌县	历市镇、岿美山镇、老城镇、天九镇、龙塘镇、鹅公镇	2 024	72.8
		定南县	长宁镇、晨光镇、留车镇、南桥镇、吉潭镇、澄江镇、桂竹帽镇、文峰乡、三标乡、菖蒲乡、龙廷乡、项山乡、水源乡	958	87.59
广东省	河源市	龙川县	老隆镇、四都镇、黄石镇、细坳镇、车田镇、贝岭镇、黎咀镇、上坪镇、丰稔镇、赤光镇、岩镇镇、新田镇、麻布岗镇	1 812	58.68
		和平县	阳明镇、彭寨镇、东水镇、林寨镇、热水镇、大坝镇、上陵镇、下车镇、长塘镇、贝墩镇、古寨镇、礼士镇、公白镇、合水镇、青州镇、浰源镇、优胜镇	2 311	100
		连平县	元善镇、上坪镇、内莞镇、溪山镇、隆街镇、田源镇、油溪镇、忠信镇、高莞镇、大湖镇、三角镇、绣缎镇	1 744	86.11
		东源县	灯塔镇、骆湖镇、船塘镇、顺天镇、上莞镇、锡场镇、新港镇、双江镇、涧头镇、半江镇、新回龙镇、漳溪畲族乡	2 361	58.02
	韶关市	新丰县	丰城街道、黄磜镇、马头镇、梅坑镇	1 375	68.22
合计		8 个县	83 个乡镇（街道）	13 337	—

6.3.1.3　东江生态补偿主体界定

按照生态受益者进行补偿的原则，补偿主体首先应包括江西省和广东省。此外，东江源水源涵养与水质保护生态功能区是国家重点生态功能区之一，在国家层面上中央政府也应承担其保护义务，也应作为东江生态补偿主体之一。综合来看，跨省东江生态补偿的主体应包括中央政府、江西省和广东省，三者共同组成补偿主体。同时，应考虑补偿和赔偿的双向机制，如果出现跨界水质超标时，则上游补偿客体应向下游的广东省进行污染赔偿。

6.3.2　东江流域水源涵养功能核算

6.3.2.1　流域主导服务功能

生态系统能够提供多种生态系统服务功能。森林生态系统具有提供林木产品和林副产品、气候调节、光合固碳、涵养水源、土壤保持、净化环境、养分循环、防风固沙、维持文化多样性、休闲旅游、释放氧气、维持生物多样性等多种生态系统服务功能。生态系统服务功能取决于一定时间和空间上的生态过程，其发挥的功能大小与所在时空尺度有着密切的关系。生态系统过程和服务功能只在特定的时空尺度上才能表现其显著的主导作用和效果，并且最容易被观测，从而被典型而充分地表达出来。也就是说，生态系统过程和服务功能常常具有一个特征尺度，即典型的空间范围和持续时段。在不同的尺度，生态系统体现出来的服务功能有所侧重。东江流域森林生态系统面积占全流域面积的 75%，且对流域上下游之间生态补偿影响最大的生态系统服务功能是水源涵养功能，本研究主要对东江流域的水源涵养功能进行核算。

6.3.2.2　流域水源涵养功能价值计算方法

本研究采用 InVEST 模型评价东江流域森林水源养功能。InVEST 水源涵养模型考虑不同土地利用类型下土壤渗透性的差异，结合地形、地表粗糙程度对地表径流的影响，以栅格为单元定量评价不同地块水源涵养能力。模型包括产水模块和水源涵养模块两个子模块。InVEST 模型的产水模块是一种基于水量平衡的估算方法，某栅格单元的降水量减去实际蒸散量后的水量即为水源供给量，包括地表产流、土壤含水量、枯落物持水量和冠层截留量。根据 Zhang 等基于 Budyko 水热耦合平衡假设提出的算法计算实际蒸散量。在用产水模型计算出年产水量后，根据 DEM 计算径流路径和地形指数，利用土壤渗透性、地表径流流速系数计算径流在栅格上的停留时间，最后计算出水源涵养量。此水源涵养量是降水量除去蒸发量和地表径流量后，渗入地下的水量。模型主要算法如下：

（1）水源涵养模块

$$\mathrm{WR} = (1 - Nor\_TI) \times [\min(1,\ K_{\mathrm{sat}}/300) \times \min\ (1,\ \mathrm{TravTime}/250)] \times Y_{xj} \quad (6\text{-}1)$$

$$\mathrm{TI} = \log_{10}\left(\frac{\mathrm{drainage\ area}}{\mathrm{soil\ depth}\ \times \mathrm{percent\ slope}}\right) \quad (6\text{-}2)$$

$$Nor\_TI = \frac{\max(\mathrm{TI}) - \mathrm{TI}}{\max(\mathrm{TI}) - \min(\mathrm{TI})} \quad (6\text{-}3)$$

$$\text{TravTime} = \frac{\text{slope length}}{\text{Vel\_coef}} \tag{6-4}$$

（2）产水模块

$$Y_{xj} = (1 - \frac{\text{AET}_{xj}}{P_x}) \times P_x \tag{6-5}$$

$$\frac{\text{AET}_{xj}}{P_x} = \frac{1 + \omega_x R_{xj}}{1 + \omega_x R_{xj} + \frac{1}{R_{xj}}} \tag{6-6}$$

$$\omega_x = Z \frac{\text{AWC}_x}{P_x} \tag{6-7}$$

$$R_{xj} = \frac{k_{xj} \times \text{ET}_0}{P_x} \tag{6-8}$$

式中，WR ——多年平均涵养量；

　　TI ——地形指数；

　　K_{sat} ——土壤饱和导水率；

　　TravTime ——径流运动时间；

　　drainge area ——流域汇流面积；

　　soil depth ——土壤深度；

　　percent slope ——百分比坡度；

　　Nor_TI ——地形指数标准化结果；

　　slopelength ——坡长因子；

　　Vel_coef ——流速系数；

　　Y_{xj} ——栅格单元 x 中土地覆被类型 j 的年产水量；

　　AET_{xj} ——栅格单元 x 中土地覆被类 j 的实际蒸散量；

　　P_x ——栅格单元 x 的降水量；

　　ω_x ——自然气候-土壤性质的非物理参数；

　　R_{xj} ——Bydyko 干燥指数；

　　Z ——Zhang 系数；

　　AWC_x ——栅格单元 x 的土壤有效含水量，由土壤深度和理化性质决定；

　　K_{xj} ——栅格单元 x 中土地覆被类型 j 的植被蒸散系数；

　　ET_0 ——参考作物蒸散量。

6.3.2.3 东江流域范围

东江流域是珠江流域三大河流之一，发源于中国江西省境内赣州市寻乌县桠髻钵山，上游称寻乌水，在广东省河源市龙川县合河坝与安远水汇合后称东江，流经河源、惠州、东莞、广州、深圳等地后注入狮子洋，经虎门出海。干流全长为 562 km，主要支流有安远水、籁江、新丰江、秋香江、西枝江和增江等（图 6-5）。流域涉及两省 21 个区县，流域总面积 33 373 km²，其中广东省境内 29 639 km²，占流域总面积的 90%（表 6-3）。

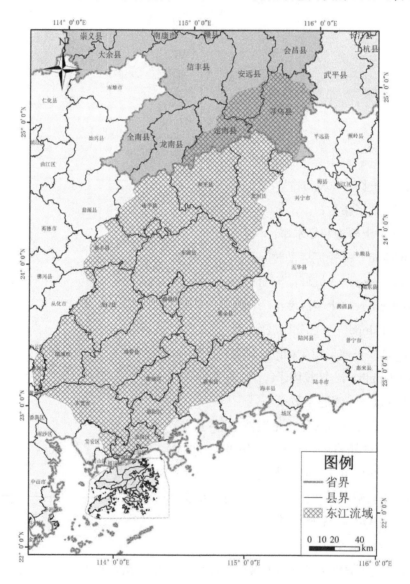

图 6-5　东江流域范围

表 6-3　东江流域区县列表

序号	县（市、区）名称	县（市、区）域国土面积/km²	流域面积/km²	比例/%
1	安远县	2 376.7	752	31.6
2	寻乌县	2 780.2	2 024	72.8
3	定南县	1 093.7	958	87.6
4	兴宁市	2 073.1	261.9	12.6
5	龙川县	3 087.9	2 246.5	72.8
6	和平县	2 311.0	2 311	100.0
7	连平县	2 025.3	1 958.4	96.7
8	东源县	4 069.3	4 000.2	98.3
9	新丰县	2 015.5	1 375	68.2
10	源城区	361.8	361.8	100.0
11	紫金县	3 634.7	2 729.2	75.1
12	龙门县	2 267.9	2 258.4	99.6
13	博罗县	2 854.8	2 854.8	100.0
14	惠城区	1 488.7	1 488.7	100.0
15	惠东县	3 500.1	2 705.2	77.3
16	惠阳区	1 189.2	972.5	81.8
17	增城市	1 615.4	1 605.6	99.4
18	东莞市	2 447.5	1 732.6	70.8
19	宝安区	684.2	166	24.3
20	龙岗区	840.4	537.3	63.9
21	罗湖区	79	74	93.7
合计		42 797	33 373	

6.3.2.4　流域森林面积

根据遥感解译数据，东江流域内森林面积为 24 806.5 km²，占流域总面积的 74.3%。广东省境内森林面积为 21 903.7 km²，江西省境内森林面积为 2 902.8 km²，其中森林面积较大的区县有东源县、紫金县、惠东县等（图 6-6、表 6-4）。

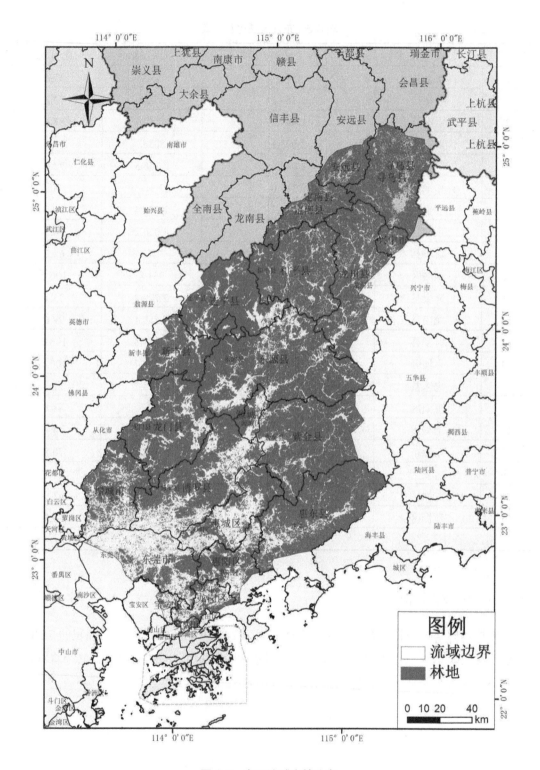

图 6-6 东江流域森林分布

表6-4 东江流域各区县森林面积 单位：km^2

序号	区县名称	森林面积
1	安远县	491.7
2	寻乌县	1 630.7
3	定南县	780.4
4	兴宁市	232.4
5	龙川县	1 906.2
6	和平县	1 994.2
7	连平县	1 630.1
8	东源县	3201
9	新丰县	1 133.4
10	源城区	220
11	紫金县	2 389.3
12	龙门县	1 885.3
13	博罗县	1 764.4
14	惠城区	734.8
15	惠东县	2 321.3
16	惠阳区	598.2
17	增城市	981.9
18	东莞市	559.3
19	宝安区	59.9
20	龙岗区	246.8
21	罗湖区	45
合计		24 806.5

6.3.2.5 东江流域降水量

根据流域内及周边气象台站数据，东江流域多年平均降水量为 1 467～2 157 mm，其中降水量较高的站点有佛岗、增城、东源等站点（表6-5）。

表6-5 东江流域内及周边气象站降水量 单位：mm

序号	站名	多年降水量
1	寻乌	1 612
2	安远	1 639.8
3	定南	1 550

序号	站名	多年降水量
4	南雄	1 516.6
5	韶关	1 574.1
6	佛岗	2 157.9
7	连平	1 759.9
8	梅县	1 467.7
9	广州	1 743.3
10	东源	1 919.5
11	增城	1 942.2
12	惠阳	1 722.5
13	五华	1 503.1
14	深圳	1 913.5

6.3.2.6 水源涵养量

根据水源涵养计算方法，东江流域水源涵养量为 47.29 亿 m^3，其中水源涵养量较大的区县有东源县、惠东县、紫金县、博罗县、和平县、连平县、龙川县，7 个县水源涵养量占全流域的 64.4%（图 6-7）。

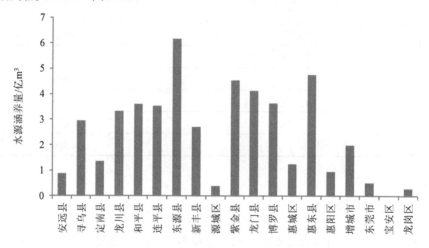

图 6-7 东江流域各县（市、区）水源涵养量

6.3.2.7 水源涵养功能价值

应用工程替代法，依据水库建造成本对东江流域水源涵养功能的价值进行评价，可以得出东江流域水源涵养功能的价值为 22.73 亿元，其中水源涵养功能价值较大的区县有东源县、紫金县、惠东县、龙门县等（表 6-6）。

表 6-6　东江流域水源涵养功能价值

序号	县（市、区）	水源涵养量/亿 m³	价值量/亿元
1	安远县	0.89	0.50
2	寻乌县	2.95	1.66
3	定南县	1.35	0.76
4	龙川县	3.33	1.87
5	和平县	3.61	2.03
6	连平县	3.53	1.98
7	东源县	6.17	3.47
8	新丰县	2.71	1.53
9	源城区	0.40	0.23
10	紫金县	4.54	2.55
11	龙门县	4.14	2.32
12	博罗县	3.65	2.06
13	惠城区	1.26	0.70
14	惠东县	4.76	2.68
15	惠阳区	0.97	0.55
16	增城市	2.00	1.12
17	东莞市	0.60	0.34
18	宝安区	0.02	0.01
19	龙岗区	0.33	0.18
20	罗湖区	0.09	0.05
合计		47.29	26.59

　　东江流域生态补偿客体范围内 8 县水源涵养功能价值见表 6-7，龙川县、连平县、东源县补偿范围仅覆盖部分流域面积，按照各县面积比例折算生态价值，得出 8 县水源涵养价值量共 11.8 亿元。

表 6-7　东江流域（客体范围）水源涵养功能价值

省份	县	水源涵养量/亿 m³	价值量/亿元
江西	寻乌县	3.0	1.66
	定南县	1.4	0.76
	安远县	0.9	0.50
广东	龙川县	3.3	1.51
	和平县	3.6	2.03
	连平县	3.5	1.76
	东源县	6.2	2.05
	新丰县	2.7	1.53
合计		24.5	11.8

6.4 生态保护效益与水质水量耦合的跨省东江流域补偿标准研究

6.4.1 方法分析

从生态保护效益与水质水量耦合的角度出发，构建流域生态补偿标准核算体系，实现流域生态效益、水质水量、污染控制等因素的综合考量。

一是生态保护效益的确定。生态保护效益可由生态保护总成本核算或生态系统服务价值核算得到。国外进行流域补偿时采用的是购买生态服务或购买环境服务的方式，将重点放在生态系统服务功能上。例如，澳大利亚马奎瑞河下游的农场主为激励上游林地所有者保护森林、涵养水源，向新南威尔士州的林务局支付"蒸腾作用服务费"。王金南（2006）主张根据生态服务价值评估建立生态补偿标准，并采用双方"讨价还价"的形式达成补偿协议。刘桂环（2011）提出采用生态系统服务价值的核算方法确定生态补偿额度，因为该方法能够充分体现流域的生态系统服务功能。考虑到生态保护总成本核算体系中间接成本核算存在的争议，本研究采用生态服务价值法核算流域生态保护效益，并重点突出流域的水质主导效应。

水质水量系数的应用常出现在生态建设与保护总成本的补偿模型中，任顺邦（2011）在对海峡西岸经济区——闽江流域生态补偿标准模型的探究中，引入水量分摊系数、水质修正系数和效益修正系数，测算上游生态建设和保护的外部性所需的补偿量。刘强（2012）在对东江流域进行生态补偿核算时，引入水质修正系数和水量分摊系数。核算生态系统服务价值时，鲜有涉及。如张乐勤（2011）在研究秋浦河流域生态补偿时，仅考虑生态服务功能，未引入任何修正系数。胡小华（2011）在构建东江源省际生态补偿模型时，用水量分摊系数对生态系统服务价值进行修正。仅在王彤（2010）对大伙房水库流域生态系统服务价值测算时，同时引入水质修正系数和水量分摊系数。孔凡斌（2010）在对流域生态补偿进行总结时提出，源区生态补偿的研究重点集中在对生态系统服务功能经济价值核算上，补偿资金总量超出区域经济发展的承受能力，难以应用到补偿政策的实践中，鉴于此，本研究以王彤的理论为基础，引入水量分摊系数及水质修正系数，构建东江流域的基于生态保护效益与水质水量耦合的核算模型。

6.4.2 补偿模型

上游地区作为流域的水源涵养区，在整个流域内发挥着巨大的经济、社会和环境效益，根据水资源的准公共物品属性、生态与环境资源的有偿使用和外部成本内部化等基本理论，上游地区提供的生态保护效益理应得到下游地区的补偿，此外，水是生态中最活跃的因子，也是与人类生产、生活最密切的因素，在多个省（区、市）的生态补偿实践中，水质水量是补偿的重要考量因素，因此，本研究以生态系统服务功能价值 ESV 为基础，引入水量分摊系数 K_V、水质修正系数 K_Q，核算下游地区所需补偿量。计算公式如下：

$$C = \text{ESV} \times K_V \times K_Q \qquad (6\text{-}9)$$

式中：C——补偿标准，万元；

$\quad$ ESV——流域生态系统服务功能价值，万元；

$\quad K_V$——水量分摊系数；

$\quad K_Q$——水质修正系数。

（1）水量分摊系数 $K_{V,i}$ 的确定

流域下游地区为其所使用的生产和生活用水向上游提供生态补偿，基于此确定上游某县的水量分摊系数 $K_{V,i}$ 的计算公式为

$$K_{V,i} = \frac{W_i}{W_{总}} \qquad (6\text{-}10)$$

式中：$K_{V,i}$——i 县水量分摊系数；

$\quad W_i$——上游 i 县提供的水量，亿 m^3/a；

$\quad W_{总}$——上游地区的总水量，亿 m^3/a。

（2）水质修正系数 $K_{Q,i}$ 的确定

在流域水资源的开发利用过程中，水质的优劣影响着水资源的功能，同时也决定了水资源的利用价值，如果流域上游地区提供的水资源水质越好，其在下游的功能就越多，水资源的可利用价值也就越大；如果上游地区所提供的水资源水质越差，其在下游的功能越少，水资源的可利用价值也就越小，有时甚至会成为废水而加重下游水质保护的压力。因此，在流域生态补偿核算模型中引入水质修正系数对流域下游地区所分担的补偿额度进行修正。

当水源涵养区能提供优质的水资源时，下游按照上游所提供的生态功能服务价值进行全额补偿，修正系数给予最大值 1；当上游来水受到污染时，根据"生态补偿、污染赔偿"的双向机制，水质修正系数则为负值；当污染的程度十分严重时，水质修正系数最大为–1。

一直以来，东江流域上游江西省和下游广东省在东江跨界断面水质目标上存在分歧。在江西省的水环境功能区划中水质目标为Ⅲ类水质，因此，认为只要水质达到Ⅲ类及以上就完全满足水质要求；而广东省的水环境功能区划中其水质目标则为Ⅱ类水质，因此广东省认为只有交接水质达到或好于Ⅱ类水质时，才能进行补偿。

基于这一矛盾，本研究采用了折中的方法。利用水质修正系数来进行调节。当跨界

水质刚好为Ⅲ类水质时，水质修正系数为 0，即既不提供补偿，也不产生污染赔偿。当跨界水质达到或优于Ⅱ类时，则上游提供了优质水资源，水质修正系数可达到 1；而当水质介于Ⅱ类水质和Ⅲ类水质之间时，水质修正系数则在 1～0 波动。当水质劣于Ⅲ类时，则要进行污染赔偿，此时水质修正系数为负；当水质劣于Ⅳ类时，可以认为提供的水资源服务功能已全部丧失，此时要进行全额赔偿，水质修正系数为−1；当水质介于Ⅲ类水质和Ⅳ类水质之间时，水质修正系数在−1～0 波动。

根据上述分析，水质修正系数计算公式如下。

$$K_{Q,i,j} = \begin{cases} 1 & ,\ C_j \leq \text{Ⅱ类} \\ \dfrac{C_{\text{Ⅲ}} - C_j}{C_{\text{Ⅲ}} - C_{\text{Ⅱ}}} & ,\ \text{Ⅱ类} < C_j \leq \text{Ⅲ类} \\ \dfrac{C_{\text{Ⅲ}} - C_j}{C_{\text{Ⅳ}} - C_{\text{Ⅲ}}} & ,\ \text{Ⅲ类} < C_j \leq \text{Ⅳ类} \\ -1 & ,\ \text{Ⅳ类} < C_j \end{cases} \tag{6-11}$$

式中：$K_{Q,i,j}$——i 县第 j 项指标的水质修正系数；

$C_{\text{Ⅱ}}$、$C_{\text{Ⅲ}}$、$C_{\text{Ⅳ}}$——分别为 i 项指标的Ⅱ、Ⅲ、Ⅳ类水水质指标值；

C_j——某项指标的实测水质。

一般常根据研究区的具体情况选择某些污染物的浓度作为代表性指标，如常用的水质指标化学需氧量（COD），本研究建议选择常见指标 COD、氨氮及 TP 作为评价指标，由于水质类型一般由各项指标中最差的一项决定，因而最终水质修正系数为 3 项单指标修正系数的最小值，即

$$K_{Q,i} = \min\left[K_{Q,i,\text{COD}}, K_{Q,i,\text{氨氮}}, K_{Q,i,\text{TP}} \right] \tag{6-12}$$

6.4.3　跨省东江生态补偿标准测算

6.4.3.1　水量分摊系数与水质修正系数

（1）水量分摊系数

首先计算水源涵养区各县对下游水量的贡献比，东江流域多年平均径流量 326.6 亿 m³，以博罗水文站作为上下游分界点，东江涵养区年供水量为 234 亿 m³，其中江西省东江源区多年平均径流量为 29.21 亿 m³，占水源涵养区的 12.48%，广东省部分水源涵养区供水比例则为 87.52%。从省级层面来看，江西省水量分摊系数为 12.48%，广东省为 87.52%，从县级层面来看，各县水量分摊系数按照各县补偿区域面积折算，结果见表 6-8。

表 6-8 水量分摊系数

流域	县	水量分摊系数/%
寻乌水	寻乌县	6.76
定南水	定南县	5.72
	安远县	
东江（广东境内）	龙川县	16.51
	和平县	21.06
	连平县	15.89
	东源县	21.52
	新丰县	12.53

（2）水质修正系数

根据 2013 年监测水质平均值，分别计算江西省寻乌水监测断面兴宁电站、定南水监测断面庙咀里 2 个断面总水质修正系数。计算结果见表 6-9。

表 6-9 2013 年寻乌水、定南水水质修正系数

河流名称	监测断面	水质修正系数			
		COD	氨氮	总磷	总系数
寻乌水	兴宁电站	1	−1	1	−1.00
定南水	庙咀里	1	1	1	1.00

而在 2014 年，寻乌水水质得到明显改善，全年氨氮平均水质改善至 0.871 mg/L，水质修正系数为 0.26。计算结果见表 6-10。

表 6-10 2014 年寻乌水、定南水水质修正系数

河流名称	监测断面	水质修正系数			
		COD	氨氮	总磷	总系数
寻乌水	兴宁电站	1	0.26	1	0.26
定南水	庙咀里	1	1	1	1.00

6.4.3.2 补偿金额

根据所计算的江西省东江源区生态功能服务价值结果，考虑水量分摊系数及水质修正系数的影响，计算东江流域生态补偿区域内各县纵向及横向补偿金额。

（1）纵向补偿

以补偿研究区域内水源涵养功能价值为基准，根据水量分摊系数核算各县纵向生态

补偿金额，结果见表 6-11。

表 6-11 东江流域水源涵养区纵向补偿金额

流域	县	水源涵养功能价值/万元	纵向补偿	
			水量分摊系数/%	县级补偿金额/万元
寻乌水	寻乌县		6.76	7 982
定南水	定南县		5.72	3 778
	安远县			2 966
东江（广东境内）	龙川县	11.8×10^4	16.51	19 487
	和平县		21.06	24 853
	连平县		15.89	18 756
	东源县		21.52	25 391
	新丰县		12.53	14 787

（2）横向补偿

除纵向补偿外，还实行双向的横向补偿，分别用 2013 年、2014 年寻乌水、定南水交界断面水质修正系数进行核算。

表 6-12 为 2013 年计算结果，由于寻乌水 2013 年水质劣于Ⅳ类，因而其水质修正系数为−1，寻乌县需要对下游广东省进行污染赔偿，其赔偿数额为 7 982 万元，而定南水水质优于Ⅱ类标准，因而下游广东省需要向定南县、安远县分别提供 3 778 万元、2 966 万元的生态补偿资金。从省际补偿来看，江西省应向广东省补偿 1 238 万元。

表 6-12 2013 年东江流域水源涵养区生态补偿金额计算结果

流域	县	水源涵养功能价值/万元	补偿金额		
			水量分摊系数修正/%	水质修正系数修正	县级补偿金额/万元
寻乌水	寻乌县		6.76	−1	−7 982
定南水	定南县	11.8×10^4	5.72	1	3 778
	安远县				2 966

表 6-13 为 2014 年生态补偿金额计算结果，由于寻乌水 2014 年水质明显改善，其水质修正系数为 0.26，广东省对寻乌县支付生态补偿费用，补偿数额为 2 075 万元，其他区县补偿金额则与 2013 年相同，下游广东省向江西省提供 8 819 万元的生态补偿资金。

表 6-13　2014 年东江流域水源涵养区生态补偿金额计算结果

流域	县	水源涵养功能价值/万元	补偿金额		
			水量分摊系数修正/%	水质修正系数修正	县级补偿金额/万元
寻乌水	寻乌县	11.8×10^4	6.76	0.26	2 075
定南水	定南县		5.72	1	3 778
	安远县				2 966

6.5　跨省东江流域补偿资金管理与实施机制安排

6.5.1　资金管理机制

6.5.1.1　资金筹集方式

资金筹集是进行流域生态补偿的基础，目前国内资金筹集的渠道主要有两个：一是政府财政转移支付，二是进行市场化筹集，也就是由生态受益者付费。在我国第二种方法应用较少，主要筹集渠道依然为第一种，补偿主体为中央或地方政府。而在国外，如美国、法国等，他们通过直接补偿土地机会成本、直接支付或者购买产权等措施进行补偿，相对而言，国外的水源地补偿机制侧重资金的市场化配置，补偿标准制定的市场化程度较高。国外的补偿主体类型较多，资金来源较为广泛，有税收、债的募集，政府的资金支持，私有水电公司的补偿，NGO、园艺协会、灌溉协会的资金支持等。

（1）财政转移支付

财政转移支付分为横向转移支付与纵向转移支付两种形式。横向转移支付指直接享受生态保护收益的下游向上游贫困地区给予一定财政支持，对东江流域上游水源涵养区进行生态补偿。横向转移支付一般先计算上游生态保护方的成本以及下游生态受益者的生态受益效应，结合上述计算结果确定转移支付的具体数额，通过行政部门资金划拨的形式进行财政转移支付，最终通过改变地区间经济利益分配格局来实现上下游生态服务水平的均衡。

纵向转移支付是上级政府对下级政府进行财政补贴，是我国和世界上多数国家进行生态补偿所采用的主要模式，中央政府近年来对新丰江水库、江西境内东江源区均有一定资金补贴，对提高水源涵养区生态保护积极性有明显带动作用。长期以来，大部分人一直将水源涵养区生态保护作为当地政府的职责，但这种责任的划分并不能保证生态保护这种公共服务的有效供给。一方面由于这种生态保护工作存在明显的外部性，过大的生态保护力度将严重影响地方经济发展，一般地方政府不会对此持有积极的态度。因而，中央政府通过给予地方生态保护补偿资金，或者提供其对基本需求间接的激励、相关政策优惠支持等，往往促进地方政府主动进行生态保护建设工作。

国内目前不乏一些成功的生态补偿案例，包括福建省九龙江流域生态补偿、浙江省金华江流域生态补偿等，具体信息见表 6-14。这些地区在进行地方间横向财政补偿的同时，国家也给予了一定的纵向资金补助，对构建流域生态补偿机制具有较大的借鉴意义。

表6-14　国内典型生态补偿案例

案例名称	生态服务功能	补偿客体	补偿主体	实施方案
福建省九龙江流域生态补偿	提供清洁水源、减少土壤侵蚀、水质净化	九龙江上游的漳州市和龙岩市	支付者是下游的厦门市政府，来源是厦门市财政资金	在2003—2007年每年增加安排1 000万元用于支持九龙江上游的漳州市、龙岩市水环境整治，两市各 500 万元，下游进行一定的配套，并通过上级统筹建立专项资金，用于九龙江养殖业污染治理和垃圾、污水治理项目
浙江省金华江流域生态补偿	水质净化、提供清洁水源	金华江上游磐安县	主要是金华江下游的金华市区，国家的返耕还材基金也提供一些资金	主要补偿方式包括"异地开发"、退耕还林项目、封山育林项目、植树造林项目和地方政府投资项目等
辽宁省生态补偿	水源涵养	辽宁省东部山区符合有林面积100 万亩以上、天然林面积 50万亩以上和大型水库所在地 3 个条件之一的县	省财政	全省每年安排 1.5 亿元，对东部山区16 个生态重点县实施财政补偿政策，省财政按月下拨此项资金。以林业有材面积和林木蓄积量为指标，按照0.7 和 0.3 的权重比例，来确定补偿资金的额度
河北省承德市与北京市、天津市生态补偿	水源涵养	河北省承德市丰宁县	北京市与天津市财政收入	自发协商，北京市每年从财政中补偿河北省丰宁县100 万元，天津市每年从财政中补偿丰宁县40 万元
浙江义乌—东阳水权交易	优质水资源	东阳市	义乌市是需求方和资金提供方	转让水权后东阳市水库原来所有权不变，水库运行、工程维护仍由东阳市负责，义乌市一次性出资 2 亿元购买东阳市横锦水库每年 4 999.9 万 m³水的使用权，同时义乌市按照当年实际供水量按 0.1 元/m³ 支付给东阳市进行综合管理

科学合理地构建财政转移支付体系可有效实现地区间公共服务均等化，对提高东江上游水源涵养区生态建设积极性有重要意义。因而，深入研究国内已有生态补偿机制，构建横向财政转移支持配套纵向财政补偿的财政分担体系，满足上游政府、下游政府及中央政府的三方博弈要求，对优化东江上下游生态资源配置、经济协调发展将产生持续深远的影响。

（2）市场化筹集

市场化募集指通过制定环境相关政策，通过物品价格、市场和政府财政及经济政策等方面发挥补偿性作用，在生产者和消费者的决策中加入生态补偿费用的影响，在价格上反映出优质水资源的稀缺性，从多方面着手实现市场化募集。通过中央或地方政府提供生态补偿资金并不是保护水源涵养区的唯一途径，国外生态实践中有较多市场化募集的成功案例，在此方面可积极探索相关经济激励手段和市场手段，有效促进上游地区生态效益的保障。

与政府财政转移支付相比，市场化募集更多地依赖于下游生态受益者，上游水源涵养区的资源水和生态水流入下游区域，下游受益者根据上游提供的水的水质优良程度及水量大小付费给上游生态供给者，这样通过市场化的资金募集机制，直接实现水源地涵养区保护者与水源涵养直接受益者之间的对接，各利益主体通过市场机制享受其权利并承担相应的责任，实现各自的利益诉求。

水源涵养区生态补偿资金市场化募集的基本程序是先确定水源涵养区各区域资金分配标准，确定下游受益对象对水源涵养区的补偿标准，再寻求某共同管理机构或公益性管理机构负责进行资金募集及分配。首先以"谁受益谁补偿"的原则，以环境产权外部性理论为指导，以水资源为载体，对水源地生态环境外部性受益对象进行界定，并从经济属性上进行分类，确定水源涵养区域及下游受益对象，根据水源涵养区各区域水资源水质情况确定资金分配标准。然后对不同受益对象确定其对水源地的补偿标准，对于流域下游的用水户，其对水源地的生态补偿费按照一定的费率，根据其用水量的大小进行收取。也就是说，在工业、农业、第三产业以及居民的用水中，除他们应缴纳的水资源费、污水处理费（农业灌溉用水可免缴）等外，还要增加水源地生态补偿费，可与水资源费一同缴纳，并由水资源管理部门设立专户进行管理，专款专用。同时考虑到不同行业的特点以及行业主体的经济承受能力，对于农业用水户的生态补偿费费率可适当降低或免收。通过这种市场化机制，受益者依其消费的生态资源的数量进行付费，实现了最直接的对涵养区居民的资金补偿。

国外目前已有较多成功的市场化募集案例，较成功的一些案例见表 6-15，可对这些案例进行深入研究，探索适合东江流域的市场化资金募集机制。

表 6-15　国外典型生态补偿案例

案例名称	生态服务功能	补偿客体	补偿主体	实施方案
哥斯达黎加 Sarapiqui 流域生态补偿	水资源调节，保护生物多样性	流域上游森林土地的私人拥有者	私有水电公司和哥斯达黎加政府基金，当地非政府组织（NGO）提供一些管理费用	基于土地发展的机会成本，水电公司每年提供 18 美元/hm² 给国家森林基金，国家森林基金再增加 30 美元/hm²，然后一起支付给流域上游那些同意恢复森林和可持续利用森林的土地所有者，当地 NGO 监督整个保护和管理运作
美国纽约市 Catskills 和 Delaware 流域生态补偿	水源涵养与水质净化	上游森林土地的拥有者、农民和伐木公司	资金来源大部分是向纽约用水者征收的税收，其次是债券以及州政府补充的资金	纽约市同意在 10 年内投资 10 亿～15 亿美元用于流域项目。通过直接补偿土地机会成本、租赁或购买上游水源涵养区土地、不同的税收政策和额外的伐木许可等措施进行补偿
法国 PerrierVittel S.A. 矿泉水公司的生态补偿	改善饮用水水质	流域上游农民和森林土地所有者	补偿主体为瓶装矿泉水公司，另外法国国家农艺协会和水利部门提供一定的资金	通过对改善土地利用、减少化肥和农药使用的农户直接补偿和购买产权两种方式补偿
哥伦比亚 Cauca 流域生态补偿	改善水流量，减少灌溉水渠中的沉积物	流域森林土地所有者	由农民组成的灌溉协会以及政府部门	通过直接支付和购买土地产权两种方式补偿。用水者在每个季度支付 0.5 美元/（s·L）的费用的基础上，自愿同意支付额外的每个季度 1.5～2.0 美元/（s·L）的费用给 Cauca 河流域协会（CVC）成立一个独立的基金来支持那些改善水流的必要措施
哥伦比亚流域管理的环境服务税	调节和净化饮用水、为水电和其他工业用水调节水流	私人土地所有者	受益者是全体居民、政府和用水公司，补偿主体是相关政府	通过直接支付和购买土地产权两种方式补偿。均是针对私人土地进行支付和购买。各相关政府财政预算的 1%，超过 1 万 kW 的水电公司销售额的 6%，其他用水工业拿出投资额的 1%

（3）财政分担体系构建

参考国内目前已实行的流域生态补偿案例，国内目前生态补偿资金筹措基本以政府出资为主，因而东江流域生态补偿财政分担体系建议以政府财政转移支付为主要手段，采用纵向补偿与横向补偿相结合的生态补偿模式。中央财政设立一笔东江流域生态补偿资金，每年用于支持流域上游进行生态保护。江西、广东两省开展跨界断面水质考核，按照生态补偿与污染赔偿的双向原则，按月度进行考核，每年核算补偿或赔偿金额。

6.5.1.2　补偿方式与途径

生态补偿有很多不同方式、途径，从不同角度可有多种分类。按补偿主体的不同可分为纵向补偿和横向补偿，按空间尺度区分可分为生态环境要素补偿、流域补偿、区域补偿和国际补偿等。

由于补偿实施主体和运作机制是决定生态补偿本质特征的核心内容，按照实施主体和运作机制的差异，可将生态补偿分为政府补偿和市场补偿两大类。政府补偿是我国目前最常见的生态补偿形式，该种补偿方式在前面也有所提及，政府补偿的实施及补偿主体一般是国家或上级政府，补偿途径以财政转移支付为最主要途径，补偿客体为区域、下级政府或农民，其他常见补偿手段有财政补贴、政策倾斜、项目实施、税费改革、人才技术投入等，是实现国家生态安全、社会稳定、流域上下游经济协调发展的重要途径。市场补偿机制则主要以交易为手段，交易对象可以是生态环境要素的权属如水资源的使用权，也可以是生态环境服务功能，或者是环境污染治理的绩效或配额。通过市场交易的方式，实现生态环境服务功能的价值买卖。典型的市场补偿机制包括公共支付、一对一交易、市场贸易、生态（环境）标记等。

按照补偿物质的不同可将补偿方式分为四大类型：资金补偿、实物补偿、政策补偿和智力补偿。资金补偿是国内目前最常见的补偿方式，其常见的形式主要包括财政转移支付、补偿金、补贴、赠款、减免税收、退税、信用担保的贷款、贴息、加速折旧等。实物补偿是指补偿者通过提供实物、劳力或土地等进行补偿，提供上游涵养区生态保护方所需要的生产或生活要素，以改善受补偿者生活状况或增强其生产力为目的。常见的实物补偿方法包括退耕还林（草）政策中运用大量的粮食进行补偿。政策补偿一般指高级政府对低级政府的权利和机会补偿，如中央政府对省级或市级、省级政府对市级政府，受补偿者在授权的范围内，可利用政策方面的优先权和优惠待遇，或者一系列其他独享的政策，充分促进当地发展。制度和政策资源的倾斜对地方发展是非常重要的，尤其是对发展基础较差、经济落后的流域上游水源涵养区而言。智力补偿是指补偿者通过开展智力服务提供技术咨询和指导，对受补偿地区或群体的技术人才和管理人才进行培训，输送各类型专业人才，提高受补偿地区的生产能力、技术水平和管理组织能力。

通过研究国内外已有成功生态补偿案例，对国内生态补偿途径可获得较全面的认识，国内目前最常见的较易操作的补偿方式为资金补偿。资金补偿主体直接向水源涵养区提供补偿，也可以通过中间机构组织对受偿者进行间接补偿，加强对补偿资金的管理力度，从而提高补偿效用。从我国的情况来看，可建立从国家、省、市、县、镇的多层次补偿资金分配系统，实行政府主导、市场运作、公众参与的多样化生态补偿方式。

根据已有研究结果,东江流域可采用以下一种或多种途径实现资金补偿。

(1)财政补贴制度

政府环保专项资金来源主要包括排污费、资源使用费等,由于没有专门针对上游生态补偿的费用征收名目,因而下游政府对上游的财政补贴有两种参考方案。第一种方案是从排污费所得收入中划拨部分资金用于补贴上游水源涵养区限制工业发展而为下游地区腾出的污染排放容量;第二种方案是提高自来水收费水平,采用工业用水、生活用水、农业用水阶梯水费的收费方式,政府相当于扮演中间角色,将上游水源涵养的直接受益者与上游地区直接对接。此外,高一级的政府对水源涵养区实施农民减税免税等政策也属于财政补贴制度,同样能激励上游生态保护工作。

(2)生态补偿税和生态补偿费

一般来说,税收是政府为了其职能的需要,凭借政治权力,按照一定的标准强制无偿地取得财政收入的一种形式。税和费都是政府取得财政收入的形式。在对生态环境这些公共产品、公共服务成本进行补偿时,有时不宜采取直接收费的方式进行资金收集,需采用较灵活、有效的收费方式,作为财政补偿的必要方式。生态补偿费是为了防止生态环境破坏,以对生态环境产生或者可能产生不良影响的生产者、经营者、开发者为征收对象,以生态环境整治及恢复为主要内容,向受益单位、部门征收一定的税费,并将其纳入国家预算,由财政部门统一管理,国家每年将一部分资金返还给参与生态环境建设的单位或个人。

(3)生态补偿保证金制度

生态补偿保证金制度来自美国,1977年,美国国会通过《露天矿矿区土地管理及复垦条例》(SMCRA)。根据SMCRA,任何一家企业进行露天矿的开采,都必须得到有关机构颁发的许可证;矿区开采实行复垦抵押金制度,未能完成复垦计划的,其抵押金将被用于资助第三方进行复垦;采矿企业每采掘1 t煤,要缴纳一定数量的废弃老矿区的土地复垦基金,用于SMCRA实施前老矿区土地的恢复和复垦。英国1995年出台的《环境保护法》、德国的《联邦矿产法》等也都作了类似的规定。在东江上游水源涵养区,可以通过执行生态补偿保证金制度,将抵押金用于补贴第三方复垦等活动。

(4)政策性优惠信贷

通过制定有利于生态建设的信贷政策,鼓励金融机构在确保信贷安全前提下,由政府政策性担保提供发展生产的贷款,以低息或无息贷款的形式向有利于生态环境的行为和活动提供的小额贷款,可以作为生态环境建设的启动资金,鼓励当地人民从事生态保护的工作,这样,既可刺激借贷人有效地使用贷款,又可提高行为的生态效率。

(5)生态补偿基金

建立生态补偿基金是由政府、非政府机构或个人拿出资金支持生态保护行为,生态补偿基金应该主要来源于下游地区的利税、国家财政转移支付资金、扶贫资金，国际环境保护非政府机构的捐款等。生态补偿基金主要用于培育江河上游地区的生态恢复和增殖功能，主要通过项目形式对水源涵养区进行补贴，如生态经济防护林工程建设，水库涵养保护，流域治理，资源保护和灾害防治及生态农业、生态工业小区和生态村镇建设等方面。

（6）国际援助

流域的生态环境建设具有很强的全局性和整体性，环境保护无国界。随着中国加入世界贸易组织（WTO），流域生态环境的恢复和重建已受到全世界的关注，我们可以充分利用政府间的环保援助资金，借助诸如世界银行等国外机构提供的低息贷款资金，以及大自然保护协会（TNC）、世界自然基金会（WWF）等国外非政府组织提供的项目资金，进行流域生态环境保护与建设，以弥补生态补偿资金的不足。

6.5.2　实施机制

6.5.2.1　完善国家级财政补偿机制

东江流域生态补偿应当由政府主导，东江是跨越江西和广东两省的典型流域，因此中央在其中的沟通协调作用尤为重要，涉及跨省流域生态补偿的机制由中央政府主导。在我国当前的财政体制中，专项基金和财政转移支付制度对建立流域生态补偿机制具有重要的作用，中央政府可在东江源区尝试建立东江流域生态补偿基金，同时，中央政府加大对东江流域上游地区的财政转移支付力度，通过项目进行补偿。在国家实施积极财政政策以来，国家在东江源区先后安排实施了退耕还林、天然林资源保护工程、珠江防护林工程、小流域治理、农业综合开发、扶贫开发、以工代赈、农村沼气、国家重点生态公益林管护等一系列项目，以工程项目投资的形式支持源区生态建设，这些工程项目的实施，极大地改善了源区的生态环境状况，在较大程度上缓解了生态建设资金缺乏的困难。考虑到东江水源涵养区重要的生态、经济、政治意义，今后，中央政府可进一步加大对东江源区的项目支持力度。

6.5.2.2　完善省级财政补偿机制

建立江西省、广东省省内财政补偿机制，构建对东江源区的项目补偿和税费减免政策补偿体系。省内地区层面上的补偿模式主要是江西省、广东省政府加大对源区在生态环境保护方面的财政转移支付，增加预算内和国债项目投资安排份额。具体可以在节能工程项目、生态工业园项目等资源高效利用项目、林业生态建设项目、水土保持工程项目、生态农业及新农村建设项目、矿山生态环境修复和环境保护、城镇环境保护工程投资方面对东江源区进行倾斜。同时在税收方面对东江源区部分县进行部分减免，尤其是对源区产业结构调整过程中发展生态农业、高科技产业以及资源节约型生态产业予以所得税、增值税（省内分成部分）、营业税、土地使用费等的有限期的减免，以帮助源区实行产业转型。

6.5.2.3　确定生态补偿协调组织

目前我国环境管理属于自上而下的纵向垂直管理，横向间的协商和管理明显不足，尤其是跨省、跨市的环境管理体制尚需要进一步加强。应当以流域为基础，以生态资源综合开发利用的一体化管理为目标，地方政府就流域的防洪调度、水资源分配、水资源补偿、重要水工程建设、重大投资项目等事宜进行磋商和谈判，在民主协商机制下对用水、环保等合约以及违约惩罚方法等做出决策，通过长期合作的动态博弈，增加相互间的激励和约束机制，以逐步弱化地方和部门保护主义。由于江西省仅有定远、安南、寻乌 3 县处于东江源区，且寻乌县与另外 2 个县无上下游关系，因而不需设协调组织，建议由生态环境部、水利部各自核定跨省断面水质、水量数据，报财政部确定跨省生态补偿金额，省内生态补偿金额由各省按照方案自行核算并分配。

6.5.3　配套监测机制

以赣粤两省现有监测系统为基础，在已有监测点位中优选、组合，在流域内各区县主要水系出口设置监测断面，确定监测指标、监测频次、监测方法、质量保证体系、仲裁方法等配套监测制度。

6.5.3.1　监测基础

（1）江西省境内监测状况

江西方面在寻乌水和定南水入广东境处各设一个监测断面，寻乌水断面名为斗晏电站，定南水断面为长滩电站，两个监测断面位置如图 6-8 所示。

江西省水利厅公布《水资源质量月报》，监测结果见表 6-16，2010 年、2011 年两河流过境处水质状况较多情况下处于Ⅳ类及以下状态，2012 年后水质状况有所改善，在夏、秋两季寻乌水、定南水水质保持在较高水平。

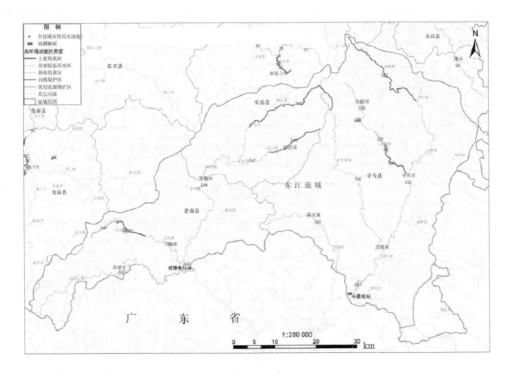

图 6-8　江西境内寻乌水、定南水监测断面分布

表 6-16　江西境内寻乌水、定南水水质监测结果

时间		水质状况	
年	月	斗晏电站断面（寻乌水）	长滩电站断面（定南水）
2013	12	—	—
	11	—	—
	10	—	—
	9	—	—
	8	III	III
	7	III	III
	6	III	II
	5	II	II
	4	劣V（氨氮）	II
	3	劣V（氨氮、COD）	IV（氨氮）
	2	V（氨氮）	IV（氨氮）
	1	劣V（氨氮）	IV（氨氮）
2012	12	劣V（氨氮）	III
	11	II	III
	10	III	II
	9	III	III

时间		水质状况	
年	月	斗晏电站断面（寻乌水）	长滩电站断面（定南水）
2012	8	Ⅲ	Ⅱ
	7	Ⅱ	Ⅲ
	6	Ⅲ	Ⅱ
	5	Ⅳ（氨氮）	Ⅲ
	4	Ⅳ（氨氮）	劣Ⅴ（氨氮）
	3	劣Ⅴ（氨氮）	Ⅲ
	2	—	—
	1	Ⅳ（氨氮、BOD_5）	Ⅱ
2011	12	Ⅲ	Ⅲ
	11	Ⅲ	Ⅲ
	10	Ⅴ（氨氮）	Ⅲ
	9	Ⅲ	Ⅲ
	8	Ⅴ（氨氮）	Ⅴ（氨氮）
	7	Ⅲ	Ⅲ
	6	Ⅳ（氨氮）	劣Ⅴ（氨氮）
	5	劣Ⅴ（氨氮）	Ⅲ
	4	劣Ⅴ（氨氮、BOD_5）	劣Ⅴ（氨氮）
	3	Ⅳ（氨氮）	Ⅳ（氨氮）
	2	Ⅴ（氨氮）	劣Ⅴ（氨氮）
	1	劣Ⅴ（氨氮）	Ⅲ
2010	12	劣Ⅴ（氨氮）	Ⅲ
	11	Ⅳ（氨氮）	劣Ⅴ（氨氮）
	10	Ⅲ	Ⅲ
	9	Ⅲ	Ⅱ
	8	Ⅲ	Ⅲ
	7	Ⅱ	Ⅱ
	6	Ⅴ（氨氮）	Ⅳ（氨氮）
	5	Ⅲ	Ⅲ
	4	劣Ⅴ（氨氮）	Ⅲ
	3	劣Ⅴ（氨氮）	Ⅳ（氨氮）
	2	劣Ⅴ（氨氮）	劣Ⅴ（氨氮）
	1	劣Ⅴ（氨氮）	Ⅴ（氨氮）

（2）广东省境内监测状况

1）赣粤跨省断面

广东省同样在寻乌水、定南水分别设置监测断面，断面名称分别为兴宁电站及庙咀里。兴宁电站坐标为 115°30′56″E、24°37′58″N，庙咀里坐标为 115°11′9.49″E、24°41′49.68″N。两个监测断面监测频率、监测项目见表 6-17。

表 6-17 广东省寻乌水、定南水监测断面基本信息

断面名称		寻乌水赣粤省界断面 （兴宁电站）	定南水赣粤省界断面 （庙咀里）
监测频率		每月一次	
项目 分析 方法	水温	《水质 水温的测定 温度计或颠倒温度计测定法》（GB/T 13195—1991）	
	pH 值	《水质 pH 值的测定 玻璃电极法》（GB/T 6920—1986）	
	悬浮物	《水质 悬浮物的测定 重量法》（GB/T 11901—1989）	
	电导率	实验室电导率仪法，《水和废水监测分析方法》（第四版），国家环境保护总局（2002 年）	
	溶解氧	《水质 溶解氧的测定 电化学探头法》（HJ 506—2009）	
	高锰酸盐指数	《水质 高锰酸盐指数的测定》（GB/T 11892—1989）	
	化学需氧量	快速密封催化消解法，《水和废水监测分析方法》（第四版），国家环境保护总局（2002 年）	
	五日生化需氧量	《水质 五日生化需氧量的测定 稀释与接种法》（HJ 505—2009）	
	氨氮	《水质 氨氮的测定 纳氏试剂分光光度法》（HJ 535—2009）	
	总磷	《水质 总磷的测定 钼酸铵分光光度法》（GB/T 11893—1989）	
	总氮	《水质 总氮的测定 碱性过硫酸钾消解紫外分光光度法》（HJ 636—2012）	
	铜	ICP-MS 法	
	铅		
	锌		
	镉		
	硒	原子荧光法，《水和废水监测分析方法》（第四版增补版），国家环境保护总局（2002 年）	
	砷	《水质 总砷的测定 二乙基二硫代氨基甲酸银分光光度法》	
	氟化物	《水质 无机阴离子的测定 离子色谱法》（HJ/T 84—2001）	
	汞	《水质 汞的测定 冷原子荧光法（试行）》HJ/T 341—2007）	
	六价铬	《水质 六价铬的测定 二苯碳酰二肼分光光度法》（GB/T 7467—1987）	
	氰化物	《水质 氰化物的测定 容量法和分光光度法》（HJ 484—2009）	
	挥发酚	《水质 挥发酚的测定 4-氨基安替比林分光光度法》（HJ 503—2009）	
	石油类	《水质 石油类和动植物油的测定 红外光度法》（GB/T 16488—1996）	
	阴离子表面活性剂	《水质 阴离子表面活性剂的测定 亚甲蓝分光光度法》（GB/T 7494—1987）	
	硫化物	《水质 硫化物的测定 亚甲基蓝分光光度法》（GB/T 16489—1996）	
	粪大肠菌群	《水质 粪大肠菌群的测定 多管发酵法和滤膜法（试行）》HJ/T 347—2007）	
	硫酸盐	《水质 无机阴离子的测定 离子色谱法》（HJ/T 84—2001）	
	氯化物		
	硝酸盐		
	铁	ICP-MS 法	
	锰		

　　根据兴宁电站近 4 年及庙咀里近 2 年监测结果，兴宁电站水质 2010 年较差，水质年均值在Ⅳ类水平，到 2011 年、2012 年水质有部分改善，但到 2013 年水质反而进一步恶化，氨氮年平均浓度降至 2.03 mg/L，水质为劣Ⅴ类水平。庙咀里近 2 年水质较好，年均浓度均在Ⅱ类水平（表 6-18）。

表 6-18　广东省境内寻乌水、定南水水质监测结果

断面名称	时间	统计指标	化学需氧量	氨氮	总磷
	Ⅲ类水标准		20	1	0.2
兴宁电站	2010 年	平均值	5	1.34	0.07
		最大值	5	2.58	0.14
		最小值	5	0.39	0.03
		污染指数	0.25	1.34	0.33
	2011 年	平均值	4.17	0.83	0.07
		最大值	5	1.38	0.21
		最小值	2.5	0.07	0.03
		污染指数	0.21	0.83	0.35
	2012 年	平均值	4.25	0.85	0.04
		最大值	11	1.70	0.13
		最小值	2.5	0.15	0.01
		污染指数	0.21	0.85	0.19
	2013 年	平均值	6.88	2.03	0.04
		最大值	14	6.46	0.12
		最小值	2.5	0.21	0.01
		污染指数	0.34	2.03	0.20
庙咀里	2012 年	平均值	4.29	0.27	0.03
		最大值	7	0.73	0.06
		最小值	2.5	0.05	0.01
		污染指数	0.21	0.27	0.12
	2013 年	平均值	5.71	0.46	0.04
		最大值	12	0.91	0.09
		最小值	2.5	0.05	0.01
		污染指数	0.29	0.46	0.20

2）东江沿线监测断面

　　在东江流域广东省境内，河源、惠州、东莞、广州及深圳等市内共布设 50 个监测断面，断面分布见图 6-9。

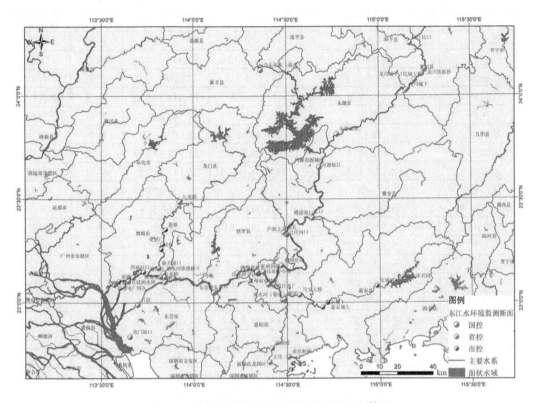

图 6-9　广东省境内东江沿线监测断面分布情况

广东省境内东江沿线监测断面基本信息见表 6-19，其中河源断面 7 个、韶关断面 1 个、惠州断面 25 个、东莞断面 6 个、广州断面 11 个。国控断面的数量为 3 个，省控断面有 39 个，市控断面有 8 个。

表 6-19　广东省境内东江沿线监测断面基本信息

所在河流	断面名称	X	Y	行政区	断面级别
西枝江	安墩河	114.984 444	23.08	惠州	市控
东江	博罗新角	114.235 277 8	23.144 166 67	惠州	省控
淡水河	淡水河（紫溪）	114.476 111	23.014 722	惠州	省控
东江	东岸	114.117 777 8	23.054 166 67	惠州	省控
公庄水	公庄河口	114.496 111	23.332 5	惠州	省控
西枝江	惠东城上	114.718 055 6	23	惠州	市控
西枝江	惠东城下	114.690 278	22.977 5	惠州	市控
东江	芦洲上菁	114.5	23.331 111 11	惠州	省控
东江	惠州剑潭	114.340 833 3	23.148 611 11	惠州	国控
东江	惠州汝湖	114.470 555 6	23.180 277 78	惠州	省控
东江	江口	114.628 333	23.414 166	惠州	省控
沙河	沙河河口	113.891 388 9	23.119 166 67	惠州	省控

所在河流	断面名称	X	Y	行政区	断面级别
淡水河	西湖村	114.419 166	22.78	惠州	省控
西枝江	西枝江水厂	114.401 944 4	23.090 277 78	惠州	国控
白盆珠水库	白盆珠水库甘园	115.075 833	23.099 722	惠州	省控
西枝江	马安大桥	114.567 5	23.038 333 33	惠州	省控
公庄河	泰美	114.483 611 1	23.340 833 33	惠州	省控
淡水河	紫溪	114.486 666	23.018 333	惠州	省控
响水河	虎爪断桥	114.508 611 1	22.738 333 33	惠州	省控
紧水河	紧水河铁路桥下	113.836 944 4	23.141 388 89	惠州	省控
龙溪水	马嘶	114.039 722 2	23.105 277 78	惠州	省控
罗阳排洪渠	罗阳排洪渠河口	114.271 111	23.160 555	惠州	省控
槁树下水	江东村宁济桥下	114.289 444	23.164 444	惠州	省控
小金河	高依岭中桥	114.374 166 7	23.15	惠州	省控
坪山河	上垟	114.405 833	22.713 333	惠州	省控
东江	东源仙塘	114.771 111 1	23.814 166 67	河源	省控
东江	河源临江	114.675	23.654 444 44	河源	省控
东江	龙川城下（佗城大桥）	115.198 333 3	24.076 388 89	河源	省控
东江	龙川铁路桥	115.251 388 9	24.127 222 22	河源	国控
俐江	俐江出口	115.172 777 8	24.255	河源	省控
秋香江	榄溪渡口	114.637 222 2	23.409 444 44	河源	省控
新丰江	马头福水（福水）	114.363 055 6	24.125 833 33	韶关	省控
东江北干流	大墩吸水口	113.673 805 6	23.122 944 44	广州	省控
增江	化肥厂	113.833 083 3	23.283	广州	市控
增江	九龙潭	113.923 333 3	23.487 5	广州	省控
增江	莲塘	113.849 083 3	23.354 194 44	广州	市控
增江	陆村	113.824 472 2	23.259 166 67	广州	市控
东江北干流	石龙桥	113.822 805 6	23.124 944 44	广州	省控
东江北干流	新塘	113.594 388 9	23.102 805 56	广州	市控
增江	增江口	113.746 638 9	23.138 027 78	广州	省控
东江北干流支流曲夫涌	曲夫涌口	113.811 666 7	23.167 777 78	广州	省控
东江北干流	旺龙电厂码头	113.571 944 4	23.087 777 78	广州	省控
东江北干流	西福河口	113.730 027 8	23.148 777 78	广州	市控
东莞运河	虎门镇口	113.655 555 6	22.834 722 22	东莞	省控
东江	石龙北河	113.843 888 9	23.124 444 44	东莞	省控
东江南支流	石龙南河	113.844 444 4	23.1	东莞	省控
东莞运河	石鼓	113.698 888 9	22.990 555 56	东莞	省控
东江干流	东莞桥头	114.107 777 8	23.049 166 67	东莞	省控
东江北干流支流北海仔	豆豉洲水闸	113.647 5	23.105	东莞	省控
东江	龙川城下	115.151 666 7	24.028 055 56	河源	省控

3）东江流域监测断面分布情况

将江西省内、广东省境内监测断面汇总，同时收集河源市市县监测断面信息，汇总得到东江流域主要监控断面分布如图 6-10 所示。

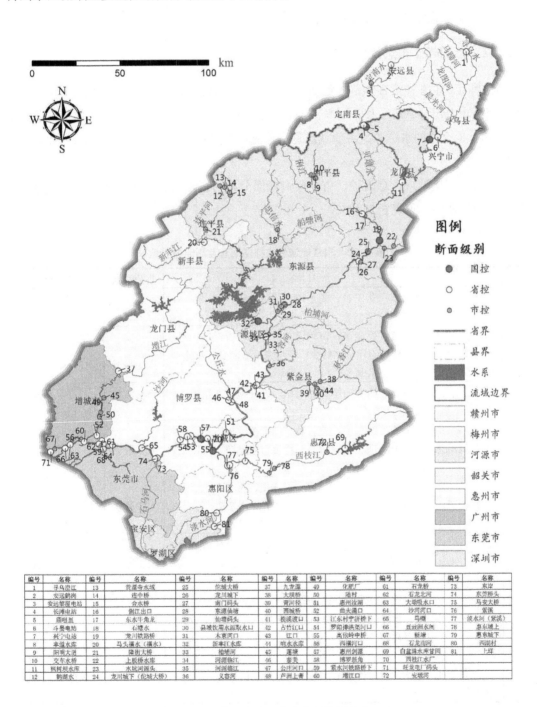

编号	名称	编号	名称	编号	名称	编号	名称	编号	名称	编号	名称	编号	名称
1	寻乌澄江	13	黄潭寺水域	25	佗城大桥	37	九节潭	49	化肥厂	61	石龙桥	73	东岸
2	安远鹤岗	14	连中桥	26	龙川城下	38	大坝桥	50	陆村	62	石龙北河	74	东莞桥头
3	安远繁厦电站	15	合水桥	27	南门码头	39	南门轮	51	惠州码头	64	大吸吸水	75	马安大桥
4	长滩电站	16	倒江出口	28	东源仙塘	40	西城桥	52	曲大潭口	64	沙河河口	76	紫溪
5	庙咀圳	17	东水牛角岽	29	仙塘码头	41	模溪渡口	53	江东村亨济桥下	65	马嘶	78	淡水河（紫溪）
6	斗晋电站	18	石塘水	30	县城饮用水源取水口	42	占竹红口	54	罗阳捧洪架河口	66	豆坑测水河	78	惠东城上
7	兴宁电站	19	龙川铁路桥	31	木京河口	43	江口	55	高低岭中桥	67	石龙南河	79	惠东城上
8	丰埠大洪	20	马头福水（横水）	32	新丰江水库	44	新丰水库	56	西福河	68	石龙南河	80	西湖村
9	阳明大洪	21	隆街大桥	33	柏埔河	45	蓬溪	57	惠州剑潭	69	白盆珠水库甘间	81	上坪
10	交车水桥	22	上板桥水库	34	河源临江	46	博罗新角	58	秦美	70	西枝江水厂		
11	枫树坝水库	23	水坑河源头	35	河源临江	47	公庄河口	59	紫水江铁路桥下	71	旺龙电厂码头		
12	鹤潮水	24	龙川城下（佗城大桥）	36	义容河	48	芦洲上赛	60	增江口	72	安墩河		

图 6-10　东江流域地表水监测断面分布

根据目前收集到的信息，东江流域内地表水主要监测断面共 81 个，其中国控断面 6 个，省控断面 42 个，市控断面 33 个。东江流域在江西省境内共有监测断面 5 个，其中省控断面 4 个，市控断面 1 个，东江流域在广东省境内共有监测断面 76 个，其中国控断面 6 个，省控断面 38 个，市控断面 32 个。

6.5.3.2　监测断面布点及优化

经判断，生态补偿客体范围包括江西省赣州市安远县、定南县和寻乌县 3 个县及广东省河源市龙川县、和平县、连平县、东源县与韶关市新丰县 5 个县。因而需在此基础上对上述 8 个县的水资源、水质状况进行监测，按照各县实际供给水资源条件计算分配补偿资金。

结合东江流域内已有国控、省控监测断面分布情况，对各县主要河流穿过县界处设置一个监测断面，见表 6-20。

表 6-20　东江流域生态补偿配套监测断面设置

省	市	县	具体范围	监测方式	监测断面
江西省	赣州市	安远县	欣山镇、孔田镇、鹤子镇、三百山镇、镇岗乡、凤山乡	人工监测	安远黎屋电站
		定南县	长宁镇、晨光镇、留车镇、南桥镇、吉潭镇、澄江镇、桂竹帽镇、文峰乡、三标乡、菖蒲乡、龙廷乡、项山乡、水源乡	自动监测人工校验	庙咀里（校验）（自动站位置待定）
		寻乌县	历市镇、岿美山镇、老城镇、天九镇、龙塘镇、鹅公镇	自动监测人工校验	寻乌水站兴宁电站（校验）
广东省	河源市	龙川县	老隆镇、四都镇、黄石镇、细坳镇、车田镇、贝岭镇、黎咀镇、上坪镇、丰稔镇、赤光镇、岩镇镇、新田镇、麻布岗镇	人工监测	龙川城下
		和平县	阳明镇、彭寨镇、东水镇、林寨镇、热水镇、大坝镇、上陵镇、下车镇、长塘镇、贝墩镇、古寨镇、礼士镇、公白镇、合水镇、青州镇、浰源镇、优胜镇	人工监测	浰江出口
		连平县	元善镇、上坪镇、内莞镇、溪山镇、隆街镇、田源镇、油溪镇、忠信镇、高莞镇、大湖镇、三角镇、绣缎镇	人工监测	隆街大桥、石塘水
		东源县	灯塔镇、骆湖镇、船塘镇、顺天镇、上莞镇、锡场镇、新港镇、双江镇、涧头镇、半江镇、新回龙镇、漳溪畲族乡	人工监测	新丰江水库、东源仙塘
	韶关市	新丰县	丰城街道、黄礤镇、马头镇、梅坑镇	人工监测	马头福水（福水）
合计		8县	83 乡镇（街道）		

大部分区县只需设置一个监测断面，连平县及东源县均有 2 条主要水系，因而对应设置 2 个监测断面，其中东源县蓄水自新丰江水库及东江两处流入东源城区，因而考虑以东源仙塘断面、新丰江水库断面结合新丰江水库水厂取水等数据共同计算东源县及其上游区域水资源量，监测断面分布如图 6-11 所示。

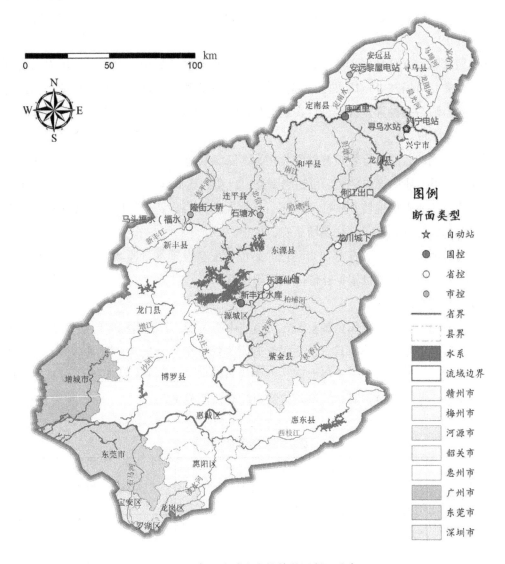

图 6-11　东江流域生态补偿监测断面分布

6.5.3.3　监测制度

（1）跨省断面

在赣粤的两条河流交界处，建议新建两座国家自动监测站，由中国环境监测总站组织江西、广东两省，共同确定监测站位置、监测频率等事宜。

水质监测方面，根据广东省监测站提供的最新信息，寻乌水已建立自动监测寻乌水站（定南水没有建水站），位置与国控断面相邻，位于龙川县境内渡田河水电站下游 2 km 处，115°30′56.16″E、24°37′58.01″N，监测项目为水温、pH、溶解氧、电导率、浊度、高锰酸盐指数、氨氮、总磷、铜、铅、锌、镉、氰化物、挥发酚、六价铬、铁、锰、砷、流量，共 19 项。

寻乌水站位于寻乌水入广东省后数千米处，在流经省界至监测站的区域内也没有排污口、畜禽养殖场及大量居民区，因而建议使用该监测站数据进行水质水量计算。而定南水自动监测站的设置建议先进行实地考察，根据考察结果在赣粤交界上下游 5 km 范围内选择合适点位。

自动监测站监测指标暂定高锰酸盐指数、氨氮和总磷。监测频率为每 4 小时 1 次，每日 6 次，根据环境管理需要，可适当调整。自动监测数据用 VPN 直接上传至中国环境监测总站、江西省环境监测中心和广东省环境监测中心。若自动监测出现异常，则由江西省、广东省两方面共同前往现场核实、校正。

水量监测方面，建议在水质自动监测站位置配套设置水量监测，同步进行水量在线监测，省内各河流流量可根据补偿区域面积核算。

（2）其他断面

其他监测断面采样工作由各县所在市监测中心负责。监测指标应包括高锰酸盐指数、氨氮和总磷。监测频率为每月一次，采样时间为每月第一个周二，若遇不良天气等导致不能及时采样，可协商更改采样时间。在完成监测后，应同时记录监测完成时间、样品形状等信息，见表 6-21，具体监测规范等见配套监测方案。

表 6-21 水质监测记录

采样日期	样品名称或编号	采样开始、结束时间	样品种类（上层/中层/下层）	样品物理性状描述	是否沉降 30 min	气象条件	采样设备名称型号	采样人员
		开始：				天气：气温：风向：风速：		
		结束：						
		开始：						
		结束：						
		开始：						
		结束：						
		开始：						
		结束：						

采样负责人：

样品分析按表 6-22 进行操作，采用的试剂、分析仪器等必须能够满足监测工作的需要，双方采用的分析仪器需满足方法检测限和实验精度要求。

表 6-22　东江流域生态补偿水质断面监测方法

项目	分析方法	方法来源
高锰酸盐指数	酸性高锰酸钾法	GB/T 11892—89
氨氮	纳氏比色法	HJ 535—2009
总磷	钼酸铵分光光度法	GB/T 11893—89

现场监测期间应同时记录河流水文信息，见表 6-23。

表 6-23　监测断面水文信息记录

河流名称	断面名称	采样日期	河宽/m	平均深度/m	垂线坐标		
					左岸	中泓	右岸

采样负责人：

最终监测分析结果，报送主管部门，报送格式见表 6-24。

表 6-24　监测断面水质信息记录

上报单位：　　　　　　　　监测日期：　　　　　　　　单位：mg/L

测站名称	断面名称	断面位置（经纬度）	采样时间	氨氮	高锰酸盐指数	总氮	总磷

6.6　跨省东江流域水质水量潜在贡献率预测分析

采用污染指数法评估近年来东江流域各跨省断面水质污染现状，采用灰色预测法预测正常情况下东江流域跨省断面水质变化规律，结合东江流域试点采用的生态补偿措施，预测东江流域实施生态补偿后的水质改善程度。

6.6.1 流域水质现状分析

广东省在寻乌水、定南水分别设置监测断面，断面名称分别为兴宁电站及庙咀里，监测频率为每月一次，监测项目包括 pH、溶解氧、高锰酸盐指数、化学需氧量、五日生化需氧量、氨氮、总磷、总氮等指标。根据流域水环境现状，选取监测项目中的化学需氧量（COD）、氨氮（NH_3-N）和总磷（TP）等浓度较高的污染物作为评价因子。寻乌水从 2010 年开始监测，定南水从 2012 年开始监测，相关水质数据见表 6-25。

表 6-25　跨省东江流域寻乌水、定南水监测断面指标值　　　　单位：mg/L

河流名称	监测断面	监测项目	年份				
			2010	2011	2012	2013	2014
东江	寻乌水（兴宁电站）	化学需氧量	5	4.17	4.25	6.88	10.96
		氨氮	1.341	0.827	0.853	2.027	0.871
		总磷	0.066	0.07	0.038	0.039	0.023
	定南水（庙咀里）	化学需氧量	—	—	4.29	5.71	8.92
		氨氮	—	—	0.267	0.455	0.341
		总磷	—	—	0.025	0.04	0.033

根据监测结果，2010 年寻乌水水质年均值在Ⅳ类水平，2011 年和 2012 年在Ⅲ类水平，水质有所改善，而 2013 年降到劣Ⅴ类水平，水质有所恶化，2014 年水质改善到Ⅲ类水平，定南水水质近年来则均保持在Ⅱ类水平。

综合污染指数法在各断面水质综合评价时采用，可以对断面的污染程度进行排序，其计算公式如下：

$$P_{ij} = M_{ij} / M_{io} \tag{6-13}$$

$$P_j = \sum_{i=1}^{n} P_{ij} \ (n = 1, 2, \cdots) \tag{6-14}$$

式中：P_{ij}——j 断面 i 污染物污染指数；

　　　P_j——j 断面水污染综合指数；

　　　M_{ij}——j 断面 i 污染物的监测值；

　　　M_{io}——i 污染物的目标值。

按照Ⅲ类标准限值对寻乌水、定南水监测断面进行综合污染指数的计算，结果见表 6-26。

表 6-26　跨省东江流域寻乌水、定南水监测断面综合污染指数　　　　　　单位：mg/L

河流名称	监测断面	监测项目	III类水标准	年份				
				2010	2011	2012	2013	2014
东江	寻乌水（兴宁电站）	化学需氧量	20	0.25	0.21	0.21	0.34	0.55
		氨氮	1	1.34	0.83	0.85	2.03	0.87
		总磷	0.2	0.33	0.35	0.19	0.2	0.11
		综合污染指数	—	1.92	1.39	1.25	2.57	1.53
	定南水（庙咀里）	化学需氧量	20	—	—	0.21	0.29	0.45
		氨氮	1	—	—	0.27	0.46	0.34
		总磷	0.2	—	—	0.12	0.2	0.16
		综合污染指数	—	—	—	0.6	0.95	0.95

从综合污染指数来看，寻乌水水质 5 年来综合污染指数总体呈下降趋势，由 2010 年的 1.92 下降为 2014 年的 1.53，显示水质呈好转趋势，而污染分担率较大的指标为氨氮，2010 年氨氮污染分担率占 70%，2014 年下降到 57%；定南水水质 3 年来综合污染指数呈上升趋势，由 0.6 提升为 0.95，污染分担率较大的指标在 2012 年和 2013 年为氨氮，分担率分别为 45% 和 48%，在 2014 年污染分担率较大的指标为化学需氧量，分担率为 47%。将两个断面进行比较，寻乌水水质污染情况较定南更为严重，2013 年寻乌水综合污染指数高出定南水 1.7 倍。

6.6.2　正常情况下流域水质预测

以近年来流域综合污染指数构成原始序列建模，通过灰色预测法建立 GM（1，1）模型，并通过后验差检验法对 GM（1，1）模型进行检验，预测未来流域水质变化趋势。由于定南水只有三年数据，数据不够充足，模型的准确性无法得到保障，此外与寻乌水相比，寻乌水的污染状况更为显著，因而本研究选取寻乌水展开灰色预测。

6.6.2.1　灰色预测模型原理

对河流水质进行灰色预测，是将河流水环境作为一个部分信息已知的灰色系统，污染物质看作灰色系统中的灰色变量，即将已知的数据系列通过平移转换、对数变换或方根变换的处理手段，使其由散乱状态呈现规律化，由此外延进行预测。

原始数列$\{x^{(0)}k\}$，$k=1，2，\cdots，n$。生成 $x^{(0)}$ 的 1-AGO 序列 $x^{(1)}$。

$$x^{(1)}(k) = \sum_{i=1}^{k} x^{(0)}(i), k=1, 2, \cdots, n \qquad (6-15)$$

$z^{(1)}$ 为 $x^{(1)}$ 的紧邻均值生成序列：

$$z^{(1)}(k) = \frac{1}{2}\left[x^{(1)}(k) + x^{(1)}(k-1)\right], k = 1,2,\cdots,n \qquad (6\text{-}16)$$

序列 x（1）的白化方程为

$$\frac{\mathrm{d}x^{(1)}}{\mathrm{d}t} + ax^{(1)} = b \qquad (6\text{-}17)$$

其中，$\hat{a} = [a,\ b]T$ 为参数，$[a,\ b]T = （BTB）{-}1BTY$ 且：

$$B = \begin{vmatrix} -z^{(1)}(2) & 1 \\ -z^{(1)}(3) & 1 \\ \vdots & \vdots \\ -z^{(1)}(n) & 1 \end{vmatrix} \qquad (6\text{-}18)$$

$$Y = \begin{vmatrix} x^{(0)}(2) \\ x^{(0)}(3) \\ \vdots \\ x^{(0)}(n) \end{vmatrix} \qquad (6\text{-}19)$$

根据白化方程求出解为时间响应函数：

$$\hat{x}^{(1)}(k+1) = \left(x^{(0)}(1) - \frac{b}{a}\right)\mathrm{e}^{-ak} + \frac{b}{a},\ \ k = 1,2,\cdots,\ n \qquad (6\text{-}20)$$

并且还原为原始序列的预测值：

$$\hat{x}^{(0)}(k+1) = (1 - \mathrm{e}^{a})\left(x^{(0)}(1) - \frac{b}{a}\right)\mathrm{e}^{-ak},\ \ k = 1,2,\cdots,\ n \qquad (6\text{-}21)$$

6.6.2.2　灰色预测模型建立

利用灰色预测模型 GM（1，1）开展水质综合污染指数的预测，预测年份为 2015 年、2016 年和 2017 年。

原始序列 x（0）=（1.92，1.39，1.25，2.57，1.53），对原始序列做一次累加后得到 x（1）=（1.92，3.31，4.56，7.13，8.66）。构造矩阵 B 和 Y，如下：

$$B = \begin{vmatrix} -2.615 & 1 \\ -3.935 & 1 \\ -5.845 & 1 \\ -7.895 & 1 \end{vmatrix} \tag{6-22}$$

$$Y = \begin{vmatrix} 1.39 \\ 1.25 \\ 2.57 \\ 1.53 \end{vmatrix} \tag{6-23}$$

求出参数向量，$\hat{a} = [-0.092, \ 1.217]^{\mathrm{T}}$，时间响应函数即为

$$\hat{x}^{(1)}(k+1) = 15.119e^{0.092k} - 13.199 \tag{6-24}$$

还原后的模型为

$$\hat{x}^{(0)}(k+1) = 0.088 \times 15.119e^{0.092k} \tag{6-25}$$

由此得到模拟序列：

$$\hat{x}^{(0)} = (1.92, \ 1.46, \ 1.60, \ 1.76, \ 1.93, \ 2.11, \ 2.32, \ 2.54) \tag{6-26}$$

6.6.2.3　后验差检验

对上述 GM（1，1）模型进行验证，以检验模型的适应性和精确性，选取后验差检验作为灰色预测模型的验证方法。

根据 GM（1，1）建模求出的 $\hat{x}^{(0)}$ 计算残差，原始序列 x（0）及残差序列 E 的方差分别为 S_1^2 和 S_2^2，则

$$S_1^2 = \frac{1}{n} \sum_{k=1}^{n} \left[x^{(0)}(k) - \overline{x} \right]^2 \tag{6-27}$$

$$S_2^2 = \frac{1}{n} \sum_{k=1}^{n} \left[\mathrm{e}(k) - \overline{\mathrm{e}} \right]^2 \tag{6-28}$$

其中，

$$\overline{x} = \frac{1}{n} \sum_{k=1}^{n} x^{(0)}(k) \overline{\mathrm{e}} = \frac{1}{n} \sum_{k=1}^{n} \mathrm{e}(k) \tag{6-29}$$

后验差比为 $C = S_2/S_1$，小误差概率为 $p = P\left\{ \left| \mathrm{e}(k) - \overline{\mathrm{e}} \right| < 0.674\,5S_1 \right\}$。指标 C 越小越好，C 越小表示 S_1 大而 S_2 小，S_1 大表示原始数据方差大，即原始数据离散程度大，S_2 小表示残方差小，即离散程度小，C 小表明尽管原始数据较为离散，而模型所得计算值与实际值之差并不离散。指标 p 越大越好，p 越大，表示残差与残差平均值之差小于给定值的点比

较多，即预测值分布较为均匀。按 C 和 p 两个指标，可综合评定预测模型的精度，模型精度由后验差比和小误差概率共同说明，一般可将模型精度分为四级，详见表6-27。

表6-27　灰色预测模型精度检验等级参照

模型精度等级	均方差比值 C	小误差概率 p
一级（好）	$C \leq 0.35$	$0.95 \leq p$
二级（合格）	$0.35 < C \leq 0.5$	$0.8 \leq p$
三级（勉强）	$0.5 < C \leq 0.65$	$0.7 \leq p$
四级（不合格）	$0.65 < C$	$p < 0.7$

通过计算，本水质综合污染指数预测模型的均方差比值为0.60，小误差概率 p 为0.8，根据精度检验等级参照表，C 的等级为三级，p 的等级为二级，所构建的灰色预测模型可用于水质变化趋势短期的预测模拟。

6.6.2.4　预测结果分析

根据模拟的趋势，2015—2017年，寻乌水断面水质综合污染指数将持续呈上升趋势，寻乌水断面短期的变化趋势是在当前社会经济情况下模拟预测的，如无外界措施的干预，寻乌水断面短期内将呈现水质恶化的趋势（表6-28）。

表6-28　水质综合污染指数模拟预测变化趋势

综合污染指数	2010年	2011年	2012年	2013年	2014年	2015年	2016年	2017年
实际值	1.92	1.39	1.25	2.57	1.53	—	—	—
预测值	1.92	1.46	1.60	1.76	1.93	2.11	2.32	2.54

6.6.3　寻乌水实施生态补偿后流域水质预测

通过实施生态补偿试点，对源区内主要污染源开展工程治理，计算不同措施对水质的影响，对流域水质预测值进行核减调整，得到实施生态补偿后流域水质变化趋势。

6.6.3.1　社会经济状况预测

根据寻乌县人民政府公布的数据统计寻乌县近年来社会经济状况，主要包括GDP增长状况、城镇及农村人口增长状况、第二产业发展状况、种植业发展状况及畜禽养殖业发展状况，计算各指标年均增长率，以预测短期内各指标变化情况（表6-29）。

表 6-29　2010—2014 年寻乌县社会经济状况统计

指标	2010 年	2011 年	2012 年	2013 年	2014 年	年均增长率/%
GDP/万元	306 609	360 440	402 015	446 783	524 181	14.35
户籍总人口/人	316 545	317 115	316 446	314 775	326 055	0.74
农业人口/人	264 358	264 887	264 072	258 951	272 568	0.77
城镇人口/人	52 187	52 228	52 374	55 824	53 487	0.62
第二产业/万元	95 375	119 215	131 272	147 763	164 787	14.65
农作物播种面积/亩	382 498	386 132	381 900	369 100	319 600	−4.39
生猪出栏/头	233 471	232 420	239 858	251 240	207 437	−2.91
家禽出笼/百羽	26 128	25 475	25 076	26 721	26 721	0.56

以近年来发展趋势预测未来 3 年指标变化情况，考虑到农作物播种面积及生猪出栏量两项指标下降速度较快，未来下降空间减小，在预测时两项指标年均增长率略为调整，分别取−2%及−1%，结果见表 6-30。

表 6-30　2015—2017 年寻乌县社会经济状况预测

指标	2015 年	2016 年	2017 年
GDP/万元	599 384	685 377	783 707
户籍总人口/人	328 477	330 917	333 375
农业人口/人	274 660	276 768	278 892
城镇人口/人	53 817	54 149	54 483
第二产业/万元	188 927	216 604	248 336
农作物播种面积/亩	313 208	306 944	300 805
生猪出栏/头	205 363	203 309	201 276
家禽出笼/百羽	26 871	27 023	27 175

总体来看，寻乌县人口大部分为农业人口，工业发展程度不高，主要污染源为农村生活源、种植业及畜禽养殖业。从增长规模来看，人口、工业连年保持增长，其中工业增长幅度较大，年均增长幅度达 14.65%，农作物播种面积及生猪出栏量则保持持续降低。

6.6.3.2　污染负荷现状

寻乌县主要污染源为农村生活源、种植业及畜禽养殖业，工业相对落后，根据对寻乌县的调查，寻乌县农村生活污染控制程度较低、种植业污染较重，此外，县内基础设施建设滞后、稀土采矿管理不善，对水质也有一定污染，以下对各污染源污染状况进行简单介绍。

1）农村生活方面，源区内农村垃圾处理设施普遍缺失，垃圾堆在河边无人清理。

2）基建工程方面，2013 年在建的"寻全高速"对东江水影响很大，开挖后的小山遇降雨时水土流失严重，工程垃圾直接堆放在河边，严重影响水质（图 6-12）。

图 6-12　寻乌县农村垃圾堆放状况及"寻全高速"建设现场

3）种植业方面，寻乌县贫瘠、呈酸性的红土丘陵被广泛开垦、修建梯田、栽种橘树。在寻乌县菖蒲乡铜锣丘村附近的山上，曾经的高岭土采场被分批次复垦、筑设梯田、种橘（图 6-13）。橘树的种植在寻乌县成了首要的产业之一，县工业园区的发展规划中鼓励"柑橘果品深加工"等优势加工业，但此类种植过程中化肥、农药的大量施用，对相关水系造成严重污染。此外，尚有部分种橘山丘纯循地势施种，没有进行坡地梯田改造，由于橘树根系短浅，在多雨季节有产生水土流失的隐患。

图 6-13　寻乌县种植业实况

4）稀土开采业方面，寻乌县素有"稀土王国"之称，县内各类矿山（点）有数千座（处），这些矿山均属老企业，技术水平不高，对自然植被和景观造成破坏，还经常引发塌陷、地裂、滑坡、边坡失稳等次生地质灾害，矿渣大量堆积和污水不合理排放，对农田土壤和水体也造成污染。

根据对寻乌县各类污染源调查结果,寻乌县主要污染源2014年排污量核算见表6-31。

表 6-31　2014 年寻乌县污染排放统计　　　　　　　　　单位：t

指标	COD	氨氮	总磷
农村生活	3 482	209	6.0
城镇生活	879	68	1.6
工业	165	10	0.8
种植业	5 753	415	11.2
畜禽养殖	2 561	320	7.3
总计	12 840	1 023	26.8

各污染源负荷贡献分布如图 6-14 所示,从 COD 排放贡献率来看,种植业、农村生活源及畜禽养殖业排放量占前 3 位,占比分别为 45%、27%及 20%;从氨氮排放贡献率来看,种植业、畜禽养殖业及农村生活源占比为前 3 位,比例分别为 41%、31%及 20%;从总磷排放贡献率来看,种植业、畜禽养殖业及农村生活源占比为前 3 位,比例分别为 42%、27%及 22%。

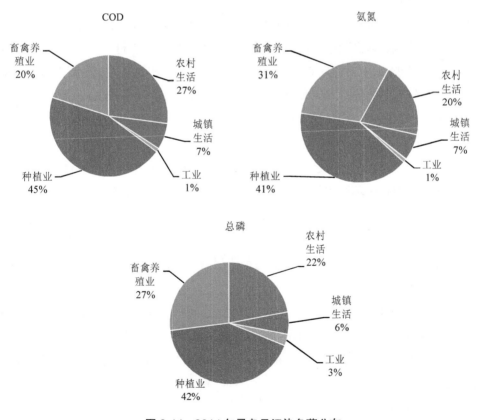

图 6-14　2014 年寻乌县污染负荷分布

6.6.3.3 污染负荷预测

（1）污染控制策略

从社会经济指标预测情况来看，在排除大型基建工程人为干扰的情况下，未来 3 年寻乌县主要污染源排放量波动幅度有限。在预测未来流域负荷排放状况时，将生态补偿资金用于源区内主要污染源负荷排放量削减。从污染负荷排放量来看，应按照种植业、农村生活源、畜禽养殖业的顺序开展负荷削减工作，主要措施是通过退耕还林的方式减少果树种植面积或通过测土配方减少肥料流失量，通过以奖促治的方式推进农村生活污染控制，通过建设分散式沼气池控制畜禽养殖排污。但从可行角度来看，耕地面积受土地利用规划限制，退耕还林空间有限，而测土配方则由于农业种植户非常分散的状况难以推广。因而，污染负荷削减的优先级应为畜禽养殖业、农村生活源、种植业。

（2）主要污染控制措施

对于畜禽养殖污染控制，推荐建设沼气池、猪圈、厕所"三位一体"配套设施，其营养物质回收率达 90%。根据姜海等的研究成果[①]，上述配套设施建设成本约 3 000 元/处，沼气池 3～4 年出渣清池一次，费用约 65 元/a。

对于农村生活污染控制，通过建设农村生活污水净化处理装置，可有效减少农村生活污水污染，其氮、磷去除率可达 80%，根据生态环境部对农村"人工湿地生活污水处理技术"的介绍可知，人工湿地 COD 去除率在 80%左右，相对于城镇生活污水厂的 COD 去除率来说已经算是低值，本研究对农村生活污水净化处理装置 COD 去除率也取 80%。从投资成本来看，农村生活污水净化处理装置建设费用人均 5 000 元，按平均每户 3 人算则是 1 666.7 元/户，运行费用 0.3 元/t。

对于种植业污染控制，通过退耕还林减少耕地面积，从 2011 年起，江西省财政每年出资对省级自然保护区环境保护实施奖励，根据最近报道，目前江西省公益林补偿标准为每亩 17.5 元。

（3）污染负荷预测

通过计算新增污染控制措施所新增的负荷削减量，在原预测排放量基础上扣除削减量即为最终排放量。

按照 6.4.3 节的核算结果，若寻乌水水质达标，则寻乌县将获得 7 982 万元生态补偿费用，若将该经费用于流域内负荷削减，则按照上述污染控制策略，将资金分配至农村生活污水净化处理装置、沼气池及退耕还林 3 项措施上，推广力度、费用及其负荷削减效果见表 6-32。

---

① 姜海，杨杉杉，冯淑怡，等. 基于广义收益-成本分析的农村面源污染治理策略[J]. 中国环境科学，2013，33（4）：762-767.

表 6-32　寻乌水流域生态补偿负荷削减量核算

		负荷削减措施		
		农村生活污水净化处理装置	沼气池	退耕还林
推广力度		40 000 人	2 000 处	10 000 亩
费用/万元		6 841.9	613	17.5
负荷削减量/t	COD	345.6	180.0	180
	氨氮	43.2	13.0	13
	总磷	1.0	0.4	0.35

按照每年拨付相同金额的补偿经费计算，每年新增负荷削减量与表 6-32 中一致，将 2015—2017 年负荷削减量与正常发展情景下的负荷排放量加和计算，结果见表 6-33 至表 6-35，可以看出，对主要污染源实行削减措施以后寻乌县污染排放量有明显降低。

表 6-33　寻乌县 COD 污染排放预测　　　　　　　单位：t

指标	2015 年	2016 年	2017 年
农村生活	3 100	2 718	2 336
城镇生活	884	889	895
工业	189	217	248
种植业	5 458	5 165	4 874
畜禽养殖业	2 199	1 837	1 475
总计	11 830	10 826	9 829

表 6-34　寻乌县氨氮污染排放预测　　　　　　　单位：t

指标	2015 年	2016 年	2017 年
农村生活	186	188	189
城镇生活	69	69	70
工业	11	13	15
种植业	394	373	352
畜禽养殖业	275	230	184
总计	935	872	810

表 6-35　寻乌县总磷污染排放预测　　　　　　　单位：t

指标	2015 年	2016 年	2017 年
农村生活	5.3	4.7	4.0
城镇生活	1.6	1.6	1.6
工业	0.9	1.1	1.2
种植业	10.6	10.0	9.5
畜禽养殖业	6.3	5.2	4.2
总计	24.7	22.6	20.5

6.6.3.4 水质预测

河流水质预测常用模型包括零维、一维及二维水质模型。零维模型常用于稀释模型，即河流的稀释作用起主要效果，如重金属、有毒物质等持久性污染物传播。在计算河流水质变化情况时，一般采用一维水质模型。对有重要保护意义的水环境功能区、断面水质横向变化显著的区域或有条件的地区，可以采用二维模型。

一维模型仅考虑沿水体流向的水质差异，对于同时满足以下条件的河段采用一维模型求解：①宽浅河段；②污染物在较短的时间内基本能混合均匀；③污染物浓度在断面横向方向变化不大，横向和垂向的污染物浓度梯度可以忽略。寻乌水干流部分宽度在 50 m 以内，其支流河宽也不大，本研究在计算寻乌水及其支流水质时采用一维模型。

一维模型计算方程如下：

忽略污染传输的离散作用时，河流污染物的一维稳态衰减微分方程为

$$u \frac{\mathrm{d}c}{\mathrm{d}x} = -K_c \quad (6\text{-}30)$$

上述方程可转换为下式，即一维模型计算的浓度计算方程。

$$C = C_0 \cdot \mathrm{e}^{-K \frac{x}{86.4u}} \quad (6\text{-}31)$$

式中：u ——河流断面平均流速，m/s；

x ——沿程距离，km；

K ——综合降解系数，d^{-1}；

C ——沿程污染物浓度，mg/L；

C_0 ——前一个节点后污染物浓度，mg/L。

水系概化一般按照支流汇入点、重要排水口等为节点将河流划分为多个计算单元，对于始端有点源输入的第 i 个计算单元，混合后河流水质计算方程如下：

$$C = \frac{C_i \cdot Q_i + W / 31.536}{Q_i + Q_j} \quad (6\text{-}32)$$

设定第 i 个计算单元水质要求为 C_i+1，将上述方程转换后得到第 i 个计算单元的环境容量如下式：

$$W = 31.536 \left[(Q_i + Q_j) C_{i+1} \cdot \mathrm{e}^{Kx/86.4u} - C_i \cdot Q_i \right] \quad (6\text{-}33)$$

式中：W ——排污口允许排放量，t/a；

C_i，C_{i+1} ——分别为河段第 i、$i+1$ 个节点处的水质始端浓度，mg/L；

C ——沿程浓度，mg/L；

Q_i——河道节点后流量，m^3/s；

Q_j——废水入河量，m^3/s；

u——第 i 个河段的设计流速，$\mathrm{m/s}$；

x——第 i 个计算单元的长度，km。

以 2014 年为基准年校准水质模型，在未来 3 年降水量与 2014 年持平的情况下，预测未来 3 年寻乌水水质变化情况，预测结果如图 6-15 所示。可以看出，寻乌县水质状况有明显改善，2015—2017 年 COD 相对 2014 年分别降低 11%、22% 及 33%，氨氮分别降低 10%、16% 及 23%。

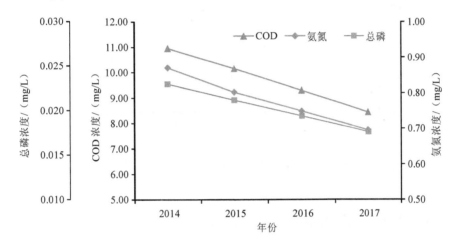

图 6-15　寻乌水水质状况预测

未来 3 年间寻乌水综合污染指数变化情况预测见表 6-36，随着生态补偿的实施，污染治理措施逐渐完善，寻乌水综合污染指数逐渐降低，至 2017 年寻乌水综合污染指数降至 1.21，在 2014 年的基础上下降 21%。

表 6-36　寻乌水未来 3 年污染指数预测

项目	2014 年	2015 年	2016 年	2017 年
COD	0.55	0.51	0.46	0.42
氨氮	0.87	0.80	0.75	0.70
总磷	0.12	0.11	0.10	0.09
综合污染指数	1.53	1.42	1.31	1.21

实施生态补偿前后寻乌水综合污染指数的预测对比情况见图 6-16。2015—2017 年，在未实施生态补偿的情况下，寻乌水综合污染指数将逐步上升，随着社会经济的发展，水质逐渐恶化，相对于基准年（2014 年），2017 年的水质综合污染指数升高 66%，而在

实施生态补偿的情况下，通过对种植业、农村生活源等污染源进行整治，综合污染指数逐渐降低，水质逐渐改善，相对于基准年（2014 年），2017 年的水质综合污染指数降低22%，随着生态补偿政策的逐步深入，水质改善的效果也越发明显。

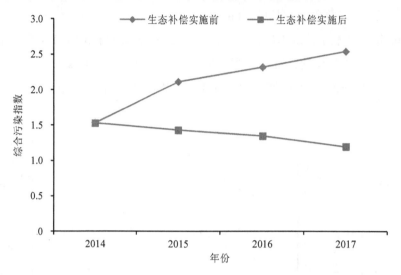

图 6-16　生态补偿实施前后水质预测变化趋势

6.6.4　定南水实施生态补偿后流域水质评估

6.6.4.1　社会经济状况

根据赣州市、定南县、安远县政府公布的统计数据及相关文献资料进行统计，相关社会经济状况见表 6-37。定南县及安远县在流域范围内人口大致相当，但定南县第二产业、农作物播种面积及畜禽养殖规模相对更大，占到流域范围内较大比重。

表 6-37　2014 年定南水流域社会经济状况统计

统计项目	定南县 （流域内）	安远县 （流域内）	定南水流域
户籍总人口/人	145 178	139 344	284 522
农业人口/人	117 259	115 881	233 140
城镇人口/人	27 919	23 463	51 382
第二产业/万元	183 334	89 403	272 737
农作物播种面积/亩	91 565	24 321	115 886
生猪出栏/头	756 800	215 700	972 500

6.6.4.2　污染负荷现状

对流域污染排放进行核算，结果见表 6-38，2014 年流域内各污染源共排放 COD 负荷 7 279 t，排放氨氮 285 t，排放总磷 27.8 t。

表 6-38　2014 年污染排放统计　　　　　　　　单位：t/a

指标	COD	氨氮	总磷
农村生活	2 127	68	5.1
城镇生活	656	23	1.5
工业	273	16	1.4
种植业	1 159	46	5.2
畜禽养殖业	3 063	131	14.6
总计	7 279	285	27.8

流域内各类污染源污染排放比例构成如图 6-17 所示，流域内畜禽养殖业较发达，畜禽养殖所排放的 COD、氨氮、总磷负荷量分别占总量的 42%、46%、53%，除畜禽养殖业污染外，农村生活及种植业污染排放比例较大。

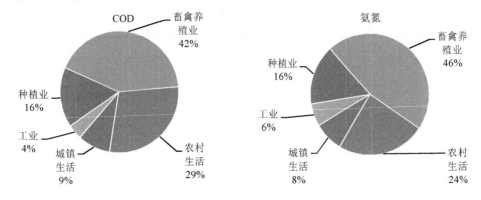

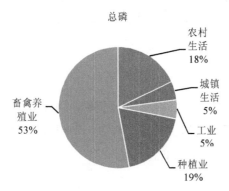

图 6-17　定南水流域污染源组成比例

6.6.4.3 污染负荷预测

根据上述计算结果，定南水水质全年达标时，共得到生态补偿 6 744 万元，考虑到定南水畜禽养殖业较发达的特点，相对安远水流域来说，定南水流域污染控制措施更偏重畜禽养殖污染控制，具体控制措施见表 6-39。

表 6-39 负荷削减措施

		负荷削减措施		
		农村生活污水净化处理装置	沼气池	退耕还林
推广力度		30 000 人	5 000 处	10 000 亩
费用/万元		5 131.4	1 532.5	17.5
负荷削减量/t	COD	306.6	283.5	180.0
	氨氮	18.4	12.2	13.0
	总磷	0.5	1.4	0.4

实施生态补偿并开展相应措施以后，预计的负荷削减效果见表 6-40。

表 6-40 负荷削减效果 单位：t/a

类型	COD		氨氮		总磷	
	2014 年	对比（开展生态补偿）	2014 年	对比（开展生态补偿）	2014 年	对比（开展生态补偿）
农村生活	2 127	1 821	68	50	5.1	4.6
城镇生活	656	656	23	23	1.5	1.5
工业	273	273	16	16	1.4	1.4
种植业	1 159	979	46	33	5.2	4.9
畜禽养殖业	3 063	2 780	131	119	14.6	13.2
总计	7 279	6 509	285	241	27.8	25.5

6.6.4.4 水质预测

构建水质模型对生态补偿措施实施效果进行评价，2014 年定南跨省断面 COD、氨氮、总磷浓度及实施相应措施后预测浓度见表 6-41，3 项指标浓度均有不同程度降低，COD、氨氮及总磷降低比例分别为 11%、14% 及 5%。

表 6-41 定南水跨省断面水质模拟结果 单位：mg/L

	2014 年	参照对比
COD	8.92	7.95
氨氮	0.34	0.29
总磷	0.033	0.032

3 项指标浓度变化情况如图 6-18 所示。

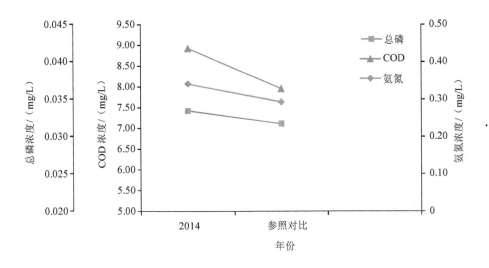

图 6-18 实施生态补偿后水质改善效果

综合污染指数对比见表 6-42，实施生态补偿措施以后，综合污染指数由 0.95 降至 0.85。

表 6-42 综合污染指数对比

	2014 年	参照对比
COD	0.45	0.40
氨氮	0.34	0.29
总磷	0.17	0.16
综合污染指数	0.95	0.85

6.7 跨省东江流域生态补偿效果评估

流域生态补偿机制的目的是通过流域生态环境利益共享实现地区环境保护与经济发展的双赢，对流域生态补偿试点效果的评估重点从生态和经济两方面进行，通过定性和定量评估相结合，全面分析试点方案的可行性。

6.7.1 定性分析

跨省东江流域生态补偿机制的建立有利于缓解环境保护和经济发展之间的矛盾，更好地推进流域生态环境保护，构建流域上下游协同合作模式，实现经济效益、环境效益和社会效益的高度统一。

6.7.1.1 经济效益

（1）江西省辖区

江西辖区的寻乌、安远、定南三县有色金属、稀土矿产及林木资源十分丰富，但由于东江源头区域特殊的生态环境功能与地理定位，为保护好东江的饮用水水源，无法进行广泛开采，资源优势未能转化为经济优势，经济发展受到极大限制，迄今安远县、寻乌县仍是国家级贫困县，定南县为省级贫困县。

2011 年，财政部印发《国家重点生态功能区转移支付办法》（财预〔2011〕428 号），对国家重点生态功能区按县测算，下达资金到省，江西省的定南、安远、寻乌三县被纳入补助范围。江西省财政厅、环保局联合制定《江西省"五河"和东江源头保护区生态环境保护奖励资金管理办法》，对东江源及五大河源头进行补偿，2008—2013 年补偿金额总计达到 7.6 亿元。

在上述生态补偿措施的实施下，江西省辖源区经济有较大发展。源区三县 2013 年地方财政收入相比 2010 年增长 162%，对同期赣州市财政收入增长的贡献率达到 15%，同期赣州市财政收入增长 78%，江西省财政收入增长 141%。源区三县农民人均收入也有所提升，2010 年，源区三县农民人均收入为赣州市平均水平的 80%，江西省平均水平的 57%，而 2013 年分别提高到 87% 和 59%（表 6-43）。

表 6-43　2013 年江西省辖源区经济发展与人民生活水平情况

指标	寻乌县	安远县	定南县	赣州市	江西省	广东省
地方财政收入/万元	36 955	37 564	74 256	1 413 000	18 815 000	70 755 400
农民人均纯收入/元	5 109	5 127	5 427	6 014	8 781	11 669

数据来源：各省、市、县国民经济和社会发展统计公报。

（2）广东省辖区

广东省辖东江源区的河源市是广东省重要的生态发展区，担负着保护东江中下游 4 000 多万人饮用水安全的重任。河源市坚持"生态优先、环保至上"，以污染减排促发展方式转变，关停和淘汰钢铁、水泥落后产能，对电镀、印染等重污染企业实行重点整治，对万绿湖实行三个"一律"等，环境质量一直保持在全省前茅，而与此形成对比的是河源市较低的经济发展水平。

河源市的龙川县、连平县、和平县享受国家重点生态功能区县的转移支付，2012—2014 年共获得财政补助 6.7 亿元。广东省人民政府于 2012 年印发《广东省生态保护补偿办法》，对国家级和省级重点生态功能区的县（市）进行补偿。河源市委、市政府建立东江水环境综合整治绩效评价和奖惩制度，对重污染河流拨付专项整治资金。

虽然河源市整体经济发展仍然在全省处于落后水平，但相比 2010 年有所提升。2013 年河源市 GDP 在 2010 年的基础上增长 43%，同期广州市增长 45%，广东省增长 36%；农民人均纯收入增长 55%，增长速度高于惠州市、东莞市、广州市及广东省平均水平，河源市农民人均纯收入由全省的 71% 提高到 75% 的水平（表 6-44）。

表 6-44　2013 年广东省辖东江流域经济发展与人民生活水平情况

指标	河源市	惠州市	东莞市	深圳市	广州市	广东省
GDP/亿元	680	2 678	5 490	14 500	15 420	62 163
农民人均纯收入/元	8 772	14 028	27 213	—	18 887	11 669
城镇居民人均可支配收入/元	18 436	32 991	46 594	44 653	42 049	33 090

数据来源：各省、市、县国民经济和社会发展统计公报。

东江源区在国家和省、市政府相关补偿措施的促进下，经济发展水平有所提高。在跨省东江流域生态补偿机制建立后，国家和省级层面可从产业政策上有规划、有计划地帮助东江中上游地区发展无污染或低污染、高科技含量的项目，实现产业的更新换代，此举将对被补偿地区失去的发展机会进行补偿，从而缩小上下游间的发展差距，促进东江流域经济社会的可持续发展。

6.7.1.2　环境效益

（1）江西省辖区

从 2001 年开始，江西省开始实施东江源区生态保护工程，启动生态公益林防护项目等。2004 年，江西省发改委、环保局及赣州市人民政府出台全国首部单一流域的保护发展规划《江西省东江源头区域生态环境保护和建设"十一五"规划》，共投资 14.2 亿元实施九大生态工程。从 2008 年开始，江西省财政安排专项资金用于东江源头保护区的污染防治及生态保护。

江西省辖区东江水系主要为寻乌水、定南水和安远水，从江西省辖区东江水系自 2000 年以来的监测情况来看，随着评价河段的增多，水质变化情况较为复杂，但总体呈好转趋势。2000—2005 年，水质变化情况较小，而 2006—2009 年，水质状况较差，尤其是 2006 年达到Ⅲ类水的比例仅为 8.5%，之后水质有所好转，但仍维持在较差水平，

2010—2013 年，评价河段长度增加，但水质达标情况呈现改善趋势，显示生态环境保护措施取得较好成效（图 6-19）。

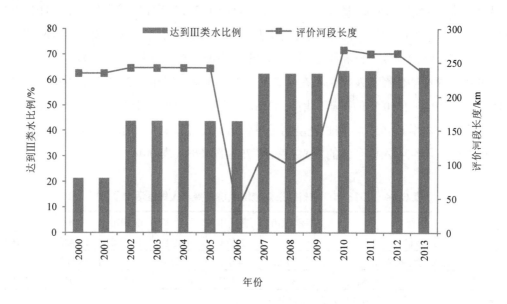

图 6-19　2000—2013 年江西省东江水系水质变化情况

（2）广东省辖区

广东省对所辖东江流域主要采用财政转移支付的方式，财政转移支付的资金专项用于东江的生态环境保护，如库区上游水土保持生态建设、东江流域水源涵养林建设、东江水质监测管理及环境基础设施建设等。河源市出台《东江流域畜禽养殖污染控制方案》等系列规划，并建立东江水质保护工作联席会议制度，积极治理环境污染，保障东江生态安全。

根据毛飞剑[①]等的研究成果，新丰江水库、枫树坝水库、临江断面、龙川城下断面、江口断面的单因子水质标识指数 P_i 如图 6-20 所示。P_i 由 1 位整数、小数点后 2 位数字组成，整数表示水质类别，小数点后第 1 位表示水质污染程度，数字越大，污染越严重，第 2 位表示与功能区设定类别的比较结果。

2001—2012 年，新丰江水库 4 项水质指标均保持在Ⅰ～Ⅱ类标准，总磷基本无变化，COD 和氨氮总体呈下降趋势，总氮有所上升；枫树坝水库除总氮指标在 2012 年为Ⅲ类标准之外，其他 3 项指标保持在Ⅰ～Ⅱ类标准，变化趋势与新丰江水库类似；临江断面、龙川城下断面、江口断面除 2012 年总氮指标属于Ⅲ类外，其他指标保持在Ⅰ～Ⅱ类。而

① 毛飞剑，何义亮，徐智敏，等. 基于单因子水质标识指数法的东江河源段水质评价[J]. 安全与环境学报，2014，14（5）：327-331.

2013 年，新丰江水库达到Ⅰ类标准，枫树坝水库达到Ⅱ类，其他 3 个断面均保持在Ⅰ～Ⅱ类标准。

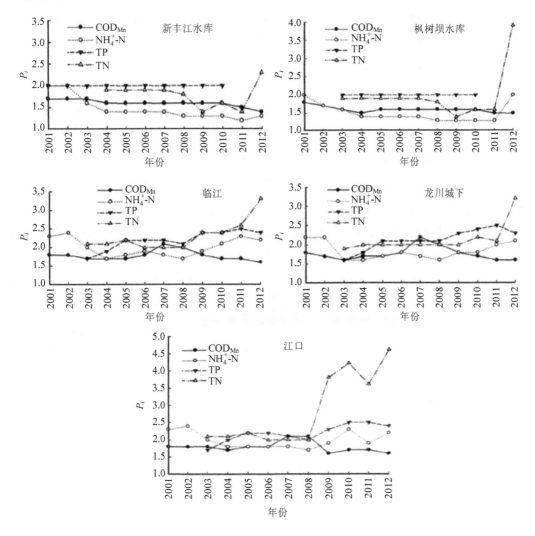

图 6-20　2001—2012 年东江河源段逐年水质变化趋势

在各项生态补偿措施的实施下，东江流域上游生态环境保护得到加强，东江水系水质总体较为稳定，但随着上游地区的经济发展，水质面临较大的污染风险。跨省东江流域生态补偿机制建立后，将设立东江流域生态补偿资金，资金专门用于流域水环境保护和水污染治理，具体包括环境污染综合整治、工业企业污染治理、农业面源污染治理、城镇污水处理设施建设、环保能力建设、关停并转企业补助及其他污染整治项目等，在上述项目的实施下，东江流域上游地区环境保护能力将得到增强，产业结构得到优化调整，环境污染得到整治，环保设施有所完善，生态环境将持续保持优良。

6.7.1.3   社会效益

目前在东江流域实施的生态补偿都是以政府为主导，并主要依靠上级政府财政转移支付，无论是对水库移民的补偿与扶持，还是对生态公益林的补偿，都是由省政府以及中央政府财政转移支付来实施的，广东省对河源市的补偿也是以财政转移支付为主，上下游之间的横向转移支付几乎没有。就行政体制而言，上级政府通常能通过财政、人事等手段对下级政府实施有效的控制，因此，在行政运行中，下级政府会对上级政府产生惯性的依赖，遇到跨区域需要协调的问题，地方政府首先想到的是请共同的上级政府来解决。

东江流域实施的生态补偿以区域内补偿为主，赣粤两地间的跨区域横向补偿机制没有开展。江西省和广东省对东江各自有省内的流域生态补偿，如江西省自2008年开始安排专项资金用于东江源头的生态保护，而广东省对省内水库、涵养林等进行补偿。赣粤两省间的合作较少，最早可以追溯到2003年，赣粤两省人大常委会在东江源头举行"培育水源涵养林"捐助仪式，广东省向寻乌、安远和定南三县共捐赠100万元，此外还就生态补偿机制等问题进行深入探讨。2004年，江西省环境保护局发出"推动建立流域生态利益共享机制"的倡议，并写入《泛珠三角区域环境保护合作协议》。

生态补偿机制的构建需经过上下游地区反复的协商及博弈，跨省东江流域生态补偿机制建立后，对区域协同合作将体现巨大的促进作用。在江西、广东两省东江流域生态补偿联席会议制度建立后，上下游间协同合作机制将形成，东江源头三县，河源、惠州、东莞、深圳和广州五市及两省的环保、水利等相关部门将介入其中，在远期，香港地区也将纳入。联席会议将对生态补偿的标准进行议定，统一协调流域交界水质监测断面与水量监测断面布设，并搭建流域跨界断面水质、水量监测数据实时共享数据平台，为生态补偿金额核定提供依据，此外加大适应生态补偿机制建设所需的技术支持、监测监管能力、组织协调能力等投入，联合开展生态补偿关键技术研究攻关，共建共享的生态补偿长效机制成效将越来越显著。

6.7.2   定量评估

流域经济发展受到生态环境容量的约束，超越环境容量，区域经济发展是不可持续的。所谓环境容量，从生态系统角度看是区域生态系统所提供生物资源与生态服务功能的客观量度，从水环境质量看是人类生存和自然生态系统不致受害的前提下，某一环境所能容纳的污染物的最大负荷量。

6.7.2.1   寻乌水流域

源区内寻乌水2014年水质在III类水平，主要常规指标中污染指数最高的指标为氨氮，达 0.87，虽然源区内还有部分环境容量可以利用，但考虑到源区是下游大片区域饮用水水源，不宜过分追求经济发展，因而以 2014 年寻乌水国控断面浓度作为约束，计算未来实施生态补偿后寻乌县可发展的最大经济规模。

所谓环境容量效应，就是指使用生态补偿资金开展农村污染整治、畜禽养殖污染整治、退耕还林等工作减少负荷排放量之后，给出一定污染排放空间使得源区经济还可继续发展。三次产业中第一产业主要与种植业相关，第二产业主要与工业相关，第三产业间接与居民人口数相关。生态补偿所支持的污染控制措施主要对畜禽养殖业、农村生活污染发生作用，可有效降低两大产业的排污系数，模拟时将主要 GDP 增量设置在第一产业、第三产业，利用水质模型计算在生态补偿实施三年内对应第一产业、第三产业发展规模，并与 2014 年水平年规模进行对比。

计算结果见表 6-45，相对水平年而言，生态补偿措施实施后，寻乌水水质明显改善，流域可容纳更多的污染排放，GDP 规模限制相对 2014 年增长 16 个百分点，实施两年的条件下达到 23 个百分点，三年情景下则达到 35 个百分点。可见实施生态补偿可有效降低流域产业排污水平，扩大了源区经济发展空间。

表 6-45　寻乌水 GDP 规模限制与水平年对比　　　　　单位：万元

项目	2014 年（水平年）	一年后	二年后	三年后
GDP 规模限制	524 181	584 919	645 297	705 136

6.7.2.2　定南水流域

按同样方法计算，定南水流域在实施生态补偿措施后，定南水水质得以改善，流域可容纳更多污染排放，GDP 规模限制相对现状提高 13 个百分点，扩大了区域经济发展空间（表 6-46）。

表 6-46　定南水 GDP 规模限制与水平年对比　　　　　单位：万元

项目	2014 年	对比（开展生态补偿）
GDP 规模限制	518 597	584 978

6.8　完善东江流域试点生态补偿的建议

东江是珠江三角洲经济圈和香港特别行政区的重要饮用水水源，无论是从生态意义还是政治意义上，东江流域都具有非常重要的地位。建立有效的生态补偿机制是保护东江水源的重要保障，是促进流域生态保护的利益驱动机制、激励机制和协调机制的综合体。鉴于东江流域的重要性和特殊性，2002年至今，跨省东江流域生态补偿的工作一直在推动，已提上双方日程，在"十三五"期间正式实施。

（1）构建东江流域生态补偿协商机制

东江流域是典型的跨界流域，涉及广东和江西两省，除供本流域用水外，还通过跨流域调水工程供应流域外的香港特别行政区生产、生活及生态用水。由于涉及的利益主体比较多，关系过于复杂，需要由国家出面进行统筹协调。建议由中央协调两地政府建立东江流域生态补偿联席会议制度，在以后将香港特别行政区也纳入其中。会议机制主要包括核定生态补偿金、议定生态补偿标准、协商改进生态补偿机制等。此外，协调建立跨省断面水质考核和仲裁制度，在对监测结果有异议且无法协商解决时，由中国环境监测总站组织开展仲裁监测，推动生态补偿工作的有序发展。

（2）建立纵向和横向补偿相结合的补偿模式

东江源水源涵养与水质保护生态功能区是国家重点生态功能区之一，其健康发展是国家生态安全的重要组成部分，此外，对香港供水采取"政治定价"的方式，而未考虑生态成本。中央政府应本着区域效益最大化的原则，明确东江源区的发展定位，并给予政策倾斜，如在国家财政转移支付项目中，增加生态补偿项目，用于东江源区生态功能保护区建设及生态恢复等。在横向补偿上，坚持生态补偿与污染赔偿的双向机制。根据目前跨省东江流域水环境现状，补偿标准的设计基于水质、水量双因素考核，在协定跨界交界断面水质保护目标后，依据交界断面水质达标情况决定是否进行生态补偿或污染赔偿。

（3）加强东江流域监测能力建设

东江流域生态补偿机制的实施需要跨行政区域交界断面水质与水量监测数据以及水源地水质水文数据作为支撑，目前东江干流与支流水质监测尚未实现实时自动监测，水质与水量监测分别由生态环境部门与水利部门负责，水质监测布点与水文监测布点并非完全相同，与生态补偿机制建设需求存在较大差距。建议统一协调流域交界水质监测断面与水量监测断面布设，尽量实现两类监测断面的基本重合，并搭建流域跨界断面水质、水量监测数据实时共享平台。

东江流域生态补偿机制的建立涉及多个不同级别和层次的行政区域的统筹，地区经济社会发展和生态保护的协调、补偿资金的合理性与持续性的保障及上游保护生态的积极性的调动等方面，对于完善我国流域生态环境保护、协调区域保护与发展之间的矛盾、建设和完善生态补偿制度具有较强的借鉴意义。

第7章　跨省汀江流域生态补偿与经济责任机制试点研究[①]

本章从跨省汀江流域实际出发，在传统水足迹核算的基础上引入污染水足迹的概念，明确流域水资源环境保护责任分担机制。提出基于水足迹-社会经济的生态补偿模型。在水足迹核算的基础上综合考虑污染水足迹的影响，确定流域水质水量调整系数。引入人类发展指数作为流域社会福利经济的主要参考依据，作为流域效益整系数，通过数据包络分析方法分析流域各部门水资源投入与产出的关系，研究影响流域水资源规模效率的主要因素，为流域生态补偿提供理论依据。研究构建汀江流域监测能力建设方案、资金管理机制，并开展跨省汀江流域生态补偿实施及效果评估研究。

7.1　汀江流域开展跨省流域生态补偿的基础

7.1.1　研究目标

探讨汀江（韩江）流域跨省生态补偿必要性，研究跨省流域生态补偿存在的"瓶颈"及其利益相关方经济责任机制，因地制宜设定跨省交界监测断面及考核指标，科学厘定基于水质的补偿标准，拓宽资金渠道，推动福建和广东建立汀江流域生态补偿机制，开展试点研究，为国家层面推进跨省流域生态补偿提供参考。

7.1.2　汀江（韩江）流域概况

7.1.2.1　地理位置和行政区划界定

汀江源起福建省长汀县庵杰乡涵前村龙门，穿越龙岩长汀、上杭、武平、永定等县，南下广东省，在广东省大埔县三河坝与梅江、梅潭河汇合，更名韩江，经广东省梅州、潮州、汕头，奔向南海。汀江是福建省第三大河流，也是福建最大的出省河流，多年平均径流量 84.60 亿 m^3，水资源总量为 127.44 亿 m^3。

[①] 本章主要执笔人：邱宇、方磊、刘建、蔡如钰、饶清华、詹兰芳、张志霞、倪尔灵、姜炳棋。

汀江在福建省内流域面积 500 km² 以上的有汀江干流、濯田河、桃溪河、旧县汀、黄潭河、永定河、金丰溪、韩江支流中的山河和芦溪，汀江干流在龙岩市境内河道总长 230 km，占韩江从源头至入海口总长 470 km 的 48.9%。

福建省流入广东韩江、梅江的河流有龙岩市汀江，永定县金丰溪，武平县中山河、象洞溪、民主溪及平和县九峰溪。汀江是福建省最大出省河流、龙岩市境内最大河流、客家"母亲河"。汀江发源于南武夷山东南侧的宁化县治平乡境内，在龙岩市长汀县庵杰乡大屋背村入境，干流先后流经龙岩市的长汀、武平、上杭、永定 4 县，在永定县峰市乡棉花滩出境进入广东省梅州市大埔县长治镇，并在大埔县三河镇与梅江汇合后始称韩江，继续流经广东省梅州市大埔县、潮州市区，在汕头市澄海区和汕头市区分别注入南海。梅江水系在龙岩境内主要分布在武平县，由 3 条主要支流中山河、民主溪、象洞溪独立出境流入广东省蕉岭县。

汀江在龙岩市境内的集水面积为 9 659.60 km²，梅江在龙岩市境内的集水面积为 1 297.2 km²，两江合计 10 956.8 km²，占龙岩市总面积的 50.7%，占韩江水系流域总面积 30 112 km² 的 32.1%。汀江干流在龙岩市境内河道总长 230 km，占韩江从源头至入海口总长 470 km 的 48.9%。龙岩市境内流域范围包括长汀、武平、连城、上杭、永定、新罗 6 县（区）74 个乡镇。集水面积 500 km² 以上的支流有濯田河、桃澜溪、旧县河、黄潭河、永定河（境内汇入）、金丰溪、中山河（独立出境广东）等，流域内人口约 190 万人。

韩江流域是广东省仅次于珠江流域的第二大流域，位于粤东、闽西南，地理位置在东经 115°13′～117°09′，北纬 23°17′～26°05′。流域地处热带东南亚季风区，属亚热带气候，气候高温湿热，暴雨频繁。流域上游由梅江和汀江汇合而成，在三河坝与汀江汇合后称韩江，即韩江流域中、下游。其中梅江发源于广东省紫金县上峰，由西南向东北流经广东省的五华、兴宁、梅县、梅州和大埔等市、县，在三河坝与汀江汇合；梅江、汀江两江汇合后，由北向南流经广东省的丰顺、潮安等县，至潮州市进入韩江三角洲河网区，分东、西、北溪流经澄海、汕头等市注入南海。

韩江流域干流总长 470 km，流域面积 30 112 km²，其中汀江为 11 802 km²，梅江为 13 929 km²，韩江干流（三河坝—潮安）为 3 346 km²，韩江三角洲（潮安以下）为 1 035 km²；按省划分，广东省 17 851 km²（占 59.3%），福建省 12 080 km²（占 40.1%），江西省 181 km²（占 0.6%）。韩江流域（含汀江、梅江）在龙岩市境内的集水面积为 10 956.8 km²，占韩江水系流域总面积 30 112 km² 的 36.4%。

由于韩江流域只有 0.6% 流经江西省，本研究的跨区域界断面生态补偿主要针对汀江一带，即广东和福建两省，因此基于对研究数据获得的可信性和地理位置划分的合理性的综合考虑，江西省未纳入本章的研究范围。基于此，本章将流域的研究范围界定为长汀县、永定县、大埔县等 17 个县（市）。

7.1.2.2　自然条件

（1）地形地貌

流域以"多"字形构造为特点，高程在 20～1 500 m 不等。山地占总流域面积的 70%，多分布在流域北部和中部，一般高程在海拔 500 m 以上；丘陵占总流域面积的 25%，多分布在梅江流域和其他干支流谷地，一般高程在海拔 200 m 以下；平原占总流域面积的 5%，主要在韩江下游三角洲，一般高程在海拔 20 m 以下。

（2）气候条件

流域属亚热带气候，且受海洋性东南季风影响很大，暴雨频繁且集中在夏季，易造成大面积的锋面连续降水。后汛期则受太平洋和南海热带风暴影响，常引起暴雨与高水位洪水。整体上韩江流域降水量充沛，但时空分布不均，年内分配不均，其中 4—9 月降水量占全年降水量的 70% 以上，5 月、6 月更为集中，多年平均降水量为 1 400～1 700 mm，受地形影响，降水量自沿海向北增大，过莲花山脉后，又向北逐渐减少。流域的暴雨中心在广东省河源市紫金县，年降水量约为 2 570 mm。

（3）自然资源

1）汀江

汀江地区属于典型的山区，地区人口居住分散，供水成本高，水源地保护力度不足，工程性缺水与水质性缺水并存，且相邻流域龙岩市中心城区远期急需外调水源。汀江耕地较为分散，灌溉用水分片就近解决，呈现以蓄水为主，蓄水、引水和提水工程相结合的灌溉工程布局。在水力资源开发方面，汀江天然落差较大，水能资源丰富，梯级总体开发布局为定江、美西、汀州、回龙、金山、棉花滩、青溪、茶阳和舟角院 9 级开发方案。在福建省与广东省接壤的河段落差大且为"Ｖ"形河谷，适宜建高坝大库，已建棉花滩水电站，开发任务为防洪、发电、航运和水产养殖。其他梯级基本为低水头径流式水电站。在航运方面，汀江茶阳—三河坝航段是韩江流域"一干流、两通道、一支流"高等级航道的"一支流"，为适应航运发展的需要，在完成中下游梯级工程建设的同时，需相应建设通航设施。

在水资源保护与水生态修复方面，汀江是韩江流域水土流失和地质灾害严重区域，也是韩江中下游供水水源地，是重要的省际河流。因此，应加强水土流失治理、水源地保护和水源工程建设，在省界及重要控制断面补充和完善水量、水质观测、监控设施。

2）韩江

三河坝至潮州市竹竿山属中游，竹竿山至潮安水文站为下游。韩江中下游是控制韩江上游径流与洪水进入三角洲地区的咽喉。按照"堤库结合，以泄为主，泄蓄兼施"的防洪方针，在完成堤防达标建设的同时，规划建设高陂水利枢纽，与已建的棉花滩等工程联合运用，构成韩江中下游堤库结合的防洪工程体系。

在水资源供给与保障方面，韩江（中下游）水量丰富，水质状况也较好，是重要的水源地，但韩江下游三角洲和周边的榕江流域、黄冈河流域水质性缺水问题严重，且韩江三角洲地区因地势平坦、人口周密等因素而缺乏修建重大水源工程的条件。

在水力资源开发方面，韩江（中下游）径流量丰富，但河道平缓，沿河两岸人口、耕地较多，开发条件受限制，以低水头径流式开发为主。梯级总体开发布局为高陂、东山、葛布和潮州供水枢纽 4 级开发方案，其中除高陂以防洪、供水、发电和航运为开发任务且具有日调节能力外，其他 3 座梯级均为无调节电站。

在航运方面，韩江干流三河坝—潮安航段是韩江流域"一干流、两通道、一支流"高等级航道的"一干流"。

韩江流域受地形条件的限制，人口比较稠密，大型水库较少，目前仅 5 座，供水水源以引提水工程和中小型水库为主。除了高陂水利枢纽外，规划主要通过新建中小型水库、引提水工程，改扩建续建配套现有工程，以及部分水库转变功能来保障供水安全，满足灌溉要求。韩江流域高等级航道由"一干流、两通道、一支流"组成，航道总长度为 226 km，其中"一干流"为韩江干流（三河坝—潮州枢纽，115 km），"两通道"指韩江汕头方向出海通道（43 km）和韩江潮州方向出海通道（46 km），"一支流"指韩江支流汀江（茶阳—三河坝，22 km）。

韩江流域重要航道由"一支流，一通道"组成，航道总长度为 53 km，其中"一支流"指韩江上游的梅江（丹竹电站—三河坝，39 km），"一通道"指韩江梅溪出海通道（光华桥—大衙，14 km）。

7.1.2.3 汀江（韩江）流域水质情况

龙岩市与广东省主要的交界水体有汀江干流、金丰溪支流、梅江中山河支流（下游石窟河）、民主溪支流（下游差干河）、武平象洞、上杭下都、永定洪山小支流（下游松源河）。汀江流域水量丰沛，汀江干流年均径流量 95.2 亿 m³，永定河约 15 亿 m³，金丰溪约 7 亿 m³，中山河约 10.14 亿 m³，民主溪 1.693 亿 m³，象洞溪 0.613 亿 m³，其他支流约 1 亿 m³，合计约 130.6 亿 m³。除武平象洞溪外，其他绝大部分出境水质都达到了Ⅲ类水以下，汀江干流大部分时间还可达Ⅱ类水平。象洞溪因受流域范围小、河流径流量少、生猪养殖存栏总量较多等方面影响，虽采取有力措施积极治理，但目前水质仍然较差，基本为劣Ⅴ类水质。

根据调查资料，2002 年，汀江（布设 7 个监测断面）达到 GB 3838—2002 中相应水域功能类别标准的水质比例（水域功能达标率，下同）为 89.3%（其中Ⅱ类水占 71.4%）。2003 年，汀江Ⅰ～Ⅲ类水质比例为 85.7%（低于全省平均水平），较上年下降了 3.6 个百分点。永定段东溪桥和桂竹桥 2 个断面各期水质均达标，其余 5 个断面均有不同程度超标，超标项目为溶解氧、五日生化需氧量等。闽—粤交界断面永定汀江桥 3 月溶解氧超标，水质为Ⅳ类。

2004 年，汀江整体水质状况良好，Ⅰ～Ⅲ类水质比例和功能达标率分别为 79.5% 和 76.9%，较上年分别下降了 6.2 个百分点和 13.6 个百分点。上游长汀段（2 个监测断面）和中游上杭段（2 个监测断面）共 4 个断面的水质出现超标，其中长汀城坊桥断面污染严重，多次出现Ⅴ类、劣Ⅴ类水质，主要超标项目为氨氮和溶解氧。闽—粤交界断面（永定汀江桥）所测 3 期水质均达标，其中 1 期为Ⅰ类水，2 期为Ⅱ类水。

2005 年，汀江的水环境功能达标率和Ⅰ～Ⅲ类水质比例较上年下降了 1.3 个百分点和 6.3 个百分点，水质为轻度污染；全年水质功能达标率和Ⅰ～Ⅲ类水质比例分别为 75.6% 和 73.2%，比上年分别下降了 1.3 个百分点和 6.3 个百分点。在 7 个监测断面中，长汀城坊桥断面（Ⅳ类功能）氨氮最大超标倍数为 0.18 倍，上杭水西渡桥断面、李家坪渡口断面的总磷最大超标倍数分别为 0.41 倍和 0.44 倍，永定东溪桥断面的氨氮最大超标倍数达到 2.7 倍，永定桂竹桥断面氨氮和总磷最大超标倍数分别为 0.19 倍和 0.84 倍。2005 年汀江水质下降原因有几方面：一是 2004—2005 年养殖业发展比较快；二是选矿和造纸行业的废水排放量有所增加。

2006 年，汀江整体水质状况为优，Ⅰ～Ⅲ类水质比例和水域功能达标率分别为 94.3% 和 100%，较上年分别提高了 21.1 个百分点和 24.4 个百分点。长汀陈坊桥断面 6 期中有 3 期的五日生化需氧量超过Ⅲ类标准，水质为Ⅳ类（仍符合该断面Ⅳ类水域功能要求）。闽—粤交界断面（永定汀江桥）6 期水质均达到和优于Ⅲ类功能标准，其中 2 期为Ⅰ类水，3 期为Ⅱ类水。

2007 年，汀江（增设为 9 个监测断面）整体水质状况为优，Ⅰ～Ⅲ类水质比例和水域功能达标率分别为 96.3% 和 100%，前者较上年提高了 2.0 个百分点，后者与上年持平。长汀陈坊桥断面 1 月的氨氮、5 月的五日生化需氧量超过Ⅲ类标准，水质为Ⅳ类（符合该断面Ⅳ类水域功能要求）。闽—粤交界断面（永定汀江桥）各期水质均达到或优于Ⅲ类功能标准。

2008—2012 年，汀江整体水质保持为优，除 2008 年Ⅰ～Ⅲ类水质比例和水域功能达标率均为 98% 外，其余年份均分别为 98.1% 和 100%。福建省汀江断面污染主要分布在黄潭河的石铭和中山河的武平城关断面，主要超标污染物为总磷、氨氮以及高锰酸钾指数。2014 年，汀江省控断面水质达标率为 96.3%，比上年同期下降了 3.7%；Ⅰ～Ⅲ类水质比例均为 91.1%，比上年同期下降了 8.9%。汀江支流黄潭河城头坪、石铭电站断面水质达标率比上年同期提高了 10%，旧县河清凌塔桥、下车大桥水质达标率为 20%，比上年同期下降了 50%。2015 年，汀江流域总体水质仍较好，汀江流域 9 个省控断面Ⅰ～Ⅲ类水质比例为 92.6%。

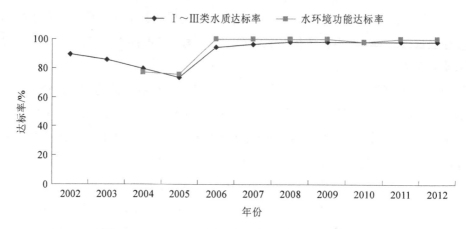

图 7-1 汀江流域Ⅰ～Ⅲ类水质和水环境功能达标率

韩江流域整体水质优良，广东省韩江断面，除支流梅潭河大浦湖寮河段由于大肠菌群超标而致Ⅳ类，其余河段均达到或优于Ⅲ类。根据 2010 年珠江片、福建省、广东省水资源公报，梅江干流、汀江干流、韩江干流水质均符合Ⅱ类或Ⅲ类标准；黄潭河支流水质仅为劣Ⅴ类，主要超标项目为总磷、溶解氧；梅潭河支流部分河段水质为Ⅳ类，主要超标项目为氨氮。

本次韩江流域共调查 24 个监测断面，经评价表明规划河段水质良好，福建省韩江流域（除黄潭河石铭电站、兰塘桥）监测断面均符合其相应的水质功能要求；广东省韩江流域监测断面水质均达到Ⅱ类或Ⅲ类标准，符合其相应的水质功能要求。

根据《2008 年汕头市海洋环境质量公报》，近岸海域海水水质受韩江携带入海污染物和城市生活污水影响较大，主要污染物是无机氮。汕头韩江附近海域受污染比较明显，部分网箱养殖区和港内贝类养殖区、市区附近受陆源排污直接影响，部分时段水质超二类海水标准。

7.1.2.4 社会经济发展情况

汀江（韩江）流域具有丰富的水资源，而且其矿产资源丰富，生物资源种类繁多，旅游资源丰富，有丰溪、阴那山等 8 个自然保护区，红山等 3 个森林公园，湘子桥、开元寺等文物古迹，为韩江流域的社会经济发展提供了坚实的物质基础。截至 2013 年，韩江流域人口约为 1 088 万人，约占全国总人口的 0.8%。其中广东省为 754 万人，占流域总人口的 69.3%，福建省 334 万人，占流域总人口的 30.7%。如图 7-2 所示，流域近几年人口不断减少并趋于稳定。韩江流域是广东、福建两省重要的经济纽带，由图 7-2 可以看出 2007—2013 年韩江流域经济增长较快，但区域总体水平不高，2007—2013 年生产总值从 1 322 亿元增长到 3 167 亿元，整体经济发展处于国内较低水平。

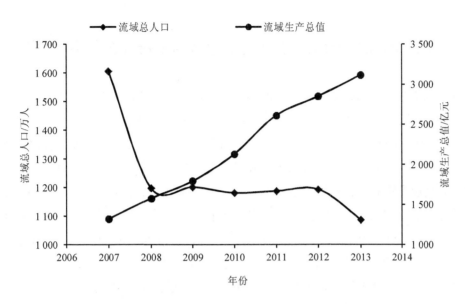

图 7-2　韩江流域 2007—2013 年人口与生产总值变化趋势

汀江（韩江）流域农业作物产量丰富，其中蔬菜、水果、粮食产量较高，2013 年分别达到 538 万 t、318 万 t、274 万 t，其中蔬菜产量占福建、广东两省总产量的 35.35%（表 7-1）。根据 2009 年韩江流域调研报告，流域用水主要包括农田灌溉用水、城镇生活用水、农村生活用水、工业用水、林牧副渔用水、生态用水，其中农田灌溉用水占比最大达到 62.0%，其次为城镇和农村生活用水合计占 19.4%。

表 7-1　2013 年汀江（韩江）流域各区域种植业和畜牧业情况　　　　单位：万 t

项目	福建省	广东省	韩江流域
粮食	109.37	164.68	274.05
甘蔗	2.75	4.03	6.78
油料	2.67	0.42	3.08
烟叶	3.84	0.77	4.61
茶叶	2.13	2.54	4.67
水果	174.85	143.91	318.76
蔬菜	228.74	309.65	538.40
水产品	7.08	35.70	42.78
猪肉	35.10	22.67	57.77
禽肉	10.14	12.58	22.71
牛肉	0.59	0.58	1.16
羊肉	0.46	0.10	0.56
兔肉	0.58	0.00	0.58
禽蛋	—	3.20	3.20
奶产品	—	0.15	0.15

7.2 汀江（韩江）流域生态补偿经验总结及责任主体界定研究

前期主要对汀江流域综合整治方面进行核算，确定汀江流域综合整治成本，对流域水资源利用情况进行统计分析。经过大量的文献阅读与案例分析发现，现阶段生态补偿主要考虑实体水的补偿，忽略了生产、生活消费产品中所蕴含的虚拟水，而产品虚拟水所占比重较大，将水足迹作为流域生态补偿的重要指标具有一定的必要性。因此在综合考虑现阶段较成熟的生态补偿模型研究的基础上，提出基于总成本修正模型与水足迹评价模型的水足迹-社会经济流域生态补偿模型，在传统水足迹核算的基础上引入污染水足迹的概念，在结合虚拟水的基础上综合考虑水质水量的影响。根据流域上下游水资源盈余/赤字情况进行流域水资源环境保护责任分担，将人类发展指数（HDI）这一重要的社会福利指标，作为经济效益调整系数，量化流域上下游需承担的生态保护建设责任，使得整个补偿体系更加全面、公正、合理。

7.2.1 汀江（韩江）流域水足迹核算与分析

7.2.1.1 水足迹理论

Hoekstra A Y 在 William Reese "生态足迹" 模型的基础上提出了水足迹的概念，描述人类消费及生活、生产活动对流域水环境系统的影响，具体定义为：一定时间内，任何已知主体（包括个人、某一城市、国家或者全球）所消费的所有产品和服务所需要的水资源总量。水足迹理论打破了传统水资源评价中水质为核心的思想，将水资源评价延伸到水资源安全与可持续性研究方面。2011 年《水足迹评价手册》发布，作为一个国际核算标准，统一了水足迹核算方式，强化了各地区水足迹数据的可比性，使得水足迹能够更客观地反映地区水资源的消费情况，为各国政府与企业提供了重要的政策指南。

水足迹的分类主要有两种，根据用水途径，分为农业、工业、生活、生态以及虚拟水贸易；根据水的属性，分为蓝水、绿水、灰水三大部分。其中，"蓝水"和"绿水"由Falkenmark 提出，"蓝水"表示储存在江河、湖库、沼泽、湿地以及浅层地下水中的水资源，"绿水"为储存在非饱和土壤中通过植被蒸发消散掉的水。而"灰水"是 Hoekstra 和Chapagain 提出，代表水污染程度指标，由水体污染物负荷与最大容许浓度的比值构成，指将该过程污染负荷吸收同化所需的淡水体积。由此可以看出，水足迹不仅足够真实地评价一个国家或者地区的水资源利用情况，而且与该地区社会经济情况相结合，更好地建立水资源利用与人类生活之间的联系。

将水足迹与生态补偿相结合，开辟了一套全新的补偿核算标准，对协调流域上下游具有重要的理论意义和现实意义。耿涌等最早将水足迹与生态补偿相结合，以碧流河为案例，运用水足迹理论判断分析流域水生态系统安全，并根据不同水资源利用情况进行流域生态补偿核算，确定补偿额度。之后马俊、李昌峰、刘民士等在此基础上进行改进，评价流域的水资源安全、进行生态补偿核算，为流域上下游的协调管理提供依据。

因此本章在综合前人研究的基础上提出基于水足迹-社会经济的生态补偿模型。在水足迹核算的基础上综合考虑污染水足迹的影响，确定流域水质水量调整系数。引入人类发展指数作为流域社会福利经济的主要参考依据，作为流域效益整系数，通过数据包络分析方法分析流域各部门水资源投入与产出的关系，研究影响流域水资源规模效率的主要因素，为流域生态补偿提供理论依据。水足迹-社会经济生态补偿法考虑更合理与完善。水足迹和人类发展指数的数据可以从各市县的统计年鉴以及社会经济发展统计公报、水资源公报等统计文件中获得，因此，其数据易于收集且计算结果可信。

7.2.1.2　区域水足迹核算

水足迹的核算方法主要包括以下 4 种：

①自下而上：由核算地区居民所消费的产品和服务总量与其各自单位虚拟水含量的乘积加上生活用水总量得到。

②自上而下法：核算地区用水总量和虚拟水进口量的和与虚拟水出口量的差值。

③生命周期评价法（LCA）：多用于评价产品整个生命周期中的用水量，多用于产品与其工艺水足迹评价，由于对数据需求量大，要求严格，因此在流域虚拟水评价中应用较少。

④投入产出分析法：在权威统计部门编制的投入产出表的基础上加和计算，数据较难获取，难以广泛应用。

由于我国各地区统计数据较不完善且地区差异大，一定程度上限制了生命周期法与投入产出法的进一步推广使用，因此综合评价流域各地区的统计情况，本章采用自上而下法计算韩江流域水足迹。

由自上而下法的定义可以看出，一个地区的水足迹由内部水足迹与外部水足迹构成。其计算公式为

$$WFP = IWFP + EWFP \tag{7-1}$$

式中：WFP——本地区水足迹，亿 m^3；

IWFP——内部水足迹，为本地区居民所消费的所有的产品和服务的水资源总量，亿 m^3；

EWFP——外部水足迹，为本地区消费的进口虚拟水总量，亿 m^3。

内部水足迹计算公式：

$$IWFP = AWU + IWW + DWW + EWW - VWE_{dom} \tag{7-2}$$

式中：AWU——农业生产虚拟水用量，包括农作物需水量和动物产品需水量；

IWW——工业生产需水量；

DWW——本地区居民生活用水量；

EWW——本地区生态环境用水量；

VWE_{dom}——本地区出口虚拟水量。

外部水足迹计算公式：

$$EWFP = VWI - VWE_{re\text{-}export} \tag{7-3}$$

式中：VWI——本地区从其他国家或者地区进口虚拟水总量；

$VWE_{re\text{-}export}$——向其他国家或地区输出的进口产品再出口的虚拟水总量。

综合上面公式可以得到，自上而下的水足迹计算模型表示为

$$WFP = AWU + IWW + DWW + EWW + NVWI \tag{7-4}$$

式中：NVWI——本地区净进口虚拟水量。

因流域内进出口贸易的统计没有详细分类，因此本章在计算虚拟水贸易水量时采用间接算方法，将工业和农业合并算进出口大类，采用下式进行计算：

$$虚拟水贸易量 = 进出口贸易值 \times 当年汇率 \times 当地万元 GDP \tag{7-5}$$

以上核算部分为研究较为广泛的流域水足迹评价内容，本章考虑排放的污染物超过水资源可承受范围时，需要一定量的水加以稀释以达到水质标准，而这部分水资源往往被忽略，因此本章在原先核算的基础上加入灰水足迹表示这部分被忽略的水资源，灰水足迹属于内部水足迹部分，因此，改进后公式如下：

$$WFP = AWU + IWW + WFP_p + DWW + EWW + NVWI \tag{7-6}$$

式中：WEP_p 为本地区污染水足迹，表示核算地区人口因消耗产品和服务向流域中排放的污染物超过自然水体可承受范围时，将超出部分稀释到可承受范围所需的水资源量。

基于上述分析，流域水足迹主要包括实体水（工业生产需水、污染水足迹、生活用水量、生态环境用水量）和虚拟水（农业生产虚拟水、贸易虚拟水）。由于工业产品的生产流程复杂，虚拟水含量较低，至今相关研究仍然处于初步阶段，因此借鉴潘文俊等的处理方法，将水资源公报中工业实体水量代替工业虚拟水量。农畜产品单位虚拟水含量

不仅计算复杂，受到产地、生产条件、自然气候等因素的影响，且考虑到计算参数难以获取，因此本章在计算韩江流域农作物产品单位虚拟水含量时，直接借鉴覃德华等关于福建省农作物产品单位虚拟水含量的计算数据。动物产品直接采用 Hoekstra 和 Chapagain 等对于世界 100 多个国家关于农产品单位虚拟水含量研究中关于中国部分的研究成果。对于虚拟水贸易部分采用各地区统计的进出口额与当地万元 GDP 的乘积作为最终值。下面主要介绍灰水足迹部分。

7.2.1.3　污染水足迹量化

污染水足迹（灰水足迹）是以现有水质标准为基准浓度，将污染物稀释净化到符合标准浓度所需的淡水体积。污染水足迹计算公式如下：

$$\text{WFP}_{\text{p}} = \frac{L}{C_{\text{max}} - C_{\text{nat}}} \times 10^3 \qquad (7\text{-}7)$$

式中：WFP_{p} ——污染水足迹，m^3/a；

L ——污染排放负荷，kg/a；

C_{max} ——达到水环境质量标准的最高浓度限值，kg/m^3；

C_{nat} ——受纳水体的初始浓度，kg/m^3，一般指受纳水体在自然条件下污染物的本地浓度。

由公式定义可知，污染水足迹由污水中主要污染物所决定，而造成污染的部门主要有农业、生活、工业部门。对于生活和农业部门，主要污染物为 COD，对于农业部门，化肥是其主要污染源，而化肥主要包括氮肥、磷肥、钾肥以及复合肥，由于水体对多种污染物有共同稀释净化的效果，因此取施用量最多的氮肥作为农业部门污染水足迹的主要核算参数。工业和生活部门的污染水足迹（$\text{PWF}_{\text{p-ind}}$ 和 $\text{PWF}_{\text{p-dom}}$）按照式（7-10）进行核算，对于农业部门污染水足迹的计算采用以下公式：

$$\text{WFP}_{\text{p-agr}} = \frac{L}{C_{\text{max}} - C_{\text{nat}}} \times 10^3 = \frac{\alpha A\text{ppl}}{C_{\text{max}} - C_{\text{nat}}} \times 10^3 \qquad (7\text{-}8)$$

式中：$\text{WFP}_{\text{p-agr}}$ ——农业部门污染水足迹，m^3/a；

$A\text{ppl}$ ——氮肥施用量（折纯量），kg；

α ——氮肥淋湿率。

氮肥施用总量（折纯量）包括氮肥量和复合肥中的氮肥量，本章采用 0.33 作为复合肥中氮肥的分配系数，其计算公式如下：

$$\text{TN} = \bar{m}_{\text{EN}} + 0.33\bar{m}_{\text{CN}} \qquad (7\text{-}9)$$

式中：TN ——氮肥总施用量，kg；

$\bar{m}_{EN}$ ——核算地区氮肥施用量（折纯量），kg；

$\bar{m}_{CN}$ ——核算地区复合肥施用量（折纯量），kg。

氮肥淋湿率 α 取 12%，COD 和 N 元素的限值浓度主要依据《地表水环境质量标准》（GB 3838—2002）基本项目标准限值中Ⅲ类水标准，分别取 20 mg/L 和 10 mg/L，C_{nat} 为初始浓度，假设为 0。

水体有共净化的特点，因此对 COD 和 N 元素可以同时降解，故取 COD 和 N 元素中较大值作为区域内污染水足迹，计算公式如下：

$$WFP_p = \max\{WFP_{p\text{-}agr},\ WFP_{p\text{-}ind} + WFP_{p\text{-}dom}\} \tag{7-10}$$

7.2.1.4 汀江（韩江）流域水足迹核算

水足迹统计分析主要包括农业用水、生活用水、工业用水、污染水足迹、生态环境保护用水以及虚拟水贸易。统计核算公式主要参照《水足迹评估手册》。主要数据来源包括：2007—2013 年连续 7 年间的"福建省统计年鉴""广东省统计年鉴""龙岩市统计年鉴""漳州市统计年鉴""汕头市统计年鉴""梅州市统计年鉴""河源市统计年鉴""潮州市统计年鉴""福建省水资源公报""龙岩市水资源公报""广东省水资源公报""龙岩市环境状况公报""漳州市环境状况公报""汕头市环境状况公报""梅州市环境状况公报""河源市环境状况公报""潮州市环境状况公报"。

水足迹核算结果如下所示：

（1）农产品虚拟水

1）农作物产品虚拟水分析

由表 7-2 和表 7-3 进一步分析可得，蔬菜、粮食、水果、甘蔗、茶叶、烟叶、油料多年平均产量分别为 398.30 万 t、268.37 万 t、259.04 万 t、5.77 万 t、3.64 万 t、3.43 万 t、2.58 万 t，其占农作物总产量的比重分别为 42.32%、28.52%、27.52%、0.61%、0.39%、0.36%、0.27%，可以看出韩江流域蔬菜的产量最高，其次为粮食作物，这与日常人类的食品消费结构相似；蔬菜、粮食、水果、甘蔗、茶叶、烟叶、油料相对应的多年平均水足迹分别为 3.98 亿 m³、29.79 亿 m³、26.16 亿 m³、0.16 亿 m³、6.07 亿 m³、0.74 亿 m³、0.69 亿 m³ 分别占到农产品生产水足迹总量的 5.89%、44.07%、38.71%、0.23%、8.97%、1.09%、1.02%。可以看出产量最高的蔬菜生产所需水足迹仅 3.98 亿 m³，占用 5.89% 的农业生产水足迹，而需水量最大的农产品为粮食（44.07%），其次为水果（38.71%），甘蔗最小（0.23%）。农作物产品需水量受单位虚拟水量、生产加工转化率以及产量等因素影响，因此从产品水资源需求量与单位产品产值等综合因素考虑，调整农业生产结构可以提高水资源利用效率。

表 7-2　2007—2013 年汀江（韩江）流域农作物产品产量　　　　单位：万 t

项目	2007 年	2008 年	2009 年	2010 年	2011 年	2012 年	2013 年
粮食	271.44	251.84	263.14	263.37	274.32	280.40	274.05
甘蔗	4.99	5.58	6.04	5.49	5.67	5.86	6.78
油料	2.91	2.20	2.25	2.52	2.35	2.78	3.08
烟叶	4.21	4.02	3.51	3.38	3.62	0.68	4.61
茶叶	2.88	2.96	3.24	3.61	3.89	4.19	4.67
水果	202.11	221.60	237.98	252.86	283.79	296.18	318.76
蔬菜	355.58	366.88	388.07	413.64	433.98	291.56	538.40
合计	844.11	855.08	904.23	944.88	1 007.62	881.65	1 150.35

表 7-3　2007—2013 年汀江（韩江）流域农作物产品水足迹　　　　单位：亿 m³

项目	2007 年	2008 年	2009 年	2010 年	2011 年	2012 年	2013 年
粮食	30.13	27.95	29.21	29.23	30.45	31.12	30.42
甘蔗	0.13	0.15	0.16	0.15	0.15	0.16	0.18
油料	0.78	0.59	0.60	0.68	0.63	0.74	0.83
烟叶	0.90	0.86	0.75	0.72	0.77	0.20	0.98
茶叶	4.79	4.92	5.38	6.18	6.47	6.96	7.75
水果	20.41	22.38	24.04	25.54	28.66	29.91	32.19
蔬菜	3.56	3.67	3.88	4.14	4.34	2.92	5.38
合计	60.70	60.52	64.02	66.64	71.47	72.01	77.74

2）动物产品虚拟水

由表 7-4 可知，从大类分析，需水量从大到小排列为肉类、水产品、禽蛋、奶产品，占总产量的比重分别为 52.34%、44.72%、2.84%、0.07%，肉类中猪肉需水量最高，占动物产品总需水量的 30.36%，其次为禽肉（17.77%），而奶产品最低仅占 0.07%，究其原因除了与奶产品单位虚拟水含量相对较低外，韩江流域羊、牛等产奶动物的养殖数量较低，羊肉、牛肉产量仅占总产量的 0.40%、0.78%。

表 7-4　2007—2013 年汀江（韩江）流域动物产品生产虚拟水量　　　　单位：亿 m³

项目	2007 年	2008 年	2009 年	2010 年	2011 年	2012 年	2013 年
水产品	14.55	18.40	19.17	20.01	16.92	21.39	21.39
猪肉	12.52	11.18	13.07	12.66	14.57	12.70	12.77
禽肉	7.34	6.97	7.24	7.18	7.33	8.03	8.30
牛肉	1.25	1.15	1.25	1.28	1.36	1.39	1.46
羊肉	0.27	0.24	0.27	0.28	0.29	0.28	0.29
兔肉	0.27	0.19	0.21	0.25	0.25	0.23	0.23
禽蛋	1.13	1.20	1.20	1.34	1.25	1.13	1.14
奶产品	0.03	0.03	0.04	0.04	0.03	0.03	0.01
合计	37.34	39.32	42.41	43.00	41.97	45.15	45.58

3）农业虚拟水消费结构分析

如图 7-3 所示，2007—2013 年韩江流域的农产品虚拟水消费总体上呈现逐年上升趋势，由 2007 年的 98.06 亿 m^3 上升到 2013 年的 123.34 亿 m^3，增长了 25.78%，位列韩江流域农产品虚拟水消费前列的是粮食、水果、水产品，其平均虚拟水消费量为 29.79 亿 m^3、26.16 亿 m^3、18.83 亿 m^3，分别占流域农产品年均虚拟水消费的 27.15%、23.84%、17.16%。将肉类作为一大类，则肉类虚拟水消费量为 22.08 亿 m^3，占流域农产品年均虚拟水消费的 20.12%，其中猪肉虚拟水消费量占 11.65%。

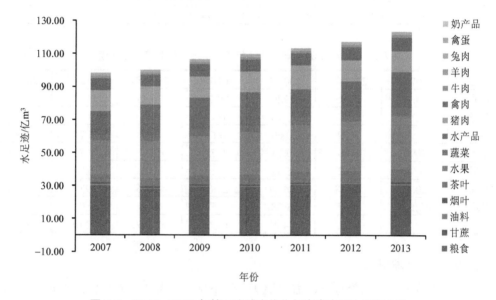

图 7-3　2007—2013 年韩江流域农作物与畜类产品生产需水量

从消费结构上看，粮食虚拟水消费量占农产品虚拟水总量的比重逐年降低，从 2007 年的 30.7% 下降到 2013 年的 24.67%，降低了 6.03%。水果的虚拟水消费从 2007 年的 20.81% 增加到 2013 年的 26.10%，而对于猪肉、水产等虚拟水消费，2007—2010 年保持轻微波动，而 2011—2013 年消费有所下降，这可能与韩江流域综合整治有关，在综合整治中，对畜禽养殖特别是养猪场与水产养殖场进行大面积拆除，从而导致其占比下降。

（2）工业、生活和生态环境用水量计算分析

由表 7-5 可知，工业用水在 2007—2010 年不断增加，从 21.32 亿 m^3 增长到 23.41 亿 m^3，而在 2010 后开始逐年下降，到 2013 年降至 16.51 亿 m^3，共降低 29.47%，这可能与 2010 年开始实行的流域综合整治有关，综合整治关闭了许多重污染、高耗能的企业，提高了水资源使用效率，降低了工业用水量。相比工业用水，生活与生态用水消耗较小，由于人口降低以及节水意识的提升，生活用水逐年降低。而在 2011—2013 年，生态用水总体呈下降趋势，表明韩江流域需加大生态建设的步伐，随着绿地面积的增加，流域内的城

市对于生态需水量的投入应该不断增加。

表 7-5　2007—2013 年汀江（韩江）流域工业、生活、生态环境用水量　　　单位：亿 m^3

项目	2007 年	2008 年	2009 年	2010 年	2011 年	2012 年	2013 年
工业用水	21.32	22.28	22.36	23.41	20.26	17.29	16.51
生活用水	10.33	10.45	9.91	8.62	8.54	8.78	6.41
生态用水	0.59	0.59	1.04	0.88	1.41	0.31	0.38

（3）虚拟水贸易

由表 7-6 分析可知，2007—2013 年虚拟水贸易量均呈负值，表明韩江流域整体上属于向外输出型，但虚拟水净贸易量整体呈现逐年下降的趋势，截至 2013 年下降了 60.92%。受出口贸易量调整的影响，2009—2010 年虚拟水净贸易量降低幅度最大达 45.71%。

表 7-6　2007—2013 年汀江（韩江）流域虚拟水贸易量

年份	进口贸易值/亿美元	出口贸易值/亿美元	虚拟水净贸易量/亿 m^3
2007	10.24	53.96	−11.54
2008	13.91	61.71	−10.69
2009	17.70	71.79	−10.61
2010	20.80	49.97	−5.76
2011	23.41	61.70	−5.43
2012	22.45	67.56	−4.07
2013	19.24	70.25	−4.51

（4）污染水足迹

从表 7-7 中可以看出，在 2007—2010 年流域污染水足迹变化较为平稳，而 2010—2011 年增长 18.70 亿 m^3，增幅达到 52.80%，同时段内生活污染水足迹增长 8.87 亿 m^3，对流域污染水足迹增长的贡献率达到 47.43%。相比而言，农业与工业污染水足迹整体变化较为平稳，截至 2013 年分别增长 0.62 亿 m^3 与 1.06 亿 m^3。综合来看，生活部门和农业部门是韩江流域污染水足迹的严重产生部门，因此韩江流域需要进一步加强对生活部门和农业部门的污水排放控制。

表 7-7　2007—2013 年汀江（韩江）流域污染水足迹　　　单位：亿 m^3

项目	2007 年	2008 年	2009 年	2010 年	2011 年	2012 年	2013 年
农业污染水足迹	24.76	24.88	25.19	24.65	25.27	25.33	25.38
工业污染水足迹	9.14	8.91	7.60	8.35	12.33	10.23	10.20
生活污染水足迹	34.08	31.43	33.16	34.60	53.30	62.17	62.48
流域污染水足迹	43.22	40.33	40.76	42.95	65.63	72.40	72.68

（5）流域水资源用水结构分析

2007—2013 年韩江流域水足迹构成比重最大的为农业生产虚拟水，其次为污染水、工业用水、生活用水，最小的为生态用水。其中农业生产虚拟水 7 年间的平均占比为 54%，占据一半以上的比重。污染水占比 27%，工业用水占比 10%，以上三者的占比超过流域水足迹总量的 90%，是其重要组成部分。而生活用水、生态用水及虚拟水贸易占比较低，因此，韩江流域增强生活与农业部门的监管，同时提高生态用水的比重，做到环境经济可持续发展。

7.2.2 韩江流域水资源绩效分析

根据韩江流域水足迹具体情况进行水资源评价，主要从水资源结构与投入产出两个角度进行评价。

7.2.2.1 流域及子区域水资源结构分析

分析表 7-8 可知，广东省、福建省以及韩江流域进口依赖程度较低，2007—2013 年平均水资源进口依赖程度均未超过 1.2%。流域水资源自给率较高，广东省、福建省以及流域整体自给率分别为 99.84%、99.03% 以及 98.95%，均超过我国和世界平均水自给率，这表明韩江流域水资源能够实现高度自给。这主要由于韩江流域年降水量大，水资源较为充沛，完全能够满足自身生产、生活需求，且进出口贸易较不发达，对外部虚拟水利用较少。同时值得提醒的是，具有极高的水自给率，且在外部水较少流入的情况下，韩江流域各部门间水资源利用竞争较为激烈。

表 7-8　汀江（韩江）流域可持续评价

指标类型	指标	单位	福建省	广东省	流域
水足迹结构指标	WD	%	1.16	0.97	1.05
	WSS	%	98.84	99.03	98.95
水足迹效益指标	AWFP	m³	2 445.40	1 173.84	1 508.18
	WFE	元/m³	12.67	11.15	11.80
水资源生态安全指标	WS	%	87.13	72.23	77.91
	WP	%	92.03	74.28	81.05

人均水足迹在一定程度上可以反映居民的生活水平，在西方发达国家如美国、意大利，其人均水足迹为 2 300~2 500 m³，2004 年全球人均水足迹平均值为 1 564 m³，我国 2007 年人均消费水足迹为 679 m³。由此可以看出福建省人均水足迹（2 445.40 m³）高于世界平均水平，接近发达国家平均水平，而广东省和整个韩江流域人均水足迹均低于世

界平均水平。这表明广东省对水资源利用较为合理，水资源利用效率较高，而福建省畜禽养殖等水资源密集型产业较为发达，因此人均水资源量较高。

通过比较水资源经济效益可以看出，韩江流域整体效益达到 11.80 元/m³，其中福建与广东两省水资源经济效益较为接近，福建省略高为 1.52 元/m³。2007—2013 年虽然流域年均水资源匮乏指数与压力指数均小于 1，需求尚未超过水生态系统负荷，尚处于持续状态。但是流域整体匮乏指数与压力指数均大于 70%，其中福建省水生态压力指数达到 92.03%，处于超负荷边缘，表明韩江流域水资源安全状况并不乐观，亟须有关部门通过加大流域综合整治力度、调整产业结构、引进先进技术等途径减缓水资源压力。

7.2.2.2　流域水资源投入产出分析

运用数据包络分析方法，将韩江流域农业用水、工业用水、生活用水、污染水足迹、从业人员、固定资产投资作为投入指标，这几项指标综合反映了韩江流域水资源供给能力，进而影响水资源利用效率，以 GDP 和人类发展指数（HDI）作为产出指标。具体指标说明如下：

农业用水量：农业是耗水量最大的部门，本章的农业用水量是基于水足迹理论核算的，因此更能真实地反映流域农业水资源利用情况。

工业用水量：工业生产的许多过程，如溶剂、冷凝、稀释等工序需要大量水的参与，同时又以废水的形式排放，参与正常水循环，因此选取工业用水量作为投入指标，反映生产活动中水资源的利用情况。

生活用水量：生活用水是必不可少的水资源消耗形式，既体现居民的生活水平，又体现居民的环保意识。生活用水量包括居民用水、公共用水。

污染水足迹：污染水足迹是指将污染物稀释净化到符合标准浓度所需的淡水体积，因此更能真实地反映污染物对水体的影响。

固定资产投资：水资源的产出必须以固定资产的投入作为基本前提，因此选取固定资产作为投入指标之一。

GDP：水资源作为自然资源，具有价值并能创造价值，因此选取 GDP 作为产出指标之一。

HDI：人类发展指数是社会福利水平的代表，提高社会福利水平是流域社会发展的最终目标。

DEA 模型中投入产出参数以少于 DMU 决策参数的一半为佳，因此为了兼顾 DEA 模型的优势，并且保留原始输入输出变量所能提供的信息，本章利用主成分分析法对 DEA 模型投入产出数据进行降维提取主成分，作为 DEA 模型的输入/输出指标，既达到减少分析指标的效果，又基本保持原数据的信息。由于 DEA 模型中的数据不能为负，故需将新构造出的主成分数据进行极差标准化处理：

$$A_{ij} = \frac{X_{ij} - \min(X_{ij})}{\max(X_{ij}) - \min(X_{ij})} \tag{7-11}$$

式中：X_{ij}——主成分因子；

i——某一年份；

j——各个指标序号；

A_{ij}——标准化处理后的数据（数值在[0，1]）。

（1）流域总体分析

具体投入产出参数见表 7-9。

表 7-9　2007—2013 年汀江（韩江）流域投入产出指标

年份	农业用水/亿 m³	工业用水/亿 m³	生活用水/亿 m³	污染水足迹/亿 m³	从业人员/万人	固定资产投资/亿元	环保投入/亿元	GDP/亿元	HDI
2007	44.69	15.90	6.18	15.45	24.66	140.84	0.00	555.25	0.63
2008	40.89	16.63	6.26	15.50	26.18	207.81	0.00	673.67	0.67
2009	44.13	16.59	6.01	15.52	27.86	290.24	0.00	814.43	0.68
2010	44.98	17.50	4.50	15.55	30.16	393.31	1.90	977.03	0.72
2011	49.87	14.28	4.41	19.04	33.71	581.29	3.96	1 224.75	0.80
2012	47.07	12.37	4.52	19.25	24.60	827.95	1.91	1 341.24	0.84
2013	53.45	12.00	3.34	18.54	24.72	1 243.98	1.73	1 465.62	0.87

将表 7-9 中数据进行主成分分析并标准化后，结果如表 7-10 所示。

表 7-10　2007—2013 年标准化后汀江（韩江）流域投入产出指标

年份	X_1	X_2	Y
2007	0.12	0	0
2008	0	0.13	0.13
2009	0.11	0.15	0.22
2010	0.25	0.03	0.39
2011	0.55	0.19	0.70
2012	0.67	0.75	0.85
2013	1	1	1

将表 7-10 代入 CCR 模型进行求解分析，得到韩江流域 2007—2013 年水资源利用效率与各 DMU 的松弛变量，经整理结果如表 7-11 所示。

表 7-11　2007—2013 年汀江（韩江）流域求解效率值与松弛变量

年份	效率值	X_1	X_2	Y
2007	1	−0.12	0	0
2008	1	0	0	0
2009	0.73	0	0	0
2010	1	0	0	0
2011	0.71	0	0	0
2012	0.51	0	0	0
2013	0.41	0	0	0

当效率值为 1 时为弱有效，如果同时所有松弛量均为 0 时，则为强有效。由表 7-11 可知，DEA 有效年份为 2008 年与 2010 年，表明这两年投入和产出达到了最佳状态。其余年份综合效率值均小于 1，为无效年份，由于综合效率均低于 0.75，表明韩江流域水资源整体利用效率较差。综合效率小于 1，但松弛变量为 0，表明决策单元非 DEA 有效，且处于规模报酬递减阶段，建议缩减规模。

将表 7-10 代入 DEA 模型中进行数据包络分析规模求解，如表 7-12 所示得到综合技术效率、纯技术效率、纯规模技术效率和规模收益趋势。

表 7-12　汀江（韩江）流域水资源利用综合技术效率、纯技术效率、纯规模技术效率和规模收益趋势

年份	综合技术效率	纯技术效率	纯规模技术效率	规模收益趋势
2007	0	0	—	—
2008	1	1	1	规模不变
2009	0.73	0.80	0.92	规模递减
2010	1	1	1	规模不变
2011	0.71	1	0.71	规模递减
2012	0.51	1	0.51	规模递减
2013	0.41	1	0.41	规模递减

对于每一个经济体都有 3 个发展阶段，初期的规模效益递增阶段、规模效益不变阶段以及规模效益递减阶段，规模效益不变代表各项指标均达到最优状态，是经济体的目标阶段，递增与递减阶段都存在投入不足以及投入过剩等状况，因此都要从投入与产出角度进行相应的调整使其趋向规模效益不变阶段。

从表 7-12，可以看出 2008 年与 2010 年韩江流域综合技术效率、纯技术效率以及纯规模技术效率均为 1，韩江流域达到规模不变阶段，流域水资源利用率达到最优水平。从纯技术效率角度分析，除 2007 年与 2009 年外，其余年份纯技术效率均为 1，表明流域水

资源利用达到较高水平。而从纯规模技术效率角度分析,除了 2008 年与 2010 年为 1 外,其余年份均小于 1,且纯规模技术效率逐年递减表明韩江流域处于规模报酬递减阶段,产出随着投入的增加不断降低,因此建议流域缩减生产规模,优化生产技术。

综合分析,在非 DEA 有效年份均为规模收益递减阶段,表明相应年份应该缩减生产规模,提高资源的利用率。因此对于非 DEA 有效年份进行投影改进得到表 7-13。

表 7-13　DEA 投影调整结果

年份	X_1	X_2
2007	0.12	0.00
2009	0.03	0.04
2011	0.16	0.06
2012	0.32	0.37
2013	0.59	0.59
平均调整率/%	52.75	40.94

由表 7-13 可知,韩江流域在投入上存在冗余,根据分析可知,韩江流域处于规模递减阶段,产出随着投入的增加不断降低,因此建议流域缩减生产规模,优化生产技术,由表 7-13 分析可知,整体上流域削减量需达到 40%~53%。

(2)福建、广东两省对比分析

对比标准化后两省投入产出指标得到表 7-14。

表 7-14　2007—2013 年福建、广东两省投入产出指标

区域	年份	X_1	X_2	Y
福建省	2007	0.09	0	0
	2008	0	0.22	0.14
	2009	0.10	0.35	0.24
	2010	0.21	0.28	0.42
	2011	0.63	0.10	0.72
	2012	0.71	0.28	0.87
	2013	1	1	1
广东省	2007	0.12	0.73	0
	2008	0	0.66	0.13
	2009	0.09	0.59	0.20
	2010	0.16	0.71	0.37
	2011	0.30	1	0.69
	2012	0.59	0.53	0.84
	2013	1	0	1

对比两省投入产出数据可以看出，两省总体投入产出结构相似，将表 7-14 数据进行数据包络分析，分析福建、广东两省水资源利用效率情况，如表 7-15 所示。

表 7-15　福建、广东两省水资源利用效率

区域	年份	综合技术效率	纯技术效率	纯规模技术效率	规模收益趋势
福建省	2007	0	0	—	—
	2008	1	1	1	规模不变
	2009	0.70	0.74	0.96	规模递减
	2010	1	1	1	规模不变
	2011	1	1	1	规模不变
	2012	0.93	1	0.93	规模递减
	2013	0.57	1	0.57	规模递减
广东省	2007	0	0	—	—
	2008	1	1	1	规模不变
	2009	0.75	1.0	0.75	规模递增
	2010	0.93	1	0.93	规模递增
	2011	1	1	1	规模不变
	2012	1	1	1	规模不变
	2013	1	1	1	规模不变

如表 7-15 所示，2008 年、2010 年以及 2011 年福建省处于规模不变阶段，其余年份处于规模递减阶段。而广东省，除 2009 年与 2010 年处于规模递增阶段外，其余年份均处于规模不变阶段，资源利用达到最优水平。

从流域资源开发程度角度分析，福建省水资源利用水平较高，但水资源利用率较低，随着社会经济的发展，以及产业链的不断扩张，2009 年、2012 年以及 2013 年超过流域发展理想规模，形成资源利用率低下的粗放型发展。因此应缩减产业规模，调整产业结构。

从规模效应角度分析，广东省水资源利用率较高，整体上处于规模不变阶段，表明韩江流域广东省部分资源综合利用情况达到较优水平。

7.2.3　韩江流域人类发展指数核算与分析

7.2.3.1　人类发展指数理论

什么才是衡量一个地区社会福利水平的标准？这是各国专家、学者多年探究的问题，

而人类发展指数成为至今为止最好的一个回答。

人类发展指数（Human Development Index，HDI）是联合国开发计划署（UNDP）在《1990 年人类发展报告》中首次提出的概念，这不仅是对"发展"的深入理解，也是对人类社会发展目标的定位。报告指出，发展的根本目标是建立一个有利的环境，让人们享受长久、健康和创造性的生活。

发展是人类社会永恒的主题，而在过往的进程中，经济成为各国的焦点，国民生产总值成为衡量一个国家发展水平高低的唯一标准，随之而来的是因资源的过度开发而导致的能源危机。因此基于可持续发展的角度，全面综合的人类发展指数成为衡量社会发展水平的主要指标。

将人类发展指数与水资源利用评价相结合开辟了一套全新的评价体系，包括生态环境与社会福利等多方面信息，对协调流域上下游具有重要的理论意义和现实意义。臧漫丹等将生态资源消耗与社会福利相结合，提出生态福利绩效的概念，并对二十国集团1996—2000 年的生态福利绩效变化进行实证分析，探究各国资源利用情况并提出可持续性发展建议；诸大建等将碳排放和人类发展指数相结合，提出碳排放绩效的概念，对二十国集团进行对比研究，最终对中国目前的碳排放绩效提出技术、制度与理念三方面的创新政策建议；李晓西等在社会经济可持续发展和生态资源环境可持续发展同等重要的基础上，构建人类绿色发展指数，测算了 123 个国家绿色发展情况。因此在前人研究的基础上，将流域水资源利用与人类发展指数相结合，提出水资源绩效评价，探究韩江流域 2007—2013 年水资源绩效情况，为韩江流域生态与经济协调发展提供借鉴。

7.2.3.2　流域水福利绩效测算方法

- 人类发展指数相关概念界定

人类发展指数相关参数包括预期寿命指数、平均受教育年限、预期受教育年限、人均国民生产总值。

预期寿命指数："同时出生的一批婴儿，按照某年龄死亡率计算，他们能活到的平均年龄。"预期寿命和死亡率密切相关，它直接反映了一个国家或地区的健康状况，同时也体现了一个国家或者地区的社会经济与医疗事业的发展情况。

平均受教育年限：指某一特定年龄段的人群接受学历教育（包括普通教育与成人教育，不包括非学历培训）年限总和的平均数。平均受教育年限是对一个国家或地区劳动力整体素质的重要考量。

预期受教育年限：指某学年新进入教育系统的儿童未来的受教育年限。重点关注未来劳动力素质与人力资源储备。

人均国民生产总值：是衡量一个国家或者地区经济发展程度的重要指标，是把握一个地区宏观经济运行的有效手段，在进行核算时候一般要按购买力平价进行换算（PPP调整），以排除价格因素对人均国民总收入（GNI）的影响。

7.2.3.3 人类发展指数测算

人类发展指数（HDI）由 3 个维度构成，包括健康状况、受教育水平、生活水平，通过 4 个具体指标加以衡量。自 1990 年以来，人类发展指数都在不断地变化以寻求更完善的核算体系，2010 年联合国开发计划署对 HDI 测算方法在指标选取、阈值设定、合成方法上进行了重大变革。在指标选取上，用平均受教育年限和预期受教育年限代替原先的成人识字率和毛入学率；在阈值设定上，2010 年将 1980—2010 年实际观察到的最大值设为上限，将能够满足最低生活标准的数值或自然数零设为最小值。该项阈值的设定既避免了阈值选取的主观性，又可排除其他国家的干扰，所得的 HDI 值可用于不同国家间的横向比较，也可用于同一国家或地区的纵向比较。具体指标构成如图 7-4 所示。

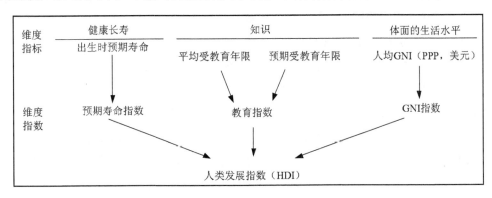

资料来源：《2010 年人类发展报告》。

图 7-4 2010 年最新人类发展指数（HDI）构成

本研究以《2010 年人类发展报告》中公布的阈值为标准对韩江流域各省、市、县的预期寿命指数、综合教育指数、人均 GNI 指数进行量纲一处理，具体公式如下：

$$LEI = \frac{LE - \min F}{\max X - \min F} \tag{7-12}$$

$$MYSI = \frac{MYS - \min F}{\max X - \min F} \tag{7-13}$$

$$EYSI = \frac{EYS - \min F}{\max X - \min F} \tag{7-14}$$

$$EI = \frac{\left(\sqrt{MYSI \times EYSI} - \min F\right)}{\max X - \min F} \qquad (7-15)$$

$$II = \frac{\ln GNI - \ln \min F}{\ln \max X - \ln \min F} \qquad (7-16)$$

式中：LE——本地区预期寿命，年；

   LEI——相应的预期寿命指数；

   MYS——本地区平均受教育年限，年，指一个大于或等于 25 岁的人在学校接受教育的年数；

   MYSI——相应的平均受教育年限指数；

   EYS——本地区预期受教育年限，年，指一个 5 岁的儿童一生将要接受教育的年数；

   EYSI——相应的预期受教育年限指数；

   EI——本地区综合教育指数；

   GNI——本地区人均国民收入（PPP 调整），美元；

   II——相应的人均国民收入指数；

   $\max X$——最大值自变量（取自数据集）；

   $\min F$——假定不变的最小值（其中 EYS 取 0、LE 取 20、MYS 取 0、GNI 取 163）。

  2010 年 HDI 合成方法从算术平均数变为几何平均数，克服了各维度间相互替代的可能性，体现了 HDI 所有维度不完全的可替代性。计算公式如下：

$$HDI = \sqrt[3]{LEI \times EI \times II} \qquad (7-17)$$

  流域水福利绩效是由流域水足迹总量指数与人均水足迹指数的几何平均值，具体公式如下：

$$WFPI = \frac{\dfrac{WFP_{(w)}}{WFP_{(c)}} \times 100\% - \min F}{\dfrac{\max X}{WFP_{(c)}} - \min F} \qquad (7-18)$$

$$WFPAI = \frac{WFPA_{(w)} - \min F}{\max X - \min F} \qquad (7-19)$$

$$WFI = \sqrt[2]{WFPI \times WFPAI} \qquad (7-20)$$

式中：WFPI——水足迹总量指数；

   $WFP_{(w)}$——流域水足迹总量，亿 m³；

WFP$_{(c)}$——国家水足迹总量，亿 m^3；

WFPAI——人均水足迹指数；

WFPA$_{(w)}$——流域人均水足迹，m^3；

WFI——水足迹指数。

依据赵良仕等计算的 1997—2010 年中国 31 个省（区、市）的平均水足迹强度，西藏历年水足迹总量和人均水足迹均最小，水足迹总量占全国水足迹的 0.17%，人均水足迹为 593.75 m^3。因此本章历年水足迹总量占全国水足迹总量的最小值定为 0.17%，人均水足迹的最小值定为 593.75 m^3 是合理的。

7.2.3.4　水福利测算

在社会福利和水足迹指标的基础上，本研究发展了水福利绩效指标，从单位水资源利用对社会福利的贡献效率变化角度来评价水资源持续利用水平，即将单位水资源投入所产出的社会福利水平量化比值作为水资源社会福利水平，福利是人类需求的满足程度，包括经济、教育、健康、住房和社会关系质量等社会层面。

衡量水福利绩效需要确立经济社会福利的量化指标以及水足迹的量化指标。按照生态经济学基本理论，水福利绩效的计算公式为

$$WWP = \frac{HDI}{WFI} \tag{7-21}$$

式中：WWP——本地区水福利绩效；

　　　HDI——本地区人类发展指数；

　　　WFI——本地区水足迹指数。

7.2.3.5　韩江流域人类发展指数计算与分析

（1）主要计算内容

韩江流域主要流经龙岩、漳州、梅州、汕头、潮州、河源等市，考虑数据可获取程度，因此本章以这 6 个市为主要核算单元，计算韩江流域的社会福利（人类发展指数），探究韩江流域水福利情况。韩江流域社会福利的测算根据以上所列公式。

（2）计算方法与数据来源

本研究统计年鉴与公报数据均为 2007—2013 年连续 7 年数据，数据资料主要来自以下几个部分：

1）"福建省统计年鉴""广东省统计年鉴""龙岩市统计年鉴""漳州市统计年鉴""汕头市统计年鉴""梅州市统计年鉴""河源市统计年鉴""潮州市统计年鉴"；

2）"福建省国民经济和社会发展统计公报""广东省国民经济和社会发展统计公报"

"龙岩市国民经济和社会发展统计公报""漳州市国民经济和社会发展统计公报""汕头市国民经济和社会发展统计公报""潮州市国民经济和社会发展统计公报""河源市国民经济和社会发展统计公报""梅州市国民经济和社会发展统计公报";

3）福建省"十二五"规划、广东省"十二五"规划；

4）《龙岩市第六次全国人口普查主要数据公报》《漳州市第六次全国人口普查主要数据公报》《汕头市第六次全国人口普查主要数据公报》《潮州市第六次全国人口普查主要数据公报》《河源市第六次全国人口普查主要数据公报》《梅州市第六次全国人口普查主要数据公报》。

（3）核算结果

由表 7-16 可知，2007—2013 年韩江流域各子区域人类发展指数（HDI）逐年递增，从各子区域排名来看，截至 2013 年排名靠前的为汕头、梅州、潮州以及河源，其人类发展指数分别为 1.00、0.971、0.935 以及 0.935，增长率分别为 48.95%、63.29%、58.81%以及 59.33%。排名后两位为龙岩和漳州，人类发展指数分别为 0.889 和 0.854，增长率分别为 41.64%和 33.98%。从人类发展指数最终值以及增长速率方面比较分析，广东省均优于福建省，2007—2010 年，福建省整体还优于广东省，而 2010 年后广东省迅速发展，拉大两省差距。

表 7-16　2007—2013 年韩江流域人类发展指数

区域	2007 年	2008 年	2009 年	2010 年	2011 年	2012 年	2013 年
龙岩	0.628	0.664	0.683	0.723	0.799	0.841	0.889
漳州	0.638	0.677	0.677	0.725	0.804	0.845	0.854
汕头	0.671	0.699	0.720	0.774	0.909	0.966	1.000
潮州	0.589	0.632	0.655	0.705	0.832	0.881	0.935
河源	0.587	0.613	0.633	0.681	0.802	0.882	0.935
梅州	0.595	0.636	0.655	0.713	0.843	0.896	0.971

从图 7-5 可以看出，流域人类发展指数在 2010—2011 年迅速提高，增长率达到 15.45%。结合分析可知，2010—2011 年人类发展指数迅速增长主要贡献方为广东省，其增长率达到 17.85%，高出福建省 6.85%。综合比较可知，2010—2011 年教育综合指数增长率达到 21.99%，人均 GNI 指数增长率为 9.42%，因此教育综合指数对人类发展指数的贡献最大。

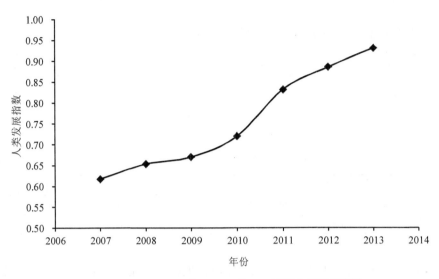

图 7-5　2007—2013 年汀江（韩江）流域人类发展指数

7.2.4　汀江（韩江）流域的突出水环境问题分析

7.2.4.1　汀江（韩江）流域水资源利用主要问题

1）由于韩江流域极高的水自给率，且在外部水较少流入的情况下，韩江流域各部门间水资源利用竞争较为激烈。

2）福建省人均水足迹高于世界水平，接近发达国家水平，而广东省和整个韩江流域人均水足迹均低于世界平均水平。这表明广东省对水资源利用较为合理，水资源利用效率较高，而福建省畜禽养殖等水资源密集型产业较为发达，因此人均水资源较高。

3）虽然流域年均水资源匮乏与压力指数均小于 1，需求尚未超过水生态系统负荷，尚处于持续状态，但是流域整体匮乏与压力指数均大于 70%，其中福建省水生态压力指数达到 92.03%，处于超负荷边缘，表明韩江流域水资源安全状况并不乐观，亟须有关部门通过加大流域综合整治力度、调整产业结构、引进先进技术等途径减缓水资源压力。

4）从 DEA 分析中可以看出，韩江流域 DEA 有效年份为 2008 年与 2010 年，表明这两年投入和产出达到了最佳状态。其余年份综合效率值均小于 1，为无效年份，综合效率均低于 0.75，表明韩江流域水资源整体利用效率较差。流域非 DEA 有效年份流域综合效率小于 1，但松弛变量为 0，表明处于规模报酬递减阶段，流域发展规模过大，形成资源利用率低下的粗放型发展。因此应缩减产业规模，调整产业结构。整体上分析广东省水资源利用结构更为科学合理，相比较而言，福建省需要投入更多人力、物力以及资金改善水资源利用结构，提高水资源使用效率。

7.2.4.2　两省关于生态补偿经济责任的界定

生态补偿的实施要以当地政府的支付能力作为前提，超出支付能力的赔偿影响当地正常经济发展，没有实际意义。

比较福建、广东两省地区生产总值，如表 7-17 所示。

表 7-17　福建、广东两省地区生产总值　　　　　　　　　单位：亿元

	2007 年	2008 年	2009 年	2010 年	2011 年	2012 年	2013 年
广东省	31 777.01	36 796.71	39 482.56	46 013.06	53 210.28	57 067.92	62 163.97
福建省	9 248.53	10 823.01	12 236.53	14 737.12	17 560.18	19 701.78	21 759.64

由表 7-17 与图 7-6 可以看出，广东省经济发展程度明显高于福建省，2007—2013 年，年均 GDP 约为福建省的 3 倍。因此在韩江流域的流域综合治理中，从公平角度出发，广东省应该承担更大部分责任。表 7-18 为全国各省（区、市）环保投资占地区生产总值比例。

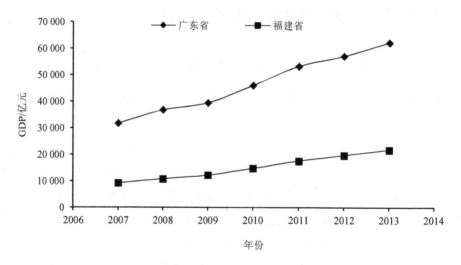

图 7-6　福建、广东两省地区生产总值

表 7-18　中国各省（区、市）环保投资占比　　　　　　　　　单位：%

地区	2007 年	2008 年	2009 年	2010 年	2011 年	2012 年	2013 年
全国	1.36	1.49	1.33	1.66	1.5	1.59	1.67
北京	1.98	1.46	1.72	1.64	1.31	1.92	2.22
天津	1.18	1.07	1.38	1.19	1.55	1.22	1.33
河北	1.24	1.29	1.44	1.82	2.54	1.83	1.73
山西	1.69	2.03	2.14	2.25	2.21	2.71	2.68
内蒙古	1.49	1.74	1.59	2.05	2.76	2.8	3.01

地区	2007 年	2008 年	2009 年	2010 年	2011 年	2012 年	2013 年
辽宁	1.14	1.22	1.35	1.12	1.69	2.75	1.28
吉林	0.96	0.93	0.91	1.43	0.96	0.87	0.81
黑龙江	0.83	1.19	1.26	1.27	1.21	1.59	2.08
上海	1.01	1.12	1.06	0.78	0.75	0.66	0.87
江苏	1.24	1.31	1.07	1.13	1.17	1.22	1.49
浙江	0.94	2.42	0.86	1.2	0.74	1.08	1.04
安徽	1.12	1.57	1.38	1.46	1.75	1.92	2.66
福建	0.84	0.77	0.71	0.88	1.13	1.13	1.3
江西	0.83	0.6	0.92	1.66	2.06	2.44	1.67
山东	1.24	1.39	1.36	1.24	1.35	1.48	1.55
河南	0.76	0.6	0.62	0.57	0.61	0.71	0.9
湖北	0.7	0.8	1.16	0.92	1.32	1.28	1.02
湖南	0.7	0.82	1.12	0.66	0.65	0.86	0.95
广东	0.49	0.46	0.61	3.08	0.62	0.46	0.57
广西	1.1	1.3	1.7	1.71	1.38	1.46	1.52
海南	1.22	0.87	1.19	1.14	1.11	1.57	0.85
重庆	1.55	1.32	1.68	2.22	2.59	1.64	1.37
四川	0.97	0.81	0.73	0.52	0.67	0.75	0.89
贵州	0.82	0.7	0.54	0.65	1.14	1.01	1.37
云南	0.63	0.77	1.29	1.47	1.34	1.28	1.68
西藏	0.15	0.05	0.61	0.06	4.66	0.57	3.5
陕西	1.17	1.1	1.46	1.77	1.23	1.25	1.38
甘肃	1.41	0.98	1.31	1.55	1.19	2.15	2.81
青海	1.35	1.88	1.13	1.26	1.57	1.27	1.75
宁夏	3.76	2.81	2.12	2.04	2.73	2.38	2.82
新疆	1	1.13	1.83	1.44	2.01	3.4	3.81

比较表 7-18 可知,广东省环保投入在全国各省(区、市)中处于较低水平,远低于北京、天津、上海、江苏以及浙江等经济发达地区,以及国家平均水平。广东省各方面发展在我国均处于发达水平,因此需对广东省环保投入占比进行适当调整。综合可以看出,2007—2013 年各地区环保投入占比基本上呈上升趋势,考虑今后对环保越加重视,响应国家号召,地区环保投入基本保持增长趋势,因此广东省环保投入占比取 2010—2013 年平均水平(1.61%)具有一定的合理性。而对于福建省,在表 7-18 可以看出,福建省环保投入占比处于中上水平,与其经济发展程度相适应,因此福建省环保投入取 2010—2013 年占比平均值(1.19%)较为合理。

从环保资金的用途中可以发现,生态补偿仅是其中的一小部分,引用前人的研究结果,选取 5%作为生态补偿资金占环保资金的比例,则对于广东省,其可承受的生态补偿

额的公式为

可承受生态补偿额=地区生产总值×环保投入占比×生态补偿资金占比

由计算可知，广东、福建两省可用于生态补偿的资金分别为 46.13 亿元、17.52 亿元。广东省可用于生态补偿的资金高出福建省 163.30%，因此在流域综合整治过程中承担较大责任。

7.3 汀江（韩江）流域生态补偿标准核算研究

7.3.1 现有的流域生态补偿模型核算

7.3.1.1 基于生态服务效益的补偿标准核算方法

$$\text{ESV} = \sum (A_k \times \text{VC}_k) \tag{7-22}$$

$$\text{ESV}_f = \sum (A_k \times \text{VC}_{fk}) \tag{7-23}$$

式中：ESV——研究区生态系统服务总价值；

A_k——研究区 k 种土地利用类型的面积；

VC_k——生态价值系数；

ESV_f——单项服务功能价值系数（Costanza，1997）；

VC_{fk}——k 种土地利用类型 f 项服务功能价值。

VC_k 和 ESV_f 通过谢高地等的中国不同生态系统单位面积生态服务价值表确定（表7-19），汀江流域各土地利用类型的面积如表 7-20 所示，根据生态系统服务价值法计算的各土地利用类型的价值如表 7-21 所示。

表 7-19 中国生态系统单位面积生态服务价值 单位：元/（hm²·a）

一级类型	二级类型	森林	草地	耕地	湿地	河流	荒漠
供给服务	食物生产	148.20	193.11	449.10	161.68	238.02	8.98
	原材料生产	1 338.32	161.68	175.15	107.78	157.19	17.96
调节服务	气体调节	1 940.11	673.65	323.35	1 082.33	229.04	26.95
	气候调节	1 827.84	700.60	435.63	6 085.31	925.15	58.38
	水文调节	1 836.82	682.63	345.81	6 035.90	8 429.61	31.44
	废物处理	772.45	592.81	624.25	6 467.04	6 669.14	116.77
支持服务	保持土壤	1 805.38	1 005.98	660.18	893.71	184.13	76.35
	维持生物多样性	2 025.44	839.82	458.08	1 657.18	1 540.41	179 064.00
文化服务	提供美学景观	934.13	390.72	76.35	2 106.28	1 994.00	107.78
	合计	12 628.69	5 241.00	3 547.89	24 597.21	20 366.69	624.25

表 7-20　汀江流域各土地利用类型的面积

土地类型	林地	耕地	草地	湖泊/河流	湿地
面积/hm²	812 020	135 560	149 830	1 510	1 240

表 7-21　汀江流域生态系统服务价值　　　　单位：万元/（hm²·a）

一级类型	二级类型	林地	耕地	草地	湿地	河流
供给服务	食物生产	12 034.136 4	6 087.999 6	2 893.367 1	20.048 3	35.941 02
	原材料生产	108 674.260 6	2 374.333 4	2 422.451 4	13.364 7	23.735 69
调节服务	气体调节	157 540.812 2	4 383.332 6	10 093.298 0	134.208 9	34.585 04
	气候调节	148 424.263 7	5 905.400 3	10 497.089 8	754.578 4	139.697 7
	水文调节	149 153.457 6	4 687.800 4	10 227.845 3	748.451 6	1 272.871 0
	废物处理	62 724.484 9	8 462.333	8 882.072 2	801.913 0	1 007.040 0
支持服务	保持土壤	146 600.466 8	8 949.400 08	15 072.598 3	110.820 0	27.803 6
	维持生物多样性	164 469.778 9	6 209.732 48	12 583.023 1	205.490 3	232.601 9
文化服务	提供美学景观	75 853.224 26	1 035.000 6	5 854.157 8	261.178 7	301.094 0
	合计	1 025 474.885 0	48 095.196 8	78 525.903 0	3 050.054 0	3 075.370 0

由表 7-21 可得，研究区生态系统服务总价值为 115.82 亿元，研究区土地总面积为 110 万 hm²，单位面积生态系统服务价值为 1.053 0 万元/hm²。

7.3.1.2　生态系统保护投入成本法

- 一般性计算公式

流域上游生态保护总成本：

$$C_{St} = C_{Dt} + C_{It} + C_e \tag{7-24}$$

式中：C_{St}——生态保护总成本；

　　　C_{Dt}——直接成本；

　　　C_{It}——间接成本；

　　　C_e——延伸投入。

直接成本包括在涵养水源、水土流失治理、农业非点源污染治理、城镇污水处理等环保基础设施建设方面的投资。可以通过上游福建省汀江流域 2010—2012 年的环境治理综合投入算出，2010 年直接成本 C_{Dt1} 为 18 701.6 万元，2011 年直接成本 C_{Dt2} 为 38 609.2 万元，2012 年直接成本 C_{Dt3} 为 19 020 万元。

延伸投入指令后上游地区为进一步改善流域水质和水量而新建流域水环境保护设

施、水利设施，新上环境污染综合整治项目等方面的延伸投入，也应由下游地区按水量给予进一步的补偿。因统计资料来源相对单一，水利设施方面等项目投入可能不全，由上游福建省汀江流域整治保守统计 2010 年的流域上游延伸投入 C_{e1} 为 345 万元，2011 年延伸投入 C_{e2} 为 0，2012 年延伸投入 C_{e3} 为 100 万元。

间接成本是流域上游为了整个流域的生态环境建设而放弃部分产业发展，所失去获得相应效益的机会成本。因此采用居民收入或地区生产总值来计算成本：

$$C_{It} = N_e (T_o - T) + N_f (S_o - S) \tag{7-25}$$

式中：N_e——上游地区城镇居民人口；

T_o——参照区城镇居民人均可支配收入；

T——上游地区城镇居民人均可支配收入；

N_f——上游地区农业人口；

S_o——参照区农民人均纯收入；

S——上游地区农民人均纯收入。

表 7-22　汀江流域上游各县（市、区）及参照区各项指标

地区		年份	城镇居民人口/人（折成流域人口）	农村人口/人（折成流域人口）	城镇居民人均可支配收入/元	农村居民年人均纯收入/元
参照区	福建省	2010	—	—	21 781	7 427
		2011	—	—	24 907	8 779
		2012	—	—	28 055	9 967
	龙岩市	2010	—	—	18 406	6 931
		2011	—	—	21 085	7 806
		2012	—	—	23 764.68	9 396
上游汀江流域各县（区）	新罗区	2010	13 587.38	7 096.26	20 369	9 538
		2011	13 955.45	6 850.88	23 277	11 371
		2012	21 043.79	6 920.38	26 170.93	12 595
	长汀县	2010	123 447.16	290 928.84	10 803	5 966
		2011	131 354.46	281 298.55	12 378	7 045
		2012	131 747.75	283 200.67	14 116.98	8 185
	永定县	2010	96 466.35	357 637.18	17 152	7 536
		2011	96 505.96	356 445.05	19 591	6 937
		2012	97 049.21	362 071.83	22 216.57	10 184
	上杭县	2010	76 680.12	381 029.52	15 715	6 213
		2011	77 386.38	376 805.79	18 000	6 490
		2012	87 568.65	370 256.10	20 572.85	8 538

地区		年份	城镇居民人口/人（折成流域人口）	农村人口/人（折成流域人口）	城镇居民人均可支配收入/元	农村居民年人均纯收入/元
上游汀江流域各县（区）	武平县	2010	59 831.36	239 255.69	14 138	6 404
		2011	60 504.16	238 591.71	16 119	7 732
		2012	64 232.19	23 656.05	18 112.21	8 728
	连城县	2010	16 014.52	89 749.05	14 292	6 359
		2011	17 185.33	87 903.12	16 306	6 921
		2012	17 243.13	88 470.27	18 383.15	8 500
	平和县	2010	34 427.51	93 240.05	13 926	7 606
		2011	34 420.44	93 876.86	16 139	8 812
		2012	34 412.27	9 447.37	18 406	10 142

注：数据来源于福建省统计年鉴。

根据计算公式，采用机会成本居民收入法的计算结果如表 7-23、表 7-24 所示。

表 7-23 以福建省为参照的汀江流域上游各县（市、区）机会成本　　　　单位：万元

年份	地区	城镇居住人口效益损失	农村人口效益损失	总机会成本	年度机会成本合计
2010	新罗区	1 918.50	−1 498.00	420.50	429 129.90
	长汀县	135 520.30	42 504.70	178 025.00	
	永定县	44 654.30	−3 898.20	40 756.00	
	上杭县	46 514.20	46 257.00	92 771.10	
	武平县	45 729.10	24 475.90	70 205.00	
	连城县	11 993.30	9 585.20	21 578.50	
	平和县	27 042.80	−1 669.00	25 373.80	
2011	新罗区	2 274.70	−1 775.70	499.00	609 646.70
	长汀县	164 574.00	48 777.20	213 351.20	
	永定县	51 302.60	65 657.20	116 959.70	
	上杭县	53 450.80	86 250.80	139 701.60	
	武平县	53 171.10	24 980.60	78 151.60	
	连城县	14 781.10	16 332.40	31 113.50	
	平和县	30 179.80	−309.80	29 870.00	
2012	新罗区	3 964.80	−1 818.70	2 146.10	532 967.70
	长汀县	183 630.30	50 466.40	234 096.60	
	永定县	56 661.50	−7 857.00	48 804.50	
	上杭县	65 520.20	52 909.60	118 429.80	
	武平县	63 864.70	2 931.00	66 795.70	
	连城县	16 677.30	12 978.60	29 655.90	
	平和县	33 204.40	−165.30	33 039.10	

表 7-24　以龙岩市为参照的汀江流域上游各县（市、区）机会成本　　　　单位：万元

年份	地区	镇居居住人口效益损失	农村人口效益损失	总机会成本	年度机会成本合计
2010	新罗区	−2 667.20	−1 850.00	−4 517.20	214 863.30
	长汀县	93 856.90	28 074.60	121 931.50	
	永定县	12 096.90	−21 637.00	−9 540.20	
	上杭县	20 634.60	27 357.90	47 992.50	
	武平县	25 536.00	12 608.80	38 144.80	
	连城县	6 588.40	5 133.60	11 722.00	
	平和县	15 423.50	−6 293.70	9 129.80	
2011	新罗区	−3 059.00	−2 442.30	−5 501.40	304 514.80
	长汀县	114 370.30	21 406.80	135 777.20	
	永定县	14 418.00	30 975.10	45 393.10	
	上杭县	23 873.70	49 587.60	73 461.30	
	武平县	30 046.40	1 765.60	31 811.90	
	连城县	8 212.90	7 779.40	15 992.30	
	平和县	17 024.40	−9 444.00	7 580.30	
2012	新罗区	−5 063.70	−2 213.80	−7 277.50	273 165.10
	长汀县	127 106.30	34 295.60	161 401.90	
	永定县	15 024.30	−28 531.30	−13 507.00	
	上杭县	27 950.40	31 768.00	59 718.40	
	武平县	36 307.10	1 580.20	37 887.30	
	连城县	9 279.40	7 926.90	17 206.40	
	平和县	18 440.40	−704.80	17 735.70	

根据表 7-23、表 7-24 计算得出，以福建省为参照区，2010 年流域上游生态保护间接成本 C_{It1} 为 429 129.925 5 万元，2011 年间接成本 C_{It11} 为 609 646.689 1 万元，2012 年间接成本 C_{It12} 为 532 967.70 万元。以龙岩市为参照区，2010 年间接成本 C_{It2} 为 214 863.315 5 万元，2011 年间接成本 C_{It21} 为 304 514.760 1 万元，2012 年间接成本 C_{It22} 为 273 165.10 万元。

1）福建省为参照区：

2010 年：$C_{St1} = C_{Dt1} + C_{It1} + C_{e1}$

$\qquad = 18\ 701.6 + 429\ 129.925\ 5 + 345$

$\qquad = 448\ 176.50$ 万元

2011 年：$C_{St11} = C_{Dt2} + C_{It11} + C_{e2}$

$\qquad = 38\ 609.2 + 609\ 646.689\ 1 + 0$

$\qquad = 648\ 255.89$ 万元

2012 年：$C_{St12} = C_{Dt12} + C_{It12} + C_{e3}$

$\qquad = 19\ 020 + 532\ 967.70 + 100$

$\qquad = 552\ 087.70$ 万元

2）龙岩市为参照区：

2010 年：$C_{St2} = C_{Dt1} + C_{It2} + C_{e1}$

$\qquad = 18\ 701.6 + 214\ 863.315\ 5 + 345$

$\qquad = 233\ 909.92$ 万元

2011 年：$C_{St21} = C_{Dt2} + C_{It21} + C_{e2}$

$\qquad = 38\ 609.2 + 304\ 514.760\ 1 + 0$

$\qquad = 343\ 123.96$ 万元

2012 年：$C_{St22} = C_{Dt3} + C_{It22} + C_{e3}$

$\qquad = 19\ 020 + 273\ 165.10 + 100$

$\qquad = 292\ 285.10$ 万元

具体总成本见表 7-25。

表 7-25　参照龙岩地区的总成本　　　　　　　　　　　　单位：万元

参照区	2010 年	2011 年	2012 年
龙岩市	233 909.92	343 123.96	292 285.10

上游为下游提供的水的水量、水质等会影响下游生态系统，因此引入了水量分摊系数（K_{Vt}）和水质分摊系数（K_{Qt}）来核算补偿额度（C_{Ct2}），公式为

$$C_{Ct2} = C_{St} \times K_{Qt} \times K_{Vt} = （C_{Dt} + C_{It} + C_e）\times K_{Qt} \times K_{Vt} \qquad （7-26）$$

水量分摊系数 K_{Vt} 为下游地区利用上游地区的水的水量（W_D）与上游总量水量（W_U）之比，计算结果见表 7-26，计算公式为

$$K_{Vt} = W_D / W_U　（0 < K_{Vt} < 1） \qquad （7-27）$$

表 7-26　闽粤两省水量指标

年份	汀江流入韩江水量/亿 m^3	韩江流域水量/亿 m^3	广东省韩江流域用水量/亿 m^3	水量修正系数（K_{Vt}）
2010	148.77	169.13	37.18	0.219 8
2011	86.61	131.87	36.05	0.273 4
2012	135.66	162.07	33.96	0.209 5

注：数据取自 2010—2012 年福建省水资源公报、2010—2012 年广东省水资源公报。

当断面水质等于水质标准时，下游地区只需补偿利用上游水量而分担的成本 $C_{St} \times K_{Vt}$；当断面水质优于水质标准时，下游地区除承担 $C_{St} \times K_{Vt}$，还需为享用优于水质标准的水量而对上游补贴；当断面水质劣于水质标准时，上游应对下游进行赔偿。根据福建省水资源公报提供的数据，2008—2012 年，汀江整体水质保持为优，除 2008 年 Ⅰ～Ⅲ类水质比例和水域功能达标率均为 98% 外，其余年份均分别为 98.1% 和 100%，因此汀江提供的水质优于水质标准，下游应该给予补偿。

其中补贴或赔偿的数额为某污染物高于或低于标准的排放量（P_t）与削减单位该污染物排放量所需的投资（M_t）之积。

水质修正系数公式为

$$K_{Qt} = 1 + P_t \times M_t / (C_{St} \times K_{Vt}) \tag{7-28}$$

式中：P_t——某污染物高于或低于标准的排放量；

M_t——削减单位该污染物排放量所需的投资（参考福州洋里污水处理厂数据，投资 59 975.84 万元，处理 20 万 m^3/d 污水）。

计算水质修正系数见表 7-27，以龙岩地区作为参照的补偿计算结果见表 7-28。

表 7-27　水质修正系数　　　　　　　　　　单位：万元

年份	以龙岩市为参照区的水质修正系数（K_{Qt}）
2010	1.382
2011	1.332
2012	1.329

表 7-28　补偿计算结果　　　　　　　　　　单位：万元

年份	参照龙岩地区的总成本	水质修正系数	水量修正系数	计算结果
2010	233 909.92	1.382	0.219 8	71 053.32
2011	343 123.96	1.332	0.273 4	124 955.00
2012	292 285.10	1.329	0.209 5	81 379.63

7.3.1.3　基于水资源利用的补偿标准核算方法

水资源市场价格法的思路为：根据水质的好坏，判定是受水区向上游补偿，还是上游向受水区补偿，然后结合水量和单位水资源价格进行核算。计算公式为

$$P = Q \times C_c \times \delta \tag{7-29}$$

式中：P——补偿额；

　　　Q——调配水量；

　　　C_c——水资源价格；

　　　δ——判定系数。

其中，C_c 可采用污水处理成本或水资源市场价格确定；δ 的取值为，当上游供水水质好于Ⅲ类时，$\delta=1$，当水质劣于Ⅴ类时，$\delta=-1$，否则，$\delta=0$。根据福建省闽粤交界断面水质监测结果，闽粤交界断面水质优于Ⅲ类，因此 $\delta=1$。

根据广东省对自来水总公司供水运营情况及供水成本的审核结果，2010—2012 年自来水单位平均含税售水成本 C_c 为 1.85 元/m³。根据公式计算结果如表 7-29 所示。

表 7-29　汀江流域向下游供水基础数据

年份	汀江流入韩江水量/亿 m³	韩江流域水量/亿 m³	广东省韩江流域用水量/亿 m³	广东省利用韩江流域水量的比例	广东省利用汀江的水量/亿 m³	补偿额（P）/万元
2010	148.77	169.13	37.18	0.219 8	32.70	605 028.5
2011	86.61	131.87	36.05	0.273 4	23.68	438 020.3
2012	135.66	162.07	33.96	0.209 5	28.43	525 882.3

注：数据取自 2010—2012 年福建省水资源公报、2010—2012 年广东省水资源公报。

7.3.2　水足迹-社会经济响应模型

7.3.2.1　水足迹的流域生态补偿标准计算步骤

流域生态补偿标准计算流程如图 7-7 所示。

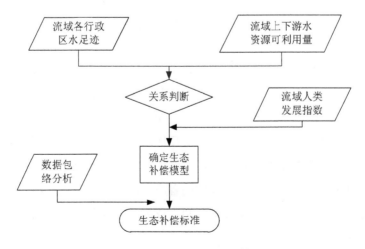

图 7-7　流域生态补偿标准计算流程

第一步：在进行生态补偿核算时需要进行 3 个假设：

1）各地区所核算的水足迹总量为该地区水资源需求量；

2）进行供求关系分析，当流域水资源需求量小于水资源可供给量时为水生态盈余；当流域水资源需求量大于水资源可供给量时为水生态赤字；

3）补偿标准的测量主要依据该流域各地区实际投入生态保护的成本，包括直接成本和间接成本；

第二步：根据单个假设确定 3 种不同情景（上下游都为生态盈余、上下游都为生态赤字、上下游一方盈余一方赤字）的核算模型；

第三步：确定流域行政边界，核算流域各行政区水足迹、水资源可供给量、生态保护成本、人类发展指数；

第四步：根据流域各指标的计算结果，判断归属情景并确定补偿模型，核算补偿标准；

第五步：利用数据包络分析核算流域水资源绩效；

第六步：结合数据包络分析结果，给出最终的流域生态补偿方案，并提出合理的流域管理方案。

7.3.2.2 流域生态补偿模型

本章针对流域水资源供需情况提出了 3 种情景假设：

情景一：当流域上下游水资源需求量（RWF）小于水资源可供给量（RWS）时，流域上下游皆为水生态盈余；

情景二：当流域上下游水资源需求量（RWF）大于水资源可供给量（RWS）时，流域上下游皆为水生态赤字；

情景三：流域上下游中一方为水生态盈余，另一方为水生态赤字。

根据以上 3 个情景构建了相应的计算模型。

（1）情景一：流域上下游都是水生态盈余（$RWF_a < RWS_a$；$RWF_b < RWS_b$）

当整个流域呈现水生态盈余时，根据每个子区域水生态盈余占流域水生态盈余比重的不同，结合流域整体的生态环保投入，确定各自子区域的虚拟环保投入。子区域水生态盈余所占比重越大，则其生态环保投入可以相对较少，因此子区域的水生态盈余程度与其理论所需环保投入（虚拟环保投入）成反比。而考虑水资源使用的外部性，因此将各子区域的人类发展指数作为调整参数，子区域社会福利越高，从流域治理中获得福利越多，其相应的虚拟环保投入越高，因此两者成正比关系。为此，将各子区域水生态盈余、社会福利与整个流域生态环保投入总和为依据，建立各子区域为盈余时的生态补偿标准模型，如下式：

$$\frac{\text{RWS}_b - \text{RWF}_b}{\text{RWS}_a - \text{RWF}_a} \times \frac{\text{RWS}_a}{\text{RWS}_b} \times k = \frac{I'_a}{I'_b} \qquad (7\text{-}30)$$

$$I_a + I_b = \text{TI} \qquad (7\text{-}31)$$

$$k = \frac{\text{HDI}_a}{\text{HDI}_b} \qquad (7\text{-}32)$$

$$\text{EC}_i = I_i - I'_i \qquad (7\text{-}33)$$

式中：a、b——分别代表流域沿岸上下游两个子区域；

$\qquad k$——调整系数；

$\qquad I_i$——各子区域实际环保投入；

$\qquad \text{TI}$——流域总的环保投入；

$\qquad I'_i$——各子区域虚拟环保投入；

$\qquad \text{EC}_i$——各子区域生态补偿应获得或支付的生态补偿额。

1）当 $\text{EC}_i \geq 0$ 时，为 i 地区获得补偿，获得额为 $|\text{EC}_i|$；

2）当 $\text{EC}_i \leq 0$ 时，为 i 地区支付补偿，支付额为 $|\text{EC}_i|$。

（2）情景二：流域上下游都是水生态赤字（$\text{RWF}_a > \text{RWS}_a$；$\text{RWF}_b > \text{RWS}_b$）

此时流域整体呈生态赤字，与前一种情景相似，根据每个子区域水生态赤字占流域水生态赤字比重的不同，结合流域整体的生态环保投入，确定各自子区域的虚拟环保投入。子区域水生态赤字所占比重越大，则其生态环保投入也越大，因此两个是成正比例关系。调整系数情况也与前一情景一致，成正比例关系。为此，以各子区域水生态赤字、社会福利与整个流域生态环保投入总和为依据，建立各子区域为赤字时的生态补偿标准模型，如下式：

$$\frac{\text{RWS}_b - \text{RWF}_b}{\text{RWS}_a - \text{RWF}_a} \times \frac{\text{RWS}_a}{\text{RWS}_b} \times k = \frac{I'_a}{I'_b} \qquad (7\text{-}34)$$

$$I_a + I_b = \text{TI} \qquad (7\text{-}35)$$

$$k = \frac{\text{HDI}_a}{\text{HDI}_b} \qquad (7\text{-}36)$$

$$\text{EC}_i = I_i - I'_i \qquad (7\text{-}37)$$

（3）情景三：流域上下游中一个子区域是生态盈余，另一个子区域为生态赤字

当流域一个子区域生态盈余而另一个生态赤字时，说明赤字区水资源可利用量不能满足水资源消费需求，进而产生侵占水生态盈余区的水资源可利用量的情况。而对于盈余区，通过水资源保护或牺牲经济发展等方式为其他区域提供更多的可利用水资源，因此以水生态盈余区域的水生态足迹占整个水资源可利用量的比值为权重，核算盈余区的

虚拟环保投入与其前期投入的实际环保投入间的差值，作为水生态赤字区所需支付的生态补偿额，具体如下式：

$$
\begin{cases}
\dfrac{\mathrm{RWF_{wer}}}{\mathrm{TWRS}} \times k \times I_{\mathrm{wer}} = I'_{\mathrm{wer}} \\
\qquad k = \dfrac{\mathrm{HDI_{wer}}}{\mathrm{HDI_{wed}}} \\
\mathrm{EC_{wed}} = I_{\mathrm{wer}} - I'_{\mathrm{wer}}
\end{cases}
\tag{7-38}
$$

式中：I'_{wer} ——盈余区虚拟环保投入；

I_{wer} ——盈余区实际环保投入；

$\mathrm{RWF_{wer}}$ ——盈余区水足迹；

TWRS ——整个流域水资源可利用量；

$\mathrm{HDI_{wer}}$ ——盈余区人类发展指数；

$\mathrm{HDI_{wed}}$ ——赤字区人类发展指数；

$\mathrm{EC_{wed}}$ ——赤字区需支付盈余区的生态补偿额。

7.3.2.3 韩江流域生态建设成本核算

（1）上游地区生态建设与保护成本分析

2009 年国务院出台《关于支持福建省加快建设海峡西岸经济区的若干意见》，要求推动龙岩、汕头、潮州建立汀江（韩江）流域治理补偿机制。响应国家的号召，福建省从 2009 年开始谋划汀江（韩江）流域的环境综合整治工作。立足于生态保护与可持续发展，自 2010 年福建省就汀江流域展开综合整治，根据刘玉龙等对成本投入性质的分类，从直接成本和间接成本两个方面考虑。其中直接成本主要包括基于环境治理、生态保护、水源涵养所展开的各项措施，包括流域污染治理、林业建设、水土流失治理以及相应的物料和人力等的直接投入；间接成本则从目的性角度出发，指有利于促进未来流域环境保护的各项投资，包括水利设施建设、城镇污水处理设施建设、固体废物处理处置设施建设、流域安全监测设施建设以及水源涵养区移民安置等费用。

（2）成本核算

福建省 2010—2013 年汀江流域综合整治成本数据如表 7-30 所示，可以看出，福建省为保护汀江流域做了较为全面的综合整治工作，其中 2011 年环保总投入最高达到 3.86 亿元，2010 年与 2012 年也均超过 1.9 亿元。总治理成本 9.40 亿元，其中直接成本 6.05 亿元，间接成本 3.35 亿元。

表 7-30　2010—2013 年汀江流域综合整治成本

时间	类别	项目	项目个数	已完成投资/万元	主要工作内容
2010	直接成本	环境污染综合治理	18	11 921.6	拆除养猪场 21.56 万 m²；削减存栏 12.08 万头；拆除水产养殖场 15.34 万 m²；安装粪处理设施 16 套等
		水源涵养	3	4 310	林绿化 19 000 亩，生态公益林建设 68.5 万亩；低质低效林分封山育林 425 924 亩等
	间接成本	城镇污水处理设施建设	5	1 770	完成长汀、上杭、武平、永定等的污水处理厂及其管网建设
		固体废物处理设施建设	4	690	完成武平、永定垃圾填埋场与垃圾焚烧炉建设；完善武平垃圾渗滤液处理设施建设并建立生物有机肥工厂等
		移民安置	1	10	永定县黄岗水库上游增坑村居民整体搬迁
		在线监控设施建设	5	345	完成长汀、上杭、武平、永定等水电站最小生态下泄流量监测设备安装
2011	直接成本	环境污染综合治理	10	13 810	拆除养猪场 4.05 万 m²；削减存栏 3.05 万头；完成河道清污 4.5 km；完成紫金矿业整改以及相应设备建设等
		水源涵养	9	9 379.3	完成 22.35 万亩造林绿化
	间接成本	污水处理设施建设	5	15 330	完成武平、上杭、永定等县污水集中处理设施的建设
		固体废物处理设施建设	1	90	完成小区及景区排污设施、垃圾收集设施、沼气池建设
2012	直接成本	环境污染综合治理	10	7 433	拆除养猪场 4.70 万 m²；削减存栏 4.6 万头；完成相应的污染治理与污水、固体废物等综合处理设施建设
		水源涵养	5	589	完成 2.48 万亩封山育林改造，并进行相应的环境整治
	间接成本	污水处理设施建设	4	10 998	完成武平、上杭、永定等县污水集中处理设施的建设
		在线监控设施建设	1	100	完成上杭水电站最小生态下泄流量监测设备安装
2013	直接成本	环境污染综合治理	9	5 980	拆除养猪场 7 万 m²；削减存栏 5.25 万头；新砌护岸河堤、河道清淤，并完成相应的污染治理与污水、固体废物等综合处理设施建设
		水源涵养	5	7 105	完成人工造林更新、林分修护、建立绿色屏障等总计 16.04 万亩
	间接成本	污水处理设施建设	3	4 190	完成武平、长汀等县的污水集中处理设施的建设
合计				94 050.9	

7.3.2.4 流域生态补偿核算

根据韩江流域上下游供需状况确定流域补偿模型，各项指标如表 7-31 所示。

表 7-31 韩江流域上下游水资源供求分析   单位：亿 m³

区域	可利用水资源量	水资源需求量
福建省	117	79
广东省	148	106

由表 7-31 可知，韩江流域上下游水资源需求量均小于水资源可供给量，属于水生态盈余符合情景一的假设，因此引用公式：

$$\begin{cases} \dfrac{\mathrm{RWS}_b - \mathrm{RWF}_b}{\mathrm{RWS}_a - \mathrm{RWF}_a} \times \dfrac{\mathrm{RWS}_a}{\mathrm{RWS}_b} \times k = \dfrac{I'_a}{I'_b} \\[2mm] I_a + I_b = \mathrm{TI} \\[2mm] k = \dfrac{\mathrm{HDI}_a}{\mathrm{HDI}_b} \\[2mm] \mathrm{EC}_i = I_i - I'_i \end{cases} \qquad (7\text{-}39)$$

式中：a、b——分别代表流域福建省和广东省两个子区域；

$\quad k$——调整系数；

$\quad I_i$——各子区域实际环保投入；

$\quad \mathrm{TI}$——流域总的环保投入；

$\quad I'_i$——各子区域虚拟环保投入；

$\quad \mathrm{EC}_i$——各子区域生态补偿应获得或支付的生态补偿额。

1）当 $\mathrm{EC}_i \geqslant 0$ 时，为 i 地区获得补偿，获得额为 $|\mathrm{EC}_i|$；

2）当 $\mathrm{EC}_i \leqslant 0$ 时，为 i 地区支付补偿，支付额为 $|\mathrm{EC}_i|$。

经核算，福建省虚拟环保投入 I'_a 为 3.35 亿元，$\mathrm{EC}_i = 3.92$，因此福建省应接受补偿额为 3.92 亿元；广东省虚拟环保投入 I'_b 为 3.92 亿元，$\mathrm{EC}_i = -3.92$，因此广东省实际需支付补偿额为 3.92 亿元。因此福建省需承担流域 46% 的治理费用，广东省承担 54% 的治理费用。

7.3.2.5 生态补偿合理性分析

生态补偿的实施要以当地政府的支付能力作为前提，超出支付能力的赔偿影响当地正常经济发展，没有实际意义。

表 7-32 为全国各省（区、市）环保投资占地区生产总值的比例。

表 7-32　中国各省（区、市）环保投资占比　　　　　单位：%

地区	2007 年	2008 年	2009 年	2010 年	2011 年	2012 年	2013 年
全国	1.36	1.49	1.33	1.66	1.5	1.59	1.67
北京	1.98	1.46	1.72	1.64	1.31	1.92	2.22
天津	1.18	1.07	1.38	1.19	1.55	1.22	1.33
河北	1.24	1.29	1.44	1.82	2.54	1.83	1.73
山西	1.69	2.03	2.14	2.25	2.21	2.71	2.68
内蒙古	1.49	1.74	1.59	2.05	2.76	2.8	3.01
辽宁	1.14	1.22	1.35	1.12	1.69	2.75	1.28
吉林	0.96	0.93	0.91	1.43	0.96	0.87	0.81
黑龙江	0.83	1.19	1.26	1.27	1.21	1.59	2.08
上海	1.01	1.12	1.06	0.78	0.75	0.66	0.87
江苏	1.24	1.31	1.07	1.13	1.17	1.22	1.49
浙江	0.94	2.42	0.86	1.2	0.74	1.08	1.04
安徽	1.12	1.57	1.38	1.46	1.75	1.92	2.66
福建	0.84	0.77	0.71	0.88	1.13	1.13	1.3
江西	0.83	0.6	0.92	1.66	2.06	2.44	1.67
山东	1.24	1.39	1.36	1.24	1.35	1.48	1.55
河南	0.76	0.6	0.62	0.57	0.61	0.71	0.9
湖北	0.7	0.8	1.16	0.92	1.32	1.28	1.02
湖南	0.7	0.82	1.12	0.66	0.65	0.86	0.95
广东	0.49	0.46	0.61	3.08	0.62	0.46	0.57
广西	1.1	1.3	1.7	1.71	1.38	1.46	1.52
海南	1.22	0.87	1.19	1.14	1.11	1.57	0.85
重庆	1.55	1.32	1.68	2.22	2.59	1.64	1.37
四川	0.97	0.81	0.73	0.52	0.67	0.75	0.89
贵州	0.82	0.7	0.54	0.65	1.14	1.01	1.37
云南	0.63	0.77	1.29	1.47	1.34	1.28	1.68
西藏	0.15	0.05	0.61	0.06	4.66	0.57	3.5
陕西	1.17	1.1	1.46	1.77	1.23	1.25	1.38
甘肃	1.41	0.98	1.31	1.55	1.19	2.15	2.81
青海	1.35	1.88	1.13	1.26	1.57	1.27	1.75
宁夏	3.76	2.81	2.12	2.04	2.73	2.38	2.82
新疆	1	1.13	1.83	1.44	2.01	3.4	3.81

　　比较表 7-32 可知，广东省环保投入在全国各省（区、市）中处于较低水平，远低于北京、天津、上海、江苏以及浙江等经济发达地区，以及国家平均水平。广东省各方面发展在我国均处于发达水平，因此需对广东省环保投入占比进行适当调整。综合表 7-33 可以看出，2007—2013 年各地区环保投入占比基本上呈上升趋势，考虑今后环保越加重视，响

应国家号召，地区环保投入基本保持增长趋势，因此广东省环保投入占比取 2010—2013 年平均水平（1.61%）具有一定的合理性。

比较福建、广东两省地区生产总值，如表 7-33 和图 7-8 所示。

表 7-33　福建、广东两省地区生产总值　　　　　　　单位：亿元

	2007 年	2008 年	2009 年	2010 年	2011 年	2012 年	2013 年
广东省	31 777.01	36 796.71	39 482.56	46 013.06	53 210.28	57 067.92	62 163.97
福建省	9 248.53	10 823.01	12 236.53	14 737.12	17 560.18	19 701.78	21 759.64

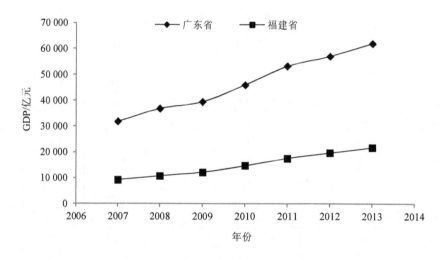

图 7-8　福建、广东两省地区生产总值

由表 7-33 与图 7-8 可以看出，广东省经济发展程度明显高于福建省，2007—2013 年，年均 GDP 约为福建省的 3 倍。因此在韩江流域的流域综合治理中，从公平角度出发，广东省应该承担更大的责任。

从环保资金的用途中可以发现，生态补偿仅是其中的一小部分，引用前人的研究结果，选取 5% 作为生态补偿资金占环保资金的比例，则对于广东省，其可承受的生态补偿额的公式为：

可承受生态补偿额=地区生产总值×环保投入占比×生态补偿资金占比

从图 7-8 可以看出，广东省地区生产总值逐年递增，因此地区生产总值选取 2010—2013 年的平均值（57 480.72 亿元）具有一定合理性。最终广东省可承受的生态补偿额为 46.13 亿元（46.13＞3.92），生态补偿额仅占全省可承受补偿额的 8%，因此对于广东省而言，支付 3.92 亿元的生态补偿额完全在其承受范围之内，对其经济产生影响不大。

7.4　汀江跨省流域水质监测能力建设方案

7.4.1　监测断面及采样要求

7.4.1.1　监测断面与考核因子

依据国务院批复的《全国重要江河湖泊水功能区划（2011—2030 年）》和汀江（韩江）跨省流域生态补偿方案中确定的汀江（韩江）跨闽粤省界断面及水质考核因子，见表 7-34。

表 7-34　汀江闽粤主要跨省断面及水质考核因子

闽粤交界断面	河流	闽粤交界缓冲区范围		水质考核因子	水质自动站
		起始断面	终止断面		
下坝乡—长潭水库（广东蕉岭）	石窟河	闽、粤省界上游 10 km	闽、粤省界下游 10 km（含长潭水库）	高锰酸盐指数、氨氮、总磷和铜	待建
永定汀江桥（入广东大埔）	汀江	闽、粤省界上游 10 km（福建棉花滩水库坝址上游 9 km）	闽、粤省界下游 10 km	高锰酸盐指数、氨氮、总磷和铜	已建（梅州大埔）
长乐乡—大东镇（广东大埔）	梅潭河	闽、粤省界上游 10 km（长乐双坝）	闽、粤省界下游 10 km	高锰酸盐指数、氨氮和总磷	待建（已规划）

7.4.1.2　采样要求

福建和广东两省监测人员须在采样断面同时采集水样，进行相同的前处理，然后分成两份样品，双方各取一份样品进行测试分析。如发生水污染事故，经一方提议，双方应及时进行应急监测。人工监测中水质超标较多的水样，按照水质监测相关技术规范对超标水样予以保留，以备仲裁监测时使用。如果自动监测站数据出现明显异常，经一方提议，双方应进行人工同步监测复核。

7.4.1.3　监测时间及频次

手工监测每月一次，自动监测每日 6 次。两省跨省断面监测数据实现共享，按规定时间报送中国环境监测总站核定。

7.4.1.4　质量保证

承担监测任务的单位需明确职责，严格执行《地表水和污水监测技术规范》（HJ/T

91—2002）及《环境水质监测质量保证手册》（第二版）的有关要求，对水质监测的全过程进行质量控制和质量保证。

监测断面采样要求执行《地表水和污水监测技术》。

监测分析方法采用《地表水环境质量标准》（GB 3838—2002）规定的方法。双方尽可能统一分析方法，如果采用其他监测方法需报中国环境监测总站备案，通过适用性检验并认可后才能使用。

采用的试剂、分析仪器等必须满足监测工作的需要，原则上双方采用的监测分析仪器需满足该方案所需的方法检测限和实验精度要求。

福建和广东两省环境监测中心站要加强对相关地市级环境监测站的技术指导，定期开展质量控制工作，保证监测数据质量。

7.4.1.5　评价方法

自动站监测数据按均值统计进行评价。手工监测数据采用福建和广东两省监测数据平均值进行评价。当一方无监测数据时则采用另一方的监测数据进行评价。

当两省对监测数据发生异议时（数据差异大于10%时），则由中国环境监测总站于当月月底前组织仲裁监测，当月数据认定以仲裁监测的监测结果为准。当两省对监测数据长期存有争议时，则采用双方现场采样第三方监测方式。

7.4.1.6　承担单位

中国环境监测总站组织福建和广东两省开展联合监测。福建省和广东省环境监测中心站负责各自境内水质自动站的建设和日常运行维护。

7.4.1.7　保障措施

为确保监测活动科学严谨，中国环境监测总站将以不定期组织现场抽测和标准样品考核相结合方式进行核查。

为了保护福建和广东两省汀江跨省界断面监测工作的顺利开展，福建和广东应加强相应水环境监测能力建设，增加日常监测运行经费，从监测网络、典型环境问题预警、应急监测等方面建立信息共享、水质通报机制。

福建省应将汀江（韩江）跨界断面水质监测能力建设项目纳入《福建省环境监管能力建设实施方案》，加强省界水质监测自动站建设，开展重金属污染因子监测，提升水质监测水平。

对负责断面监测的福建和广东的省、市级环境监测站应加强监测人员的培训和管理，确保监测人员持证上岗。

7.4.2 考核断面、项目及数据来源

依据国务院批复的《全国重要江河湖泊水功能区划（2011—2030 年)》，汀江（韩江）闽粤缓冲区水质目标为Ⅲ类，将其作为汀江跨界断面考核水质标准。

省界交界断面水质及水量为主要考核项目，水质指标暂定高锰酸盐指数、氨氮和总磷 3 项指标。同时，依据上游流域的水质现状和产业特点，石窟河和汀江增加考核特征污染物铜。

考核数据来源：交界断面水质以现有自动站数据为准，未设自动站的交界断面以闽粤两省生态环境部门共同采样监测数据为准，对监测结果有异议时，由双方协商解决或提请中国环境监测总站认定；年径流量以闽粤两省水利部门认可一致的水文监测数据为准，并报水利部认定。

7.5 汀江（韩江）流域生态补偿资金管理机制研究

2008 年修订的《中华人民共和国水污染防治法》明确了"国家通过财政转移支付等方式，建立健全对位于饮用水水源保护区区域和江河、湖泊、水库上游地区的水环境生态保护补偿机制"。

流域上下游省（区、市）通过签订跨省生态补偿协议明确各自责任、义务，协议期限暂定 3 年。财政部、环境保护部和水利部对协议编制和签订给予指导，对协议履行情况实施监管，与闽粤两省政府共同成立汀江（韩江）流域生态补偿委员会，建立补偿工作实施情况的通报、跟踪、督办机制和资金使用绩效审计、评估制度，保障补偿资金的有效使用。

汀江（韩江）流域生态补偿资金主要用于汀江（韩江）流域上游福建地区产业结构调整和产业布局优化、流域水环境综合治理、畜禽养殖及农业面源污染治理、农村城镇污水垃圾治理、重点工业企业污染防治、水源涵养、饮用水水源保护和生态环境建设等方面。

7.6 汀江（韩江）流域生态补偿实施及效果评估研究

7.6.1 已实施的汀江流域水环境补偿项目情况

据统计，"十一五"期间，上游福建省在汀江流域水环境保护与整治已经投入资金 44.8 亿元，主要用于流域生态林建设与保护、养殖业污染治理、水土流失治理、城乡污水垃

坂处理设施建设、小造纸等落后产能关闭淘汰等方面；"十二五"前 4 年，已投入整治资金 23.4 亿元；2015—2018 年，还计划投入 20.8 亿元资金，确保流域生态环境持续改善。

2012—2014 年，环境保护部、财政部支持长汀县汀江流域水环境补偿项目资金共计约 15 000 万元，专项用于长汀县开展汀江上游水污染防治，该项目的实施改善了区域内农村环境。

7.6.1.1 汀江生态补偿项目实施情况

（1）2012 年项目实施情况

2012 年，环境保护部、财政部支持长汀县汀江流域水环境补偿启动资金 5 000 万元，专项用于长汀县开展汀江上游水污染防治工作。长汀县在上级环保部门、财政部门的指导下，结合实际情况，确定了在涉及汀江源头和汀江流域水土流失重点区域等的 4 个乡镇开展水污染防治工作。其中，庵杰乡汀江源头水资源保护与整治 1 100 万元，新桥镇汀江沿岸片区水环境整治 1 800 万元，三洲镇农村环境整治及生态建设 1 000 万元，策武污水处理厂管网建设及南坑村生态文明示范村试点建设 1 100 万元。经过认真实施，完成了人工湿地、氧化塘、一体化设施等生活污水处理设施建设，生活污水截污管网建设，生活垃圾收集及转运设施建设，河道池塘清淤及生态护岸修筑，小型沼气池建设，人居饮水工程建设，畜禽养殖污染治理沼液灌溉系统建设，农村饮用水水源保护等设施建设，汀江源头及水土流失区植被生态得到修复。该项目于 2013 年完工，现已通过市级验收，并完成竣工决算。

（2）2013 年项目实施情况

为支持加强汀江水环境保护，促进汀江流域生态补偿机制建立，环境保护部、财政部 2013 年年底继续安排汀江流域水环境补偿资金 5 000 万元。长汀县结合实际拟定了实施项目并上报省级批准，其中，安排项目资金 1 900 万元，在县城上游的大同镇北部新区汀江沿岸开展生态环境建设与整治，建设 1.5 km 生态护岸及周边村庄生活污水收集及处理、生活垃圾收集及转运工程；安排项目资金 1 000 万元，在河田镇开展污水处理厂管网建设，建设污水处理厂配套管网工程；安排项目资金 1 450 万元，在未开展集镇生活污水处理的古城、濯田、童坊、涂坊、新桥等重点镇开展集镇生活污水收集及处理，建设 5 个镇集中式污水处理设施；安排项目资金 350 万元，在水土流失重点区域三洲镇开展污水管网建设，完善三洲镇生活污水收集管网；安排项目资金 300 万元，提升环境监测执法能力建设，完善现有环保监测执法能力，购置监测仪器、执法装备。

项目委托相关有资质的设计单位编制并设计实施方案，方案由县政府依据批复要求上报市环保局后，于 5 月和 6 月通过市级组织的项目实施方案评审并获市级批复。项目建设完成投资 1 030 万元。

（3）2014 年项目实施情况

2014 年，环保部、财政部继续安排长汀县汀江流域水环境补偿资金 5 000 万元，项目资金于 2014 年 6 月下达。长汀县结合实际拟定了实施项目并上报省级批准，其中，安排项目资金 3 400 万元，在长汀县城新区段实施污水处理设施及生态环境建设项目，建设县城新区段周边村生活污水处理设施及 3 km 左右生态护岸；安排项目资金 900 万元，在四都、馆前及宣成 3 个乡镇实施集镇生活污水处理设施建设项目，建设生活污水收集及处理设施；安排项目资金 500 万元，在汀江源头开展生态环境建设，建设庵杰乡汀江源头生态护岸；安排项目资金 200 万元，用于环保自身能力建设项目，提升环境监测及监察等环保自身能力。

7.6.1.2　生态补偿项目实施成效

2012 年度汀江流域水环境补偿启动资金项目的建成，改善了实施区域内农村环境。

1）完善了农村环保设施，建成了生活污水处理设施 145 套、生活垃圾收集及转运设施 692 套、饮用水水源保护设施 2 套；

2）提升农村污染防治能力，形成了日处理生活污水 1 778 t、生活垃圾 23 t 的处理规模；

3）改善农村环境面貌，通过村庄整治及房前屋后陈年垃圾清理等措施，使区域内村庄得到进一步的美化、绿化，村容村貌得到明显改善；

4）取得了明显的环境效益，区域内饮用水合格率达到 100%、农村生活垃圾定点存放率达到 100%、垃圾无害化处理率达到 90%、生活污水处理率达到 70%；

5）取得了良好的社会效益，项目的实施使区域内生态环境得到较大改善，受益人口达 4.1 万人以上，解决区域内 1.2 万人以上的饮水安全问题，同时民众对流域保护的意识得到进一步提升，在一定程度上提升了民众参与流域环境保护的自觉性，有效地促进了百姓生产生活方式的转变。

2012 年度汀江流域水环境补偿启动资金项目的实施，使项目区域内生态环境、流域环境得到较大改善，流域水环境质量保持良好水平。经监测，汀江流域县城上游十里铺省控断面、县城下游陈坊桥省控断面、美西大桥县际交界断面水质均能达到其执行的 II 类、IV 类、III 类水质标准，控制断面水质达标率 100%，汀江长汀段的水环境质量处于良好状态。

7.6.2　生态补偿实施水质改善指标

7.6.2.1　汀江流域各主要监控断面概况

根据福建省龙岩市环境监测站提供的资料，本研究收集了汀江（韩江）流域 2010—2015 年各主要监控断面的水质指标，见表 7-35 和图 7-9 至图 7-20。

表 7-35　汀江（韩江）流域 2010—2015 年各主要监控断面的水质　　　单位：mg/L

序号	测点名称	监测年份	高锰酸盐指数	氨氮	总磷
1	上杭水西渡大桥	2010	2.62	0.25	0.09
		2011	2.9	0.27	0.04
		2012	2.37	0.29	0.05
		2013	2.0	0.26	0.08
		2014	2.22	0.34	0.12
		2015	2.5	0.148	0.013
2	上杭李家坪	2010	2.57	0.31	0.07
		2011	2.90	0.27	0.04
		2012	2.37	0.29	0.05
		2013	2.00	0.26	0.08
		2014	2.22	0.34	0.12
		2015	2.12	0.40	0.11
3	上杭涧头	2010	2.58	0.35	0.07
		2011	2.80	0.36	0.04
		2012	2.78	0.32	0.04
		2013	2.07	0.29	0.12
		2014	3.02	0.34	0.12
		2015	1.75	0.41	0.16
4	棉花滩库区下游峰汀大桥	2010	2.80	0.24	0.11
		2011	2.07	0.08	0.07
		2012	2.03	0.22	0.08
		2013	1.82	0.15	0.11
		2014	1.77	0.10	0.13
		2015	1.63	0.11	0.11
5	东门大桥	2010	2.62	0.25	0.09
		2011	2.90	0.27	0.04
		2012	2.37	0.29	0.05
		2013	2.00	0.26	0.08
		2014	2.22	0.34	0.12
		2015	2.12	0.40	0.11
6	大沽滩大桥	2010	3.17	0.32	0.11
		2011	2.83	0.20	0.03
		2012	2.62	0.42	0.06
		2013	1.75	0.22	0.06
		2014	1.98	0.32	0.08
		2015	2.75	0.35	0.10

序号	测点名称	监测年份	高锰酸盐指数	氨氮	总磷
7	长汀县汀江上游十里铺	2010	2.10	0.13	0.08
		2011	2.10	0.17	0.07
		2012	1.73	0.12	0.06
		2013	1.75	0.15	0.08
		2014	1.70	0.20	0.07
		2015	1.37	0.31	0.07
8	县城下游省控断面陈坊桥	2010	2.08	0.61	0.16
		2011	2.38	0.78	0.15
		2012	2.22	0.50	0.12
		2013	2.22	0.54	0.15
		2014	2.83	0.87	0.18
		2015	1.97	0.79	0.21
9	县际交接断面美溪大桥	2010	2.75	0.60	0.09
		2011	2.08	0.25	0.10
		2012	2.07	0.33	0.09
		2013	2.13	0.46	0.17
		2014	3.17	0.53	0.17
		2015	2.12	0.61	0.17
10	下坝园丰电站（中山河）	2010	3.12	0.29	0.09
		2011	3.07	0.34	0.11
		2012	3.23	0.40	0.14
		2013	3.03	0.67	0.15
		2014	3.82	0.81	0.18
		2015	3.68	0.64	0.17
11	汀江下游广东境内青溪子	2011	1.94	0.24	0.06
		2012	2.20	0.19	0.06
		2013	2.85	0.21	0.09
		2014	2.38	0.18	0.09
		2015	2.55	0.29	0.06
12	上杭涧头干流	2012	1.98	0.23	0.05
		2013	2.30	0.29	0.12
		2014	2.80	0.34	0.12
		2015	2.43	0.41	0.16

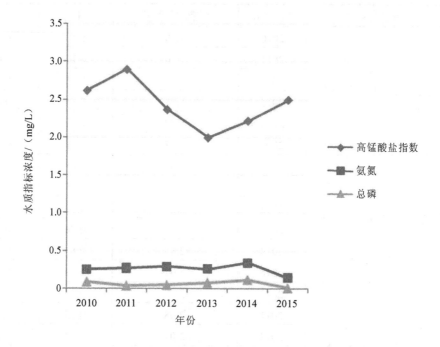

图 7-9 上杭水西渡大桥监控断面水质指标

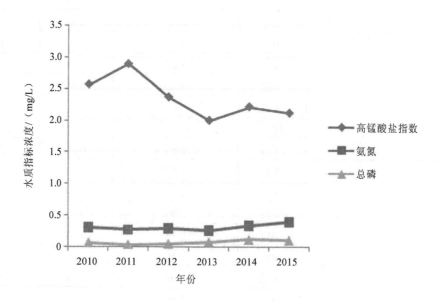

图 7-10 上杭李家坪监控断面水质指标

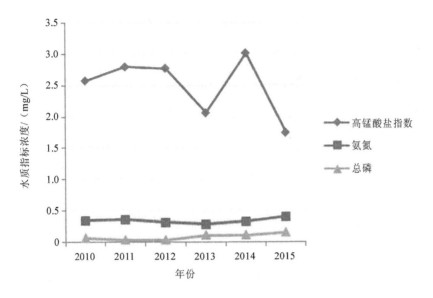

图 7-11　上杭涧头监控断面水质指标

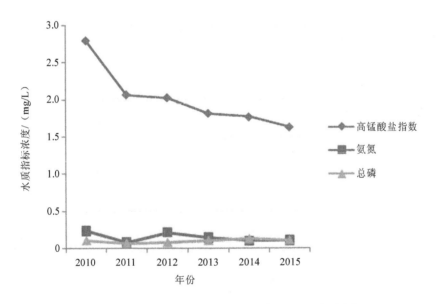

图 7-12　棉花滩库区下游峰汀大桥监控断面水质指标

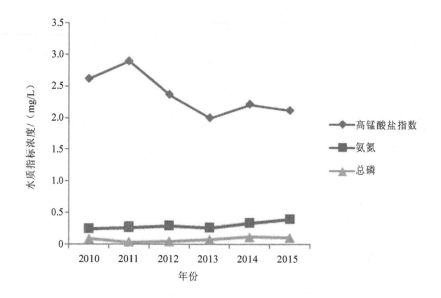

图 7-13　东门大桥监控断面水质指标

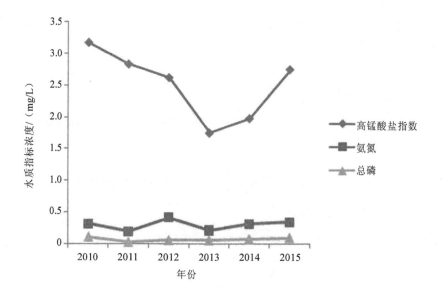

图 7-14　大沽滩大桥监控断面水质指标

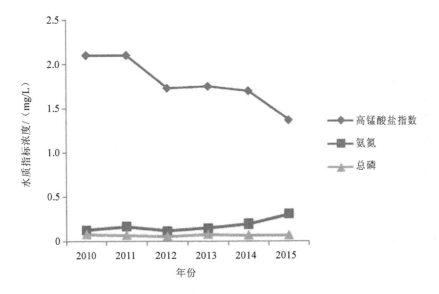

图 7-15 长汀县汀江上游十里铺监控断面水质指标

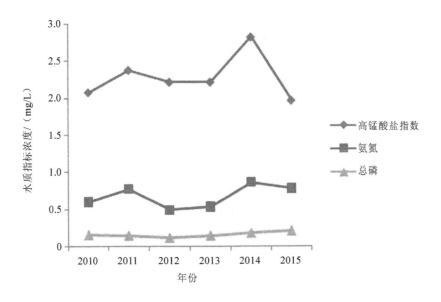

图 7-16 县城下游省控断面陈坊桥水质指标

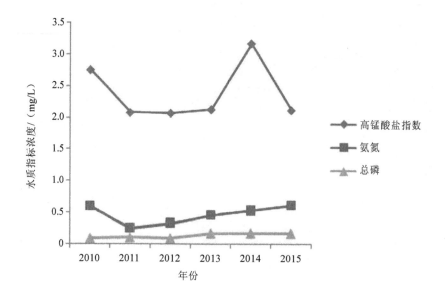

图 7-17 县际交界断面美溪大桥水质指标

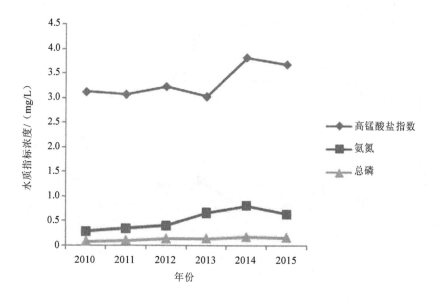

图 7-18 下坝园丰电站（中山河）监控断面水质指标

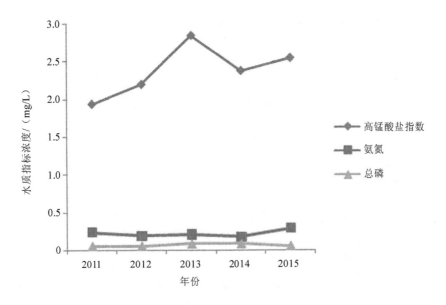

图 7-19 汀江下游广东境内青溪子监控断面水质指标

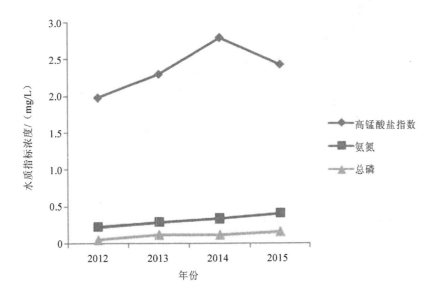

图 7-20 上杭涧头干流监控断面水质指标

根据收集的位于汀江各主要监控断面(图 7-9～图 7-20),2010—2015 年水质指标(高锰酸钾指数、氨氮和总磷)分析表明,2012—2014 年,环保部、财政部支持汀江流域水环境补偿资金共计约 1.5 亿元,专项用于长汀县开展汀江上游水污染防治工作,实施以来,汀江流域水质各指标总体呈改善趋势。各主要监控断面位置如图 7-21 所示。

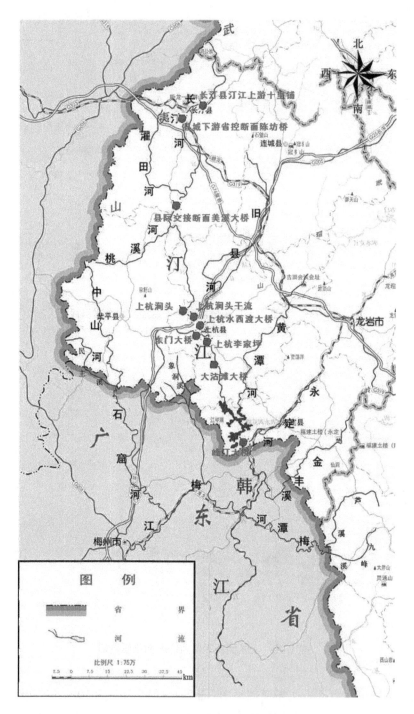

图 7-21   各主要监控断面位置

其中高锰酸钾指数指标改善较为明显，尤其是上杭李家坪、长汀县汀江上游十里铺、棉花滩库区下游峰汀大桥等断面水质指标改善效果最优。由此可见，汀江流域水环境补偿项目的实施取得较好的成效。

7.6.2.2　水质改善指标预测

结合相关规划及发展趋势，选取汀江流域上下游 5 个主要监控断面，以表 7-36 水质数据指标为基准（2010—2015 年数据），应用灰色预测模型 GM（1，1）预测 5 个主要监控断面 2016—2018 年水质指标数据。

表 7-36　主要监控断面预测水质数据　　　　　　　　　　单位：mg/L

序号	测点名称	预测年份	高锰酸盐指数	氨氮	总磷
1	上杭水西渡大桥	2016	2.1	0.21	0.06
		2017	2.01	0.20	0.07
		2018	1.93	0.19	0.06
2	上杭涧头	2016	1.99	0.38	0.23
		2017	1.85	0.40	0.32
		2018	1.72	0.41	0.44
3	棉花滩库区下游峰汀大桥	2016	1.55	0.12	0.14
		2017	1.46	0.11	0.16
		2018	1.37	0.11	0.18
4	大沽滩大桥	2016	2.12	0.36	0.13
		2017	2.04	0.39	0.16
		2018	1.97	0.41	0.21
5	长汀县汀江上游十里铺	2016	1.33	0.34	0.07
		2017	1.22	0.43	0.07
		2018	1.12	0.53	0.07

表 7-36 预测结果表明，生态补偿试点工作开展后，汀江流域水质总体呈现改善的趋势，尤其是高锰酸盐指数改善效果较为明显。

为了进一步详细预测水质指标的改善成效，本研究选取长汀县汀江上游十里铺断面和汀江下游棉花滩库区下游峰汀大桥作为分析断面，以 2013 年为界限（2012 年汀江流域水环境补偿资金开始启动），取收集到的 2010—2012 年 1 月、3 月、5 月、7 月、9 月、11 月水质监测数据作为基准，应用灰色模型 GM（1，1）预测各主要监控断面在实施水环境补偿前情景下 2013 年 1 月的水质指标数据，并通过收集到的 2013 年 1 月该监控断面的实际监测值进行对比，来研究水环境补偿项目实施前后的水质改善效果。

由于氨氮和总磷的数据组成，基础数据运算结果误差较大，因此选取高锰酸盐指数水质指标作为水质改善预测指标（其预测平均相对误差约 6%），各主要监控断面预测值与实际监测值见表 7-37。

表 7-37　主要监控断面预测水质数据　　　　　　　　单位：mg/L

监控断面	2013 年 1 月	实施水环境补偿前预测值	实施水环境补偿后实际监测值
长汀县汀江上游十里铺	高锰酸盐指数	1.72	1.60
上杭洞头		2.22	1.90
上杭水西渡大桥		2.44	1.10
大沽滩大桥		2.44	1.50
棉花滩库区下游峰汀大桥		1.74	1.60

根据表 7-37 预测结果，实施水环境补偿前各主要断面水质预测值明显大于实际的监测值，说明水环境补偿项目对汀江流域水质有一定的改善效果，实施水环境补偿后汀江流域水质总体呈现改善趋势。

7.6.3　生态补偿绩效综合评价模型

生态补偿绩效综合评价模型可以为生态补偿实施效果提供理论基础。模型评价结果可以为生态补偿的应用与管理提供科学依据。本研究构建生态补偿绩效综合评价模型，实现对生态补偿实施结果的定量化。

7.6.3.1　评价指标体系

根据福建省人民政府印发的《福建省重点流域生态补偿办法》（闽政〔2015〕4 号），对重点流域生态补偿金，按照水环境综合评分、森林生态和用水总量控制三类因素统筹分配至流域范围内的市、县。

资金分配因素指标及权重设置：

1）水环境综合评分因素占 70%的权重，资金按照各市、县水环境综合评分与地区补偿系数的乘积占全流域的比例进行分配。综合评分采用百分制，其中交界断面、流域干支流和饮用水水源水质状况 70 分，水污染物总量减排完成情况 15 分，重点整治任务完成情况 15 分。

2）森林生态因素占 20%的权重，资金分配到森林覆盖率高于全省森林覆盖率的市、县，其中，森林覆盖率指标占 10%的权重，按照各市、县森林覆盖率与去全省森林覆盖率之差和国土面积、地区补偿系数三者的乘积占全流域的比例进行分配；森林蓄积量指标占 10%的权重，资金按照各市、县森林蓄积量与地区补偿系数的乘积占全流域的比例进行分配。

3）用水总量控制因素占 10%的权重，资金分配到年实际用水总量低于用水总量控制目标的市、县，按照各市、县用水总量控制目标和该市、县实际用水总量之差与地区补偿系数的乘积占全流域的比例进行分配。

根据该规定，本研究建立生态补偿绩效综合评价指标体系，其结构如图 7-22 所示。评价指标体系分为 3 层，依次为目标层、准则层和指标层。其中目标层为生态补偿绩效综合评价指数，准则层为主要影响要素，包括水环境指标、森林生态指标和经济效益指标，指标层包括交界断面、流域干支流、饮用水水源水质状况等 10 个具体因素。

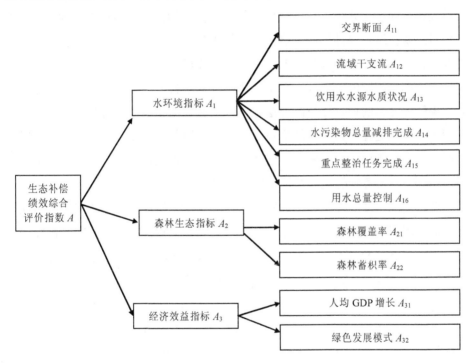

图 7-22　生态补偿绩效综合评价指标体系结构

7.6.3.2　评价指标定量标准

生态补偿绩效综合评价指标体系包含定量和定性两种指标，但是目前对于定量指标的量纲并没有形成统一的标准。为了使生态补偿绩效综合评价实现定量化，本研究结合各指标对生态补偿实施的影响程度，将其划分为优、良、一般和差 4 个等级，并依据《福建省重点流域生态补偿办法》建立指标的分级标准。

准则层：①水环境综合评分因素占 70%的权重；②森林生态因素占 20%的权重；③经济效益指标因素占 10%的权重。

7.6.3.3 评价方法

20 世纪 70 年代中期，美国匹兹堡大学教授萨蒂提出层次分析法。该方法首先把问题分解成各个组成因素，按支配关系分组形成层次结构，然后进行两两比较确定诸因素的权重，最终得到总排序。层次分析法是一种多目标决策分析方法，可以解决某些无法定量描述的决策问题。层次分析法可以把定性分析与定量分析相结合，可以将决策者的经验判断给予量化，特别适用于复杂的目标结构。其关键是求解判断矩阵最大特征根及其对应的最大特征向量，并决定排序权值。层次分析法的优点是能使评价因素量化并有效确定其相对重要程度。模糊层次分析法是将模糊数学与层次分析法相结合而形成的用于处理多准则、多方案决策的一种新的评价方法。模糊层次分析法与传统层次分析法的理论基础和步骤都是相同的，差别主要是使用模糊数来代替进行元素比较所采用的清晰数字，而且求解各元素的权重排序的方法也不同。在使用模糊层次分析法之前，必须对指标进行筛选与优化处理。该方法的优点是使难以使用数量表示的非定量指标，通过隶属度达到类似于定量指标的量化表示。应用模糊层次分析法计算权重时可以参照交通港站相关评价指标，将决策者的主观评价定性、定量相结合。

为了获得更高精度的评价值，本章采用模糊层次分析法。应用模糊层次分析法关键是进行模糊比例和一致性判断。两两指标间重要性比例 b_{ij} 表示在某准则下指标 X_i 控制指标 X_j 的程度。若 $b_{ij} \in S = \{1, 2, 3, 4, \cdots, 9\}$，则指标 X_i 与 X_j 的模糊比 $b_{ji} = (b_{ij}) - 1$。模糊数 $b_{ij} = (l_{ij}, m_{ij}, n_{ij}, s_{ij})$ 表示两两指标间重要性比较的结果，其中如果 $l_{ij}, m_{ij}, n_{ij}, s_{ij} \in S, l_{ij} \leq m_{ij} \leq n_{ij} \leq s_{ij})$，则 $b_{ji} = (b_{ij}) - 1 = (s_{ij} - 1, n_{ij} - 1, m_{ij} - 1, l_{ij} - 1)$。

设矩阵 X 为 $n \times n$ 阶模糊判断矩阵，其元素是指标 $X_1, X_2, X_3, \cdots, X_n$，$b_{ij}$ 为某层次两两指标间的重要性比，则 X 为模糊数判断矩阵。对于模糊判断矩阵 $X = (b_{ij})_{n \times n}$，其中 $b_{ij} = (l_{ij}, m_{ij}, n_{ij}, s_{ij})$ 对所有的 $i, j \in \{1, 2, 3, \cdots, n\}$，若存在实数 $B_{ij} \in \{m_{ij}, n_{ij}\}$（$i, j = 1, 2, \cdots, n$），使 $X = (B_{ij})_{n \times n}$ 为一致性判断矩阵，则模糊判断矩阵 X 为一致性模糊判断矩阵。

应用模糊层次分析法的主要步骤有：

（1）构建递阶层次结果模型

建立评价指标体系，将评价对象所包含的指标划分层次，包括目标层、准则层、具体指标层等，指明各层次指标间的结构与从属关系。

（2）建立体系模糊判断矩阵

若某一层次结构模型中含有 n 个层次，第 n 层有 mn 个元素，而且 $n \geq 2$，n 和 mn 都为正整数。对于第 $n - 1$ 层次的某一指标 $S_{xn} - 1$，$X = 1, 2, \cdots, mn - 1$，对第 n 层全部 mn 个指标进行两两比较，可得模糊判断矩阵 $S = (a_{ij})_{n \times n}$，对所有的 i 和 j，表示 i 指标

与 j 指标相比的相对重要程度的元素 $b_{ij}=(l_{ij},\ m_{ij},\ n_{ij},\ s_{ij})$ 为梯形模糊数。

（3）一致性检验和计算模糊权重

首先，进行一致性检验，若不符合一致性则进行调整直到满足一致性要求；其次，计算第 n 层指标 X_{in} 关于第 $n-1$ 层指标 $X_{in}-1$ 的模糊权重。

7.6.3.4　综合评价模型简介

本研究采用的评价模型综合表征模型与过程模型的特点，模型表达式为

$$A=\sum_{i=1}^{n}U_iW_i \tag{7-40}$$

式中：A——综合评价指数；

　　　U_i——第 i 种评价指标的得分；

　　　W_i——第 i 种评价指标的权重；

　　　n——参加评价指标的数量。

综合评价分级划分为好、良好、一般和差这 4 级，根据各指标的分布信息及其所对应的权重值，经过计算获得生态补偿绩效综合评价指数 A 的级别，并通过比较综合评价指数 A 的结果来确定评价效果。

根据建立的综合评价模型，从包括水环境指标、森林生态指标和经济效益指标三大主要影响要素，包括交界断面、流域干支流、饮用水水源水质状况等 10 个具体因素进行综合比较。指标间相对重要性的比较判断矩阵通过向从事生态保护研究的专家学者进行问卷调查获得。根据调查资料，采用 1～9 标度法对专家进行咨询调查，进行每两个因素之间的比较，确定两两因素相比的判断值 $Pu_j(u_i)$（表 7-38）。

表 7-38　评价指标间相互关系值

因素 u_i、u_j 相比较的重要程度等级	$Pu_j(u_i)$	$Pu_i(u_j)$
u_i 与 u_j 同等重要	1	1
u_i 比 u_j 稍微重要	3	1
u_i 比 u_j 明显重要	5	1
u_i 比 u_j 强烈重要	7	1
u_i 比 u_j 绝对重要	9	1
u_i 比 u_j 重要的程度介于各等级之间	2，4，6，8 之一	1

通过对本研究构建的综合评价指标模型体系里的两两指标比较，得到 $Pu_j(u_i)$，$Pu_i(u_j)$，$i,\ j=1,\ 2,\ 3,\ \cdots n$。令 $a_{ij}=Pu_j(u_i)/Pu_i(u_j)$，$i,\ j=1,\ 2,\ 3,\ \cdots n$，由 $n\times n$ 个 a_{ij}

可得判断矩阵 P，代入数据，经 MATLAB 计算，得到判断矩阵 P 的最大特征根值，并进行归一化得其特征向量，经计算得 CR=0.082 6＜0.1，判断矩阵具有满意的一致性。

通过专家调查法与层次分析法相结合，本研究得出综合评价模型各指标的权重。表 7-39 为二级评价指标的权重。

表 7-39　二级评价指标权重

指标	权重
交界断面	0.205
流域干支流	0.102
饮用水水源水质	0.162
水污染物总量减排完成	0.105
重点整治任务完成	0.105
用水总量指标	0.121
森林覆盖率	0.075
森林蓄积率	0.125
人均 GDP 增长	0.029
绿色发展模式	0.061

由表 7-39 可知，生态补偿实施效果评估中，交界断面为最主要影响因素，其次为饮用水水源水质。

为了方便对各评价指标进行模糊定量分析，更好地确定其所属的评价等级，本研究把评价集划为 4 个，与建立的综合评价指标分级相对应，分别为好、中等、一般、差。好对应的得分为 85～100 分，中等对应的得分为 75～85 分，一般对应的得分为 60～75 分，60 分以下为差。分别对水环境指标、森林生态指标、经济效益指标进行比较，根据评价指标值计算、分析和评价集划分标准，结合构建的综合评价模型进行运算，得到水环境补偿实施效果的最终得分是 87.8 分，评价结果与 7.6.2 节结论相符，因此本评价指标体系可以应用于汀江（韩江）流域生态补偿评估。

7.6.4　汀江（韩江）流域生态补偿资金保护与利用对策

7.6.4.1　联防联控，流域共治

各部门联动，合力推进。按照职能分工，采取各种措施努力促成资源共享、信息互补、通力合作、协调推进的工作机制，形成联动效应。执行和强化工作调度制度，严格做到调度细、安排实、推动快、效果好。以流域跨省界断面水质考核为依据，推动流域上下游福建、广东两省间建立横向水环境补偿机制，实行联防联控和流域共治，形成流

域保护和治理的长效机制。

福建、广东两省应不断完善流域水污染防治和生态环境保护的调控手段和政策措施，落实各级地方政府责任，共同推进流域生态环境综合整治，消除流域环境安全隐患。两省应加强联防联控和流域共治，建立统一的决策协商、信息通报、环评会商、联合执法和预警应急机制。

7.6.4.2　有针对性地展开流域综合整治

根据流域水资源利用总体情况，因地制宜制定相关流域治理方案。补偿资金主要用于汀江（韩江）流域上游福建省流域水污染综合整治、畜禽养殖污染治理和清拆补偿、环境基础设施和能力建设等工作。

7.6.4.3　建立流域利益共同体

针对流域产业布局现状，实现上下游的产业升级，创造流域投资共建的经济产业链，最大限度地利用流域各区域的环境容量，同时最大限度地发挥流域生态优势，促进当地旅游业发展，形成流域"生态共建、利益共享"的战略格局。

第8章　跨省于桥水库水源地保护经济补偿机制试点研究①

本章从跨省于桥水库流域实际出发，采用"3S"技术、InVEST 模型和生态完整性等理论确定了跨省流域生态补偿范围，构建了生态补偿资金核算和生态补偿资金分配方法。采用 PLOAD 模型和最佳管理模型（BMP）构建流域生态补偿绩效预测和评估方法，核算了不同流域管理和补偿方法可能对于桥水库流域产生的社会、经济和环境效益。

8.1　于桥水库开展跨省水源地经济补偿的基础

8.1.1　于桥水库概述

于桥水库流域自东向西跨越冀、津两省（市），区位关系相对简单。地理位置为东经 117°26′～118°12′、北纬 39°23′～40°23′，流域东西长 66 km，南北宽 50 km，总面积 2 060 km²。其中河北省境内流域面积 1 636 km²，约占全流域面积的 79%；下游的天津市境内的流域面积 424 km²，约占全流域的 21%（图 8-1）。

图 8-1　于桥水库

---

① 本章主要执笔人：张震、梅鹏蔚、周笑白、李泽利、赵兴华、韩龙、卞少伟、姜伟。

于桥水库地处燕山山脉边缘地带的州河盆地，位于天津北部蓟县城东 4 km 处，距离天津市区 115 km，是引滦入津工程重要的调蓄水库，也是天津市唯一的城市集中式饮用水水源地。根据水利部门提供的数据，2013 年于桥水库实际供水量为 8.868 亿 m^3，服务总人口为 812.5 万人，人均日生活用水量 109.1 kg。

于桥水库流域具有温带大陆性季风型的半湿润气候的特点，从山地到平原的地貌差异，导致水土资源赋存条件和人口经济承载状况的差异。流域上游富集的矿产资源对发展基础工业提供了充分的保障，丰富的水土资源为水产养殖、农业生产提供了得天独厚的自然条件。流域上游河北省承担着天津市 93%以上的生产、生活用水的供应任务，是流域下游天津地区重要的生态屏障和水源涵养地。但是随着经济的快速增长，流域上游河北省对经济开发的迫切愿望与下游天津市对水源地水质安全和生态环境保护要求间的矛盾日益突出。

8.1.2　于桥水库周边自然和社会经济状况

水是重要的基础性自然资源和战略性的经济资源。于桥水库周边及上游河网为区域居民提供了大量的水资源和生物资源，承载着巨大的自然和社会经济功能，是区域社会、经济、环境发展的重要支柱。

8.1.2.1　自然状况

于桥水库及上游河网区域属于我国的燕山纬向构造体系。在大地构造上处于燕山沉降带的南侧，地质历史古老，有太古界、元古界（震旦纪下中统）和第四纪地层。区域地形地势从东北向西南呈梯级下降，西北部是中山区；向南海拔逐渐降低成低山丘陵区；中部为平原，中道山在平原的中部将其分割成北山、北川、中山、南川、南山的"三山两川"的地貌格局。总体上说，区域由小面积的中山、大面积的低山丘陵和不连续的平原组成，以流水剥蚀地貌为主。

于桥水库及上游河网地区属温带大陆性季风型的半湿润气候。年平均气温为 10.4～11.5℃，全年气温 1 月最低，最低温度为-28.6℃，7 月最高，最高温度为 41.2℃。流域降水丰沛，多年平均降水量为 748.5 mm，降水的季节分配差异很大，主要集中在汛期 6—9 月，占多年平均降水量的 83.5%。多年平均蒸发量为 1 000 mm，北部山区为 900 mm。流域内光照充足，年光照平均时数为 2 813 h。无霜期 170～195 d。

该区域水系发达，河网密集。流域中的河流属海河流域的蓟运河东支州河水系，介于潮白河、滦河两大水系之间，是海河、滦河流域的重要水系之一。水系发源于燕山山脉，是雨水-地下水补给型，超渗产流，多为季节性河流。沙河、黎河与淋河为流域内的三大主要汇水河流。汇水主要包括流域内地表径流汇水、引滦输水和地下水汇入。

该地区土壤类型主要包括棕壤、褐土和潮土 3 种类型。从全国土壤分区来看，流域土壤类型应属于褐土地区。其中流域北部及东北部地区，主要为中山区，其土壤类型为褐土；以河北省遵化市为中心的中南部平原地区，其土壤类型为潮土；其余地区为丘陵，主要为棕壤的分布区。三大土壤类型从北向南、从山区到平原呈带状分布。区域矿产资源丰富、种类多、储量大。流域境内富集的矿产资源对建立基础工业提供了充足的保证。迁西县矿产资源比较丰富，目前已发现各类矿产 36 种，包括黑色金属矿产 3 种（铁、锰、铬），有色金属矿产 3 种（铜、锡、钼），贵金属矿产 1 种（金），稀有及稀土矿产 2 种（铷、稀土），冶金辅助矿产 3 种（石灰岩、白云岩、铸型砂），燃料矿产 1 种（煤），化学原料非金属矿产 3 种（磷、硫、蛇纹岩），建筑材料及其他非金属矿产 20 种。遵化境内已探明的矿藏 30 多种，主要有铁、金、锰、白云石、石英石等。蓟县是天津市固体矿产主要产地：能源矿产有煤；金属矿产有锰、钨、钼、金、铁；非金属矿产有水泥灰岩、建筑用白云岩（灰岩）、建筑用辉绿岩、陶瓷土（紫砂页岩）、冶金用白云岩、重晶石、硫铁矿、水泥配料黏土、水泥配料页岩、含钾岩石、大理石、海泡石、花岗石、硅石、麦饭石、建筑用砂、铸型用砂、泥炭、硼、砖瓦用黏土。

8.1.2.2　社会经济状况

于桥水库位于天津市的蓟县地区，上游河流流经河北省承德市的宽城县，唐山市的迁西县、遵化市和天津市的蓟县，是典型的跨省河流水库。4 个市县均为地广人稀的农业县，主要以农业人口为主。位于天津市境内的蓟县人口密度最大，达到 529 人/km²；而河北省宽城县人口密度最低，约为 120 人/km²。具体人口数量如表 8-1 所示。

表 8-1　2012 年于桥水库流域内各区县人口分布状况

地区			人口数量/万人	人口构成/%	
				非农业人口	农业人口
河北省	承德市	全市	376.9	—	—
		宽城县	23.5	14.1	85.9
	唐山市	全市	741.8	33.3	66.7
		迁西县	39.0	15.4	84.6
		遵化市	74.3	32.7	67.3
天津市		全市	993.2	62.1	37.9
		蓟县	84.2	18.3	81.7

数据来源：2012 年河北省、天津市国民经济与社会发展统计公报。

经济上，天津市蓟县充分发挥区域优势，以生态旅游为先导大力发展第三产业，呈现出生态与经济互促双赢、和谐发展的良好局面。河北省 3 个县市则以高能耗、高污染的钢铁产业为支柱产业，对资源的依赖性较高，区域内矿产、土地、水等资源、环境矛盾突出（表 8-2）。

表 8-2 2012 年于桥水库流域内各区县产业结构构成

地区			地区生产总值/亿元	产业构成/%		
				第一产业	第二产业	第三产业
河北省	承德市	全市	1 180.9	15.7	52.9	31.4
		宽城县	204	7.5	70.0	22.5
	唐山市	全市	5 861.6	9.1	59.2	31.7
		迁西县	390.8	5.3	65.2	29.5
		遵化市	520	6.5	60.6	32.9
天津市		全市	12 885.2	1.3	51.7	47.0
		蓟县	283.7	9.3	31.0	59.7

数据来源：2012 年河北省、天津市国民经济和社会发展统计公报。

蓟县 2012 年完成地区生产总值 283.7 亿元，全县人均生产总值 34 104 元。迁西县 2012 年完成地区生产总值 390.8 亿元，全县人均生产总值 99 390 元，其中水产养殖和钢铁冶炼对区域经济贡献较大。遵化市 2012 年完成生产总值 520 亿元，人均地区生产总值 69 958 元，其中钢铁产业占全市工业经济总量的 50% 以上，遵化市是华北地区重要的钢铁生产基地。宽城县 2012 年实现生产总值 204 亿元，人均国民经济生产总值为 86 809 元。蓟县的城镇和农村居民收入分别为 29 626 元和 13 571 元，高于唐山市和承德市的平均水平（表 8-3）。

表 8-3 2012 年于桥水库流域内各区县社会经济发展状况

地区			地区生产总值/亿元	人均地区生产总值/元	城镇居民人均收入/元	农村居民人均收入/元
河北省	承德市	全市	1 180.9	—	18 706	5546
		宽城县	204	86 809		
	唐山市	全市	5 861.6	—	24 358	10 698
		迁西县	390.8	99 390		
		遵化市	520	69 958		
天津市		全市	12 885.2	—	29 626	13 571
		蓟县	283.7	34 104		

数据来源：2012 年河北省、天津市国民经济和社会发展统计公报。

8.1.3 开展于桥水库跨省生态补偿的重要性

水是生命之源，是人类赖以生存且无可代替的营养物质。饮用水的好坏对人体健康有着直接而深远的影响。天津位于九河下梢，是古老的"水乡泽国"。然而由于天津经济迅速发展，人口剧增，用水量急剧加大，而主水源海河上游却由于修水库、灌溉农田等，流到天津的水量大幅度减少，20 世纪 70 年代后期开始天津供水严重不足。多年平均水资源量 15.7 亿 m^3，加上入境和外调水量，人均水资源占有量仅 370 m^3，是全国人均水资源占有量最少的特大城市。

为解决天津市的水资源短缺问题，20 世纪 80 年代初，中共中央、国务院决定实施引滦入津工程，即将滦河上游的潘家口和大黑汀两个水库的水引进天津市。于桥水库作为中转调蓄水库成为天津市人民生活饮用及工农业用水的主要来源，是目前天津市最重要的饮用水蓄存地。引滦调水数据显示，丰水年年均调水量在 7 亿 m^3 左右，近几年水量有所下降，为 4 亿～6 亿 m^3/a。自 1983 年引滦入津工程通水至今，于桥水库已累计向天津市安全供水 271.1 亿 m^3，不仅保证了城市人民的饮水安全，也极大地改善了天津市的投资环境和生态环境，2008 年被水利部列为全国重要饮用水水源地。

然而，由于华北平原水资源的短缺和区域经济发展对水资源需求的日益增加，流域上下游水资源需求与保护的矛盾频发。一方面，为保障天津人民的饮用水，上游河北地区的社会经济发展受到了很大的限制。另一方面，水库上游河北省及湖库周边蓟县地区的工农业经济发展中，大量点源、面源污染物直接或间接排入输水河道，水库水质有所下降，富营养化日趋明显，给天津市饮用水安全造成了极大的隐患。要从根本上解决流域水污染问题、保障天津市的饮用水安全，必须与河北省和蓟县形成合力，在健全流域综合管理的法律法规和政策措施的同时，开展流域生态补偿，"刚柔并济"保障流域生态健康和可持续发展。

8.1.4 开展于桥水库跨省流域生态补偿的基础

我国目前已经具备了建立生态补偿机制的政治意愿、科学研究基础和实践基础。

8.1.4.1 生态补偿的政治意愿

从政策和法律上，国家高度重视流域生态补偿的发展。1996 年，国务院颁布的《国务院关于环境保护若干问题的决定》中首次明确了生态补偿的原则，即"污染者付费，利用者补偿，开发者保护，破坏者恢复"原则和"排污费高于污染治理成本"原则，为流域生态补偿机制的建立奠定了法律基础。中央政府和许多地方积极试验示范，探索开展流域生态补偿的途径和措施。2005 年 12 月颁布的《国务院关于落实科学发展观　加强环境保护的决定》、2006 年颁布的《中华人民共和国国民经济和社会发展第十一个五年规划纲要》等文件都明确提出，要尽快建立生态补偿机制。为了建立促进生态保护和建设的长效机制，党中央、国务院又提出"按照谁开发谁保护、谁破坏谁治理、谁受益谁补偿的原则，加快建立生态补偿机制"。2008 年颁布的《中华人民共和国水污染防治法》明确提出，通过财政转移支付等方式，建立健全对流域上游地区的生态保护补偿机制。党的十八大将"深化资源性产品价格和税费改革，建立反映市场供求和资源稀缺程度、体现生态价值和代际补偿的资源有偿使用制度和生态补偿制度"列入了党的十八大及十八届三中全会报告中。党的十八届四中全会《中共中央关于全面推进依法治国若干重大问题的决定》同党的十八届三中全会确定的生态文明体制改革任务相配合，从产权开发保护、生态补偿、污染防治的全过程，提出建立生态文明法律制度的重点任务。

同时，河北省和天津市也高度重视于桥水库的流域生态补偿。上游的河北省一直在积极推动与天津市建立跨流域的生态补偿机制，在全国"两会"呼吁，按照"谁受益、谁补偿"的原则，推动京津冀三省（市）建立流域补偿机制，共同设立补偿资金，专项用于流域上游生态建设。天津市积极响应国家流域补偿的号召，不仅拟定《引滦入津生态补偿实施方案》《引滦入津生态补偿试点监测方案》《关于引滦入津生态补偿协议》等文件，还通过构建联动机制，设立津冀合作引滦工程上游水污染治理项目治理上游水环境污染。这体现了双方共同协作，保护于桥水库流域水生态环境质量的共同意愿。

8.1.4.2　生态补偿的理论与实践基础

近年来，我国开展了大量的生态补偿理论的生态补偿实践研究工作，为于桥水库生态补偿奠定了一定的基础。

我国科研工作者在补偿理论、补偿方法、补偿额度等方面开展了大量的研究。理论方面，钱水苗、卢祖国、王军等分别从环境角度、循环经济角度、法律角度解读了流域生态补偿的概念和内涵。刘桂环、郑海霞对流域生态补偿的原理展开了深入的阐述。补偿方法方面，周大杰、卢祖国等多数研究人员建议以资金补偿、实物补偿、政策补偿、智力补偿的方式补偿环境保护方，袁文华、孙曰瑶提出可以通过商标注册、品牌授权等无形资产参与流域生态补偿。补偿额度方面，许多学者对补偿核算方法和资金分配方法开展了大量研究，构建了生态系统服务功能价值的核算方法、基于生态保护与建设成本的核算方法、基于发展机会成本的核算方法、基于意愿价值评估（CVM）的核算方法、基于水资源价值的核算方法、基于水足迹核算方法等多种方法，而资金分配方法也包括基于跨界断面水质的分配法和基于居民生活水平的分配法。在补偿金的筹集问题上，研究人员从补偿金的筹集方式、渠道和费率等方面开展了多项研究。周大杰等认为补偿资金的来源可包括生态补偿费和生态补偿税、优惠信贷、生态补偿基金和国外贷款。朱岗等提出政府支付应是资金来源的主要方面，而加强上一级政府的纵向转移支付力度以及调节流域上游地区的财政支出结构对加大流域生态保护力度可以产生很好的刺激作用。这些理论和方法为流域生态补偿提供了必要的理论支撑。

从实践和示范上，我国多省（区、市）提出了有关生态补偿方法和管理意见的建议稿，部分流域开展了试点工作。一方面，地方政府在国家流域补偿机制的框架内推出了流域生态补偿的相关政策和方法建议，在目标、原则、资金保障、补偿额度、补偿原则等多个方面开展了实践工作。2005 年国内首个省级生态补偿文件《浙江省人民政府关于进一步完善生态补偿机制的若干意见》，对本省的流域生态补偿提出了框架性意见。2007 年福建省下发了《福建省闽江、九龙江流域水环境保护专项资金管理办法》，规范了闽江、九龙江流域水环保专项资金使用和管理。2008 年辽宁省颁发的《跨行政区域河流出市断面水质目标考核暂行办法》规定跨行政区域河流出市断面水质目标考核要求和方法。2009 年河北省颁布了《关于实行跨界断面水质目标责任考核通知》，明确了排污超标区域试行生态补偿金扣缴方法。此外，山东、河南、天津、北京、江苏等地区也结合自身的流域特点，先后颁布了相应的流域生态补偿法规和政策。另一方面，我国还在各大流域开展了流域补偿试点工作，如辽河流域、巢湖流域、太湖流域、闽江流域等多地开展了一些具有可操作性的生态补偿工作，其中省内的补偿工作进展较为顺利。2011 年，新安江流域启动流域补偿试点工作，成为全国首个实现跨省流域补偿的试点。天津市也提出了《引滦流域跨省水环境生态补偿实施方案（初稿）》，该方案提出了省际间补偿的方法，而引滦流域纳入国家水专项——"流域生态补偿与污染赔偿研究"的地方试点。流域补偿方法和示范工程为全国流域生态补偿工作不仅开辟了补偿的途径，还提供了经验和教训，为保护于桥水库水生态环境的可持续利用、保障地区经济的可持续发展提供了范例。

8.1.5 开展于桥水库跨省流域生态补偿的理论及实际意义

流域生态补偿研究是深入贯彻党的十八大精神，实现流域上下游经济和生态环境和谐发展的重要途径。我国流域经济补偿研究开展较晚，补偿理论和机制尚有待进一步完善，实践经验较少。因此，在于桥水库开展流域补偿示范具有重要的理论和实际意义。

8.1.5.1 理论意义

从理论角度上讲，研究跨省流域生态补偿机制主要有两方面的意义：一是完善跨省流域生态补偿机制研究，丰富现有的生态补偿理论。流域生态补偿已经被我国诸多学者从补偿的方式、标准等方面进行过多层次的探讨研究，但有关流域生态补偿的研究和试点针对的几乎都是省内行政区域的流域，对于跨省流域生态补偿制度的研究却很少。本研究将以于桥水库作为具体案例，对跨省流域生态补偿制度的构建、实施、保障和绩效开展更细致、更深入的研究，弥补我国跨省流域补偿理论研究中的不足。二是跨省流域生态补偿制度研究的成果可以被生态补偿立法借鉴，促进生态补偿法律制度的建立及环境经济政策的完善。通过对跨省流域生态补偿的标准、实施方式的研究，分析水资源污染和利用中的责任方，实现对水资源的保护和立法，从法律的角度严控水环境质量，保障人民群众生产、生活的需求。

8.1.5.2　实践意义

我国跨省界河众多，近 30% 的国土面积分布在跨省行政区域的大江大河，如东江、新安江、淮河、海河、辽河等。许多流域的生态环境保护都面临环境与经济利益分配错位的问题。我国河流自西向东流入海洋，上游地区往往是生态环境相对脆弱、经济发展相对落后的内陆地区；而下游往往是经济相对发达的地区。上游要保障下游的水资源安全，需要付出巨大的成本，耗费大量的人力、物力，甚至牺牲发展自身经济的权利；而下游作为水资源保护的受益方，对上游水体保护的经济支持较少。这就造成了投资和分配不均的现象，导致上下游贫富差距持续加大，地区水环境保护和经济发展矛盾重重。

跨省流域生态补偿机制的建立将给保护流域生态环境的上游省（区、市）更多的经济补偿，支持上游省（区、市）增强造血功能，发展自身经济，通过协调好各地区在河流利用过程中的利益关系，化解上下游省（区、市）之间因流域水资源开发利用而引起的省级行政区之间的利益冲突，促进流域内上下游间的协调发展。

8.2　于桥水库流域水环境状况评估

于桥水库水质等级和污染排放状况是确定于桥水库流域生态补偿的基础。本研究对于桥水库流域的水环境开展了监测评估工作，分析了于桥水库水环境现状。

8.2.1　水环境监测方法

8.2.1.1　监测断面

供水源头潘家口水库水质监测断面共有 5 个，分别是鲍河口断面、燕子岭断面、横城子断面、潘家口断面、潘坝上断面；大黑汀水库水质监测断面 2 个，分别是大黑汀水库张家庄和大黑汀水库坝前。

于桥水库流域上游除承担引滦输水任务的黎河外，还包括对引滦水质有影响的沙河和淋河，3 条河流是于桥水库的主要入库水源。根据黎河的隧洞出口，蓟县黎河桥、果河桥，沙河的沙河桥和淋河的淋河桥 5 个监测断面水环境质量来反映于桥水库流域上游入库河流水质状况。

于桥水库水质监测断面共有 3 个，分别是于桥水库三岔口、库中心、于桥坝下。水生生物监测点位 5 个，分别是于桥水库三岔口、东马坊、库中心、九百户、于桥坝下。

8.2.1.2 监测频次

引滦上游入库河流、于桥水库水体水质全年实施月监测；水生生物调查时间为 5 月（春）、8 月（夏）和 10 月（秋），每月开展 1 次，共分 3 次对于桥水库浮游植物进行取样调查。

8.2.1.3 监测指标

地表水水质监测指标选取 pH、溶解氧、高锰酸盐指数、生化需氧量、氨氮、挥发酚、石油类、汞、铅等项目。水库水质监测指标增加总氮和总磷。

地表水水质监测指标为：《地表水环境质量标准》（GB 3838—2002）表 1 中除水温、总氮、粪大肠菌群以外的 21 项指标。水温、总氮、粪大肠菌群作为参考指标单独评价（河流总氮除外）。

地表饮用水水源地每月监测《地表水环境质量标准》（GB 3838—2002）表 1 中的基本项目（23 项，COD 除外）、表 2 中的补充项目（5 项）和表 3 中的部分特定项目（前 35 项），共 63 项。

湖库型地表饮用水水源地 110 项全分析指标为：①28 项指标：《地表水环境质量标准》（GB 3838—2002）表 1 中的基本项目和表 2 中的补充项目共 28 项指标（COD 除外，河流型饮用水水源不评价总氮）；②35 项指标：《地表水环境质量标准》（GB 3838—2002）表 3 中的特定项目中前 35 项；③45 项指标：《地表水环境质量标准》（GB 3838—2002）表 3 中的特定项目后 45 项；④湖泊（水库）营养状态补充指标：叶绿素 a 和透明度。

水库营养状态监测指标为：叶绿素 a（chla）、总磷（TP）、总氮（TN）、透明度（SD）和高锰酸盐指数（COD$_{Mn}$）共 5 项。

水生生物监测指标为：监测于桥水库浮游生物群落结构和特征，包括种类组成、生物密度、生物量、丰富度、均匀度、优势度指数等。

8.2.2　水环境评价方法

本研究依据《地表水环境质量标准》（GB 3838—2002）、《地表水环境质量评价办法（试行）》和《全国城市饮用水水源地安全状况评价技术细则》对监测指标进行评价。

8.2.2.1　水质评价

（1）评价方法

河流断面水质类别评价采用水质类别判定法即单因子评价方法，将地表水环境质量标准中规定的污染指标限值与实际监测值比较，选取污染最严重指标的级别作为该断面水质级别。

库区水质评价先按时间序列计算水库库区年内各个点位的各个评价指标浓度的算术平均值作为单位年均值，再按空间序列计算水库库区内所有监测点位的各个评价指标浓度的算术平均值作为水库年均值，最后进行评价。

评价时段内，断面水质为"优"或"良好"时，不评价主要污染指标。断面水质超过Ⅲ类标准时，先按照不同指标对应水质类别的优劣，选择水质类别最差的前三项指标作为主要污染指标。当不同指标对应的水质类别相同时计算超标倍数，将超标指标按其超标倍数大小排列，取超标倍数最大的前三项为主要污染指标。当氰化物或铅、铬等重金属超标时，优先作为主要污染指标。

$$超标倍数 = \frac{某指标的浓度值 - 该指标的Ⅲ类水质标准}{该指标的Ⅲ类水质标准} \qquad (8\text{-}1)$$

（2）地表水环境质量标准

地表饮用水水源评价依据《地表水环境质量标准》（GB 3838—2002）的要求，基本项目为表 8-4 中的Ⅱ类、Ⅲ类标准，补充项目为表 8-5 和特定项目为表 8-6 分别对应的标准限值为达标限值。客观评价于桥水库流域水环境质量及其变化趋势。

表 8-4　地表水环境质量标准基本项目标准限值　　　　　　　　单位：mg/L

序号	项目		Ⅰ类	Ⅱ类	Ⅲ类	Ⅳ类	Ⅴ类
1	水温		人为造成的环境水温变化应限制在： 周平均最大温升≤1℃ 周平均最大温降≤2℃				
2	pH（量纲一）		6～9				
3	溶解氧	≥	饱和率90% （或7.5）	6	5	3	2

序号	项目		I类	II类	III类	IV类	V类
4	高锰酸盐指数	≤	2	4	6	10	15
5	化学需氧量（COD）	≤	15	15	20	30	40
6	五日生活需氧量（BOD_5）	≤	3	3	4	6	10
7	氨氮（NH_3-N）	≤	0.15	0.5	1.0	1.5	2.0
8	总磷（以P计）	≤	0.02 （湖、库 0.01）	0.1 （湖、库 0.025）	0.2 （湖、库 0.05）	0.3 （湖、库 0.1）	0.4 （湖、库 0.2）
9	总氮（湖、库，以N计）	≤	0.2	0.5	1.0	1.5	2.0
10	铜	≤	0.01	1.0	1.0	1.0	1.0
11	锌	≤	0.05	1.0	1.0	2.0	2.0
12	氟化物（以F^-计）	≤	1.0	1.0	1.0	1.5	1.5
13	硒	≤	0.01	0.01	0.01	0.02	0.02
14	砷	≤	0.05	0.05	0.05	0.1	0.1
15	汞	≤	0.000 05	0.000 05	0.000 1	0.001	0.001
16	镉	≤	0.001	0.005	0.005	0.005	0.01
17	铬（六价）	≤	0.01	0.05	0.05	0.05	0.1
18	铅	≤	0.01	0.01	0.05	0.05	0.1
19	氰化物	≤	0.005	0.05	0.2	0.2	0.2
20	挥发酚	≤	0.002	0.002	0.005	0.01	0.1
21	石油类	≤	0.05	0.05	0.05	0.5	1.0
22	阴离子表面活化剂	≤	0.2	0.2	0.2	0.3	0.3
23	硫化物	≤	0.05	0.1	0.2	0.5	1.0
24	粪大肠菌群/（个/L）	≤	200	2 000	10 000	20 000	40 000

表 8-5 集中式生活饮用水地表水源地补充项目准限值   单位：mg/L

序号	项目	标准值
1	硫酸盐（以SO_4^{2-}计）	250
2	氯化物（以Cl^-计）	250
3	硝酸盐（以N计）	10
4	铁	0.3
5	锰	0.1

表 8-6　集中式生活饮用水地表水源地特定项目准限值　　　　单位：mg/L

序号	项目	标准值	序号	项目	标准值
1	三氯甲烷	0.06	41	丙烯酰胺	0.000 5
2	四氯化碳	0.002	42	丙烯腈	0.1
3	三溴甲烷	0.1	43	邻苯二甲酸二丁酯	0.003
4	二氯甲烷	0.02	44	邻苯二甲酸二(2-乙基己基)酯	0.008
5	1,2-二氯乙烷	0.03	45	水合肼	0.01
6	环氧氯丙烷	0.02	46	四乙基铅	0.000 1
7	氯乙烯	0.005	47	吡啶	0.2
8	1,1-二氯乙烯	0.03	48	松节油	0.2
9	1,2-二氯乙烯	0.05	49	苦味酸	0.5
10	三氯乙烯	0.07	50	丁基黄原酸	0.005
11	四氯乙烯	0.04	51	活性氯	0.01
12	氯丁二烯	0.002	52	滴滴涕	0.001
13	六氯丁二烯	0.000 6	53	林丹	0.002
14	苯乙烯	0.02	54	环氧七氯	0.000 2
15	甲醛	0.9	55	对流磷	0.003
16	乙醛	0.05	56	甲基对流磷	0.002
17	丙烯醛	0.1	57	马拉硫磷	0.05
18	三氯乙醛	0.01	58	乐果	0.08
19	苯	0.01	59	敌敌畏	0.05
20	甲苯	0.7	60	敌百虫	0.05
21	乙苯	0.3	61	内吸磷	0.03
22	二甲苯①	0.5	62	百菌清	0.01
23	异丙苯	0.25	63	甲萘威	0.05
24	氯苯	0.3	64	溴清菊酯	0.02
25	1,2-二氯苯	1.0	65	阿特拉津	0.003
26	1,4-二氯苯	0.3	66	苯并[a]芘	2.8×10^{-6}
27	三氯苯②	0.02	67	甲基汞	1.0×10^{-6}
28	四氯苯③	0.02	68	多氯联苯⑥	2.0×10^{-5}
29	六氯苯	0.05	69	微囊藻毒素-LR	0.001
30	硝基苯	0.017	70	黄磷	0.003
31	二硝基苯④	0.5	71	钼	0.07
32	2,4-二硝基甲苯	0.000 3	72	钴	1.0
33	2,4,6-三硝基甲苯	0.5	73	铍	0.002
34	硝基氯苯⑤	0.05	74	硼	0.5
35	2,4-二硝基氯苯	0.5	75	锑	0.005
36	2,4-二氯苯酚	0.093	76	镍	0.02
37	2,4,6-三氯苯酚	0.2	77	钡	0.7
38	五氯酚	0.009	78	钒	0.05
39	苯胺	0.1	79	钛	0.1
40	联苯胺	0.000 2	80	铊	0.000 1

注：①二甲苯：指对-二甲苯、间-二甲苯、邻-二甲苯。

　　②三氯苯：指1,2,3-三氯苯、1,2,4-三氯苯、1,3,5-三氯苯。

　　③四氯苯：指1,2,3,4-四氯苯、1,2,3,5-四氯苯、1,2,4,5-四氯苯。

　　④二硝基苯：指对-二硝基苯、间-二硝基苯、邻-二硝基苯。

　　⑤硝基氯苯：指对-硝基氯苯、间-硝基氯苯、邻-硝基氯苯。

　　⑥多氯联苯：指 PCB-1016、PCB-1221、PCB-1232、PCB-1242、PCB-1248、PCB-1254、PCB-1260。

8.2.2.2　营养状态评价

（1）评价方法

参照原环境保护部发布的《地表水环境质量评价方法（试行）》，采用综合营养状态指数［TLI（∑）］来评价于桥水库的营养状态。

综合营养状态指数计算公式如下：

$$TLI(\sum)=\sum_{j=1}^{m}W_j \cdot TLI(j) \tag{8-2}$$

式中：TLI（∑）——综合营养状态指数；

　　W_j——第 j 种参数的营养状态指数的相关权重；

　　TLI（j）——第 j 种参数的营养状态指数。

以 chla 作为基准参数，则第 j 种参数的归一化的相关权重计算公式为

$$W_j = \frac{r_{ij}^2}{\sum_{j=1}^{m}r_{ij}^2} \tag{8-3}$$

式中：r_{ij}——第 j 种参数与基准参数 Chla 的相关系数；

　　m——评价参数的个数。

中国湖泊（水库）的 Chla 与其他参数之间的相关关系 r_{ij} 及 r_{ij}^2 见表 8-7。

表 8-7　中国湖泊（水库）部分参数与 chla 的相关关系 r_{ij} 及 r_{ij}^2 值

参数	chla	TP	TN	SD	COD_{Mn}
r_{ij}	1	0.84	0.82	−0.83	0.83
r_{ij}^2	1	0.705 6	0.672 4	0.688 9	0.688 9

各项目营养状态指数计算：

$$TLI（Chla）= 10 \times（2.5+1.086\times\ln Chla）$$

$$TLI（TP）= 10 \times（9.436+1.624\times\ln TP）$$

$$TLI（TN）= 10 \times（5.453+1.694\times\ln TN）$$

$$TLI（SD）= 10 \times（5.118-1.94\times\ln SD）$$

$$TLI（COD_{Mn}）=10\times（0.109+2.661\times\ln COD_{Mn}）$$

式中：Chla 单位为 mg/m^3；SD 单位为 m；其他指标单位均为 mg/L。

（2）评价标准

将综合营养状态指数［TLI（∑）］采用 0～100 的一系列连续数字对水库营养状态进

行分级，分级标准见表 8-8。

表 8-8 水库营养状态评价分级标准

分级标准	营养状态
TLI（$\sum$）<30	贫营养
30≤TLI（$\sum$）≤50	中营养
TLI（$\sum$）>50	富营养
50<TLI（$\sum$）≤60	轻度富营养
60<TLI（$\sum$）≤70	中度富营养
TLI（$\sum$）>70	中度富营养

8.2.2.3 水生生物评价

（1）评价方法

根据各监测点位浮游植物所获样品的生物密度，采用 Pielou 均匀度指数（J）和 Margalef 丰富度指数（d）对浮游植物多样性进行评价。计算公式分别为

Pielou 均匀度指数（J）

$$J = \frac{H'}{\log_2 S} \tag{8-4}$$

式中：H'——种类多样性指数；

　　　S——样品中的种类总数。

Margalef 丰富度指数（d）

$$d = \frac{S-1}{\log_2 N} \tag{8-5}$$

式中：S——样品中的种类总数；

　　　N——同一样品中的个体总数。

（2）评价标准

Pielou 均匀度指数评价分级标准见表 8-9。

表 8-9 均匀度指数评价分级标准

分级标准	污染程度
J≥0.8	清洁水域
0.5≤J<0.8	轻污染
0.3≤J<0.5	中度污染
0≤J<0.3	重污染

Margalef 丰富度指数评价分级标准见表 8-10。

表 8-10　丰富度指数评价分级标准

分级标准	污染程度
$d \geqslant 3.0$	清洁水域
$2.0 \leqslant d < 3.0$	轻污染
$1.0 \leqslant d < 2.0$	中度污染
$0 \leqslant d < 1.0$	重污染

8.2.3　于桥水库流域水环境现状

根据于桥水库流域特征，可以将于桥水库流域分为 3 个部分：供水源头潘家口水库、大黑汀水库，入库河流黎河、沙河、淋河，饮用水水源地于桥水库。

8.2.3.1　流域水质评价

对水质进行评价及时空变化分析，综合反映于桥水库流域的水质状况。

（1）潘家口水库、大黑汀水库水质评价

2013 年 4 月和 8 月对引滦入津工程供水源头潘家口水库、大黑汀水库水质进行监测。监测结果表明，潘家口水库、大黑汀水库水质较差，各断面均为劣Ⅴ类水质，总氮和总磷为主要污染指标。

潘家口水库总氮均值为 4.85 mg/L，超过地表水Ⅲ类标准 3.85 倍，各断面监测的浓度范围值为 4.15～5.54 mg/L，样本超标率为 100%，最大值出现在 4 月，监测结果为 5.54 mg/L，超标 4.54 倍。总磷均值为 0.082 mg/L，超过地表水Ⅲ类标准 0.63 倍，各断面监测的浓度范围值为 0.050～0.150 mg/L，样本超标率为 100%，最大值出现在 8 月，横城子断面监测结果为 0.150 mg/L，超标 2 倍。

大黑汀水库总氮均值为 5.62 mg/L，超过地表水Ⅲ类标准 4.62 倍，各断面监测的浓度范围值为 4.96～6.30 mg/L，样本超标率为 100%，最大值出现在 8 月，张家庄断面监测结果为 6.30 mg/L，超标 5.3 倍。总磷均值为 0.080 mg/L，超过地表水Ⅲ类标准 0.6 倍，各断面监测的浓度范围值为 0.050～0.110 mg/L，样本超标率为 75%，最大值出现在 4 月，大黑汀水库坝前断面监测结果为 0.110 mg/L，超标 1.2 倍。

（2）入库河流水质现状

河流是流域与水库生态环境联结的主要纽带和通道。入库河流带着流域污染信息进入水库，河道污染物输入是于桥水库主要的外源性污染源，是流域点源、非点源污染的综合表现。人类活动以及自然过程产生的生活污染、工业污染、农田面源污染等的外源性污染物质通过河道输入水库。黎河、沙河、淋河是于桥水库主要入库河流，其入库水质对于桥水库的水环境状况有直接关系，因此，掌握入库河流的水质状况对研究于桥水库水环境质量具有重要意义。

2013 年黎河监测断面水质除总氮外其余监测项目均符合或优于Ⅲ类地表水水质标准。总氮为主要污染指标，年均值 8.75 mg/L，超过地表水Ⅲ类标准 7.75 倍，全年监测的浓度范围值为 5.15～14.5 mg/L，总氮指标全年及各月水质均为劣Ⅴ类，样本超标率为 100%。在其他监测项目中，个别月份存在超标现象。5 月总磷监测结果超过地表水Ⅲ类标准 2.3 倍，总磷的年均值为 0.158 mg/L，符合地表水Ⅲ类水质标准，全年监测的浓度范围值为 0.050～0.660 mg/L。1 月和 2 月氨氮监测结果分别超出地表水Ⅲ类水质 0.58 倍和 0.51 倍，氨氮的年均值为 0.366 mg/L，符合地表水Ⅱ类水质标准，全年监测的浓度范围值为 0.059～1.58 mg/L。

2013 年沙河监测断面水质除总氮外其余监测项目均符合或优于Ⅲ类地表水水质标准。总氮为主要污染指标，年均值 13.1 mg/L，超过地表水Ⅲ类标准 12.1 倍，全年监测的浓度范围值为 7.90～16.7 mg/L，总氮指标全年及各月水质均为劣Ⅴ类，样本超标率为 100%。总磷年均值为 0.095 mg/L，符合地表水Ⅱ类水质标准，全年监测的浓度范围值为 0.080～0.130 mg/L，未出现超标现象。氨氮年均值为 0.487 mg/L，全年监测的浓度范围值为 0.184～0.861 mg/L，符合地表水Ⅱ类水质标准，未出现超标现象。

2013 年淋河监测断面水质除总氮外其余监测项目均符合或优于Ⅲ类地表水水质标准。总氮为主要污染指标，年均值 15.6 mg/L，超过地表水Ⅲ类标准 14.6 倍，全年监测的浓度范围值为 10.1～22.8 mg/L，总氮指标全年及各月水质均为劣Ⅴ类，样本超标率为 100%。在其他监测项目中，个别月份存在超标现象。1 月和 5 月总磷监测结果分别超出地表水Ⅲ类水质 0.45 倍和 0.5 倍，总磷的年均值为 0.104 mg/L，符合地表水Ⅲ类水质标准，全年监测的浓度范围值为 0.010～0.300 mg/L。

（3）于桥水库库区

2013 年于桥水库除总氮外其余监测项目均达到或优于Ⅲ类水质。总氮是主要污染指标，年均值 3.56 mg/L，超过地表水Ⅲ类标准 2.56 倍，全年监测的浓度范围值为 2.33～4.93 mg/L，样本超标率为 100%，最大值出现在 4 月，超过地表水Ⅲ类标准达 3.93 倍（图 8-2）。总磷的年均值为 0.034 mg/L，符合地表水Ⅲ类标准，全年监测的浓度范围值为 0.013～0.05 mg/L，其中 8 月总磷监测结果为 0.05 mg/L，已经达到Ⅲ类水质上限（图 8-3）。

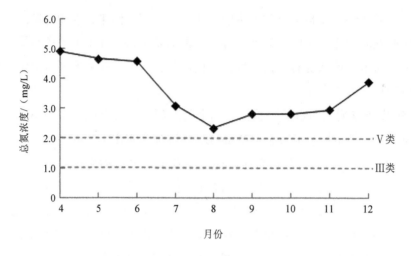

图 8-2　2013 年于桥水库总氮浓度

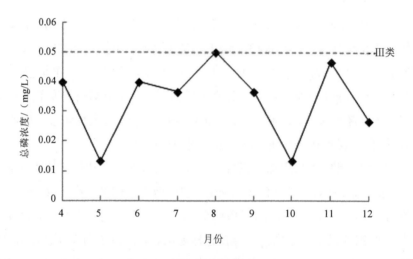

图 8-3　2013 年于桥水库总磷浓度

从污染来源看，随着引滦输水期的到来，引滦输水携带了大量含氮污染物，总氮浓度呈现规律性特征变化趋势。受水库自净作用影响，水库沿线三岔口、库中心、坝下 3 个水质点位的主要污染物总氮浓度呈下降趋势。总磷含量较高，也导致水体富营养化水平较高。

8.2.3.2　于桥水库流域湖库富营养化现状

富营养化可能引发蓝藻迅速增殖，引发湖库水华，影响于桥水库饮用水安全，因此对水库富营养化程度的计算对于桥水库水环境安全的评价至关重要。

（1）潘家口水库、大黑汀水库营养状态

富营养化是指水体中生物生产能力提高的状态，是人类活动带来的过量营养物质和有机物进入水体造成的。监测结果显示，供水源头潘家口水库、大黑汀水库水体中氮、磷营养盐含量偏高，总氮和总磷超标现象严重，远远超过了水库水环境容量，总氮、总磷又是评价库区水体营养状态的主要指标。潘家口水库、大黑汀水库作为引滦入津工程的水源地，其营养状况对下游天津市的供水水质和饮用水的安全输送都产生不利影响。

根据 2013 年 4 月和 8 月潘家口水库、大黑汀水库水质监测数据评价结果，潘家口水库处于轻度富营养水平，最大值出现在 8 月，综合营养状态指数为 57.63。大黑汀水库同样处于轻度富营养水平，最大值出现在 4 月，综合营养状态指数为 59.19。潘家口水库、大黑汀水库库区内大量的网箱养鱼投饵及鱼类粪便沉积所形成的内源性污染负荷累计是影响水库库区水体营养状态的主要因素。

（2）于桥水库

2013 年于桥水库综合营养状态指数为 49.3，处于中营养水平。于桥水库综合营养状态具有明显的季节特征，汛期营养水平高于非汛期，6—9 月综合营养状态指数接近或大于 50，最高值为 9 月的 51.8，处于轻度富营养状态。其他月均处于中营养状态（图 8-4）。库区内受水体中氮、磷分布的影响，水库入口区域水体营养化程度较高。

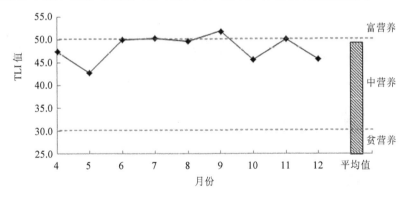

图 8-4　2013 年于桥水库综合营养状态指数

8.2.3.3　于桥水库生物监测

2013 年于桥水库调查监测到的浮游植物共计 94 种，全年以绿藻、硅藻、蓝藻为主。2013 年浮游植物丰度点位年均值为 191.78×10^4 cell/L，蓝藻丰度为 76.02×10^4 cell/L，占藻类总数的 39.6%，达到了 2009 年巢湖东半湖蓝藻水华暴发水平（42.9×10^4 cell/L）。各月份浮游植物丰度由大到小排序依次为 8 月＞10 月＞5 月，其中 8 月、10 月于桥水库浮游植物以蓝藻、绿藻为主。夏、秋季于桥水库存在蓝藻、绿藻水华暴发风险（图 8-5）。

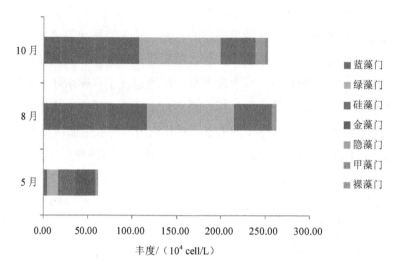

图 8-5　2013 年于桥水库浮游植物丰度结构

2013 年浮游植物生物量点位年均值为 1.04 mg/L，各月份生物量由大到小排序依次为 10 月＞8 月＞5 月，夏、秋季浮游植物生物量明显高于春季，与丰度季节变化特征较为一致（图 8-6）。

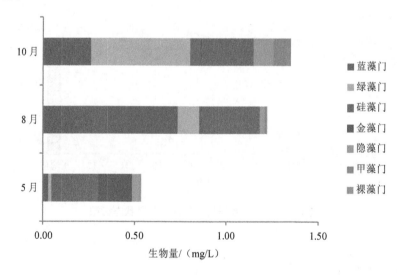

图 8-6　2013 年于桥水库浮游植物生物量结构

2013 年于桥水库 5 个采样点浮游植物的 Pielou 均匀度指数为 0.68～0.72，点位平均值为 0.7，根据评价标准，于桥水库处于轻污染水平（图 8-7）。

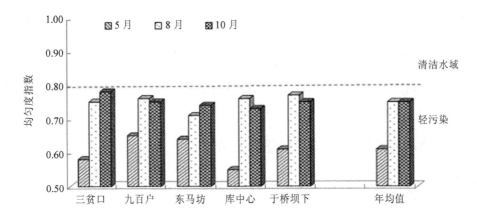

图 8-7　2013 年于桥水库浮游植物 Pielou 均匀度指数

2013 年于桥水库 5 个采样点浮游植物的 Margalef 丰富度指数为 2.14～2.55，点位平均值为 2.35，根据评价标准，于桥水库处于轻污染水平（图 8-8）。

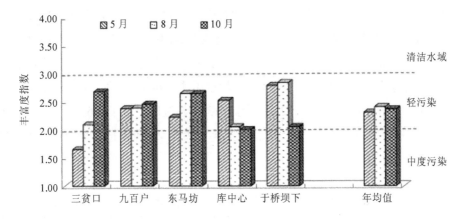

图 8-8　2013 年于桥水库浮游植物 Margalef 丰富度指数

Pielou 均匀度指数与 Margalef 丰富度指数 2 个指标的评价结果表明，2013 年于桥水库处于轻污染水平。同时浮游植物群落结构与库区水质状况具有较好的相关性。

8.2.3.4　小结

评价结果显示，总氮、总磷是影响于桥水库水环境质量的主要指标，污染程度表现出显著的空间分布特征。2013 年于桥水库流域上游来水在隧洞出口、蓟县黎河桥、沙河桥和淋河桥 4 个监测断面的总氮全年监测的浓度均严重超标，即流域上游河道水质在果河桥断面进入下游天津市蓟县境内前已存在严重污染。引滦来水从果河桥断面进入于桥水库后，呈现出沿水体流向总氮污染逐渐下降的趋势。跨界水质监测断面蓟县黎河桥总氮浓度比于桥水库三岔口断面高出 2.43 倍, 由于受上游入库河流沿途总氮超标直接影响, 于桥水库的总氮浓度水平长期维持在较高水平。引滦源头隧洞出口的总磷浓度偏高, 沿输水沿线以及从水库入库到坝下营养物质水平呈下降趋势。但流域上游河道水质在果河桥断面进入下游天津市蓟县境内前含磷污染物仍偏高, 跨界水质监测断面蓟县黎河桥总磷浓度比于桥水库三岔口断面高出 4.1 倍。

8.2.4 于桥水库流域水环境变化趋势分析

8.2.4.1 潘家口水库、大黑汀水库

朱龙基等采用 1986—2006 年引滦水质监测数据, 整理和分析后, 从时间和空间两方面揭示了引滦入津水质演化规律。研究结果表明, 潘家口水库总氮和总磷显著增加, 富营养化趋势明显。

通过 2008 年和 2013 年的数据对比发现, 引滦入津工程供水源头潘家口水库、大黑汀水库水质较差且总体呈下降趋势。总氮和总磷是主要污染指标, 总氮浓度始终处于劣 V 类水平。潘家口水库总氮浓度从 2008 年超过地表水Ⅲ类标准 3.6 倍, 到 2013 年超过Ⅲ类标准 3.85 倍; 而总磷浓度呈明显上升趋势, 总磷浓度增加 2 倍。潘家口水库总磷浓度在 2008 年符合地表水Ⅲ类标准, 到 2013 年超过Ⅲ类标准 0.64 倍。大黑汀水库总氮浓度从 2008 年超过地表水Ⅲ类标准 3.92 倍, 到 2013 年超过Ⅲ类标准 4.62 倍; 同样, 大黑汀水库总磷浓度上升趋势明显, 增加 1.6 倍。总磷浓度在 2008 年符合地表水Ⅲ类标准, 到 2013 年超过Ⅲ类标准 0.6 倍 (表 8-11)。

表 8-11 2008 年和 2013 年供水源头水质主要污染因子与营养状态变化趋势

年份		总氮		总磷		营养状态	
		浓度	水质类别	浓度	水质类别	综合评分	富营养化水平
潘家口水库	2008	4.60	劣Ⅴ	0.041	Ⅲ	44.5	中营养
	2013	4.85	劣Ⅴ	0.082	Ⅳ	57.1	轻度富营养
大黑汀水库	2008	4.92	劣Ⅴ	0.049	Ⅲ	45.5	中营养
	2013	5.62	劣Ⅴ	0.080	Ⅳ	56.5	轻度富营养

2008 年数据来源: 邢海燕, 暴柱, 宁文辉. 潘家口水库、大黑汀水库水源地水质现状评价与保护对策[J]. 海河水利, 2009 (3): 24-26.
2013 年数据来源: 天津市生态环境监测中心监测数据。

评价结果显示, 引滦入津工程供水源头潘家口水库、大黑汀水库水体中氮、磷营养盐含量偏高, 总氮、总磷是主要污染指标, 其中总氮指标超标现象严重。而总氮、总磷

是评价库区水体营养状态的主要指标。潘家口水库综合营养状态指数从 2008 年的 44.5 上升到 2013 年的 57.13，营养状态从中营养转为轻度富营养；同样，大黑汀水库综合营养状态指数从 2008 年的 45.5 上升到 2013 年的 56.5，营养状态从中营养转为轻度富营养。

8.2.4.2　入库河流

（1）黎河

2007—2013 年，黎河监测断面水质除总氮外其余监测指标均符合或优于 III 类地表水水质标准。总氮是影响黎河水质的主要污染指标，受总氮浓度影响，2007—2013 年黎河均为劣 V 类水质，多年均值为 6.31 mg/L，超过地表水 III 类标准 5.31 倍，且总体呈显著上升趋势。总氮浓度的变化总体分为 3 个阶段。第一阶段为 2007—2009 年，总氮浓度呈明显上升趋势，从 2007 年的 2.22 mg/L 上升到 2009 年的 6.78 mg/L，超过地表水 III 类水质标准从 1.22 倍上升到 5.78 倍；第二阶段为 2009—2010 年，总氮浓度略有下降，2010 年为 3.61 mg/L，但仍然超过地表水 III 类水质标准；第三阶段为 2010—2013 年，总氮浓度显著上升，2012 年为 9.56 mg/L，超过地表水 III 类水质标准 8.56 倍（图 8-9）。

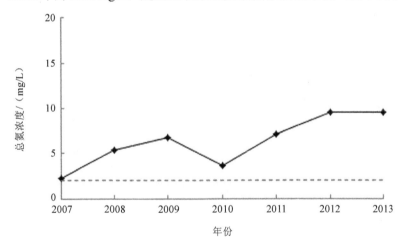

图 8-9　2007—2013 年黎河（果河桥断面）总氮浓度年均值变化趋势

2007—2013 年，黎河总磷浓度多年均值为 0.084 mg/L，符合地表水 III 类水质标准，但总磷浓度总体呈显著上升趋势。总磷浓度的变化总体分为两个阶段。第一阶段为 2007—2008 年，总磷浓度略有下降，从 2007 年的 0.074 mg/L 下降到 2008 年的 0.049 mg/L；第二阶段为 2008—2013 年，总磷呈明显上升趋势，从 2008 年的 0.049 mg/L 上升到 2013 年的 0.111 mg/L，总磷浓度增加 2.3 倍，由 II 类水质下降到 III 类水质。

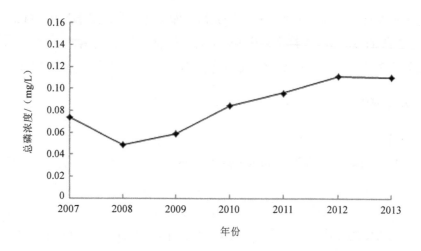

图 8-10　2007—2013 年黎河（果河桥断面）总磷浓度年均值变化趋势

2010—2013 年，黎河总磷浓度随季节变化的规律较为相似，在丰水期最低，平水期总磷浓度略高，枯水期最高。2008—2013 年，枯水期的总磷浓度呈明显上升趋势，且浓度最高（图 8-11）。

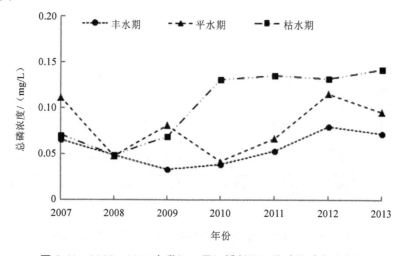

图 8-11　2007—2013 年黎河（果河桥断面）总磷的季节性变化

（2）沙河

2007—2013 年，沙河监测断面水质除总氮外其余监测指标均符合或优于Ⅲ类地表水水质标准。总氮是影响沙河水质的主要污染指标，受总氮浓度影响，2007—2013 年沙河均为劣Ⅴ类水质，多年均值为 9.19 mg/L，超过地表水Ⅲ类标准 8.19 倍，且总体呈显著上升趋势。总氮浓度的变化总体分为 3 个阶段：第一阶段为 2007—2009 年，总氮浓度呈明显上升趋势，从 2007 年的 2.11 mg/L 上升到 2009 年的 10.6 mg/L，超过地表水Ⅲ类水质标准从 1.11 倍上升到 9.56 倍；第二阶段为 2009—2010 年，总氮浓度略有下降，但仍处于劣 V 类水平；第三阶段为 2010—2013 年，总氮浓度显著上升，2013 年为 13.1 mg/L，超过地表水 III 类水质标准 12.1 倍（图 8-12）。

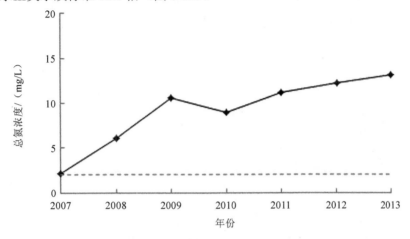

图 8-12　2007—2013 年沙河（沙河桥断面）总氮浓度年均值变化趋势

2007—2013 年，沙河总氮浓度在丰水期、平水期和枯水期均呈显著上升趋势。其中，2009—2013 年，枯水期的总氮浓度最高（图 8-13）。

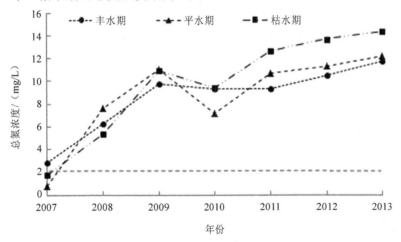

图 8-13　2007—2013 年沙河（沙河桥断面）总氮的季节性变化

（3）淋河

2007—2013 年，淋河监测断面水质除总氮外其余监测指标均符合或优于 III 类地表水水质标准。总氮是影响淋河水质的主要污染指标，受总氮浓度影响，2007—2013 年沙河均为劣 V 类水质，多年均值为 11.31 mg/L，超过地表水 III 类标准 10.31 倍，且总体呈波动性上升趋势。总氮浓度的变化总体分为 3 个阶段：第一阶段为 2007—2009 年，总氮浓度呈明显上升趋势，从 2007 年的 5.17 mg/L 上升到 2009 年的 12.5 mg/L，超过地表水Ⅲ类水质标准从 4.17 倍上升到 11.5 倍；第二阶段为 2009—2011 年，总氮浓度略有下降，但仍处于劣Ⅴ类水平；第三阶段为 2011—2013 年，总氮浓度显著上升，2012 年为 15.6 mg/L，超过地表水Ⅲ类水质标准的 14.6 倍（图 8-14）。

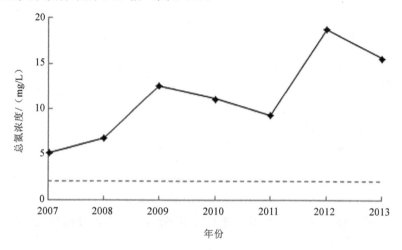

图 8-14　2007—2013 年淋河（淋河桥断面）总氮浓度年均值变化趋势

2007—2013 年，淋河总磷浓度多年均值为 0.066 mg/L，符合地表水Ⅱ类水质标准，但总磷浓度总体呈波动性上升趋势。总磷浓度从 2007 年的 0.026 mg/L 上升到 2013 年的 0.104 mg/L，增加 4.1 倍，总磷浓度最大值出现在 2011 年，为 0.119 mg/L，总磷浓度增加 4.7 倍，由Ⅱ类水质下降到Ⅲ类水质（图 8-15）。

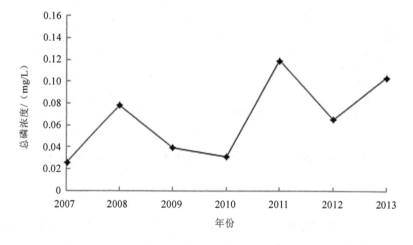

图 8-15　2007—2013 年淋河（淋河桥断面）总磷浓度年均值变化趋势

8.2.4.3　于桥水库

通过对于桥水库水污染趋势进行综合分析，结果显示，2007—2013 年，于桥水库库区水质除总氮和总磷指标外其余各监测项目浓度均符合或优于地表水Ⅲ类水质标准。总氮是影响于桥水库水环境质量的主要污染指标，受总氮含量影响，2007—2009 年均为 V 类水质；2010 年和 2011 年为Ⅳ类水质，水质状况有所好转；2012 年和 2013 年为劣 V 类水质，水质状况明显恶化。在 2007—2013 年的 7 年间，总氮的年均值均超地表水Ⅲ类标准；总磷的年均值虽然符合地表水Ⅲ类标准，但在个别月份存在超标现象。

2007—2013 年，于桥水库总氮多年均值为 2.15 mg/L，超过地表水Ⅲ类标准 1.15 倍，且总体呈显著上升趋势。总氮浓度的变化总体分为 3 个阶段：第一阶段为 2007—2009 年，总氮浓度略有上升，2009 年为 1.90 mg/L，超过地表水Ⅲ类水质标准 0.9 倍；第二阶段为 2009—2010 年，总氮浓度略有下降，2010 年为 1.21 mg/L，但仍然超过地表水Ⅲ类水质标准；第三阶段为 2010—2013 年，总氮浓度显著增加，2013 年为 3.57 mg/L，超过地表水Ⅲ类水质标准 2.56 倍（图 8-16）。

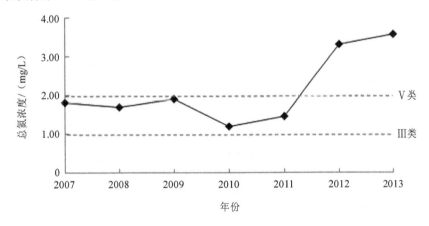

图 8-16　2007—2013 年于桥水库总氮浓度年均值变化趋势

2007—2013 年，于桥水库水体总磷浓度为 0.026～0.044 mg/L，均符合地表水Ⅲ类水质标准，个别月份存在超标现象。各年份浓度呈波动状态，但总体仍然呈上升趋势。总磷浓度的变化总体分为 3 个阶段：第一阶段是 2007—2009 年，总磷浓度略有下降，2009 年为 0.026 mg/L，接近地表水Ⅱ类标准上限；第二阶段是 2009—2012 年，总磷浓度升高使总体处于Ⅲ类水质水平，2012 年为 0.044 mg/L，接近地表水Ⅲ类标准的下限；第三阶段是 2012—2013 年，总磷浓度略有下降（图 8-17）。

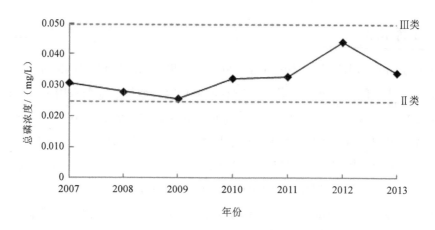

图 8-17 2007—2013 年于桥水库总磷浓度年均值变化趋势

于桥水库水质的空间差异主要表现在于桥水库三岔口、库中心、坝下 3 个水质点位主要污染指标浓度。2007—2013 年，除 2011 年外，于桥水库总氮浓度呈现出沿水流方向呈下降趋势的显著空间分布特征（图 8-18）。

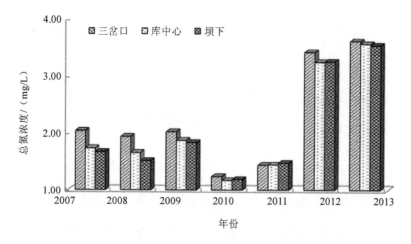

图 8-18 2007—2013 年于桥水库总氮浓度均值比较

2007—2013 年的 7 年间，于桥水库营养状态指数为 46.1～50.2，总体呈波动性增加趋势。于桥水库水体富营养化的发展分为 3 个阶段：第一阶段是 2007—2011 年，于桥水库 TLI 值基本为 45～48，为中营养水平；2011—2012 年受入库河流水质下降的影响，TLI 值上升，2012 年达到 50.2，处于富营养化状态；第三阶段是 2012—2013 年，2013 年，于桥水库水体综合营养状态指数为 49.3，虽处于中营养状态，但已经十分接近轻度富营养化水平（TLI 值为 50～60）（图 8-19）。

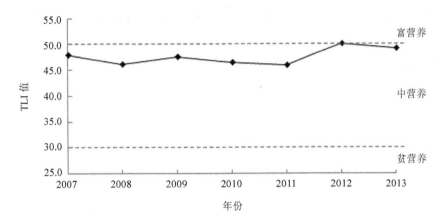

图 8-19　2007—2013 年于桥水库综合营养状态指数变化趋势

2007—2013 年的 7 年间，于桥水库营养状态变化趋势与总氮、总磷浓度指标存在很好的相关性，总氮、总磷指标是影响库区水体营养化状态的主要因素。由于引滦输水携带了含氮、含磷污染物，入库河流营养盐含量的偏高，加速于桥水库水体营养化的进程，富营养化已成为于桥水库面临的主要水质威胁，严重影响饮用水安全。

2007 年 3 月至 2013 年 12 月，于桥水库综合营养状态指数总体呈上升趋势，由于总磷含量特征，综合营养状态指数最大值基本集中在夏季。汛期营养水平高于非汛期。同时年内发生富营养化的频率增加（图 8-20）。

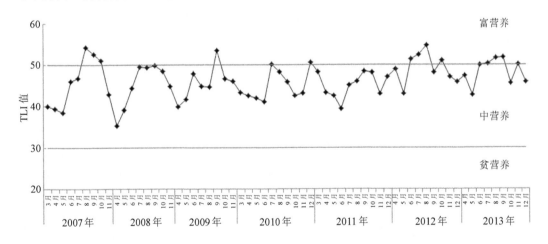

图 8-20　2007—2013 年于桥水库水体 TLI 值逐月变化趋势

在淡水湖库中，总磷通常是限制藻类生长的营养物。在大面积水体中，包括固定氮在内的内源氮含量通常较高，其他营养物，特别是磷限制了水体中的生产活动。这样产生的藻类总量就随着磷总量的变化而变化。这种情况的发生取决于总氮和总磷的比值。

对 2007 年 3 月至 2013 年 12 月水库库中心表层水体数据的评估显示，于桥水库流域总氮/总磷比值多年平均在 90 左右，各月总氮总磷比基本大于 30，大多数时候磷为限制因子。于桥水库为磷限制性水库，呈现氮污染状态（图 8-21）。

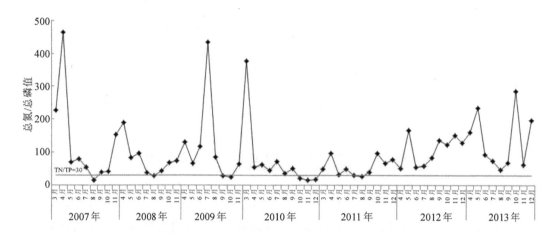

图 8-21　2007—2013 年于桥水库库中心总氮/总磷比值

同样时期内于桥水库库中心总氮和总磷的数据显示了总氮的浓度在降低的同时而总磷的浓度呈增加的趋势（图 8-22）。在 2007—2009 年和 2011 年，总磷在整个夏季呈明显上升趋势。总氮浓度下降、总磷浓度上升很明显导致总氮/总磷比值的下降。形成这种趋势的部分原因可能是水库中物理和生物活动所致，但最主要的原因还是由于供水源头潘家口水库、大黑汀水库污染负荷的输入。

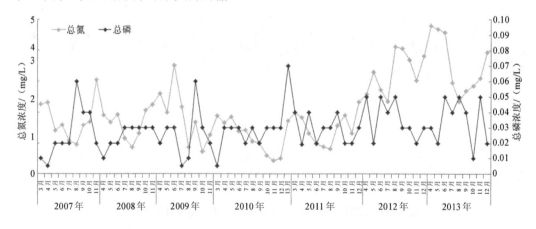

图 8-22　2007—2013 年于桥水库库中心总氮和总磷变化趋势

8.2.4.4　小结

综合上述分析，流域上游来水水质和人类活动的影响，直接威胁着于桥水库水环境。总氮是主要污染指标，超标频次达到 100%，特别是在非汛期，引滦输水裹挟了大量含氮污染物，导致于桥水库总氮含量长期维持在较高水平。供水源头潘家口水库、大黑汀水库来水中总磷含量偏高是导致下游于桥水库富营养化水平升高的主要原因。

8.2.5　于桥水库流域水环境问题识别与诊断分析

8.2.5.1　于桥水库流域水环境问题识别

（1）于桥水库水体水质多年呈波动性变化，污染趋势加重

2007—2013 年于桥水库水体水质始终徘徊在Ⅳ类至劣Ⅴ类水质之间。总氮是影响于桥水库水环境质量的主要指标，受总氮含量影响，2007—2009 年均为Ⅴ类水质；2010 年和 2011 年为Ⅳ类水质；2012 年和 2013 年为劣Ⅴ类水质，水质状况明显恶化。受入库污染负荷的影响，于桥水库水体水质空间分布呈现中部好于东部和西部、库心好于沿岸水域的特点。

（2）水库由中营养状态向富营养状态转变，已处于富营养化初期

2007—2013 年于桥水库营养状态指数为 46.1～50.2，2007—2011 年于桥水库均处于中营养状态，到 2012 年为轻度富营养状态，2013 年于桥水库综合营养状态指数为 49.3，虽有所好转，但接近中营养限值，有 3 个月处于富营养水平。于桥水库营养状态由中营养向富营养状态转变，水库已经处于富营养化初期阶段。

于桥水库水体营养状态与入库河流营养盐含量有很好的相关性，总氮、总磷指标是影响库区水体营养化状态的主要因素。营养盐含量的偏高不仅降低了水库水质类别，还会加速水库的富营养化进程，对饮用水安全构成威胁。

（3）污染源类型多呈现复杂化，威胁饮用水水质安全

影响于桥水库流域水源地饮用水水质安全的因素主要为外源性污染和内源性污染两部分。其中外源性污染，即于桥水库外部氮、磷营养物质的输入，包括引滦入津工程水源潘家口水库、大黑汀水库；流域上游入库河流黎河、沙河和淋河汇流；以及于桥水库库区周边。内源性污染，即于桥水库内部水草死亡腐烂，氮、磷营养物质释放。依据相关研究结果，在污染负荷来源特征上，于桥水库内源、外源总氮年均负荷比为 5.1%、94.9%，总磷年均负荷比为 62.2%、37.8%。于桥水库内大部分输入的含氮物质主要由外源提供。在空间分布特征上，入库河流总氮污染负荷的贡献占绝对优势。曾有研究表明，于桥水库流域总氮年均负荷总量的 29.3%来源于引滦入津工程源头潘家口水库、大黑汀水库，55.5%来自流域 3 条入库河流，15.2%来自于桥水库库区周边污染。

8.2.5.2　水污染成因分析

针对于桥水库流域特征，从清水产流机制特征、水库富营养化类型等角度出发，综合分析于桥水库流域水污染的成因，诊断流域生态环境保护重点问题，为于桥水库流域水环境保护提供指导。

（1）于桥水库清水产流机制特征分析

清水产流机制是湖、库流域清水量平衡和污染物平衡相互在作用的庞大体系，是由清水产流区、清水养护区、湖滨（水库）缓冲区组成的有机整体，其中清水产流区是清水产生的源头，为流域提供充足的清水量；清水养护区是流域污染物净化的重要区域和重要的清水输送通道，保障清水入库；湖滨（水库）缓冲区是净化地表径流的低污染水、保障清水入库的重要生态屏障。河流是清水的主要输送通道，围绕河流实施 3 个区域清水产流机制修复，构建系统的保障体系，维持机制的健康运行，对保证入库河流水体的优良、保护于桥水库流域生态系统健康与水质安全至关重要（图 8-23）。

图 8-23　于桥水库流域清水产流机制示意图

目前，于桥水库流域清水产流机制遭到破坏，亟须修复，其清水产流机制的清水源头水质较差，入库河流污染负荷高，影响入库河流水质。

一方面，于桥水库流域清水源头污染严重。于桥水库属于输水型水库，潘家口水库、大黑汀水库是引滦输水工程的供水源头，是于桥水库调水的最主要水源，其水质优劣直接影响于桥水库的水环境质量。流域上游潘家口水库、大黑汀水库作为清水产流区，由于库区内网箱养殖与水上旅游等人为干扰，清水经污染后，未经处理直接流入引滦河道，最后汇入于桥水库，清水产流机制不能有效运行。清水源头受污染水体作为引滦入津来水势必会对于桥水库流域入库河流水环境质量造成影响。于桥水库内大部分输入的含氮物质主要由外源提供，其中于桥水库总氮年均负荷总量的 29.3% 来源于引滦入津工程源头潘家口水库、大黑汀水库。清水保育，保障清水入河入库，势在必行。

另一方面，入库河流总氮污染负荷高。2007—2013 年于桥水库 3 条主要入库河流黎

河、沙河、淋河污染严重，总氮是主要污染指标，入库河流水质全年及各月均处于劣 V
类，整个流域尚未形成与饮用水水源Ⅲ类水质相适应的绿色流域（图 8-24）。于桥水库内
含氮营养物质主要由外源提供,其中于桥水库总氮年均负荷总量的 55.5% 来源于入库河流
（图 8-25）。从引滦源头隧洞出口到蓟县黎河桥，河流沿途分布有许多村庄和农田。在这
一河段，总氮浓度升高了 1.5 倍，氨氮浓度升高了 3.6 倍。通过遥感监测数据，农田直接
开垦到黎河岸边，但没有建径流缓冲带。沙河和其支流流经许多中小村庄和农田，农田
已经分布到河岸边。数据显示，总氮浓度为 13.1 mg/L，高于黎河 1.5 倍。总氮浓度偏高
与过度施用化肥有关，沙河流域农业分布密集，导致水体中总氮浓度偏高。

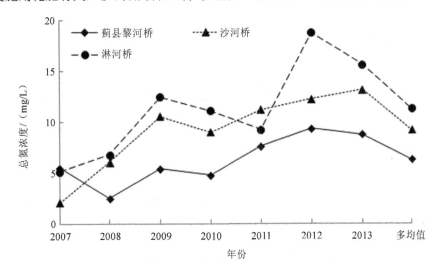

图 8-24　2007—2013 年于桥水库流域入库河流总氮浓度

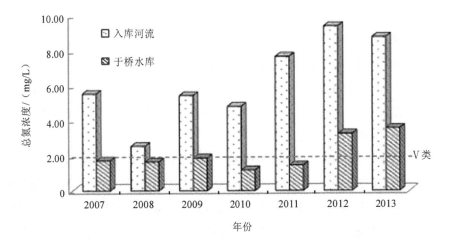

图 8-25　2007—2013 年入库河流与于桥水库总氮浓度变化趋势对比

（2）营养盐负荷超出流域自净范围

外源输入的过量氮、磷营养盐物质，或沉积于底泥中，或被浮游植物吸收，底泥中营养物质释放和内部沉积作用不断循环，底泥污染物逐渐累计和浮游植物不断增殖，导致了内源负荷加大，形成二次污染。富营养化初期于桥水库具有"过量负荷、失衡累积、胁迫退化"三大特征（图8-26）。

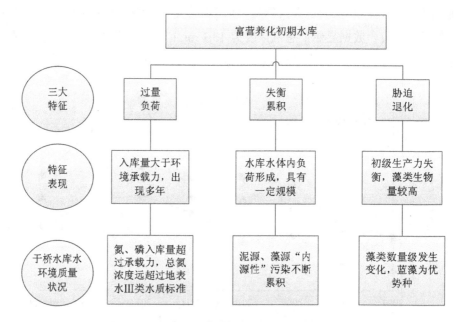

图 8-26　于桥水库富营养化初期水库特征示意图

第一，于桥水库流域已连续多年出现污染物入库量远远超过水库水环境承载力的状况。近年来，由于水库上游和水库周边地区的经济社会发展，各类污染源的污染物排放强度增大，污染物通过三条入库河流和库区进入于桥水库，造成水库水质恶化。流域现状污染物入库压力明显高于湖库Ⅲ类水质目标环境承载力，尤其总氮与总磷等营养物质没有得到有效控制，其中总氮超出地表水Ⅲ类水质标准8.5倍、总磷年均值也达到地表水Ⅲ类水质标准限值上限，个别月份存在超标现象，控制含氮、含磷等营养物质特别是总氮入库是于桥水库流域生态环境保护的重点。

第二，于桥水库"内源负荷"已经形成。部分学者对于桥水库沉积物内源污染特征及内源污染对于桥水库富营养化的作用等内容的研究表明，于桥水库水体内源负荷已经形成，成为于桥水库水体的潜在污染源。多年累积的污染物逐渐在库底聚集，形成一定厚度的淤泥层，淤泥的污染物水平已处于饱和状态，导致失去吸附污染物的能力。近年来，受上游来水总氮、总磷超标直接影响，于桥水库氮、磷营养物质浓度水平长期维持在较高水平。此外，于桥水库属于草-藻混合型水库，库区内丰富的氮、磷营养物质使水库部分优势种群的水草（如菹草）的生长量极大，水草死亡腐烂释放氮、磷营养物质。于桥水库大量营养盐沉积到水库底泥之中，或被藻类生物吸收，导致底泥污染加重，藻类数量不断增加，"泥"源性和"藻"源性等内源性污染负荷已经形成。因此，于桥水库在外源性污染强度增加的同时，内源性污染的影响将是于桥水库生态环境保护的潜在风险。

第三，水库自净能力有限，营养盐水平不断提高。生态物质循环的稳定关系着生态系统的稳定，由于于桥水库流域污染负荷长期远远高于于桥水库的水环境承载能力，水体累积了大量的氮、磷等营养物质，影响水体生态物质循环的平衡，导致库区水生态系统出现稳定性下降趋势，对水体自净能力存在潜在威胁，最终导致出境水质下降。2007—2013 年，受于桥水库自净能力影响，水库沿线水质虽呈好转趋势，三岔口、库中心、坝下 3 个监测断面主要污染物浓度呈下降趋势。但由于受上游来水总氮超标直接影响，于桥水库的总氮浓度水平已经维持在较高水平。对于桥水库入库断面三岔口与出库断面于桥坝下总氮浓度的变化特征的分析表明，入库与出库总氮浓度差从 2007 年的 0.37 mg/L 下降为 2013 年的 0.07 mg/L，出库断面的总氮浓度呈明显上升趋势。

8.2.5.3　于桥水库污染问题诊断

（1）引滦水源地网箱养殖的污染负荷大，危及供水质量

潘家口水库与大黑汀水库是引滦入津工程的起点。近年来，潘家口水库、大黑汀水库大力开发库区养殖业，库区水面大面积的网箱养鱼，造成的面源污染逐年恶化，导致了水库水质的下降。20 世纪 80 年代末潘家口水库、大黑汀水库开始网箱养鱼，20 世纪 90 年代初养殖规模迅速扩大，养鱼网箱从 2000 年的 1 万余箱增加到 2005 年的 2.5 万余箱并发展到 2012 年的 6 万余箱，其中，网箱养殖面积占到了潘家口水库库区水面面积的 17.0%（图 8-27）。相关研究结果显示，潘家口水库、大黑汀水库网箱养鱼过程中投放的饵料和产生的鱼类粪便中含有大量的氮素和磷类等营养物质，大量残余饵料和鱼类排泄物等营养物质中营养盐一部分被水溶出直接进入水体，一部分则沉积在水库底泥，造成二次污染。网箱养鱼增大了水体中总氮、总磷的浓度，同时降低了水体中的溶解氧含量，对潘家口水库、大黑汀水库水质造成严重污染。据资料分析，每年网箱养鱼饵料和排泄物中总氮、总磷排放量已占两座水库总污染负荷的 1/3。

上游其他小型水库水资源可能在洪水期下泄进入于桥水库，影响于桥水库的水环境。因此，本次调查对 4 个小型水库（龙门口水库、上关水库、大河局水库和般若院水库）的人类干扰状况开展了调查（图 8-28）。研究表明，龙门口水库、上关水库和般若院水库已经没有网箱养殖，但大河局水库网箱养殖问题较为严重，网箱养殖面积覆盖了近 1/2 的水库水面。龙门口水库和上关水库发展了旅游业，水库表面有游船和快艇，周边有餐饮业，对区域环境造成了一定的威胁。

（a）潘家口水库

（b）大黑汀水库

图 8-27　潘家口水库与大黑汀水库网箱养鱼

（a）龙门口水库

（b）上关水库

（c）大河局水库

（d）般若院水库

图 8-28　于桥水库上游水库景观

　　潘家口水库、大黑汀水库内拥有丰富的旅游资源，依托资源优势使库区旅游业成为河北省第三产业发展的引擎和重要支柱。以过大的游客量和过多的燃油游艇为主导的流动源污染问题显现，对潘家口水库、大黑汀水库水环境带来日益严重的污染，生态环境质量下降。同时，库区旅游业的快速发展带动了库区周边住宿、餐饮等基础服务设施的建设，生活污水排入库区，对水环境也造成了一定的影响。

（2）流域化肥、农药的施用量大，利用率低

农田化肥流失是造成农田化肥非点源污染最直接的原因，对水环境非点源污染贡献较大的化肥为氮肥和磷肥。对于桥水库流域范围内的村镇的实地调查研究显示，于桥水库周边的村镇以施加氮肥和复合肥为主（图 8-29），其中氮肥以尿素为主，大约每亩施用50 kg。部分地区复合肥施用量较大，每亩施用量在部分地区达到了 200 kg。

图 8-29　于桥水库主要施用化肥种类

盲目地过量施用化肥以及施肥不合理，使化肥带来的环境污染日益突出。研究表明，我国氮肥利用率仅为 30%～35%，磷肥利用率仅为 10%～20%，钾肥利用率仅为 35%～50%，未被利用的化肥养分通过径流的淋溶、反硝化、吸附和侵蚀等方式进入环境，从而污染水体。近年来津冀地区为了实现作物高产，化肥施用量明显增高。以天津为例，天津近 10 年来化肥施用量如图 8-30 所示。流域内不断提高的化肥施用量和在土壤中的不断积累使化肥残留量与流域内河流和湖库总氮量明显升高的趋势相一致，说明农作物耕作是下游于桥水库总氮和富营养化程度提高的重要因素。

于桥水库周边的村镇施加的农药包括除虫剂和除草剂两种，种类繁多（图 8-31）：除虫剂主要包括敌杀死、辛硫磷、哒螨灵等，除草剂包括百草枯、草甘膦等。市售农药中未见国家已经明令禁止的六六六、滴滴涕和氯丹等毒性较大的农药。80%的农药直接进入环境，严重影响水库的水质。于桥水库流域虽无国家明令禁止的农药，但其他农药也可能对水体中的生物造成影响，因此也要控制农药的施用量。

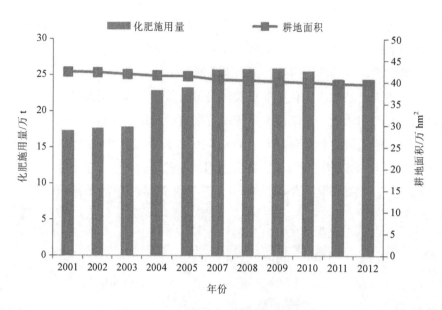

图 8-30　天津市耕地面积与化肥施用量

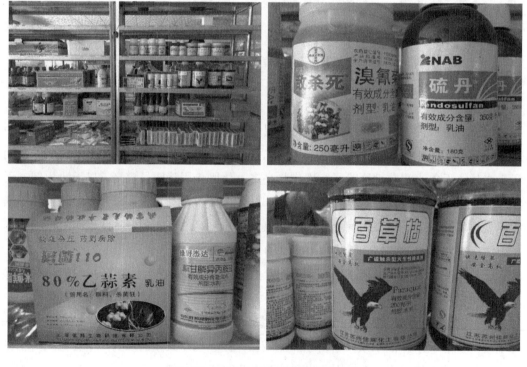

图 8-31　于桥水库主要施用农药种类

（3）散式畜禽养殖污水和粪便排放

分散式畜禽养殖过程中产生大量的动物粪便，未经处理而随意堆放可能污染土壤并最终污染水源。于桥水库养殖品种以猪、牛、羊、鸡、鸭等居多。据不完全统计，仅于桥水库周边临近的 68 个自然村，流域内共饲养牛 3.35 万头，猪 27.96 万头，羊 5.96 万只，鸡鸭 171.7 万只。根据畜禽养殖系数和粪便中污染物含量，计算该区域畜禽养殖粪便污染量。结果表明，于桥水库周边畜禽养殖粪便年均 COD、总氮和总磷排放量为 25 658.8 t、5 684.0 t 和 1 782.1 t。单位个数牛的 COD 和氮、磷总排放量最大，而猪的饲养数量较大，因此猪养殖的 COD 和氮、磷总排放量最大（图 8-32）。

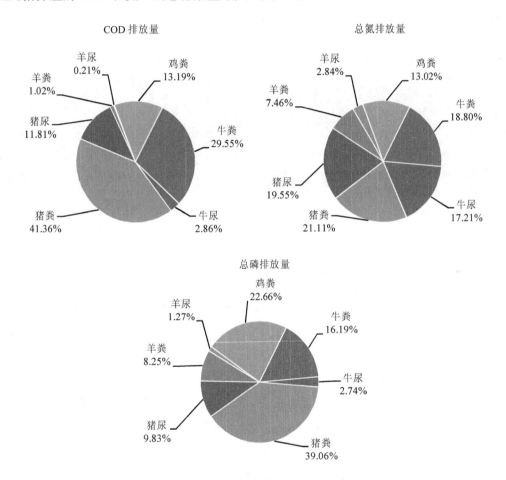

图 8-32 不同畜禽养殖粪便污染排放贡献率

（4）于桥水库流域上游入库河流周边工业污染

于桥水库汇流面积近 80% 在河北省遵化市境内，该区域有丰富的矿产资源，包括铁、金、锰、铬、铝、锌等金属矿物和白云岩等建筑材料。近年来，黎河、沙河、淋河中上游铁矿开采业急速发展，沿河开采加工铁矿石的场点星罗棋布。文献统计表明，仅黎河上游主河道两侧 200 m 范围内就有铁矿石开采及铁选加工厂多达 70 余家，其中黎河主河道隧洞出口至河北省遵化市黎河桥长约 20 km 的区域内就有 35 家铁选加工厂。沙河从北岭河的堡子店至塔头村的一条支流上就有 15 家铁选矿厂；淋河司道兴隆县境内从头拨子村到七拨子村有 11 家大型铁选矿厂；蓟县境内共有 13 家选矿厂。铁矿石的大量开采不仅威胁河堤安全，由于部分铁选矿厂生产方式粗放，生产工艺简单，大量选矿废水未经处理即排放入河，使河道中铁锰含量大量增加，对于桥水库水源造成污染。同时，选矿厂的尾矿大量堆积在河道两岸，在雨季随着径流的增加，大量重金属污染物将会随径流一同进入于桥水库，污染水库水体（图 8-33）。

（a）上游沿河选矿企业　　　　　　　　　　（b）上游工矿企业尾矿

图 8-33　于桥水库上游工矿污染源

（5）流域上游入库河流缓冲区生态空间萎缩，输水水质受到影响

于桥水库流域上游入库河流缓冲区范围内耕地面积占主导、城乡及建设用地面积扩张的现象严重挤占河道两侧生态空间，高功能景观类型面积的减少，是造成入库河流缓冲区陆地生态系统功能低下的重要原因。

于桥水库流域上游入库河流缓冲区人类活动强烈。2010 年，55%以上的区域直接开辟为农业用地，其中耕地类型中以旱地为主。2000—2010 年，耕地面积比例从 58.87%减少到 55.90%，但仍是入库河流缓冲区内主要景观类型。与沿河的绿化带不同，粮食生产过程中不仅难以去除水体中的氮、磷营养盐，而且人类的耕作会投加大量肥料排入河中。与此同时，城乡建设用地更进一步减少了缓冲区面积。

2010 年于桥水库流域上游入库河流缓冲区城乡及建设用地面积占总面积的 15.45%。2000—2010 年，入库河流缓冲区范围内城乡及建设用地面积的扩张伴随着草地和耕地面积的减少，草地面积比例从 3.93%减少到 3.88%。城乡建设用地面积比例从 13.10%增加到 15.45%，面积变化比例为 17.95%。其中人口增加是导致居民用地面积扩张的直接因素，因此产生的农村生活污染物负荷增加。

此外，流域上游河北省唐山、承德等地区采矿业发展迅猛，成为地方一大支柱产业。选铁矿厂主要在河北省遵化市的黎河、沙河、淋河 3 条河流的流域范围内。采矿点、选矿厂形成的尾矿紧邻河道且无任何防护措施，尾矿污水直接排放到河道，造成河道淤积，严重影响输水水质。

（6）水库库区周边面源污染问题仍然存在，农村环境连片综合整治力度有待加强

于桥水库库区周边景观类型特征表现为以耕地和林地为主导、城乡建设用地占地比例高，库区周边人类活动强烈。2010 年，45%以上的区域直接开辟为农业用地，城乡建设用地面积占总面积的 20.31%。2000—2010 年，库区周边城乡建设用地面积的扩张伴随着耕地面积的减少。耕地面积比例从 49.92%减少到 46.33%，但仍是库区周边主要景观类型。城乡建设用地面积比例从 16.59%增加到 20.31%。人口增加是导致城乡建设用地面积扩张的直接因素。

在空间分布特征上（图 8-34），于桥水库流域总氮年均负荷总量的 15.2%来自于桥水库库区周边污染。农田径流、畜禽养殖和农村生活是构成于桥水库库区周边面源污染的主要因素。在总量组成中，三类污染占库区周边污染负荷的 90%以上，对水库水质构成威胁。其中越临近水库的村落对于桥水库污染负荷敏感度越高，对水库污染负荷的贡献率越大。

图 8-34 于桥水库周边村落污染负荷敏感度

为了改善于桥水库水质，保障天津市饮水安全，天津市环境保护局会同市水务局、市农委和蓟县政府，对于桥水库保护区采取了农村生活污水整改、实施库区移民搬迁、推进生态文明村建设、实施畜禽养殖技术改造、加快库区种植结构调整、水库周边企业整改、水库警戒区全封闭、风险控制自查整改、水库入库河口湿地工程建设、加强水库

水质预警监测和日常综合管理、提升饮用水水源突发环境事故应急能力 11 项整改措施，以确保于桥水库水质安全。于桥水库水质有所提升，在一定程度上反映了于桥水库周边环境综合整治整改的工作成效。2011—2012 年，二级保护区内生活污水处理率由 25.3% 提高到 79.9%；全年分散式畜禽养殖废水产生量由 254.2 万 t/a 减少到 111.264 万 t/a，COD 产生量由 4 167.5 t/a 减少到 1 824 t/a，氨氮产生量由 833.5 t/a 减少到 364.8 t/a。

尽管如此，于桥水库库区周边养殖以农户零散养殖为主，无规模化养殖场，由于没有统一的收集处理设施，这些分散式养殖废水基本都排入附近的坡地、沟渠用于浇灌；未经处理的生活污水分散排放等面源污染问题仍然存在，农村环境连片综合整治力度有待加强。

8.2.6　小结

于桥水库流域水环境特征主要表现为于桥水库水体水质多年呈波动性变化，污染趋势加重；水库由中营养状态向富营养状态转变，已处于富营养化初期；水生态系统结构发生变化，生态系统稳定性减弱；污染源类型多呈复杂化，威胁饮用水水质安全等 4 个方面。针对于桥水库流域水环境特征，从流域清水产流机制特征与水库富营养化类型等角度出发，综合分析于桥水库流域水污染的成因，诊断出于桥水库流域水环境主要问题包括：引滦源头网箱养殖，污染负荷大，危及供水质量；流域化肥、农药的施用量大，利用率低；分散式畜禽养殖污水和粪便排放量大；于桥水库流域上游入库河流周边工业污染；流域上游入库河流缓冲区生态空间萎缩；水库库区周边面源污染问题仍然存在，农村环境连片综合整治力度有待加强等。

8.3　跨省于桥水库水源地保护经济补偿基本思路

于桥水库水源地的生态补偿不仅关系到津冀两地的水资源安全和经济发展，也关系到于桥水库流域的生态环境健康，对流域的社会、经济和环境发展具有重要的意义。因此，在于桥水库水源地保护补偿中要厘清思路，明确补偿的目标和原则，制订完善的流域补偿规划；要有的放矢，确定经济补偿的范围、补偿对象、补偿方式和标准；要落到实处，保障生态补偿项目拥有长期、稳定的资金来源；要加强监管，建立长效机制和监管机构，保障补偿落到实处（图 8-35）。全面贯彻国家的流域生态补偿政策，建立流域补偿的长效机制和切实可行的流域补偿方法和资金筹集方法，才能保障流域补偿的可持续性。

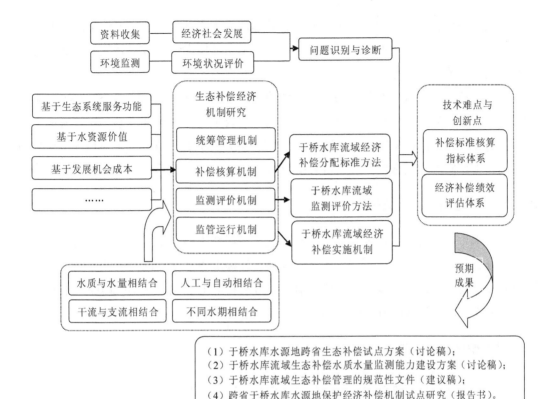

图 8-35　于桥水库水源地保护经济补偿基本思路

8.3.1　于桥水库流域补偿指导思想

以全流域水资源可持续利用、水环境可持续维护、经济社会可持续发展为目标，以建设人与自然和谐相处的"绿色流域"为主线，针对于桥水库流域水资源分配与利用过程中存在的生态服务利益关系以及水质安全问题，开展跨省于桥水库流域生态补偿与经济责任机制示范研究。探索适合于桥水库流域生态补偿标准的研究方法和监测评价方法，制定于桥水库跨省经济补偿试点方案和于桥水库流域经济补偿管理平台初步设计方案，为该机制的有效实施奠定技术基础。

8.3.2　于桥水库流域补偿实施原则

8.3.2.1　谁排污谁付费、谁破坏谁恢复、谁获益谁补偿、谁保护谁受偿

建立流域生态补偿机制要贯彻和落实科学发展观。坚持"谁排污谁付费、谁破坏谁恢复、谁获益谁补偿、谁保护谁受偿"的原则，这个原则体现科学合理和实事求是的精

神,通过对污染者收费,把环境污染的所有外部性成本内部化,使环境污染的私人成本等于社会成本,通过对生态保护者进行补偿,使生态环境保护的成果转化为经济效益,激励人们更好地保护生态环境。

明确于桥水库流域生态补偿与污染赔偿的责任主体,确定流域生态补偿与污染赔偿的对象、范围。流域环境和自然资源的开发利用者要承担环境外部成本,履行流域生态环境保护责任,赔偿相关损失,支付占用流域环境容量的费用(赔偿),流域生态保护的受益者有责任向流域生态保护者支付补偿费用(补偿)。

8.3.2.2 因地制宜、分类指导

于桥水库流域地域广,人口众多,经济发展和群众生活水平有很大的区别。由于流域的情况、环保的任务目标不同,生态补偿的目标标准也不尽相同,因此,制定生态补偿机制要以实事求是的态度,坚持因地制宜、分类指导的原则,对不同地区、不同生态类型的生态补偿、付费的方式标准和机制应有一定的区别。

8.3.2.3 循序渐进、先易后难

流域生态补偿机制是对现有利益格局的调整,涉及上游地区与下游地区、开发方与保护方、受益者与受损者等各种错综复杂的关系,而且生态受益范围及外溢效应又很难精准确定和计量。因此,构建横向生态补偿机制不可能一蹴而就,必须在时间和空间上按轻重缓急有序地进行,做到循序渐进、先易后难,以共识为基础,开展局部试点工作,探索建立流域生态补偿标准体系,确定生态补偿的资金来源、补偿渠道、补偿方式和保障体系,为全面建立生态补偿机制提供方法和经验。

8.3.2.4 政府主导、市场调控

政府引导,市场调控。充分发挥政府在生态补偿机制建立过程中的引导作用,结合国家相关政策和当地实际情况,研究改进公共财政对生态保护的投入机制,同时要研究制定完善调节、规范市场经济主体的政策法规,引导建立多元化的筹资渠道和市场化的运作方式。通过市场化的运作,逐步建立和形成良性的生态补偿机制,促进生态资源的保护和合理开发。通过上级对下级、国家对地方的纵向公益补偿,区域之间上下游之间的横向利益补偿,对资源要素管理进行部门补偿 3 种方式,逐步实现全方位、全覆盖、全过程的生态补偿。

8.3.2.5 注重实际、易于操作

生态补偿机制设计需要充分利用生态学、环境经济学、流域管理理论和财政学的方

法，结合流域的污染控制和生态保护实际情况，从流域内基本公共产品均等化、生态环境效益共享、保护责任分担等方面，建立生态补偿和污染赔偿机制。补偿标准核算的同时，要注重便于操作，要与各级政府跨界断面水质考核相结合，通过协商，取得流域上下游各利益相关者和政府部门的认可与配合。

8.3.2.6　先试点，后推广

建立流域生态补偿机制是一项复杂的系统工程，不但涉及地区经济社会发展、生态环境、财政、税收、价格的各个领域，而且与财政、自然资源、生态环境、水利、农业农村等部门有关。因此要在跨省于桥水库流域内进行试点示范，以点带面，结合试点流域的特点，并总结借鉴国内外经验，积极创新，探索建立多样化的流域生态补偿方式。

8.3.3　于桥水库流域补偿补偿对象

流域生态补偿对象包括：

1）水源地生态环境的建设者。流域上游实施各项水源保护措施，为保障下游地区水资源的持续利用，在人力、物力和财力上投入了大量精力，甚至以牺牲当地的经济发展为代价，因此，流域下游区域和国家对为保护流域水资源的持续作用做出贡献的地区，理应负起补偿的责任。在于桥水库流域中，上游河北地区和天津市蓟州区都为生态环境保护做出了贡献，属于生态环境的建设者。

2）水资源污染的受害者。污染物排放引起水环境的破坏，受污染的水资源不仅直接造成公民人身财产损失，还使水资源利用价值降低。饮用清洁安全的水是每个人基本的生存权利，为了保障水资源污染受害者的权益，及时补偿因水资源污染而造成的损失。于桥水库是天津市唯一的饮用水水源地，对天津市发展意义重大。一旦水库水质出现污染，必然影响天津市的饮用水安全。

8.3.4　补偿方式

流域所提供的生态环境产品包括两个层次：流域为大区域提供的综合性生态服务价值，包括气候调节、生物多样性保护等；流域为上下游提供的生态和社会经济价值，主要指水体本身所附有的价值，包含水质和水量两个方面。生态补偿的主体包括 3 类：

第一类，国家补偿。国家补偿是指中央政府对流域生态建设给予的财政拨款和补贴。对于流域生态环境建设中减少的财政收入，中央政府要通过财政转移支付、银行贷款、政策倾斜等渠道给予补助、支持。基于流域生态保护复杂性和重要性，国家应加大对流域生态补偿的投入力度，建立多渠道、多层次、多元化的资金筹措机制。

第二类，社会补偿。社会补偿包括除中央之外的各种形式的民间组织、金融机构、企业集团、环保社团、国外基金等对流域生态建设的资助和援助。鼓励建立一些民间生态建设补偿组织，发售生态建设彩票，筹集社会资金投入流域生态建设中。

第三类，自我补偿。自我补偿又可称为内部补偿，是指流域利用自身资源优势，结合生态重建，走多样化经营的道路，挖掘自身潜力，增强自身经济造血功能，提高经济补偿能力。国家既要注重对生态环境重点保护地区的"输血型"补偿，又要注重地方经济、替代产业的培育和发展，增强流域自身"造血能力"，发展地方经济，增强自我补偿的能力，建立生态补偿和地方经济发展的长效机制，确保生态补偿机制持续地对保护区发挥作用。于桥水库流域补偿应以国家财政补偿为基础，结合社会补偿和自我补偿，提倡多元化、多渠道生态补偿。

8.3.5 资金来源

流域生态补偿的模式包括资金补偿、智力补偿和政策补偿等，但最主要的补偿模式是资金模式，而稳定而可靠的资金来源是实现流域生态补偿可持续推进的重要一环。结合国内外实践经验，补偿大体可分为市场补偿、政府补偿和社会补偿三大类，资金来源包含 16 种方式，以财政补偿支付为主（图 8-36）。

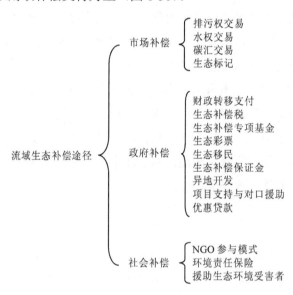

图 8-36 流域生态补偿途径

8.3.6 政策保障

跨省流域生态补偿体系的建立，还必须以有效的保障体系构建为依托。完善的保障体系的建立就需要建立长期的流域补偿机制和完善的制度、资金、监督保障体系。建立长期的流域补偿机制，一方面要深入贯彻国家生态环境是生产力的理念，理解生态补偿在区域水资源高效利用和水环境保护中的重要意义；另一方面要依靠法律法规，借助宏观调控和市场的手段调整流域的产业发展，保障流域生态补偿长期有效运行。完善的保障体系的构建是跨省流域生态补偿机制可持续运行不可或缺的部分。建立跨省于桥水库流域生态补偿的制度保障体系，可以从制度的层面对补偿的主体、客体以及补偿标准等进行合理界定，提高流域补偿机制的运行效率；产业保障体系的构建，一方面为了保护流域的生态环境，不能发展对流域生态环境不利的甚至是具有破坏性的产业，保护流域生态安全；另一方面是通过对流域生态补偿机制的建立，以生态补偿为依托，建立新型产业，保障流域生态补偿机制的良好运行。资金来源体系的构建，除了中央和各级地方政府的财政转移支付外，鼓励社会其他人员进行融资，形成多元化的资金来源渠道，保证补偿资金的供给。

总之，以流域生态补偿的指导思想和原则为基础，结合津冀两地的经济发展、环境保护情况，构建适合的生态补偿方法和机制，积极推动于桥水库流域的生态补偿工作，是保障津冀两地的经济和水环境可持续发展的重要途径。

8.4　跨省于桥水库水源地保护经济补偿范围研究

生态补偿是以保护自然生态系统服务功能、促进人与自然和谐为目的，运用财政、税费、市场等多种手段，调节生态环境保护的相关利益方经济利益关系，以公平分配相关各方环境保护责任和义务，并实现生态环境保护外部效益内部化的一系列制度安排和政策措施。通过补偿机制保障生态系统服务和人类福祉，通过基于生态系统服务功能的生态补偿机制研究，实现从政府之间补偿到直接生态保护者的补偿的转变，使流域上游经济欠发达的生态功能区人民真正享受到生态保护的成果。划分补偿范围，明确流域生态补偿主体与补偿对象，即解决"谁补偿谁受益"的问题是流域生态补偿中争论的焦点。

科学划分重点功能区的范围是制定产业准入政策、生态补偿政策和生态功能保护措施，实施生态监测、评估和考核等的基础。2000 年，《全国生态环境保护纲要》提出"三区"战略，将国土分成重点生态功能区、重点资源开发区、生态良好区，实施分类指导、分区推进。明确要求对于跨省域和重点流域、重点区域的重要生态功能区，建立国家级生态功能保护区。2007 年和 2008 年，环境保护部（2007 年为国家环境保护总局）陆续颁布实施《国家重点生态功能保护区规划纲要》和《全国生态功能区划》，落实《全国生态环境保护纲要》，划分出全国重点生态功能区，提出建立生态功能保护区的明确要求。2010 年，国务院颁布实施《全国主体功能区规划》，提出 25 个重点生态功能区方案。2013

年，环境保护部牵头印发《关于加强国家重点生态功能区环境保护和管理的意见》，要求
按照《全国主体功能区划》的要求，加强区域管控，全面划定生态红线，健全生态补偿
机制，加强对重点生态功能区的保护力度。2015 年，国务院印发了《水污染防治行动计划》，
把饮用水水源地的保护作为重中之重。采取从流域和区域进行总体保障，加大执法力度，
加强科技支撑等一系列手段，让饮用水水质安全更有保障。

8.4.1　跨省于桥水库水源地保护经济补偿范围划分方法

8.4.1.1　指导思路

于桥水库流域分为上游的河北省辖区以及下游的天津市辖区。首先，以引滦流域为
研究对象，以明确责任主体与分级落实责任为主线，在流域生态系统调查的基础上，分
析流域生态系统构成空间分布规律，明确区域生态特征、生态系统服务功能重要性与生
态敏感性空间分异规律，采用生态系统服务功能综合权衡工具（InVEST 模型）的水源
涵养模块对流域生态系统的水源涵养功能影响范围与程度进行空间制图，最终确定基于
水源涵养生态系统服务功能的引滦入津流域生态补偿的范围，量化出水源保护区不同生
态系统服务价值量，为建立基于生态系统服务功能价值的跨省流域水源地生态补偿标准
核算提供依据。

其次，依据"开发者保护、受益者分担、损害者补偿"原则，以流域生态整体管理
为目标，公平承担环境负外部性义务与分享环境正外部性效益，承担"共同但有差别的
责任"，来确定补偿主体与补偿对象。即通过跨界水质的控制目标确定补偿责任主体，根
据补偿的双向性和责任主体的双重性划分补偿区域：当流域上游呈现为水环境正外部性
时，由下游补偿上游；当流域上游呈现负外部性时，由上游补偿下游。

跨省水源地一般情况下仅涉及某一特定流域，但对于天津于桥水库还存在的跨流域
引水、调水问题，还会涉及引水流域与调水流域。

8.4.1.2　划分原则

主导功能原则：不同的区域具有不同的功能，甚至同一区域常具有几种不同的功能。
生态功能的确定以生态系统的主导服务功能为主。在具有多种生态服务功能的区域，以
主导生态功能优先。

生态系统完整性原则：范围划分时，应从生态系统功能整体性的角度，把影响生态
功能主要区域包括在重点生态功能区的范围之内。

可操作性原则：重点生态功能区的边界应与行政区划充分衔接，便于管理措施、环
境政策、绩效考核的实施。

协调原则：与环境功能区划、主体功能区划、生态功能区划、水功能区划、水资源分区、社会经济发展分区等相关区划进行衔接。

8.4.1.3 划分方法

近年来基于生态补偿理论，并结合遥感数据、社会经济数据、GIS 技术等为数据来源和技术支持的生态系统服务功能评估模型在评价生态系统服务功能及其空间分布中发挥着重要作用。评估模型能够为决策和管理人员提供生态系统服务功能的供应以及管理对生态系统服务功能产生的影响等方面的信息。

InVEST 模型是由斯坦福大学、世界自然基金会和大自然保护协会于 2007 年联合开发，用以量化多种生态系统服务功能（如生物多样性、碳储量和碳汇、作物授粉、木材收获管理、水库水力发电、水土保持、水体净化等）的评估与权衡工具，旨在权衡发展和保护之间的关系，寻求最优自然资源管理和经济发展模式。InVEST 模型主要为决策过程服务，通过量化和地图展示生态系统服务产生、分布和经济价值，帮助决策者直观感知潜在政策的影响。本研究依据 InVEST 模型划分生态服务区域的功能，将其应用于流域范围划分中，有利于明确河北省和天津市在于桥水库水源地保护中的角色，有助于划分贡献区和受益区，对确定流域生态补偿对象和补偿额度具有积极的作用。

InVEST 模型中对流域水源涵养量的计算是在产水模块的基础上进行的。产水模块是一种基于水量平衡原理的估算方法，产水量为区域每个栅格单元的降水量减去实际蒸散发量，它包括地表产流、土壤含水量、枯落物持水量和冠层截留量。在获取的产水量基础上综合考虑土壤厚度、渗透性、地形等因素的影响，最终计算水源涵养量。具体计算方法如下：

$$WR = (1 - TI) \times \min(1, K_{sat} / 300) \times \min(1, TravTime / 25) \times Yield \tag{8-6}$$

式中：WR——多年平均涵养水量，mm；

TI——地形指数，量纲一，根据 DEM 计算；

K_{sat}——土壤饱和导水率，cm/d；

TravTime——径流运动时间，min，用坡长除以流速系数（vel_coef）得到。

$$TI = \log\left(\frac{Drainage\ Area}{Soil\ Depht \times Percent\ Slope}\right) \tag{8-7}$$

式中：Drainage Area——集水区栅格数量，量纲一；

Soil Depth——土壤深度，mm；

Percent Slope——百分比坡度。

　　基于 Budyko 假设和理论，采用 InVEST 模型计算不同土地利用类型单元格上的产水量。产水量 Yield 由以下公式计算：

$$Y(jx) = \left(1 - \frac{\text{AET}(xj)}{P(x)}\right) \times P(x) \tag{8-8}$$

式中：$Y(jx)$——土地利用类型 j 的产生量；

　　　　$\text{AET}(xj)$——土地利用类型 j 上栅格单元 x 的年平均蒸散发量；

　　　　$P(x)$——栅格单元 x 的年降水量。

$$\frac{\text{AET}(xj)}{P(x)} = \frac{1 + \omega(x)R(xj)}{1 + \omega(x)R(xj) + \dfrac{1}{R(xj)}} \tag{8-9}$$

其中：$R(xj)$——土地利用类型 j 上栅格单元 x 的干燥指数，量纲一，表示潜在蒸发量与降水量的比值：

$$R(xj) = \frac{k \times \text{ET}_0}{P(x)} \tag{8-10}$$

其中：k（或 ET_k）——作物系数，是作物蒸散量 ET 与潜在蒸散量 ET_0 的比值；潜在蒸散发量 ET_0，是指假设平坦地面被特定矮杆绿色植物全部遮蔽，同时土壤保持充分湿润情况下的蒸散量，采用下式计算：

$$\text{ET}_0 = 0.001\,3 \times 0.408 \times \text{RA} \times (T_{\text{avg}} + 17) \times (\text{TD} - 0.012\,3P)^{0.76} \tag{8-11}$$

其中：ET_0——潜在蒸散量，mm/d；

　　　　RA——太阳大气顶层辐射，MJ/（m^2·d）；

　　　　T_{agv}——日最高温均值和日最低温均值的平均值，℃；

　　　　TD——日最高温均值和日最低温均值的差值，℃。

　　太阳大气顶层辐射用气象站太阳平均总辐射除以 50% 计算获得（假设大气顶层的太阳辐射是 100%，那么太阳辐射通过大气后发生散射、吸收和反射，向上散射占 4%，大气吸收占 21%，云量吸收占 3%，云量反射占 23%，共约损失 50%）。

　　　　$\omega(x)$——修正植被年可利用水量与降水量的比值，量纲一：

$$\omega(x) = Z\frac{\text{AWC}(x)}{P(x)} \tag{8-12}$$

其中，Z——Zhang 系数，表征多年平均降水特征，是模型的关键参数；

　　　　$\text{AWC}(x)$——可利用水。

$$\text{AWC}(x) = \min[\max \text{Soil Depth}(x), \text{Root Depth}(x)] \times \text{PAWC}(x) \tag{8-13}$$

其中，max Soil Depth——最大土壤深度；

　　　Root Depth——根系深度；

　　　PAWC（x）——植物可利用水，利用土壤质地计算。

$$\text{PAWC} = 54.509 - 0.132\text{sand} - 0.003(\text{sand})^2 - 0.055\text{silt} - 0.006(\text{silt})^2 - \\ 0.738\text{clay} + 0.007(\text{clay})^2 - 2.688\text{OM} + 0.501(\text{OM})^2 \tag{8-14}$$

其中，sand——土壤砂粒含量，%；

　　　silt——土壤粉粒含量，%；

　　　clay——土壤黏粒含量，%；

　　　OM——土壤有机质含量，%。

8.4.1.4　数据来源

以遥感监测和多源地面基础信息为基础数据，以地理信息系统空间分析为主要技术手段，主要数据源包括：①遥感数据。2010 年 Landsat5 TM 遥感影像、250 m 分辨率的MODIS 遥感影像，用于土地覆盖和植被覆盖度等专题信息的提取。②基础地理信息数据。数字高程模型数据（分辨率为 30 m×30 m）、比例尺为 1∶100 万的河流水系、县级行政区划数据。③专题信息数据。比例尺为 1∶100 万的土壤类型与土壤质地数据、土壤侵蚀数据、气象数据。④实地监测数据。引滦断面水环境质量监测数据。⑤统计数据。河北省和天津市统计年鉴；河北省和天津市水资源统计公报。

8.4.2　跨省于桥水库水源地保护经济补偿范围划分

8.4.2.1　引滦流域范围确定

基于流域生态学的水文完整性原则，利用 ArcGIS 10.0 平台空间水文分析（Hydrology Modeling）模型，以数字高程模型和 Landsat TM 遥感影像数据为基础，经过无洼地 DEM 生成、提取水流方向、汇流累积量计算、水流长度计算、河流网络生成、河网分级以及流域分割等步骤进行流域特征提取，并划定完整的引滦流域边界，然后根据所涉及的行政区确定研究区范围（图 8-37）。

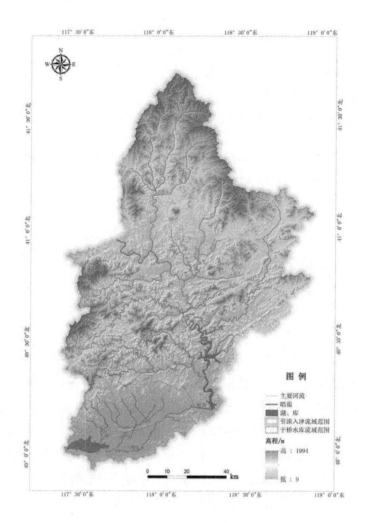

图 8-37　引滦流域范围

8.4.2.2　补偿范围参数确定

（1）降水量

降水是生态系统水分循环的主要来源。本章通过中国气象科学数据共享服务网的气象数据，获取河北省、天津市及周边 43 个气象站点 1980—2013 年年平均降水量数据，根据模型输入要求，需要对点图层进行空间插值。本章结合研究区特点，采用克里金插值方法对降水量数据进行插值，并经裁剪最终得到研究区范围内多年平均降水量图（图 8-38）。

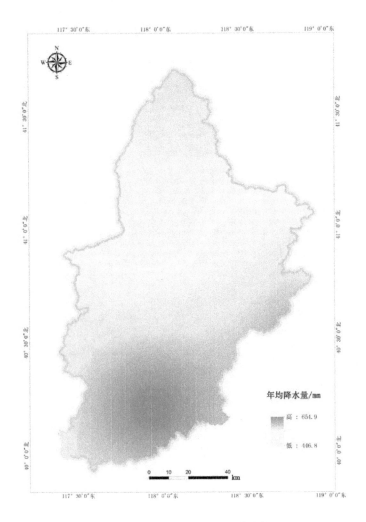

图 8-38　引滦流域多年平均降水量

（2）潜在蒸散量

潜在蒸散发量（ET_0）是指假设平坦地面被特定矮杆绿色植物（高 0.12 m，地面反射率为 0.23）全部遮蔽，同时土壤保持充分湿润情况下的蒸散量，表征区域生态系统的水分消耗能量，潜在蒸散越大，可能消耗的水分越多。本章气象数据来源于中国气象科学数据共享服务网，获取河北省、天津市及周边 43 个气象站点 1980—2013 年太阳大气顶层辐射、日最高温均值、日最低温均值等数据，根据模型输入要求，采用克里金插值方法对数据进行插值，通过 Modified-Hargreaves 法得到研究区范围内潜在蒸散量（图 8-39）。

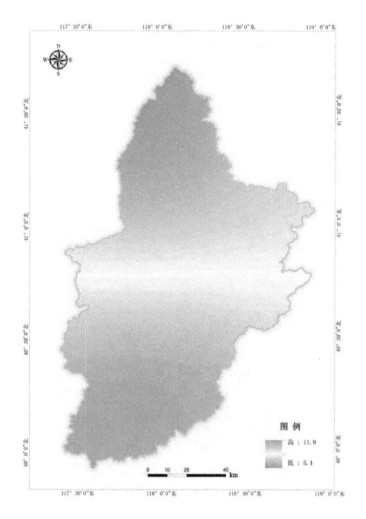

图 8-39　引滦流域多年平均温度

（3）植被可利用水含量

植被可利用水含量（PAWC）采用实验室或田间测定的方法获得，但由于研究区域尺度较大，数据难以获取。本章采用第二次全国土地调查中南京土壤所提供的 1∶100 万土壤类型与土壤质地数据，提取土壤粒径要素，包括土壤分类系统中土壤名称、顶层土壤质地、土壤参考深度、土壤有效水含量、土壤含水量特征、沙含量、淤泥含量、黏土含量、有机碳含量等参数。最终得到研究区范围内植被可利用水含量（图 8-40、图 8-41、表 8-12）。

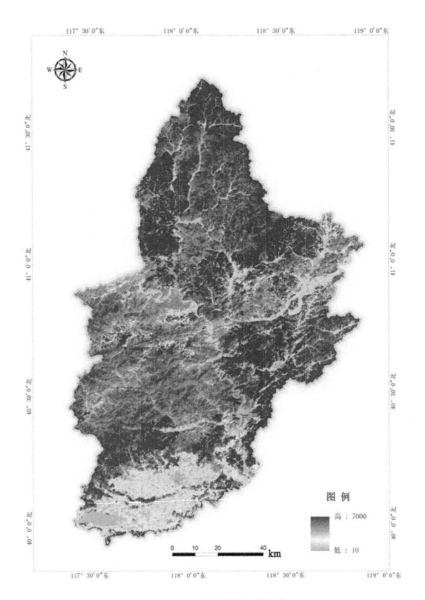

图 8-40　引滦流域的根系深度

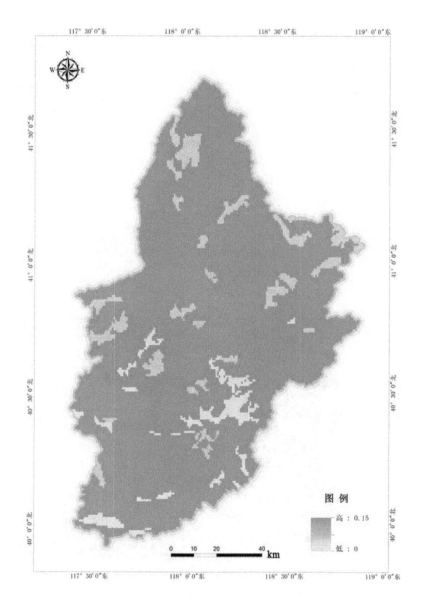

图 8-41　引滦流域植被可利用水含量

表 8-12　植被可利用水含量分级　　　　　　　　　单位：mm/m

分级	PAWC	分级	PAWC
1	150	5	50
2	125	6	15
3	100	7	0
4	75		

（4）地形指数

由地形指数公式可知，获取研究区地形指数需先得到区域汇水量和百分比坡度。本章运用 ArcGIS 软件的水文分析工具，通过对研究区 DEM 计算获得区域汇水量和百分比坡度，在此基础上结合地形指数公式最终获取研究区地形指数数据，而其中区域汇水量是由汇水量 Flow Accumulation 乘以栅格面积（分辨率^2）计算获得（图 8-42、图 8-43）。

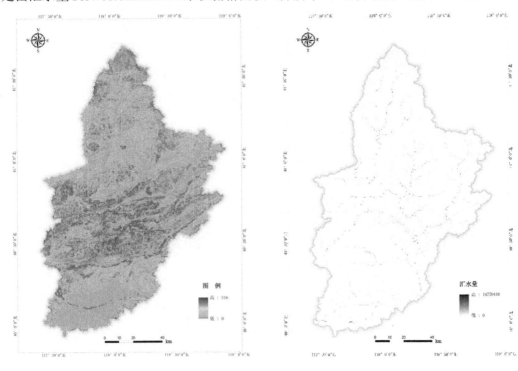

图 8-42 引滦流域百分比坡度示意图   图 8-43 引滦流域汇水量

（5）Zhang 系数

Zhang 系数是表征降水特征的常数，其代表降水时间的分布和降水的深度。一般来说，冬季（12 月至翌年 4 月）为 10，雨季或夏季为 1（模型不考虑春秋季）。模型默认值为 9.433，适用于降水具有明显的季节变化且降水次数较多（一个季节大约 100 次降水）的区域。对于降水总量相等的区域，降水次数越多，Zhang 系数越大。本章参考 2000—2013 年河北省、天津市水资源公报，通过对 Zhang 系数进行校验，最终确定出模拟结果较接近研究区多年年均水资源产生量观测值的 Zhang 系数。

8.4.2.3 空间化分析

依据上述原理对流域生态系统水源涵养功能进行了空间化，可以看出，水源涵养功能在流域内表现出明显的空间差异，水源涵养的重要区域主要分布于流域的南部平原区，这一区域主要分布着引滦入津输水工程源头潘家口水库和大黑汀水库以及天津市重要集中式饮用水水源地于桥水库（图8-44）。

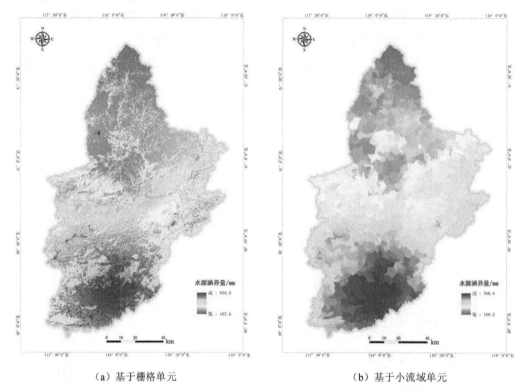

（a）基于栅格单元　　　　　　　　　　　　（b）基于小流域单元

图 8-44　流域水源涵养服务功能空间分布特征

经过不同生态系统类型分区统计，得到引滦入津流域生态系统水源总量最多的是湿地农田生态系统和农田生态系统，最少的为森林。森林生态系统平均水源涵养深度为275.17 mm，水源涵养总量为 0.30 亿 m^3；灌丛生态系统平均水源涵养深度为 372.36 mm，水源涵养总量为 0.33 亿 m^3；草地生态系统平均水源涵养深度为 353.86 mm，水源涵养总量为 0.34 亿 m^3；湿地生态系统平均水源涵养深度为 343.71 mm，水源涵养总量为 0.38 亿 m^3；农田生态系统平均水源涵养深度为 376.40 mm，水源涵养总量为 0.37 亿 m^3（表 8-13）。

表 8-13　主要生态系统类型水源涵养量

生态系统类型	最大涵养深度/mm	平均涵养深度/mm	水源涵养总量/亿 m^3
森林生态系统	636.93	275.17	0.303 6
灌丛生态系统	524.18	372.36	0.329 0
草地生态系统	639.83	353.86	0.342 2
湿地生态系统	617.70	343.71	0.375 3
农田生态系统	607.80	376.40	0.368 5

8.4.2.4　生态补偿范围界定

基于流域生态共建区与共享区的理念，确定引滦入津流域生态补偿区域的范围是生态补偿的前提和基础，结合主体功能区划，划定重点生态功能区作为生态补偿区域的范围。

整个区域对于评价地区水资源的依赖程度随所处流域级别等存在差异。根据流域水源涵养服务功能空间化特征分析，明确水源涵养功能重要区域，因此初步划定重点生态功能区的流域生态补偿范围，面积为 3 634.45 km²。以潘家口水库、大黑汀水库为源头的生态补偿范围涉及主要水源区河北省承德市、潘家口水库、大黑汀水库及引滦入津沿线及于桥水库流域等不同的区域。从行政区域上包括流域上游河北省辖区承德市的兴隆县和宽城县部分地区、唐山市的遵化市和迁西县及流域下游天津市蓟县（图 8-45）。河北省境内 3 197.24 km²，占总面积的 87.97%；天津市境内 437.21 km²，占总面积的 12.03%。

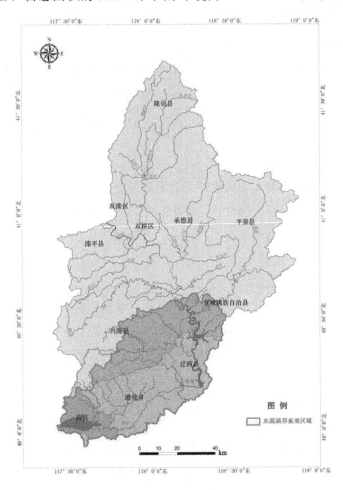

图 8-45　基于重点生态功能区的生态补偿范围

8.5 基于水质水量与生态保护效益的跨省于桥水库经济补偿标准研究

8.5.1 流域补偿理论基础

流域补偿标准研究是建立生态补偿机制的关键技术和难度所在，也是流域生态价值及水资源成本的体现，涉及环境质量与生态效益、经济效益和社会效益以及实施可操作性等密切相关因素。生态补偿标准关系到补偿的效果和补偿者的承受能力。流域生态补偿标准问题的实质就是确定补多少才能既反映生态系统服务的价值及其成本与收益，又能被上下游接受，进而实现协调相关的环境经济利益关系，激励生态环境建设保护者的积极性。即以核算为基础，通过协商达成标准，往往是更有效的方法。

一般来说，补偿标准初步核算主要会考虑以下 4 个方面的问题：

（1）生态保护者的直接投入和机会成本

生态保护者为了保护生态环境，投入的人力、物力和财力应纳入补偿标准的计算之中。同时，由于生态保护者要保护生态环境，牺牲了部分的发展权，这一部分机会成本也应纳入补偿标准的计算之中。从理论上讲，直接投入与机会成本之和应该是生态补偿的最低标准。

（2）按生态受益者的获利

生态受益者没有为自身所享有的产品和服务付费，使得生态保护者的保护行为没有得到应有的回报，产生了正外部性。为使生态保护的这部分正外部性内部化，需要生态受益者向生态保护者支付这部分费用。因此，可通过产品或服务的市场交易价格和交易量来计算补偿的标准。

（3）生态破坏的恢复成本

资源开发活动会造成一定范围内的植被破坏、水土流失、水资源破坏、生物多样性减少等，直接影响到区域的水源涵养、水土保持、景观美化、气候调节等生态服务功能，减少了社会福利。因此，按照"谁破坏谁恢复"的原则，需要将环境治理与生态恢复的成本核算作为生态补偿标准的参考。

（4）生态系统服务的价值

生态服务功能价值评估主要是针对生态保护型或者环境友好型的生产经营方式所产生的水土保持、水源涵养、气候调节、生物多样性保护、景观美化等生态服务功能价值进行综合评估与核算。国内外已经对相关的评估方法进行了大量的研究。就目前的实际情况来看，在采用的指标、价值的估算等方面尚缺乏统一的标准，且在生态系统服务功能与现实的补偿能力方面有较大的差距，因此，一般按照生态服务功能计算出的补偿标准只能作为补偿的参考和理论上的限值。

结合跨省于桥水库水源地特征与数据获取情况，本研究将应用基于生态服务效益的补偿标准测算方法、基于水质水量的补偿标准核算方法、基于水资源利用的补偿标准核算方法、基于补偿主体支付能力的测算方法开展于桥水库流域生态补偿的测算，并结合流域的污染控制和生态保护的实际情况确定补偿标准。

8.5.2　于桥水库流域生态补偿标准研究

为保证流域生态系统能够可持续地提供各种产品和服务，要对生态保护者进行补偿。

8.5.2.1　基于生态系统服务功能价值的核算方法

基于生态服务效益的补偿标准核算方法是从生态系统服务功能价值和保护成本两方面切入，核算生态保护者应得到的补偿额度。基于生态系统服务功能价值的核算方法计算"应该补偿多少"的问题。生态系统服务功能是指生态系统与生态过程所形成及所维持的人类赖以生存的自然环境条件和效用，包括对人类生存及生活质量有贡献的生态系统产品和生态系统功能以及人类活动从生态系统中获得的效益。根据功能将生态系统服务划分为供给服务、调节服务、支持服务和文化服务。对于流域尺度的生态系统服务功能重点考虑以水循环过程和水生态过程为纽带的生态系统服务功能，其核心表现为水资源和水环境在支撑流域社会经济发展、维护流域生态系统生态环境方面的作用。水源地作为流域系统重要组成部分，水源地生态系统服务功能是人类从水源地生态系统中获得的利益，包括生态系统对人类可以产生直接影响的供给功能、调节功能以及对维持生态系统的其他功能具有重要作用的支持功能。分析水源地生态服务功能和识别各种可能发生的安全问题是水源地生态服务功能的价值量核算的基础。

生态系统服务理论是生态补偿的重要理论基础，生态补偿是生态系统服务功能完善的重要保证。生态补偿制度的最终目标是恢复、维护和改善生态系统服务功能。以生态系统服务功能为基础的价值评估能为流域生态系统综合管理及流域生态保护措施制定提供理论依据和决策支持。本方案通过评估补偿范围内提供的生态系统服务功能价值确定补偿标准。

（1）方法介绍

本方案以 Costanza 生态系统服务价值为基础，结合谢高地的中国不同生态系统单位面积生态服务价值表（表 8-14），量化补偿范围内不同生态系统服务价值量，最终确定合理的生态补偿标准。

主要计算公式为

$$ESV = \sum(A_k \times VC_k)$$
$$ESV_f = \sum(A_k \times VC_{fk})$$

$(8-15)$

式中：ESV ——研究区生态系统服务总价值；

A_k ——研究区 k 种土地利用类型的面积；

VC_k ——生态价值系数；

ESV_f ——单项服务功能价值系数；

VC_{fk} —— f 类服务功能价值。

表 8-14　中国不同生态系统单位面积生态服务价值　　　　单位：元/hm²

一级类型	二级类型	森林	草地	农田	湿地	河流/湖泊	荒漠
供给服务	食物生产	148.20	193.11	449.10	161.68	238.02	8.98
	原材料生产	1 338.32	161.68	175.15	107.78	157.19	17.96
调节服务	气体调节	1 940.11	673.65	323.35	1 082.33	229.04	26.95
	气候调节	1 827.84	700.60	435.63	6 085.31	925.15	58.38
	水文调节	1 836.82	682.63	345.81	6 035.90	8 429.61	31.44
	废物处理	772.45	592.81	624.25	6 467.04	6 669.14	116.77
支持服务	保持土壤	1 805.38	1 005.98	660.18	893.71	184.13	76.35
	维持生物多样性	2 025.44	839.82	458.08	1 657.18	1 540.41	179.64
文化服务	提供美学景观	934.13	390.72	76.35	2 106.28	1 994.00	107.78
合计		12 628.69	5 241.00	3 547.89	24 597.21	20 366.69	624.25

数据来源：谢高地，甄霖，鲁春霞，等. 一个基于专家知识的生态系统服务价值化方法[J]. 自然资源学报，2008，23（5），911-919.

（2）补偿测算

从生态系统类型的构成来看，基于重点生态功能区划分的补偿范围内生态系统类型包括森林、灌丛、草地、湿地、农田、城镇、裸地 7 种。

其中森林生态系统和农田生态系统是主要的生态系统类型，两者合计占补偿区域总面积的 60% 以上。森林生态系统面积为 1 242.57 km²，占补偿区域总面积比例为 34.19%。与人类活动关系密切的农田生态系统、城镇生态系统面积分别为 1 023.84 km²、226.95 km²，分别占补偿区域总面积的 28.17%、6.24%。灌丛生态系统面积为 666.66 km²，占补偿区域总面积的 18.34%。草地生态系统面积为 285.97 km²，占补偿区域总面积的 7.87%。湿地生态系统面积为 186.44 km²，占补偿区域总面积的 5.13%。裸地生态系统面积为 2.02 km²，占补偿区域总面积的 0.06%。通过计算得到补偿范围内生态系统服务总价值量为 29.85 亿元（表 8-15），其中流域上游河北省境内为 25.60 亿元。

表 8-15　补偿范围内生态系统服务价值量　　　　　　　　单位：万元/a

一级类型	二级类型	森林	草地	农田	湿地	河流/湖泊	荒漠	合计
供给服务	食物生产	2 829.48	552.24	4 598.08	21.40	32.47	0.18	8 033.85
	原材料生产	25 551.63	462.36	1 793.26	14.27	21.44	0.36	27 843.32
调节服务	气体调节	37 041.20	1 926.44	3 310.59	143.26	31.24	0.54	42 453.27
	气候调节	34 897.70	2 003.51	4 460.17	805.44	126.20	1.18	42 294.20
	水文调节	35 069.15	1 952.12	3 540.55	798.90	1 149.90	0.63	42 511.26
	废物处理	14 747.86	1 695.26	6 391.34	855.97	909.75	2.35	24 602.53
支持服务	保持土壤	34 468.89	2 876.81	6 759.20	118.29	25.12	1.54	44 249.84
	维持生物多样性	38 670.34	2 401.64	4 690.02	219.34	210.13	3.62	46 195.09
文化服务	提供美学景观	17 834.71	1 117.34	781.70	278.78	272.01	2.17	20 286.72
合计		241 110.95	14 987.72	36 324.91	3 255.65	2 778.27	11.89	298 469.38

　　生态系统服务功能的价值量的结果直观、明确，可以给决策者提供依据和参考，因而有积极的参考价值。但在确定补偿标准时，它不能直接等同于生态补偿确定补偿量方面的标准。

　　本方案基于流域生态学理论，根据流域生态系统整体性、开放性和具有自维持、自调控功能的特征，考虑到生态系统的生态服务不仅使下游天津市境内能够享有流域生态系统服务，上游河北省境内同样能够受益。因此，引入流域上下游不同区域的生态系统服务功能受益权重系数，按系数对生态服务价值进行分配。最终基于生态系统服务功能价值的核算方法，确定补偿标准为 6.575 亿元（表 8-16）。

表 8-16　补偿范围内生态系统服务价值量　　　　　　　　单位：亿元/a

一级类型	二级类型	生态服务功能价值量	水源区外部贡献	水源区内部贡献
供给服务	食物生产	25.602	6.575	19.027
	原材料生产			
调节服务	气体调节			
	气候调节			
	水文调节			
	废物处理			
支持服务	保持土壤			
	维持生物多样性			

8.5.2.2　基于生态保护与建设成本的核算方法

　　基于生态保护与建设成本的核算方法计算"需要补偿多少"的问题。生态保护与建设成本是指为改善水源地生态环境而进行生态保护与开发建设的相关投入。下游地区或者上一级政府通过计算这些成本投入为上游地区的生态保护与建设埋单。

从水资源保护与生态建设总成本入手对生态补偿量进行测算。首先对流域上游地区水资源保护与生态建设的各项投入进行汇总，然后通过引入水量分摊系数与水质修正系数，测算上游水资源保护与生态建设外部性的补偿量，即流域下游应支付给水源区的补偿金额。如果上游地区造成下游污染，则在测算上游补偿标准时核减下游地区污染治理成本。

（1）方法介绍

水源涵养与生态保护补偿成本，由直接成本（DC）和间接成本（IC）构成。直接成本考虑的是进行水源涵养与生态保护所开展的各项措施的费用，包括林业建设、水土流失治理和污染防治方面的人力、物力、财力的直接投入；间接成本则是为保护流域上游水源涵养区的水源涵养等生态功能所发生的坡地退耕投入、移民安置投入以及关、停、并、转部分企业遭受的潜在经济损失。年总成本（C）的计算公式表示为

$$C_t = DC_t + IC_t \tag{8-16}$$

上式可作为水源涵养与生态保护补偿计算的依据。

（2）补偿测算

根据参考文献（刘艳红，2013），本方案依据生态保护与建设成本核算理论得出：2000—2012年，流域上游承德市为水源涵养与生态保护所投入的生态建设与保护实际投入累计成本81.85亿元，年均投入6.821亿元。最终通过基于生态保护与建设成本的核算方法确定补偿标准为6.821亿元/a（表8-17）。

表8-17 （流域上游地区）承德市水源涵养与生态保护实际投入成本汇总

项目		总投入/亿元	国家投入/亿元	本地区投入/亿元	投入年限	本地区年均投入/亿元
京津风沙源治理	人工造林 飞播造林 封山育林 农田林网 人工种草 飞播牧草 围栏封育 基本草场 草种基地 圈舍建设 水源节水 小流域治理 生态移民 饲料机械	26.56	23.62	2.94	2000—2012年	0.245

项目		总投入/亿元	国家投入/亿元	本地区投入/亿元	投入年限	本地区年均投入/亿元
退耕还林	退耕造林荒山地造林	38.28	30.32	7.96	2000—2012 年	0.663
污染源治理	城镇污水工厂工业污染治理面源污染治理取缔网箱养殖	81.78	10.83	70.95	2000—2012 年	5.913
合计		146.62	64.77	81.85	2000—2012 年	6.821

数据来源：刘艳红."引滦入津工程"潘家口水库及其上游滦河流域生态补偿机制研究[D]. 北京：中国人民大学，2013.

8.5.2.3 基于水环境容量的核算方法

（1）方法介绍

根据"谁受益，谁补偿；谁污染，谁付费"的原则，对于达标的水质指标，其水环境容量为正数，下游要针对其剩余的环境容量对上游进行补偿。对于超标的水质指标，其水环境容量为负数，上游要因为环境容量的透支对下游进行污染赔偿。所以基于水环境容量的补偿标准的计算，只着眼于达标水质，具体公式如下：

$$P = \sum_{i=1}^{n} P_i = \sum_{i=1}^{n} \Delta M_i \times P_{io} \qquad (8\text{-}17)$$

式中：P——总的补偿金额；

P_i——指标 i 对应的单项补偿金额；

P_{io}——指标 i 对应的单位环境容量补偿标准；

ΔM_i——达标水质 i 的环境容量。

水环境容量计算采用如下公式：

$$\Delta M_i = Q \times (c_{io} - c_i) \qquad (8\text{-}18)$$

式中：Q——水量；

c_{io} 和 c_i——分别为指标 i 的标准浓度值和实测浓度值。

对于效益型指标（DO），取 ΔM_i 的绝对值。

（2）补偿测算

根据引滦入津历年调水量和果河桥监测断面水质监测值，计算出果河桥断面历年各指标水环境容量，计算过程中标准浓度采用Ⅲ类标准值，计算结果见表 8-18，由于总氮指标超Ⅲ类标准，故未列出。

表 8-18　果河桥监测断面 2007—2012 年各水质指标环境容量 ΔM_t

指标	单位	2007 年	2008 年	2009 年	2010 年	2011 年	2012 年
溶解氧	t	4 241.05	3 819.08	3 300.48	3 751.22	4 689.96	2 447.95
高锰酸钾指数	t	1 851.30	1 909.54	2 085.12	1 670.42	1 680.36	1 232.63
化学需氧量	t	8 155.40	8 522.32	7 090.56	5 225.12	4 796.55	3 299.98
五日生化需氧量	t	1 052.70	1 455.18	961.92	1 635.74	1 448.37	903.93
氨氮（NH_3-N）	t	510.02	449.45	418.75	450.26	416.33	304.05
总磷	t	85.31	92.71	81.22	66.47	65.21	38.06
铜	t	604.70	613.69	575.71	577.71	626.69	432.28
锌	t	598.95	607.86	570.24	572.22	620.73	428.18
氟化物（以 F^- 计）	t	314.60	282.44	305.28	317.90	300.96	240.04
硒	t	5.90	5.99	5.62	5.64	6.11	4.22
砷	t	28.13	28.55	26.78	28.76	31.19	21.40
汞	t	0.06	0.06	0.05	0.05	0.06	0.04
镉	t	2.72	2.76	2.59	2.86	3.10	2.14
铬（六价）	t	29.04	29.47	27.65	27.74	30.10	20.76
铅	t	27.23	27.63	25.92	28.61	31.04	21.41
氰化物	t	119.79	121.57	114.05	114.44	124.15	85.64
挥发酚	t	2.42	2.46	2.30	2.31	3.04	2.01
石油类	t	21.18	21.49	20.16	20.23	21.95	16.87
阴离子表面活化剂	t	105.88	107.45	97.92	101.15	109.73	75.69
硫化物	t	114.95	116.66	109.44	109.82	119.13	82.18
类大肠杆菌群	10^{12} 个/L	5 802.98	5 965.50	5 649.12	5 605.16	6 069.36	4 185.52
硫酸盐（以 SO_4^{2-} 计）	t	—	—	—	—	—	29 842.50
氯化物（以 Cl^- 计）	t	128 169.25	127 036.60	122 860.80	112 189.80	—	89 960.00
硝酸盐（以 N 计）	t	5 978.01	5 484.86	4 595.90	4 986.98	5 193.44	2 536.18
铁	t	—	—	—	—	—	95.15
锰	t	—	—	—	—	—	41.09

《江苏省环境资源区域补偿方法（实行）》（苏政办发〔2007〕149 号）将环境资源区域补偿因子及补偿标准暂定为：化学需氧量每吨 1.5 万元，氨氮每吨 10 万元，总磷每吨 10 万元。《关于印发〈山东省生态补偿资金管理办法〉的通知》（鲁财建〔2008〕9 号）将补偿标准定为：COD 每吨 3 500 元、氨氮每吨 4 375 元。《关于印发河南省水环境生态补偿暂行办法的通知》（豫政办〔2010〕9 号）根据水污染防治要求和治理成本，确定生态补偿标准为化学需氧量每吨 2 500 元，氨氮每吨 10 000 元。

通过以上相关政府文件，结合天津市河北区污水处理厂的运行成本，对各达标水质因子的单位补偿标准确定如表 8-19 所示。

表 8-19 各水质因子的单位补偿标准

指标	补偿标准	指标	补偿标准
溶解氧	1 万/t	铬（六价）	1 万元/t
高锰酸钾指数	1 万/t	铅	1 万元/t
化学需氧量（COD）	5 万/t	氰化物	1 万元/t
五日生化需氧量（BOD_5）	1 万/t	挥发酚	1 万元/t
氨氮（NH_3-N）	10 万/t	石油类	1 万元/t
总磷（以 P 计）	10 万/t	阴离子表面活化剂	1 万元/t
铜	1 万/t	硫化物	1 万元/t
锌	1 万/t	粪大肠杆菌群	1 万元/10^{12} 个
氟化物（以 F^-计）	1 万/t	硫酸盐（以 SO_4^{2-}计）	0.01 万元/t
硒	1 万/t	氯化物（以 Cl^-计）	0.01 万元/t
砷	1 万/t	硝酸盐（以 N 计）	0.1 万元/t
汞	1 万/t	铁	1 万元/t
镉	1 万/t	锰	1 万元/t

2007—2012 年各水质指标对应的补偿金额和总的补偿金额，如表 8-20 所示。

表 8-20 2007—2012 年基于水环境容量的补偿标准　　单位：亿元

指标	2007 年	2008 年	2009 年	2010 年	2011 年	2012 年
溶解氧	0.424 1	0.381 9	0.330 0	0.375 1	0.469 0	0.244 8
高锰酸钾指数	0.185 1	0.191 0	0.208 5	0.167 0	0.168 0	0.123 3
化学需氧量	4.077 7	4.261 2	3.545 3	2.612 6	2.398 3	1.650 0
五日生化需氧量	0.105 3	0.145 5	0.096 2	0.163 6	0.144 8	0.090 4
氨氮（NH_3-N）	0.510 0	0.449 4	0.418 8	0.450 3	0.416 3	0.304 0
总磷	0.085 3	0.092 7	0.081 2	0.066 5	0.065 2	0.038 1
铜	0.060 5	0.061 4	0.057 6	0.057 8	0.062 7	0.043 2
锌	0.059 9	0.060 8	0.057 0	0.057 2	0.062 1	0.042 8
氟化物（以 F^-计）	0.031 5	0.028 2	0.030 5	0.031 8	0.030 1	0.024 0
硒	0.000 6	0.000 6	0.000 6	0.000 6	0.000 6	0.000 4
砷	0.002 8	0.002 9	0.002 7	0.002 9	0.003 1	0.002 1
汞	0.000 0	0.000 0	0.000 0	0.000 0	0.000 0	0.000 0
镉	0.000 3	0.000 3	0.000 3	0.000 3	0.000 3	0.000 2
铬（六价）	0.002 9	0.002 9	0.002 8	0.002 8	0.003 0	0.002 1
铅	0.002 7	0.002 8	0.002 6	0.002 9	0.003 1	0.002 1
氰化物	0.012 0	0.012 2	0.011 4	0.011 4	0.012 4	0.008 6
挥发酚	0.000 2	0.000 2	0.000 2	0.000 2	0.000 3	0.000 2

指标	2007 年	2008 年	2009 年	2010 年	2011 年	2012 年
石油类	0.002 1	0.002 1	0.002 0	0.002 0	0.002 2	0.001 7
阴离子表面活性剂	0.010 6	0.010 7	0.009 8	0.010 1	0.011 0	0.007 6
硫化物	0.011 5	0.011 7	0.010 9	0.011 0	0.011 9	0.008 2
类大肠杆菌群	0.580 3	0.596 6	0.564 9	0.560 5	0.606 9	0.418 6
硫酸盐（以 SO_4^{2-} 计）	—	—	—	—	—	0.029 8
氯化物（以 Cl^- 计）	0.128 2	0.127 0	0.122 9	0.112 2	—	0.090 0
硝酸盐（以 N 计）	0.059 8	0.054 8	0.046 0	0.049 9	0.051 9	0.025 4
铁	—	—	—	—	—	0.009 5
锰	—	—	—	—	—	0.004 1
总计	6.353 3	6.496 9	5.602 1	4.748 6	4.523 3	3.171 2

根据 2007—2012 年计算结果，采用基于水环境容量的核算方法，流域补偿年均值为 5.149 亿元。

8.5.2.4 基于发展机会成本的核算方法

机会成本在经济学中被定义为"为得到某种东西而必须放弃的东西"，依据"选择后放弃的最大收益"的原理，即进行环境保护过程中保护者所放弃的最大利益。二次应用到生态补偿机制中就是生态系统服务功能的提供者为了保护生态环境所放弃的经济收入、发展机会等。通过计量出地区保护环境的成本，根据保护的机会成本确定的生态补偿数据能达到促使补偿者自觉保护环境的目的。

上游地区开展的水资源开发利用与保护工作直接影响到下游地区的用水安全。因而，上游地区要限制不利于水源涵养和水环境保护的产业发展，禁止对水资源保护不利的项目，对上下游跨界断面往往都要有较高的水量、水质考核控制标准，以保证充足和优质的水资源流向下游地区。这就在一定程度上制约了上游地区经济发展和人民生活水平的提高，导致水源地发展速度落后于邻近地区。因而，应以可持续发展理念为指导，考虑地区间相对平衡发展，受益区应对水源区给予适当的经济补偿或项目支持。

在水源地生态补偿中，生态保护和建设者的机会成本主要包括 3 部分：由于水源涵养区执行严格的环境标准而限制某些行业的发展，导致其发展机会的损失；个人因生态保护而牺牲的发展机会；水源涵养区进行生态建设而造成的机会成本损失。一般采用实证调查分析和与邻近区域经济发展的经验对比分析两种方法。

在地区经济影响因素的信息不完备的情况下，采用经验对比分析也能比较近似地评价水源保护引起的水源地经济损失。有研究表明，可以利用相邻县市居民的人均可支配收入与上游地区人均可支配收入对比，估算出相对相邻县市居民收入水平的差异，也可以人均 GDP 为考核因子估算研究区与相邻县市的经济发展差距，从而反映发展权的限值可能给上游地区造成的经济损失，作为补偿的参考依据。

（1）方法介绍

本方案采用与邻近区域经济发展的经验对比分析法，研究水源保护限制发展造成的经济损失。可采用以下两种思路：

选取与水源区自然条件相近但未因涵养水源而限制发展的地区作为参照对象，比较两者之间的经济差异。近似地将两者之间的差异作为评价水源保护限制发展损失的依据，计算公式如下：

$$C_X = (\mathrm{GDP}_0 - \mathrm{GDP}_1)\alpha N_\mathrm{S} \qquad (8\text{-}19)$$

式中：C_X——限制发展损失；

GDP_0——无涵养水源限制的相近地区人均国内生产总值；

GDP_1——涵养水源限制地区人均国内生产总值；

α——补偿系数，即水资源对经济的影响系数；

N_S——涵养水源限制地区人口数。

分析计算水源地与下游受益区之间的经济差异，取两者之间差异值作为评价限制发展经济损失的依据，计算公式如下：

$$C_X = (\mathrm{GDP}_\mathrm{D} - \mathrm{GDP}_\mathrm{S})\alpha N_\mathrm{S} \qquad (8\text{-}20)$$

式中：C_X——限制发展损失；

GDP_D——受水区人均国内生产总值；

GDP_S——水源地人均国内生产总值；

α——补偿系数，即水源保护对区域经济的影响系数；

N_S——涵养水源限制地区人口数。

基于发展机会成本的补偿系数是指水源地进行涵养水源与生态保护对经济的影响或贡献程度，它决定了水源保护造成的区域经济损失水平。跨省流域地区生产总值差值乘以补偿系数就是水资源受益区对水源地的经济补偿值。地区经济的发展水平受诸多要素影响，包括地理环境、资源矿产、资金投入、人力投入、人文环境以及国家地区各项政策等因素，地区政策包括一些资源保护政策等。这些要素都可以看作地区经济的函数，用数学公式来表达为

$$E = F(x_1, x_2, x_3, \cdots, x_n) \qquad (8\text{-}21)$$

经济发展水平 E 可以用 GDP 表示，x_i 表示影响 GDP 大小的各种因素，包括水源区保护政策影响因素 x_wp，则上式可表示为

$$\text{GDP} = F(x_1, x_2, \cdots, x_{wp}, \cdots, x_n) \tag{8-22}$$

水源保护对经济的影响程度是指实施水源保护引起地区经济的边际损失 ML_{WP}，表示为

$$\text{ML}_{WP} = \frac{\partial \text{GDP}}{\partial x_{WP}} = \frac{\partial F(x_1, x_2, \cdots, x_{wp}, \cdots, x_n)}{\partial x_{wp}} \tag{8-23}$$

即 $\alpha = \text{ML}_{WP}$。

由于影响地区经济的诸多要素中有部分要素难以定量描述，确定水源保护影响经济的程度具有相当大的难度。实际上，由于水源地保护而限制当地经济发展，影响最直接的是当地的财政收入和居民收入。虽然对水源保护地施加一定限制导致其经济发展严重影响还有若干中间因素和环节，但地方财政收入损失受这些中间因素和环节的影响较小。因而，财政收入损失的补偿系数可由以下公式计算：

$$\alpha = \frac{\text{FR}_S}{\text{GDP}_S} \times 100\% \tag{8-24}$$

式中：α——补偿系数；

    GDP_S——水源地的地区生产总值；

    FR_S——水源地的财政收入。

（2）补偿测算

以人均 GDP 为考核因子，计算引滦流域上游地区的发展权损失。鉴于天津市作为直辖市，经济发展水平较高，因此以河北省为参照地区来计算。此外，由于承德市兴隆县、宽城满族自治县历年数据来源的限制性，承德地区水源涵养区因限制发展导致的财政收入损失核算数据以承德市的历年数据代替。各地区人均 GDP 发展差异见表 8-21。

表 8-21　人均 GDP 发展差异比较　　　　　　单位：元

年份	承德	唐山		蓟县	河北省	与河北省差距			
		遵化市	迁西县			承德	遵化市	迁西县	蓟县
2007	16 377	41 636	58 612	16 002	19 662	3 285	—	—	3 660
2008	21 048	53 322	—	16 876	22 986	1 938	—	—	6 110
2009	22 198	54 509	74 485	21 101	24 581	2 383	—	—	3 480
2010	25 699	65 754	83 549	25 412	28 668	2 969	—	—	3 256
2011	31 705	66 292	95 230	31 387	33 571	1 866	—	—	2 184
2012	34 108	70 627	98 890	32 970	36 584	2 476	—	—	3 614

由于水源保护对引滦流域的经济发展制约程度难以量化，因而需要引入补偿系数的概念，即水源地保护限制发展影响最直接的是当地的财政收入和居民的工资报酬，由引滦流域地区的财政收入与 GDP 的比值作为补偿系数。表 8-22 为引滦流域财政收入与 GDP 的比值在近年的变化情况，采用其平均值作为补偿系数，则承德市的补偿系数为 14.0%。

表 8-22　涵养水源保护区财政收入占 GDP 的比例

年份		2007	2008	2009	2010	2011	2012
承德	财政收入/亿元	81.6	103.7	100.1	114	153.4	175.5
	GDP/亿元	551.6	714.9	763.7	880.5	1 100.8	1 180.9
	比例/%	14.8	14.5	13.1	12.9	13.9	14.9
唐山 遵化市	财政收入/亿元	23.03	27.3	—	24.22	26.28	28.1
	GDP/亿元	293.6	379.7	392	476.5	485.3	519.82
	比例/%	7.8	7.2	—	5.1	5.4	5.4
迁西县	财政收入/亿元	18.63	24.8	18.55	20.7	30.0	30.1
	GDP/亿元	215.8	269.8	289.5	331.8	354.3	390.02
	比例/%	8.6	9.2	6.4	6.2	8.5	7.7
蓟县	财政收入/亿元	8.0	9.3	13.6	19.5	29	43.4
	GDP/亿元	109	141.8	164.8	206.3	246.1	283.7
	比例/%	7.3	6.6	8.3	9.5	11.8	15.3

将河北省作为参照地区，由承德市（兴隆县、宽城满族自治县）、唐山市（遵化市、迁西县）与河北省人均 GDP 差值和补偿系数，计算得到水源涵养区因限制发展导致的财政收入损失见表 8-23。引滦流域平均每年因涵养水源与生态保护而限制发展造成的财政收入损失约为 15.95 亿元，其中承德市约损失 12.82 亿元。

表 8-23　流域上游地区限制发展损失水平

年份	人口/万人				与河北省人均 GDP 差距/（元/人）				损失财政收入/亿元			
	承德	唐山		蓟县	承德	唐山		蓟县	承德	唐山	蓟县	总计
		遵化	迁西			遵化	迁西					
2007	366.89	—	—	81.84	3 285	—	—	3 660	17.83	—	2.20	20.03
2008	369.38	—	—	82.84	1 938	—	—	6 110	10.38	—	3.32	13.70
2009	371.91	—	—	83.55	2 383	—	—	3 480	11.62	—	2.40	14.02
2010	372.96	—	—	83.35	2 969	—	—	3 256	14.34	—	2.57	16.90
2011	347.32	—	—	84.27	1 866	—	—	2 184	9.03	—	2.17	11.20
2012	376.92	—	—	84.18	2 476	—	—	3 614	13.87	—	4.65	18.52
平均	367.56	—	—	83.34	2 486	—	—	3 717	12.82	—	3.14	15.95

8.5.2.5 基于水资源价值的测算方法

生态补偿机制不仅是一项环境保护政策，也是解决社会公平、协调区域发展的一个重要手段。根据水资源的紧缺程度调节水价，从水价中征取部分水资源价格以及整个水生态的价值，是实现水资源可持续利用的必要经济手段。水资源价值具有经济核算的功能，同时水资源价值能够为水资源有偿使用和水资源费的合理征收提供技术经济基础。当流域清洁水资源价值可直接货币化时，可基于水价格法实施流域补偿。水资源市场价格法的思路为：根据水质的好坏，来判定是受水区向上游补偿，还是上游向受水区赔偿，然后结合水量和单位水资源价格进行核算。

（1）方法介绍

水资源价值法是一种非常直接的补偿方法，它根据水资源价值以及水量来确定流域生态补偿量，计算公式如下：

$$P = Q \times C_\mathrm{C} \times \delta \tag{8-25}$$

式中：P——生态补偿金额；

Q——调水量；

C_C——水资源价值；

δ——水质调整系数。

C_C一般可采用污水处理成本或水资源市场价格，这种方法简单易行，但C_C还可以进行改进，比如可以采用水资源价值来替换；水质调整系数δ可以根据优质优价的原则，结合引滦入津工程的实际情况来合理确定。随着流域水资源交易市场的逐步形成和完善，基于水资源价值的计算方法将会简单易行，便于操作。

计算中参数的取值对结果影响较大，目前应用模糊数学的方法可以较好地评价水资源的价值，得到较为合理的资源水价。模糊数学评价法是运用模糊数学理论分析和评价具有"模糊性"的对象的系统分析方法，是一种较为成熟的演算方法。当研究对象拥有多个影响因素的时候，模糊数学评价有着很大的优势，它能够实现将一些边界不清、不易定量的因素定量化，并进行综合识别，最终获得较为科学、合理的评价结果。因此，本方案采用当前较为成熟的基于模糊数学模型的水资源价值计算方法，计算引滦入津工程水资源价值，并在此基础上，构建考虑水质因素的生态补偿量计算模型。

模糊数学模型认为，水资源价值系统是一个模糊系统，构成水资源价值的因素，可以分为3类：自然因素、经济因素和社会因素，水资源价值模型可用函数表示为

$$C = f(X_1, X_2, X_3, \cdots, X_n) \tag{8-26}$$

式中：C——水资源价值；

$X_1, X_2, X_3, \cdots, X_n$——分别表示影响水资源价值的因素，如水质、水资源量、人口
密度、经济结构、技术影响、水资源生产成本及正常利润等。

水资源价值模糊数学综合评价模型计算公式如下：

$$B = \omega \circ R \tag{8-27}$$

式中：B——综合评价结果矩阵；

ω——各评价要素权重分配矩阵；

"$\circ$"——模糊矩阵的复合运算符号，即矩阵 B 中的元素应按照模糊矩阵复合运算
法则确定；

R——单要素评价矩阵即隶属度矩阵，表示评价要素集 U 与评语集 V 之间的模糊
关系，它是以各单要素模糊评价结果为行向量构建而成的。

（2）补偿测算

利用以上公式，结合 2007—2012 年引滦入津水环境质量、水资源总量、人均用水量、
人口数、人均 GDP、城镇居民人均可支配收入等评价因素，对引滦的水资源价值进行计
算。2007—2012 年水资源价值评价因素标准见表 8-24～表 8-29。

表 8-24　2007 年水资源价值评价因素标准

评价因素	高	较高	中等	较低	低
地表水水质标准	I	II	III	IV	V
水资源总量/亿 m³	10.4	412.54	814.68	2 568.04	4 321.4
人均用水量/（m³/人）	2 498.1	1 469.8	441.5	307.55	173.6
人口数/万人	9 660	6 933.1	4 206.2	2 247.6	289
人均 GDP/元	66 367	44 170.2	21 973.4	14 444.2	6 915
城镇居民人均可支配收入/元	23 622.73	18 704.365	13 786	23 798.34	10 012.34
农村居民人均纯收入/元	10 144.62	7 142.31	4 140	3 234.46	2 328.92

表 8-25　2008 年水资源价值评价因素标准

评价因素	高	较高	中等	较低	低
地表水水质标准	I	II	III	IV	V
水资源总量/亿 m³	9.2	447.09	884.98	2 722.59	4 560.2
人均用水量/（m³/人）	2 499.9	1 473.05	446.2	306.75	167.3
人口数/万人	9 893	7 066.4	4 239.8	2 265.9	292
人均 GDP/元	73 124	49 630.5	26 137	17 480.5	8 824
城镇居民人均可支配收入/元	26 674.90	21 227.95	15 781	26 750.41	10 969.41
农村居民人均纯收入/元	11 440.26	8 100.63	4 761	3 742.395	2 723.79

表 8-26 2009 年水资源价值评价因素标准

评价因素	高	较高	中等	较低	低
地表水水质标准	I	II	III	IV	V
水资源总量/亿 m³	8.4	394.205	780.01	2 404.605	4 029.2
人均用水量/（m³/人）	2 475.1	1 461.55	448	306.3	164.6
人口数/万人	10 130	7 201	4 272	2 284	296
人均 GDP/元	78 989	53 603.65	28 218.3	19 263.65	10 309
城镇居民人均可支配收入/元	28 837.78	23 006.39	17 175	29 104.78	11 929.78
农村居民人均纯收入/元	12 482.94	8 817.97	5 153	4 066.55	2 980.1

表 8-27 2010 年水资源价值评价因素标准

评价因素	高	较高	中等	较低	低
地表水水质标准	I	II	III	IV	V
水资源总量/亿 m³	9.2	503.09	996.98	2 794.99	4 593
人均用水量/（m³/人）	2 463.7	1 456.95	450.2	314.05	177.9
人口数/万人	10 441	7 372	4 303	2 301.5	300
人均 GDP/元	76 074	54 716.9	33 359.8	23 239.4	13 119
城镇居民人均可支配收入/元	31 838.08	25 473.54	19 109	32 297.55	13 188.55
农村居民人均纯收入/元	13 977.96	9 948.48	5 919	4 671.825	3 424.65

表 8-28 2011 年水资源价值评价因素标准

评价因素	高	较高	中等	较低	低
地表水水质标准	I	II	III	IV	V
水资源总量/亿 m³	8.8	379.51	750.22	2 576.46	4 402.7
人均用水量/（m³/人）	2 383	1 418.7	454.4	314.2	174
人口数/万人	10 505	7 414.45	4 323.9	2 313.45	303
人均 GDP/元	85 213	62 327.45	39 441.9	27 927.45	16 413
城镇居民人均可支配收入/元	36 230.48	29 020.24	21 810	36 798.68	14 988.68
农村居民人均纯收入/元	16 053.79	11 515.395	6 977	5 443.185	3 909.37

表 8-29 2012 年水资源价值评价因素标准

评价因素	高	较高	中等	较低	低
地表水水质标准	I	II	III	IV	V
水资源总量/亿 m³	10.8	481.64	952.48	2 574.44	4 196.4
人均用水量/（m³/人）	2 657.4	1 556.05	454.7	310.9	167.1
人口数/万人	10 594	7 471	4 348	2 328	308
人均 GDP/元	93 173	68 279.85	43 386.7	31 548.35	19 710
城镇居民人均可支配收入/元	40 188.34	32 376.67	24 565	41 721.89	17 156.89
农村居民人均纯收入/元	17 803.68	12 860.34	7 917	6 211.83	4 506.66

计算得出 2007—2012 年基于水资源价值的生态补偿标准，采用其平均值，基于引滦入津工程水资源价值的生态补偿标准为 9.502 亿元（表 8-30）。

表 8-30　基于水资源价值的生态补偿标准测算结果

年份	水资源价值/（元/m³）	引滦入津调水量/亿 m³	补偿标准/亿元
2007	0.930	6.05	5.627
2008	1.443	6.14	8.860
2009	1.388	5.76	7.995
2010	2.006	5.78	11.595
2011	2.072	6.27	12.991
2012	2.660	4.33	11.518
多年平均	1.750	5.43	9.502

8.5.2.6　基于补偿主体支付能力的测算方法

引滦入津工程缓解了天津市严重缺水的局面，为经济发展和社会稳定提供了支撑和保障。水资源价值法以引滦入津工程调水后水资源对天津市 GDP 的贡献值为依据，同时考虑补偿主体支付意愿和经济发展水平影响，引入反映补偿主体支付意愿的生态补偿标准系数和反映补偿主体支付水平的补偿能力因子来权衡"应该补偿多少"和"能够补偿多少"之间的矛盾，进行生态补偿标准的核算。

（1）方法介绍

水资源价值法计算公式如下：

$$P = r \times \alpha \times \mathrm{PG} \tag{8-28}$$

式中：P——补偿金额；

r——生态补偿标准系数；

α——补偿能力因子；

PG——引滦入津调水水资源对流域下游天津市 GDP 的贡献值。

r 为生态补偿标准系数，计算公式如下：

$$r_i = \frac{1}{1 + 4.65 \mathrm{e}^{-0.052\left(\frac{1}{\mathrm{En}_i} - 3\right)}} \tag{8-29}$$

式中：r_i——第 i 年的生态补偿标准系数；

En_i——第 i 年的恩格尔系数。

天津市生态补偿系数如表 8-31 所示。

表 8-31　生态补偿标准系数

年份	城镇居民家庭恩格尔系数/%	农村居民家庭恩格尔系数/%	城镇人口比例/%	农村人口比例/%	En_i	$1/En_i$	生态补偿标准系数 r_i
2007	35.3	38.9	60.5	39.5	0.367	2.723	0.174 9
2008	37.3	39.9	60.7	39.3	0.383	2.609	0.174 1
2009	36.5	39.5	61.1	38.9	0.377	2.655	0.174 4
2010	35.9	39.0	61.4	38.6	0.371	2.696	0.174 7
2011	36.2	37.9	61.6	38.4	0.369	2.713	0.174 8
2012	36.7	36.2	62.1	37.9	0.365	2.739	0.175 0

数据来源："天津市统计年鉴"。

α 是补偿能力因子,其数值通过补偿主体地区的 GDP 占全国 GDP 的比重来确定。天津市生态补偿能力因子如表 8-32 所示。

表 8-32　天津市补偿能力因子计算结果

年份	天津市 GDP/亿元	我国 GDP/亿元	补偿能力因子 α
2007	5 252.76	265 810	0.019 8
2008	6 719.01	314 045	0.021 4
2009	7 521.85	340 903	0.022 1
2010	9 224.46	401 513	0.023 0
2011	11 307.28	473 104	0.023 9
2012	12 855.18	519 322	0.024 8

数据来源："国民经济与社会发展统计公报"。

PG 根据天津市万元 GDP 用水量的实际情况,依据历年来引滦入津工程调水量来计算(表 8-33)。

表 8-33　引滦入津工程调水量的 PG 值

年份	天津市 GDP/亿元	用水量/亿 m³	引滦调水量/亿 m³	万元 GDP 用水量/m³	PG 值/亿元
2007	5 252.76	23.37	6.05	44.49	1 359.86
2008	6 719.01	22.33	6.14	33.23	1 847.73
2009	7 521.85	23.37	5.76	31.07	1 853.88
2010	9 224.46	22.42	5.78	24.30	2 378.60
2011	11 307.28	23.10	6.27	20.43	3 069.02
2012	12 855.18	23.13	4.325	17.99	2 384.66

数据来源："天津市统计年鉴""天津市水资源公报"。

（2）补偿测算

根据计算公式，得到基于补偿主体支付能力的生态补偿补偿标准如表 8-34 所示。根据引滦入津工程调水后水资源对天津市 GDP 的贡献值，天津市平均每年为流域上游涵养水源与生态保护地区补偿 8.578 亿元。

表 8-34 基于补偿主体支付能力的生态补偿标准测算结果

年份	生态补偿标准系数	补偿能力系数	PG/亿元	补偿标准/亿元
2007	0.174 9	0.019 8	1 359.86	4.709
2008	0.174 1	0.021 4	1 847.73	6.884
2009	0.174 4	0.022 1	1 853.88	7.145
2010	0.174 7	0.023 0	2 378.60	9.557
2011	0.174 8	0.023 9	3 069.02	12.822
2012	0.175 0	0.024 8	2 384.66	10.349
多年平均	0.174 6	0.022 8	1 359.86	8.578

8.5.2.7 补偿标准

综合上述不同补偿标准核算方法计算结果，假设在流域上游供给水资源达到跨界考核断面水环境质量目标的情况下，不同方法测算获得理论补偿标准为 5.149 亿～12.817 亿元，平均值为 8.240 亿元（表 8-35）。

表 8-35 各种补偿标准核算方法计算结果

补偿标准核算方法	补偿标准/亿元
基于生态系统服务功能价值的核算方法	6.575
基于生态建设与保护成本的核算方法	6.821
基于水环境容量的核算方法	5.149
基于发展机会成本的核算方法	12.817
基于水资源价值的核算方法	9.502
基于补偿主体支付意愿的核算方法	8.578
平均值	8.240

实际操作过程中，生态补偿的实际值往往小于理论计算值。根据国外的生态补偿的经验，实际补偿值在理论值的 0.2～1.0 倍。本研究选取 0.6，即生态补偿的总值约为 5 亿元。

8.5.3 流域补偿分配研究

流域上游得到流域下游给予的补偿金额要满足一个重要条件：在满足水量要求的情况下，要保证水质的达标。所以为了使流域生态补偿机制更加完善，形成流域上下游良性互动的局面，有必要建立补偿金额的分配制度，基本思路是：在跨界水质不达标的情况下，上游在获得的补偿金额中拿出一部分作为赔偿金，给予下游用于水质的改善。根据"谁受益，谁补偿；谁污染，谁付费"的原则，如果上游供给的水资源没有达到跨界考核断面水环境质量目标，那么上游地区不仅仅是保护者的角色，同时也要承担污染者的责任，给予下游地区相应的赔偿金额，这也是公平性原则的体现。

基本原理如下：

$$P = P_1 + P_2 = a_1 \times P + a_2 \times P \qquad (8\text{-}30)$$

式中：P_1——分配给上游河北省的补偿资金；

P_2——分配给下游天津市的补偿资金；

a_1——上游的补偿金分摊系数；

a_2——下游的补偿金分摊系数。

$a_1 + a_2 = 1$。即上游供水水资源状况越好，上游分摊系数越小，上游补偿金分摊越少，流域下游作为受益区补偿金额分摊越多来补偿给上游地区。

8.5.3.1 基于居民生活水平的分配方法

（1）方法介绍

以与生态系统服务密切相关的人类福祉水平，即居民生活水平为依据，按照下游地区居民收入水平占流域总体水平的比例来确定下游地区的受益程度。

$$L = \alpha B + (1 - \alpha) H \qquad (8\text{-}31)$$

式中：L——居民生活水平；

B——城镇居民人均可支配收入；

H——农民人均纯收入；

α——人口比例的权重，$\alpha < 1.0$。

（2）分配测算

根据天津市和河北省两地区居民收入水平，计算上下游分配比例如表 8-36 所示。

表 8-36　基于居民生活水平的分配方法计算结果

年份	分配指数		流域下游受益比例
	河北省	天津市	
2007	0.333	0.667	0.667
2008	0.329	0.671	0.671
2009	0.327	0.673	0.673
2010	0.326	0.674	0.674
2011	0.337	0.663	0.663
2012	0.343	0.657	0.657
多年平均	0.333	0.667	0.667

根据多年平均比例，计算流域下游的补偿总量为：5 亿元×0.667=3.335 亿元。

8.5.3.2　基于水质调整因子的分配方法

（1）方法介绍

基于水质调整因子的分配方案，基本原理是：利用各个指标的实测浓度和目标浓度，构造一个水质调整因子 δ。当水质不达标时，使 δ 的值介于 0~1，这样我们就可以用 δ 的值赋给 a_1，即引滦入津水环境质量越好，水质调整因子越小，流域下游天津地区受益比例越大，分摊的补偿金额就越大。

计算公式如下：

$$\delta = \sum_{i=1}^{n} k_i \times 1 + (-1) \times \sum_{j=1}^{n} k_j \times \left(\frac{c_j}{c_{jo}} - 1 \right) + \delta_{\mathrm{pH}} + \delta_{\mathrm{DO}} \qquad （8-32）$$

式中：i——达标水质；

　　　j——超标水质；

　　　k——权重值；

　　　c_j——j 的实测浓度值；

　　　c_{jo}——j 的标准浓度值。

由于 pH 和 DO 指标的特殊性，故采用单独的公式计算。

（2）分配测算

根据天津市对于桥水库水环境质量的期望及上游河北省可能达到的水环境保护能力，本研究设定了 3 种假设模式（表 8-37、表 8-38）。

表 8-37　不同模式指标、标准和权重设定方案

	指标	标准	权重
A	化学需氧量、氨氮、总磷、总氮 4 项指标	《地表水环境质量标准》（GB 3838—2002）除总氮执行地表水Ⅲ类标准外，其余指标执行Ⅱ类标准	每项指标等权重
B	《地表水环境质量标准》（GB 3838—2002）表 1 和表 2 中的 29 项指标	以该指标多年平均浓度值为基准	每项指标赋权重
C	《地表水环境质量标准》（GB 3838—2002）109 项全分析指标	—	—

表 8-38　不同方案的指标、标准和权重选择

分配方案	指标	标准	权重
方案 1（改善情况）	A	B	A
方案 2（现状）	B	A	B
方案 3（现状）	B	A	A

根据不同方案的分配系数计算不同方案下的下游的分配比例和分配金额，计算结果如表 8-39 所示。

表 8-39　不同方案流域下游的分配系数和分配金额

分配方案	流域下游受益比例	流域下游分配金额/亿元
方案 1（改善情况）	0.452	2.260
方案 2（现状）	0.528	2.640
方案 3（现状）	0.775	3.875

8.5.3.3　基于综合污染指数的分配方法

（1）方法介绍

综合污染指数是指：选取 n 个水质指标，利用各个指标的实测浓度和目标浓度进行数学上的归纳和统计，得出一个较简单的代表水体污染程度的数值，即综合污染指数。综合污染指数是在单项污染指数评价的基础上计算得到，主要方法有：水质质量系数法、简单综合污染指数法、综合污染指数法、分级评价法、内梅罗水污染指数法、综合水质指数法（WQI）等。

本次研究采用综合污染指数法，计算公式如下：

$$p = k_i \sum_{i=1}^{n} \frac{c_i}{c_{i0}}$$

（8-33）

式中：k——水质指标的权重值；

　　n——水质指标的种类；

　　c_i——实测浓度值；

　　c_{i0}——标准浓度值。

（2）分配测算

根据跨省界面综合污染指数的计算结果，分析上下游的受益比例，如表 8-40 所示。

表 8-40　基于综合污染指数法计算结果

年份	流域下游受益比例
2007	0.74
2008	0.58
2009	0.52
2010	0.65
2011	0.49
2012	0.42
多年平均	0.567

结果显示，下游多年平均受益比例为 0.567，流域下游分配金额为 2.835 亿元。

8.5.3.4　基于跨界断面水质水量目标的分配方案

（1）方法介绍

上游地区生态建设的效益，一部分由上游地区享受，一部分转移到下游。因此，上游得到的补偿应该是总成本的一部分。水资源的效用，主要表现在一定数量的水量和一定标准的水质上。上游生态建设投入成本、向下游提供的水资源量、所提供水资源的质量成为补偿计算最主要的因子。因此，引入水量分摊系数与水质修正系数来测算上游生态建设和保护的外部性所需的补偿量。考虑水量分摊和水质修正后下游对上游地区生态建设的补偿量：

$$C_t KV_t KQ_t = C_t KV_t + P_t M_t = C_t KV_t \left(1 + \frac{P_t M_t}{C_t KV_t} \right) \tag{8-34}$$

即

$$KQ_t = 1 + \frac{P_t M_t}{C_t KV_t} \tag{8-35}$$

$C_0 = C_{0标}$ 时，$P_t = 0$，$KQ_t = 1$，下游地区只需因利用上游水量而分摊成本 $C_t KV_t$；

$C_0 < C_{0标}$ 时，$P_t > 0$，$KQ_t > 1$，下游地区除需分摊成本 $C_t KV_t$ 外，因享有优于标准水质的水量而对上游地区补偿 $P_t M_t$；

$C_0 > C_{0标}$ 时，$P_t < 0$，$KQ_t < 1$，下游地区分摊成本 $C_t KV_t$，但上游地区因向下游排放劣于标准水质的水量需向下游地区赔偿 $P_t M_t$。

（2）分配测算

表 8-41 统计了天津市多年引滦水量。

表 8-41　引滦入津多年平均入境水量　　　　　单位：亿 m³

年份	1993	1994	1995	1996	1997	1998	1999
入境水量	8.116	4.295	3.378	3.624	8.5	6.138	7.491
年份	2000	2001	2002	2003	2004	2005	2006
入境水量	4.88	4.90	5.16	4.50	3.37	4.18	5.81
年份	2007	2008	2009	2010	2011	2012	20 年均值
入境水量	6.05	6.14	5.76	5.78	6.270	4.325	5.433

天津市多年引滦平均调水量为 5.433 亿 m³，而滦河流域多年平均水资源总量为 43.71 亿 m³，因而天津市获得水量分摊系数 KV_t 为 0.124 3，应承担部分生态建设和环境保护的成本。

依据《海河流域重点水功能区划》中的要求，引滦专线天津保护区—黎河桥监测断面的水质目标为地表水 II 类标准。因此，在计算水质污染风险指数与水质修正系数过程中，指标标准以地表水 II 类为基准（除总氮），而考虑到水源地水环境质量实际情况，总氮以地表水 III 类为基准。根据流域水环境特征分析结果与污染风险指数评价结果（风险指数与风险因子出现频率），本方案筛选出化学需氧量、氨氮、总磷、总氮 4 项指标作为流域上下游交界断面处的代表性指标，来进行水质修正系数的计算。

参考河北省人民政府办公厅《关于进一步加强跨界断面水质目标责任考核的通知》（办字〔2012〕62 号）和范青等提出的北京市水环境区域补偿机制构建中制定的补偿因子扣缴与奖励标准，最终确定 $M_{t (COD)}$ 为 5 万元/t；$M_{t (NH3-N)}$ 为 5 万元/t；$M_{t (TN)}$ 为 1 万元/t；$M_{t (TP)}$ 为 10 万元/t。根据上述计算公式获得水质修正系数 KQ_t 为 2.959。

表 8-42　水质修正系数

年份	COD/（mg/L）		氨氮/（mg/L）		总氮/（mg/L）		总磷/（mg/L）		KQ_t
	II 类	实测值	II 类	实测值	III 类	实测值	II 类	实测值	
2007	15	7.58	0.5	0.200	1.0	5.53	0.1	0.054	4.361
2008	15	9.91	0.5	0.359	1.0	2.54	0.1	0.022	3.509
2009	15	8.24	0.5	0.341	1.0	5.42	0.1	0.068	3.826
2010	15	9.64	0.5	0.289	1.0	4.80	0.1	0.119	3.220
2011	15	10.9	0.5	0.184	1.0	7.64	0.1	0.098	2.560
2012	15	12.6	0.5	0.285	1.0	9.36	0.1	0.098	1.330
多年平均									2.959

因此，流域下游分配金额为：5 亿元×（1–2.959×0.124 3）=3.161 亿元。

8.5.3.5　小结

综合以上多种算法，计算流域上下游生态补偿资金的分担比例，结果显示，不同方法所计算得到的流域下游天津地区应分担 2.260 亿～3.335 亿元（表 8-43）。

表 8-43　各种补偿量分担方法计算结果

方法			参与者分担比例		分摊标准/亿元
			流域上游水源区	流域下游受水区	
基于居民生活水平			0.333	0.667	3.335
基于跨界断面水环境状况	基于水质调整因子	方案 1	0.548	0.452	2.260
		方案 2	0.472	0.528	2.640
		方案 3	0.225	0.775	3.875
	基于综合污染指数		0.433	0.567	2.835
	基于跨界断面水质水量		0.368	0.632	3.161

8.6　跨省于桥水库流域经济补偿资金管理机制与实施机制安排

生态补偿机制，可以有效调整相关利益各方生态及其经济利益的分配关系，对促进生态和环境保护，促进城乡间、地区间和群体间的公平性和社会的协调发展具有积极的意义，因而建立生态补偿机制已成为社会各界广泛关注的热点问题。但在实践过程中，流域生态补偿方面还存在结构性的政策缺位，特别是相关流域生态补偿政策严重短缺。目前，政府各部门尤其是生态环境部门已开展了相关的研究工作，尝试建立流域补偿的相关政策和机制；学术界也开展了补偿方法和补偿资金分配方面的相关研究，为生态补偿机制建立和政策设计提供了一定的理论依据。

由于流域生态补偿问题牵扯许多部门和地区，因此需建立一个具有战略性、全局性和前瞻性的流域补偿框架，建立相对完善的决策机制、运行机制、资金管理机制和监督机制，切实推动流域生态补偿项目，激励流域产业调整和环境保护。

8.6.1　组织与管理机制

组织和管理机制是推动跨省流域生态补偿的重要保障。组织与管理机制的成功构建需要强有力的组织领导机构和健全的法律法规体系。

8.6.1.1　组织领导

决策机制在流域生态补偿体系中处于主要地位，不仅是设计其他机制的基础，而且贯穿于其他各机制运行的始终。健全的决策机制是有效决策生态补偿的必要条件，其主要任务是：确定决策生态补偿目标，评估和选择生态补偿方案，并对整个生态补偿过程进行领导、协调和控制。跨省流域生态补偿问题牵扯到不同的省（区、市）和部门，因此建立健全领导决策机制对更好地协调各部门之间的工作，实现不同省（区、市）和部门之间的资源共享和沟通，做好流域生态补偿，实现流域上下游经济发展与环境保护的共赢具有积极的作用。

要做好于桥水库流域补偿，实现河北和天津两地的互惠共赢，就要建立由国家或环境管理部门领导、两省（市）政府共同参加的决策管理机构。决策管理机构一方面负责流域生态补偿的宣传，补偿项目的申请、立项，补偿方法的选择，补偿资金的筹集等一系列生态补偿项目的准备和决策工作。同时还负责生态补偿的运行监控，同时在这些管理机构中下设技术咨询部门，为相关技术指导、规划协调管理、有关纠纷仲裁或重大决策提供咨询意见。直属国家或环境管理部门的人员可以快速准确地把握国家的相关政策，对各个省（市）的流域生态补偿管理机构进行监督、管理和协调，可以提高流域生态补偿各省（市）管理部门的工作效率，有效地防止和解决可能产生的纠纷、矛盾。两个省（市）管理人员联合组成管理系统有利于同时考虑双方的经济和环境利益，对双方有争议的问题快速沟通，寻求满足双方经济发展和环境发展的补偿方法，共同提高流域生态补偿资金的使用效率。

8.6.1.2　法律法规

跨省流域的生态补偿的开展，不能只依靠省际政府的协商，必须依靠顶层设计。生态补偿机制的关键是长期、稳定、有效运行，需要法律、法规对流域上游和下游的利益分配关系进行调整，使生态补偿机制在法律框架内依照法律有序运行。为了使跨省流域生态补偿机制具有长久性，应该通过制度、法律、法规将跨省流域生态补偿的具体权利、义务以法律的形式固定下来，保证跨省流域生态补偿机制的公平性、长久性、稳定性。

我国政府对现有的国家层面的法律、法规及政策没有涉及流域生态补偿的具体操作条款，省际间无法遵循共同的原则和法律法规。在缺乏明确法律依据的前提下，上下游省（区、市）流域水环境保护的权利与义务、补偿与被补偿等关系未能理顺；在上下游省（区、市）的利益协调机制缺失的情况下，省际之间缺乏协商与合作，不能做到"利益共享、责任共担"。

为弥补法律法规的缺失，中央政府和许多地方积极试验示范，探索开展生态补偿的途径和措施。2005 年 12 月颁布的《国务院关于落实科学发展观　加强环境保护的决定》、2006 年颁布的《中华人民共和国国民经济和社会发展第十一个五年规划纲要》等都明确提出，要尽快建立生态补偿机制。为了建立促进生态保护和建设的长效机制，党中央、国务院又提出，"按照谁开发谁保护、谁破坏谁治理、谁受益谁补偿的原则，加快建立生态补偿机制"。2010 年 4 月由国家发展和改革委员会牵头的"生态补偿条例"起草工作正式启动，该条例起草工作小组先后分成 6 个专题调研组分赴 13 个省进行调研。目前，该条例草稿已经出台，其中第九条规定：生态补偿的范围应当包括森林、草原、湿地、矿产资源开发、海洋、流域和生态功能区，共 7 个方面。该条例的出台可为推进生态补偿法律出台提供理论依据。

完善生态补偿法律法规迫在眉睫。未来应加快制定"生态补偿法"，为中国的各项生态补偿的开展奠定良好的法律基础，作为生态补偿重要内容之一的流域生态补偿也将会有专门立法的保护。同时，在对生态补偿进行立法的同时，再制定单独的流域法：介于每个流域涉及的省（区、市）和地区众多，对整个流域进行立法便于对全流域的生态补偿进行统一的、无差异的保护，促使整个流域的生态补偿问题能够得到较好、较快的解决。此外，应提倡有条件的地区尝试制定地方性生态补偿法律法规，为国家级法律法规、标准的制定奠定基础。

8.6.2　监测、运行与考核机制

监测、运行、考核机制是生态补偿项目的重点所在。监测机制是监测活动规范、及时，监测数据准确、有效的重要保障。运行机制包括资金核算机制、资金筹集机制和资金管理机制。运行机制是生态补偿顺利、可持续进行的保障。考核机制是补偿高效性、投资有效性的基础。

8.6.2.1　监测机制

水质监测是明晰生态补偿对象，确定生态补偿的额度的基础。根据于桥水库流域特征，在天津市和河北省的跨界断面选择监测点，进行长期监测。

（1）监测断面及采样要求

由于淋河常年断流，所以以河北省和天津市两省（市）跨界的黎河上黎河桥断面和沙河上的沙河桥 2 个国控断面作为考核监测断面，由中国环境监测总站组织河北省和天津市开展联合监测。监测项目包括高锰酸盐指数、氨氮、总磷 3 项指标，以《地表水环境质量标准》（GB 3838—2002）表 1 中的Ⅲ类标准值作为基准。天津市和河北省两省（市）按单双月轮值组织开展，每月监测一次。

天津市和河北省两省（市）监测人员须在监测断面现场同时采集水样，采用统一的

样品预处理方法。然后分成 3 份样品，做好样品保存工作。双方各取一份样品进行测试分析，另一份样品由轮值方保存。如发生水污染事故，经一方提议，双方应及时进行应急监测。如果自动监测站数据出现明显异常，经一方提议，双方应进行加密监测。

水质采用手工监测，每月一次。两省（市）监测数据实现共享，按规定时间报送中国环境监测总站。

（2）质量保证

承担监测任务的单位需明确职责，严格执行《地表水和污水监测技术规范》（HJ/T 91—2002）及《环境水质监测质量保证手册》（第二版）的有关要求，对水质监测的全过程进行质量控制和质量保证。监测断面执行《地表水和污水监测技术规范》的要求。监测分析方法采用《地表水环境质量标准》（GB 3838—2002）要求的方法。双方应尽可能统一分析方法，如果采用其他监测方法需报中国环境监测总站备案，通过适用性检测并认可后才能使用。

采用的试剂、分析仪器等必须能够满足监测工作的需要，原则上双方采用的监测分析仪器需满足该方案所需的方法检测限和实验精度要求。

河北省和天津市两省（市）环境监测中心站要加强对相关地方站的技术指导，定期开展质量控制工作，保证监测数据质量。

（3）评价方法

手工监测数据采用河北省和天津市两省（市）环境监测数据，若数据差异小于 10%时，监测数据取两部门的平均值；当一方无监测数据时则采用另一方的监测数据。

若数据差异大于 10%时，则由中国环境监测总站于当月月底前组织仲裁监测，当月数据认定以仲裁监测的监测结果为准。当两省（市）对监测数据长期存在争议时，则采用第三方监测方式。

（4）承担单位

中国环境监测总站组织河北省和天津市开展联合监测。

（5）保障措施

为确保监测活动科学严谨，中国环境监测总站将以不定期组织现场抽测和标准品考核相结合的方式进行核查。

为了保证河北省和天津市两省（市）引滦流域生态补偿试点水环境监测工作的顺利开展，河北省和天津市应加强引滦流域各级环境监测站的水环境监测能力建设，适当增加日常监测运行经费。负责跨界考核断面监测任务的两省（市）环境监测中心站应在规定时间内通过计量认证复审，监测人员须持证上岗。

8.6.2.2　核算机制

由于跨界断面水质随年份和季节有所差异，会影响到流域补偿的结果，所以要根据水质监测结果，利用于桥水库流域生态补偿分配平台逐月核算流域生态补偿的总量。此外，在突发事件发生时，还要加测跨界断面水质，并计算突发事件损失，根据突发事件发生原因，核算污染赔偿。

不同的核算方法和分配方法计算的结果差异较大，因此应按照本研究所列举的几种国内外较为常用的流域补偿核算和分配方法计算于桥水库补偿金额的额度范围，并由两省（市）流域补偿管理单位通过博弈的方法，协商确定补偿的总量。资金到位后，由河北省和天津市的流域生态补偿管理部门根据相关的法律法规确定补偿资金的使用。

对于突发事件，如干旱、洪水、污染泄漏等事件发生时，可能对下游的供水量和供水安全造成一定程度的损失。对突发事件造成损失的，要通过分析事故责任、经济损失、影响范围等确定赔偿金额。

8.6.2.3　资金筹集机制

稳定且可持续的资金来源是实现有效生态补偿的重要保障。根据密云水库、新安江等现有的项目基础，于桥水库生态补偿的资金主要来源于政府的财政转移支付。政府通过征收补偿费，一方面获得资金收入，另一方面缓解了环境污染。此外，还可以通过采用市场补偿的方法作为政府补偿的补充。

（1）政府补偿

政府直接利用财政收入或者通过征收"生态税"得来的资金对生态进行补偿，或者在税收上对河北省和蓟县环保企业、污染企业拆迁、"三高"企业向环境友好企业转移进行减免，实现区域的生态补偿。这种方式是目前绝大多数地区所采用的，其占生态补偿资金的比重也是最大的。

（2）市场补偿

市场补偿手段在发达国家应用较为广泛，可以为于桥水库的水环境保护提供很好的借鉴。秉着"谁破坏，谁付费；谁受益，谁付费"的原则，通过水权交易的方式，允许水权在不同企业之间进行交易，或者将上游节余的优质水资源有偿地提供给下游使用者，以此来获得生态补偿资金。同时，对于居民用水价格实行听证和阶梯水价政策，提高流域居民用水的效率。充分发挥市场在水资源调节中的积极作用，一方面可以解决单一靠政府财政转移支出给政府方面带来的经济压力，另一方面也可以提高企业和居民对水资源价值的认知，提高水资源的利用率。

（3）公益捐助

社会公益性捐助主要是接受国内外单位机构、个人的捐款或援助。于桥水库项目可以通过吸引投资和环境组织的援助，或者通过多种方式拓宽社会捐助渠道，接受社会团体和个人等方面的捐赠。

8.6.2.4　资金管理机制

要提高资金的使用效率，将有限的资金真正用到实处，就需要构建行之有效的资金管理机制，从资金使用的人员上、使用和结算的制度上进行全方位的管理。

（1）设置专门的管理机构

对流域补偿资金进行有效管理，离不开运转高效的管理机构。西方发达国家更多的是通过地方政府结合本地区的特殊性进行管理，而对于我国的流域水资源补偿则多由国家机关和省（区、市）的相关部门进行集中式管理。于桥水库流域生态补偿管理部门主要包括国家机关、河北省和天津市政府部门，主要负责专项资金的筹措、资金分配核算、资金使用管理和资金使用绩效评估。同时应在管理机构中下设技术咨询部门，为相关技术指导、规划协调管理、有关纠纷仲裁，或重大决策提供咨询意见。

（2）健全资金管理的日常管理制度

对于每一个流域的生态补偿，补偿管理机构必须依照国家有关财务会计法规，建立健全资金管理的各项规章制度，保证资金的合理使用。具体包括：建立资金管理责任制度，主要是管理者对资金管理的职责以及会计人员的岗位设置、工作分工和职责权限，层层落实责任；建立资金的拨付和使用制度，主要是资金拨付程序、资金使用的原则、开支标准和范围；建立严格的会计核算程序，主要是会计科目的设置和使用，会计账簿的设置和登记，报表的编制和要求；建立定额管理、原始记录管理和计量验收管理制度；建立监督复核制度及奖惩制度等。除此之外，还要完善项目的验收和报告制度，严格按照质量控制标准进行检查验收，验收的内容包括施工质量、施工周期、投资预算的执行情况等方面。对验收不合格的工程，要进行责任追究，对相关责任人给予行政处分，要建立起经济手段、行政手段和法律手段相结合的惩戒机制。

（3）构建资金管理的责任会计体系

要确保流域补偿资金的安全有效运行，必须加强对资金的管理和控制，实行报账制，建立责任会计体系。项目报账制的实施可以从源头上保证资金专款专用，实现资金管理与项目进度管理同步。报账制管理的特点是严格按照生态恢复和治理工程进度报账。报账制要求根据项目进度和预算要求，逐级办理报账，使资金使用与治理效果紧密结合，防止补偿资金管理与流域生态恢复质量管理脱节，保证资金的使用效益，使有限的项目资金用在刀刃上。建立流域生态环境补偿资金责任会计体系的重点是建立补偿资金的责任会计控制系统。各个责任中心应对成本、费用负责，各个责任中心形成一个层层负责、逐级控制的成本控制体系。责任会计必须以经济责任制确定的责任目标控制体系为依据，按经济责任层次来确定各级责任单位。通过对责任中心进行指标考核，将考核指标和报酬联系起来，使责任会计形成严密的核算和考核体系，并辅之以相应的奖惩办法。发现资金使用有违法行为，要追究责任人员行政和刑事责任。

8.6.2.5　考核机制

绩效考评制度是指依照流域水质改善的目标或绩效标准，评定流域水环境保护状况和流域生态补偿项目的推进完成情况，并根据评定结果反馈给各个部门的一种制度。对于桥水库流域补偿试点实施情况开展评估，可以系统、客观、准确反映补偿机制实施成效，分析存在的问题并寻求解决方案，为提高流域水环境补偿的实施效率，解决区域社会经济发展与水资源短缺的矛盾提供技术支撑。

于桥水库流域水环境补偿试点考核机制，将主要考核试点目标、任务完成情况，以及试点产生的环境、经济和社会效益。经济效益主要考核试点实施期间，经济发展与产业结构变化、资金投入与发展机会成本、污染治理效率与环保投资方向等；环境效益主要考核水环境质量变化、污染减排、土地利用类型变化等方面；社会效益主要从政府、企业、公众 3 个角度，系统考核实施水环境补偿带来的社会影响。

公开绩效考核结果，并列入下年度项目管理决策中。对于绩效考核结果优秀的项目，可以加大扶持力度；对于绩效考核合格的项目，按计划继续开展补偿项目；对于绩效考核结果欠佳的项目，可约谈项目负责人，分析项目进展不顺的原因，督促改进；对部分考核结果差的项目，可暂停项目资金的拨付，重新评估项目的可行性。

8.6.3　公众参与和监督机制

公众参与机制是为了保证生态补偿所有利益相关主体都能参与进来。在生态补偿机制构建过程中，特别是补偿标准应该在科学计算的基础上通过民主与协商确定。公众参与机制的实施是在保障公众知情权的基础之上，鼓励公众积极投身于桥水库生态补偿项目的投资、科研工作；而监督机制的确立有助于提升生态补偿项目的效果和资金使用有效性，同时也有利于提升公众对项目的理解力和支持度。

8.6.3.1　保障公众的知情权

于桥水库流域生态补偿将建立补偿平台，实现流域水环境质量的信息公开。第一，于桥水库流域生态管理中心每月在公开平台上公开 3 个国控点源的数据、流域生态补偿资金发放状况、流域生态补偿项目开展状况等信息，保障公众的知情权。第二，建立生态补偿机制听证制度，征求公众对补偿形式和补偿额度的建议，提高公众参加生态补偿的积极性。第三，提高公共资金管理的透明度，积极公开补偿资金的流向，保障补偿资金真正运用在刀刃上。第四，公开监督和举报电话，解答公众和媒体在生态补偿项目中的疑惑，鼓励公众和媒体行使监督权利，积极举报污染治理、补偿资金管理、绩效考核中存在的问题，提高流域生态补偿效率，改善于桥水库流域的生态环境。

8.6.3.2　鼓励公众参与生态补偿项目投资

生态流域补偿是惠及流域经济发展的经济补偿政策，对区域经济发展会产生促进作用。由于流域群众对生态补偿的价值认识不足，于桥水库的流域生态补偿方式主要以政府转移支付方法为主，即中央政府、天津市政府和河北省政府利用财政资金实现流域的生态补偿。未来，随着人们对生态环境重要性认识的提高以及流域生态补偿的经济效益的逐渐显现，可以鼓励企业、公益团体和个人加入流域生态项目的投资。一方面，企业和流域居民作为流域水资源的受益者，享受水资源价值及其衍生价值，其参加流域补偿也体现了"谁受益，谁付费"的理念。同时，引入更多的生态补偿资金的来源可以减轻国家财政拨款的负担，稳定资金来源，有利于实现流域生态补偿的可持续发展。另一方面，个人和企业资金进入流域生态补偿有利于提高生态补偿的效率。现有生态补偿项目结果的比较分析表明，在制度约束能力不强的情况下，与个人签订合约操作起来最简单，管理成本低，对居民生活的帮助最大，也能迅速起到保护资源的作用。鼓励有影响力的地方组织机构参与，有利于增强内生激励，提升补偿计划的可持续性。

8.6.3.3　加大监督管理力度

流域生态补偿需要宏观考量流域整体利益的可持续性最大化发展，考察流域补偿的方式和资金额度，以及流域内各类主体的补偿效果，因此需要权威的监管机制，需要努力做到以下几个方面：

一是要增强监督意识，各个流域补偿执行单位积极配合监督。受监督者要增加流域生态补偿运行透明度。权力的运行只有公开、透明，才能对其实施有效的监督。各单位要在认真落实好政务公开制度的同时，逐步建立重大决策公开咨询、听证、报告制度等，保证补偿审批、补偿过程、资金筹集应用和结果验收运行中的公开性和透明度，主动接受监督。

二是强化权力制约。离开权力间的相互制约，难以从源头上行使对权力的监督。因此，要对生态流域补偿各个权力进行分解和制约，防止权力的过于集中，杜绝利用手中的权力为个人谋取私利的行为。尤其是在财务审批、物资采购、工程建设项目管理上，要把决策、执行、监督三权分离开来，形成相互制衡的关系，促进各个单位相互间的监督，防止不受约束的权力主体存在。当然，也要注意避免议而不决、该断不断的问题。

三是要建立监管机构。建议完善流域资源管理机构与职能，在于桥水库流域设立流域监管机构，流域机构应与两省（市）经济利益完全脱离而保持其中立的纯公共机构的性质，其运行费用从国家和流域有关公共财税中列支；应赋予流域机构一定的决策权和执法权，负责流域宏观决策和监管，制定有关流域标准和规则，对流域政府间大型协作进行引导、指导，其对可能影响流域整体利益的补偿协定进行备案审查，但不得干涉流域主体的市场性行为。

四是要严格执纪执法。严格遵守国家和地区有关生态流域补偿的法律法规，对于破坏补偿规定、违反财经纪律、失职、渎职行为严肃查办，坚决惩处。对在补偿过程中不接受监督、不坚持民主集中制、造成决策失误的情况应严肃查处。

此外，要大力宣扬流域补偿的重要意义，激励群众和广大媒体积极参加监督，提升其监督能力，疏通信访通道。对于群众和媒体反映的问题要及时处理，提升监督的积极性和有效性。

8.7　跨省于桥水库流域水质改善潜在贡献率预测分析

党中央、国务院历来高度重视饮用水安全。胡锦涛同志曾在 2003 年的中央人口资源环境工作座谈会上强调过，"环境保护的相关工作，要着眼于让人民吃上放心的食物、呼吸上清洁的空气、喝上干净的水，在良好的环境中进行生产生活"，此后又多次做出批示，明确指示，"要增强紧迫感，深入调研，科学论证，提出解决方案，认真加以解决，使群众喝上放心水"。温家宝同志在 2005 年的中央人口资源环境工作座谈会上也强调过，"要切实抓好水污染防治，保护饮用水水源地，加强对城乡污染源的监控，保障群众的饮水安全"，并在 2006 年的第六次全国环保大会中再次指出，"饮水安全的保障直接关系到人民群众的健康，要切实地保护饮用水水源地"。对饮用水水源地水体安全的保护与管理，是环境保护管理工作的重要内容。习近平总书记强调，不能把饮用水不安全问题带入小康社会，并要求以创新流域区域水管理机制为抓手，强化水资源统一管理。党中央对饮用水安全的高度重视是保障天津市饮用水安全、开展于桥水库流域生态补偿的重要支柱。

改善流域生态环境方式和方法很多。从方式上，可以在清水产流区、清水养护区、湖滨缓冲区 3 个区域开展生态环境保护；也可以分为点源治理和非点源治理两个方面。从方法上，可以利用移民、工厂搬迁、污水治理、产业转型等多种方式开展。采用何种方法有效，如何能够使有限的资金效益最大化一直是管理者所关注的问题。

本章针对天津市饮用水水源地的调查结果，全面开展天津市于桥水库流域环境保护技术方案效果的研究，为保障天津市饮用水安全提供理论支持。

8.7.1 于桥水库主要环境问题

探讨流域治理方案首先要从流域存在的主要问题出发。于桥水库富营养化问题日益显著，水库的水环境现状总体不容乐观。于桥水库水环境调查评估结果表明于桥水库的主要污染物是氮、磷营养盐。水库水体总氮浓度近年来远超标准阈值，总磷浓度呈现逐年升高的趋势，表征水体富营养化的 TSI 指数上升，水库水体富营养化趋势显著，近年来出现了藻类集聚性暴发问题，对水源地水体的潜在破坏性风险不容忽视。对于桥水库污染溯源研究表明，于桥水库既存在点源污染，又存在非点源污染。点源污染主要表现在引水源头的污染和周边工业源的污染，非点源污染包括以农业种植源、村屯生活源、畜禽养殖源为代表的农业污染。

解决于桥水库水环境问题的方法包括污染减排和污染治理。污染减排是控制污染物排放量在环境承载范围之内，是一种预防性的控制方法。污染治理则是针对已经污染的水体开展物理、化学和生物治理，改善水体水质并恢复其生态功能。

本节针对于桥水库氮、磷超标的主要环境问题和于桥水库流域控制的主要区域，设计采用生态移民、水肥管理、点源治理等多种方法降低流域氮、磷污染负荷。由于潘家口水库、大黑汀水库的供水是通过暗渠输送到于桥水库流域，对于桥水库影响的主要区域是于桥水库流域以及于桥水库流域的进水水质，所以本次研究将于桥水库的污染防控区域集中于于桥水库流域（图 8-46），而进入于桥水库流域的水体中所含有的氮、磷，作为点源来分析。本研究利用 BMP 和 PLOAD 模型相结合的方法预测不同方法在于桥水库流域水质改善中的潜在贡献率。

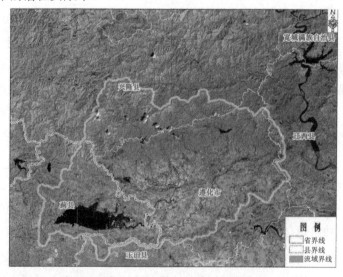

图 8-46 于桥水库流域范围示意图

8.7.2 于桥水库上游潘家口、大黑汀水库流域水质改善预测

于桥水库水资源来源于上游的潘家口、大黑汀水库，主要是通过黎河调水进入天津市，因此如果严格管理上游河北省的产流区的氮、磷浓度，可以降低输入天津市区的氮、磷污染负荷。以 2013 年为例，2013 年引滦隧洞出口向于桥水库流域输入的水的总氮、总磷的平均质量浓度分别为 5.63 mg/L、0.12 mg/L，以引滦调水量平均 5 亿 m³ 计，若总氮、总磷浓度削减 20%，则每年进入天津市的氮、磷负荷将削减 $5.63×10^5$ kg、$1.2×10^4$ kg。

8.7.3 于桥水库流域水质改善潜在贡献率预测

BMP 是保护流域水环境免受面源污染采取的一系列措施。由于于桥水库环境问题主要是氮、磷污染超标，且氮、磷污染物主要来源于农业、畜禽养殖业、生活源等人类活动，所以设计于桥水库流域 BMP 措施为：库周二级保护区内的移民（YM）、耕地的施肥管理（FM）、畜禽养殖和生活源治理（RX）、库周点源治理（全部关停），以及水库东部河流入库口湿地建设（WP）。BMP 代码和去除效率见表 8-44。

表 8-44 BMP 措施代码及去除效率

BMP 类型	BMP 名称	TN/%	TP/%
WP	Wet Pond	30	30
YM	Immigrant	80	80
RX	Septic Control	20	20
FM	Fertilizer Management	25	25

为实现流域的分区分级管理，使用 90 m×90 m DEM 图和 SWAT 模型，划分子流域如图 8-47 所示。运用 ArcGIS 手段，将库周合并为一个子流域，即 33# 子流域，将库区水面作为一个子流域，即 44# 子流域。其中，位于天津市蓟县境内的子流域大概包括 33#、38#、40#、44#。

不同的管理方法在于桥水库流域中的作用区域不同，用 ArcGIS 提取除点源控制以外的各个方法作用区域的空间矢量图（图 8-47）。根据 BMP 的去除效率和不同管理方法的作用空间，利用 PLOAD 模型进行情景预测，分析采用不同方法或采用多种综合方法对改善于桥水库流域水环境质量的潜在贡献率（图 8-48～图 8-51）。

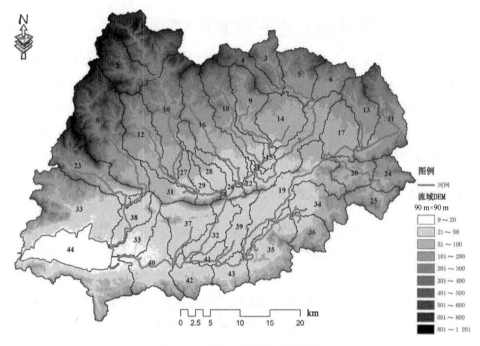

图 8-47 于桥水库流域 DEM 图

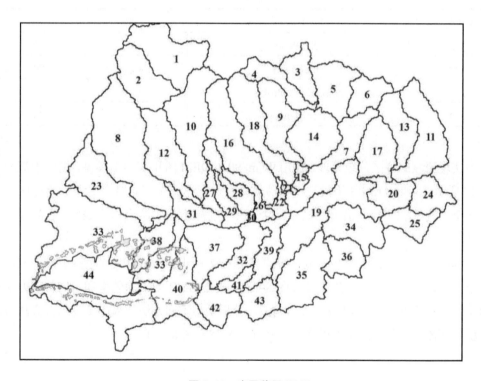

图 8-48 库周移民 BMP

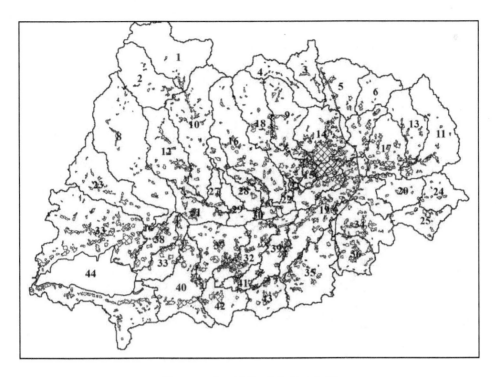

图 8-49　人口排放+畜禽养殖 BMP

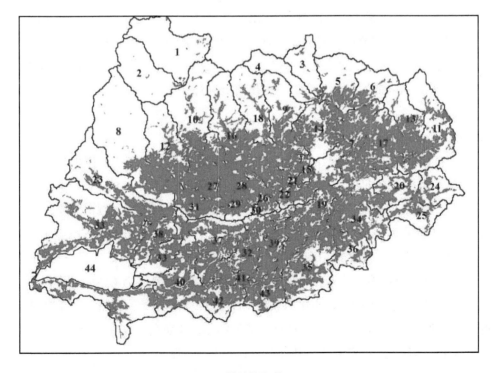

图 8-50　耕地施肥管理 BMP

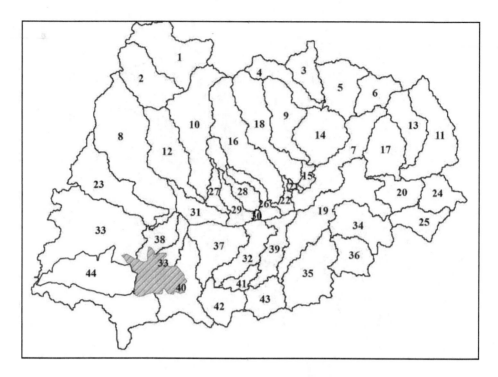

图 8-51 水库东部入河口湿地 BMP

BMP 情景预测是利用流域模型对 BMP 在空间上的不同配置情景进行模拟的方法，可以在不进行大范围实地观测的情况下对污染治理措施的有效性进行评价，具有灵活性和预测性，因而逐渐成为污染控制和辅助流域管理决策的重要手段。本研究采用 PLOAD 模型对实施补偿前后的污染源负荷量及变化情况进行计算，分析不同方法在流域水质改善中的潜在贡献率。

（1）PLOAD 方法介绍

PLOAD 模型是由美国 CH2MHILL 水资源工程小组开发的基于 GIS 的流域非点源污染负荷模型，主要在年尺度上分析流域非点源的负荷量情况。PLOAD 计算方法简单，易于理解，对模型的操作简便，而且计算结果可视化效果好，可用于城市用地、农业用地和未开发地的非点源污染预测和管理。PLOAD 模型所需的数据分为 GIS 数据（包括流域边界数据和土地利用类型数据）和表格形式的数据，输入的数据以文件的形式传递给模型进行计算。PLOAD 能够计算各种污染物的负荷，包括总悬浮物（TSS）、溶解性总固体（TDS）、化学需氧量（COD）、生化需氧量（BOD）、氮和磷等，计算负荷量时以不同土地利用类型进行分类统计计算。PLOAD 对流域的年污染负荷计算有两种方法：输出系数法和简易法。本研究选择简易法，其计算公式如下（英制单位）：

$$L_P = \sum_U (P \times P_J \times R_{VU} \times C_U \times A_U \times 2.72 / 12) \qquad (8\text{-}36)$$

$$R_{VU} = 0.050 + (0.009 \times I_U) \qquad (8\text{-}37)$$

式中：L_P——污染负荷，lbs[①]；

　　　P——降水量，inches[②]/a；

　　　P_J——降水产流率，默认取 0.9；

　　　R_{VU}——土地利用类型 U 的地表径流系数；

　　　I_U——下垫面不透水率，%；

　　　C_U——土地利用类型 U 下的污染物产出平均浓度，mg/L；

　　　A_U——土地利用类型为 U 的土地面积，acres[③]。

　　径流系数 RVU 是指降水产生的径流量与降水量之比。径流系数与雨强、土壤性质、土壤含水量、地表覆盖等因素有着重要的关系，其中的下垫面因素可以综合为流域下垫面的不透水率 I_U（%），见表 8-46。

$$\%AS_{BMP} = AS_{BMP} / AB \qquad (8\text{-}38)$$

$$L_{BMP} = (L_P \times \%AS_{BMP}) \times (1 - \%EFF_{BMP} / 100) \qquad (8\text{-}39)$$

$$L = \sum_{BMP} L_{BMP} + L_P \times \left[\left(AB - \sum_{AS} AS_{BMP} \right) / AB \right] \qquad (8\text{-}40)$$

$$\%EFF = (L_P - L) / L_P \qquad (8\text{-}41)$$

式中：$\%AS_{BMP}$——某种 BMP 服务面积的百分比，%；

　　　AS_{BMP}——某种 BMP 的服务面积，acres；

　　　AB——流域的面积，acres；

　　　L_{BMP}——某区域实施 BMP 措施后剩余的污染物负荷，lbs；

　　　L_P——实施 BMP 前流域总的污染物负荷，lbs；

　　　$\%EFF_{BMP}$——某种 BMP 的去除效率，%；

　　　L——实施 BMP 后总的污染物负荷，lbs；

　　　$\%EFF$——实施全部 BMP 措施后最终某种污染物的去除效率。

（2）PLOAD 模型主要输入数据

　　PLOAD 模型的输入数据包括 GIS 数据和表格数据两类。GIS 数据主要包括流域边界及子流域分区图、土地利用图、BMP 空间图，格式为 ESRI Arc/Info coverages 或者 ArcView

---

① 1 lbs≈453.59 g。

② 1 inches≈0.025 4 m。

③ 1 acres≈4 046.8 m²。

shapefiles；表格数据包括不同土地利用类型的污染物输出系数（或者流失浓度）、不透水率表，不同 BMP 类型的污染物去除效率表等，格式为 xlsx、txt、dbf 或者 info。本研究具体数据如下：

1）域边界及土地利用图

如前文所述，对于于桥水库流域及划分的子流域，获取了 2010 年该流域的土地利用图（图 8-52），流域土地利用面积统计结果见表 8-45。该流域总面积为 2 097 km²，耕地面积所占比例最高，为 38.23%，然后是有林地（27.59%）、灌木林（10.59%）、居民点建筑用地（10.21%）、水域（5.31%）、草地（4.87%）和园地（3.20%）。

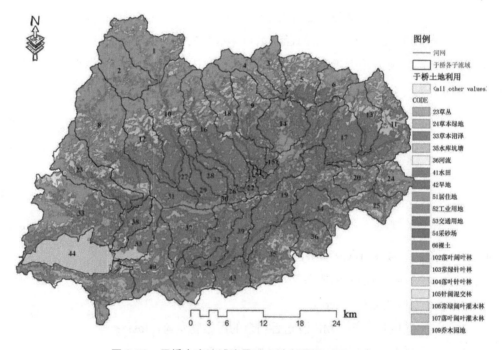

图 8-52　于桥水库流域边界及土地利用图（2010 年）

表 8-45　流域内不同土地利用类型面积及其百分比

	草地	水域	耕地	建筑用地	有林地	灌木林	园地	总计
面积/km²	102.21	111.38	801.75	214.21	578.57	222.01	67.07	2 097.21
百分比/%	4.87	5.31	38.23	10.21	27.59	10.59	3.20	100.00

2）不同土地利用类型输出系数及不透水率

PLOAD 模型的输出负荷表包括平均输出浓度（EMC）和输出系数（EC）两类。本研究采用的是前者，也就是 EMC 的方法。根据于桥水库风险源调查研究报告中的不同土地利用类型污染物输出浓度，以及一些学者在该流域的研究成果，确定的 EMC 结果见表 8-46。不透水率数据采用模型默认值。

表 8-46　不同土地利用类型的污染物 EMC 和不透水率 I_U

代码	土地利用类型	重分类	TN/（mg/L）	TP/（mg/L）	不透水率 I_U/%
23	草丛	草地	4.89	0.22	2
24	草本绿地		4.89	0.22	2
33	草本沼泽	河流/坑塘	2.1	0.01	100
35	水库坑塘		2.1	0.01	100
36	河流		2.1	0.01	100
41	水田	耕地	10.91	0.76	10
42	旱地		10.91	0.76	2
51	居住地	居民建筑用地	17.13	1.77	85
52	交通用地		17.13	1.77	85
53	工业用地		17.13	1.77	85
54	采矿场		17.13	1.77	85
66	裸土	裸地	17.13	1.77	2
67	沙漠沙地		17.13	1.77	2
102	落叶阔叶林	林地	4.89	0.22	2
103	常绿针叶林		4.89	0.22	2
104	落叶针叶林		4.89	0.22	2
105	针阔混交林		4.89	0.22	2
106	常绿阔叶灌木林	园地	8.69	0.42	2
107	落叶阔叶灌木林		8.69	0.42	2
109	乔木园地		8.69	0.42	2

注：为了方便 BMP 研究，畜禽养殖和人口排放的氮、磷污染物分散到居民建筑用地上，化肥施用产生的氮、磷污染物分散到耕地上。

3）BMP 措施及去除效率

BMP 措施包括库周二级保护区内的移民（YM）、耕地的施肥管理（FM）、畜禽养殖和生活源治理（RX）、库周点源治理（全部关停），以及水库东部河流入库口湿地建设（WP）。

各个土地利用类型的土地面积 A_U 由流域边界图和土地类型图叠加后，通过 GIS 自动计算获得，并由系统将其存放于属性数据表中供模型计算时读取。其他参数 P 和 P_J 值由用户通过对话框直接输入模型，流域的年均降水量 P 约为 750 mm/a，转换单位后为 2.460 6 inches/a；降水产流比例使用默认值，P_J=0.9。点源数据按照年排放负荷进行输入，采取排放浓度乘以污水总排量进行计算汇总。根据于桥水库调查研究报告，本研究只统计了库周二级保护区内的点源，汇总结果见表 8-47。

表 8-47　库周点源汇总

ID	TN/（kg/a）	TP/（kg/a）
33	26.80	5.36

（3）模型主要输出结果

1）不同 BMP 措施的总氮、总磷去除效果

运行 PLOAD 模型，分别输入不同的 BMP 措施，最终计算得到各个 BMP 对总氮、总磷的去除效果见表 8-48。

表 8-48　不同 BMP 去除效果比较

BMP	TN 负荷/（kg/a）		削减率/%	TP 负荷/（kg/a）		削减率/%
	BMP 前	BMP 后		BMP 前	BMP 后	
生态移民 YM		209 755.7	6.11		18 100	7.23
耕地施肥管理 FM		215 105.6	3.72		18 932.3	2.96
人畜粪便管理 RX	223 406.5	192 187	13.97	19 510.5	16 284.7	16.53
库东湿地 WP		222 022.6	0.62		19 455.4	0.27
点源管理		222 702	0.32		19 437.7	0.37
综合 BMP		168 706	24.48		14 191.2	27.26

对于各个子流域，不同 BMP 的去除效果见表 8-49～表 8-54。

表 8-49　生态移民 YM 效果

子流域	TN 负荷/（kg/a）		削减率/%	TP 负荷/（kg/a）		削减率/%
	BMP 前	BMP 后		BMP 前	BMP 后	
1	2 167.1	2 167.1	0	143.6	143.6	0
2	1 913.0	1 913.0	0	137.5	137.5	0
3	1 457.2	1 457.2	0	117.4	117.4	0
4	1 072.9	1 072.9	0	73.8	73.8	0
5	3 358.7	3 358.7	0	272.8	272.8	0
6	1 139.9	1 139.9	0	81.9	81.9	0
7	14 696.2	14 696.2	0	1 441.1	1 441.1	0
8	5 542.8	5 542.8	0	392.2	392.2	0
9	5 669.5	5 669.5	0	526.9	526.9	0
10	5 723.7	5 723.7	0	471.2	471.2	0
11	4 421.9	4 421.9	0	361.0	361.0	0
12	5 985.5	5 985.5	0	539.6	539.6	0

子流域	TN 负荷/（kg/a）		削减率/%	TP 负荷/（kg/a）		削减率/%
	BMP 前	BMP 后		BMP 前	BMP 后	
13	2 896.2	2 896.2	0	247.2	247.2	0
14	11 857.6	11 857.6	0	1 173.3	1 173.3	0
15	2 314.3	2 314.3	0	232.7	232.7	0
16	6 786.3	6 786.3	0	596.7	596.7	0
17	6 502.7	6 502.7	0	614.6	614.6	0
18	6 271.0	6 271.0	0	569.6	569.6	0
19	15 420.7	15 420.7	0	1 479.7	1 479.7	0
20	2 009.9	2 009.9	0	169.6	169.6	0
21	511.9	511.9	0	49.6	49.6	0
22	899.9	899.9	0	81.9	81.9	0
23	3 904.8	3 904.8	0	313.2	313.2	0
24	1 427.8	1 427.8	0	111.2	111.2	0
25	2 271.9	2 271.9	0	200.5	200.5	0
26	2 987.0	2 987.0	0	286.6	286.6	0
27	1 382.2	1 382.2	0	126.8	126.8	0
28	2 611.3	2 611.3	0	235.1	235.1	0
29	1 343.7	1 343.7	0	112.9	112.9	0
30	173.5	173.5	0	16.4	16.4	0
31	3 170.8	3 170.8	0	295.6	295.6	0
32	6 936.2	6 936.2	0	663.9	663.9	0
33	29 914.4	20 696.4	30.81	2 628.7	1 676.2	36.23
34	6 259.5	6 259.5	0	591.9	591.9	0
35	6 390.0	6 390.0	0	574.3	574.3	0
36	3 811.1	3 811.1	0	359.9	359.9	0
37	7 563.3	7 456.2	1.42	701.4	690.3	1.58
38	4 928.8	3 472.4	29.55	453.6	303.1	33.17
39	4 878.3	4 878.3	0	464.0	464.0	0
40	8 878.1	6 713.4	24.38	770.7	547.0	29.02
41	1 414.0	1 414.0	0	130.5	130.5	0
42	3 363.1	3 363.1	0	301.7	301.7	0
43	3 171.3	3 171.3	0	288.9	288.9	0
44	7 302.1	7 302.1	0	35.8	35.8	0
汇总	222 702.0	209 755.7	5.81	19 437.7	18 100.0	6.88

表 8-50　耕地施肥管理 FM 效果

子流域	TN 负荷/（kg/a）		削减率/%	TP 负荷/（kg/a）		削减率/%
	BMP 前	BMP 后		BMP 前	BMP 后	
1	2 167.1	2 157.8	0.43	143.6	142.9	0.45
2	1 913.0	1 907.8	0.27	137.5	137.2	0.26
3	1 457.2	1 444.3	0.89	117.4	116.5	0.77
4	1 072.9	1 059.0	1.30	73.8	72.8	1.31
5	3 358.7	3 263.6	2.83	272.8	266.2	2.43
6	1 139.9	1 084.1	4.89	81.9	78.0	4.74
7	14 696.2	14 348.5	2.37	1 441.1	1 416.9	1.68
8	5 542.8	5 300.1	4.38	392.2	375.3	4.31
9	5 669.5	5 518.1	2.67	526.9	516.3	2.00
10	5 723.7	5 441.4	4.93	471.2	451.5	4.17
11	4 421.9	4 200.5	5.01	361.0	345.6	4.27
12	5 985.5	5 740.1	4.10	539.6	522.5	3.17
13	2 896.2	2 738.6	5.44	247.2	236.2	4.44
14	11 857.6	11 575.8	2.38	1 173.3	1 153.6	1.67
15	2 314.3	2 273.5	1.76	232.7	229.8	1.22
16	6 786.3	6 354.1	6.37	596.7	566.5	5.05
17	6 502.7	6 167.1	5.16	614.6	591.2	3.80
18	6 271.0	6 047.8	3.56	569.6	554.1	2.73
19	15 420.7	14 827.9	3.84	1 479.7	1 438.4	2.79
20	2 009.9	1 901.5	5.39	169.6	162.1	4.45
21	511.9	494.6	3.39	49.6	48.4	2.43
22	899.9	844.4	6.17	81.9	78.0	4.72
23	3 904.6	3 744.3	4.11	313.2	302.1	3.57
24	1 427.8	1 366.7	4.28	111.2	107.0	3.83
25	2 271.9	2 202.8	3.04	200.5	195.7	2.40
26	2 987.0	2 858.6	4.30	286.6	277.6	3.12
27	1 382.2	1 269.9	8.13	126.8	119.0	6.17
28	2 611.3	2 400.8	8.06	235.1	220.4	6.24
29	1 343.7	1 204.9	10.33	112.9	103.2	8.56
30	173.5	168.2	3.07	16.4	16.0	2.26
31	3 170.8	2 988.6	5.75	295.6	282.9	4.29
32	6 936.2	6 684.7	3.63	663.9	646.4	2.64
33	30 559.9	29 726.9	2.73	2 695.4	2 637.4	2.15
34	6 259.5	5 975.9	4.53	591.9	572.2	3.34
35	6 390.0	6 083.0	4.80	574.3	553.0	3.72

子流域	TN 负荷/（kg/a）		削减率/%	TP 负荷/（kg/a）		削减率/%
	BMP 前	BMP 后		BMP 前	BMP 后	
36	3 811.1	3 677.3	3.51	359.9	350.6	2.59
37	7 563.3	7 265.4	3.94	701.4	680.6	2.96
38	4 942.4	4 780.0	3.29	455.1	443.7	2.49
39	4 878.3	4 648.8	4.70	464.0	448.0	3.45
40	8 923.5	8 593.0	3.70	775.4	752.4	2.97
41	1 414.0	1 313.4	7.11	130.5	123.5	5.37
42	3 363.1	3 182.4	5.37	301.7	289.2	4.17
43	3 171.3	2 979.8	6.04	288.9	275.6	4.62
44	7 302.1	7 299.6	0.03	35.8	35.7	0.49
汇总	223 406.5	215 105.6	3.72	19 510.5	18 932.3	2.96

表 8-51　人畜粪便管理 RX 效果

子流域	TN 负荷/（kg/a）		削减率/%	TP 负荷/（kg/a）		削减率/%
	BMP 前	BMP 后		BMP 前	BMP 后	
1	2 167.1	2 016.1	6.97	143.6	128.0	10.87
2	1 913.0	1 740.1	9.04	137.5	119.7	13.00
3	1 457.2	1 285.8	11.76	117.4	99.7	15.08
4	1 072.9	987.5	7.96	73.8	65.0	11.96
5	3 358.7	2 955.6	12.00	272.8	231.2	15.27
6	1 139.9	1 052.5	7.67	81.9	72.8	11.03
7	14 696.2	12 115.4	17.56	1 441.1	1 174.5	18.50
8	5 542.8	5 108.3	7.84	392.2	347.3	11.45
9	5 669.5	4 791.4	15.49	526.9	436.1	17.22
10	5 723.7	5 068.9	11.44	471.2	403.5	14.36
11	4 421.9	3 944.6	10.79	361.0	311.7	13.66
12	5 985.5	5 145.2	14.04	539.6	452.8	16.09
13	2 896.2	2 550.4	11.94	247.2	211.5	14.46
14	11 857.6	9 760.5	17.69	1 173.3	956.6	18.47
15	2 314.3	1 887.8	18.43	232.7	188.6	18.94
16	6 786.3	5 937.3	12.51	596.7	508.9	14.70
17	6 502.7	5 510.2	15.26	614.6	512.0	16.69
18	6 271.0	5 365.0	14.45	569.6	476.0	16.43
19	15 420.7	12 910.5	16.28	1 479.7	1 220.3	17.53
20	2 009.9	1 777.5	11.57	169.6	145.6	14.16
21	511.9	426.8	16.63	49.6	40.8	17.72
22	899.9	776.6	13.70	81.9	69.2	15.56
23	3 904.8	3 492.1	10.57	313.2	270.6	13.61

子流域	TN 负荷/（kg/a）		削减率/%	TP 负荷/（kg/a）		削减率/%
	BMP 前	BMP 后		BMP 前	BMP 后	
24	1 427.8	1 288.3	9.77	111.2	96.8	12.96
25	2 271.9	1 960.5	13.71	200.5	168.4	16.04
26	2 987.0	2 507.8	16.04	286.6	237.1	17.28
27	1 382.2	1 198.3	13.30	126.8	107.9	14.98
28	2 611.3	2 279.9	12.69	235.1	200.8	14.57
29	1 343.7	1 207.8	10.11	112.9	98.9	12.43
30	173.5	145.9	15.94	16.4	13.6	17.42
31	3 170.8	2 706.5	14.64	295.6	247.6	16.23
32	6 936.2	5 797.1	16.42	663.9	546.3	17.73
33	30 559.9	26 016.5	14.87	2 695.4	2 226.0	17.42
34	6 259.5	5 293.1	15.44	591.9	492.1	16.87
35	6 390.0	5 504.8	13.85	574.3	482.9	15.92
36	3 811.1	3 212.0	15.72	359.9	298.0	17.20
37	7 563.3	6 396.3	15.43	701.4	580.7	17.19
38	4 942.4	4 162.0	15.79	455.1	374.4	17.72
39	4 878.3	4 115.9	15.63	464.0	385.2	16.98
40	8 923.5	7 643.9	14.34	775.4	643.2	17.05
41	1 414.0	1 217.6	13.89	130.5	110.2	15.55
42	3 363.1	2 895.6	13.90	301.7	253.4	16.01
43	3 171.3	2 729.0	13.95	288.9	243.2	15.82
44	7 302.1	7 302.1	0.00	35.8	35.8	0.00
汇总	223 406.5	192 187.0	13.97	19 510.5	16 284.7	16.53

表 8-52　库东湿地 WP 效果

子流域	TN 负荷/（kg/a）		削减率/%	TP 负荷/（kg/a）		削减率/%
	BMP 前	BMP 后		BMP 前	BMP 后	
1	2 167.1	2 167.1	0	143.6	143.6	0
2	1 913.0	1 913.0	0	137.5	137.5	0
3	1 457.2	1 457.2	0	117.4	117.4	0
4	1 072.9	1 072.9	0	73.8	73.8	0
5	3 358.7	3 358.7	0	272.8	272.8	0
6	1 139.9	1 139.9	0	81.9	81.9	0
7	14 696.2	14 696.2	0	1 441.1	1 441.1	0
8	5 542.8	5 542.8	0	392.2	392.2	0
9	5 669.5	5 669.5	0	526.9	526.9	0
10	5 723.7	5 723.7	0	471.2	471.2	0
11	4 421.9	4 421.9	0	361.0	361.0	0

子流域	TN 负荷/（kg/a）		削减率/%	TP 负荷/（kg/a）		削减率/%
	BMP 前	BMP 后		BMP 前	BMP 后	
12	5 985.5	5 985.5	0	539.6	539.6	0
13	2 896.2	2 896.2	0	247.2	247.2	0
14	11 857.6	11 857.6	0	1 173.3	1 173.3	0
15	2 314.3	2 314.3	0	232.7	232.7	0
16	6 786.3	6 786.3	0	596.7	596.7	0
17	6 502.7	6 502.7	0	614.6	614.6	0
18	6 271.0	6 271.0	0	569.6	569.6	0
19	15 420.7	15 420.7	0	1 479.7	1 479.7	0
20	2 009.9	2 009.9	0	169.6	169.6	0
21	511.9	511.9	0	49.6	49.6	0
22	899.9	899.9	0	81.9	81.9	0
23	3 904.8	3 904.8	0	313.2	313.2	0
24	1 427.8	1 427.8	0	111.2	111.2	0
25	2 271.9	2 271.9	0	200.5	200.5	0
26	2 987.0	2 987.0	0	286.6	286.6	0
27	1 382.2	1 382.2	0	126.8	126.8	0
28	2 611.3	2 611.3	0	235.1	235.1	0
29	1 343.7	1 343.7	0	112.9	112.9	0
30	173.5	173.5	0	16.4	16.4	0
31	3 170.8	3 170.8	0	295.6	295.6	0
32	6 936.2	6 936.2	0	663.9	663.9	0
33	30 491.1	29 831.4	2.16	2 694.7	2 670.8	0.89
34	6 259.5	6 259.5	0	591.9	591.9	0
35	6 390.0	6 390.0	0	574.3	574.3	0
36	3 811.1	3 811.1	0	359.9	359.9	0
37	7 563.3	7 563.3	0	701.4	701.4	0
38	4 933.5	4 645.0	5.85	455.0	433.2	4.78
39	4 878.3	4 878.3	0	464.0	464.0	0
40	8 830.7	8 575.4	2.89	773.3	766.8	0.83
41	1 414.0	1 414.0	0	130.5	130.5	0
42	3 363.1	3 363.1	0	301.7	301.7	0
43	3 171.3	3 171.3	0	288.9	288.9	0
44	7 302.1	7 292.1	0.14	35.8	35.7	0.13
汇总	223 236.1	222 022.6	0.54	19 507.5	19 455.4	0.27

表 8-53 点源管理效果

子流域	TN 负荷/（kg/a）		削减率/%	TP 负荷/（kg/a）		削减率/%
	BMP 前	BMP 后		BMP 前	BMP 后	
1	2 167.1	2 167.1	0	143.6	143.6	0
2	1 913.0	1 913.0	0	137.5	137.5	0
3	1 457.2	1 457.2	0	117.4	117.4	0
4	1 072.9	1 072.9	0	73.8	73.8	0
5	3 358.7	3 358.7	0	272.8	272.8	0
6	1 139.9	1 139.9	0	81.9	81.9	0
7	14 696.2	14 696.2	0	1 441.1	1 441.1	0
8	5 542.8	5 542.8	0	392.2	392.2	0
9	5 669.5	5 669.5	0	526.9	526.9	0
10	5 723.7	5 723.7	0	471.2	471.2	0
11	4 421.9	4 421.9	0	361.0	361.0	0
12	5 985.5	5 985.5	0	539.6	539.6	0
13	2 896.2	2 896.2	0	247.2	247.2	0
14	11 857.6	11 857.6	0	1 173.3	1 173.3	0
15	2 314.3	2 314.3	0	232.7	232.7	0
16	6 786.3	6 786.3	0	596.7	596.7	0
17	6 502.7	6 502.7	0	614.6	614.6	0
18	6 271.0	6 271.0	0	569.6	569.6	0
19	15 420.7	15 420.7	0	1 479.7	1 479.7	0
20	2 009.9	2 009.9	0	169.6	169.6	0
21	511.9	511.9	0	49.6	49.6	0
22	899.9	899.9	0	81.9	81.9	0
23	3 904.8	3 904.8	0	313.2	313.2	0
24	1 427.8	1 427.8	0	111.2	111.2	0
25	2 271.9	2 271.9	0	200.5	200.5	0
26	2 987.0	2 987.0	0	286.6	286.6	0
27	1 382.2	1 382.2	0	126.8	126.8	0
28	2 611.3	2 611.3	0	235.1	235.1	0
29	1 343.7	1 343.7	0	112.9	112.9	0
30	173.5	173.5	0	16.4	16.4	0
31	3 170.8	3 170.8	0	295.6	295.6	0
32	6 936.2	6 936.2	0	663.9	663.9	0

子流域	TN 负荷/（kg/a）		削减率/%	TP 负荷/（kg/a）		削减率/%
	BMP 前	BMP 后		BMP 前	BMP 后	
33	30 559.9	29 914.4	2.11	2 695.4	2 628.7	2.47
34	6 259.5	6 259.5	0	591.9	591.9	0
35	6 390.0	6 390.0	0	574.3	574.3	0
36	3 811.1	3 811.1	0	359.9	359.9	0
37	7 563.3	7 563.3	0	701.4	701.4	0
38	4 942.4	4 928.8	0.27	455.1	453.6	0.31
39	4 878.3	4 878.3	0	464.0	464.0	0
40	8 923.5	8 878.1	0.51	775.4	770.7	0.61
41	1 414.0	1 414.0	0	130.5	130.5	0
42	3 363.1	3 363.1	0	301.7	301.7	0
43	3 171.3	3 171.3	0	288.9	288.9	0
44	7 302.1	7 302.1	0	35.8	35.8	0
汇总	223 406.5	222 702.0	0.32	19 510.5	19 437.7	0.37

表 8-54　综合 BMP 效果

子流域	TN 负荷/（kg/a）		削减率/%	TP 负荷/（kg/a）		削减率/%
	BMP 前	BMP 后		BMP 前	BMP 后	
1	2 167.1	2 006.8	7.40	143.6	127.3	11.32
2	1 913.0	1 734.9	9.31	137.5	119.3	13.26
3	1 457.2	1 272.9	12.65	117.4	98.8	15.85
4	1 072.9	973.6	9.26	73.8	64.0	13.27
5	3 358.7	2 860.5	14.83	272.8	224.5	17.69
6	1 139.9	996.8	12.56	81.9	69.0	15.77
7	14 696.2	11 767.8	19.93	1 441.1	1 150.2	20.18
8	5 542.8	4 865.6	12.22	392.2	330.4	15.76
9	5 669.5	4 640.1	18.16	526.9	425.6	19.22
10	5 723.7	4 786.7	16.37	471.2	383.9	18.53
11	4 421.9	3 723.1	15.80	361.0	296.2	17.94
12	5 985.5	4 899.7	18.14	539.6	435.7	19.26
13	2 896.2	2 392.7	17.39	247.2	200.5	18.90
14	11 857.6	9 478.6	20.06	1 173.3	937.0	20.14
15	2 314.3	1 847.0	20.19	232.7	185.7	20.16
16	6 786.3	5 505.2	18.88	596.7	478.8	19.75
17	6 502.7	5 174.5	20.43	614.6	488.7	20.49

子流域	TN 负荷/（kg/a）		削减率/%	TP 负荷/（kg/a）		削减率/%
	BMP 前	BMP 后		BMP 前	BMP 后	
18	6 271.0	5 141.8	18.01	569.6	460.4	19.16
19	15 420.7	12 317.8	20.12	1 479.7	1 179.0	20.32
20	2 009.9	1 669.0	16.96	169.6	138.1	18.61
21	511.9	409.5	20.02	49.6	39.6	20.16
22	899.9	721.1	19.87	81.9	65.3	20.28
23	3 904.8	3 331.7	14.68	313.2	259.4	17.18
24	1 427.8	1 227.2	14.05	111.2	92.6	16.78
25	2 271.9	1 891.4	16.75	200.5	163.6	18.44
26	2 987.0	2 379.4	20.34	286.6	228.1	20.40
27	1 382.2	1 086.0	21.43	126.8	100.0	21.15
28	2 611.3	2 069.4	20.75	235.1	186.2	20.81
29	1 343.7	1 069.0	20.44	112.9	89.2	20.99
30	173.5	140.5	19.01	16.4	13.2	19.68
31	3 170.8	2 524.3	20.39	295.6	234.9	20.52
32	6 936.2	5 545.5	20.05	663.9	528.7	20.37
33	30 511.8	15 261.8	49.98	2 690.4	1 187.0	55.88
34	6 259.5	5 009.4	19.97	591.9	472.3	20.21
35	6 390.0	5 197.8	18.66	574.3	461.5	19.65
36	3 811.1	3 078.2	19.23	359.9	288.7	19.79
37	7 563.3	5 857.5	22.55	701.4	535.1	23.70
38	4 942.4	2 425.9	50.92	455.1	208.5	54.17
39	4 878.3	3 886.4	20.33	464.0	369.2	20.42
40	8 923.5	3 886.5	56.45	775.4	266.1	65.68
41	1 414.0	1 117.0	21.00	130.5	103.2	20.91
42	3 363.1	2 707.9	19.48	301.7	240.1	20.42
43	3 171.3	2 537.6	19.98	288.9	229.9	20.43
44	7 302.1	7 289.6	0.17	35.8	35.6	0.62
汇总	223 358.4	168 706.0	24.47	19 505.5	14 191.2	27.25

2）BMP 措施的总氮、总磷去除效果空间展示

以综合 BMP 措施实施前后的输出结果为例，进行制图。结果见图 8-53。

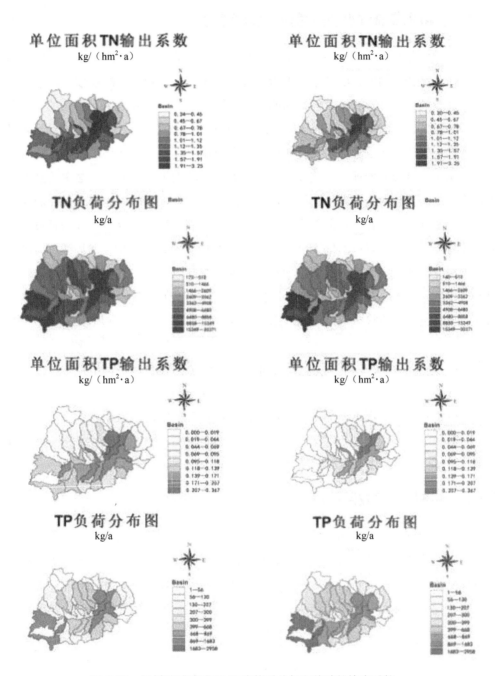

图 8-53　于桥流域流域 BMP 实施后总氮和总磷的输出系数

8.7.4　于桥水库流域水质改善潜在贡献率分析

情景预测是利用流域模型对不同的水质改善方法的效果进行理论模拟。模拟结果显示，不同区域和不同的方法对水质的改善能力有所差别：若在上游潘家口、大黑汀水库地区开展流域治理，若能将入境断面的氮磷降低 20%，则每年进入天津市的氮、磷负荷将分别削减 $5.63×10^5$ kg、$1.2×10^4$ kg。若在于桥水库流域对天津市域内开展污染治理，采用人畜粪便处理、建设湿地、点源关停、化肥施用量调整和生态移民物种方法时，最有效的方法是人畜粪便处理，而建设湿地和点源关停的效果相对较差。这主要是由于湿地处理所作用的区域面积有限，而滨海新区点源数量有限，因此可去除或控制的氮、磷负荷较小。多种方法综合执行的效果优于任何一种单一方法，综合多种方法时总氮和总磷的负荷将分别削减 $5.47×10^4$ kg 和 $5.32×10^3$ kg。综上，上游和于桥水库周边开展经济补偿能很大程度上削减污染物的负荷；而在于桥水库流域内开展生态补偿，若在政府经济有限的条件下，可优选人畜粪便处理、生态移民类等控制范围较大、处理效果较好的方法；而在经济情况较好的状态下，可以选用多种技术连用的方法进行水质改善。

8.8　跨省于桥水库流域经济生态补偿试点效果评估研究

于桥水库是天津市重要的饮用水水源地。项目立项以来，为保障于桥水库水环境安全，国家和两省（市）政府都投入了大量的人力和财力，为改善于桥水库生态环境质量，提高于桥水库水质提供了重要保障。

8.8.1　生态补偿绩效评估目的

生态补偿政策通过外部补偿的手段来弥补生态资源的外部性特征，这些外部补偿手段很大一部分是宏观投资的效果。生态补偿政策评价就是要通过对生态补偿的各方面效果进行反馈，通过评价的结果对现有的和待建的项目进行指导，提高生态补偿资金的使用效率，促进资源配置、调节收入分配，同时对保证经济持续、稳定地发展起到积极作用。具体来说，进行生态补偿政策评价的主要功能有以下几个。

8.8.1.1　考核功能

生态补偿政策是随着社会的发展而实施的一项政策，在政策实施后应该收集政策实施的效果等信息，并与政策实施前的预期效果进行比较，为政策的微调与继续执行、调整与修正、终止提供重要依据。由于生态资源和政策本身的复杂性，政策实施过程中可能会出现新问题和新情况，并不能在政策实施前就预料到。因此需要对生态补偿政策进行政策效果评价，通过结合宏观效益、微观效益、经济效益、社会效益、生态效益等，用实际数据和资料来分析生态补偿政策实施过程中的薄弱环节，总结研究生态补偿政策制度在各阶段发生变化的内在联系，考核生态补偿制度在实施生态补偿区域的有效性程度。

8.8.1.2　监督功能

通过对生态补偿政策的效果计量，分析生态补偿政策成败的原因，提出改进的意见。生态补偿政策的一个重要的方式就是对生态环境脆弱的地方进行资金补充，建立专门的生态补偿基金，对重点生态区域和生态资源进行保护，以保障社会的可持续发展。政策效果评价有助于将分散的信息系统全面地呈现给决策者。如果政策效果评价的结果很理想，只需要继续执行即可。但是如果政策效果评价不太理想，就需要分析问题的原因，如果决策中产生失误或者环境发生某些突变，就需要调整政策的侧重点甚至重新制定有效的生态补偿政策。如果存在生态补偿政策执行中的资金运行效率低、生态项目投资失控等问题，就需要总结政策实施过程和管理过程中出现的问题。通过追踪问责制度形成强有力的监督机制，以保证生态补偿资金的使用效率和效果。

8.8.1.3　资源配置功能

生态补偿政策是为了解决如何将有限的生态资源进行合理的分配，从而实现整体效益最大化的问题。然而，由于政策实施过程中需要多方面的配合和衔接，在政策实施后是否可以达到预期的目的，通过政策效果评价来实现资源合理配置的功能。任意一个市场行为都是寻求资源使用效率的最大化，生态补偿政策评价体系通过确认每一个环节的价值，以寻求最佳的整体效果，有效地推动于桥水库流域生态治理政策各个方面按预期方向运行。也只有通过政策绩效评价，检验政策的效率，才能明确现在所实施的生态补偿政策在配置资源这一功能上是否合理、有效，哪些方面存在什么问题，总结其中的经验，吸取教训，以便完善政策供今后的生态补偿实践使用。

8.8.2　生态补偿绩效核算方法

于桥水库的生态补偿评价从经济效益、社会效益和环境效益 3 个方面展开。

8.8.2.1　环境效益

保障流域的水生态环境，使流域经济社会和环境可持续发展是生态补偿的主要目标，因此环境效益考核是补偿绩效考核的重中之重。于桥水库的环境效益考核将利用 PLOAD 模型和现场调查实现。

（1）PLOAD 模型模拟法

PLOAD 模型主要用于核算面源污染的负荷状况。PLOAD 模型所需的数据分为 GIS 数据（包括流域边界数据和土地利用类型数据）和表格形式的数据，输入的数据以文件的形式传递给模型进行计算。PLOAD 能够计算各种污染物的负荷，包括总悬浮物（TSS）、溶解性总固体（TDS）、化学需氧量（COD）、生化需氧量（BOD）、氮和磷等，计算负荷量时以不同土地利用类型进行分类统计计算。

根据流域 DEM 图使用 SWAT 模型的水文分析模块生成河网，通过与实际水系图对比，划分子流域。利用 PLOAD 模型计算每个子流域的污染负荷总量。基于重点生态功能区的生态补偿范围如图 8-54 所示。

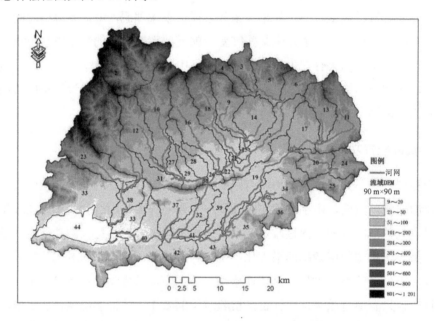

图 8-54　基于重点生态功能区的生态补偿范围

PLOAD 模型计算公式见 8.7.3 节式（8-36）～式（8-41）。

PLOAD 模型将计算每个子流域的污染负荷，并衡量区域的负荷变化，以衡量农村面源污染治理的绩效。

（2）现场调查法

现场调查法主要用于点源和径流的调查。可以通过对点源排污，或对点源排放径流的水质监测来分析点源排污量的变化及其对环境的影响，衡量点源污染治理绩效。点源污染的监测方法采用《引滦入津流域水环境补偿试点监测方案》附表 1-3 中的国家或行业标准分析方法。水质监测过程中应严格执行《地表水和污水监测技术规范》（HJ/T 91—2002）及《环境水质监测质量保证手册》（第二版）的有关要求。

8.8.2.2　社会效益

社会效益主要体现在试点实施营造的社会氛围，于桥水库试点的实施促进了地方党委政府发展理念的转变，提升了社会各界保护环境自觉性，还形成了"政府提倡、全民保护、企业参与、从我做起"的良好社会风气，带动流域上下游民众环保意识的提高，得到了社会各界广泛关注和积极评价，对全社会环境保护事业起到积极、正面、引导性的影响，取得了良好的社会效益。

于桥水库流域生态补偿的社会效益将从政府、企业、公众 3 个角度系统评估实施水环境补偿带来的社会影响。政府角度，主要是考察政府环保观念的提升状况、政府环保力度的投入状况和政府环保信息公开状况等方面的改善程度。企业角度，主要考察企业减排的积极性、参加环保公益事业的积极性、企业转型绿色生产的积极性等方面的状况。公众角度，主要考察公众的流域环境科普程度、流域环境保护的积极性和对流域生态补偿的积极性等方面的状况。

8.8.2.3　经济效益

经济效益是保障流域生态补偿项目可持续开展的重要支柱。经济效益的考察不仅要考察流域上下游的经济收入改善状况，同时还要考虑产业结构的调整状况，使区域经济发展在资源供给范围之内，实现区域经济的长期可持续发展。

从上下游经济收入改善状况上，要统计上游由于受到生态补偿居民收入的增加状况和区域经济改善状况，也要考察下游居民在资源状况得到改善后经济状况的改善情况。从产业结构的调整上，要统计上下游流域产业调整后居民收入改善的状况、居民就业改善状况、环境改善所带来的健康提升状况，核算生态补偿所带来的直接和间接的经济效益。

环境、生态和经济效益的核算可以考察流域生态补偿状况，对及时调整流域生态补偿的方向，完善流域生态补偿制度，提高流域生态补偿的效率等方面具有积极的促进作用。

8.8.3　于桥水库流域生态补偿举措

为保障天津市的饮用水安全，实现于桥水库流域经济社会与环境的协调发展，河北省和天津市都开展了大量的工作。

8.8.3.1　河北省生态补偿措施

河北省实施污染补偿制度，主要通过扣缴流域生态补偿金，倒逼各地加大污染治理力度，从而促使各级领导干部和企业业主深刻理解"谁污染，谁治理；谁污染，谁补偿"这一环境保护的基本原则，充分认识到治污不力和违法排污"既赔钱又丢人"，必须付出相应的代价，有利于促进地方政府切实担负起治污责任，加强环境保护与监管。倒逼各地完善治理制度，实现流域的可持续发展，保证流域水环境安全。

一是逼着地方政府切实负起防治污染的"第一责任"——在扣缴生态补偿金制度实施之前，过去只是签订污染治理责任状，年底按优秀、达标、不达标的几个杠杠考核，对政府和干部个人的影响并不大。扣缴补偿金制度实施之后，如果完成不了污染治理任务，政府不仅要花巨资为污染埋单，主管领导还有可能受行政处罚，干部们从来没有感到如此巨大的环保压力。

二是逼着各地调整产业结构，认真做"减法"——生态补偿带来的另一个显著变化，就是促进了各地积极调整产业结构，淘汰落后产能力度加大，推动了各地发展方式的转变。遵化市积极开展黎河沿岸水污染防治，关停了污染较为严重的硫酸厂、化肥厂、洗矿场，并与天津市构建联动机制，将黎河绿化治理、支流清淤、沿岸农村生产垃圾集中处理等项目纳入，优先予以安排。

三是逼着各地建污水处理厂，努力做"加法"——污水处理厂的正常运行，是有效降低 COD 浓度的工程措施。2007 年之前，河北省只有城镇污染处理厂 50 座。截至 2010年年底，全省共建成并运行污水处理厂 175 座，比 2005 年增加 139 座，达到"十一五"规划任务的 1.5 倍。子牙河流域的各市、县对污水处理厂的重视更是今非昔比。"扣钱"制度在七大水系推开之后，各地不仅注重污水处理厂的建设，更注重让建成的污水处理厂正常运行。

8.8.3.2 天津市生态补偿措施

于桥水库流域在天津的部分位于蓟县。随着蓟县旅游业的开发，餐馆、农家院及相关娱乐设施也在库区周边发展起来，部分设施已建在库区范围内，大量的人类活动对水库水质造成了直接污染，影响城市供水安全。此外，在于桥水库周边 22 m 高程线以下有9.3 万亩土地，这些土地以前由各户承包，每家每户种一些瓜果蔬菜、粮田作物，在这种松散的种植方式下，农户使用的化肥、农药等不可控，雨季一来，农药和化肥不可避免地随着雨水流到水库中，影响水质。作为天津市唯一的饮用水水源地，天津市十分重视于桥水库的水环境质量，对于桥水库开展了多项生态补偿措施。

（1）天津市加强生态补偿政策支持

天津市对于桥水库的水环境一直保持高度重视。"美丽天津一号工程"提出"清水河道行动"，铁腕治污，实现全市河道"清起来，活起来"，构筑与美丽天津相适应的水环境体系。《2015 年天津环保工作要点》要求，狠抓水源地保护工作，建立完善的水环境质量监测预警体系。此外，针对引滦上游水源保护工作，天津市与河北省签订了《加强生态环境建设合作框架协议》，并拟定了《引滦入津生态补偿实施方案》《引滦入津生态补偿试点监测方案》《关于引滦入津生态补偿的协议》等多项促进于桥水库流域生态保护的协议。天津市还通过投资，协助河北省政府推动滦河流域潘家口水库、大黑汀水库等重点水域及引滦入津沿线（河北省境内）划定为饮用水水源保护区，推动《潘家口、大黑汀水库水源地保护规划》的批复，推动"引滦水源保护跨省生态补偿机制方案"纳入环保部、财政部"省际生态补偿机制"试点，推动垃圾处理、污染整治等多个项目，并呼吁国家有关部门通过财政转移支付来支持承德市水污染源治理工作。

（2）污染减排，源头控制

为了保护天津市的"大水缸"，蓟县启动了于桥水库水源保护工程，工程不仅包括了库区搬迁和新城建设，在水源保护方面，蓟县还采取了封闭管理、生态建设等措施，让于桥水库生态实现永续发展。

第一，划分于桥水库水源保护区，对库区实行封闭管理。于桥水库流域缓冲区划分参考《饮用水水源保护区划分技术规范》（HJ/T 338—2007），该规范中明确指出，一级保护区陆域范围的确定，以确保一级保护区水域水质为目标，二级保护区陆域范围的确定，以确保水源保护区水域水质为目标。天津市在沿水库 22 m 高程线总计设置 112 km 的防护网，分别安排架设刺绳、金属网片和铁艺 3 种防护网，实现于桥水库与外界的隔离。库区封闭后，任何与库区工作无关的人员不准随意进入，库区内不存在旅游、餐饮、养殖等影响水环境质量的生产和生活活动（图 8-55）。

（a）　　　　　　　　　　　　　　　　（b）

图 8-55　于桥水库饮用水水源地管理措施

第二，清理于桥水库中的网箱，降低渔业养殖对于桥水库水环境影响。22 m 高程线以下警戒区内 353 户 20 154.362 亩鱼池予以清除。对于失去了鱼池的农户，蓟县按照一亩鱼塘补贴 1 000 元的方式，与农户签订协议书和承诺书，目前，已经有 347 户 19 976.3 亩完成清池出鱼，205 户 10 654.7 亩验收、移交并发放鱼池清除补贴款 1 891 万元。

第三，对库区周边农作物实施结构调整，降低农作物的施肥量。目前，蓟县于桥水库周边 5 万亩玉米、小麦已被蓝莓、金银花、优质核桃等高效经济作物所代替（图 8-56）。为了改变种植业影响水源地的现状，蓟县力争用 3 年时间在水库周边推广金银花、蓝莓、优质核桃、绿色蔬菜四大板块农业，其中，种植金银花 35 000 亩、蓝莓 3 000 亩、优质核桃 45 000 亩、绿色蔬菜 10 000 亩，四大新兴种植产业采取统种统管的方式，实行科学管理。据了解，核桃、蓝莓、金银花在栽植过程中虫害很少，可以减少农药、化肥的使用，而绿色蔬菜采取温室大棚的种植方式，进行精细化种植。据测算，种植结构调整后，于桥水库周边可以减少化肥投入量 9 300 t，减少农药使用量 54.6 t，可实现年削减总氮 233.85 t、总磷 26.18 t。

（a）　　　　　　　　　　　　　　　　　　（b）

图 8-56　于桥水库流域经济作物种植状况

第四，建设"畜禽生态床"，构建畜禽养殖的污染"零排放"。"畜禽生态床"就是在锯末、秸秆、麸皮等里面拌入可分解畜禽粪便的发酵菌，经过发酵菌处理过的粪便，不仅实现了零污染排放，可实现年削减总氮 236.1 t、总磷 26.46 t，还改变了以往畜禽养殖臭气熏天的现状。2014 年蓟县计划改造养殖圈舍 22 万 m²。

第五，构建生态文明村，减少粪便和垃圾对于桥水库的影响。在对北岸进行搬迁的同时，对南岸村庄实施了提升改造，构建文明生态村。2014 年，蓟县对库区周边 77 个行政村实施文明生态村建设工程，重点实施村内街道硬化，垃圾收集清运设备购置，环境整治，节能路灯安装，绿化苗木栽植，沼气池、三格化粪池建设，坑塘治理，街景墙面美化。蓟县还对库区周边 43 个村实施文明生态村建设工程。目前，已完成硬化街道 60 000 m²，清除垃圾土 45 000 m³，栽植乔木 25 000 棵、花灌木 39 800 m²，整饰街景立面 33 000 m²，治理坑塘 6 个，彩砖铺装 3 000 m²。建设三格化粪池 1 500 座、沼气池 400 座。渔阳镇综合示范区建设基本完工，共计新植苗木 1 500 株、整修湿地砂石路 1 916 m，铺设混凝土路面 7 000 m²，粉刷街景立面 27 000 m²，新建竹篱笆墙 5 000 m。

第六，市水务局依法加强水库管理，会同蓟县政府、旅游局等有关部门，对库区非法采砂、非法旅游联合开展了多次专项治理,对于桥水库 22 m 高程线以下(警戒区)的农家院全部予以拆除,清理从事旅游服务的船只、器械,拆除水上游乐设施。

(3)污染治理,改善水质

为保障引滦水源安全,在于桥水库隔离区内,通过实施林草湿地工程,修复水源地生态,改善水质。对于桥水库 22 m 高程线以下按照"宜林则林,宜草则草,宜湿地则湿地"的原则,实施林草湿地工程。林草湿地工程分为湿地工程和林草工程,即在靠近水岸的区域,种植 2 000 亩芦苇、荷花等水生植物,利用植物根茎过滤水中物质,改善水质;而在远离水岸的地面,实施植树植草工程,从而达到用生态的方法保护水源地的目的(图 8-57)。计划在库区内植树 3 000 亩、种草 4 090 亩。整个植树植草工程,可实现年削减总氮103.49 t、总磷 11.58 t。

(a)　　　　　　　　　　　　　　　　(b)

图 8-57　于桥水库周边和内部的水质生物修复

同时,天津市投资 3 亿元,实施于桥水库水源保护工程,增殖放流各类鱼苗 1 880 万尾,购置 5 条自动水草收割船和 10 条自动转运船,建设 6 座堆草场保障库区水体生态恢复。适时适度组织于桥水库库区水草打捞,有效将水体中氮、磷等污染物带离水体,抑制夏季蓝藻暴发,保障水库水质安全。同时,对水库周边 21 条沟道进行治理,新建马伸桥人工湿地、4 971 座户用沼气池和 15 座养殖小区沼气池,建设 1 座垃圾处理场,配置 270 名保洁员和 270 套垃圾清运设施,为水库周边 7 个乡镇、111 个村建成了垃圾清运处理系统,完成湖滨带工程防护林 2 300 亩、芦苇湿地 2 200 亩,进行生态修复。另外,在引滦沿线建立了 4 座总规模为 5.56 万 m^2 人工湿地,完善了水质检测措施。通过一系列的治理,有效地缓解了库区周边面源污染,削减了各类污染物入库负荷,水库水质基本保持稳定。为了保护于桥水库水源质量,蓟县对淋河湿地实行封闭管理,实施林草湿地建设工程,栽植杨柳树 5 000 多亩,芦苇、莲荷等蓄养水源的水生植物 1 000 多亩,不仅改善和净化了天津市"大水缸"的水源质量,而且造就了一道独特的自然风景。

8.8.4 生态补偿绩效

于桥水库流域生态补偿试点开展的时间较短，一系列环境保护政策尚在制定中，环保措施也尚在推进过程中。本研究基于现有的工作成果，分别从源头、输水河道和水库周边 3 个方面反映于桥水库流域生态补偿效果，并以于桥水库的水质质量来印证生态补偿效果。

8.8.4.1 生态效益

生态效益是流域水生态补偿绩效考核中的重中之重。生态效益可以从水质变化、污染负荷减少、流域景观变化等方面体现。

（1）清水源头生态效益

引滦源头是于桥水库水资源的保障，也是氮、磷等过量营养盐的源头。2013—2015 年，潘家口和大黑汀的水质仍然是劣 V 类，其中总氮和总磷浓度仍分别超过了《地表水环境质量标准》（GB 3838—2002）中 V 类和 III 类标准。但潘家口、大黑汀水库的总氮浓度出现了大幅的削减，均值从 2013 年的 5.26 mg/L 降低至 2015 年的 2.61 mg/L。总磷浓度在 2014 年出现了明显的升高，但在 2015 年有所回落，为 0.067 mg/L。然而，潘家口水库、大黑汀水库高锰酸盐指数在 2015 年有所升高，其中大黑汀水库超过了 III 类标准，应引起足够的重视（图 8-58～图 8-60）。

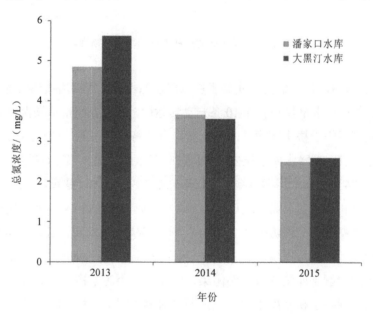

图 8-58　2013—2015 年潘家口水库、大黑汀水库总氮浓度

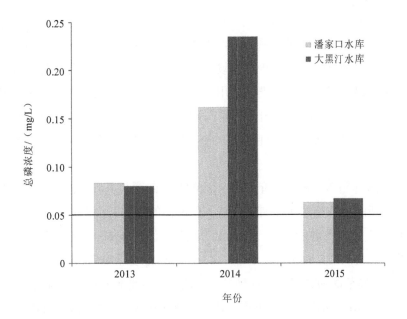

图 8-59　2013—2015 年潘家口水库、大黑汀水库总磷浓度（横线表示湖库Ⅲ类水质标准限值）

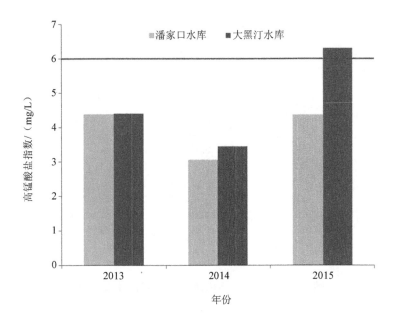

图 8-60　2013—2015 年潘家口水库、大黑汀水库高锰酸盐指数浓度（横线表示湖库Ⅲ类水质标准限值）

（2）引滦河道

上游引滦河道周边开展了一系列环保工作，目前原来分布在黎河、沙河、淋河两岸的洗矿厂大部分已经取缔，仅有少数的设备洗矿厂的设备尚未拆除，但已经停产。黎河两岸开展了水源保护工作，隧洞出口采用铁丝网拦截，河岸两边布设了绿化带，起到了输水带的保护作用。沙河流域也开展了取缔网箱养殖的动员活动，但沙河部分河段还存在网箱养殖问题。淋河属于季节性河流，冬春无水，因此在夏秋两季容易将上游负荷带入于桥水库。

2013—2015 年进入于桥水库的 3 条河流的跨界断面总氮均超出了地表水Ⅴ类水质标准，黎河跨界断面中总氮的浓度有所降低，但淋河的跨界断面总氮浓度却逐年升高（图8-61～图8-63）。黎河跨界断面氮元素降低可能与上游削减农业污染，沿岸建立缓冲区种植树木和草地有关（图8-64）。而淋河在这方面的治理明显滞后。

3 条河流跨界断面的总磷和高锰酸盐指数均未超过地表水Ⅲ类水质标准，但 2015 年3 条河流中总磷的浓度都比 2013 年有所升高，黎河和沙河中高锰酸盐的浓度也出现了不同程度的升高。

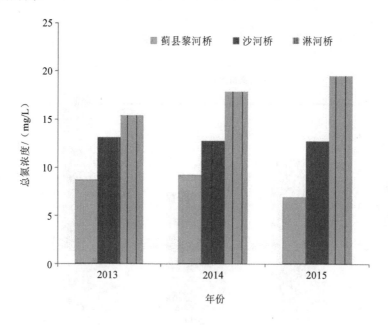

图 8-61　于桥水库入库河流跨省界断面总氮浓度

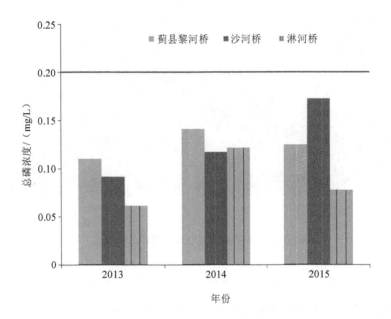

图 8-62　于桥水库入库河流跨省界断面总磷浓度（横线表示河流III类水质标准限值）

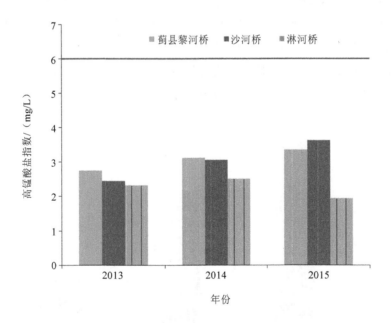

图 8-63　于桥水库入库河流跨省界断面高锰酸盐指数浓度（横线表示河流III类水质标准限值）

（a）　　　　　　　　　　　　　　　　（b）

图 8-64　黎河和沙河沿岸水资源养护状况

（3）于桥水库

于桥水库周边开展了大量的整治工作。于桥水库流域产生点源污染的企业已经全部停产，22 m 高程线以下已基本封闭，水库内部网箱养殖已经全部取缔，周边的旅游和餐饮活动也被禁止，蓟县正着手开展于桥水库周边居民区的拆迁和农田的退耕还林工作。

2013—2015 年于桥水库的监测结果显示，于桥水库的总氮浓度明显降低，到 2015 年总氮浓度已经达到地表水 V 类水质标准。总磷和高锰酸盐指数虽然未超过Ⅲ类水质标准，但都出现了明显的升高。于桥水库的富营养化指数在 2013—2015 年出现了缓慢的上升，于桥水库的营养等级已经从中营养化升为轻度富营养化（图 8-65～图 8-68）。

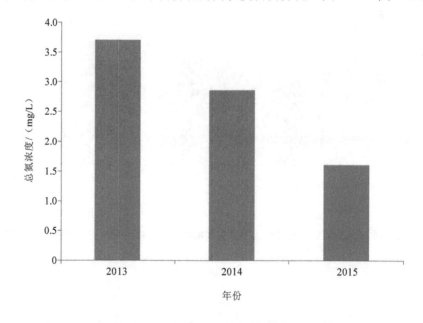

图 8-65　2013—2015 年于桥水库总氮浓度

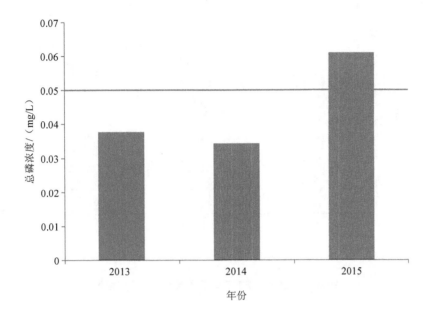

图 8-66　2013—2015 年于桥水库总磷浓度（横线表示湖库Ⅲ类水质标准限值）

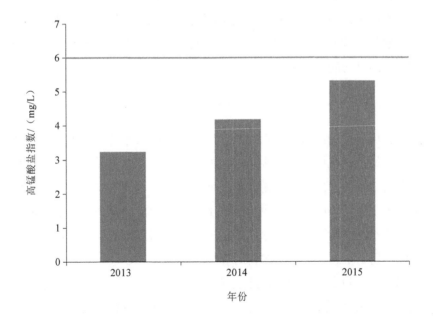

图 8-67　2013—2015 年于桥水库高锰酸盐指数（横线表示湖库Ⅲ类水质标准限值）

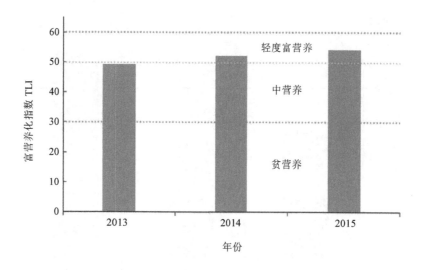

图 8-68　2013—2015 年于桥水库富营养化指数

于桥水库的流域调查结果表明，在 2013—2015 年于桥水库流域生态补偿的生态效果表现为流域内总氮出现了明显的下降，特别是治理力度较大的潘家口水库、大黑汀水库，黎河，于桥水库地区，而治理相对滞后的淋河的效果则相对较差。但值得注意的是，流域内磷和高锰酸盐指数的上升趋势并未得到遏制，于桥水库的富营养化程度尚未改善，与流域生态补偿的目的尚存在距离。

8.8.4.2　经济效益

于桥水库流域补偿的经济效益可以从正反两个方面来核算：一方面是流域补偿所带来的经济效益，如上游化肥施用减少所产生的利润、上游生态养殖所产生的利润、下游减少污染治理所节约的费用、上下游转型产业所带来的利润等。另一方面流域生态补偿过程中，限制了上游污染的排放，也造成了上游部分经济的损失，如上游水库限制养殖的经济损失、输水河道附近和于桥水库附近退耕还林所带来的损失、水环境设备投入和运营中产生的费用、生态移民产生的费用等。

（1）天津市蓟县和上游河北省经济发展稳定

2015 年第一季度蓟县经济平稳发展。经初步核算并经天津市评估审定，蓟县实现地区生产总值 812 955 万元，按可比价格计算增长 9%。2015 年第一季度河北省生产总值（GDP）6 029.5 亿元，同比增长 6.2%。尽管生态移民、取消水库周边餐饮娱乐业、关闭污染企业可能造成部分地区经济损失，但由于经济调整和转型，流域经济运行总体平稳。

（2）天津市蓟县和上游河北省经济产业结构不断优化

2015 年天津市 3 个产业比重分别为 8.8%、32.9%、58.3%，与上年同期相比，第一产业下降 1.1 个百分点，第二产业下降 3.8 个百分点，第三产业增长 4.9 个百分点。河北省服务业增长势头有增无减——增加值占全省生产总值的比重达到 39.3%，同比提高 2.4 个百分点，对经济增长贡献率达到 52.2%，继续成为全省经济增长的重要支撑。第一产业和第二产业比重降低，有利于减少污染的排放。与此同时，第一产业和第二产业内部结构也有所调整。河北省上游地区和天津市于桥水库周边 22 m 高程线以上地区开展旅游农业、绿色农业，将传统粮食作物田改为生态高效的林果地，不仅降低了污染，而且提高了经济效益。以蓝莓种植为例，每亩蓝莓游客采摘园年收入可达 2 万元，远高于玉米、小麦等农作物的收益。

（3）环境保护工程项目投资对经济产生一定的拉动作用

水环境保护工程项目投资将一定程度上拉动环保相关产业发展，并通过行业间上下游行业需求关系传导到整个国民经济系统中，对经济总量以及民生就业均将产生一定带动作用。根据《清洁水行动计划》的投资经济效益分析，模拟 2013—2017 年清洁水行动计划项目实施对我国 GDP 和就业的影响效应。初步结果表明，项目实施将拉动我国 GDP 增长 22 556 亿元，投资拉动乘数约为 1.28。以于桥水库流域每年补偿 5 亿元计，每年对区域经济拉动量为 6.4 亿元。

（4）水环境保护工程节约了下游水环境治理费用

于桥水库是天津市重要的饮用水水源地。上游水污染的治理，对保障下游水库的水质安全、预防蓝藻暴发有积极的作用。以于桥水库建设 22 km² 的人工湿地为例，这一去除总氮量和总磷量分别达到 0.54% 和 0.27% 的湿地预计投资 4.88 亿元。因此，利用影子工程法，计算综合去除率达到 24.47% 和 27.25% 情况下需投资的数额，结果高达 492.5 亿元。因此，流域的生态补偿可以为下游地区节约大量的成本。

8.8.4.3 社会效益

于桥水库试点的实施不仅带来生态效益和经济效益，对社会进步也做出一定的贡献，主要体现在：促进了地方党委和政府发展理念的转变，提高了地方政府建设社会主义生态文明的积极性；试点实施营造的社会氛围，加大了媒体和社会团体对生态补偿的宣传力度；提高了流域上下游民众的环保意识，提升了社会各界保护环境的自觉性。对全社会环境保护事业起到积极、正面、引导性的影响，取得了良好的社会效益。

（1）政绩考核由重 GDP 向生态环境保护转变

于桥水库是天津市重要的饮用水水源地，天津市委、市政府一直将于桥水库流域综合治理作为保障天津市民生工程的重中之重。近年来，随着生态文明列入"五位一体"以及天津市"美丽天津一号工程"的推进，蓟县提出了《美丽蓟县建设实施意见》。通过产业转型升级、新城建设、水源水质保护、矿山创面治理、美丽乡村建设 5 个方面实现"灰色 GDP"向"绿色经济"的科学转型。河北省也积极开展生态文明建设，强化各级领导对生态文明建设的责任，并开展了大范围的生态文明科普活动，不再唯 GDP 论英雄。

（2）打造"美丽蓟县"

2015 年蓟县将狠抓改革创新、转型升级、保护生态、改善民生、依法治县，统筹推进全县经济、政治、文化、社会、生态文明建设，开创美丽蓟县建设新局面。蓟县将扎实推进于桥水库水源保护工程扫尾，筹划良好湖泊和滦河流域水源保护工程项目。高水平完成 8 个矿区治理，编制国家公园管理体制试点规划。实施 6 个镇污水处理厂网和于桥水库北岸污水管网建设。建成 8 个区域垃圾转运站，投入使用垃圾焚烧发电厂，全年创建清洁村庄 377 个，新增造林 3.5 万亩，打造"美丽蓟县"，做好天津市的后花园。

（3）群众环保意识逐步提高

生态建设、环境保护，不仅是政府部门密切关注，更是普通群众最关心的民生问题。随着于桥水库生态补偿项目的逐步推进，沿线的小洗矿厂拆迁了，挖沙活动取缔了，于桥水库的网箱也拆除了，给于桥水库流域的群众带来了更多的宜居元素，也让天津市的水资源状况有所改善。随着生态补偿理念的深入人心，群众越来越多地认识到了资源的重要性，体会到生态文明建设人人有责，每个人主动承担生态文明建设的责任，更多的人关注环保，整体环保意识普遍提高。

8.8.5 影响流域补偿效果的主要问题

于桥水库流域补偿有助于保护于桥水库流域的生态环境，保障天津市用水安全。2013—2015 年生态补偿的试点结果可以看出，生态补偿总体上取得了一定的生态效益、经济效益和社会效益，但也存在一些不足，具体表现在：流域范围内污染源治理缓慢，流域内清水源头、河道和水库周边的污染管理不足，流域范围内产业结构调整动力不足等。此外，流域的污染治理过程中多种污染物去除能力也存在差异。这从一定程度上影响了于桥水库流域整体的补偿效果。

8.8.5.1 部分地方政府和群众对流域补偿支持不足

尽管流域生态补偿会从经济上对上游的损失进行一定程度的补偿，但上游和于桥水库周边的产业结构调整，必定在短期内造成区域人民群众生活生产方式的改变，也会在一定程度上限制区域经济的发展，因此导致部分地方政府和群众对流域补偿支持不足，部分污染源关停和污染治理项目进展缓慢，群众配合拆迁、退耕还林、生活结构调整的动力有限。

8.8.5.2 上游地区生态保护力度不足

上游地区对于桥水库的保护重视不足，保护滞后一方面体现在上游水库保护不足。于桥水库流域的源头潘家口水库和大黑汀水库尚未完成清除网箱养殖的工作（图 8-69），潘家口水库、大黑汀水库饮用水水源地的保护区也仍未设立。潘家口水库、大黑汀水库出水中总氮仍然超出了地表水 V 类水质标准，对下游于桥水库的水环境质量仍造成了较大的压力。

（a）　　　　　　　　　　　　　　　（b）

图 8-69　潘家口水库和大黑汀水库网箱养殖状况

另一方面，沙河、淋河流域周边治理力度有限。在 2015 年的调查过程中，沙河和淋河周边仍未建成沿河的缓冲带，部分区域仍存在挖沙、洗矿的现象，部分河道的清理和维护也有待加强。沙河和淋河的氮、磷浓度较高，其中淋河中总氮浓度超过了地表水 V 类水质标准的 8.7 倍，将对下游水库水质造成极大压力。

8.8.5.3　于桥水库周边区域治理有待完善

于桥水库周边区域的治理正在进行中，但由于部分地区拆迁尚未完成，裸露的地面更容易造成水土流失，导致大量污染物和营养盐进入水库内部；同时，业已造林的树木也尚属幼龄，对氮、磷的吸收程度有限。此外，部分村民仍不理解水库保育的重要性，在于桥水库周边仍有少数居民开辟的小块菜地，还有少数居民从事游泳、游船、采藕活动，这都可能对水库水质造成一定的影响（图 8-70）。

（a）　　　　　　　　　　　　　　　（b）

图 8-70　于桥水库附近的种植和养殖活动

8.8.5.4 总氮去除效应明显，总磷和有机物去除效果欠佳

从2013—2015年于桥水库流域水质监测结果来看，流域治理中总氮的去除效果明显，无论是源头的潘家口水库、大黑汀水库、引滦的主要通道黎河，还是于桥水库库体本身，总氮浓度都出现了明显的下降。但总磷浓度和高锰酸盐指数并未随总氮削减，反而出现了一定程度的上升。这不仅导致了于桥水库的富营养化指数呈现上升趋势，而且磷是于桥水库中蓝藻的控制元素，因此磷和有机物浓度的升高可能会导致于桥水库发生水华。

第9章　研究结论[①]

本章基于以上内容，提炼总结了本研究主要成果，主要包括五大研究成果，厘清了跨省界流域生态补偿与经济责任问题，为进一步推动跨省重点流域生态补偿实践提供理论和实践支撑。

9.1　构建质量改善导向的跨省流域双主体生态补偿方案

研究基于以水环境质量改善为目标导向、流域生态环境保护责任共担、累进梯度合理补偿、奖惩双向激励相结合、政府与市场合理推进等原则，确立跨省界断面水质目标，强化流域水质目标考核行政和经济约束机制，分清流域上下游的责任，根据上下游出境断面的水质达标状况、水污染治理成本和发展机会收益等因素，建立跨省水质生态补偿标准核算模型，明确资金规模，促进上下游省（区、市）落实辖区水污染防治责任制。

研究明确了政府、企业和社会等作为流域生态保护成果受益者应履行的义务，清晰界定了跨省流域生态补偿的责任主体。从生态服务效益、水质水量、水资源价值、水生态环境与社会经济的响应、支付意愿 5 个方面初步构建了跨省流域生态补偿标准核算方法，并引入梯度累进系数，打破了原有"一刀切"式的计算方法，使得计算结果区域差异明显、更加具有激励性。

按照目前的财政管理体制，研究提出省际政府之间的资金可以选择的 3 种拨付方式。一是通过项目直接拨付，即针对流域水资源和污染防治制定一个由上下游政府共同参与的生态治理项目，上下游政府分别给予一定比例的资金支持。二是由上下游政府共同建设一个补偿基金池，委托第三方进行管理。三是通过上级政府统筹，即由财政部按照现有的国库制度，建立补偿专项资金的划拨账户，根据生态环境部协调各省（区、市）基础上形成的生态补偿与财政激励计算公式计算财政激励金额并划入账户。当地方政府遇到跨省际流域水污染问题、影响水质的重大污染事件、影响流域水质的历史性污染问题等地方政府自身不能解决的问题时，由中央通过专项资金安排相关的生态治理项目进行治理。

---

① 本章主要执笔人：刘桂环、文一惠。

9.2　构建基于协商的跨省水源地经济补偿方案

　　流域生态补偿标准和财政路径是流域生态补偿长效机制的关键问题。本研究从界定跨省水源地概念出发，研究了各类流域生态补偿标准核算方法及其特点，分析了跨省水源地保护财政路径存在的问题，提出了基于博弈论视角的跨省水源地保护生态补偿标准核算方法，构建了我国跨省水源地生态补偿财政路径与监督考核机制，形成了基于博弈协商的跨省水源地经济补偿方案。

　　我国流域生态补偿标准制定研究正处于从"单一量化"向博弈协商转变的阶段，存在关注微观而非重视宏观、"背靠背"算计而非"面对面"协商、静态研究而非动态机制构建等问题。本研究以博弈论为基础，运用鲁宾斯坦恩-斯塔尔讨价还价模型，构建了有限期博弈和无限期博弈的跨省水源地保护生态补偿标准讨价还价博弈模型，建立跨省水源地保护生态补偿标准制定的动态机制，实现补偿标准由"计算"向"制定"的转变、由"单一量化"向"多方协商博弈"的转变。跨省水源地保护生态补偿标准讨价还价博弈结果显示，用水省（区、市）所分担的水源区生态保护与建设成本份额即为用水省（区、市）向产水省（区、市）支付的跨省水源地保护生态补偿标准，其与用水省（区、市）及产水省（区、市）各自的贴现因子、博弈时期以及出价次序有关，表现为越有耐心的参与人分担的成本越小。

　　我国生态补偿实践存在财政路径单一和配套监督考核机制缺乏等问题。本研究从生态补偿的资金来源途径、落实途径与交易平台搭建等方面研究，对比分析了不同资金来源途径和资金落实途径的优缺点与适用性，构建了双方直接对话的交易与引入"第三方"交易两种平台模式；建立了涵盖生态补偿前、中、后三个时期全过程目标管理的横向监督考核机制，提出了集体行动与"认知共同体"两类纵向监督考核机制，构建了监督考核机制与财政路径并行的原则。并设计了两套于桥水库财政路径与监督考核机制方案。

9.3　构建跨省流域水质生态补偿模拟技术

　　按照上下游省（区、市）依据流域水质和水量进行补偿和惩罚、引导上下游共同维护流域水体的基本思路，建立上下游省域之间的流域生态补偿与经济责任机制模型。模型基于各跨省断面的水质水量数据信息、上下游省（区、市）的关系、污染物治理成本、治理目标等信息，综合考虑上下游省域的支付能力等因素，计算出一个省（区、市）对一个省（区、市），一个省（区、市）对多个省（区、市），多个省（区、市）对一个省（区、市）等多种上下游关系形式的补偿及赔偿关系，生成动态补偿金额。

在标准设计上，某省（区、市）的流域生态补偿资金为区域内所有跨境断面的生态补偿资金之和，包括水质部分和水量部分。对于水质，若上游出境水体的某一水质指标未能达到流域水污染控制单元水质目标的要求，则上游地区应向下游地区赔偿相应的污染物治理成本；反之，则下游地区应针对上游地区保护水质的贡献进行相应补偿。对于水量，若上游来水水量低于跨境断面的多年平均径流量，则上游地区应向下游地区赔偿水量损失，以下游地区购买相应水量所需付出的成本计算；反之，下游地区应对上游地区进行补偿。对于社会经济因素，以上下游区域的人均 GDP 与全国人均 GDP 的比值作为支付能力修正系数，同时引入投资积极性相关的效益修正系数，综合核算流域生态补偿资金。

依托上述补偿标准建立跨省流域生态补偿核算平台，对全国 31 省（区、市）或按照 338 个地级及以上城市进行跨界断面补偿资金核算，并运用 GIS 技术直观展示全国、流域、省（区、市）、重点监控断面等的基本信息，以及各省（区、市）在跨省流域生态补偿中的利益关系和资金流动状况。以国家向各省（区、市）纵向转移支付的水污染防治专项资金、清洁水专项资金等流域保护资金为基础，以地方政府自筹资金以及社会资金为补充，以跨省流域生态补偿核算平台核算的跨省流域补偿资金流向和规模调整各省（区、市）纵向转移支付初始资金分配，使得各省（区、市）的流域保护绩效与转移支付资金规模相挂钩。

9.4　建立跨省流域生态补偿绩效评价体系

基于本研究构建的流域生态补偿政策试点进展评估框架，系统评估了辽河等 6 个典型试点流域的生态补偿进展成效与问题特征，为我国跨省流域生态补偿政策框架设计提供支撑。选取辽河流域、东江流域等 6 个试点流域进行成效跟踪评估，分析全国试点地区流域生态补偿政策实施效果，按照探索历程—主要做法—实施效果的框架分析各地方开展流域生态补偿试点进展情况；总结流域生态补偿绩效评价的技术方法、管理实施等方面的经验。采用生态补偿政策实施前后对比法，从环境效益、经济效益和社会效益 3 个维度评估地方流域生态补偿试点进展，通过地方试点评估，识别了我国地方流域生态补偿实践的成效与地域特征，实践探索面临的关键问题、创新需求等，为进一步推进我国流域生态补偿探索提供了基础。

建立了基于层次分析法、模糊综合评价法的跨省流域生态补偿绩效评价模型方法，并以新安江为典型案例开展了实证研究。包括生态补偿评价技术难题的解决、生态补偿评价方法的选择以及生态补偿中关键问题的识别等，研究结果表明，流域生态补偿政策实施效果整体较好。具体而言，效果指标、效应指标和效率指标的表现都较好，很大程度上隶属于较好和很好水平，即补偿政策实施的结果很大程度上处于较高水平。其中，效率指标的表现较好，处于较好偏上水平；效果指标和效应指标的表现基本相同，对较好和一般水平的隶属度较高，需进一步改善。

基于计量经济学中的双倍差分法，建立了基于倍差法的跨省流域生态补偿政策效果绩效分离模型方法，定量评估了生态补偿政策实施效果。通过比较实施政策的地区和未实施政策的类似地区在实施前后的差异，剥离其他因素对生态补偿政策实施流域的影响，分析流域生态补偿政策对新安江水质改善的净影响效应。

9.5 提出跨省试点流域生态补偿方案

以水质为核心建立跨省汀江流域生态补偿机制。提出了基于跨省汀江流域生态补偿方案。本研究在传统水足迹核算的基础上引入污染水足迹的概念，根据流域上下游水资源盈余/赤字情况进行流域水资源环境保护责任分担。综合当前中央财政体制和地方配套情况，以生态保护投入成本法（龙岩市作参照区）作为生态补偿基准，采用生态保护效益与水质水量耦合模型测算综合补偿系数 P，提出生态补偿考核方法。构建汀江流域水质监测制度，研究建立上下游省（区、市）政府认可的监测机构，研究跨省界上下游间的水质监测断面的优化布局方案，设计透明的水质监测数据公开程序。根据《福建省重点流域生态补偿办法》，结合本研究建立了汀江流域生态补偿绩效综合评价指标体系。

以东江流域水源涵养功能为基础，构建生态服务功能与水质水量耦合、纵横交错的跨省东江流域生态补偿模式。考虑到跨省生态补偿涉及相关省（区、市）权益的激烈博弈，为减少实施阻力，基于权利和义务相统一的原则，提出了由中央政府、广东省、江西省三者组成生态补偿主体，采取纵向补偿与横向补偿相结合的模式。在国家纵向补偿层面，由中央财政采取转移的方式，拨付生态补偿资金，用于补偿东江流域上游国家重点生态功能区县发展机会成本损失和支持其开展生态保护工作。在横向层面，广东和江西两省开展跨界水质断面考核，根据水量和水质情况确立生态补偿金额，并坚持生态补偿与污染赔偿的双向机制。本研究以子流域的水资源贡献率划定生态补偿客体范围，以水源涵养作为补偿客体的主要生态系统服务功能，核算了东江流域的主导生态系统服务功能价值。根据补偿主客体的界定、补偿标准模型和补偿模式，提出了《跨省东江流域生态补偿试点方案（建议稿）》，确定了地方执行、中央监管的生态补偿实施机制，配套设计了水质水量监测能力建设方案，对现有水质断面监测情况展开详细调研，从试点方案数据需求及方案可行性出发，在流域 81 个常规监测断面中比选优化后确定跨界监测断面，确定了监测指标、采样与分析方法、监测时间和频次等具体操作细节，建立了东江流域生态补偿试点配套监测方案。

　　按照流域生态共建和共享理念建立于桥水库流域纵向公益补偿机制，考虑水质指标和水污染治理任务建立横向利益补偿机制。采用"3S"技术、InVEST 模型和生态完整性等理论构建了跨省流域生态补偿范围确定、生态补偿资金核算和生态补偿资金分配方法。设置两项考核指标，一是跨界考核断面水质指标，二是于桥水库流域源头水污染综合治理年度任务指标，以这两项指标确定河北省和天津市两地的补偿关系。用 PLOAD 模型和最佳管理模型（BMP）构建流域生态补偿绩效预测和评估方法，核算了不同流域管理和补偿方法可能对于桥水库流域产生的社会、经济和环境效益。设计了面向对象的于桥水库流域生态补偿管理平台，实现了流域生态补偿政策和数据公开。

第 10 章　存在的问题及建议[①]

本章在前面 9 章的基础上，分析我国开展跨省重点流域生态补偿中遇到的问题并提出今后完善的政策建议。

10.1　存在的问题

10.1.1　生态补偿立法相对滞后

目前我国的生态补偿政策面临缺乏统一规划和政策协调的问题。各项生态补偿政策由不同部门主导，缺乏协调性，各部门间可能存在利益冲突，难以充分沟通配合。虽然国家和地方围绕生态补偿立法已经做了大量工作，但是尚未针对生态补偿制度进行专门立法，相关法律规定分散在多部法律之中，缺乏系统性和可操作性。不同生态保护补偿政策适用不同的管理规定，缺乏根本性、原则性、纲领性的法律制度予以规范。

10.1.2　生态保护补偿标准体系尚不完善

目前各地流域生态补偿标准的设置是政府主导的，补偿标准也不是流域上下游政府反复"讨价还价"后形成的"协议补偿"。一些地方流域补偿方式也不具合理性，只从流域行政断面水质目标考核出发，且主要是惩罚性的，缺少激励性考虑。从考核指标来看，一些流域主要考虑化学需氧量，对氨氮、总磷以及一些特征性污染物尚未有考虑，这与流域污染的实际情况有所不符。从考核范围来看，目前流域断面水质目标考核的范围主要针对干流和一级支流，小支流没有纳入考核范围，这可能造成考核结果存在一定的误差。另外，对流域水源地的补偿尚未引起足够重视，国家、流域水源地及下游的各级地方政府的权责不明，政策尚未到位。

10.1.3　生态保护补偿形式单一

生态保护补偿政策的多元化补偿方式尚未形成，目前仍以中央财政转移支付的纵向

---

① 本章主要执笔人：刘桂环、文一惠。

方式为主。纵向补偿方式为地方生态保护提供了资金基础，但存在一系列弊端，例如，地方会以地方利益最大化为目标影响中央财政转移支付资源的分配，纵向生态保护补偿转移支付的责任边界模糊，弱化资金使用效率的管理责任等。

10.1.4　生态保护补偿资金监管机制还未建立

当前生态保护补偿相关资金由财政部发布的针对各项补偿政策的法规监管。例如，国家森林生态效益补偿适用于《中央财政林业补助资金管理办法》，草原生态保护补助适用于《中央财政农业资源及生态保护补助资金管理办法》，国家水土保持重点建设工程相关资金受到《中央财政小型农田水利设施建设和国家水土保持重点建设工程补助专项资金管理办法》的监管。相关法规将资金监督与检查的责任下放至各级财政及生态保护补偿政策负责部门（如林业、农业、水利），使得相关部门既下拨资金又管理资金，第三方的监管缺失，影响资金的有效监管。

10.2　政策建议

10.2.1　尽快出台国家层面的生态补偿条例

目前在各地区流域生态补偿实践中，各环节都呈现出多样化的特点。对于什么样的行为需要补偿，什么样的行为需要赔偿，有着明显的差异，这显然不利于流域生态补偿机制的进一步拓展。2016 年 3 月 22 日，中央全面深化改革领导小组第二十二次会议审议通过了《关于健全生态保护补偿机制的意见》，为今后国家和地方继续推进生态补偿工作提供了正确的方向和政策措施。该份文件是对我国各领域生态补偿工作的一种宏观指导，接下来应该认真总结生态补偿经验和做法，细化与生态补偿相关的规定，适时发布"生态补偿法"，将生态补偿的目的、原则、范围、类型、权责、标准、实施、监管等内容的基本框架固定下来，增强法律的可执行性和可操作性，提高其法律位阶，为流域生态补偿政策提供法律依据。

10.2.2　全面推动建立跨省流域生态补偿机制

目前，国家已经将水环境保护作为生态文明建设的重要内容。《水污染防治行动计划》提出以跨界水环境补偿机制推进水质改善。《中共中央关于制定国民经济和社会发展第十三个五年规划的建议》提出"强化激励性补偿，建立横向和流域生态补偿机制"。要全面推动建立跨省流域生态补偿机制，建立以水环境质量改善为导向的跨省流域生态补偿机制，通过跨省流域生态补偿协议强化流域水质目标考核行政和经济"双重"约束机制，实现流域治理的成本共担、效益共享、合作共治。

构建多方参与的财政保障体制。在以资金补偿为主的现阶段，中央政府应确保地方政府财权与事权的平衡，在地方政府财政收入不足以履行其进行生态补偿的职能、出现事权与财权不匹配时，中央政府应通过纵向转移支付来弥补地方财力的不足。同时，应逐步增加地方政府财力，减少经济发展与环境保护之间的冲突。建立横向财政转移支付制度，将横向财政资金作为跨省流域生态补偿资金来源的重要途径。支持鼓励社会资金参与对流域生态建设、环境修复的投资，探索第三方治理、PPP 模式等政府购买服务和排污权、水权交易、节能自愿协议等模式，拓宽生态补偿资金渠道。

建立科学的补偿效益监测评估机制。上下游省（区、市）制定跨界水体联合监测方案，明确监测断面、频次、采样要求、评价方法、保障措施等，并对水质监测的全过程进行质量控制，将监测结果作为补偿资金拨付的重要依据。补偿实施后，在财政部、生态环境部组织下，由第三方对跨省水环境补偿效果进行评估，评估实施的跨省流域生态补偿效果是否符合双方协定的水质目标、是否符合区域功能定位要求，综合分析补偿产生的社会、经济与环境效益，并将评估考核结果作为中央政策优惠和资金奖励的重要依据。及时发布评估结果，促进社会参与跨省流域生态补偿。通过评估明确实施跨省流域生态补偿的优先序，提高生态补偿资金的使用效率。

10.2.3 探索建立多元化生态补偿机制

建立横向补偿方式。继续以水环境补偿为契机，深入挖掘补偿资金造血功能，不断优化产业结构，立足自身特色，结合城市定位，发挥区位优势，寻求经济支点，形成自主发展动力，实现环境保护和经济发展的双赢。作为受益方，在现有资金补偿的基础上，下游地区有责任向上游地区提供多渠道、多方式的补偿和援助，逐步建立起长效机制。建议下游地区加大产业、政策补偿的力度，如采取对上游区域予以政策倾斜、上下游一对一贸易补偿、下游向上游转移高技术低污染型产业等形式，兼顾上游发展愿望，形成共建共享、共同发展的局面，改"输血式"生态补偿为"造血式"生态补偿。在于桥水库流域，建议天津市加大产业、政策补偿的力度，如采取对蓟县区域予以政策倾斜，支持河北省建设污水处理厂，向河北省提供低污染的农田耕种、畜禽养殖技术等形式，兼顾上游发展愿望，形成共建共享、共同发展的局面。同时，通过建立部际联席会议制度，加强国家对地方的宏观指导和总体把握，强化区域之间的沟通和协作，推动上下游地区间建立横向生态补偿制度，对目前国家和两省（市）共同投入的"一纵加一横"的补偿模式，提高天津市和河北省之间"横向"的补偿模式的比重。在东江流域和汀江流域，坚持生态补偿与污染赔偿的双向机制。根据目前跨省流域水环境现状，补偿标准的设计采用基于水质、水量双因素考核的生态补偿方式，在协定跨界交接断面水质保护目标后，依据交界断面水质达标情况决定是否进行生态补偿或污染赔偿。

积极探索生态标记等市场化补偿方式。生态标记是对生态环境友好型的产品进行标记，将这一产品减少污染、保护生态环境的行为以及所产生的生态服务价值以产品附加值的形式体现在产品价格上，通过社会公众购买这类产品实现消费者对生产者的补偿。具体的形式有有机食品、绿色食品的认证与销售，广义的生态（环境）标志还包括生态旅游、文化景区或生物遗产地标志等。相对于政府补偿来说，作为一个市场化的补偿机制，生态标记更具有灵活性和激励性，通过市场的调节，可以更有效保证生态环境效益外部性的内部化，达到资源优化配置的目的，还可以弥补政府补偿投入不足、补偿主体单一等缺陷。政府应充分发挥政策的引导职能，逐步建立起农产品认证与环境标志制度，消费者通过生态认证标志所传递出来的农产品质量安全信息，以较高的价格购买、消费无公害产品、有机产品或绿色农产品，从而使农业生产者间接获得经济补偿；同时，生产者也可以通过消费者的选择和消费行为，依托市场价格机制，获得较高的补偿或回报，在此引导下，农业生产者自觉改变高消耗、高污染的传统农业生产方式，采用环境友好农业生产方式，进而提高农业生产环境效益，从而保证流域水源地生态补偿的实现。

10.2.4　积极推进"第三方"生态补偿交易平台建设

针对当前我国跨省流域生态补偿横向市场化机制应用不足问题，建议在跨省流域生态补偿中探索引入和积极推进"第三方"的交易平台模式。

相对于政府直接对话的交易模式的高信用要求，在"第三方"交易平台模式下，双方政府可以只与"第三方"进行对接，并以第三方做担保，只要双方政府选择好有实力且信用度较高的"第三方"，对双方政府的信用度要求可以相对弱化。同样，在交易风险方面，当一方政府拖延支付甚至拒绝支付时，由于有"第三方"做担保，"第三方"交易的平台模式可以在一定程度上降低交易风险。尤其是在"第三方"提供担保的交易模式下，资金的交易风险几乎可以转嫁给"第三方"。另外，在交易路径畅通度方面，"第三方"交易的平台模式也具有优势，当生态环境建设未达到考核标准时，补偿资金可以很容易地从作为公正方的"第三方"流回到补偿主体。

因此，尽管可能存在交易成本高的问题，但在我国跨省流域生态补偿工作中，建立"第三方"交易平台可以有效推进流域生态补偿工作，降低交易风险，特别是在中央政府及其部门作为权威性的第三方的情况下。目前，在我国各地开展的跨省水源地生态补偿中，应积极探索引入公正的"第三方"交易平台，探索通过此平台推动生态补偿标准的确定和推动生态补偿工作的开展和实施。

10.2.5 加强生态补偿监测与监督机制建设

按照科学性、精简有效性以及可操作性三大原则构建生态补偿监测评估指标体系，并将监测评估结果纳入政府绩效考核体系。党的十八届三中全会通过的《中共中央关于全面深化改革若干重大问题的决定》明确指出，要纠正单纯以经济增长速度评定政绩的偏向。2013 年 12 月中共中央组织部印发的《关于改进地方党政领导班子和领导干部政绩考核工作的通知》中也明确提出，要加大资源消耗、环境保护等指标在政绩考核中的权重，对限制开发的重点生态功能区，实行生态保护优先的绩效评价。下一步，建立健全有利于形成主体功能区的绩效考核评价体系，建立"天—地"一体化生态环境动态监控体系与第三方独立评估机制，结合资金分配使用，科学评估生态补偿效益，确保生态补偿政策落到实处，发挥最大效益。

强化环境执法及环保政绩考核，形成横向补偿外在压力与内生动力。根据"垂改"最新精神，建立联合环保机构，推行跨区域、跨流域环境污染联防联控，严格执法。建议用足用好《生态环境监测网络建设方案》（国发〔2015〕56 号）提到的生态环境监测网络，充分发挥生态环境监测网络在生态补偿中的作用，从源头上为生态补偿提供充足的依据，也为生态补偿政策周期内生态环境质量变化做好数据支持，为生态补偿的绩效评估打下良好的基础。将监测结果作为省市考核以及"领导干部自然资源资产离任审计"的重要内容，增强考评的生命力。

完善监测与监督配套措施。在依托现有的权威的国家和省级水文水资源和水环境监测网络和体系的基础上，共享其监测数据，作为跨省流域生态补偿监督考核的依据。在现行监测网络和体系不能满足要求的情况下，可以进行必要的改进和补充。同时，可以考虑其他水资源管理、水资源保护和水环境治理的能力建设要求，将跨省流域监测系统和数据纳入国家和省级其他水资源水环境监测体系，并与其共享监测数据，以提高系统的效率和效益。逐步调整位置不准确的、有争议的跨界断面，将所有跨省界流域监测断面收归国家直管，统筹水质与水量监测使其在时间、空间上达到一致。大力推动跨省断面水质水量监测的自动化、精确化、信息化，健全跨省流域断面水量水质国家重点监控点位和自动监测网络。根据环保机构"垂改"最新精神，可尝试探索建立基于区域、流域自然生态系统完整性、自然环境特征的环保及监测机构，承担跨区域、跨流域生态环境质量监测职能。

参考文献

[1] Engel S, Pagiola S, Wunder S. Designing payments for environmental services in theory and practice: An overview of the issues[J]. Ecological Economics, 2008, 65 (4): 663-674.

[2] Farley J, Costanza R. Payments for ecosystem services: From local to global[J]. Ecological Economics, 2010, 69 (11): 2060-2068.

[3] Vatn A. An institutional analysis of payments for environmental services[J]. Ecological Economics, 2010, 69 (6): 1245-1252.

[4] Schomers S, Matzdorf B. Payments for ecosystem services: A review and comparison of developing and industrialized countries [J]. Ecosystem Services, 2013, 6: 16-30.

[5] Muradian R, Corbera E, Pascual U, et al. Reconciling theory and practice: An alternative conceptual framework for understanding payments for environmental services[J]. Ecological Economics, 2010, 69 (6): 1202-1208.

[6] Cranford M, Mourato S. Community conservation and a two-stage approach to payments for ecosystem services [J]. Ecological Economics, 2011, 71 (15): 89-98.

[7] Pham T T, Campbell B M, Garnett S. Lessons for pro-poor payments for environmental services: An analysis of projects in Vietnam[J]. The Asia Pacific Journal of Public Administration, 2009, 31 (2): 117-133.

[8] Pagiola S, Ramirez E, Gobbi J, et al. Paying for the environmental services of silvopastoral practices in Nicaragua[J]. Ecological Economics, 2007, 64 (2): 374-385.

[9] Munoz-Pina C, Guevara A, Torres J M, et al. Paying for the Hydrological Services of Mexico's Forests: Analysis, negotiations and results[J]. Ecological Economics, 2008, 65 (4): 725-736.

[10] Farber S C, Costanza R, Wilson M A. Economic and ecological concepts for valuing ecosystem services[J]. Ecological Economics, 2002, 41 (3): 375-392.

[11] Asquith N M, Vargas M T, Wunder S. Selling two environmental services: In-kind payments for bird habitat and watershed protection in Los Negros, Bolivia[J]. Ecological Economics, 2008, 65 (4): 675-684.

[12] Herzog F, Dreier S, Hofer G, et al. Effect of ecological compensation areas on floristic and breeding bird diversity in Swiss agricultural landscapes[J]. Agriculture, Ecosystems and Environment, 2005 (3): 189-204.

[13] Dietschi S, Holderegger R, Schmidt S G, et al. Agri-environment incentive payments and plant species

richness under different management intensities in mountain meadows of Switzerland [J]. Acta Oecologica, 2007, 31 (2): 216-222.

[14] Locatelli B, Rojas V, Salinas Z. Impacts of payments for environmental services on local development in northern Costa Rica: A fuzzy multicriteria analysis [J]. Forest Policy and Economics, 2008 (10): 275-285.

[15] Morris J, Cowing D J G, Mills J, et al. Reconciling agricultural economic and environmental objectives: the case of recreating wetlands in the Fenland area of eastern England[J]. Agriculture, Ecosystems and Environment, 2000 (79): 245-257.

[16] Pascual U, Muradian R, Ro-Driaguez L C. Exploring the links between equity and efficiency in payments for environmental services: A conceptual approach [J]. Ecological Economics, 2010 (6): 1237 - 1244.

[17] Sommerville M. The role of fairness and benefit distribution in community-based payment for environmental services interventions: A case study from Menabe, Madagascar [J]. Ecological Economics, 2010 (69): 1262-1271.

[18] Pagiola S. Can payments for environmental services help reduce poverty? An exploration of the issues and the evidence to date from Latin America[J]. World Development, 2005 (33): 237-253.

[19] Ouyang Z, Zheng H. Establishment of ecological compensation mechanisms in China: perspectives and strategies[J]. Acta Ecologica Sinica, 2013, 33 (3): 686-692.

[20] Cheng B, Tian R, Dong Z. Patterns and assessment of the watershed eco-compensation standard practices in China[J]. Ecological Economy, 2012 (4): 24-29.

[21] 高兴武. 公共政策评估: 体系与过程[J]. 中国行政管理, 2008 (2): 58-62.

[22] 袁伟彦, 周小柯. 生态补偿问题国外研究进展综述[J]. 中国人口·资源与环境, 2014 (11): 76-82.

[23] 毛显强, 钟瑜, 张胜. 生态补偿的理论探讨[J]. 中国人口·资源与环境, 2002 (4): 40-43.

[24] 陈少英. 建立与完善我国生态补偿的财税法律机制[J]. 安徽大学法律评论, 2010, 1 (1): 1-10.

[25] 曹明德. 对建立生态补偿法律机制的再思考[J]. 中国地质大学学报 (社会科学版), 2010, 10 (5): 28-35.

[26] 孙根紧, 何婧. 中国生态补偿研究综述[J]. 商业时代, 2011 (12): 100-102.

[27] 梁丽娟, 葛颜祥, 傅奇蕾. 流域生态补偿选择性激励机制——从博弈论视角的分析[J]. 农业科技管理, 2006, 25 (4): 49-52.

[28] 吴晓青, 陀正阳, 杨春明, 等. 我国保护区生态补偿机制的探讨[J]. 国土资源科技管理, 2002 (2): 18 -21.

[29] 李克国. 中国的生态补偿政策[M]. 北京: 中国环境科学出版社, 2006.

[30] 李碧洁, 张松林, 侯成成. 国内外生态补偿研究进展评述[J]. 世界农业, 2013 (2): 11-14.

[31] 侯军岐, 张社梅. 黄土高原地区退耕还林还草效果评价[J]. 水土保持通报, 2002 (6): 29-31.

[32] 熊鹰, 王克林, 蓝万炼, 等. 洞庭湖区湿地恢复的生态补偿效应评估[J]. 地理学报, 2004, 59 (5): 772-780.

[33] 支玲. 西部退耕还林工程社会影响评价——以会泽县、清镇市为例[J]. 林业科学, 2004, 40 (3): 2-11.

[34] 高雪莲，政策评价方法论的研究进展及其争论[J]．理论探讨，2009（5）：139-142.

[35] 王伟．制度评估——韩国的实践及其启示[J]．地方政府管理，2001（6）：40-41.

[36] 吴松．日本政府政策评价制度与科技政策绩效评价浅析[J]．全球科技经济瞭望，2007（7）：8.

[37] 财政部财政科学研究所《绩效预算》课题组．美国政府绩效评价体系[M]．北京：经济管理出版社，2004.

[38] 奚长兴．对法国公共政策评估的初步探讨[J]．国家行政学院学报，2005（6）：85-86.

[39] 陈登．我国公共政策评价绩效机制研究[D]．广州：华南理工大学，2013.

[40] 李长文．我国公共政策评估：现状、障碍与对策[J]．兰州大学学报（社会科学版），2009，37（4）：48-52.

[41] 王建容．我国公共政策评价存在的问题及其改进[J]．行政论坛，2006（2）：4.

[42] 张国庆．公共政策分析[M]．上海：复旦大学出版社，2004.

[43] 詹国彬．我国公共政策评估的现状、困难及对策[J]．江西行政学院学报，2002（2）：8-11.

[44] 王洋．我国公共政策评估主体的不足及对策[J]．河南工业大学学报（社会科学版），2009，5（2）：90-93.

[45] 常建娥，蒋太立．层次分析法确定权重的研究[J]．武汉理工大学学报，2007，29（1）：153-156.

[46] 石广明，王金南．跨界流域生态补偿机制[M]．北京：中国环境出版社，2014.

[47] 赵云峰．跨区域流域生态补偿意愿及其支付行为研究[D]．大连：大连理工大学，2013.

[48] 范芳玉．基于生态服务价值及支付意愿的生态补偿标准研究[D]．泰安：山东农业大学，2013.

[49] 陈磊．新安江流域生态补偿研究[D]．宁波：宁波大学，2013.

[50] 常亮，徐大伟，侯铁珊，等．跨区域流域生态补偿府际间协调机制研究[J]．科技与管理，2013（2）：92-97.

[51] 张惠远，王金南，刘桂环，等．基于流域的生态补偿标准核算办法研究：生态环境补偿机制国际研讨会[C]．宁夏：国家发展和改革委员会亚洲开发银行，2009.

[52] 宋建军．流域生态环境补偿机制研究[M]．北京：中国水利水电出版社，2013.

[53] 张惠远，王金南，刘桂环，等．基于跨界断面水质的流域生态补偿机制设计[C]．中国水污染控制战略与政策创新研讨会论文集，2010.

[54] 王金南，刘桂环，张惠远，等．流域生态补偿与污染赔偿机制研究[M]．北京：中国环境出版社，2014.

[55] 中国生态补偿机制与政策研究课题组．中国生态补偿机制与政策研究[M]．北京：科学出版社，2007.

[56] 张惠远，刘桂环．我国流域生态补偿机制设计[J]．环境保护，2006，34（10A）：49-54.

[57] 2015年国务院总理李克强政府工作报告[R/OL]．中国政协-中国网，2015-03-17[2020-07-20]. http://www.china.com.cn/cppcc/2015-03/17/content_35072578_3.htm.

[58] 中国21世纪议程管理中心．生态补偿的国际比较：模式与机制[M]．北京：社会科学文献出版社，2012.

[59] 杨佳琛．论政府在流域生态补偿中的角色与功用[D]．上海：华东政法大学，2010.

[60] 王鑫．中国跨省流域生态补偿制度研究[D]．杨凌：西北农林科技大学，2015.

[61] 张明波．跨省流域生态补偿机制研究[D]．杨凌：西北农林科技大学，2013.

[62] 田义文，张明波，刘亚男. 探索建立完善跨省流域生态补偿新模式[J]. 江西理工大学学报，2012，33（6）：63-67.

[63] 刘桂环，张彦敏，石英华. 建设生态文明背景下完善生态保护补偿机制的建议[J]. 环境保护，2015，43（5）：16-18.

[64] 刘桂环，陆军，王夏晖. 中国生态补偿政策概览[M]. 北京：中国环境出版社，2013.

[65] 刘桂环，文一惠. 如何构建西部生态补偿机制[N]. 中国环境报，2015-03-24.

[66] 苏明，刘军民. 科学合理划分政府间环境事权与财权[J]. 环境经济，2010（7）：16-25.

[67] 苏明，刘军民. 创新生态补偿财政转移支付的甘肃模式[J]. 环境经济，2013（7）：47-53.

[68] Chapagain A K，Hoekstra a Y. Water footprints of nations [A]. //Value of Water Research Report Series（No.16）[C]. IHE Delft，2004：1-80.

[69] Costanza，Robert，D'Arge，et al. The value of the world's ecosystem services and natural capital.（cover story）[J]. Nature，1997（387）：253-260.

[70] John，Gerard，Ruggie. International responses to technology：Concepts and trends[J]. International Organization，1975，29（3）：570.

[71] Rubinstein. Perfect Equilibrium in a Bargaining Model [J]. Econometrica. 1982（50）：97-109.

[72] Stahl. Bargaining Theory [M]. Stockholm：Stockholm School of Economics，1972.

[73] 薄玉洁. 水源地生态补偿标准研究：以大汶河流域为例[D]. 泰安：山东农业大学，2012.

[74] 蔡志明. 议价行为的博弈理论与博弈实验研究[J]. 华东师范大学学报（哲学社会科学版），1999（60）：68-74.

[75] 常亮，徐大伟，侯铁珊，等. 跨区域流域生态补偿府际间协调机制研究[J]. 科技与管理，2013，15（2）：92-97.

[76] 陈潭，刘建义. 集体行动、利益博弈与村庄公共物品供给——岳村公共物品供给困境及其实践逻辑[J]. 公共管理学报，2010（7）：1-9.

[77] 王金南，刘桂环，文一惠，等. 构建中国生态保护补偿制度创新路线图——《关于健全生态保护补偿机制的意见》解读[J]. 环境保护，2016，44（10）：15.

[78] 刘桂环，谢婧，文一惠，等. 关于推进流域上下游横向生态保护补偿机制的思考[J]. 环境保护，2016（13）：4.

[79] 程艳军. 中国流域生态服务补偿模式研究——以浙江省金华江流域为例[D]. 北京：中国农业科学院研究生院，2006.

[80] 程许东. 曹娥江流域生态补偿机制研究[D]. 上海：上海交通大学，2009.

[81] 方茜，陈菁，代小平，等. 基于合作收益的跨区域水源保护补偿额测算方法研究[J]. 水利经济，2011，29（2）：38-41.

[82] 葛颜祥，梁丽娟，接玉梅. 水源地生态补偿机制的构建与运作研究[J]. 农业经济问题，2006（9）：22-27.

[83] 耿雷华. 水源涵养与保护区域生态补偿机制研究[M]. 北京：中国环境科学出版社，2010.

[84] 耿涌，戚瑞，张攀，等. 基于水足迹的流域生态补偿标准模型研究[J]. 中国人口·资源与环境，2009，19（6）：11-16.

[85] 韩凌芬，胡熠，黎元生. 基于博弈论视角的闽江流域生态补偿机制分析[J]. 中国水利，2009（11）：10-12.

[86] 胡晓镭，陈秀珠，曾广恩. 温州市水库型水源地水质安全问题及保护对策[J]. 浙江水利水电专科学校学报，2009，21（3）：48-50.

[87] 黄铭. 生态资本理论研究[D]. 合肥：合肥工业大学，2005.

[88] 焦国栋. 流域生态补偿公共经济政策研究[D]. 济南：山东大学，2009.

[89] 李怀恩，尚小英，王媛，等. 流域生态补偿标准计算方法研究进展[J]. 西北大学学报（自然科学版），2009，39（4）：667-672.

[90] 李维乾，解建仓，李建勋，等. 基于改进 Shapley 值解的流域生态补偿额分摊方法[J]. 系统工程理论与实践，2013，33（1）：255-261.

[91] 联合国，欧洲委员会，国际货币基金组织，等. 环境经济综合核算[M]. 丁言强，王艳，等，译. 北京：中国经济出版社，2004.

[92] 李明华. 大连市水源地保护与实践研究[D]. 大连：大连理工大学，2012.

[93] 李琼，游春. 民间协会的集体行动——以"管水协会"为例的分析[J]. 农业经济问题，2007（7）：5.

[94] 李思悦，刘文治，顾胜，等. 南水北调中线水源地汉江上游流域主要生态环境问题及对策[J]. 长江流域资源与环境，2009，18（3）：275-280.

[95] 李雪娇，孙翔宇，孔庆杰. 于桥水库水污染因素调查分析[J]. 海河水利，2013，6：27-28.

[96] 刘桂环，文一惠，张惠远，等. 我国流域生态补偿标准核算方法研究与实践进展[C]. 中国水污染控制战略与政策创新研讨会论文集. 2010：291-299.

[97] 刘昆鹏. 我国农村集中式供水工程水源地保护存在问题及建议[J]. 水利发展研究，2013，13（10）：19-23.

[98] 刘红艳. "引滦入津工程"潘家口水库及其上游滦河流域生态补偿机制研究[D]. 北京：中国人民大学，2013.

[99] 刘尊梅. 我国农业生态补偿发展的制约因素分析及实现路径选择[J]. 学术交流，2014（3）：100-104.

[100] 刘雪莲. 基于博弈论的中国农村小额信贷问题研究[D]. 哈尔滨：东北农业大学，2009.

[101] 刘耀霞. 出租车行业利益主体关系研究[D]. 成都：西南交通大学，2008.

[102] 罗豪才，宋功德. 公域之治的转型——对公共治理与公法互动关系的一种透视[J]. 中国法学，2005（5）：3-23.

[103] 曼瑟尔·奥尔森. 集体行动的逻辑[M]. 陈郁，等，译. 上海：三联书店，1995.

[104] 孟令鹏. 关于 Stackelberg 模型拓展的若干结果[D]. 济南：山东大学，2008.

[105] 齐格蒙特·鲍曼. 共同体[M]. 欧阳景根，译. 南京：江苏人民出版社，2003：序曲.

[106] 潘璟. 流域生态补偿法律制度研究[D]. 重庆：重庆大学，2009.

[107] 世界银行. 国民财富在哪里：绿色财富核算的理论、方法和政策[M]. 蒋洪强，於方，赵越，等，译. 北京：中国环境科学出版社，2006.

[108] 石效卷. 全面深化饮用水水源地环境保护[J]. 环境保护，2009，37（7）：22-23.

[109] 水利部黄河水利委员会. 引滦入津：改变一座城市命运的水利工程[EB/OL]（2014-04-13）[2020-07-30]. http://www.yellowriver.gov.cn/xwzx/sszzl/200811/t20081124_39189.html.

[110] 宋建军. 流域生态补偿机制研究[M]. 北京：中国水利水电出版社，2013.

[111] 孙凯. "认知共同体"与全球环境治理——访美国马萨诸塞大学全球环境治理专家 Peter M.Haas 先生[J]. 世界环境，2009（6）：36-37.

[112] 王亚力. 基于复合生态系统理论的生态型城市化研究[D]. 长沙：湖南师范大学，2010.

[113] 王燕. 水源地生态补偿理论与管理政策研究[D]. 泰安：山东农业大学，2011.

[114] 涂少云. 跨区域流域生态补偿中府际间博弈关系研究[D]. 大连：大连理工大学，2013.

[115] 万宏，卢长春. 辉南县水源地生态环境面临的问题与防治对策[J]. 中国水土保持，2009（10）：18-19.

[116] 闵玉婷. 马克思产权理论与科斯产权理论比较研究[D]. 扬州：扬州大学，2012.

[117] 谢高地，鲁春霞，冷允法，等. 青藏高原生态资产的价值评估[J]. 自然资源学报，2003（2），189-196.

[118] 解建仓，席保军，黄俊铭. 流域水资源保护补偿博弈分析及蚁群算法解[J]. 自然资源学报，2014，29（1）：39-45.

[119] 许凤冉，阮本清，汪党献，等. 流域生态补偿标准计算模型[C]. 中国水利水电科学研究院第九届青年学术交流会论文集. 2008：132-137.

[120] 徐红霞. 城市水源地水资源保护的经济补偿机制[J]. 湖南城市学院学报，2009（5）：31-33.

[121] 亚里士多德. 政治学[M]. 吴寿彭，译. 北京：商务印书馆，1965.

[122] 颜世杰，梅亚东，张文杰. 我国饮用水水源地保护存在的主要问题及其研究展望[J]. 江西水利科技，2011，37（2）：79-82.

[123] 杨峰，林坊，田海涛. 北京市村镇饮用水水源地保护现状、问题及对策[J]. 中国农村水利水电，2009（8）：41-45.

[124] 姚允柱. 从博弈论看劳动价值的成因[J]. 社会科学，2005（3）：24-27.

[125] 张明波. 跨省流域生态补偿机制研究[D]. 杨凌：西北农林科技大学，2013.

[126] 张维迎. 博弈论与信息经济学[M]. 上海：上海人民出版社，2004.

[127] 张中旺，李新民. 南水北调中线工程水源地的主要问题与对策[J]. 华中师范大学学报：自然科学版，2004，38（4）：510-514.

[128] 张照贵. 经济博弈与应用[M]. 成都：西南财经大学出版社，2006.

[129] 赵来军. 我国湖泊流域跨行政区水环境协同管理研究——以太湖流域为例[M]. 上海：复旦大学出版社，2009.

[130] 赵云峰. 跨区域流域生态补偿意愿及其支付行为研究[D]. 大连：大连理工大学，2013.

[131] 周丽旋，吴健. 中国饮用水水源地管理体制之困——基于利益相关方分析[J]. 生态经济，2010（8）：28-33.

[132] 周筱莲，庄贵军. 讨价还价的博弈模型及其现实补充[J]. 西安财经学院学报，2011，24（3）：5-9.

[133] 郑海霞. 北京市对周边水源区的生态补偿机制与协调对策研究[M]. 北京：知识产权出版社，2013.

[134] 中国环境与发展国际合作委员会生态补偿机制课题组. 流域生态补偿机制[J]. 环境保护，2007，35（14）：53-54.

[135] 钟瑜. 生态补偿政策的经济博弈分析——以鄱阳湖湿地自然保护为案例的研究[D]. 北京：北京师范大学，2004.